高等学校水利学科教学指导委员会组织编审

高等学校水利学科专业规范核心课程教材·水利水电工程

理论力学

主编 河 海 大 学 许庆春
华北水利水电学院 杨开云
扬 州 大 学 楚海建
主审 清 华 大 学 贾书惠

中国水利水电出版社
www.waterpub.com.cn

内 容 提 要

本教材为高等学校水利学科专业规范核心课程系列教材之一。全书共3篇18章，第1～4章为静力学篇，包括基本概念和静力学公理、力系的简化、力系的平衡、静力学应用专题（摩擦与静定平面桁架）等内容；第5～9章为运动学篇，包括点的运动、刚体的基本运动、点的合成运动、刚体的平面运动、刚体的定点运动等内容；第10～18章为动力学篇，包括质点运动微分方程、动量定理、动量矩定理、动能定理、达朗贝尔原理、虚位移原理、拉格朗日方程、碰撞、微振动理论基础等内容。

本书紧密联系工程实际，重视力学概念的阐述，注重力学建模能力的培养，坚持理论与应用并重，突出水利、土木类专业特色。本书可作为高等学校水利、土木类专业的教材，也可作为高等学校工科其他专业的教材。

图书在版编目（CIP）数据

理论力学 / 许庆春，杨开云，楚海建主编. -- 北京：中国水利水电出版社，2010.4

高等学校水利学科专业规范核心课程教材. 水利水电工程

ISBN 978-7-5084-7363-5

Ⅰ. ①理… Ⅱ. ①许… ②杨… ③楚… Ⅲ. ①理论力学—高等学校—教材 Ⅳ. ①O31

中国版本图书馆CIP数据核字(2010)第047241号

书　　名	高等学校水利学科专业规范核心课程教材·水利水电工程 **理论力学**
作　　者	主编　河海大学 许庆春　华北水利水电学院 杨开云　扬州大学 楚海建 主审　清华大学　贾书惠
出版发行	中国水利水电出版社 (北京市海淀区玉渊潭南路1号D座　100038) 网址：www.waterpub.com.cn E-mail：sales@waterpub.com.cn 电话：(010) 68367658（营销中心）
经　　售	北京科水图书销售中心（零售） 电话：(010) 88383994、63202643 全国各地新华书店和相关出版物销售网点
排　　版	中国水利水电出版社微机排版中心
印　　刷	北京市兴怀印刷厂
规　　格	175mm×245mm　16开本　26.25印张　606千字
版　　次	2010年4月第1版　2010年4月第1次印刷
印　　数	0001—3000册
定　　价	**46.00**元

凡购买我社图书，如有缺页、倒页、脱页的，本社营销中心负责调换

水利水电工程专业教材编审分委员会

总 前 言

随着我国水利事业与高等教育事业的快速发展以及教育教学改革的不断深入，水利高等教育也得到很大的发展与提高。与1999年相比，水利学科专业的办学点增加了将近一倍，每年的招生人数增加了近两倍。通过专业目录调整与面向新世纪的教育教学改革，在水利学科专业的适应面有很大拓宽的同时，水利学科专业的建设也面临着新形势与新任务。

在教育部高教司的领导与组织下，从2003年到2005年，各学科教学指导委员会开展了本学科专业发展战略研究与制定专业规范的工作。在水利部人教司的支持下，水利学科教学指导委员会也组织课题组于2005年底完成了相关的研究工作，制定了水文与水资源工程、水利水电工程、港口航道与海岸工程以及农业水利工程四个专业规范。这些专业规范较好地总结与体现了近些年来水利学科专业教育教学改革的成果，并能较好地适用不同地区、不同类型高校举办水利学科专业的共性需求与个性特色。为了便于各水利学科专业点参照专业规范组织教学，经水利学科教学指导委员会与中国水利水电出版社共同策划，决定组织编写出版“高等学校水利学科专业规范核心课程教材”。

核心课程是指该课程所包括的专业教育知识单元和知识点，是本专业的每个学生都必须学习、掌握的，或在一组课程中必须选择几门课程学习、掌握的，因而，核心课程教材质量对于保证水利学科各专业的教学质量具有重要的意义。为此，我们不仅提出了坚持“质量第一”的原则，还通过专业教学组讨论、提出，专家咨询组审议、遴选，相关院、系认定等步骤，对核心课程教材的选题、主编、主审和教材编写大纲进行了严格把关。为了把本套教材组织好、编著好、出版好、使用好，我们还成立了高等学校水利学科专业规范核心课程教材编审委员会以及各专业教材编审分委员会，对教材编纂与使用的全过程进行组织、把关和监督，充分依靠各学科专家发挥咨询、评审、决策等作用。

本套教材第一批共规划52种，其中水文与水资源工程专业17种，水利水电工程专业17种，农业水利工程专业18种，计划在2009年年底之前全部出齐。尽管已有许多人为本套教材作出了许多努力，付出了许多心血，但是，由于专业规范还在修订完善之中，参照专业规范组织教学还需要通过实践不断总结提高，加之，在新形势下如何组织好教材建设还缺乏经验，因此，这套教材一定会有各种不足与缺点，恳请使用这套教材的师生提出宝贵意见。本套教材还将出版配套的立体化教材，以利于教、便于学，更希望师生们对此提出建议。

高等学校水利学科教学指导委员会

中国水利水电出版社

2008年4月

前　言

本教材为高等学校水利学科专业规范核心课程教材之一。受高等学校水利学科教学指导委员会和中国水利水电出版社委托，参照教育部高等学校力学教学指导委员会力学基础课程教学指导分委员会编制的《理工科非力学专业力学基础课程教学基本要求》（试行，2008 年版）（以下简称《基本要求》）编写此教材。本书的主要特色如下：

（1）提高起点，删减与大学物理重复的内容，增加反映现代科学技术的有关内容。

（2）注重力学概念的阐述，重视分析问题、解决问题的方法。

（3）紧密联系水利、土木等工程实际，注重力学建模能力的培养和力学在工程中的应用。

（4）在继承本课程理论严密、逻辑性强的基础上，设置了一定量的思考题，以促进思考、启发思维、培养创新精神。

书中标有 * 的内容对应《基本要求》中的专题部分，可根据专业要求选用。

本书由许庆春、杨开云、楚海建主编。其中第 1～4 章由楚海建编写；第 5～9 章由杨开云、韩立新编写；绪论、第 10～18 章、附录 A、附录 B 等由许庆春编写，张慧参加了部分内容的编写及校对工作。

书稿承蒙清华大学贾书惠教授认真仔细地审阅，并提出许多宝贵的意见，在此深表感谢。

本书编写过程中，主要参考了华东水利学院（现河海大学）工程力学教研室理论力学编写组编写的《理论力学》（上、下册）和哈尔滨工业大学理论力学教研室编写的《理论力学》，同时还参考了国内外一些优秀教材，在此谨向这些教材的编著者深表感谢。

限于水平，书中错误与不妥之处，诚恳希望读者批评指正。

编者

2009 年 12 月

主要符号表

$\boldsymbol{a}$	加速度	k	弹簧刚度系数
$\boldsymbol{a}_\mathrm{n}$	法向加速度	$\boldsymbol{k}$	轴 z 的单位矢量
$\boldsymbol{a}_\mathrm{t}$	切向加速度	l	长度
$\boldsymbol{a}_\mathrm{a}$	绝对加速度	L	拉格朗日函数
$\boldsymbol{a}_\mathrm{r}$	相对加速度	$\boldsymbol{L}_O$	刚体对点 O 的动量矩
$\boldsymbol{a}_\mathrm{e}$	牵连加速度	$\boldsymbol{L}_C$	刚体对质心的动量矩
$\boldsymbol{a}_\mathrm{C}$	科氏加速度	L_z	刚体对 z 轴的动量矩
A	面积，自由振动振幅	m	质量
C	质心，重心	M	平面力偶矩
e	恢复因数，偏心距	M_z	对轴 z 的矩
$\boldsymbol{e}_\mathrm{t}$	切向单位矢量	$\boldsymbol{M}$	力偶矩矢，主矩
$\boldsymbol{e}_\mathrm{n}$	主法向单位矢量	$\boldsymbol{M}_O(\boldsymbol{F})$	力 $\boldsymbol{F}$ 对点 O 的矩
$\boldsymbol{e}_\mathrm{b}$	副法向单位矢量	$\boldsymbol{M}_\mathrm{I}$	惯性力的主矩
f	频率，动摩擦因数	n	质点数目
f_s	静摩擦因数	O	参考坐标系的原点
$\boldsymbol{F}$	力	$\boldsymbol{p}$	动量
$\boldsymbol{F}_\mathrm{I}$	惯性力	P	功率
$\boldsymbol{F}_\mathrm{R}$	合力	$\boldsymbol{P}$	重力
$\boldsymbol{F}'_\mathrm{R}$	主矢	q	荷载集度，广义坐标
$\boldsymbol{F}_\mathrm{s}$	静滑动摩擦力	q_V	体积流量
$\boldsymbol{F}_\mathrm{N}$	法向约束力	r	半径
$\boldsymbol{F}_\mathrm{Ie}$	牵连惯性力	$\boldsymbol{r}$	矢径
$\boldsymbol{F}_\mathrm{IC}$	科氏惯性力	$\boldsymbol{r}_O$	点 O 的矢径
$\boldsymbol{F}^{(\mathrm{e})}$	外力	$\boldsymbol{r}_C$	质心的矢径
$\boldsymbol{F}^{(\mathrm{i})}$	内力	R	半径
$\boldsymbol{F}_\mathrm{Q}$	广义力	s	弧坐标
$\boldsymbol{g}$	重力加速度	t	时间
h	高度	T	动能，周期
$\boldsymbol{i}$	轴 x 的单位矢量	$\boldsymbol{v}$	速度
$\boldsymbol{I}$	冲量	$\boldsymbol{v}_\mathrm{a}$	绝对速度
$\boldsymbol{j}$	轴 y 的单位矢量	$\boldsymbol{v}_\mathrm{r}$	相对速度
J_z	刚体对轴 z 的转动惯量	$\boldsymbol{v}_\mathrm{e}$	牵连速度
J_{xy}	刚体对轴 x、y 的惯性积	$\boldsymbol{v}_C$	质心速度
J_C	刚体对质心的转动惯量	V	体积，势能

W	力的功
$\boldsymbol{W}$	重力
x，y，z	直角坐标
α	角加速度
$\boldsymbol{\alpha}$	角加速度矢量
β	角度
γ	角度
δ	滚阻系数，阻尼系数
δ	变分符号
ζ	阻尼比
η	减缩因数，效率
λ	频率比
Λ	对数减缩
ρ	密度，曲率半径
φ	角度坐标
φ_f	摩擦角
ω_0	固有频率
ω	角速度
$\boldsymbol{\omega}$	角速度矢量
θ	角度，初相角

目　录

总前言

前言

主要符号表

第1篇　静　力　学

第2篇 运 动 学

第 3 篇　动　力　学

绪　论

0.1　理论力学的研究对象和内容

理论力学是研究物体机械运动一般规律的一门学科。按照辩证唯物主义的观点，运动是物质存在的形式，是物质的固有属性，它包括宇宙中发生的一切现象和过程——从简单的位置变化直到人的思维活动。机械运动则是所有运动形式中最简单的一种，指的是物体在空间的位置随时间的变化。如车辆的行驶、机器的运转、水的流动、宇宙飞船的运行、建筑物的振动等，都是机械运动。平衡是机械运动的特殊情况。

理论力学是研究速度远小于光速的宏观物体的机械运动，它以牛顿定律为基础，属于古典力学的范畴。而速度接近于光速的物体和微观粒子的运动，则要用相对论和量子力学进行研究。虽然古典力学有局限性，但是，在日常生活和一般工程技术（水利、土木、机械、航空、航天等）中，所考察的物体都是宏观物体，且运动速度远小于光速，所以有关力学问题，仍然用古典力学的原理来解决。

本书内容分为以下三部分。

静力学：主要研究物体在力系作用下的平衡规律，包括物体的受力分析、力系的等效简化、力系的平衡条件及其应用。

运动学：仅从几何方面研究物体的运动规律（轨迹、速度、加速度等），而不考虑引起物体运动状态变化的物理因素。

动力学：研究物体的运动与作用在物体上的力之间的关系。

0.2　理论力学的研究方法

力学的发展完全符合辩证唯物主义认识论。人们通过长期的生活实践、生产实践和科学试验，积累了关于机械运动的丰富材料，经过分析、综合和归纳，总结出力学基本规律，形成力学概念，又回到实践中去加以检验并指导实践；再从实践中获得新的材料，推动理论的进一步发展和完善。

在形成理论力学概念和系统理论的过程中，抽象化和数学演绎这两种方法起着重要的作用。

客观事物总是复杂多样的。对大量来自实践的材料，必须根据所研究问题的性质，抓住主要的、起决定作用的因素，撇开次要的、偶然的因素，深入事物的本质，了解其内部联系，这就是抽象化方法。例如，在某些问题中忽略实际物体的大小和形状，得到质点的力学模型；在另一些问题中忽略实际物体受力后的变形，得到刚体的力学模型。抽象化方法既简化了所研究的问题，又更深刻地反映了事物的本质。但是，抽象必须是科学的，不能不顾条件，随意取舍。

通过抽象化，将长期实践和实验所积累的感性材料加以分析、综合、归纳，得到一些基本的概念、定律或原理，再以这些基本概念、定律或原理为基础，经过严密的数学推演，得到一些定理和公式，构成系统的理论，这就是数学演绎方法。应当注意，数学推演是在经过实践证明其为正确的理论基础上进行的，且由此导出的定理或公式，必须回到实践中去，经过实践检验，证明其为正确时才能成立。理论力学的许多定理都是以牛顿定律为基础，经过严密的数学推导得到的。这些定理揭示了力学中一些物理量之间的内在联系，并经实践证明是正确的，但这些定理也只是在一定范围内才成立。

0.3 学习理论力学的目的

理论力学是一门理论性较强的技术基础课，在诸多工程技术领域有着广泛的应用。学习理论力学的目的是：

(1) 掌握机械运动的规律，为解决工程问题打下一定的基础。从水利、土木工程中结构物的设计和施工、机械的制造与运转，到宇宙飞船的发射和运行，都有着大量的力学问题，理论力学在解决这些问题时有着广泛的应用。

(2) 为学习后续课程作准备。理论力学是材料力学、结构力学、水力学、流体力学、弹性力学、振动理论、机械原理、机械设计等课程的基础。随着现代科学技术的飞速发展，理论力学的研究内容已渗透到其他科学领域，如生物力学、电磁流体力学、爆炸力学等。

(3) 训练逻辑思维，培养分析问题和解决问题的能力，为今后解决生产实际问题、从事科学研究工作打下基础。理论力学的理论来源于实践又服务于实践，既抽象又紧密结合实际，研究的问题涉及面广，且系统性、逻辑性强。这有助于培养辩证唯物主义世界观，培养正确的分析问题和解决问题的能力。

第1篇

静力学

静力学（statics）研究物体在力系作用下的平衡规律（或问题）。在此描述中，涉及研究对象、力系和平衡三个基本概念。

第一，静力学的研究对象是刚体。**刚体**（rigid body）是指在力或力系作用下任意两点间的距离始终不变的物体，它是实际物体的理想化模型。这里所说的实际物体可以是由一个或多个构件组成的建筑结构，如桥梁、大坝、水闸等，也可以是由一种或多种部件组成的机械设备，如起重机、车床等。

第二，**力系**（force system）是指作用于同一物体或同一研究对象上的一群力。力系可以由一个力组成，也可以由多个力组成。若两个力系对同一物体的作用效果相同，则这两个力系互为**等效力系**（equivalent force system）。根据力系中各力作用线的分布特点可将力系分为平面力系和空间力系。根据力系中各力作用线的相互关系又可将力系分为汇交力系、平行力系和任意力系等。

第三，物体的**平衡**（equilibrium）是指物体相对于惯性参考系保持静止或作匀速直线运动的状态。工程中常将与地球固连的参考系近似当作惯性参考系。

静力学的研究内容主要包括以下三个方面：

第一，**物体的受力分析**。主要分析物体受到哪些力的作用，以及这些力的作用位置和方向。物体的受力分析是解决静力学问题的基础。

第二，**力系的简化**（reduction of a force system）。用一个简单的力系等效地替换一个复杂的力系，则称为力系的简化。如果某力系与一个力等效，则此力称为该力系的**合力**（resultant force），而该力系的各力称为此力的**分力**（component force）。将复杂的力系等效为简单的力系是静力学的重要内容之一。

第三，**力系的平衡。**在力系中，有些力是已知的，有些力是未知的。为保证物体的平衡，物体所受力系中各力需满足一定的条件，该条件称为力系的平衡条件。物体的平衡条件是解决静力学问题的主要手段。

静力学在工程中具有十分重要的意义，它是工程结构设计和机械设计中静力计算的基础。静力学还是进一步学习动力学和其他后续力学课程的基础。

第 1 章

基本概念和静力学公理

静力学公理是静力学理论的基础，物体的受力分析是解决力学问题的重要一步。围绕上述两个方面，本章主要内容包括：介绍力和力偶等基本力学概念；阐述静力学公理；给出工程中常见的约束及其约束力；说明绘制受力图的方法与步骤。

1.1 力 的 概 念

力是物体间的相互机械作用，其效应是使物体的运动状态和形状发生改变。力使物体的形状或尺寸发生变化的效应称为**变形效应**（effect of deformation），又称为**内效应**（internal effect）；而使物体的运动状态发生改变的效应称为**运动效应**（effect of motion），又称为**外效应**（external effect）。

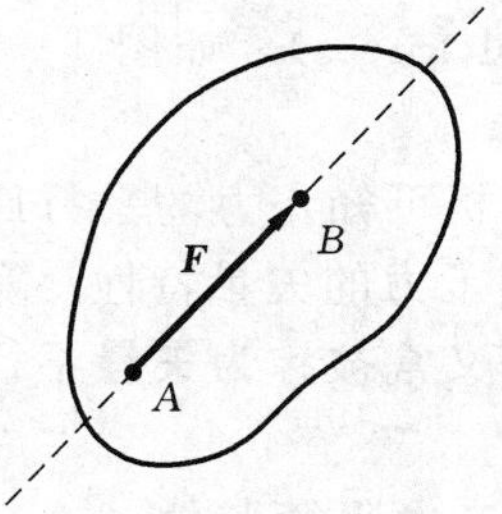

图 1-1

力的作用效应取决于**力的三要素**（three elements of a force），即力的大小、方向和作用点。力是**矢量**（vector），常用粗体字母 $\boldsymbol{F}$ 表示。具体标注时，可将力的作用点和方向作为下标进行表示，如作用于 A 点的力可表示为 $\boldsymbol{F}_A$，而作用于 B 点且指向 x 轴方向的力可表示为 $\boldsymbol{F}_{Bx}$。在图示中，使用有向线段表示力。规定：线段的长度（按所定的比例尺）表示力的大小，箭头表示其方向，用箭尾或箭尖表示该力的作用点，如图 1-1 所示。

在国际单位制（SI）中，力的单位用牛顿（N）或千牛顿（kN）表示。

1.2 静 力 学 公 理

公理是指公认的真理，是人们在长期的社会生活和生产实践中总结出来的，经过反复实践检验的，符合客观实际的普遍规律。有了公理，人们可以通过逻辑推理和数学工具等演绎得到一些定理或推论，进而推动或指导人们的实践活动，并在实践中检验定理、推论乃至公理的正确性。上述分析问题的思维方法，较早见于《几何原本》❶，根据这一思维方式建立的体系称为公理化体系。一般来说，由于人类已经掌握了科学实验的手段和方法，公理的正确性毋庸置疑。

公理1 力的平行四边形法则（parallelogram law of forces）

作用于同一点的两个力，可以等效地合成为一个合力。合力的作用点仍在该点，其大小和方向由这两个力矢为边构成的平行四边形的对角线确定，如图1-2（a）所示。简言之，合力等于两分力的矢量和，即

$$\boldsymbol{F}_{\mathrm{R}}=\boldsymbol{F}_1+\boldsymbol{F}_2 \tag{1-1}$$

式中：$\boldsymbol{F}_{\mathrm{R}}$ 表示力矢 $\boldsymbol{F}_1$ 和 $\boldsymbol{F}_2$ 的合力矢。式（1-1）是力系简化的基本公式之一，使用时应注意力矢 $\boldsymbol{F}_1$ 和 $\boldsymbol{F}_2$ 须作用于同一点。

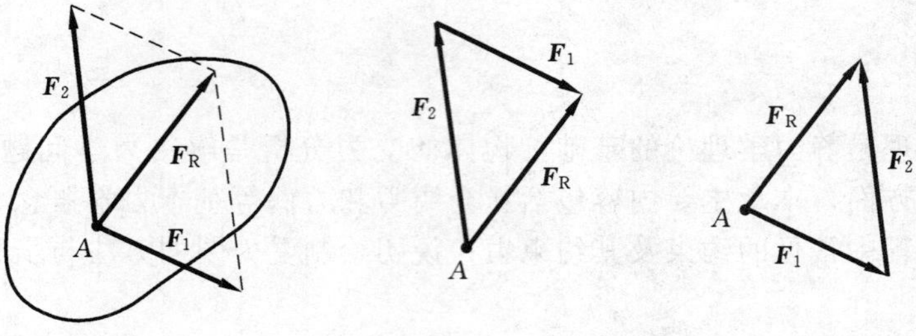

(a) (b) (c)

图1-2

具体求合力 $\boldsymbol{F}_{\mathrm{R}}$ 的大小及方向时，无需绘制整个平行四边形，而只需画出平行四边形的一半。具体做法是将力矢 $\boldsymbol{F}_1$ 和 $\boldsymbol{F}_2$ 按其方向及大小首尾相连，则始点到终点的连线即为合力矢，此法称为**力的三角形法则**（triangle law of forces），如图1-2（b）、（c）所示。

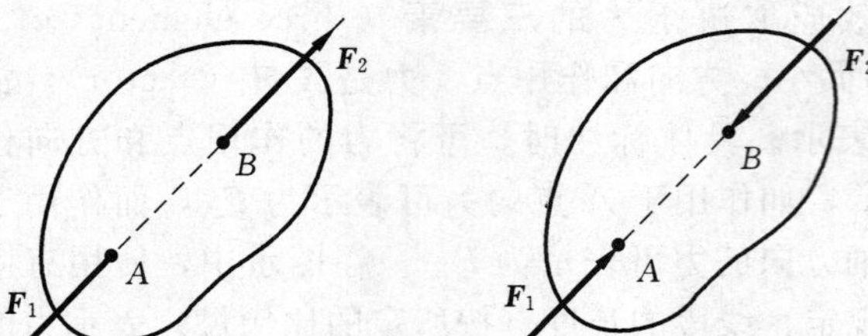

图1-3

由上述分析可知，力的平行四边形法则应用了力的矢量特性。实际上，该公理又常被称为**矢量平行四边形法则**。

公理2 二力平衡条件（equilibrium principle of two forces）

作用在刚体上的两个力，使刚体处于平衡状态的充要条件是：这两个力的大小相等，方向相反，且作用在同一直线上。若这两个力分别记为 $\boldsymbol{F}_1$ 和 $\boldsymbol{F}_2$，如图1-3所示，则 $\boldsymbol{F}_1$ 和 $\boldsymbol{F}_2$ 满足

$$\boldsymbol{F}_1=-\boldsymbol{F}_2 \tag{1-2}$$

❶ 《几何原本》是由古希腊数学家欧几里得编著，大约成书于公元前300年左右，原著有13卷，共包含有23个定义、5个公设、5个公理、286个命题。

从字面上理解，该公理表明了二力平衡应满足的条件；但从本质上看，它建立了简单力系（两个力组成的力系）与刚体平衡之间的关系，为今后进一步处理复杂力系的平衡问题奠定了基础。

只受两个力作用且处于平衡状态的物体称为**二力体或二力构件**（two - force member），如图 1-4（a）所示。当构件为直杆时称为**二力杆**，如图 1-4（b）所示。由二力体的定义可知，一旦某个物体被确定为二力体，那么作用于该物体上的两个力的关系就确定了，并由式（1-2）给出。

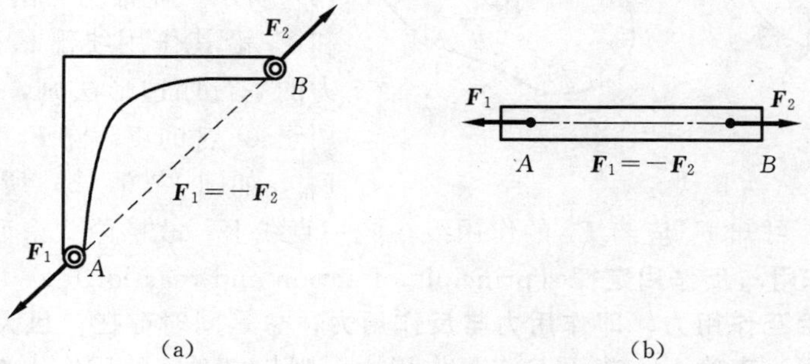

图 1-4

公理 3　加减平衡力系原理（principle of added or moved equilibrium force system）

在任一力系上加上或者减去一个平衡力系，并不改变原力系对刚体的作用效应，即原力系与加减平衡力系后得到的新力系等效。此公理是研究力系等效的重要依据。

推论 1　力的可传性（Transmissibility of a force）

作用于刚体上的力，可沿着该力的作用线在刚体内移动，而不改变其作用效应。

证明：设力 $\boldsymbol{F}$ 作用于刚体内的 A 点，在刚体内沿力 $\boldsymbol{F}$ 的作用线上任取一点 B，如图 1-5（a）所示。在 B 点施加一对沿 AB 连线的平衡力 $\boldsymbol{F}_1$ 和 $\boldsymbol{F}_2$，并使 $\boldsymbol{F}_1=-\boldsymbol{F}_2=\boldsymbol{F}$，如图 1-5（b）所示。由于力 $\boldsymbol{F}$ 和 $\boldsymbol{F}_2$ 大小相等、方向相反且作用于同一直线，是一对平衡力。根据加减平衡力系原理，可除去这一对平衡力。这样就把原作用于点 A 的力沿其作用线等效地移到了 B 点，如图 1-5（c）所示。故推论 1 得证。

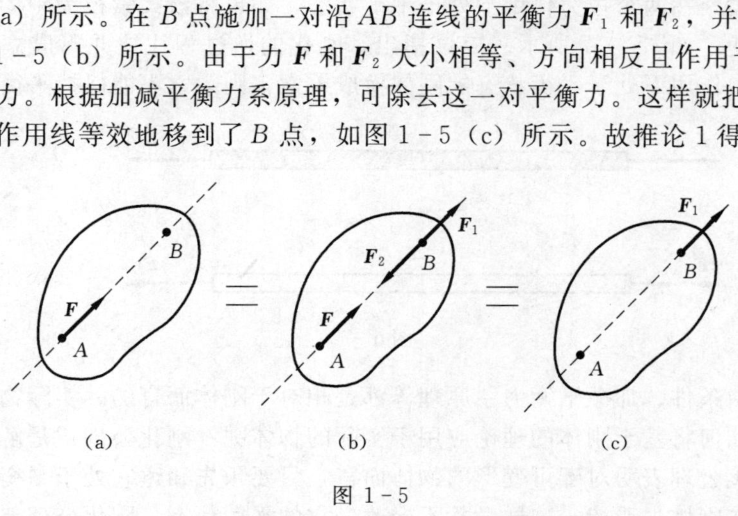

图 1-5

由此可见，作用于刚体上的力的三要素为：力的大小、方向和作用线。因此，作用于刚体上的力是**滑移矢量**（sliding vector）。

推论 2 三力平衡汇交定理（theorem of equilibrium of three forces）

若刚体在三个力的作用下处于平衡状态，且其中两个力的作用线汇交于一点，则这三个力必位于同一平面内，且汇交于同一点。

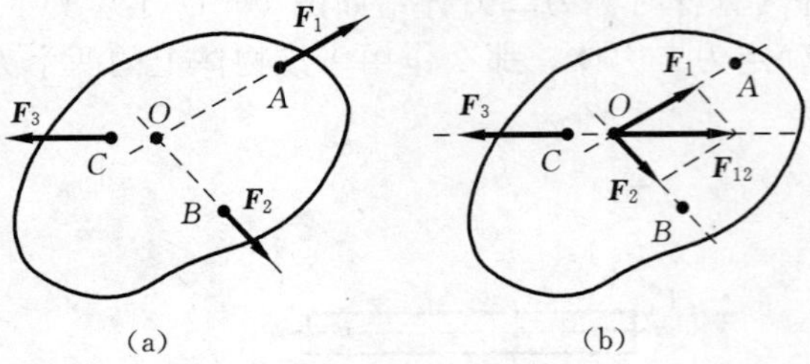

图 1-6

证明： 设刚体在力 $\boldsymbol{F}_1$、$\boldsymbol{F}_2$ 和 $\boldsymbol{F}_3$ 的作用下处于平衡状态，其中 $\boldsymbol{F}_1$ 与 $\boldsymbol{F}_2$ 的作用线相交于 O 点，如图 1-6（a）所示。先根据力的可传性，将 $\boldsymbol{F}_1$ 和 $\boldsymbol{F}_2$ 沿其作用线滑移至 O 点；再由力的平行四边形法则，将滑移后的作用于 O 点的 $\boldsymbol{F}_1$ 与 $\boldsymbol{F}_2$ 合成，得合力 $\boldsymbol{F}_{12}$，如图 1-6（b）所示；最后根据二力平衡条件，可知 $\boldsymbol{F}_3$ 应与 $\boldsymbol{F}_{12}$ 的作用线在同一直线上。故推论 2 得证。

公理 4 作用与反作用定律（principle of action and reaction）

物体间的相互作用力，即作用力与反作用力，总是同时存在，且大小相等、方向相反、作用于同一直线上。若用 $\boldsymbol{F}$ 表示作用力，则与之对应的反作用力通常记为 $\boldsymbol{F}'$，显然两者满足

$$\boldsymbol{F}=-\boldsymbol{F}' \tag{1-3}$$

尽管式（1-3）与式（1-2）在形式上相同，但二力平衡条件中的两个力作用于同一物体，而这里的作用力 $\boldsymbol{F}$ 与反作用力 $\boldsymbol{F}'$ 作用于不同的物体。在标记时，常在作用力的符号右上侧加撇号“′”来表示该力的反作用力。

公理 5 刚化公理（principle of rigidization）

若将处于平衡状态的变形体视为刚体，则其平衡状态不变。将变形体看作为刚体的过程称为刚化。

例如，柔索在两个拉力作用下处于平衡状态，如果将该柔索视为刚体，则其平衡状态保持不变，如图 1-7 所示。应该指出，刚化的逆过程往往并不成立。例如，若将在两个压力作用下处于平衡状态的刚体换成柔索，则柔索不能保持平衡。

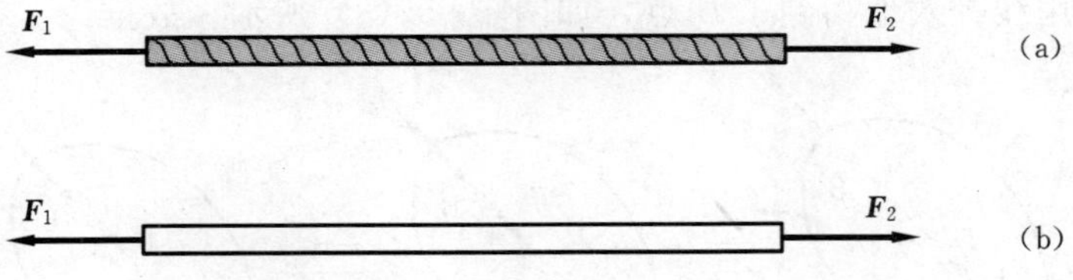

图 1-7

二力平衡条件、加减平衡力系原理等都是相对于刚体而言的。实际物体都是可变形的，那么如何将基于刚体的理论应用于实际的物体呢？刚化公理正是解决这一问题的关键。刚化公理表明对于可变形的物体而言，只要预先知道它处于平衡状态，那么就可将其当作刚体来看待，这样做并不会改变它的平衡状态。刚化公理建立了刚体静力学与实际工程问题的联系，起到了重要的桥梁作用。

在力系作用下，实际物体总是要变形的。刚化所得刚体的形状和尺寸应与实际物体处于平衡状态下的形状和尺寸相同。在小变形条件下，由于物体变形前后的尺寸相差很小，因此刚化所得刚体的尺寸可近似为物体变形前的尺寸。

1.3　力的投影与力的分解

力 $\boldsymbol{F}$ 在任一轴（如 x 轴）上的投影为

$$F_x = F\cos\theta \tag{1-4}$$

式中：θ 为力 $\boldsymbol{F}$ 与 x 轴正向的夹角，它既可以是锐角，也可以是钝角。

因此**力的投影**（projection of a force）既可以是正值，也可以是负值，还可以是零，是代数量。

根据力的平行四边形法则，作用于同一点的两个力可以合成为一个力；基于等效的原则，任何一个力也可以分解（resolution of a force）为两个方向不同的力，这两个力称为分力。而每个分力又可以进一步分解为另外两个力。因此，一个力可以有多个分力。需要指出的是，力的合成是唯一的；而力的分解可以有无穷多种方式。将一个力 $\boldsymbol{F}$ 在空间直角坐标系中分解时，可以得到三个互相垂直的分力 $\boldsymbol{F}_x$、$\boldsymbol{F}_y$ 和 $\boldsymbol{F}_z$，如图 1-8 所示，即

$$\boldsymbol{F} = \boldsymbol{F}_x + \boldsymbol{F}_y + \boldsymbol{F}_z = F_x\boldsymbol{i} + F_y\boldsymbol{j} + F_z\boldsymbol{k} \tag{1-5}$$

式中：$\boldsymbol{i}$、$\boldsymbol{j}$ 和 $\boldsymbol{k}$ 分别表示沿 x、y 和 z 轴正向的单位矢量。

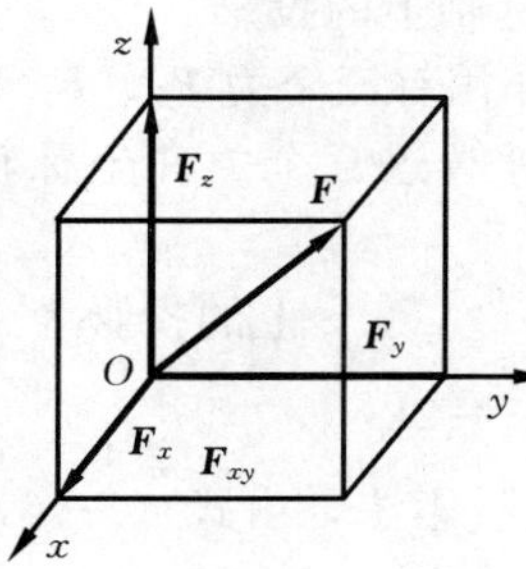

图 1-8

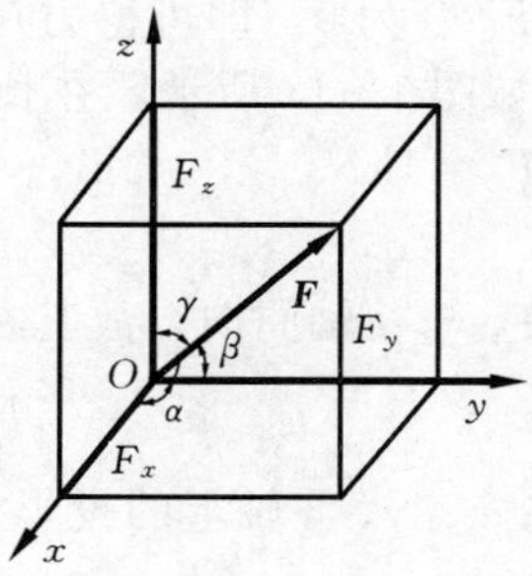

图 1-9

若将力 $\boldsymbol{F}$ 与坐标轴 x、y 和 z 正向的对应夹角记为 α、β 和 γ（图 1-9），则有

$$F_x = F\cos\alpha, F_y = F\cos\beta, F_z = F\cos\gamma \tag{1-6}$$

由力的投影的定义可知，F_x、F_y 和 F_z 分别表示力 $\boldsymbol{F}$ 在 x、y 和 z 轴上的投影。式(1-6)是将力 $\boldsymbol{F}$ 直接投影于坐标轴得到的结果，这一方法称为**直接投影法**（direct projection）。

在力的分解中，还有一种方法，称为**间接投影法**（second projection）。它首先将力 $\boldsymbol{F}$ 沿 z 轴和 Oxy 平面进行分解，得到两个分力 $\boldsymbol{F}_z$ 和 $\boldsymbol{F}_{xy}$；然后再将这两个分力在坐标轴上投影，于是

$$\left.\begin{aligned}F_x&=F\sin\gamma\cos\varphi\\F_y&=F\sin\gamma\sin\varphi\\F_z&=F\cos\gamma\end{aligned}\right\}\qquad(1-7)$$

式中：γ 为力 $\boldsymbol{F}$ 与 z 轴正向的夹角；φ 为分力 $\boldsymbol{F}_{xy}$ 与 x 轴正向的夹角，如图 1－10 所示。

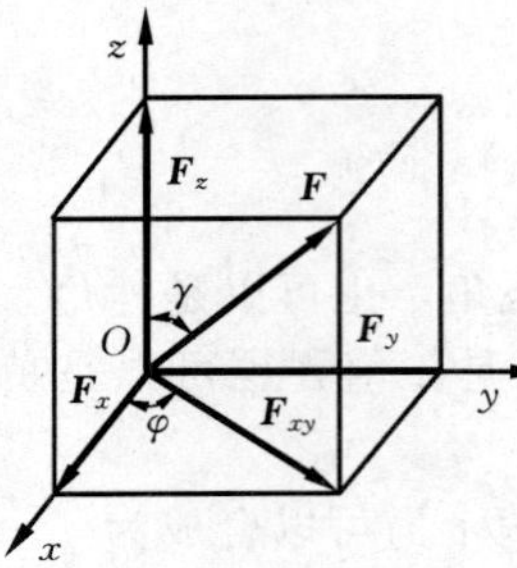

图 1－10

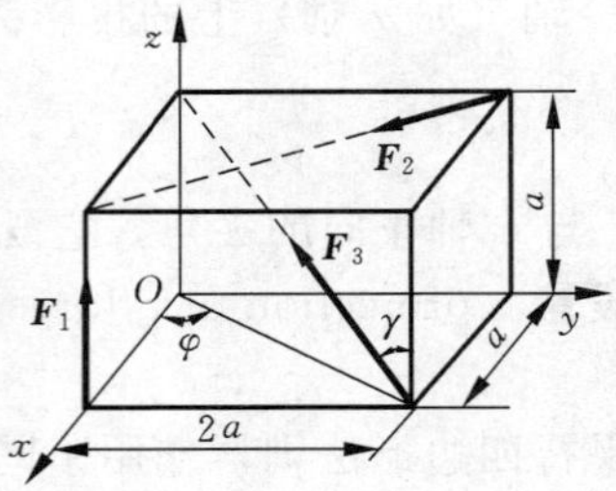

图 1－11

若已知力 $\boldsymbol{F}$ 在坐标轴上投影 F_x、F_y 和 F_z，则该力的大小及方向余弦分别为

$$\left.\begin{aligned}&F=\sqrt{F_x^2+F_y^2+F_z^2}\\&\cos\alpha=\frac{F_x}{F},\cos\beta=\frac{F_y}{F},\cos\gamma=\frac{F_z}{F}\end{aligned}\right\}\qquad(1-8)$$

若力 $\boldsymbol{F}$ 位于某平面内，则可将该平面取为 Oxy 坐标面。此时，只需将式（1－6）和式（1－8）中 F_z 令为 0，即可得力在平面坐标轴上的投影。

【例 1－1】 如图 1－11 所示，在长方体上作用有三个力 $\boldsymbol{F}_1$、$\boldsymbol{F}_2$ 和 $\boldsymbol{F}_3$，其大小分别为 $F_1=2\text{kN}$，$F_2=1\text{kN}$，$F_3=5\text{kN}$。试分别计算这三个力在坐标轴 x、y、z 上的投影。

解：（1）力 $\boldsymbol{F}_1$ 与 z 轴同向，故其在坐标轴 x、y、z 上的投影为

$$F_{1x}=0,F_{1y}=0,F_{1z}=2\text{kN}$$

（2）力 $\boldsymbol{F}_2$ 在 x、y、z 轴上的投影可用直接投影法，由式（1－6）可得

$$F_{2x}=F_2\frac{a}{\sqrt{5}a}=\frac{1}{\sqrt{5}}\times1\approx0.447\text{kN}$$

$$F_{2y}=-F_2\frac{2a}{\sqrt{5}a}=-\frac{2}{\sqrt{5}}\times1\approx-0.894\text{kN}$$

$$F_{2z}=0$$

（3）力 $\boldsymbol{F}_3$ 与 x、y 轴之间的夹角不易求得，而与 z 轴的夹角 γ 以及它在 Oxy 平面上的投影与 x 轴的夹角 φ 却容易求得，可用间接投影法计算其在 x、y、z 轴上的投影，由式（1－7）可得

$$F_{3x}=-F_3\sin\gamma\cos\varphi=-\frac{\sqrt{5}a}{\sqrt{6}a}\frac{a}{\sqrt{5}a}\times5=-\frac{5}{\sqrt{6}}\approx-2.04\text{kN}$$

$$F_{3y}=-F_3\sin\gamma\sin\varphi=-\frac{\sqrt{5}a}{\sqrt{6}a}\frac{2a}{\sqrt{5}a}\times5=-\frac{2\times5}{\sqrt{6}}\approx-4.08\text{kN}$$

$$F_{3z}=F_3\cos\gamma=\frac{a}{\sqrt{6}a}\times5=\frac{5}{\sqrt{6}}\approx2.04\text{kN}$$

1.4 力　矩

1.4.1 力对点之矩（moment of a force about a point）

力可以使物体产生移动和转动效应，其中力的转动效应与力矩有关。力矩的定义式如下：

$$\boldsymbol{M}_O(\boldsymbol{F})=\boldsymbol{r}\times\boldsymbol{F} \tag{1-9}$$

式中：$\boldsymbol{M}_O(\boldsymbol{F})$ 为力 $\boldsymbol{F}$ 对 O 点之矩，点 O 称为**矩心**（center of moment）；$\boldsymbol{r}$ 为力 $\boldsymbol{F}$ 作用点到矩心的**矢径**（position vector），如图 1-12 所示。

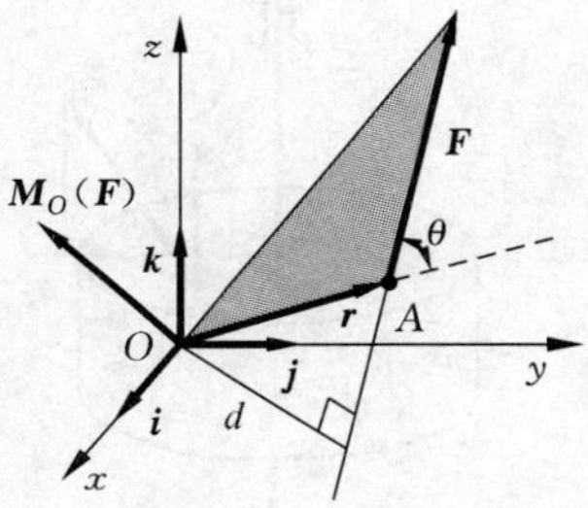

图 1-12

也就是说，力对空间任一点之矩等于该力作用点相对于矩心的矢径与力矢的矢积。

过矩心 O 取直角坐标系 $Oxyz$，并设力的作用点的坐标为（x，y，z），力在坐标轴上的投影为 F_x、F_y 和 F_z，则式（1-9）可表示为

$$\begin{aligned}\boldsymbol{M}_O(\boldsymbol{F})&=(x\boldsymbol{i}+y\boldsymbol{j}+z\boldsymbol{k})\times(F_x\boldsymbol{i}+F_y\boldsymbol{j}+F_z\boldsymbol{k})\\&=(yF_z-zF_y)\boldsymbol{i}+(zF_x-xF_z)\boldsymbol{j}+(xF_y-yF_x)\boldsymbol{k}\end{aligned} \tag{1-10}$$

也可用行列式表示为

$$\boldsymbol{M}_O(\boldsymbol{F})=\begin{vmatrix}\boldsymbol{i}&\boldsymbol{j}&\boldsymbol{k}\\x&y&z\\F_x&F_y&F_z\end{vmatrix} \tag{1-11}$$

力对点之矩是矢量，方向可由高等数学中的矢量叉乘法则或物理学中的右手定则确定，而其大小为

$$|\boldsymbol{M}_O(\boldsymbol{F})|=|\boldsymbol{r}\times\boldsymbol{F}|=rF\sin\theta=Fd \tag{1-12}$$

式中：θ 为力 $\boldsymbol{F}$ 和矢径 $\boldsymbol{r}$ 的夹角；d 为矩心 O 到力 $\boldsymbol{F}$ 作用线的距离，$d=r\sin\theta$，称为**力臂**（arm of force）。

容易验证，$\boldsymbol{M}_O(\boldsymbol{F})$ 的大小等于图 1-12 中阴影部分面积的两倍。力对点之矩 $\boldsymbol{M}_O(\boldsymbol{F})$ 与矩心的位置有关，是**定点矢量**（fixed vector）。

在平面力系问题中，力对力系所在平面（如 Oxy 平面）内任一点之矩的方向总是垂直于该平面。此时，式（1-10）退化为

$$M_O(\boldsymbol{F})=xF_y-yF_x \tag{1-13}$$

平面力系问题中的力对点之矩是代数量，并规定：若力矩使物体绕矩心有逆时针转动或转动趋势时，其值为正；反之为负。为了区分不同问题中的力对点之矩，通常将**平面力系问题中，力对点之矩简称为力矩；空间力系问题中，力对点之矩简称为力**

矩矢。

1.4.2 力对轴之矩（moment of a force about an axis）

力对轴之矩可以用于度量力使物体绕轴转动的效应，其定义为：力对某轴之矩等于这个力在垂直于此轴的平面上的投影对该轴与此平面的交点之矩。

现根据定义，计算力 $\boldsymbol{F}$ 对 z 轴的矩。如图 1－13 所示，将力 $\boldsymbol{F}$ 分解为平行于 z 轴的分力 $\boldsymbol{F}_z$ 和垂直于 z 轴的分力 $\boldsymbol{F}_{xy}$，并过 $\boldsymbol{F}_{xy}$ 所在的作用线作与 z 轴垂直的平面，该平面与 z 轴的交点设为 O。于是，力 $\boldsymbol{F}$ 对 z 轴之矩就等于分力 $\boldsymbol{F}_{xy}$ 对 O 点之矩，即

$$M_z(\boldsymbol{F})=M_O(\boldsymbol{F}_{xy})=\pm F_{xy}h \tag{1-14}$$

式中：h 为 O 点到分力 $\boldsymbol{F}_{xy}$ 作用线的垂直距离。

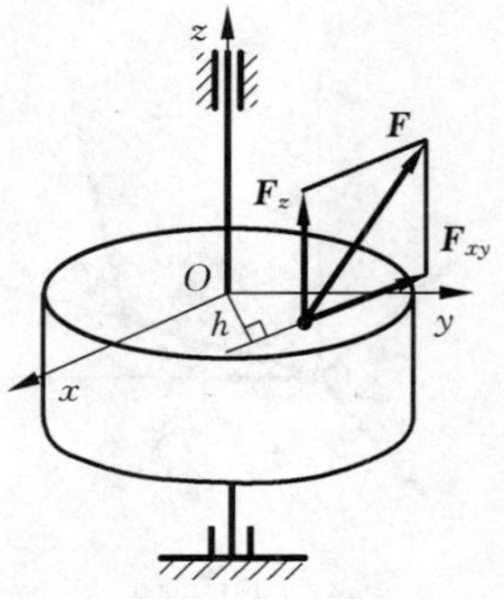

图 1－13

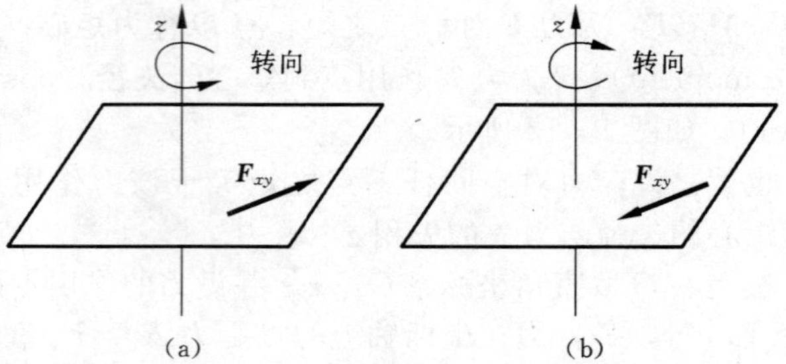

图 1－14

力对轴之矩是代数量，其正负号按如下规则确定：从 z 轴正向沿 z 轴观察，若 $\boldsymbol{F}_{xy}$ 使物体绕 z 轴有逆时针转动趋势时，取正号，见图 1－14（a）；反之，取负号，见图 1－14（b）。

由式（1－14）不难证明，如果一个力与某轴平行或相交，则这个力对该轴之矩等于零。

力矩、力矩矢以及力对轴之矩的单位相同，在国际单位制（SI）中表示为牛·米（N·m）或千牛·米（kN·m）等。

1.4.3 力对点之矩与力对轴之矩的关系

力对点之矩和力轴之矩都是力对物体转动效应的度量，那么它们之间是否存在联系，存在怎样的联系呢？

设在直角坐标系 $Oxyz$ 中，力 $\boldsymbol{F}$ 在坐标轴上的投影为 F_x、F_y 和 F_z，其作用点 A 的坐标为（x，y，z），如图 1－15 所示。考虑到式（1－13），则力 $\boldsymbol{F}$ 对 z 轴之矩为

$$M_z(\boldsymbol{F})=M_O(\boldsymbol{F}_{xy})=xF_y-yF_x \tag{1-15}$$

同理，力 $\boldsymbol{F}$ 对 x 轴和 y 轴之矩分别为

$$M_x(\boldsymbol{F})=yF_z-zF_y, M_y(\boldsymbol{F})=zF_x-xF_z \tag{1-16}$$

比较式（1－10）与式（1－15）和式（1－16）可知，$\boldsymbol{M}_O(\boldsymbol{F})$ 在各轴上的投影等于力 $\boldsymbol{F}$ 对相应轴之矩。由于 x、y、z 是任取的，故可得如下结论：**力对某点之矩在经过该点的任一轴上的投影等于这个力对该轴之矩。**

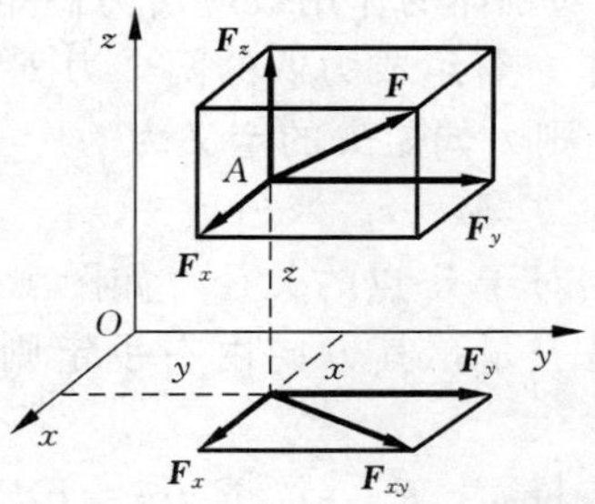

图 1-15

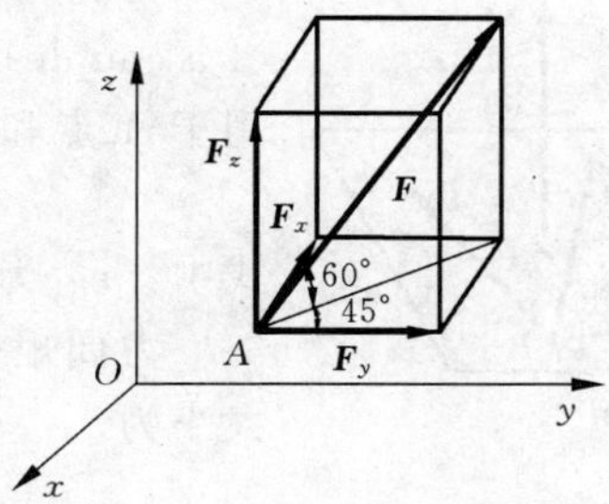

图 1-16

【例 1-2】 已知 $F=20\text{N}$，作用点 A 的坐标为（-400mm，500mm，300mm），如图 1-16 所示，分别求出力 $\boldsymbol{F}$ 对坐标轴 x、y、z 之矩。

解： 本题既可以应用力对轴之矩的定义进行计算，也可以根据式（1-15）和式（1-16）进行计算，这里采用后者。力 $\boldsymbol{F}$ 沿三个坐标轴的投影分别为

$$F_x=-F\cos60°\sin45°\approx-7.07\text{N}$$
$$F_y=F\cos60°\cos45°\approx7.07\text{N}$$
$$F_z=F\sin60°\approx17.32\text{N}$$

由式（1-15）和式（1-16），力 $\boldsymbol{F}$ 对三个坐标轴的力矩分别为

$$M_x(\boldsymbol{F})=yF_z-zF_y=0.5\times17.32-0.3\times7.07\approx6.54\text{N}\cdot\text{m}$$
$$M_y(\boldsymbol{F})=zF_x-xF_z=-0.3\times7.07+0.4\times17.32\approx4.81\text{N}\cdot\text{m}$$
$$M_z(\boldsymbol{F})=xF_y-yF_x=-0.4\times7.07+0.5\times7.07\approx0.71\text{N}\cdot\text{m}$$

1.5　力　　偶

由大小相等、方向相反且不共线的两个力组成的力系，称为**力偶**（couple）。若组成力偶的两个力分别记为 $\boldsymbol{F}$ 和 $\boldsymbol{F}'$，则力偶可用记号（$\boldsymbol{F}$，$\boldsymbol{F}'$）表示。组成力偶的两个力之间的垂直距离称为**力偶臂**（arm of a couple），力偶所在的平面称为**力偶作用面**（acting plane of a couple）。力偶可以使刚体产生转动或转动的趋势。例如，司机用双手转动方向盘驾驶汽车（图 1-17），钳工用丝锥攻螺纹（图 1-18），人们用两个手指拧动水龙头等。这些动作都有一个共同的特点，就是在物体上施加了大小相等、方向相反且不共线的两个力，即施加了力偶，从而使物体产生转动。

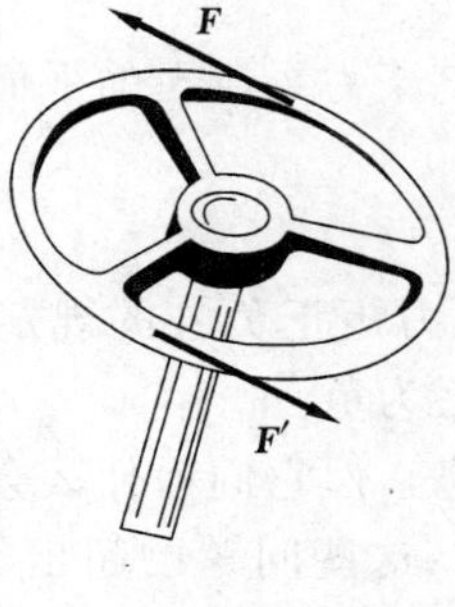

图 1-17

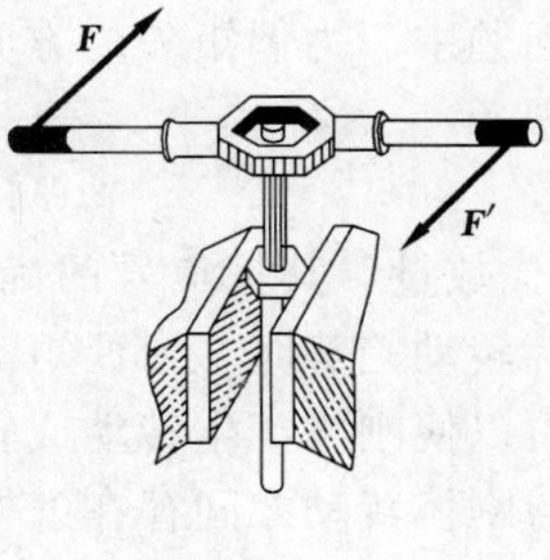

图 1-18

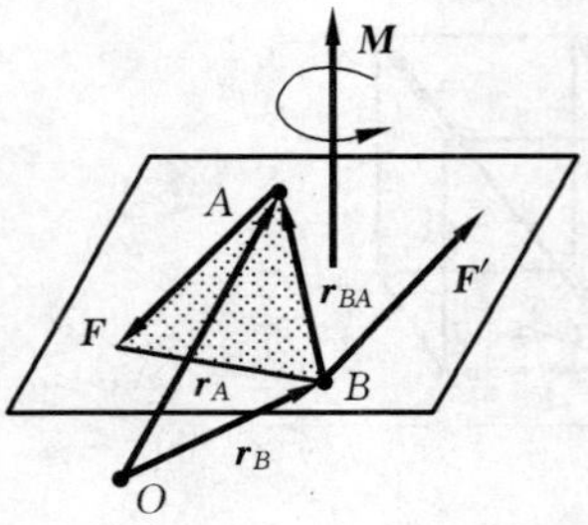

图 1-19

力偶（$\boldsymbol{F}$，$\boldsymbol{F}'$）对刚体的作用效应由**力偶矩矢**（moment of a couple）来度量。若组成力偶的两个力 $\boldsymbol{F}$ 和 $\boldsymbol{F}'$ 分别作用于 A 点和 B 点，则力偶矩矢的定义为

$$\boldsymbol{M}=\boldsymbol{r}_{BA}\times\boldsymbol{F} \tag{1-17}$$

式中：$\boldsymbol{r}_{BA}$ 为 A 点相对于 B 点的矢径，如图 1-19 所示。

力偶矩矢 $\boldsymbol{M}$ 是矢量，其方向由右手定则确定，而其大小为

$$|\boldsymbol{M}|=|\boldsymbol{r}_{BA}\times\boldsymbol{F}|=r_{BA}F\sin\theta=Fd \tag{1-18}$$

式中：θ 为力 $\boldsymbol{F}$ 和矢径 $\boldsymbol{r}_{BA}$ 的夹角；d 为两力之间的垂直距离，即力偶臂，$d=r_{BA}\sin\theta$。

容易验证，力偶矩矢的大小等于图 1-19 中阴影部分面积的两倍。

力偶对刚体的作用效果取决于**力偶三要素**（three elements of a couple），即力偶矩矢的大小、力偶作用面所在的方位和力偶在作用面内的转动方向。

力偶有如下一些性质：

(1) 力偶是由两个力组成的特殊力系，力偶没有合力，它的作用效应不能由一个力来等效。因此，力偶与力共同构成了静力学的基本量。

(2) 组成力偶的两个力对空间任一点之矩的矢量和等于力偶矩矢。

证明：设 O 为空间任一点，如图 1-19 所示。力偶（$\boldsymbol{F}$，$\boldsymbol{F}'$）中的两个力对 O 点之矩的矢量和为

$$\boldsymbol{M}_O(\boldsymbol{F},\boldsymbol{F}')=\boldsymbol{M}_O(\boldsymbol{F})+\boldsymbol{M}_O(\boldsymbol{F}')=\boldsymbol{r}_A\times\boldsymbol{F}+\boldsymbol{r}_B\times\boldsymbol{F}'$$

由于 $\boldsymbol{F}'=-\boldsymbol{F}$，故上式可改写为

$$\boldsymbol{M}_O(\boldsymbol{F},\boldsymbol{F}')=(\boldsymbol{r}_A-\boldsymbol{r}_B)\times\boldsymbol{F}=\boldsymbol{r}_{BA}\times\boldsymbol{F}$$

故性质 2 成立。

(3) 力偶对刚体的作用效应取决于力偶矩矢，故力偶矩矢相等的两个力偶等效。据此可知：

1) 力偶可在其作用面内及与其作用面平行的平面内任意搬动和转动，而不改变其对刚体的作用效应。由此可见，力偶矩矢是**自由矢量**（free vector）。

2) 只要力偶矩矢保持不变，可以同时改变组成力偶的力和力臂，而不改变力偶对刚体的作用效应。

在平面力系问题中，力偶矩矢的方向总是垂直于力系所在的平面，其作用效应用力偶矩来表示，即

$$M=\pm Fd$$

力偶矩 M 是代数量，其正负号的确定方法与力矩正负号的规定类似，即，若力偶使刚体有逆时针转动趋势时，力偶矩为正；反之为负。

力和力偶都可以使刚体产生转动或转动的趋势，但它们为什么会使刚体产生转动效应，以及它们与刚体转动之间存在怎样的关系？这些问题已超出了静力学的范畴，将在动力学中加以研究。

1.6　约 束 与 约 束 力

位移不受任何限制的物体，称为**自由体**（free body）。如飞行的飞机、导弹、火箭等，它们在空间的位移不受任何限制，是自由体。位移受到某些限制的物体，称为**非自由体**（constraint body）。如路面上行驶的汽车、沿铁轨运行的列车、悬挂的重物等，它们的运动在某一个方向或几个方向受到了限制，因此它们是非自由体。对非自由体的位移起限制作用的物体，称为**约束**（constraint）。如地面对于汽车、铁轨对于列车、绳索对于悬挂的重物等，都是约束。

约束之所以能够限制物体的运动或位移，是因为约束对被限制的物体施加了力，这个力称为**约束力**（constraint force）。约束力具有力的一切特征，其大小一般是未知的，而其方向总是与该约束所能阻碍的位移方向相反，其作用点就是约束与被约束物体的接触点。

实际约束的受力情况受加工精度、装配误差、润滑条件、温度等多种因素的影响。在忽略次要因素的条件下，下面介绍几种在工程中常见的理想化约束及相应的约束力。

1.6.1　光滑接触面（smooth surface）

当忽略两物体接触面间的摩擦时，此接触面称为光滑接触面。图 1－20 中给出了三种类型的光滑接触和相应的约束力。光滑接触面的存在，阻止了被约束的物体沿着通过接触点的公法线趋向接触面的运动。因此，光滑接触面的约束力**通过接触点，并沿两接触面的公法线方向，指向被约束的物体。**

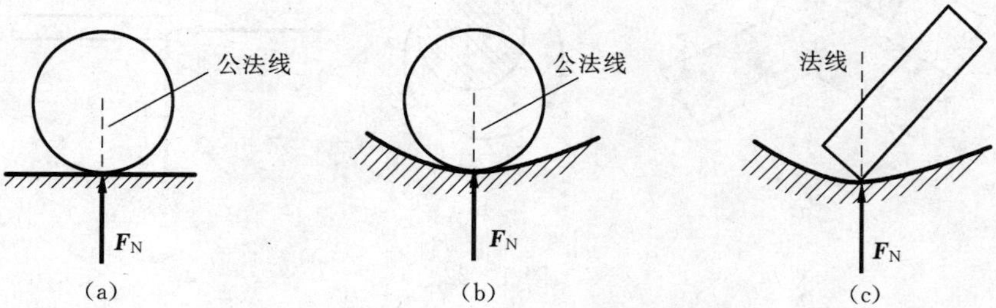

图 1－20

1.6.2　柔索（flexible cable）

绳索、链条、皮带等属于柔索约束。当所系物体有背离柔索运动趋势时，柔索将对所系物体施加一拉力，该拉力就是柔索对所系物体的约束力。该约束力的特点是：**通过柔索与所系物体的接触点，方向沿柔索中心线而背离被约束物体，**如图 1－21（a）、（b）所示。

1.6.3　光滑圆柱形铰链约束（hinged connection）

1. 铰接（pinned connection）

两个构件用光滑圆柱形销钉连接起来，这种约束称为铰链连接，简称**铰接，**如图 1－22（a）所示。图 1－22（b）示意性地描述了销钉与孔接触的情形。销钉可在孔内

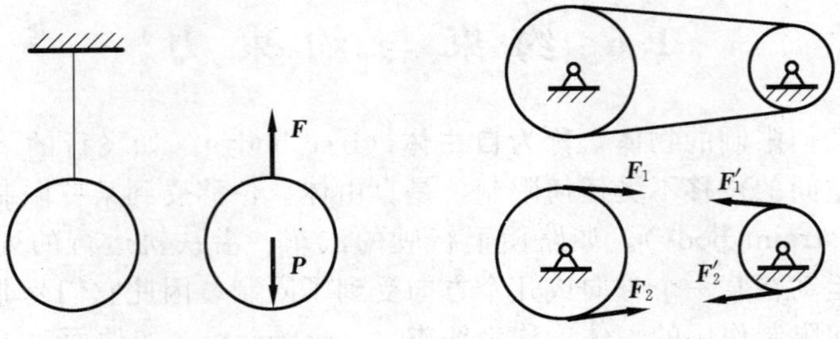

(a) (b)

图 1-21

任意转动，也可沿孔的中心线移动。当两构件中的某一构件（称为构件 1）在径向方向相对于另一构件（称为构件 2）有相对运动趋势时，构件 2 就通过销钉对构件 1 施加力以阻碍它的运动，这个力就是约束力，记为 $\boldsymbol{F}_A$；销钉与构件 1 的接触点就是约束力 $\boldsymbol{F}_A$ 的作用点，其方向沿销钉与构件 1 的接触面的公法线方向，并与构件 1 的运动趋势相反。当构件 1 相对于构件 2 具有不同的运动趋势时，销钉与构件 1 的接触点也就不同，相应约束力的方向也将发生变化。然而，无论约束力的方向如何，它的作用线必垂直于销钉轴线并通过轴心。在等效的原则下，这样一个方向不能预先确定的约束力 $\boldsymbol{F}_A$，**通常可用通过销钉轴心的两个大小未知的正交分力 $\boldsymbol{F}_{Ax}$ 和 $\boldsymbol{F}_{Ay}$ 来表示**，如图 1-22（c）所示。

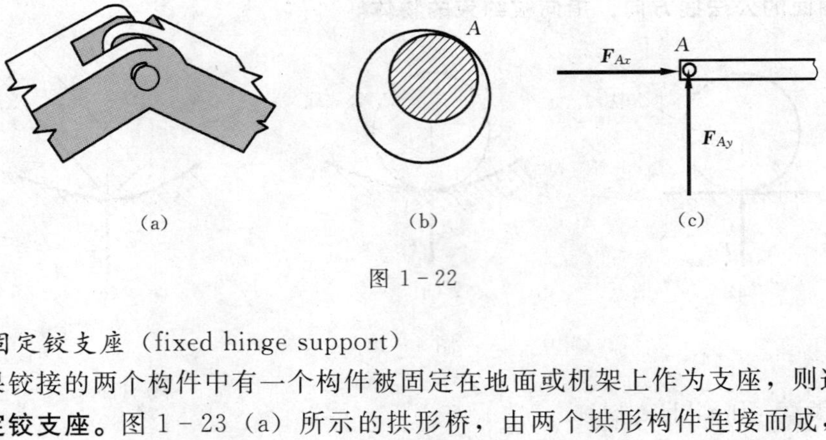

(a) (b) (c)

图 1-22

2. 固定铰支座（fixed hinge support）

如果铰接的两个构件中有一个构件被固定在地面或机架上作为支座，则这种约束称为**固定铰支座**。图 1-23（a）所示的拱形桥，由两个拱形构件连接而成，其中 C

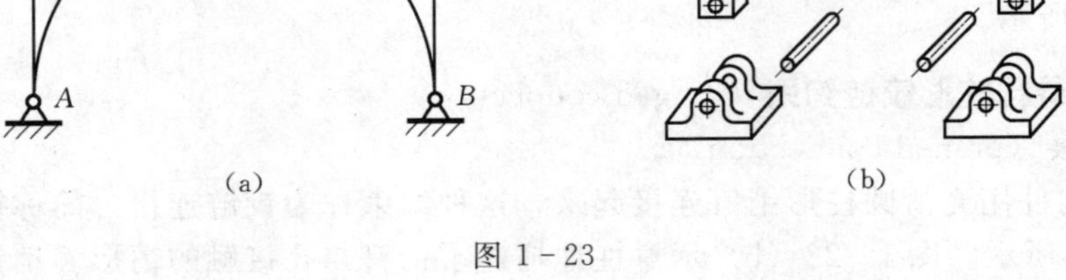

(a) (b)

图 1-23

处为圆柱铰链连接（即铰接），在 A、B 两处为固定铰支座。图 1－23（b）为拱形桥各构件的示意图。图 1－24（a）、（b）、（c）是固定铰支座的常用简化表示法，其约束力的表示法如图 1－24（d）所示。

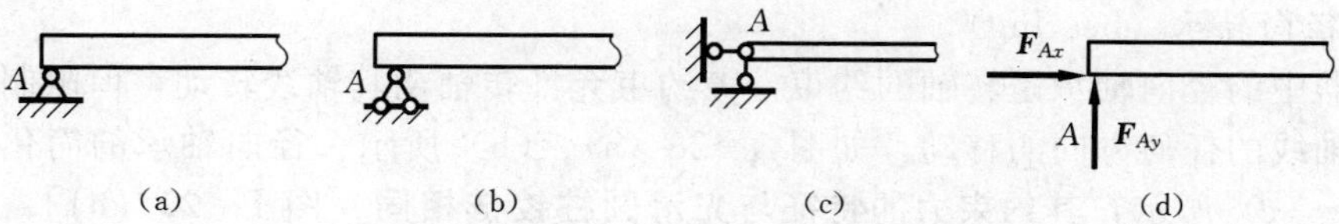

图 1－24

3. 可动铰支座（roller support）

将构件用销钉与支座连接，而支座可以沿着支承面运动，这样的约束称为可动铰支座，又称为辊轴支座。图 1－25 是可动铰支座的示意图；图 1－26（a）、（b）是可动铰支座的常用简化表示法。可动铰支座不限制被约束物体沿着支承面的运动，但限制其在垂直于支承面的方向上的运动。因此，**可动铰支座的约束力通过销钉中心，垂直于支承面，指向不定。**图 1－26（c）是可动铰支座约束力的表示法。

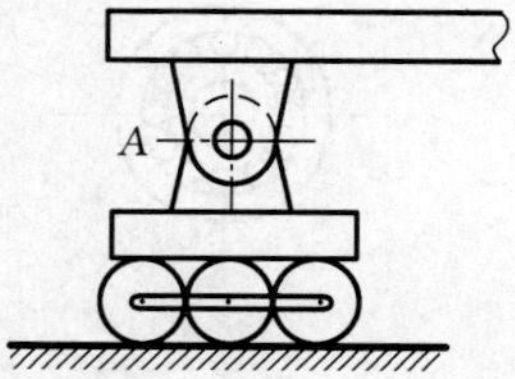

图 1－25

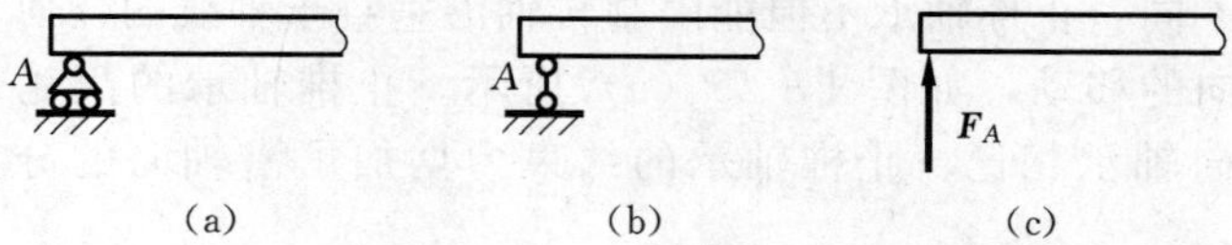

图 1－26

1.6.4　球铰支座（smooth ball and socket support）

物体的一端做成球形，固定的支座做成一球窝，将物体的球形端置入支座的球窝内，则构成球铰支座，如图 1－27（a）所示。图 1－27（b）、（c）给出了球铰支座的简图。球铰支座是空间问题中的约束，在球铰支座约束下，被约束物体在接触点处不能沿着任何方向移动。也就是说，当被约束物体有远离球铰支座运动趋势时，该支座将对其施加一个与运动趋势方向相反的力，以阻止被约束物体的运动。该力就是球铰支座所施加的约束力。当被约束物体有不同的运动趋势时，该约束力的方向也将不

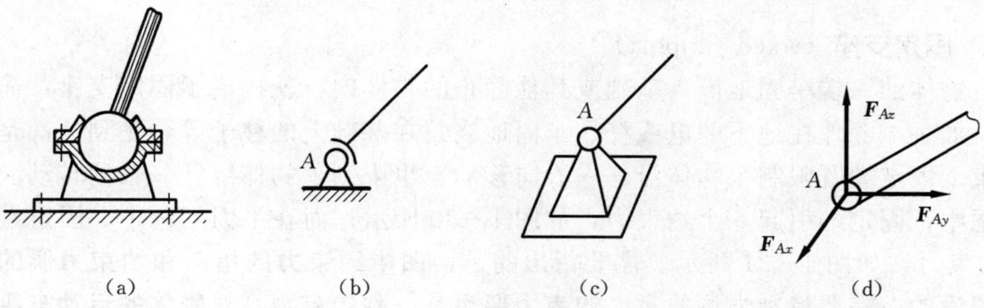

图 1－27

同。因此，**常用三个相互正交的分力 F_{Ax}、F_{Ay}、F_{Az} 来表示球铰支座的约束力**，见图1-27（d）。

1.6.5 径向轴承与止推轴承

1. 径向轴承（bearing）

机器中的径向轴承是转轴的约束。该约束允许转轴绕其轴线转动，但限制转轴沿垂直于轴线的任何方向的移动，如图1-28（a）、（b）所示。径向轴承的简化表示如图1-28（c）所示，**其约束力的特征与光滑圆柱铰链相同［图1-22（b）］，可用垂直于轴线的两个相互垂直的分力 F_{Ax} 和 F_{Az} 来表示**，如图1-28（d）所示。

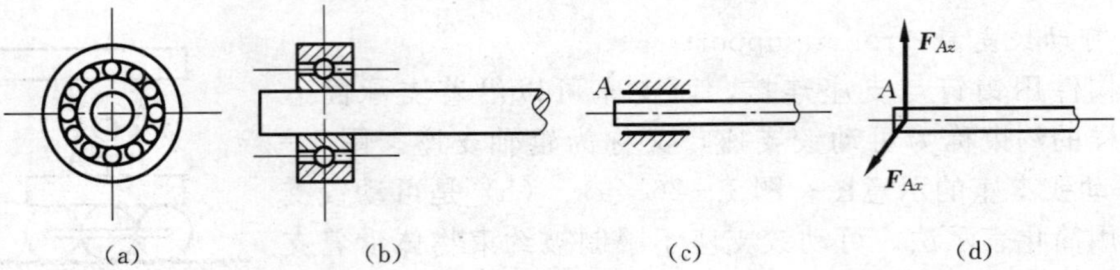

图 1-28

2. 止推轴承（step bearing）

与径向轴承不同，止推轴承不但能限制转轴沿垂直于轴线的任何方向移动，还能限制转轴沿其轴向的移动，如图1-29（a）所示。止推轴承的简化表示如图1-29（b）所示。与径向轴承相比，止推轴承的约束力增加了沿轴向的分力，如图1-29（c）所示。

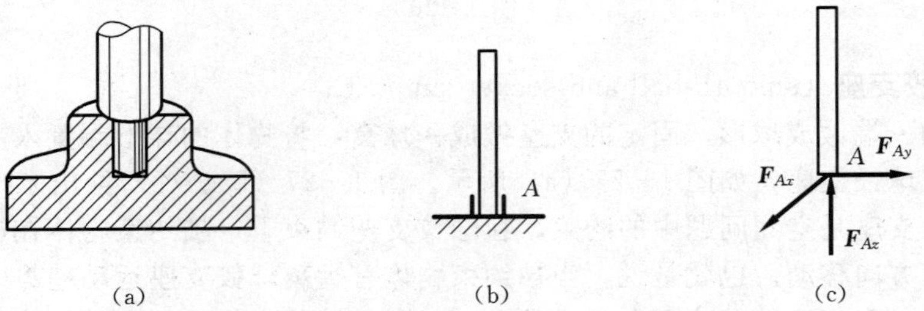

图 1-29

1.6.6 固定支座（fixed support）

将物体的一端牢固地嵌入基础或其他静止的物体内，就构成了固定支座，简称固定端。如一端深埋在地下的电线杆、牢固地浇筑在基础上的柱子等，受到的都是固定端约束。固定端既限制了物体沿任一方向移动，也限制了物体绕任一轴的转动。在空间问题中，固定端引起6个约束力，如图1-30所示；而在平面问题中，固定端引起3个约束力，如图1-31所示。需要指出的是，**图中约束力的指向和约束力偶的转向都是假设的。**需要特别强调的是，**约束力偶也是一种约束力，对物体的运动与平衡有着重要的影响，分析时不可遗漏。**

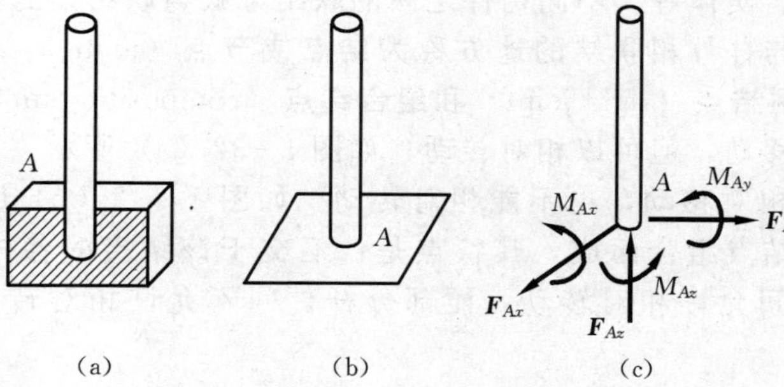

图 1 - 30

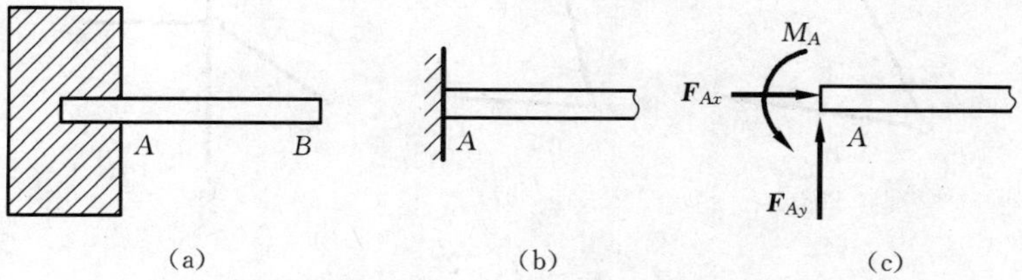

图 1 - 31

上面给出了工程实践中的一些理想化的约束。实际问题中的约束有时更为复杂，如摩擦、基础变形等因素，都有可能造成约束力的变化。一般来说，对于复杂约束的分析应从两个方面入手：①注重对约束内部构造的分析；②注重约束对被约束物体作用效应的分析，即运动分析。

对约束和约束力的正确认识和准确理解是进一步学习力学知识的基础之一。初学时，应努力做到：①看到什么样的约束，会画什么样的约束力；②根据约束的性质来画约束力，切忌想当然。

1.7 计算简图和示力图

1.7.1 计算简图

实际工程结构或机构一般颇为复杂。在力学分析时，往往需要根据问题的要求，对其进行必要的简化，并用图形表示出来，所得的简化图形称为**计算简图**（sketch for calculation）。

将实际结构或机构简化为计算简图时，一般需遵循如下两个原则：

(1) 尽可能地符合实际：保留主要因素，略去次要因素，使计算简图尽可能符合实际结构的工作状态及其主要受力特征。即遵循“**存本去末**”的简化原则。

(2) 尽可能地简便直观：计算简图在符合实际的情况下应尽可能简单，以利于力学分析和计算。即遵循“**计算简便**”的简化原则。

在上述两个原则的基础上，一般从结构的形态与构造、结构所受到的约束与荷载等方面进行简化。在结构的形态方面，应根据构件特征将其进行分类，如杆、梁、柱、壳、实体等。不同构件之间的联结方式与联结处的构造有关。在杆系结构中，杆件与杆件相联结的地方称为**结点**或**节点**（joint），常可分为**铰结点**（hinged joint）、**刚结点**（rigid joint）和**组合结点**（composite joint）。在铰结点处，杆件间不能相对移动，但可以相对转动，如图 1-32（a）所示。在刚结点处，杆件之间，既不能相对移动，也不能相对转动，如图 1-32（b）所示。组合结点是由铰结点和刚结点组合而成，其特点是：汇交于该结点的各杆不允许相对移动，但部分杆件间允许相对转动，而部分杆件间不允许相对转动，如图 1-32（c）所示。

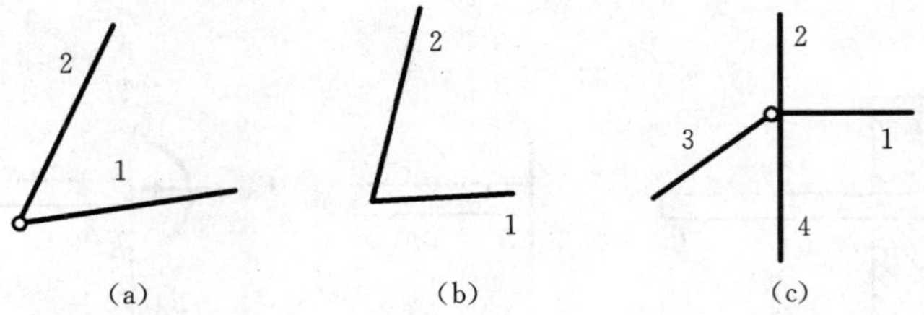

图 1-32

作用在物体上的力可分为两类：一类是使物体运动或使物体有运动趋势的**主动力**（active force），如结构的自重、作用在结构上的人群荷载、设备荷载等；另一类是阻碍物体运动的**被动力**，被动力又称为约束力，如在本章第 6 节中介绍的各种约束力。通常把作用在结构上的主动力称为**荷载**（load），作用在结构上的荷载按荷载的分布情况可分为分布力和集中力。

（1）**分布力**（distributed force）。它指分布作用于物体体内或物体表面上的荷载，前者称为**体力**，如重力等；后者称为**面力**，如水对坝面的作用力等。当分布力的作用线彼此平行时，称为**平行分布力**。平行分布力若沿着一狭长范围分布，则可简化为**线分布力**，如梁的重力可简化为沿梁轴线分布的线分布力。单位长度、单位面积或单位体积上所受的力，称为分布力的**集度**（intensity）。如果分布力的集度处处相同，则称为**均布力**或**均布荷载**；否则称为**非均布力**或**非均布荷载**。

（2）**集中力**（concentrated force）。一般来说，荷载总是分布在一定的面积上。当荷载的作用面积较小且可以忽略时，即作用面积可抽象为一个点，则称该荷载为集中力。

下面通过一个例子来说明如何简化实际结构。

图 1-33（a）所示为三角形屋架。由构件的形态可知，三角形屋架为杆系结构。由于三角形屋架各杆件之间可以存在微小的转动，因此可将不同构件间的节点理想化为铰结点。三角形屋架在其两端受到柱子的支撑，限制了三角屋架竖直运动和水平运动，可将其抽象为一端是固定铰支座，一端是可动铰支座。而屋架所受的荷载由其所处的环境或工况决定，主要包括由屋面传来的重力 $\boldsymbol{P}$、风荷载 $\boldsymbol{F}_Q$ 等。于是，可得计算简图如图 1-33（b）所示。

1.7.2 物体的受力分析

实际结构的计算简图往往由多个物体或构件组成，称为**整体**或**系统**。为了分析系

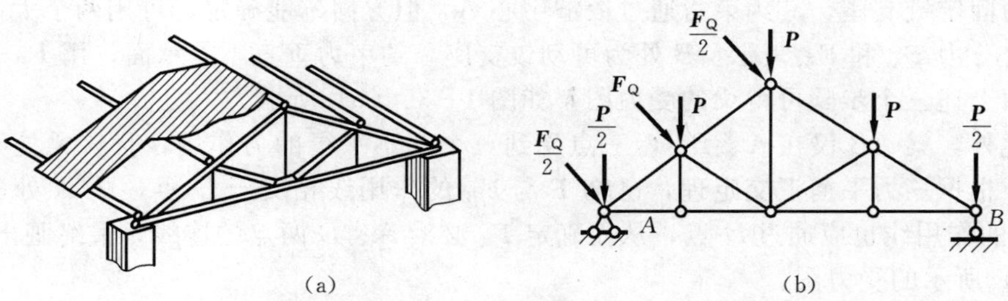

图 1-33

统中某个物体或几个物体的受力情况，须将它或它们从整个系统中分离出来，并单独画出其简图。这个步骤称为选取**研究对象**（studied object）或**分离体**（isolated body）。在分离体上画出其受到的全部作用力（包括主动力和约束力），所得到的图形称为**示力图或受力图**（free-body diagram）。下面结合具体例子说明如何作物体的受力图。

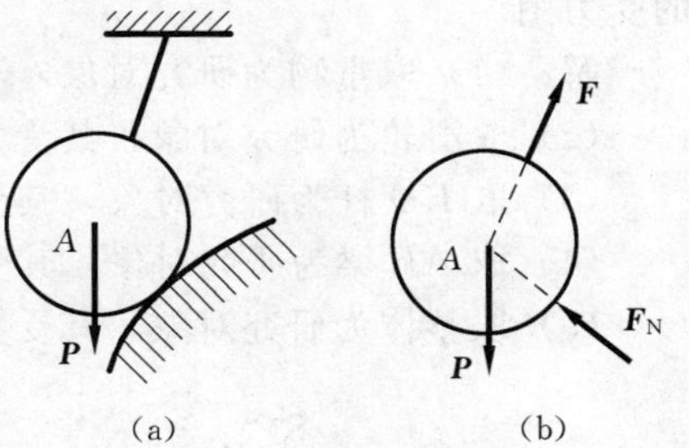

图 1-34

【例 1-3】 小球 A 的重力为 $\boldsymbol{P}$，由光滑曲面及绳子维持平衡，如图 1-34（a）所示，试画出小球 A 的受力图。

解：（1）取小球 A 为研究对象，并单独将其画出（取分离体）。

（2）画主动力。在小球 A 的重心处画重力 $\boldsymbol{P}$。

（3）画约束力。在受约束处，根据约束类型画出约束力。其中，绳子的拉力为 $\boldsymbol{F}$，光滑接触面的法向约束力为 $\boldsymbol{F}_N$，它们的作用线均通过球心。

由上述三个步骤可得小球的受力图，如图 1-34（b）所示。

【例 1-4】 简支梁 AB 的 A 端为固定铰支座，B 端为可动铰支座，在跨中受集中力 $\boldsymbol{F}$ 的作用，如图 1-35（a）所示，试画出该梁的受力图。

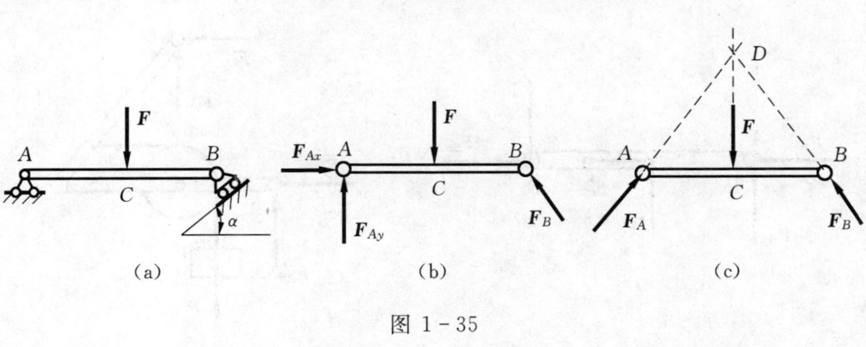

图 1-35

解：（1）取 AB 梁为研究对象，解除 A、B 两处的约束，并画出其简图。

（2）画主动力。在梁的中点 C 画集中力 $\boldsymbol{F}$。

（3）画约束力。在受约束的 A 处和 B 处，根据约束的类型画出约束力。其中，

A 处为固定铰支座，其约束力通过铰链中心 A，但方向不能确定，可用两个大小未知的正交分力 $\boldsymbol{F}_{Ax}$ 和 $\boldsymbol{F}_{Ay}$ 表示。B 处为可动铰支座，约束力垂直于支承面，用 $\boldsymbol{F}_B$ 表示。

由上述三个步骤可得梁的受力图，如图 1-35（b）所示。

此外，梁 AB 仅在 A、B、C 三点受到三个互不平行的力作用，且该梁处于平衡状态。根据三力平衡汇交定理，已知 $\boldsymbol{F}$ 与 $\boldsymbol{F}_B$ 的作用线相交于 D 点，故 A 处的约束力 $\boldsymbol{F}_A$ 的作用线也应通过 D 点，从而确定 $\boldsymbol{F}_A$ 必沿 A、D 两点的连线，最终画出图 1-35（c）所示的受力图。

图 1-35（b）、（c）均为梁 AB 完整的、正确的受力图。

【例 1-5】 图 1-36（a）所示结构中，AB 为一横梁，其上的 C 处安装一个滑轮。绳子绕过该滑轮，一端系着重物，另一端系于 BD 杆的 E 点。A、B、D 均为铰链，梁 AB、滑轮 C 及杆 BD 重量不计。试画出重物、滑轮、梁 AB、杆 BD 及整体的受力图。

解：（1）取重物为研究对象，其受力如图 1-36（b）所示。

（2）取滑轮为研究对象，其受力如图 1-36（c）所示。

（3）取 BD 杆为研究对象，其受力如图 1-36（d）所示。

（4）取 AB 梁为研究对象，其受力如图 1-36（e）所示。

（5）取整体为研究对象，其受力如图 1-36（f）所示。

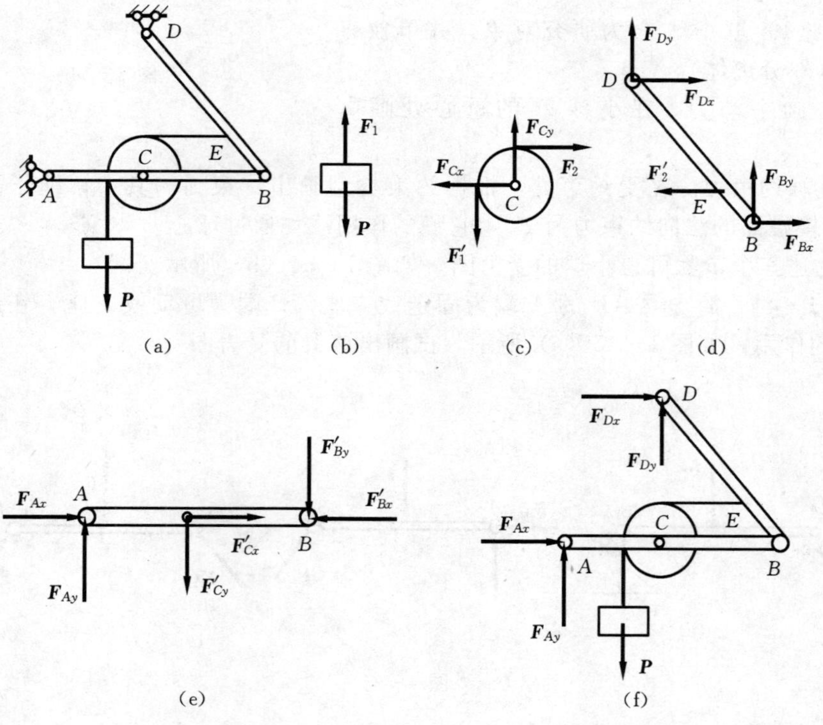

图 1-36

讨论：（1）注意作用力与反作用力，如 $\boldsymbol{F}_{Bx}=-\boldsymbol{F}'_{Bx}$，$\boldsymbol{F}_{By}=-\boldsymbol{F}'_{By}$，$\boldsymbol{F}_{Cx}=-\boldsymbol{F}'_{Cx}$，

$\boldsymbol{F}_{Cy}=-\boldsymbol{F}'_{Cy}$，$\boldsymbol{F}_1=-\boldsymbol{F}'_1$，$\boldsymbol{F}_2=-\boldsymbol{F}'_2$。这些力都成对地作用在整个系统上，对整个系统而言，是**内力**（internal force）。研究系统的平衡问题时，内力对系统的作用效应相互抵消，因此**内力不必画在系统的受力图上。**

（2）系统以外的物体对系统的作用力称为**外力**（external force），在受力图上只需画出外力。在本例中，重力 $\boldsymbol{P}$ 及解除约束处（A 处和 D 处）的约束力都是作用于整个系统的外力。

准确地画出物体的受力图，是解决力学问题的基础。受力图对于解决静力学问题具有极其重要的意义。作受力图时须注意如下几点：

（1）必须明确研究对象。根据问题的需要，确定研究对象，并画出相应的分离体。具体画分离体时，须将它从约束和系统中分离出来，绝不可“分而不离”或“藕断丝连”。此外，画分离体时，还应“尊重”原结构的联结方式。

（2）画出研究对象所受的全部外力。每一个力都有明确的施力物体，既不能多画，也不可遗漏。一般可先画主动力，再画约束力。

（3）主动力偶和约束力偶对物体的运动状态都有影响，是一种广义力。因此，如果物体受主动力偶或约束力偶作用，需在受力图中明确地表示出来，不可遗漏。

（4）凡是研究对象与外界接触的地方，都可能存在约束力。因此，应根据接触处的约束特点画出相应的约束力，切忌想当然。

（5）作受力图时，应注重作用力与反作用力关系的应用；应注意二力构件或二力杆的判别；受力图上的每个力都要标注，在力的标注时应尽量做到“见符号知其义”；此外，由于内力总是成对出现，形成平衡力系，不必画在受力图上。

思　考　题

1－1　判断下列说法是否正确？为什么？

（1）在力的作用下，变形很小的物体就可视为刚体。

（2）作用于物体上的力是定点矢量，作用于刚体上的力是滑移矢量。

（3）力在任一轴上的投影是代数量，其大小等于该力沿此轴方向的分力的大小。

（4）力偶矩矢等于组成力偶的两个力对空间任一点之矩的矢量和，故当力偶矩矢与某力矩矢相等时，两者等效。

（5）作用于物体上的力偶矩矢是自由矢量，因此它可以在物体内任意的移转。

（6）力偶是由两个力组成的力系，它没有合力。

（7）约束是限制其他物体运动的物体，如果被限制的物体没有运动，则没有约束力。

（8）画受力图时，应将研究对象受到的所有力都画出来，包括内力。

1－2　本章中介绍的基本概念有力、力矩和力偶等，试说明三者之间的区别与联系。

1－3 如何将实际工程结构抽象为合理的力学模型？应从哪几个方面入手？试从所在城市或地区选取具有典型意义的建筑物进行实例分析，如桥梁、古建筑等。

1-4 请列出本章中你认为非常重要的一些词语，即关键词。通过这些关键词的选择与理解，不但可以使你加深对本章知识点的理解，还可以将本章的知识点串联起来。

习 题

1-1 圆环固定在墙上，受两绳索的拉力作用，如题1-1图所示。求圆环所受合力的大小与方向。

1-2 欲拔出题1-2图所示的钢桩，在其上作用两力 $\boldsymbol{F}_1$ 和 $\boldsymbol{F}_2$，其中 $F_1=6\text{kN}$。为使其合力竖直作用于钢桩上，求 $\boldsymbol{F}_2$ 及其合力 $\boldsymbol{F}_R$ 的大小。

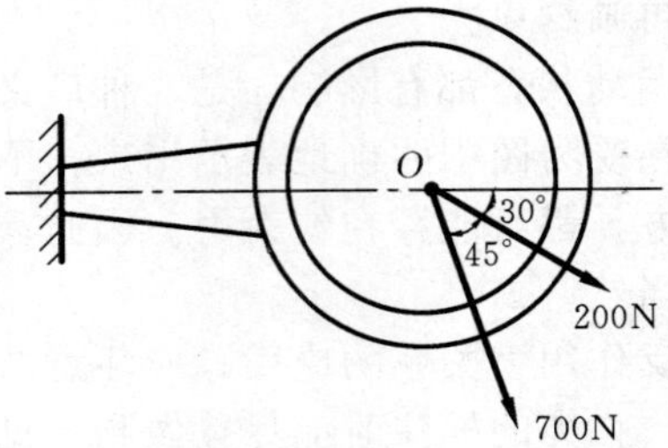

题1-1图

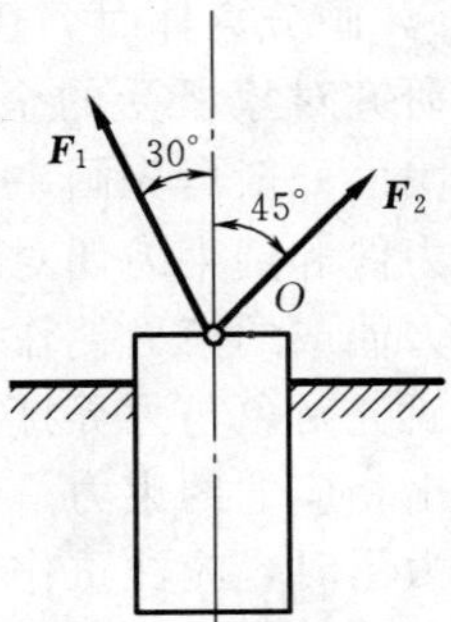

题1-2图

1-3 题1-3图中力 $\boldsymbol{F}$ 的大小为10N，试分析下列问题：

(1) 计算力 $\boldsymbol{F}$ 在 x、y 轴上的投影以及力 $\boldsymbol{F}$ 沿 x、y 轴分解的分力的大小。

(2) 计算力 $\boldsymbol{F}$ 在 x'、y'轴上的投影以及力 $\boldsymbol{F}$ 沿 x'、y'轴分解的分力的大小。

(3) 比较 (1) 和 (2) 的计算结果，说明分力与投影的区别。

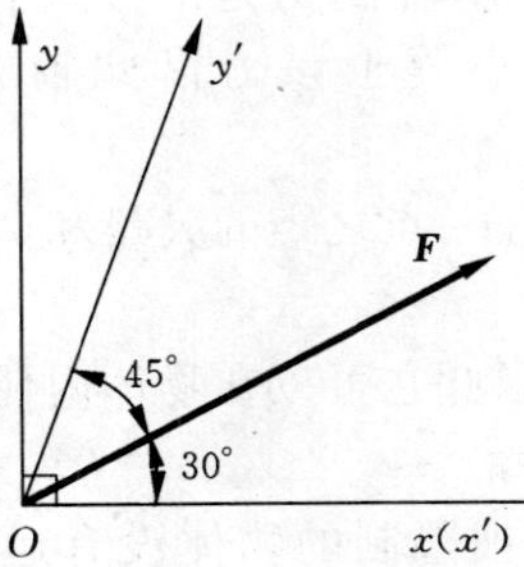

题1-3图

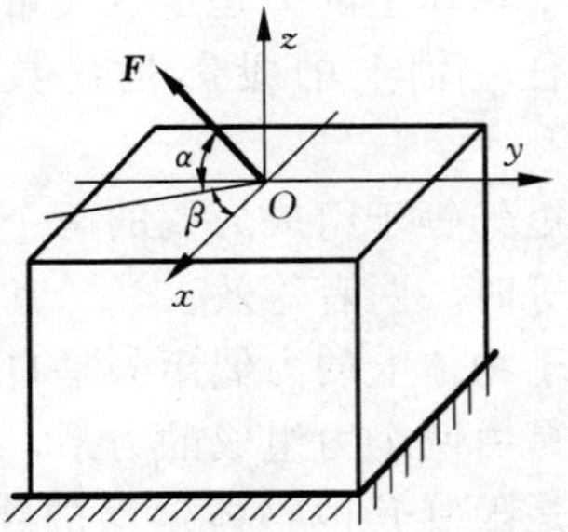

题1-4图

1-4 如题1-4图所示，立柱上作用的力 $F=100\text{N}$，力 $\boldsymbol{F}$ 与其在 Oxy 平面内投影的夹角 $\alpha=45°$，该投影与 x 轴的夹角 $\beta=30°$。求力 $\boldsymbol{F}$ 在三坐标轴上的投影。

1-5 如题1-5图所示，在悬臂梁的自由端作用两个力 $\boldsymbol{F}_1$ 和 $\boldsymbol{F}_2$，试分别求出这两个力对梁上 O 点的力矩。

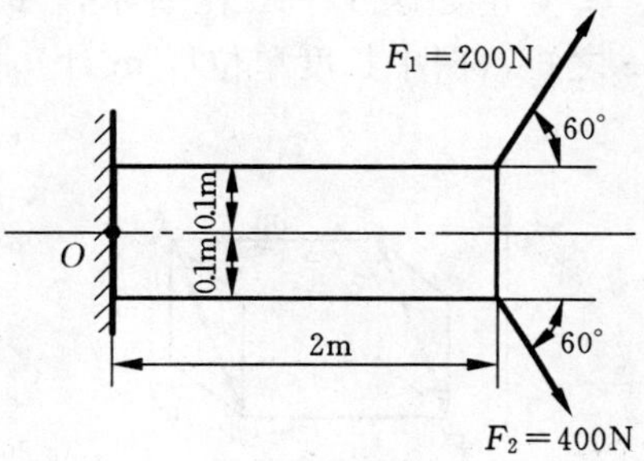

题 1-5 图

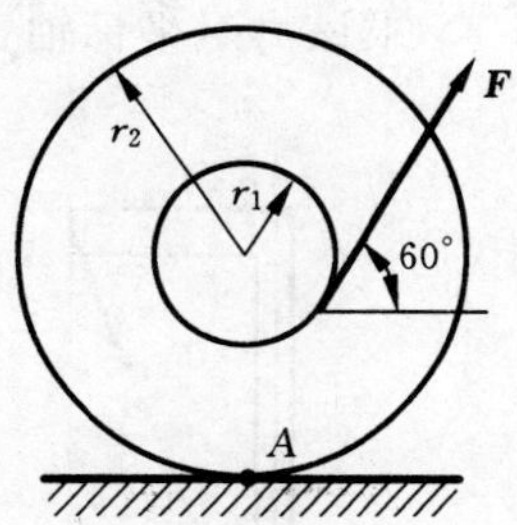

题 1-6 图

1-6　试求题 1-6 图所示力 **F** 对点 A 的力矩。已知 $r_1=20\text{cm}$，$r_2=50\text{cm}$，$F=300\text{N}$，图中 **F** 与小圆相切。

1-7　题 1-7 图所示的 OA 杆，杆长 $l=1\text{m}$，在杆的 A 端作用一铅直力 $\boldsymbol{F}_1$，大小为 $F_1=100\text{N}$。试问：

(1) 力 $\boldsymbol{F}_1$ 对 O 点的力矩等于多少？

(2) 若在 A 点施加一水平力 $\boldsymbol{F}_2$，使其产生与力 $\boldsymbol{F}_1$ 对 O 点相同的力矩，其值是多少？

(3) 若产生与力 $\boldsymbol{F}_1$ 对 O 点相同的力矩，在 A 点施加的最小力 $F_{\min}$ 为多少？方向如何？

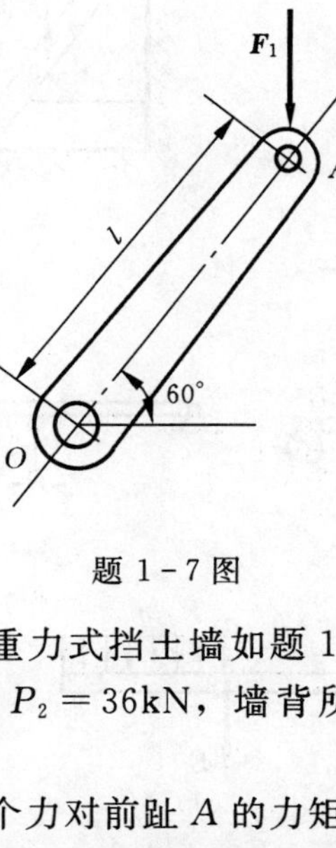

题 1-7 图

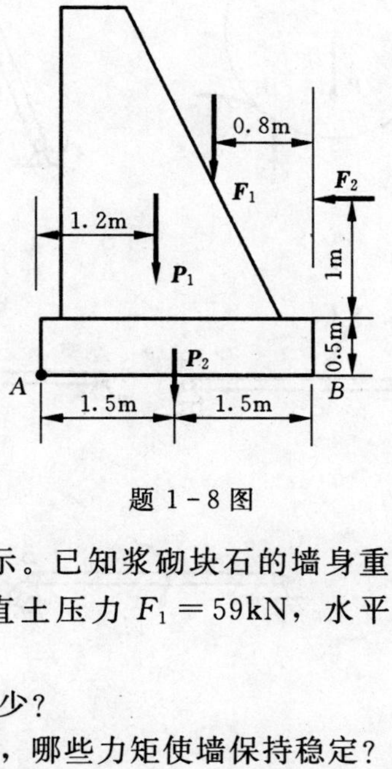

题 1-8 图

1-8　一重力式挡土墙如题 1-8 图所示。已知浆砌块石的墙身重 $P_1=130\text{kN}$，混凝土底板重 $P_2=36\text{kN}$，墙背所受的铅直土压力 $F_1=59\text{kN}$，水平土压力 $F_2=98\text{kN}$。试问：

(1) 这 4 个力对前趾 A 的力矩分别是多少？

(2) 哪些力矩有使墙绕点 A 倾覆的趋势，哪些力矩使墙保持稳定？

(3) 判断该挡土墙是否会绕墙前趾 A 倾覆。

1-9　已知力 $\boldsymbol{F}=2\boldsymbol{i}-3\boldsymbol{j}+\boldsymbol{k}$，其作用点 A 的位矢 $\boldsymbol{r}_A=3\boldsymbol{i}+2\boldsymbol{j}+4\boldsymbol{k}$，$B$ 点的位矢 $\boldsymbol{r}_B=\boldsymbol{i}+\boldsymbol{j}+\boldsymbol{k}$，求力 **F** 对 B 点之矩（力以 kN 计，长度以 m 计）。

1-10　钢缆 AB 的张力 $F=10\text{kN}$，其方位如题 1-10 图所示，A 点的坐标为（0，2m，4m），求该力对坐标轴 x、y、z 之矩（图中长度单位以 m 计）。

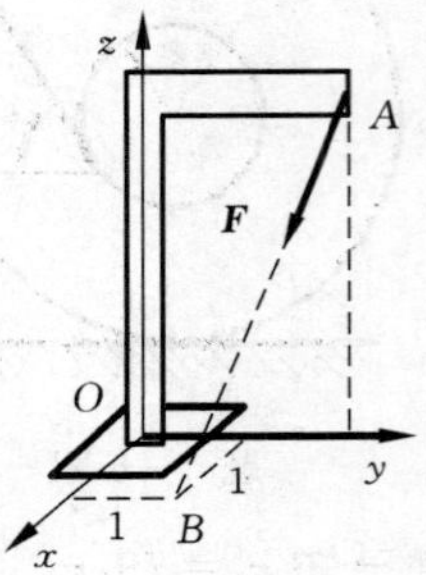

题 1-10 图

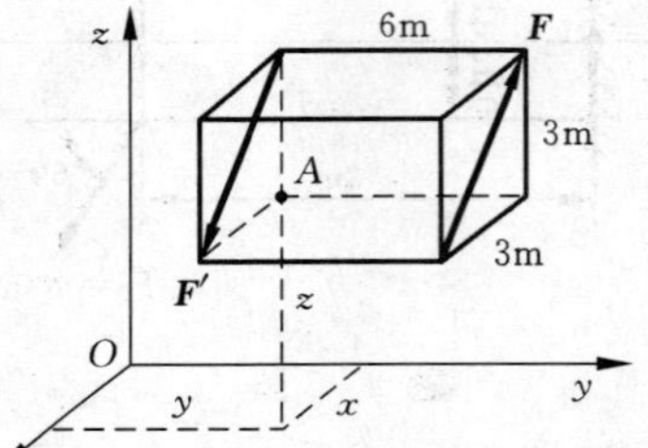

题 1-11 图

1-11　力偶（$\boldsymbol{F}$，$\boldsymbol{F}'$）中在空间的位置如题 1-11 图所示，力 $F=5\text{kN}$，求该力偶的力偶矩矢。

1-12　画出题 1-12 图示物体 AB 的受力图。物体重量除图上已注明者外，均略去不计，并假定接触处都是光滑的。

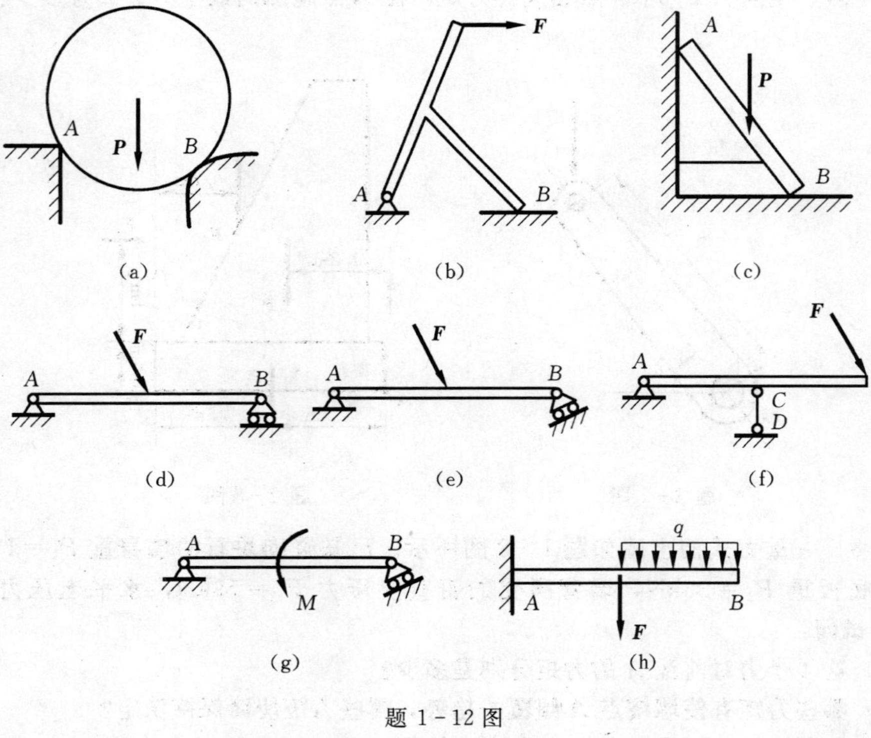

题 1-12 图

1-13　画出题 1-13 图示指定物体的受力图。物体重量除图上已注明者外，均略去不计，并假定接触处都是光滑的。

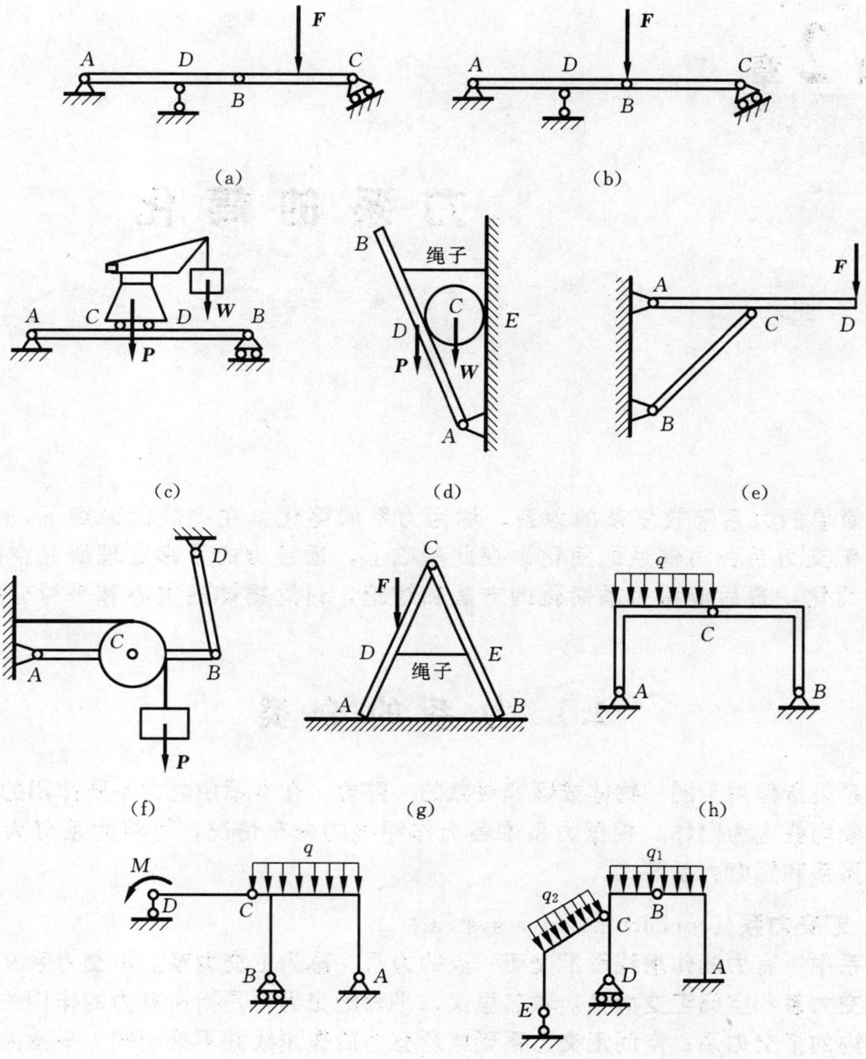

题 1-13 图

(a) 梁 *AB*、*BC* 和整体；(b) 梁 *AB*、*BC* 和整体；(c) 梁 *AB*、吊车和整体；(d) 杆 *AB* 和小球；
(e) 梁 *AD*、杆 *BC* 和整体；(f) *AB*、*BD*、滑轮和整体；(g) *AC*、*BC* 和整体；
(h) *AC*、*BC* 和整体；(i) *AB*、*CD* 和整体；(j) *AB*、*BD*、*CE* 和整体

第 2 章 力系的简化

用简单的力系等效复杂的力系，称为力系的简化。在等效的原则下，本章首先讨论汇交力系和力偶系的简化。在此基础上，通过力的平移定理研究空间任意力系的简化，最后应用力系简化的方法和结论，讨论物体的重心和平行分布力的合力。

2.1 力系的分类

力系是指作用于同一物体或研究对象的一群力。在本章中，力系所作用的物体或研究对象均假定为刚体。根据力系中各力作用线的分布情况，可将力系分为汇交力系、力偶系和任意力系等。

2.1.1 汇交力系（concurrent force system）

力系中所有力的作用线都汇交于一点的力系，称为**汇交力系**。汇交力系又可分为**平面汇交力系**和**空间汇交力系**。顾名思义，平面汇交力系是指所有力的作用线都在同一平面内的汇交力系；空间汇交力系则指所有力的作用线并不处于同一平面内的汇交力系。

根据力的可传性原理，可将作用于刚体的汇交力系的各力沿其作用线等效地滑移至汇交点。因此，汇交力系又称为**共点力系**。

2.1.2 力偶系（couple system）

若力系中各力都存在相应的力与之组成力偶，则该力系称为**力偶系**。也就是说，力偶系是由作用于刚体上的一群力偶组成。力偶系可分为平面力偶系和空间力偶系。平面力偶系要求组成力偶系的各力偶都在同一平面内，平面力偶系可以认为是空间力偶系的特例。

力偶的作用效应由力偶矩矢来表征，由于力偶矩矢是自由矢量，因此可将组成力偶系的各力偶矩矢等效地移至空间任一点。由此可见，力偶系可以等效地认为由共点的力偶矩矢组成。

2.1.3 任意力系（arbitrary force system）

组成力系的各力既不相交于一点，又不相互平行，则该力系称为任意力系，又称为一般力系。任意力系可分为平面任意力系和空间任意力系。平面任意力系的各力作用线位于同一平面内，而空间任意力系是最为一般的力系，其各力作用线的分布没有特殊的限制。从逻辑上看，任何其他类型的力系都是空间任意力系的特例，都是在空间任意力系的基础上附加一定的条件。

2.2 汇交力系的简化

汇交力系的简化可采用几何法和解析法。

2.2.1 几何法（geometrical method）

设刚体受到汇交力系（$\boldsymbol{F}_1$、$\boldsymbol{F}_2$、$\boldsymbol{F}_3$、$\boldsymbol{F}_4$）的作用，各力作用线汇交于点 O，如图 2-1（a）所示。根据力的可传性，将各力沿其作用线滑移至汇交点 O，从而将原力系等效成为共点力系，如图 2-1（b）所示。由力的三角形法则或平行四边形法则，首先求出 $\boldsymbol{F}_1$ 与 $\boldsymbol{F}_2$ 的合力 $\boldsymbol{F}_{R1}$；再求出 $\boldsymbol{F}_3$ 与 $\boldsymbol{F}_{R1}$ 的合力 $\boldsymbol{F}_{R2}$；最后求出 $\boldsymbol{F}_4$ 与 $\boldsymbol{F}_{R2}$ 的合力 $\boldsymbol{F}_R$，如图 2-1（c）所示。于是，作用于刚体的四个力 $\boldsymbol{F}_1$、$\boldsymbol{F}_2$、$\boldsymbol{F}_3$、$\boldsymbol{F}_4$ 就可用其合力 $\boldsymbol{F}_R$ 进行等效。这就是汇交力系简化的几何法。若将上述过程中的 $\boldsymbol{F}_{R1}$、$\boldsymbol{F}_{R2}$，从图 2-1（c）中擦除，则可得**力多边形**（force polygon）$OO_1O_2O_3O_4$，如图 2-1（d）所示。通过绘制力多边形用封闭边求合力的方法，称为力多边形法。通过上述分析，可得结论：**汇交力系合成的结果是一个合力，它等于力系中各力的矢量和，其作用线通过该力系的汇交点。**若汇交力系由 n 个力组成，则其合力 $\boldsymbol{F}_R$ 为

$$\boldsymbol{F}_R = \boldsymbol{F}_1 + \boldsymbol{F}_2 + \cdots + \boldsymbol{F}_n = \sum \boldsymbol{F}_i \tag{2-1}$$

式中 $\sum \boldsymbol{F}_i$ 是 $\sum\limits_{i=1}^{n} \boldsymbol{F}_i$ 的简写。这种简写将在今后经常被使用。

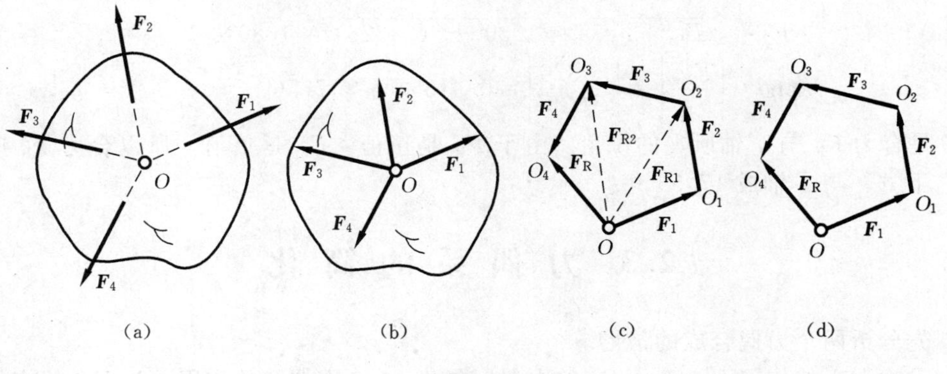

图 2-1

2.2.2 解析法（analytical method）

任取一直角坐标系 $Oxyz$（常以汇交点 O 作为坐标原点），汇交力系中各力可表

示为

$$\boldsymbol{F}_i = F_{ix}\boldsymbol{i} + F_{iy}\boldsymbol{j} + F_{iz}\boldsymbol{k} \tag{2-2}$$

将式（2-2）代入式（2-1），得

$$\boldsymbol{F}_R = \sum F_{ix}\boldsymbol{i} + \sum F_{iy}\boldsymbol{j} + \sum F_{iz}\boldsymbol{k} \tag{2-3}$$

于是，合力 $\boldsymbol{F}_R$ 在坐标轴上的投影分别为

$$F_{Rx} = \sum F_{ix}, F_{Ry} = \sum F_{iy}, F_{Rz} = \sum F_{iz}$$

简记为

$$F_{Rx} = \sum F_x, F_{Ry} = \sum F_y, F_{Rz} = \sum F_z \tag{2-4}$$

该式表明，汇交力系的合力在任一轴上的投影，等于各分力在同一轴上投影的代数和，称为汇交力系的合力投影定理。

由合力的投影可求合力的大小和方向余弦，即

$$\left.\begin{aligned} &F_R = \sqrt{F_{Rx}^2 + F_{Ry}^2 + F_{Rz}^2} \\ &\cos(\boldsymbol{F},\boldsymbol{i}) = \frac{F_{Rx}}{F_R}, \cos(\boldsymbol{F},\boldsymbol{j}) = \frac{F_{Ry}}{F_R}, \cos(\boldsymbol{F},\boldsymbol{k}) = \frac{F_{Rz}}{F_R} \end{aligned}\right\} \tag{2-5}$$

对于平面汇交力系，可取力系所在平面为 Oxy 坐标面。此时，只需令式（2-4）和式（2-5）中的 F_{Rz} 等于零，即可得到平面汇交力系的简化结果。

【例 2-1】 试用解析法求图 2-2 所示汇交力系合力的大小和方向。已知 $F_1=600\text{N}$，$F_2=700\text{N}$，$F_3=400\text{N}$。

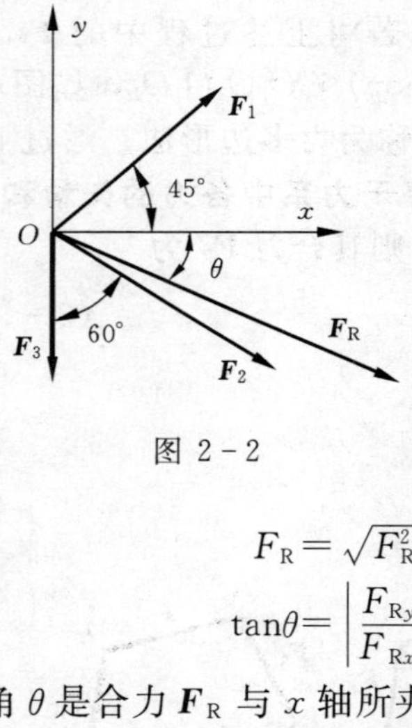

图 2-2

解： 建立直角坐标系 Oxy，如图 2-2 所示。用式(2-4)求合力 $\boldsymbol{F}_R$ 在坐标轴上的投影，有

$$\begin{aligned} F_{Rx} &= \sum F_x = F_1\cos45° + F_2\cos30° \\ &= 600\times\cos45° + 700\times\cos30° \approx 1030\text{N} \\ F_{Ry} &= \sum F_y = F_1\sin45° - F_2\sin30° - F_3 \\ &= 600\times\sin45° - 700\times\sin30° - 400 \\ &\approx -326\text{N} \end{aligned}$$

于是，由式（2-5）可求得合力的大小和方向，即

$$F_R = \sqrt{F_{Rx}^2 + F_{Ry}^2} = \sqrt{1030^2 + (-326)^2} \approx 1080\text{N}$$

$$\tan\theta = \left|\frac{F_{Ry}}{F_{Rx}}\right| = \left|\frac{-326}{1030}\right| = 0.3165,\ \theta \approx 17.56°$$

角 θ 是合力 $\boldsymbol{F}_R$ 与 x 轴所夹的锐角。由于 F_{Rx} 是正值，F_{Ry} 是负值，所以合力 $\boldsymbol{F}_R$ 应指向右下方，与 x 轴成 17.56°角。

2.3 力偶系的简化

先分析两个力偶合成的情形。

设力偶 1 的作用面为 I，相应的力偶矩矢为 $\boldsymbol{M}_1$；力偶 2 的作用面为 II，相应的力偶矩矢为 $\boldsymbol{M}_2$；平面 I 与平面 II 的交线设为 AB，如图 2-3（a）所示。以 AB 为力偶臂，在平面 I 内建立一新力偶（$\boldsymbol{F}_1$，$\boldsymbol{F}_1'$）[图 2-3（b）]，并使得 $\boldsymbol{r}_{BA}\times\boldsymbol{F}_1=\boldsymbol{M}_1$。由于新力偶（$\boldsymbol{F}_1$，$\boldsymbol{F}_1'$）与原力偶 1 的力偶矩矢相等，故两者等效。同理，以 AB 为力偶

臂，可在平面Ⅱ内建立另一新力偶（$\boldsymbol{F}_2$，$\boldsymbol{F}_2'$）[图 2-3（b）]，并使得 $\boldsymbol{r}_{BA}\times\boldsymbol{F}_2=\boldsymbol{M}_2$。同样，力偶（$\boldsymbol{F}_2$，$\boldsymbol{F}_2'$）与原力偶 2 等效。也就是说，力偶 1 和力偶 2 对刚体的作用效应可用新力偶（$\boldsymbol{F}_1$，$\boldsymbol{F}_1'$）和（$\boldsymbol{F}_2$，$\boldsymbol{F}_2'$）的作用效应来代替，两者完全等效。应用力的平行四边形法则，将 $\boldsymbol{F}_1$ 与 $\boldsymbol{F}_2$ 合成为 $\boldsymbol{F}_{\mathrm{R}}$，将 $\boldsymbol{F}_1'$与 $\boldsymbol{F}_2'$合成为 $\boldsymbol{F}_{\mathrm{R}}'$。于是，$\boldsymbol{F}_{\mathrm{R}}$ 与 $\boldsymbol{F}_R'$大小相等、方向相反，组成一个新的力偶 [图 2-3（b）]，其力偶矩矢为

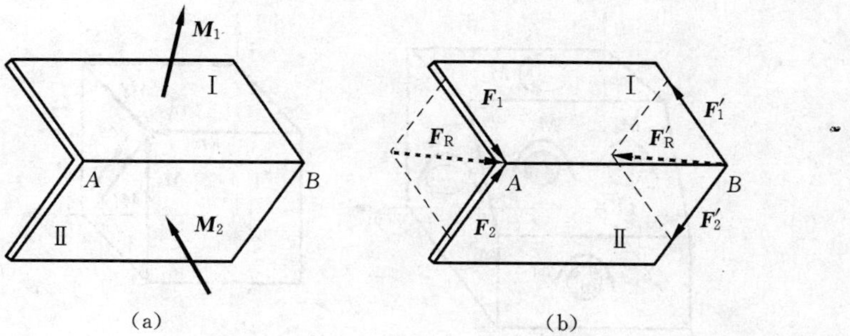

图 2-3

$$\boldsymbol{M}=\boldsymbol{r}_{BA}\times\boldsymbol{F}_R=\boldsymbol{r}_{BA}\times(\boldsymbol{F}_1+\boldsymbol{F}_2)=\boldsymbol{M}_1+\boldsymbol{M}_2 \tag{2-6}$$

由此可见，作用于同一刚体的两个力偶可以合成为一个力偶，即**合力偶**（resultant couple），其矩矢等于原来两个力偶矩矢的矢量和。

若有多个力偶同时作用于同一刚体上，且记为 $\boldsymbol{M}_1$，$\boldsymbol{M}_2$，…，$\boldsymbol{M}_n$，则有

$$\boldsymbol{M}=\boldsymbol{M}_1+\boldsymbol{M}_2+\cdots+\boldsymbol{M}_n=\sum\boldsymbol{M}_i \tag{2-7}$$

这就是空间力偶合成的结果。它表明，空间力偶系可以合成为一个合力偶，合力偶矩矢等于所有分力偶矩矢的矢量和。

将式（2-7）在任取的直角坐标系 $Oxyz$ 的坐标轴上投影，有

$$\begin{aligned}M_x&=M_{1x}+M_{2x}+\cdots+M_{nx}=\sum M_{ix}\\M_y&=M_{1y}+M_{2y}+\cdots+M_{ny}=\sum M_{iy}\\M_z&=M_{1z}+M_{2z}+\cdots+M_{nz}=\sum M_{iz}\end{aligned} \tag{2-8}$$

故，合力偶矩矢的大小为

$$\left.\begin{aligned}&M=\sqrt{M_x^2+M_y^2+M_z^2}\\&\cos(\boldsymbol{M},\boldsymbol{i})=\frac{M_x}{M},\cos(\boldsymbol{M},\boldsymbol{j})=\frac{M_y}{M},\cos(\boldsymbol{M},\boldsymbol{k})=\frac{M_z}{M}\end{aligned}\right\} \tag{2-9}$$

对于平面力偶系，由于各力偶矩矢的方向总是垂直于力偶系所在的平面，故式（2-7）可退化为

$$M=M_1+M_2+\cdots+M_n=\sum M_i \tag{2-10}$$

也就是说，平面力偶系可以合成为在同一平面内的合力偶，其力偶矩等于原来各力偶矩的代数和。

【例 2-2】 如图 2-4（a）所示，在工件 4 个面上同时钻 5 个孔，每个孔所受切削力偶矩均为 80N·m，工件斜面与坐标面 Oxy 所夹二面角为 45°，工件的其他各面与坐标面平行或正交，求因钻孔使该工件所受到的合力偶矩矢。

解法一（投影法）：将作用于不同面上的力偶矩矢平移至点 A，如图 2-4（b）

所示。由式（2-8）得

$$M_x=\sum M_{ix}=M_3+M_4\cos45°+M_5\cos45°\approx193.1\text{N}\cdot\text{m}$$

$$M_y=\sum M_{iy}=M_2=80\text{N}\cdot\text{m}$$

$$M_z=\sum M_{iz}=M_1+M_4\cos45°+M_5\cos45°\approx193.1\text{N}\cdot\text{m}$$

故合力偶矩矢为

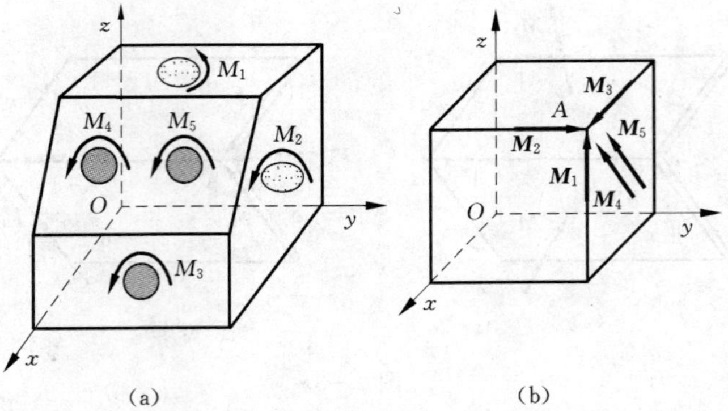

图 2-4

$$\boldsymbol{M}=M_x\boldsymbol{i}+M_y\boldsymbol{j}+M_z\boldsymbol{k}\approx193.1\boldsymbol{i}+80\boldsymbol{j}+193.1\boldsymbol{k}\text{N}\cdot\text{m}$$

解法二（矢量法）：由图 2-4（a），有

$$\boldsymbol{M}_1=80\boldsymbol{k}\text{N}\cdot\text{m},\ \boldsymbol{M}_2=80\boldsymbol{j}\text{N}\cdot\text{m},\ \boldsymbol{M}_3=80\boldsymbol{i}\text{N}\cdot\text{m},$$

$$\boldsymbol{M}_4=\boldsymbol{M}_5=80\times\frac{\boldsymbol{i}+\boldsymbol{k}}{\sqrt{2}}\text{N}\cdot\text{m}$$

于是合力偶矩矢为

$$\boldsymbol{M}=\boldsymbol{M}_1+\boldsymbol{M}_2+\boldsymbol{M}_3+\boldsymbol{M}_4+\boldsymbol{M}_5\approx193.1\boldsymbol{i}+80\boldsymbol{j}+193.1\boldsymbol{k}\text{N}\cdot\text{m}$$

2.4 任意力系的简化

在讨论任意力系向某一点简化时，需要将力平移。为此，引入力的平移定理。

2.4.1 力的平移定理（theorem of translation of a force）

定理：作用于刚体上的力，可以等效地平移至刚体上（内）任一指定点，平移时须附加一个力偶，该附加力偶的力偶矩矢就等于原来的力对指定点之矩。

证明：考虑将作用于刚体上 A 点的力 $\boldsymbol{F}_A$，平移至刚体内的任一点 B。为此，在 B 点施加一对与 $\boldsymbol{F}_A$ 的作用线平行的平衡力 $\boldsymbol{F}_B$ 和 $\boldsymbol{F}'_B$，并令 $\boldsymbol{F}_B=\boldsymbol{F}_A$。根据加减平衡力系原理，由 $\boldsymbol{F}_A$、$\boldsymbol{F}_B$ 和 $\boldsymbol{F}'_B$三个力组成的力系与原力 $\boldsymbol{F}_A$ 等效。而 $\boldsymbol{F}'_B$与 $\boldsymbol{F}_A$ 大小相等、方向相反，构成了力偶，这个力偶就是附加力偶，其矩矢 $\boldsymbol{M}$ 为

$$\boldsymbol{M}=\boldsymbol{r}_{BA}\times\boldsymbol{F}_A \tag{2-11}$$

于是，定理得证。

2.4.2 空间任意力系向空间任一点的简化

设刚体上作用有空间任意力系（$\boldsymbol{F}_1$，$\boldsymbol{F}_2$，…，$\boldsymbol{F}_n$），现欲将该力系向空间任一点

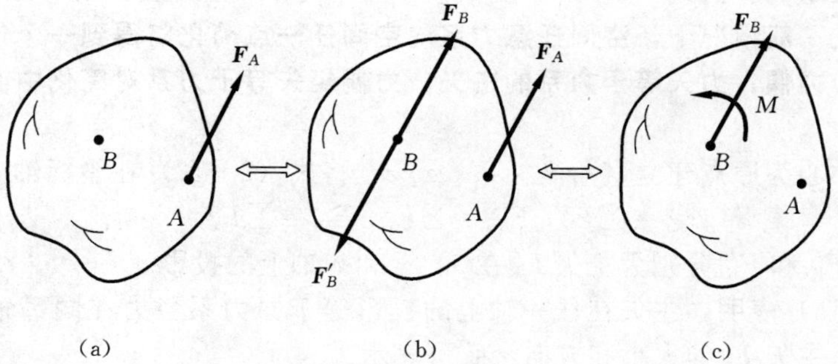

图 2-5

O简化，点O称为**简化中心**（center of reduction），如图 2-6（a）所示。在图中只是示意性地画出了n个力中的3个力。

由于简化中心是空间内的任一点，它可能是刚体内的一点，也可能是刚体外的一点。当简化中心不在刚体内时，可将刚体在空间上扩展，使得简化中心成为扩展刚体内的一点。

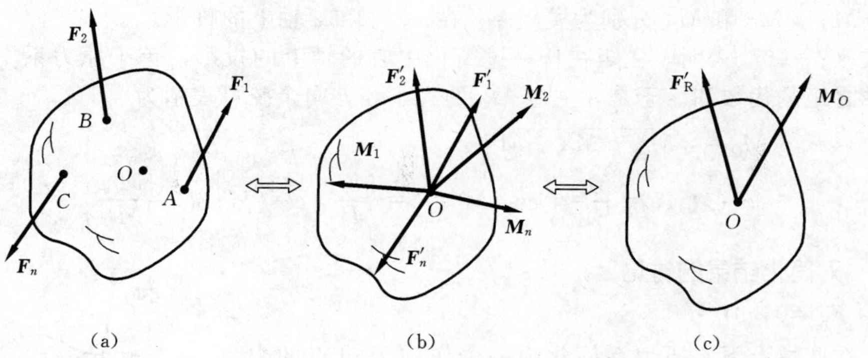

图 2-6

由于简化中心O是扩展刚体内的一点，因此可根据力的平移定理，将力系中的力$\boldsymbol{F}_i(i=1, 2, \cdots, n)$平行移至简化中心，得力$\boldsymbol{F}'_i$，同时附加上相应的力偶，其矩为$\boldsymbol{M}_i=\boldsymbol{M}_O(\boldsymbol{F}_i)$。于是，将原力系等效为两个简单的力系：汇交力系和力偶系。其中汇交力系由$\boldsymbol{F}'_1$，$\boldsymbol{F}'_2$，…，$\boldsymbol{F}'_n$构成；力偶系由附加力偶矩矢$\boldsymbol{M}_1$，$\boldsymbol{M}_2$，…，$\boldsymbol{M}_n$构成，如图 2-6（b）所示。

由第一节的内容可知，这里的汇交力系可以用一个力$\boldsymbol{F}'_R$进行等效，即

$$\boldsymbol{F}'_R=\boldsymbol{F}'_1+\boldsymbol{F}'_2+\cdots+\boldsymbol{F}'_n=\sum\boldsymbol{F}'_i=\sum\boldsymbol{F}_i \tag{2-12}$$

$\boldsymbol{F}'_R$称为原力系的**主矢**（principal vector），它等于原力系中各力矢的矢量和。由式(2-12)可知，主矢的大小和方向与简化中心的位置无关。

由第二节的内容可知，这里的力偶系可用一个力偶$\boldsymbol{M}_O$进行等效，即

$$\boldsymbol{M}_O=\boldsymbol{M}_1+\boldsymbol{M}_2+\cdots+\boldsymbol{M}_n=\sum\boldsymbol{M}_O(\boldsymbol{F}_i) \tag{2-13}$$

$\boldsymbol{M}_O$称为原力系对简化中心的**主矩**（principal moment），它等于原力系中各力对简化

中心之矩的矢量和。由式（2－13）可知，一般情况下，主矩与简化中心的位置有关。

总之，在一般情况下，**空间任意力系向空间任一点简化将得到一个作用于简化中心的力和一个力偶，力矢等于力系的主矢，力偶矩矢等于力系对简化中心的主矩**［图2－6（c）］。

以简化中心为原点建立直角坐标系 $Oxyz$，将式（2－12）在坐标轴上投影得

$$F'_{Rx}=\sum F_x,\ F'_{Ry}=\sum F_y,\ F'_{Rz}=\sum F_z \tag{2-14}$$

式中：F'_{Rx}、F'_{Ry}和 F'_{Rz} 分别为主矢 $\boldsymbol{F}'_R$ 在 x、y 和 z 轴上的投影。

式（2－14）表明，主矢在任一轴上的投影等于原力系各力在同一轴上投影的代数和。于是，主矢 $\boldsymbol{F}'_R$ 的大小和方向余弦可表示为

$$\left.\begin{aligned}&F'_R=\sqrt{(F'_{Rx})^2+(F'_{Ry})^2+(F'_{Rz})^2}\\&\cos(\boldsymbol{F}'_R,\boldsymbol{i})=\frac{F'_{Rx}}{F'_R},\ \cos(\boldsymbol{F}'_R,\boldsymbol{j})=\frac{F'_{Ry}}{F'_R},\cos(\boldsymbol{F}'_R,\boldsymbol{k})=\frac{F'_{Rz}}{F'_R}\end{aligned}\right\} \tag{2-15}$$

将式（2－13）在坐标轴上投影，则有

$$M_{Ox}=\sum M_x(\boldsymbol{F}_i),\ M_{Oy}=\sum M_y(\boldsymbol{F}_i),\ M_{Oz}=\sum M_z(\boldsymbol{F}_i)$$

简记为

$$M_{Ox}=\sum M_{xi},\ M_{Oy}=\sum M_{yi},\ M_{Oz}=\sum M_{zi} \tag{2-16}$$

式中：M_{Ox}、M_{Oy} 和 M_{Oz} 分别为主矩 $\boldsymbol{M}_O$ 在 x、y 和 z 轴上的投影。

式（2－16）表明，主矩在任一过简化中心的轴上的投影，等于原力系中各力对同一轴之矩的代数和。于是，主矩 $\boldsymbol{M}_O$ 的大小和方向余弦可表示为

$$\left.\begin{aligned}&M_O=\sqrt{M_{Ox}^2+M_{Oy}^2+M_{Oz}^2}\\&\cos(\boldsymbol{M}_O,\boldsymbol{i})=\frac{M_{Ox}}{M_O},\ \cos(\boldsymbol{M}_O,\boldsymbol{j})=\frac{M_{Oy}}{M_O},\ \cos(\boldsymbol{M}_O,\boldsymbol{k})=\frac{M_{Oz}}{M_O}\end{aligned}\right\} \tag{2-17}$$

2.4.3　对简化结果的讨论

1. $\boldsymbol{F}'_R\neq0$，$\boldsymbol{M}_O=0$

在此情形下，原力系简化为一个作用于 O 点的力，该力就是原力系的合力，其力矢等于主矢 $\boldsymbol{F}'_R$，常改记为 $\boldsymbol{F}_R$。下面介绍一下与合力相关的定理，即**合力矩定理**。

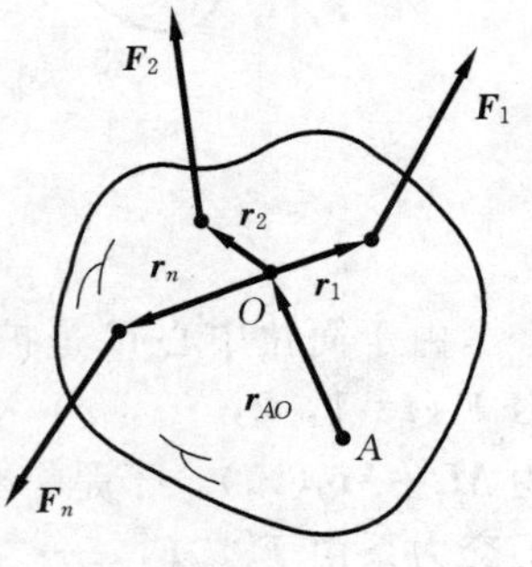

图 2－7

设一力系存在合力 $\boldsymbol{F}_R$，相应的简化中心为 O，力 $\boldsymbol{F}_i$（$i=1$，2，…，n）的作用点相对于简化中心 O 点的矢径为 $\boldsymbol{r}_i$，而简化中心 O 相对于任意点 A 的矢径为 $\boldsymbol{r}_{AO}$，如图2－7所示。考虑原力系中各力对空间 A 点之矩的矢量和，有

$$\begin{aligned}\sum\boldsymbol{M}_A(\boldsymbol{F}_i)&=\sum(\boldsymbol{r}_{AO}+\boldsymbol{r}_i)\times\boldsymbol{F}_i=\sum\boldsymbol{r}_{AO}\times\boldsymbol{F}_i+\sum\boldsymbol{r}_i\times\boldsymbol{F}_i\\&=\sum\boldsymbol{r}_{AO}\times\boldsymbol{F}_i+\sum\boldsymbol{M}_O(\boldsymbol{F}_i)=\boldsymbol{r}_{AO}\times\boldsymbol{F}'_R+\boldsymbol{M}_O\end{aligned}$$

由于点 O 是与合力相对应的简化中心，故 $\boldsymbol{M}_O=0$。于是，上式简化为

$$\sum\boldsymbol{M}_A(\boldsymbol{F}_i)=\boldsymbol{r}_{AO}\times\boldsymbol{F}_R \tag{2-18}$$

由于 A 点是空间内任意一点，故上式表明，**若空间任意力系可以简化为一个合力，则该合力对空间任一点之矩等于该力系中各力对同一点之矩的矢量和**。这一结论

称为**合力矩定理**（theorem of the moment of a resultant）。必须指出，只有力系存在合力时，才能应用此定理。将式（2-18）在过 A 点的某轴（如 l 轴）上投影，可得到合力矩定理的投影式，即

$$M_l(\boldsymbol{F}_R)=\sum M_l(\boldsymbol{F}_i) \tag{2-19}$$

该式表明，合力对任一轴之矩等于原力系中各力对同一轴之矩的代数和。

2. $\boldsymbol{F}'_R=0$，$\boldsymbol{M}_O\neq0$

在此情形下，原力系简化为一个力偶，该力偶称为原力系的合力偶，其力偶矩矢等于主矩 $\boldsymbol{M}_O$。由于力偶矩矢是自由矢量，因此该力系的简化结果与简化中心无关，或者说，原力系的简化结果不因简化中心的不同而改变。

3. $\boldsymbol{F}'_R\neq0$，$\boldsymbol{M}_O\neq0$，$\boldsymbol{F}'_R\perp\boldsymbol{M}_O$

在 $\boldsymbol{F}'_R\perp\boldsymbol{M}_O$ 的条件下，过主矢 $\boldsymbol{F}'_R$ 的作用线作一平面，并使该平面与主矩 $\boldsymbol{M}_O$ 的方向垂直，如图 2-8 所示。在此平面上，平移主矢 $\boldsymbol{F}'_R$ 至 O' 点，使得附加力偶 $\boldsymbol{M}_{O'}(\boldsymbol{F}'_R)=\boldsymbol{r}_{O'O}\times\boldsymbol{F}'_R=-\boldsymbol{M}_O$，从而使附加力偶矩矢 $\boldsymbol{M}_{O'}(\boldsymbol{F}'_R)$ 与主矩 $\boldsymbol{M}_O$ 相互抵消。这就是说，当主矢与主矩都不为零，且两者相互垂直时，原力系可以通过改变简化中心的位置得到进一步简化，并最终简化一个合力，记为 $\boldsymbol{F}_R$。合力 $\boldsymbol{F}_R$ 与原主矢 $\boldsymbol{F}'_R$ 之间的距离为

$$d=\left|\frac{M_O}{F'_R}\right| \tag{2-20}$$

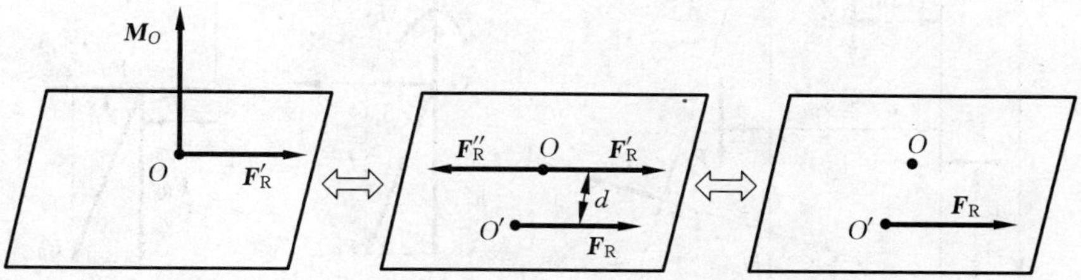

图 2-8

4. $\boldsymbol{F}'_R\neq0$，$\boldsymbol{M}_O\neq0$，$\boldsymbol{F}'_R//\boldsymbol{M}_O$

在此情形下，主矢 $\boldsymbol{F}'_R$ 与主矩 $\boldsymbol{M}_O$ 构成**力螺旋**（force wrench），如图 2-9 所示。由于平移主矢所产生的附加力偶矩矢的方向总是与主矢自身垂直，所以当 $\boldsymbol{F}'_R//\boldsymbol{M}_O$ 时，通过平移主矢所产生的附加力偶矩矢不可能与主矩抵消。也就是说，力螺旋已经是最简化的结果。

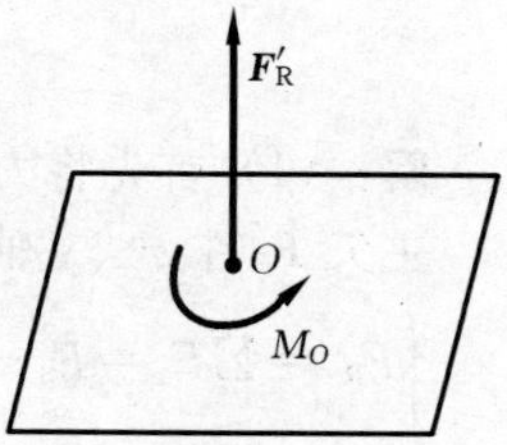

图 2-9

5. $\boldsymbol{F}'_R\neq0$，$\boldsymbol{M}_O\neq0$，且两者既不平行也不垂直

对于此种情形，可将主矩分解为两个分力偶矩矢，并使其中一个平行于主矢，记为 $\boldsymbol{M}_1$，另一个垂直于主矢，记为 $\boldsymbol{M}_2$。仿照第 3 种情形的方法，可将 $\boldsymbol{M}_2$ 与主矢 $\boldsymbol{F}'_R$ 进一步合成，得新的主矢 $\boldsymbol{F}''_R$。于是 $\boldsymbol{F}''_R$ 与分力偶矩矢 $\boldsymbol{M}_1$ 构成力螺旋，从而得到最简化的结果。

6. $\boldsymbol{F}'_{R}=0$，$\boldsymbol{M}_{O}=0$

在此条件下，力系处于平衡状态。这种情形将在下一章中重点分析。

2.4.4　平面力系

在平面力系条件下，式（2-14）和式（2-16）退化为

$$F'_{Rx}=\sum F_{x},\ F'_{Ry}=\sum F_{y},\ M_{O}=\sum M_{O}(\boldsymbol{F}_{i}) \tag{2-21}$$

于是，主矢的大小和方向余弦可表示为

$$F'_{R}=\sqrt{(F'_{Rx})^{2}+(F'_{Ry})^{2}},\ \cos(\boldsymbol{F}'_{R},\boldsymbol{i})=\frac{F'_{Rx}}{F'_{R}},\ \cos(\boldsymbol{F}'_{R},\boldsymbol{j})=\frac{F'_{Ry}}{F'_{R}} \tag{2-22}$$

当平面力系的主矢与主矩均不为零时，主矢与主矩必然垂直。根据第3种情形的讨论可知，此时主矢和主矩还可以进一步简化为一个合力。该合力与原主矢作用线之间的距离仍可用式（2-20）求出。在平面力系中，主矩总是与力系所在平面垂直，可将其当作代数量来处理。

【例2-3】　重力坝受力情形如图2-10（a）所示，设$P_{1}=450\text{kN}$，$P_{2}=200\text{kN}$，$F_{1}=300\text{kN}$，$F_{2}=70\text{kN}$。求力系的合力$\boldsymbol{F}_{R}$的大小和方向余弦、合力与基线OA的交点到O点的距离x。

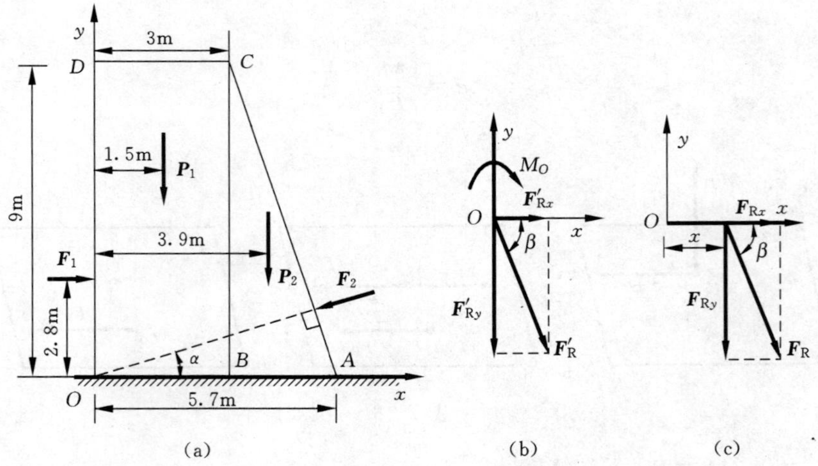

图2-10

解：（1）首先将力系向O点简化，计算力系的主矢$\boldsymbol{F}'_{R}$和主矩M_{O}。

主矢$\boldsymbol{F}'_{R}$在x、y轴上的投影为

$$\begin{cases}F'_{Rx}=\sum F_{x}=F_{1}-F_{2}\cos\alpha=300-70\times\dfrac{9}{\sqrt{9^{2}+2.7^{2}}}\approx 233.0\text{kN}\\[2ex] F'_{Ry}=\sum F_{y}=-P_{1}-P_{2}-F_{2}\sin\alpha=-450-200-70\times\dfrac{2.7}{\sqrt{9^{2}+2.7^{2}}}\approx -670.1\text{kN}\end{cases}$$

主矢$\boldsymbol{F}'_{R}$的大小为

$$F'_{R}=\sqrt{(F'_{Rx})^{2}+(F'_{Ry})^{2}}\approx 709.5\text{kN}$$

主矢$\boldsymbol{F}'_{R}$的方向余弦为

$$\cos(F'_{Rx},\boldsymbol{i})=\frac{F'_{Rx}}{F'_R}\approx 0.3284,\cos(\boldsymbol{F}'_R,\boldsymbol{j})=\frac{F'_{Ry}}{F'_R}\approx -0.9445$$

由于 $F'_{Rx}>0$，$F'_{Ry}<0$，故主矢 $\boldsymbol{F}'_R$的方向在第四象限内，与 x 轴的夹角为

$$\beta=(\boldsymbol{F}'_R,\boldsymbol{i})\approx 70.83°$$

力系的主矩为

$$M_O=\sum M_{Oi}=-2.8F_1-1.5P_1-3.9P_2=-2295\text{kN}\cdot\text{m}$$

由于主矢 $\boldsymbol{F}'_R\neq 0$，主矩 $M_O\neq 0$［见图 2-10（b)]，故力系还可以进一步合成为一个合力 $\boldsymbol{F}_R$。

（2）合力 $\boldsymbol{F}_R$ 的大小和方向与主矢 $\boldsymbol{F}'_R$相同，其作用线与 x 轴相交的坐标 x［如图 2-10（c)］可根据合力矩定理求得

$$M_O=M_O(\boldsymbol{F}_R)=M_O(\boldsymbol{F}_{Rx})+M_O(\boldsymbol{F}_{Ry})=0+F_{Ry}x$$

解得

$$x=\frac{M_O}{F_{Ry}}=\frac{-2295}{-670.1}\approx 3.425\text{m}$$

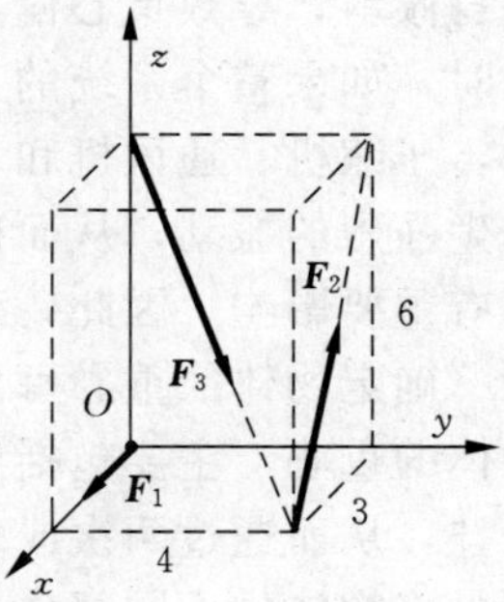

图 2-11

【例 2-4】 将图 2-11 所示力系向坐标原点 O 简化，求出主矢和主矩。已知 $F_1=100\text{N}$，$F_2=200\text{N}$，$F_3=400\text{N}$，图中长度以 m 为单位。

解： 主矢在各轴上的投影为

$$F'_{Rx}=\sum F_{ix}=F_1-F_2\times\frac{3}{\sqrt{45}}+F_3\times\frac{3}{\sqrt{61}}\approx 164.2\text{N}$$

$$F'_{Ry}=\sum F_{iy}=0+0+F_3\times\frac{4}{\sqrt{61}}\approx 204.9\text{N}$$

$$F'_{Rz}=\sum F_{iz}=0+F_2\times\frac{6}{\sqrt{45}}-F_3\times\frac{6}{\sqrt{61}}\approx -128.4\text{N}$$

于是，主矢 $\boldsymbol{F}'_R$的大小和方向余弦为

$$F'_R=\sqrt{(164.2)^2+(204.9)^2+(-128.4)^2}\approx 292.3\text{N},\cos(\boldsymbol{F}'_R,\boldsymbol{i})=\frac{164.2}{292.3}\approx 0.562$$

$$\cos(\boldsymbol{F}'_R,\boldsymbol{j})=\frac{204.9}{292.3}\approx 0.701,\cos(\boldsymbol{F}'_R,\boldsymbol{k})=\frac{-128.4}{292.3}\approx -0.439$$

主矩在各轴上的投影为

$$M_x=\sum M_{xi}=0+F_2\times\frac{6}{\sqrt{45}}\times 4-F_3\times\frac{4}{\sqrt{61}}\times 6\approx -513.6\text{N}\cdot\text{m}$$

$$M_y=\sum M_{yi}=0-F_2\times\frac{6}{\sqrt{45}}\times 3+F_3\times\frac{3}{\sqrt{61}}\times 6\approx 385.2\text{N}\cdot\text{m}$$

$$M_z=\sum M_{zi}=F_2\times\frac{3}{\sqrt{45}}\times 4\approx 357.8\text{N}\cdot\text{m}$$

主矩的大小和方向余弦为

$$M_O=\sqrt{M_{xi}^2+M_{yi}^2+M_{zi}^2}=\sqrt{(-513.6)^2+(385.2)^2+(357.8)^2}\approx 735.0\text{N}\cdot\text{m}$$

$$\cos(\boldsymbol{M}_O,\ \boldsymbol{i})\approx -0.699,\ \cos(\boldsymbol{M}_O,\ \boldsymbol{j})\approx 0.524,\ \cos(\boldsymbol{M}_O,\ \boldsymbol{k})\approx 0.487$$

2.5 重心和形心

物体的**重心**（gravity center）在工程实际中具有重要意义，它的位置直接影响物体的平衡和稳定。例如，古埃及的金字塔，越往下面积越大，相应地其重心也就较低，从而有利于结构的稳定性；再如，意大利的比萨斜塔和中国的苏州虎丘塔，由于塔身倾斜，导致重心偏离设计塔轴线，严重影响了塔的安全性；又如，塔吊在起吊重物时，如果整个系统的重心位置超出一定的范围，就会发生倾倒事故；在转动机械中，压缩机、通风机和水泵等，它们的转动部分的重心若不在转动轴的轴线上，就会产生强烈的振动，从而造成各种不良后果；航天器的重心对其飞行轨迹的控制和调整都有重要影响。因此，确定物体重心的位置具有重要意义。

确定物体的重心可以采用实验法和解析法。实验法可用于测定形状复杂和非均质物体的重心，主要包括悬挂法和称重法等。所谓悬挂法是指用柔索将物体两次或多次悬挂，从而通过两次或多次悬挂线的交点确定重心位置，如图 2－12 所示。而称重法则是将物体的不同部位置于磅秤上，称出磅秤对于物体的约束力，并通过一定理论分析和计算，从而确定物体的重心，如图 2－13 所示。称重法可用于测定汽车、飞机等物体的重心。本节着重介绍求解物体重心的解析法。

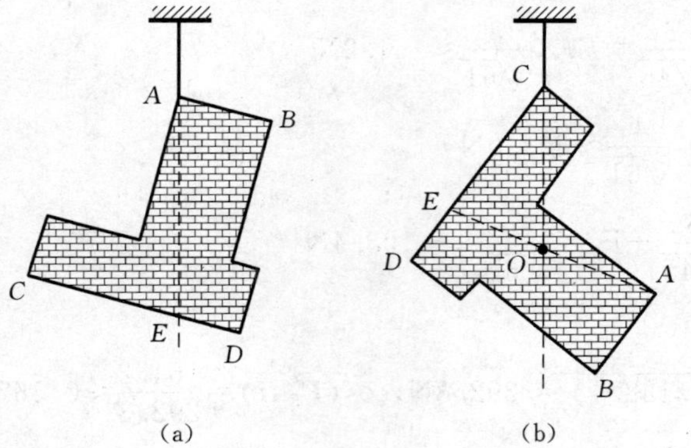

图 2－12

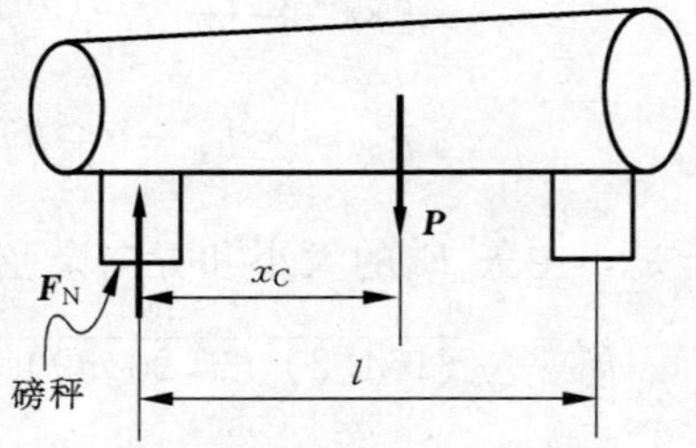

图 2－13

2.5.1 确定重心坐标的基本公式

设物体的重力为 $\boldsymbol{P}$，在图 2－14 所示的直角坐标系 $Oxyz$ 中，其重心 C 的坐标为（x_C，y_C，z_C）。物体内任一微元体所受到的重力为

$$\Delta P_i = \Delta m_i g$$

式中：$\boldsymbol{g}$ 为重力加速度（这里假定重力加速度为常量）。

力 $\Delta \boldsymbol{P}_i$ 的作用点 C_i 的坐标记为（x_i，y_i，z_i）。由于重力总是竖直向下的，所以各微元体的重力组成空间平行分布力系。各微元体的重力之和就是整个物体的重力，其大小为

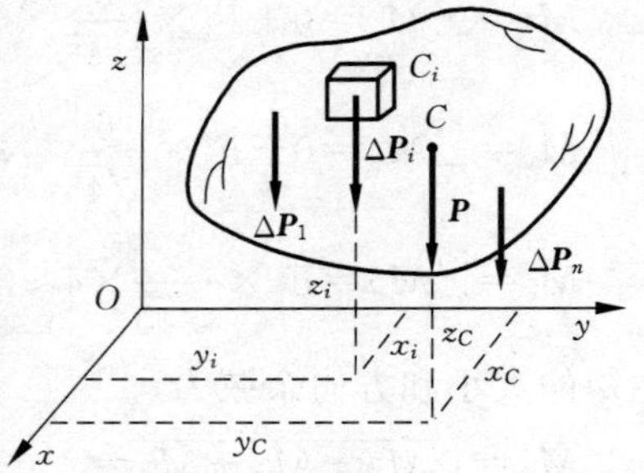

图 2－14

$$P=\sum \Delta P_i=\sum \Delta m_i g=mg$$

式中：m 为物体的总质量。

根据合力矩定理，物体的重力 $\boldsymbol{P}$ 对 y 轴之矩等于各微元体的重力对 y 轴之矩的代数和，即

$$Px_C=\sum \Delta P_i x_i$$

所以有

$$x_C=\frac{\sum \Delta P_i x_i}{P}=\frac{\sum \Delta m_i g x_i}{mg}=\frac{\sum \Delta m_i x_i}{m} \tag{2-23a}$$

采用类似的方法，不难得到

$$y_C=\frac{\sum \Delta m_i y_i}{m} \tag{2-23b}$$

$$z_C=\frac{\sum \Delta m_i z_i}{m} \tag{2-23c}$$

式（2－23）就是求解物体**重心坐标的基本公式**。需要指出，式（2－23）所确定的点只与质量分布有关而与重力无关，是物体的质量分布中心，简称**质心**。由此可见，在均匀重力场中，物体的重心与质心重合。

2.5.2　确定形心坐标的基本公式

对于均质物体，其密度 ρ 为常量，设任一微小部分的体积为 ΔV_i，整个物体的体积为 V，则有

$$\Delta m_i=\rho \Delta V_i, m=\rho V$$

将上式代入式（2－23）得

$$x_C=\frac{\sum \Delta V_i x_i}{V}, y_C=\frac{\sum \Delta V_i y_i}{V}, z_C=\frac{\sum \Delta V_i z_i}{V} \tag{2-24}$$

由式（2－24）可知，均质物体的重心位置与物体的质量无关，而取决于物体的几何形状和尺寸。式（2－24）所决定的 C 点就是物体的几何中心，称为**形心**。可见均质物体的重心和形心是重合的。

令 ΔV_i 趋近于零，式（2－24）可写成积分形式，即

$$x_C=\frac{\int_V x\,\mathrm{d}V}{V}, y_C=\frac{\int_V y\,\mathrm{d}V}{V}, z_C=\frac{\int_V z\,\mathrm{d}V}{V} \tag{2-25}$$

如果物体是均质等厚度的薄壳或薄板，以 A 表示壳或板的表面面积，ΔA_i 表示壳或板表面的任一微元面积，则有

$$x_C=\frac{\sum \Delta A_i x_i}{A}, y_C=\frac{\sum \Delta A_i y_i}{A} \tag{2-26}$$

其积分形式为

$$x_C=\frac{\int_A x\,\mathrm{d}A}{A}, y_C=\frac{\int_A y\,\mathrm{d}A}{A} \tag{2-27}$$

2.5.3　组合法求重心和形心

有些物体的形状虽然比较复杂，但是它们往往可以看成是由一些简单且规则的形体组成，而这些形体的形心通常容易求出或通过查表得到（表 2－1）。根据积分的性

表 2-1 几种简单图形的形心位置

图 形	重 心 位 置	图 形	形 心 位 置
三角形 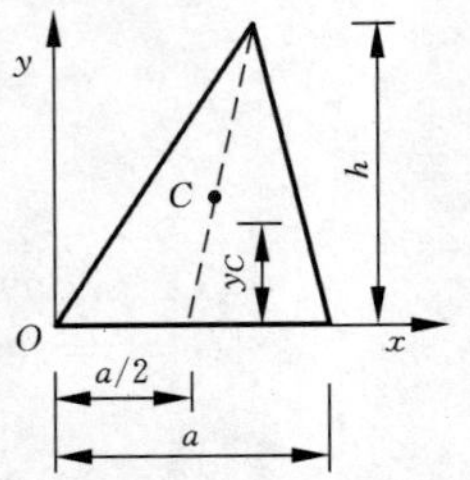	在中线的交点 $y_C=\frac{1}{3}h$	半圆形 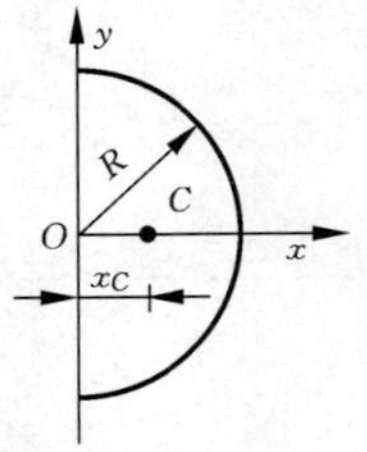	$x_C=\frac{4R}{3\pi}$ $y_C=0$
圆弧 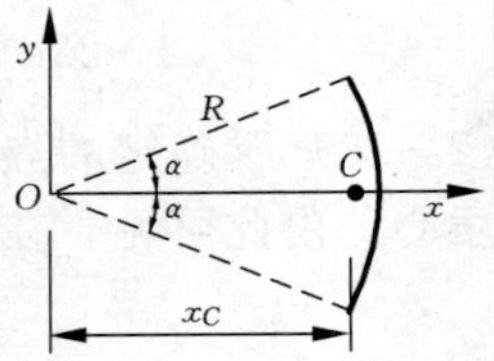	$x_C=\frac{R\sin\alpha}{\alpha}$ $y_C=0$	梯形 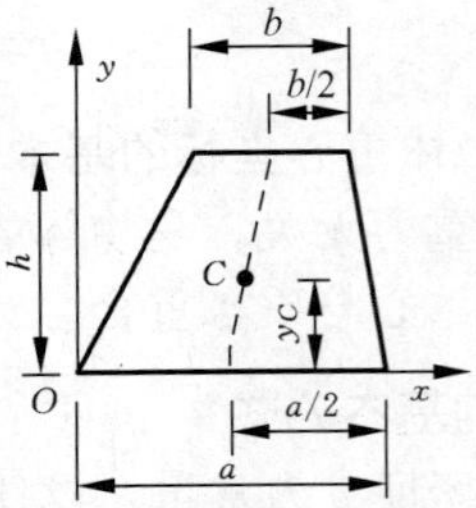	$y_C=\frac{h(a+2b)}{3(a+b)}$
扇形 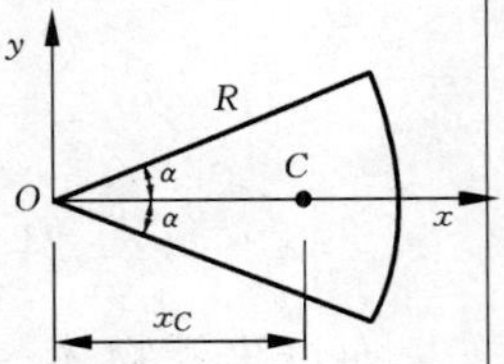	$x_C=\frac{2R\sin\alpha}{3\alpha}$ $y_C=0$	抛物线面 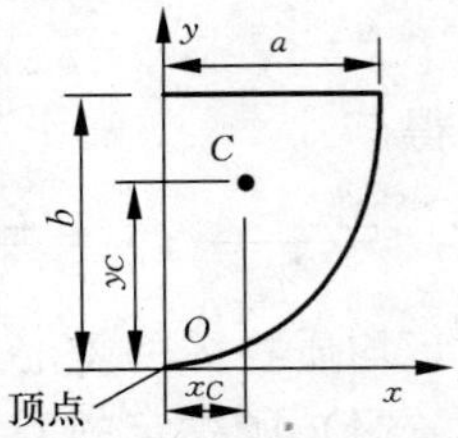	$x_C=\frac{3}{8}a$ $y_C=\frac{3}{5}b$
部分圆环 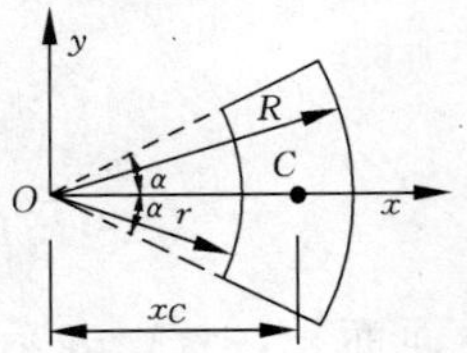	$x_C=\frac{2(R^3-r^3)\sin\alpha}{3(R^2-r^2)\alpha}$ $y_C=0$	正圆锥 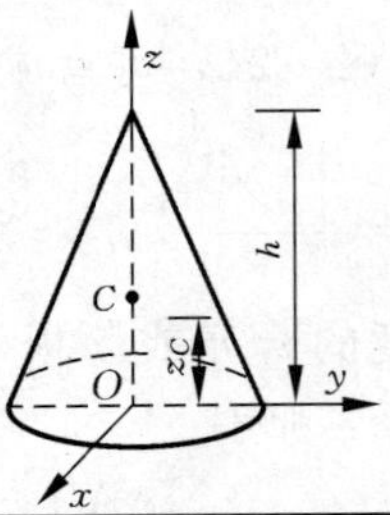	$x_C=0$ $y_C=0$ $z_C=\frac{1}{4}h$

质，即被积函数在某一区域的积分，可以分割为被积函数在多个小区域上的积分，于是将式（2-25）的积分区域 V 分割为多个不同的区域 V_1，V_2，…，V_n，并使得每一区域的积分均容易积出。若以 x 坐标为例，有

$$x_C=\frac{\int_V x\,\mathrm{d}V}{V}=\frac{\int_{V_1}x\,\mathrm{d}V+\int_{V_2}x\,\mathrm{d}V+\cdots+\int_{V_n}x\,\mathrm{d}V}{V}$$

$$=\frac{x_{1C}V_1+x_{2C}V_2+\cdots+x_{nC}V_n}{V}=\frac{1}{V}\sum x_{iC}V_i \tag{2-28}$$

同理可求得 y_C 和 z_C。若为平面图形，则有

$$x_C=\frac{1}{A}\sum x_{iC}A_i, y_C=\frac{1}{A}\sum y_{iC}A_i \tag{2-29}$$

这就是求解重心或形心的组合法，也称为**分割法**。下面通过两个例子来说明组合法的应用。

【例 2-5】 求图 2-15 所示均质等厚度 U 形薄板的形心位置，图中尺寸单位为 mm。

解：建立直角坐标系如图 2-15 所示。因 y 轴是对称轴，故该薄板的重心必在 y 轴上，即 $x_C=0$。为确定重心坐标 y_C，将 U 形薄板按图中虚线分为三个矩形。这三个矩形的面积和它们重心的 y 坐标分别为

$$A_{\rm I}=A_{\rm II}=140\times25=3500{\rm mm}^2, A_{\rm III}=120\times15=1800{\rm mm}^2$$

$$y_{\rm IC}=y_{\rm IIC}=70{\rm mm}, y_{\rm IIIC}=7.5{\rm mm}$$

于是，U 形薄板重心在 y 轴上的坐标为

$$y_C=\frac{A_{\rm I}y_{\rm IC}+A_{\rm II}y_{\rm IIC}+A_{\rm III}y_{\rm IIIC}}{A_{\rm I}+A_{\rm II}+A_{\rm III}}\approx57.2{\rm mm}$$

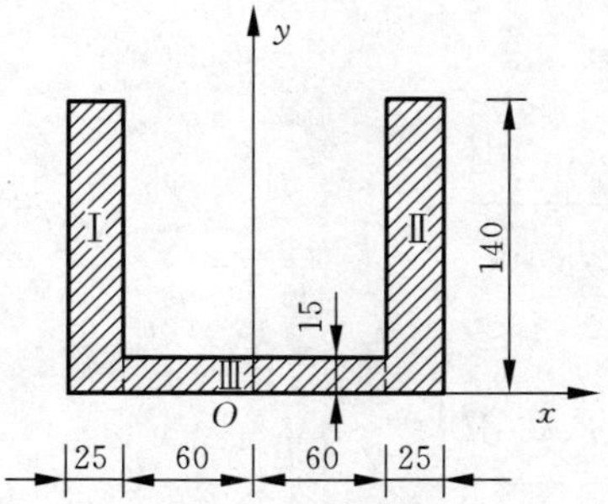

图 2-15

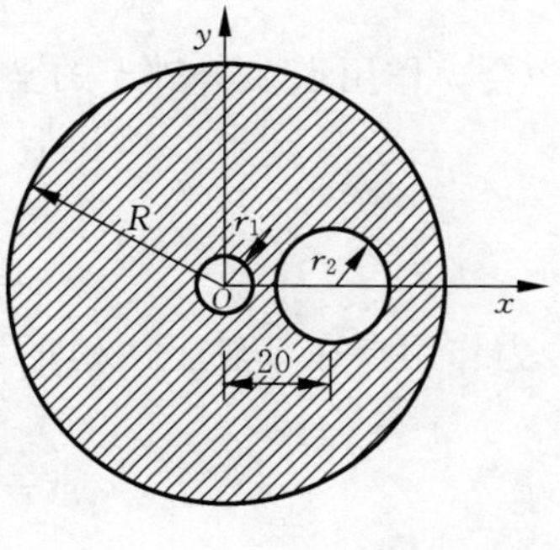

图 2-16

【例 2-6】 求图 2-16 所示平面图形的形心位置。已知 $r_1=5{\rm cm}$，$r_2=10{\rm cm}$，$R=40{\rm cm}$。图中尺寸以 cm 计。

解：建立直角坐标系如图 2-16 所示。由于 x 轴是对称轴，故该平面图形的形心必在 x 轴上，即 $y_C=0$。将该图形看作为在一个大圆中挖去两个小圆而成。这三部分的面积和相应的形心坐标分别为

$$A_1=\pi R^2\approx5026.5{\rm cm}^2, A_2=-\pi r_1^2\approx-78.5{\rm cm}^2, A_3=-\pi r_2^2\approx-314.2{\rm cm}^2$$

$$x_{1C}=0, x_{2C}=0, x_{3C}=20{\rm cm}$$

于是，该平面图形形心在 x 轴上的坐标为

$$x_C=\frac{A_1x_{1C}+A_2x_{2C}+A_3x_{3C}}{A_1+A_2+A_3}=\frac{-314.2\times20}{5026.5-78.5-314.2}\approx-1.4{\rm cm}$$

在本例中，由于两个小圆并不是原平面图形的组成部分，在计算时其面积取负值，故该方法又称为**负面积法**。

2.6　平行分布力的简化

平行分布力包括平行分布的体力、面力和线分布力。对于平行分布的体力，求其合力大小及其作用线的方法与求物体重力和重心的方法相同，这里不再重复。本节着重介绍平行分布面力和线分布力的合力。

2.6.1　平行的线分布力

设平行分布力沿平面曲线 AB 分布，取 AB 曲线所在的平面为 Oxy 坐标面，该分布力的集度记为 $q(x,y)$，并假定其方向与 Oxy 坐标面垂直。于是可作荷载图如图 2-17 所示。该图反映了荷载沿平面曲线 AB 分布的情况。在曲线 AB 上取一微元 $\mathrm{d}l$，则该微元段所受到的分布力的大小为 $\mathrm{d}F=q(x,\ y)\ \mathrm{d}l$，因此该平面曲线上平行分布力的合力的大小为

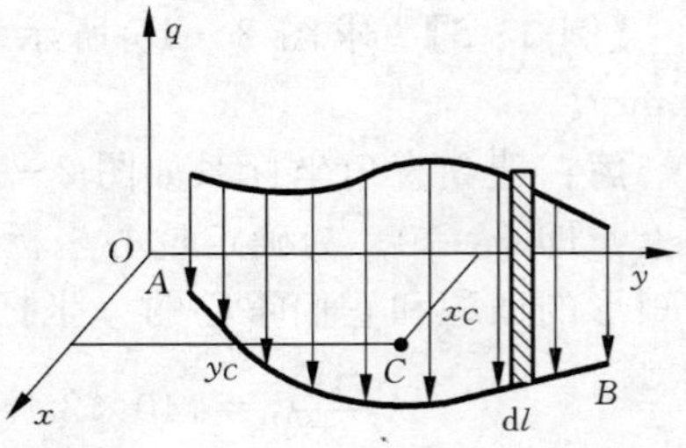

图 2-17

$$F_{\mathrm{R}}=\int_{AB}q(x,y)\mathrm{d}l \tag{2-30}$$

由合力矩定理可知，合力对 y 轴之矩等于各分力对同一轴之矩的代数和，即

$$x_C\cdot F_{\mathrm{R}}=\int_{AB}xq(x,y)\mathrm{d}l$$

式中：x_C 为合力作用点在 x 轴上的坐标。于是

$$x_C=\frac{\int_{AB}xq(x,y)\mathrm{d}l}{\int_{AB}q(x,y)\mathrm{d}l} \tag{2-31a}$$

同理可得合力作用点在 y 轴上的坐标为

$$y_C=\frac{\int_{AB}yq(x,y)\mathrm{d}l}{\int_{AB}q(x,y)\mathrm{d}l} \tag{2-31b}$$

由此可见，沿平面曲线分布的平行分布力的合力的大小等于荷载图的面积，其合力作用线通过荷载图面积的形心在平面曲线所在平面上的投影。

当平行分布力沿直线段 AB 分布时，可取该直线为 x 轴，则式（2-30）和式（2-31）退化为

$$F_{\mathrm{R}}=\int_{AB}q(x)\mathrm{d}x,\ x_C=\frac{\int_{AB}xq(x)\mathrm{d}x}{\int_{AB}q(x)\mathrm{d}x} \tag{2-32}$$

2.6.2　平行分布的面力

设在某表面 S 上作用着平行分布力，在坐标系 $Oxyz$ 下，分布力的集度记为 $q(x,y,z)$，并假定其方向与 z 轴平行。在表面 S 上取一微元 $\mathrm{d}A$，则该微元上的面力的大小为 $\mathrm{d}F=q(x,y,z)\mathrm{d}A$，因此该表面上平行分布力的合力的大小为

$$F_{\mathrm{R}}=\int_{S}q(x,y,z)\mathrm{d}A \tag{2-33}$$

由合力矩定理可知，合力对 y 轴之矩等于各分力对同一轴之矩的代数和，即

$$x_C \cdot F_R = \int_S xq(x,y,z)\mathrm{d}A$$

式中：x_C 为合力作用点在 x 轴上的坐标。于是

$$x_C = \frac{\int_S xq(x,y,z)\mathrm{d}A}{\int_S q(x,y,z)\mathrm{d}A} \tag{2-34a}$$

同理可得合力作用点在 y 轴上的坐标为

$$y_C = \frac{\int_S yq(x,y,z)\mathrm{d}A}{\int_S q(x,y,z)\mathrm{d}A} \tag{2-34b}$$

当表面 S 为平面时，令其为 Oxy 平面，于是可得荷载图，如图 2-18 所示。该图反映了荷载在平面 S 上的分布。当作用面 S 为平面时，式(2-33)和式(2-34)可简化为

$$F_R = \int_S q(x,y)\mathrm{d}A, x_C = \frac{\int_S xq(x,y)\mathrm{d}A}{\int_S q(x,y)\mathrm{d}A}, y_C = \frac{\int_S yq(x,y)\mathrm{d}A}{\int_S q(x,y)\mathrm{d}A} \tag{2-35}$$

式（2-35）表明，当分布面力作用于平面上时，其合力的大小等于荷载图的体积，其合力作用线通过荷载图体积的形心在作用面上的投影。

须指出，尽管上述分析过程假定了平行分布力的方向与 z 轴平行，但所得的结果，即式（2-31）～式（2-35），同样适用于两者不平行的情形。

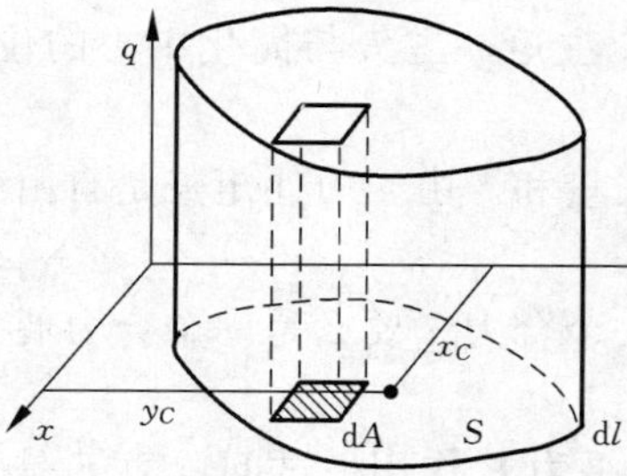

图 2-18

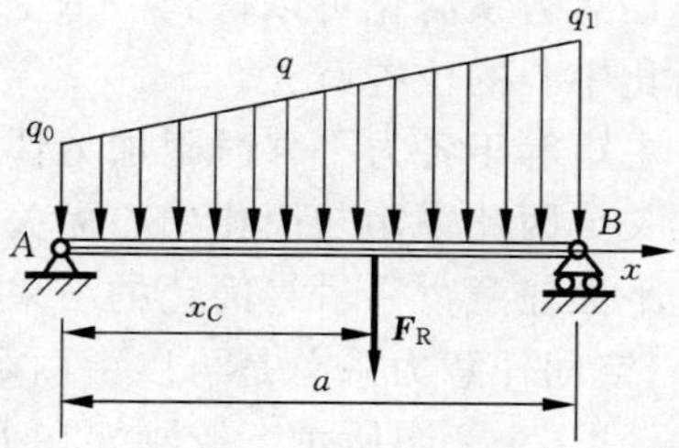

图 2-19

【例 2-7】 图 2-19 所示水平简支梁跨度为 a，受竖直向下的线性分布荷载 $q = q_0 + (q_1 - q_0)\dfrac{x}{a}$ 作用，求该分布力的合力。

解：首先求合力 $\boldsymbol{F}_R$ 的大小。由式（2-32）中的第一式有

$$F_R = \int_{AB} q(x)\mathrm{d}x = \int_0^a \left[q_0 + (q_1 - q_0)\frac{x}{a}\right]\mathrm{d}x = \frac{1}{2}a(q_0 + q_1) \tag{a}$$

第二，求合力作用线所在的位置。由式（2-32）中的第二式有

$$x_C = \frac{\int_{AB} xq(x)\mathrm{d}x}{\int_{AB} q(x)\mathrm{d}x} = \frac{\int_{AB} x\left[q_0 + (q_1 - q_0)\frac{x}{a}\right]\mathrm{d}x}{\frac{1}{2}a(q_0 + q_1)} = \frac{q_0 + 2q_1}{3(q_0 + q_1)}a \tag{b}$$

也就是说，合力作用线通过荷载图的形心。

当 $q_1=q_0$ 时，该分布荷载为均布荷载。此时，式（a）和式（b）简化为

$$F_R=q_0a, x_C=\frac{a}{2}$$

当 $q_0=0$ 时，该分布荷载为三角形分布荷载，即 $q=\frac{x}{a}q_1$。此时，式（a）和式（b）简化为

$$F_R=\frac{q_1a}{2}, x_C=\frac{2a}{3}$$

思 考 题

2-1 判断下列说法是否正确，并说明理由（假设力系均作用于刚体之上，且论述中的各力和力偶均不为零）。

（1）任何力系都存在合力，也就是说任何力系都可以用一个力进行等效。

（2）汇交力系可以合成为一个通过汇交点的合力，但它不可以向空间其他点进行简化。

（3）空间力偶系可以合成为一个合力偶，但它一定不可以合成为一个力和一个力偶。

（4）汇交力系不可能与一个力偶等效。

（5）力系必须是由作用于同一研究对象的力组成，否则讨论其简化就没有意义。

（6）力的平移定理表明力可以平移至刚体内任一点。因此，在等效的原则下，力不能平移至刚体外任一点。

（7）任意力系简化可以得到一个主矢和一个主矩，主矢与简化中心的位置无关，主矩与简化中心的位置有关。

（8）主矩等于各力平移时附加力偶矩矢的矢量和。由于力偶矩矢是自由矢量，且与矩心无关，因此主矩与简化中心无关。

（9）平面任意力系最终简化的结果要么是一个合力，要么是一个合力偶。

（10）空间任意力系总是可以由两个力等效。

2-2 思2-2图所示三铰刚架在 D 处受水平力 $\boldsymbol{F}$ 作用。试问：力 $\boldsymbol{F}$ 是否可以滑

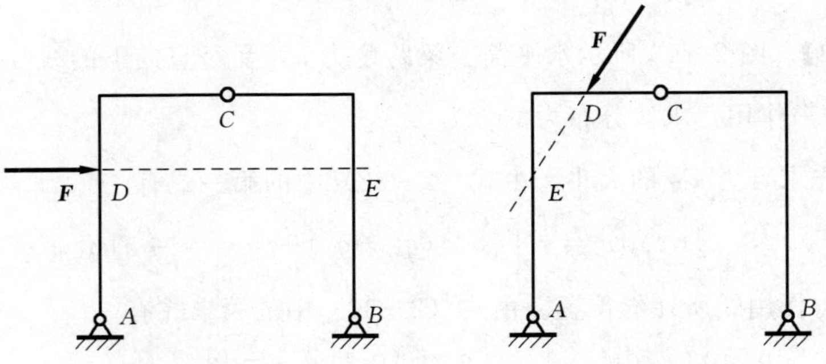

思 2-2 图

移至点E？

2-3　思2-3图所示悬臂梁在B端受竖直集中力作用。试分析：若将该力向A端附近平移，则会对悬臂梁的受力产生怎样的影响？

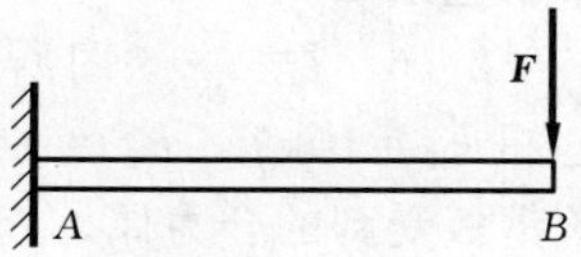

思2-3图

2-4　试分析空间平行力系的最终简化结果。

习　　题

2-1　题2-1图所示的力系位于铅垂平面内，其中$\boldsymbol{F}_1$水平，各力的大小分别为：$F_1=50\text{N}$，$F_2=80\text{N}$，$F_3=60\text{N}$，$F_4=100\text{N}$。试用解析法求该力系的合力，并表示在图上。

2-2　题2-2图所示汇交力系各力位于同一面内，其中$F_1=3\text{kN}$，$F_2=4\text{kN}$和$F_3=5\text{kN}$，求该力系的合力。

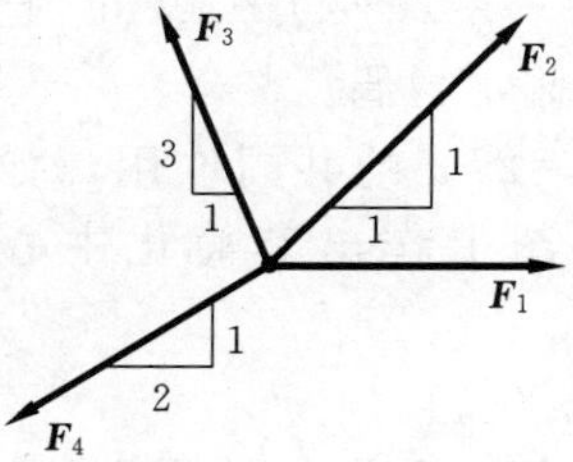

题2-1图

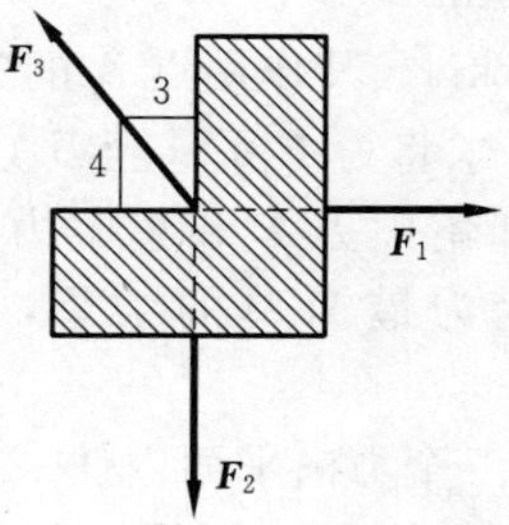

题2-2图

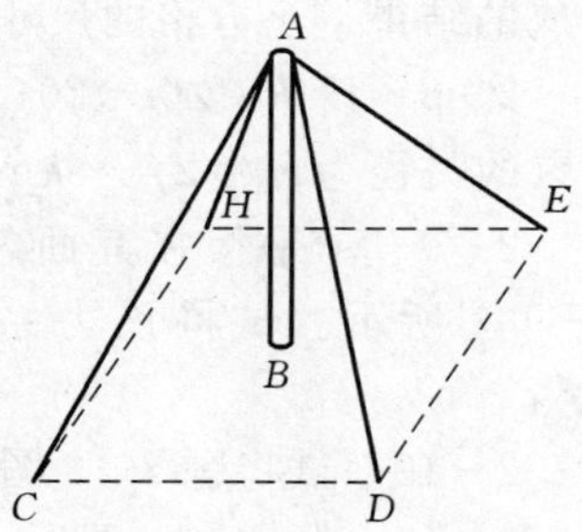

题2-3图

2-3　如题2-3图所示，高为4m的立柱AB用AC、AD、AE及AH四根钢索拉住，每根钢索长为5m。若每根钢索的拉力均为5kN，试问杆中的压力为多少？$CDEH$是以B为中心的正方形。

2-4　题2-4图所示钢板表面受4个力偶作用，各力偶矩的大小为$M_1=3\text{kN}\cdot\text{m}$，$M_2=5\text{kN}\cdot\text{m}$，$M_3=M_4=15\text{kN}\cdot\text{m}$，求该钢板受到的合力偶。

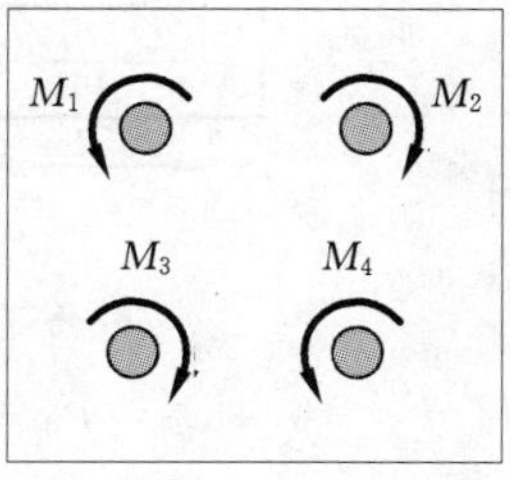

题2-4图

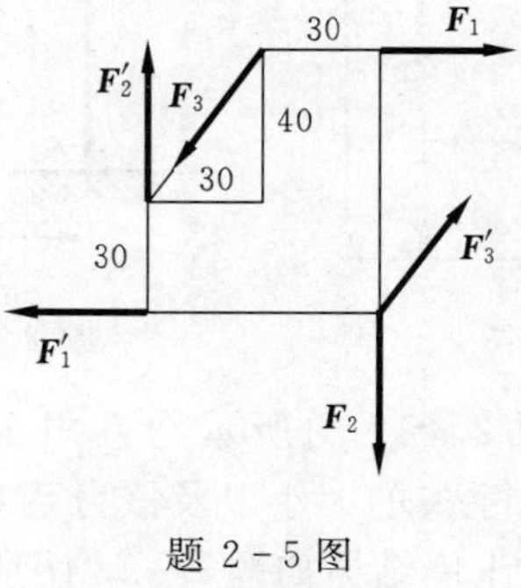

题2-5图

2-5　题2-5图所示直角L形钢板，受力偶($\boldsymbol{F}_1$，$\boldsymbol{F}_1'$)、($\boldsymbol{F}_2$，$\boldsymbol{F}_2'$)和($\boldsymbol{F}_3$，$\boldsymbol{F}_3'$)作用。已知$F_1=3\text{kN}$，$F_2=4\text{kN}$和$F_3=5\text{kN}$，求该钢板受到的合力偶。图

中单位以 cm 计。

2-6　题 2-6 图所示长方体，受力偶($\boldsymbol{F}_1$，$\boldsymbol{F}_1'$)、($\boldsymbol{F}_2$，$\boldsymbol{F}_2'$)和($\boldsymbol{F}_3$，$\boldsymbol{F}_3'$)作用。已知 $F_1=10\text{kN}$，$F_2=16\text{kN}$ 和 $F_3=20\text{kN}$，长方体的长为 1m，宽和高均为 0.5m。求该钢板受到的合力偶。

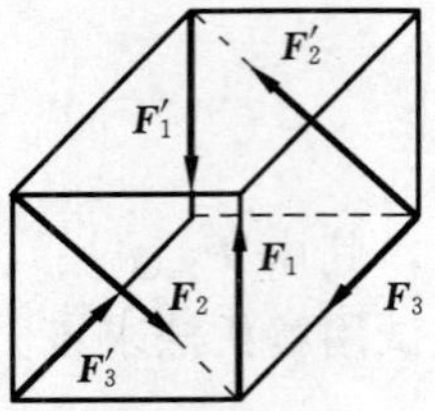

题 2-6 图

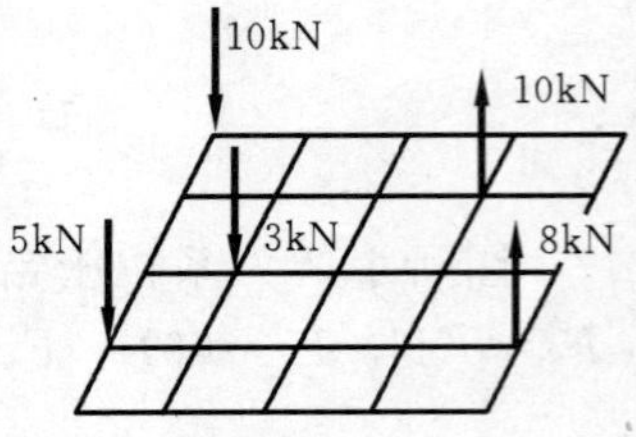

题 2-7 图

2-7　题 2-7 图所示平行力系垂直作用于正交网格所在的平面，求该平行力系合成的结果（小方格的尺寸为 50mm×50mm）。

2-8　设 $\boldsymbol{F}=20\boldsymbol{i}+20\boldsymbol{j}+50\boldsymbol{k}\text{kN}$，其作用点 A 的矢径为 $\boldsymbol{r}_A=2\boldsymbol{i}+4\boldsymbol{j}+10\boldsymbol{k}\text{m}$。已知 B 点的矢径为 $\boldsymbol{r}_B=2\boldsymbol{j}+8\boldsymbol{k}\text{m}$ 中，求将力 $\boldsymbol{F}$ 平移至 B 点时的附加力偶。

2-9　一平板在其面内受到集中力 $\boldsymbol{F}$ 和集中力偶 $M=2Fa$ 的共同作用，如题 2-9 图所示。试将该力系简化为最简单的结果，并在图上作出其简化中心的位置。

2-10　试将题 2-2 图中的三个力向平面内任一点 A 简化。

2-11　题 2-11 图所示刚架结构在 C 端受集中力 $\boldsymbol{F}$ 作用，在节点 B 处受集中力偶 M 作用，试将它们向固定端 A 简化。

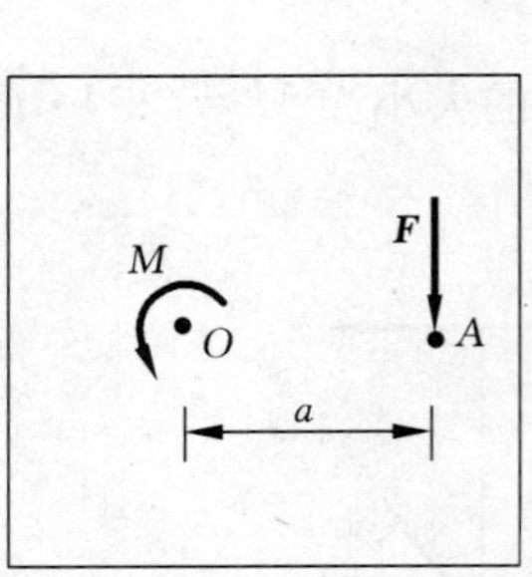

题 2-9 图

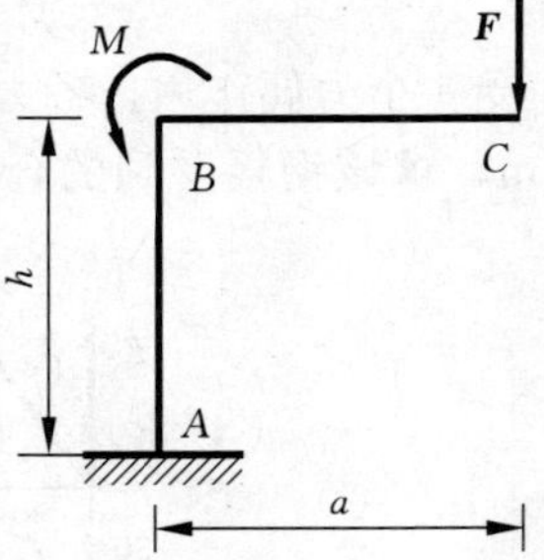

题 2-11 图

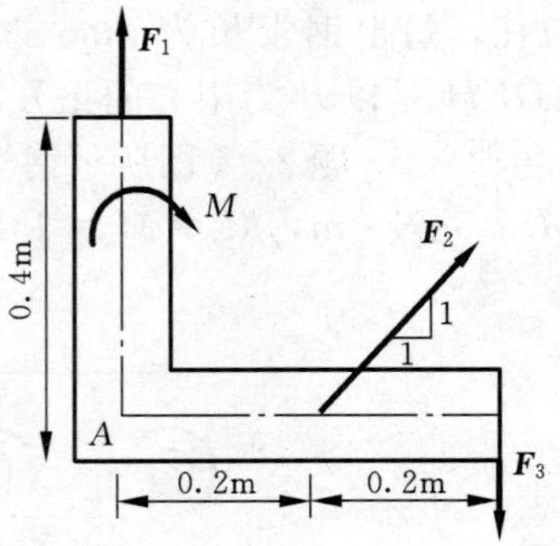

题 2-12 图

2-12　题 2-12 图所示力系中 $F_1=0.2\text{kN}$，$F_2=0.4\text{kN}$，$F_3=0.3\text{kN}$，$M=0.2\text{kN}\cdot\text{m}$。求主矢的大小以及该力系对 A 点的主矩。

2-13　挡土墙结构如题 2-13 图所示，已知浆砌块石的墙身重 $P_1=130\text{kN}$，混凝土底板重 $P_2=36\text{kN}$，墙背所受的铅直土压力 $F_1=59\text{kN}$，水平土压力 $F_2=98\text{kN}$。求该力系向底板 A 端简化的结果，并找出合力作用线的位置。

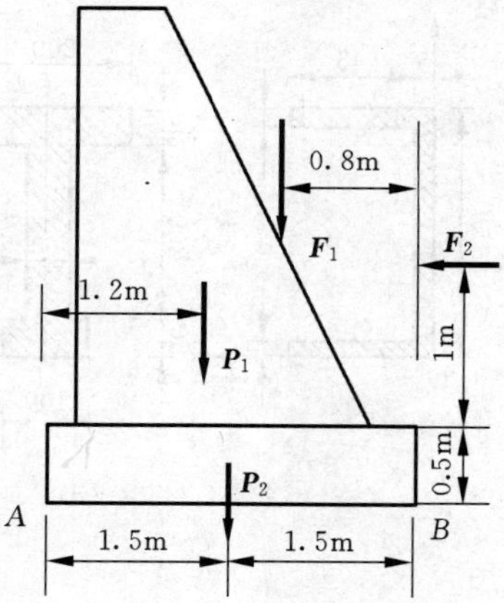

题 2－13 图

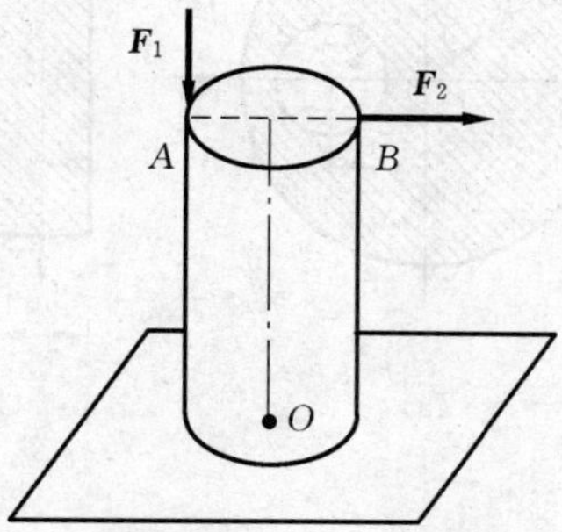

题 2－14 图

2－14　一混凝土圆立柱，高为 h，半径为 R，受到铅垂集中力 $\boldsymbol{F}_1$ 和水平集中力 $\boldsymbol{F}_2$，各力作用位置如题 2－14 图所示。试求这两个力向柱底中心 O 点的简化结果。

2－15　题 2－15 图所示支架受两个力的作用，这两个力的作用点分别为 A（0，4m，4m）和 B（4m，4m，4m）。求这两个力向支架固定端 O 处简化的结果。

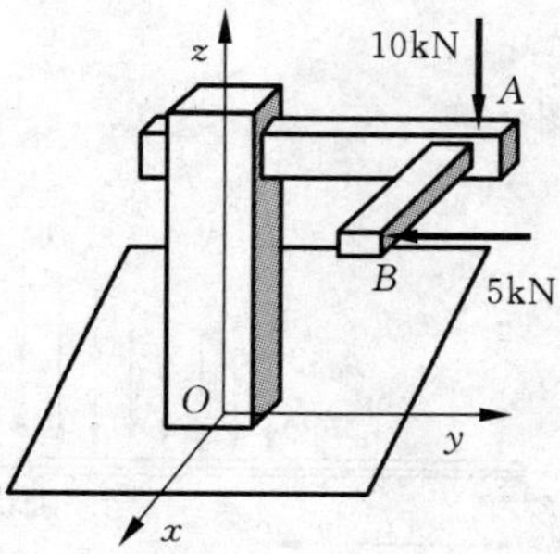

题 2－15 图

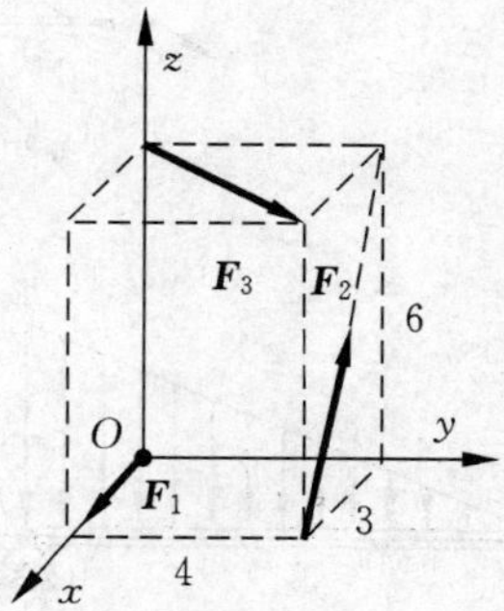

题 2－16 图

2－16　题 2－16 图所示三个力的大小分别为 $F_1=3\text{kN}$，$F_2=4\text{kN}$ 和 $F_3=5\text{kN}$，图中长度以 m 计，求此三力组成的力系向 O 点简化的结果。

2－17　某刚体受三个力作用，分别为：$\boldsymbol{F}_A=2\boldsymbol{i}+3\boldsymbol{j}+4\boldsymbol{k}\text{kN}$，$\boldsymbol{F}_B=-2\boldsymbol{i}+2\boldsymbol{j}+4\boldsymbol{k}\text{kN}$ 和 $\boldsymbol{F}_C=-2\boldsymbol{i}+2\boldsymbol{j}-4\boldsymbol{k}\text{kN}$，作用点的坐标分别为：（1，1，2），（－1，2，4）和（2，－2，4）（长度以 m 计）。求这三个力向坐标原点简化的结果。

2－18　试计算题 2－18 图所示各平面图形的形心坐标（图中尺寸单位：mm）。

2－19　题 2－19 图所示组合体由 A、B 两物体所组成，已知物体 A 和 B 单位体积的重量分别为 $\gamma_A=19.6\text{kN/m}^3$ 和 $\gamma_B=58.8\text{kN/m}^3$。试确定该组合体的重心坐标（图中尺寸单位：mm）。

2－20　求题 2－20 图所示分布荷载的合力大小及其作用线位置。

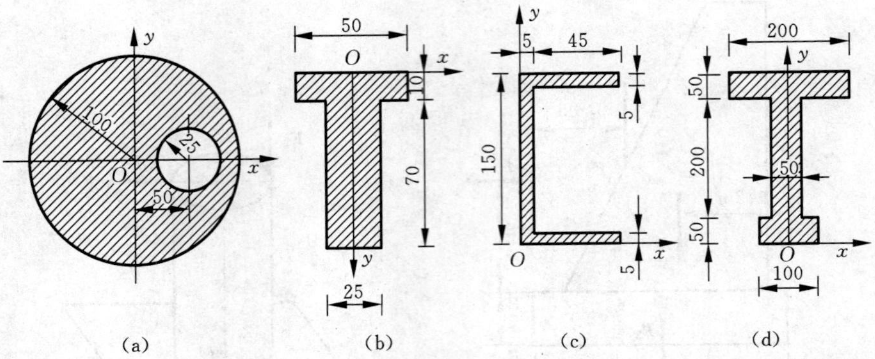

题 2-18 图

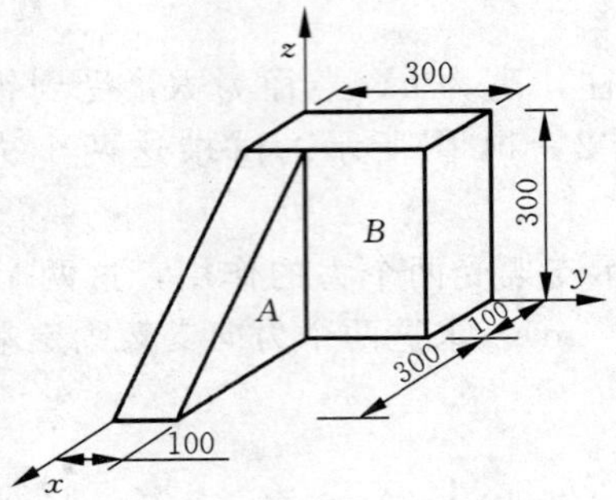

题 2-19 图

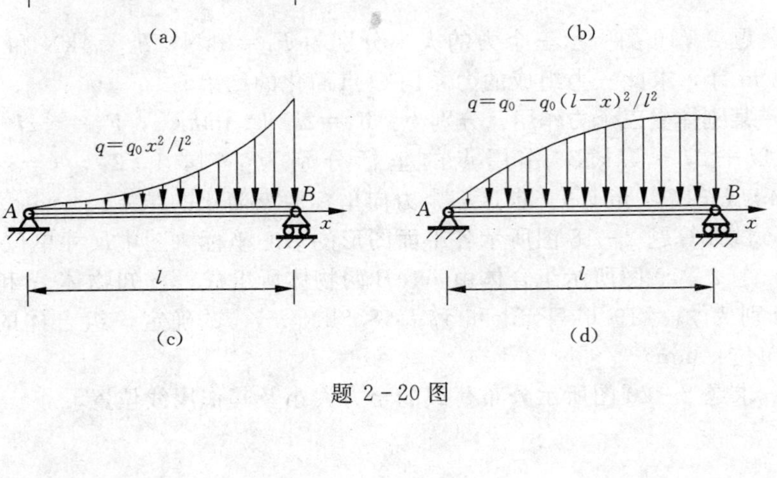

题 2-20 图

第3章 力系的平衡

本章将依据力系简化的结果和静力学公理，导出汇交力系、力偶系和任意力系等力系的平衡条件及其相应的平衡方程。在此基础上，本章侧重于平衡方程的应用。

3.1 汇交力系的平衡

在第 2 章，采用几何法和解析法讨论了汇交力系的简化，其结论是汇交力系可以简化为一个合力，也就是说，如果刚体在汇交力系作用下平衡，则可等效为刚体在其合力作用下平衡，也可等效为该刚体在其合力与零力共同作用下平衡。根据二力平衡条件，**汇交力系平衡的充要条件为：力系的合力等于零，即汇交力系中所有力的矢量和为零**，亦即

$$\boldsymbol{F}_{\mathrm{R}}=\boldsymbol{F}_1+\boldsymbol{F}_2+\cdots+\boldsymbol{F}_n=\sum\boldsymbol{F}_i=0 \tag{3-1}$$

式中：$\boldsymbol{F}_{\mathrm{R}}$ 为合力；$\boldsymbol{F}_i(i=1,2,\cdots,n)$ 为组成该汇交力系的各力。

由式（2-5）知，合力的大小为

$$F_{\mathrm{R}}=\sqrt{F_{\mathrm{R}x}^2+F_{\mathrm{R}y}^2+F_{\mathrm{R}z}^2} \tag{3-2}$$

于是，合力 $\boldsymbol{F}_{\mathrm{R}}=0$ 的等价条件是：$F_{\mathrm{R}x}=0$，$F_{\mathrm{R}y}=0$，$F_{\mathrm{R}z}=0$。由于合力在任一轴上的投影等于各分力在同一轴上投影的代数和，故有

$$\sum F_x=0,\sum F_y=0,\sum F_z=0 \tag{3-3}$$

式中 $\sum F_x$ 是 $\sum\limits_{i=1}^{n}F_{ix}$ 的简写，其他类同。

式（3-3）表明，力系中各力在 x 轴，y 轴和 z 轴上投影的代数和均等于零。上述三个方程称为汇交力系的平衡方程。

事实上，将式（3-1）在空间任一轴（如 t 轴）投影，可得

$$F_{\mathrm{R}t}=\sum F_t=0 \tag{3-4}$$

也就是说，平衡汇交力系的各力在任一轴上投影的代数和都为零。而式（3-3）中的 x 轴、y 轴和 z 轴仅仅是任一轴的特例。由于任一轴可以有无穷多种投影方向，那么是否意味着汇交力系的平衡方程有无穷多个呢？实际上，式（3-3）已经表明，空间汇交

力系独立的平衡方程数最多不超过3个。也就是说，如果列出3个以上的平衡方程，则它们必然是线性相关的。须指出，在应用平衡方程解决具体问题时，并不总是使用在 x 轴、y 轴和 z 轴上的投影方程。有时为了求解方便，可将各力在非坐标轴上进行投影，从而得到相应的投影方程。

从几何法角度来看，汇交力系的简化可以得到一个力多边形。当合力 $\boldsymbol{F}_R=0$ 时，组成力多边形的各力矢将首尾相接。于是，汇交力系平衡的充要条件的几何描述为：**汇交力系的力多边形自行闭合。**

如果所分析的力系为平面汇交力系，取力系所在平面为坐标面 Oxy，则式（3-3）退化为

$$\sum F_x=0,\sum F_y=0 \tag{3-5}$$

可见，平面汇交力系独立的平衡方程数只有两个。

【例3-1】 图3-1（a）所示简支梁受集中力 $\boldsymbol{F}$ 作用。已知 $F=10\text{kN}$，$\alpha=45°$，求支座 A、B 的约束力。

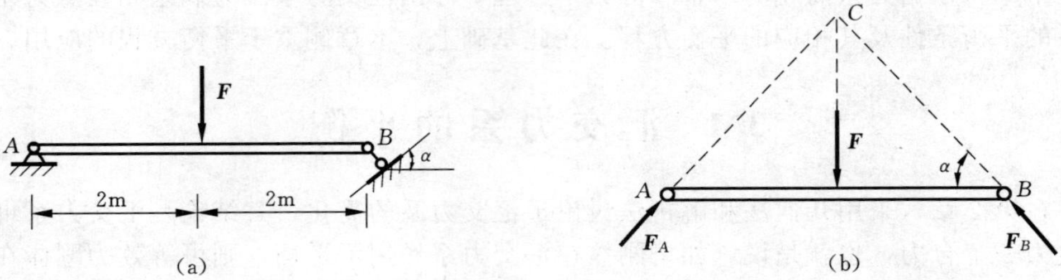

图3-1

解：（1）以梁 AB 为研究对象，将其从各约束中分离出来，如图3-1(b) 所示。

（2）作梁 AB 的受力图。梁 AB 的受力有：

1）主动力 $\boldsymbol{F}$。

2）可动铰支座 B 施加的约束力 $\boldsymbol{F}_B$，该约束力大小未知，方向已知。

3）固定铰支座 A 施加的约束力 $\boldsymbol{F}_A$，该力大小未知，方向待定。由于梁 AB 在三个力作用下平衡，且力 $\boldsymbol{F}$ 和 $\boldsymbol{F}_B$ 存在交点 C，故由三力平衡汇交定理可知：$\boldsymbol{F}_A$ 的作用线必通过该交点。

可见，作用于梁 AB 的力系为平面汇交力系。该力系的未知量有2个，与平面汇交力系独立的平衡方程数相等，故此问题可解。

（3）建立坐标系，列平衡方程。

在求解平面问题时，如果没有特别地说明，**通常约定以水平方向为 x 轴，以竖直方向为 y 轴。**于是，梁 AB 的平衡方程为

$$\begin{cases}\sum F_x=0:F_A\cos\alpha-F_B\cos\alpha=0\\ \sum F_y=0:-F+F_A\sin\alpha+F_B\sin\alpha=0\end{cases}$$

即

$$\begin{cases}F_A-F_B=0\\ -10+F_A\sin45°+F_B\sin45°=0\end{cases}$$

解得

$$F_A=F_B\approx7.07\text{kN}$$

【例 3-2】 图 3-2 所示的 OA 杆高为 6m，在 A 端受到水平的拉力 $\boldsymbol{F}$ 作用，在 O 端因埋置较浅，可视为球铰支座。为保持 OC 杆的竖直平衡状态，用 AB 和 BC 两钢索将其固定，图中 B、C 在水平坐标面 Oxy 内。已知 $F=20\text{kN}$，$\alpha=60°$，$\beta=45°$。不计 OA 杆自重，试求每根钢索的拉力和 OA 杆所受的压力。

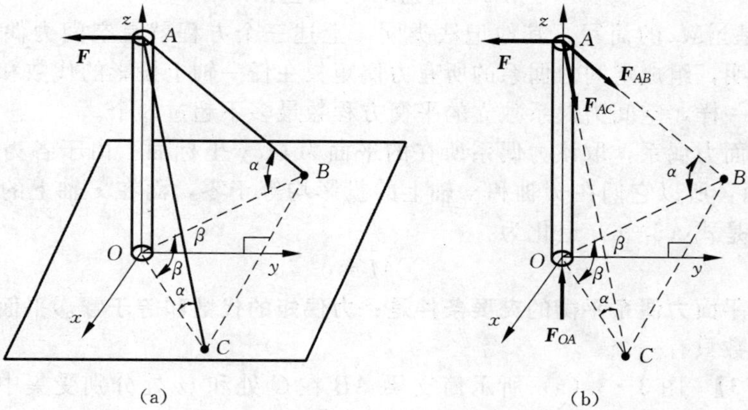

图 3-2

解：（1）取 OA 杆为研究对象。

（2）作 OA 杆的受力图。OA 杆受到的力有：主动力 $\boldsymbol{F}$、钢索的约束力 $\boldsymbol{F}_{AB}$ 和 $\boldsymbol{F}_{AC}$、地面约束力 $\boldsymbol{F}_{OA}$。由于 OA 杆的自重不计，且只在两端受到集中力的作用，故 OA 杆为二力杆，约束力 $\boldsymbol{F}_{OA}$ 必沿杆 OA 的轴线。这些力构成一个如图 3-2（b）所示的空间汇交力系。

（3）列平衡方程为

$$\begin{cases}\sum F_x=0:-F_{AB}\cos\alpha\sin\beta+F_{AC}\cos\alpha\sin\beta=0\\ \sum F_y=0:-F+F_{AB}\cos\alpha\cos\beta+F_{AC}\cos\alpha\cos\beta=0\\ \sum F_z=0:F_{OA}-F_{AB}\sin\alpha-F_{AC}\sin\alpha=0\end{cases}$$

即

$$\begin{cases}F_{AB}-F_{AC}=0\\ -20+F_{AB}\cos60°\cos45°+F_{AC}\cos60°\cos45°=0\\ F_{OA}-F_{AB}\sin60°-F_{AC}\sin60°=0\end{cases}$$

解得

$$F_{AB}=F_{AC}\approx28.3\text{kN},F_{OA}\approx49.0\text{kN}$$

于是，两根钢索的拉力均为 28.3kN，OA 杆的压力为 49.0kN

3.2　力偶系的平衡

基于第 2 章关于力偶系简化的结果，空间力偶系可以合成为一个合力偶。也就是说，空间力偶系可以与其合力偶等效。根据力偶的定义，合力偶可以等效地看作为由大小相等、方向相反的两个力组成。如果某刚体在空间力偶系的作用下处于平衡状态，那么由二力平衡条件可推得：该力偶系的合力偶矩矢必然为零，即力偶系中所有力偶矩矢的矢量和为零，亦即

$$\boldsymbol{M}=\boldsymbol{M}_1+\boldsymbol{M}_2+\cdots+\boldsymbol{M}_n=\sum \boldsymbol{M}_i=0 \tag{3-6}$$

将式（3-6）分别在 x 轴、y 轴和 z 轴上投影，得

$$\sum M_x=0,\sum M_y=0,\sum M_z=0 \tag{3-7}$$

式中 $\sum M_x$ 是 $\sum M_{ix}$ 的简写，其他记法类同。上述三个方程就是空间力偶系的平衡方程。它们表明，组成空间力偶系的所有力偶矩矢在任一轴上投影的代数和为零。与空间汇交力系一样，空间力偶系独立的平衡方程数最多不超过3个。

对于平面力偶系，取该力偶系所在的平面为 Oxy 坐标面。由于各力偶矩矢均垂直于 Oxy 面，所以它们在 x 轴和 y 轴上的投影均等于零，而在 z 轴上的投影就是它们本身，于是式（3-6）退化为

$$\sum M_i=0 \tag{3-8}$$

该式表明，**平面力偶系平衡的充要条件是：力偶矩的代数和等于零。**平面力偶系独立的平衡方程数只有一个。

【例3-3】 图3-3（a）所示简支梁 AB 在 C 处和 D 处分别受集中力偶 M_C 和 M_D 作用。已知 $M_C=60\text{kN}\cdot\text{m}$，$M_D=30\text{kN}\cdot\text{m}$，$\alpha=45°$，试求支座 A、B 处的约束力。

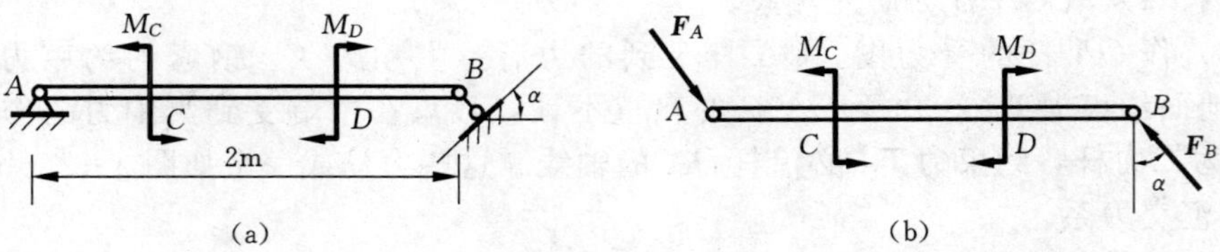

图3-3

解：（1）取梁 AB 为研究对象。

（2）作梁 AB 的受力图。梁 AB 受到的作用力有：集中力偶 M_C 和 M_D；可动铰支座在 B 端产生的约束力 $\boldsymbol{F}_B$，该力大小未知，方位已知；固定铰支座在 A 端产生的约束力 $\boldsymbol{F}_A$，该力大小未知，方向待定。集中力偶 M_C 和 M_D 合成的结果仍为力偶，而力偶只能由力偶来平衡，故 $\boldsymbol{F}_A$ 和 $\boldsymbol{F}_B$ 必然形成一对力偶，从而确定了 $\boldsymbol{F}_A$ 的方位。于是，梁 AB 的受力如图3-3（b）所示，相应的力系为平面力偶系。

（3）列平衡方程，有

$$\sum M_i=0: M_C-M_D+F_A\cdot l_{AB}\cos\alpha=0$$

即

$$60-30+F_A\cdot 2\cos45°=0$$

解得

$$F_A\approx-21.2\text{kN}$$

式中负号表示力的方向与受力图中所标注的方向相反。

【例3-4】 图3-4（a）所示水平轴AB与圆盘O_1、O_2固连，两圆盘盘面相互垂直。盘面O_1和盘面O_2内分别作用力偶有（$\boldsymbol{F}_1$，$\boldsymbol{F}_1'$）和（$\boldsymbol{F}_2$，$\boldsymbol{F}_2'$）。设两圆盘的半径均为150mm，轴AB长600mm，$F_1=8\text{N}$，$F_2=10\text{N}$，不计构件自重。求轴承A、B处的约束力。

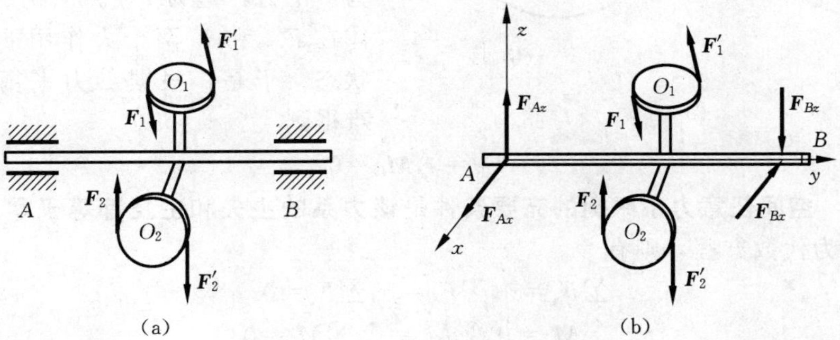

图3-4

解：（1）取整体为研究对象，并建立坐标系，其中坐标轴x、z分别与圆盘中心轴平行。

（2）作整体的受力图。根据向心轴承约束的性质，轴在A、B处均受到水平力和铅垂力作用。由于主动力为两力偶，故这些约束力也只有组成力偶才能与主动力偶平衡。于是，整体的受力如图3-4（b）所示，其中$F_{Ax}=F_{Bx}$，$F_{Az}=F_{Bz}$。

（3）列整体的平衡方程，有

$$\begin{cases}\sum M_x=0: -F_2\cdot d_2-F_{Az}\cdot l_{AB}=0\\ \sum M_z=0: F_1\cdot d_1+F_{Ax}\cdot l_{AB}=0\end{cases}$$

即

$$\begin{cases}-10\times300-F_{Az}\times600=0\\ 8\times300+F_{Ax}\times600=0\end{cases}$$

解得

$$F_{Ax}=F_{Bx}=-4\text{N}, F_{Az}=F_{Bz}=-5\text{N}$$

式中负号表示实际约束力的方向与受力图中标注的方向相反。

3.3 任意力系的平衡

公理化体系要求，建立新的理论须以该体系的公理和已经被证明的定理为基础。因此，建立任意力系的平衡理论应以静力学公理及其推论作为理论依据，通过逻辑演绎得到。

3.3.1 空间任意力系的平衡方程

基于力系的等效简化，空间任意力系向空间任一点O简化时，可以等效为一个通过简化中心的主矢$\boldsymbol{F}_R'$和一个主矩$\boldsymbol{M}_O$，如图3-5（a）所示。由主矩的定义可知，主矩$\boldsymbol{M}_O$可以由一个力偶（$\boldsymbol{F}$，$\boldsymbol{F}'$）进行等效。在选择力$\boldsymbol{F}$时，可令其通过简化中

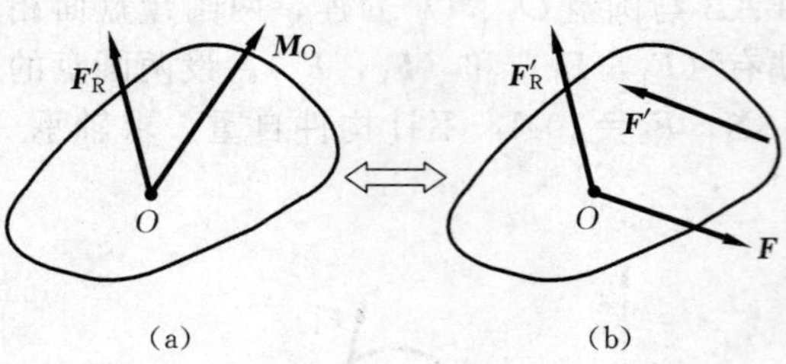

图 3-5

心，如图 3-5（b）所示。如果刚体在原力系作用下处于平衡状态，则可等效为该刚体在主矢 $\boldsymbol{F}'_R$ 和力偶（$\boldsymbol{F}$，$\boldsymbol{F}'$）共同作用下平衡。而 $\boldsymbol{F}'_R$ 和 $\boldsymbol{F}$ 可以合成为一个力，记为 $\boldsymbol{F}''_R$。也就是说，该刚体在 $\boldsymbol{F}''_R$ 和 $\boldsymbol{F}'$ 两个力作用下处于平衡状态。于是，根据二力平衡条件，不难得到

$$\boldsymbol{F}'_R=0, \boldsymbol{M}_O=0 \tag{3-9}$$

这就是说，**空间任意力系平衡的充要条件是该力系的主矢和主矩都等于零。**将式（3-9）等价为代数方程，则有

$$\left.\begin{aligned}\sum F_x=0, \sum F_y=0, \sum F_z=0\\ \sum M_x=0, \sum M_y=0, \sum M_z=0\end{aligned}\right\} \tag{3-10}$$

这六个方程称为空间任意力系的平衡方程，其中前三式称为力的投影方程，后三式称为力矩方程。它们表明，当空间任意力系平衡时，组成力系的所有力在同一轴（任意轴）上投影的代数和为零，所有力对同一轴（任意轴）之矩的代数和为零。

事实上，空间任意力系可以等效为一个空间汇交力系和空间力偶系，见图 2-6。由于力和力偶的作用效应是不能相互抵消的，所以空间任意力系的平衡要求上述的空间汇交力系和空间力偶系平衡。于是由本章前两节的内容，可得式（3-10）。

3.3.2 讨论

所有力系都是空间任意力系的特殊情形，所以它们的平衡方程必然包含于任意力系的平衡方程之中。如前两节讨论得到的汇交力系和力偶系的平衡方程都包含于式（3-10）。相对于任意力系而言，其他类型的力系总是在力系的构成上附加了一些条件，如平面汇交力系附加了两个条件：一是组成该力系的所有力都在同一平面内；二是所有力的作用线都相交于一点。这些附加条件的增加，将减少力系独立的平衡方程数。下面讨论几种特殊类型力系的平衡方程。

3.3.2.1 平面任意力系的平衡方程

相对于空间任意力系，平面任意力系的附加条件是组成该力系的所有力须在同一平面内。因此，若以该力系所在平面为坐标面 Oxy，以垂直于该坐标面的轴为 z 轴，则力系中所有力在 z 轴上的投影都为零，所有力对 x 轴和 y 轴之矩都等于零，从而使得 $\sum F_z\equiv 0$，$\sum M_x\equiv 0$，$\sum M_y\equiv 0$。于是，式（3-10）可退化为

$$\sum F_x=0, \sum F_y=0, \sum M_O=0 \tag{3-11}$$

式中：O 为力系所在平面内任一点。

式（3-11）就是平面一般力系平衡方程的基本形式，又称为一矩式。它表明**平面任意力系平衡的充要条件是：力系中各力在力系平面内任一轴上投影的代数和为零，且各力对力系平面内任一点之矩的代数和也为零。**

平面任意力系的平衡方程还可等价地表示为

$$\sum F_x=0, \sum M_A=0, \sum M_B=0 \tag{3-12}$$

其中，矩心 A 和 B 的连线不能与所选 x 轴垂直。式（3-12）称为平面任意力系平衡方程的二矩式。

那么式（3-12）是如何确保主矢和主矩都为零的呢？平面任意力系向 B 点简化时，可以等效为一个主矩和一个过 B 点的主矢。式（3-12）中的第三式可理解为一矩式方程中的第三式，也就是说，平衡的平面力系向 B 点简化时主矩等于零。在主矩为零的条件下，式（3-12）中的后两式要求主矢只能是沿连线 AB 的一个合力。根据附加条件，连线 AB（即合力作用线）与 x 轴不垂直，于是平衡方程中的第一式可以确保主矢为零。因此，式（3-12）及其附加条件是确保平面力系平衡的充分条件。那么附加条件是否必要呢？这可通过反例进行说明。如图 3-6 所示，主矢通过连线 AB，主矩设为零，并以连线 AB 的某一垂线为 x 轴。不难验证，式（3-12）中的三个方程均满足，而主矢所代表的力系并不平衡。由此可见，附加条件是必要的。

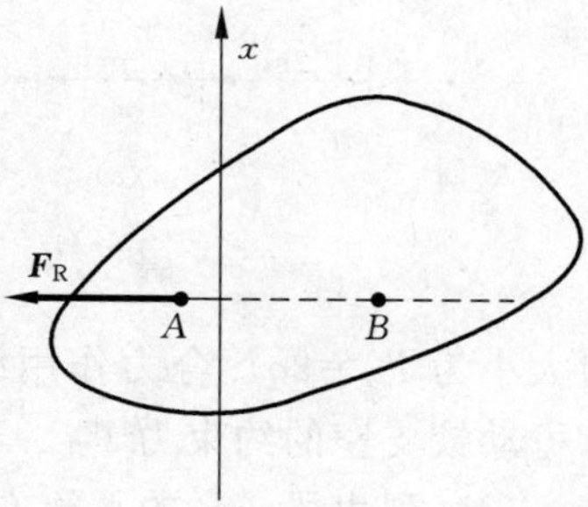

图 3-6

平面任意力系的平衡方程还可等价地表示为

$$\sum M_A=0,\sum M_B=0,\sum M_C=0 \tag{3-13}$$

其中，A、B、C 三点不共线。该方程称为平面任意力系平衡方程的三矩式。

可设想式（3-13）中的任一式相当于一矩式中的第三式，即确保主矩为零。在主矩为零的条件下，式（3-13）要求，要么主矢为零，要么主矢的作用线（即合力作用线）同时通过 A、B、C 三点。显然，后者与式（3-13）的附加条件矛盾。因此，式（3-13）与式（3-11）是等价的。

3.3.2.2 空间平行力系的平衡方程

相对于空间任意力系，空间平行力系的附加条件是，组成力系的各力的作用线彼此平行。令 z 轴与力系平行，以与 z 轴垂直的任一平面为 Oxy 坐标面，则容易验证 $\sum F_x\equiv 0$，$\sum F_y\equiv 0$，$\sum M_z\equiv 0$。于是式（3-10）退化为

$$\sum F_z=0,\sum M_x=0,\sum M_y=0 \tag{3-14}$$

对于平面平行力系，若令 y 轴与力系平行，上式可进一步退化为

$$\sum F_y=0,\sum M_O=0 \tag{3-15}$$

式中：O 为力系所在平面内的任一点。

须指出，对于同一种力系尽管其平衡方程的形式有可能不同，但其独立平衡方程的数目是确定的。这些独立的平衡方程在本质上确保了主矢和主矩为零。

【例 3-5】 简支梁受力如图 3-7（a）所示。已知 $F=20\text{kN}$，$q=10\text{kN/m}$，不计梁自重，求 A、B 两处的约束力。

解：本例为平面一般力系问题。

（1）取梁 AB 为研究对象。

（2）作梁 AB 的受力图。梁 AB 受到的力有：①主动力 $\boldsymbol{F}$；②均布荷载 q，其合

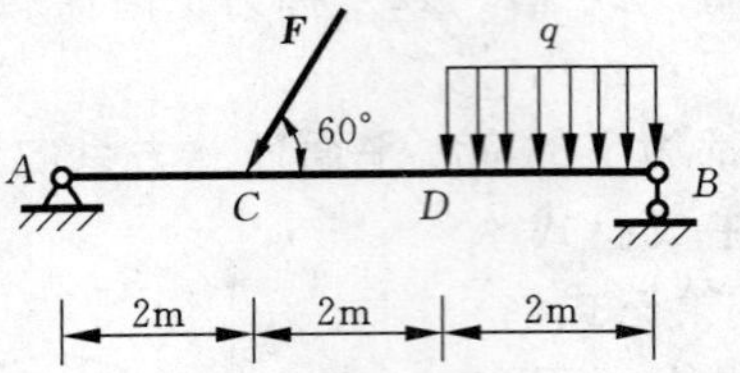

(a)

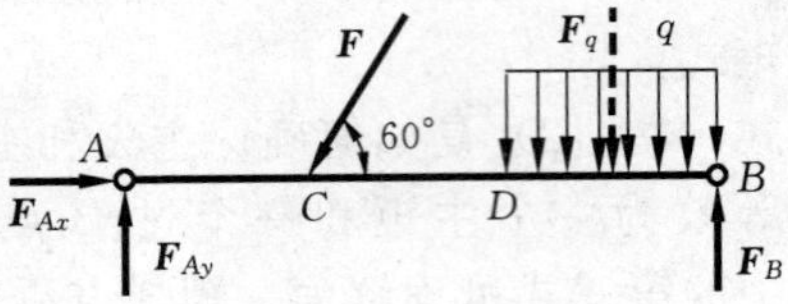

(b)

图 3-7

力大小为 $F_q=2q$，合力作用线通过 BD 的中点；③固定铰支座的约束力 $\boldsymbol{F}_{Ax}$、$\boldsymbol{F}_{Ay}$；④可动铰支座的约束力 $\boldsymbol{F}_B$。于是，梁 AB 受力如图 3-7（b）所示。

（3）列出梁 AB 的平衡方程，有

$$\begin{cases}\sum F_x=0: F_{Ax}-F\cos60°=0\\ \sum F_y=0: F_{Ay}-F\sin60°-F_q+F_B=0\\ \sum M_A=0: F_B\cdot l_{AB}-F\sin60°\cdot l_{AC}-F_q\cdot(l_{AB}-l_{BD}/2)=0\end{cases}$$

即

$$\begin{cases}F_{Ax}-20\times\cos60°=0\\ F_{Ay}-20\times\sin60°-10\times2+F_B=0\\ F_B\times6-20\times\sin60°\times2-10\times2\times5=0\end{cases}$$

解得

$$F_{Ax}=10\text{kN}, F_{Ay}\approx14.9\text{kN}, F_B\approx22.4\text{kN}$$

（4）检验。力系的平衡方程往往可列出无穷多种（但并不独立），于是可应用这些方程对计算结果进行校核。本例可应用方程 $\sum M_B=0$ 进行校核。这里略。

【例 3-6】 悬臂刚架尺寸和受力如图 3-8（a）所示。已知：$q=4\text{kN/m}$，$F=5\text{kN}$，求支座 A 的约束力。

解：本例为平面一般力系问题。

（1）取刚架 ACB 为研究对象。

（2）作出研究对象的受力图，如图 3-8（b）所示。

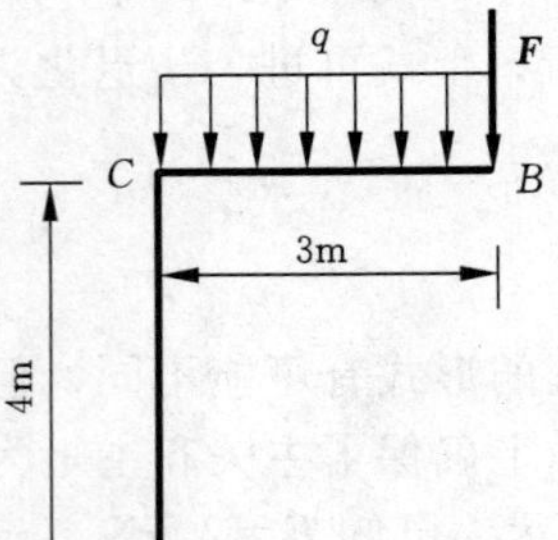

(a)

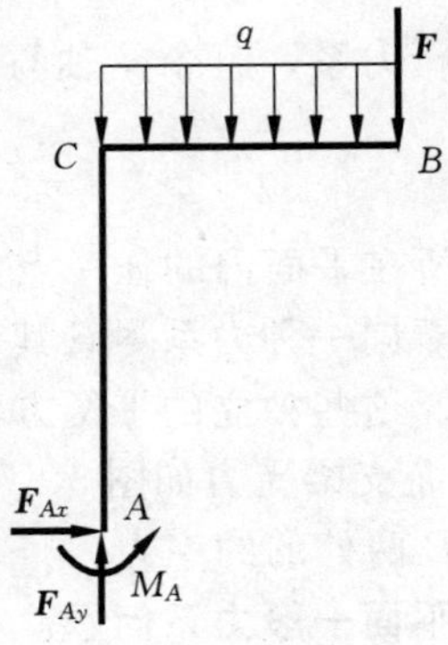

(b)

图 3-8

(3) 列出其平衡方程，有

$$\begin{cases}\sum F_x=0: F_{Ax}=0\\ \sum F_y=0: F_{Ay}-q\times 3-F=0\\ \sum M_A=0: M_A-q\times 3\times 1.5-F\times 3=0\end{cases}$$

将 q 和 F 的值代入上式，可解得

$$F_{Ax}=0, F_{Ay}=17\text{kN}, M_A=33\text{kN}\cdot\text{m}$$

(4) 检验。可通过 $\sum M_B=0$ 和 $\sum M_C=0$ 等进行验证。这里略。

【例 3-7】 简易吊车吊起一重物 $\boldsymbol{P}$，如图 3-9 (a) 所示。不计自重，求杆 BC 的受力和支座 A 的约束力。

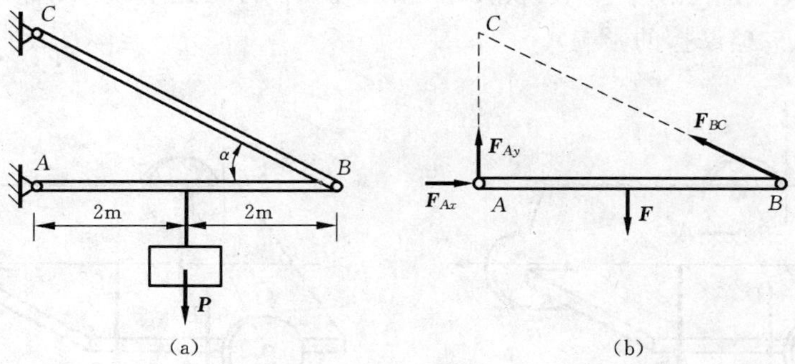

图 3-9

解：本例可认为是平面一般力系问题。

(1) 取梁 AB 为研究对象。

(2) 作其受力图。易判定 BC 杆为二力杆，梁 AB 的受力如图 3-9 (b) 所示。

(3) 列出其平衡方程，有

$$\begin{cases}\sum F_x=0: F_{Ax}-F_{BC}\cos\alpha=0\\ \sum F_y=0: F_{Ay}+F_{BC}\sin\alpha-F=0\\ \sum M_A=0: F_{BC}\cdot l_{AB}\sin\alpha-F\cdot l_{AB}/2=0\end{cases}\tag{a}$$

由于 $F=P$，故可解得

$$F_{Ax}=\frac{1}{2}P\cot\alpha, F_{Ay}=\frac{1}{2}P, F_{BC}=\frac{1}{2\sin\alpha}P$$

式 (a) 为平面一般力系平衡方程的一矩式。求解时，也可以采用二矩式平衡方程，即

$$\begin{cases}\sum F_x=0: F_{Ax}-F_{BC}\cos\alpha=0\\ \sum M_A=0: F_{BC}\cdot l_{AB}\sin\alpha-F\cdot l_{AB}/2=0\\ \sum M_B=0: F\cdot l_{AB}/2-F_{Ay}\cdot l_{AB}=0\end{cases}\tag{b}$$

若采用三矩式平衡方程，则有

$$\begin{cases}\sum M_A=0: F_{BC}\cdot l_{AB}\sin\alpha-F\cdot l_{AB}/2=0\\ \sum M_B=0: F\cdot l_{AB}/2-F_{Ay}\cdot l_{AB}=0\\ \sum M_C=0: F_{Ax}\cdot l_{AB}\tan\alpha-F\cdot l_{AB}/2=0\end{cases}\tag{c}$$

容易验证，式（b）和式（c）的解与式（a）的解相同。比较来看，式（c）中的一个方程就可以求解一个未知量，而式（a）需要联立方程才能求解。可见，后者来得简便些。在选择矩心时，应选那些有较多未知力通过的点作为矩心，这样所得方程中的未知量就较少。通常来说，如果矩心选择恰当，力矩方程中的未知量往往较力的投影方程中的未知量要少。

须指出，选择何种平衡方程求解未知量只是解题技巧问题，问题的解是唯一的，它并不因平衡方程的不同而改变。

【例 3-8】 图 3-10（a）所示的平板小车，自重 $P_1=8\text{kN}$，其作用点为 E，荷载 $P_2=10\text{kN}$，其作用点为 D。图中各点在 Oxy 面内的坐标为 $A(-0.6\text{m}, 0)$、$B(0.6\text{m}, 0)$、$C(0, 2\text{m})$、$D(0.2\text{m}, 0.2\text{m})$、$E(0, 1.2\text{m})$。求小车静止时地面对车轮的约束力（忽略摩擦的影响）。

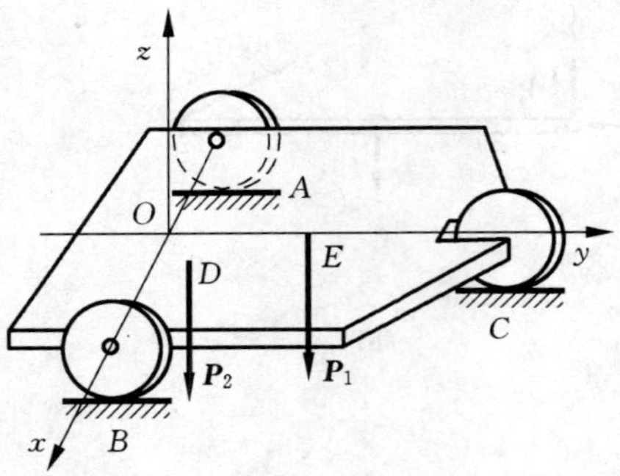

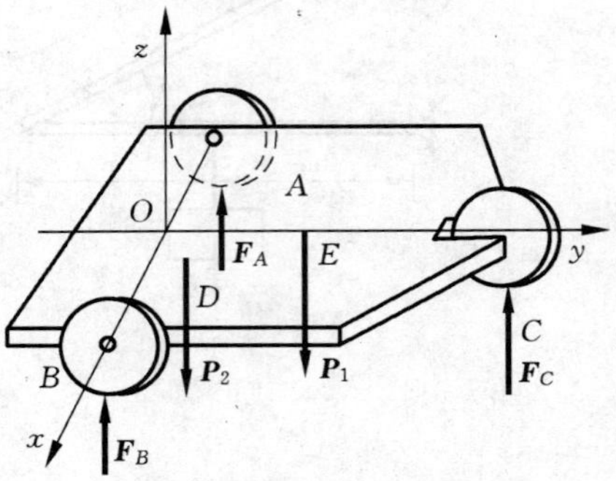

图 3-10

解：本题为空间平行力系问题。

（1）以小车为研究对象。

（2）作小车受力图，如图 3-10（b）所示。其中 $\boldsymbol{P}_1$ 和 $\boldsymbol{P}_2$ 是主动力，$\boldsymbol{F}_A$、$\boldsymbol{F}_B$ 和 $\boldsymbol{F}_C$ 为地面的约束力，此五力组成空间平行力系。

（3）列平衡方程，有

$$\begin{cases}\sum F_z=0: -P_1-P_2+F_A+F_B+F_C=0\\ \sum M_x=0: -0.2P_2-1.2P_1+2F_C=0\\ \sum M_{Ay}=0: 0.8P_2+0.6P_1-0.6F_C-1.2F_B=0\end{cases}$$

式中：下标"Ay"表示过 A 点且与 y 轴平行的轴。于是，解得

$$\begin{cases}F_A\approx 4.43\text{kN}\\ F_B\approx 7.77\text{kN}\\ F_C=5.80\text{kN}\end{cases}$$

【例 3-9】 图示刚架 O 端固定于基础，受水平力 $\boldsymbol{F}_1$、铅垂力 $\boldsymbol{F}_2$ 和力偶 $\boldsymbol{M}$ 的作用，已知 $\boldsymbol{F}_1$ 和 $\boldsymbol{F}_2$ 两个力的作用点分别为 $A(0, 4\text{m}, 4\text{m})$ 和 $B(4\text{m}, 4\text{m}, 4\text{m})$，$F_1=5\text{kN}$，$F_2=10\text{kN}$，$M=15\text{kN}\cdot\text{m}$。求固定端约束力。

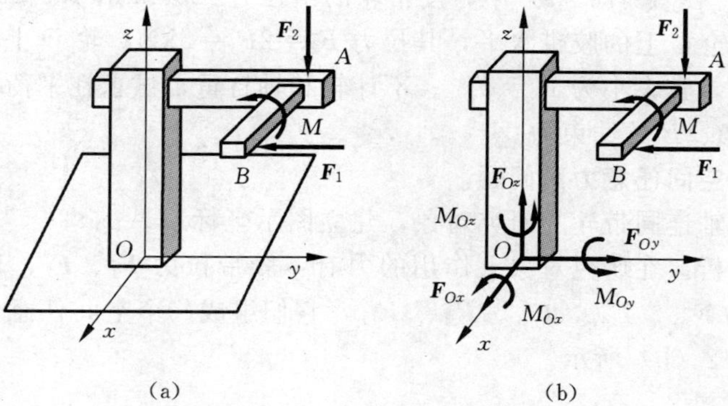

图 3-11

解：本例为空间任意力系问题。

(1) 选取刚架 OAB 为研究对象。

(2) 作研究对象的受力图。刚架上作用的主动力是空间力系，因而 O 处为空间固定端约束，它阻碍被约束物体在空间沿任何方向的移动和绕任何空间轴的转动。阻碍物体沿空间任一方向移动的约束力可用相互垂直的三个分力 $\boldsymbol{F}_{Ox}$、$\boldsymbol{F}_{Oy}$、$\boldsymbol{F}_{Oz}$ 来表示；阻碍物体绕任一空间轴转动的约束力偶可用三个相互垂直的分力偶 M_{Ox}、M_{Oy}、M_{Oz} 来表示，刚架受力如图 3-11 (b) 所示。

(3) 列平衡方程，有

$$\begin{cases}\sum F_x=0:F_{Ox}=0\\ \sum F_y=0:F_{Oy}-F_1=0\\ \sum F_z=0:F_{Oz}-F_2=0\\ \sum M_x=0:M_{Ox}+F_1\cdot 4-F_2\cdot 4+M=0\\ \sum M_y=0:M_{Oy}=0\\ \sum M_z=0:M_{Oz}-F_1\cdot 4=0\end{cases}$$

解得

$$\begin{cases}F_{Ox}=0,F_{Oy}=5\text{kN},F_{Oz}=10\text{kN},\\ M_{Ox}=5\text{kN}\cdot\text{m},M_{Oy}=0,M_{Oz}=20\text{kN}\cdot\text{m}\end{cases}$$

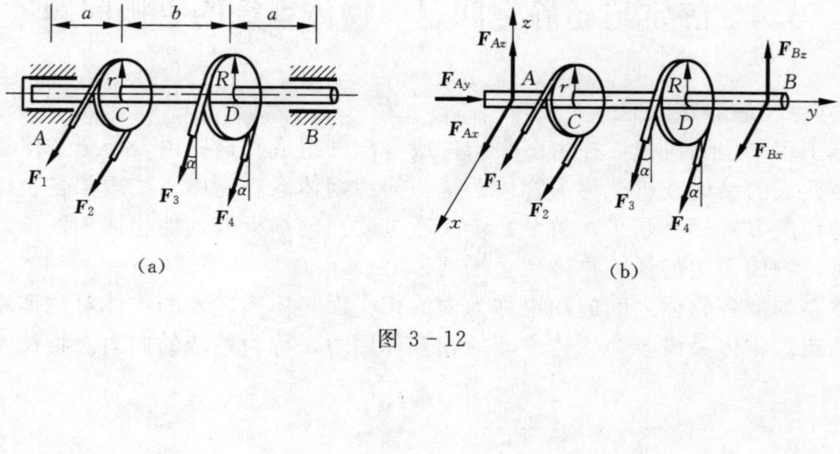

图 3-12

【例 3-10】 图 3-12（a）中，皮带轮的半径 $r=200\text{mm}$，$R=250\text{mm}$，距离 $a=0.5\text{m}$，$b=1\text{m}$。轮 C 上的胶带水平，其拉力 $F_2=2F_1=5\text{kN}$；轮 D 上的胶带与铅垂线夹角均为 $\alpha=30°$，其大小为 $F_3=2F_4$。不计轮和轴自重，试求在平衡状态下胶带拉力 F_3、F_4 及轴承 A、B 的约束力。

解：本例为空间任意力系问题。

（1）取传动轴连同带轮为研究对象，建立图示坐标系 $Axyz$。

（2）受力分析。在研究对象上作用的力有：胶带拉力 $\boldsymbol{F}_1$、$\boldsymbol{F}_2$、$\boldsymbol{F}_3$、$\boldsymbol{F}_4$；轴承 A 和 B 处的约束力 $\boldsymbol{F}_{Ax}$、$\boldsymbol{F}_{Ay}$、$\boldsymbol{F}_{Az}$、$\boldsymbol{F}_{Bx}$、$\boldsymbol{F}_{Bz}$，它们组成一个空间任意力系。研究对象的受力如图 3-12（b）所示。

（3）列平衡方程，有

$$\begin{cases}\sum F_x=0:F_{Ax}+F_{Bx}+F_1+F_2+(F_3+F_4)\sin\alpha=0\\ \sum F_y=0:F_{Ay}=0\\ \sum F_z=0:F_{Az}+F_{Bz}-(F_3+F_4)\cos\alpha=0\\ \sum M_x=0:F_{Bz}(2a+b)-(F_3+F_4)\cos\alpha(a+b)=0\\ \sum M_y=0:(F_3-F_4)R-(F_2-F_1)r=0\\ \sum M_z=0:-F_{Bx}(2a+b)-(F_1+F_2)a-(F_3+F_4)\sin\alpha(a+b)=0\end{cases}$$

考虑到 $F_3=2F_4$，上面的方程组有 6 个方程、6 个未知量，故可解。将相关尺寸、角度和力值代入上式，可解得

$$\begin{cases}F_{Ax}=-6.37\text{kN},F_{Ay}=0,F_{Az}=1.30\text{kN}\\ F_{Bx}=-4.13\text{kN},F_{Bz}=3.90\text{kN},F_3=4\text{kN},F_4=2\text{kN}\end{cases}$$

上式中 F_{Ax}、F_{Bx} 为负值，表明约束力 $\boldsymbol{F}_{Ax}$、$\boldsymbol{F}_{Bx}$ 的实际指向与受力图中的方向相反。

在分析平面力系平衡问题时，可以根据解题的需要，选用不同的平衡方程，如一矩式、二矩式和三矩式。与此类似，解决空间力系平衡问题时，也可以将空间力系平衡方程中的力的投影方程用力矩方程替代。替代过程须确保力系平衡方程组的独立性。例如，在例 3-2 中，若以 BC 为轴，对杆 OA 所受力系取力矩平衡方程，可直接求解出约束力 $\boldsymbol{F}_{OA}$，而无需联立方程求解。再如，在例 3-8 中，平衡方程组中力的投影方程 $\sum F_z=0$ 可以用 $\sum M_{BC}=0$ 来替代，其解题结果完全一致。选择恰当的轴，用相应的力矩方程代替力的投影方程，往往可以有效减少该方程中的未知量，从而简化解题过程。

3.4 静定与超静定问题 物体系统的平衡问题

3.4.1 静定和超静定问题

实际工程结构和机械往往由多个构件或零部件组成。这些由若干个物体以适当的方式联结而成的结构或机械称为物体系统，简称物体系。物体系统内部各物体之间通过一定的约束方式相互联系，整个系统又通过适当的约束与其他物体相联结。当物体系平衡时，物体系中的任一物体也必平衡。

物体系内部各物体之间的约束称为**内约束**，而物体系之外的物体对物体系的约束称为**外约束**。物体系内各个物体之间的相互作用力，称为系统的**内力**。物体系之外的

物体对物体系的作用力，称为系统的**外力**。

以平面一般力系为例，如果物体系统是由 n 个物体组成的，且每一物体都有 3 个独立的平衡方程，则该物体系共可列出 $3n$ 个独立的平衡方程，因而可以求解 $3n$ 个未知量。这里所说的未知量主要指未知的系统内力和外力。须指出，如果该物体系内部分物体受平面力偶系，平面汇交力系，或平面平行力系的作用，则独立平衡方程的数目以及能求解出的未知量的个数都会相应地减少。

当物体系的未知量的数目等于该物体系所能列出的独立平衡方程的数目，则所有未知量都可由平衡方程求得，这类问题称为**静定问题**。静定问题中的结构称为**静定结构**（statically determinate structure）。本章前面的几个例子均为静定问题。在工程实际中，有时为了提高结构可靠性和安全性，常常在结构中增加更多的约束，这就使得未知量的个数超过独立平衡方程的数目，这类问题称为**超静定问题**。超静定问题中的结构称为**超静定结构**（statically indeterminate structure）。

如在图 3-13（a）中，物体受到柔索 OA、OB 的约束力和一个主动力 $\boldsymbol{P}$ 的作用，处于平衡状态。这三个力组成了平面汇交力系。平面汇交力系有两个独立的平衡方程，可以求解出该物体所受到的两个约束力。因此，该问题是静定问题。在图 3-13（b）中，悬臂梁在其固定端受到 2 个约束力和一个约束力偶的作用，故有 3 个未知量，它们与主动力 $\boldsymbol{F}$ 构成平面一般力系。于是通过平面一般力系的平衡方程可求解出所有的未知力，因此，图 3-13（b）中的结构是静定结构。

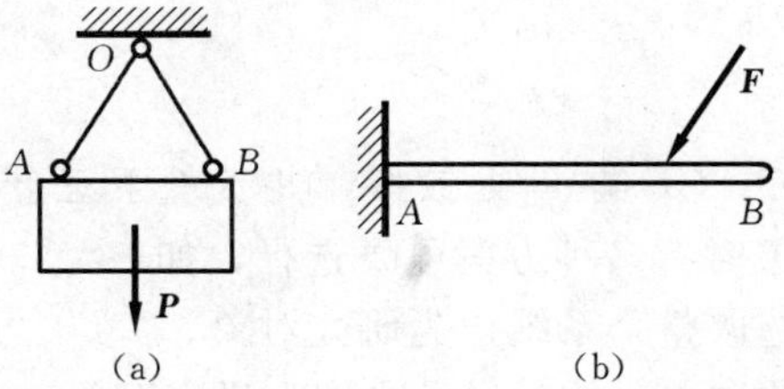

图 3-13

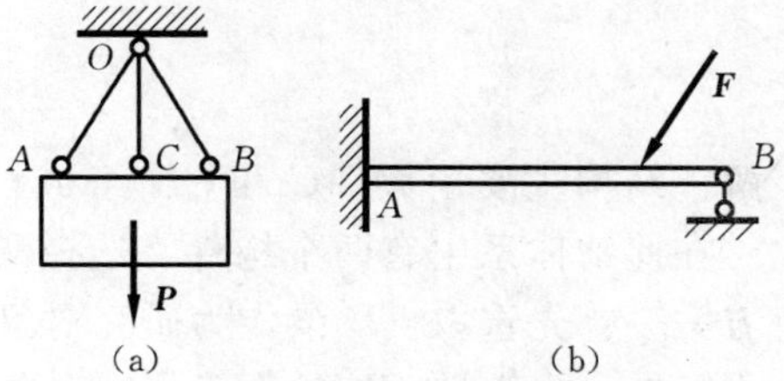

图 3-14

若在图 3-13（a）的物体上增加一个柔索约束 OC，在图 3-13（b）的结构中增加一个可动铰支座 B［图 3-14（a）、(b)］，则相当于在原问题中增加了一个未知力。于是，物体所受未知力的个数超过了独立平衡方程的数目，无法仅凭平衡方程求解出全部未知力。因此，图 3-14 中所对应的问题都是超静定问题。

由前面的分析可知，仅凭静力学平衡方程是无法求解出超静定结构的全部未知量。求解超静定问题必须考虑结构因受力而产生的变形，从而得到一些新的补充方程（变形协调方程），使方程的数目与未知量的个数相等。超静定问题已经超出了刚体静力学的研究范围，将在材料力学和结构力学中研究。

3.4.2 物体系统的平衡问题

在静力学中，物体系的平衡问题主要包括两个方面：一是计算物体系所受的外力；二是计算物体系的内力。与前几节分析单个物体的平衡不同，一般来说，解决物体系的平衡问题须考察两个或两个以上的研究对象，才能求解出系统的内力和外力。具体求解有两种途径：

(1) 先以整个物体系为研究对象，列出平衡方程，求得一部分未知量；然后再取物体系统中的某一部分或单个物体为研究对象，列出其相应的平衡方程，求解剩下的未知量，直至求出全部未知量。

(2) 先取物体系中的单个物体或由几个物体组成的子系统为研究对象，再取其他单个物体、子系统或整体为研究对象，并逐步列出平衡方程求得所有未知量。

下面通过例题来说明如何求解物体系的平衡问题。

【例 3-11】 连续梁支承及荷载情况如图 3-15 (a) 所示。已知 $q=10\text{kN/m}$，$F=20\text{kN}$，梁自重不计，试求支座 A、B、D 的约束力。

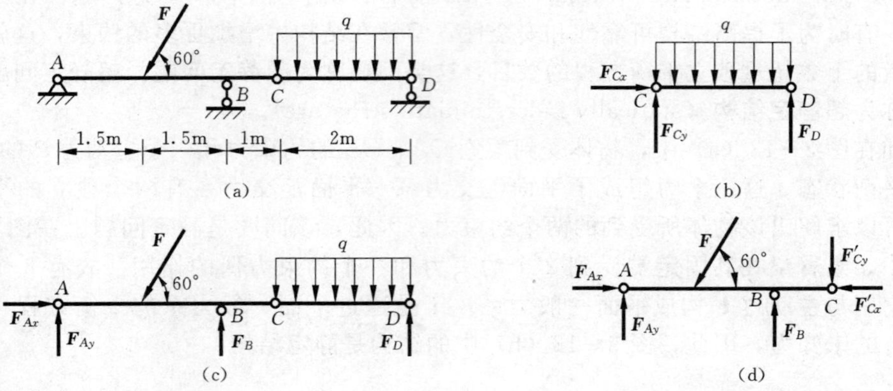

图 3-15

解: 结构主要由梁 AC 和 CD 组成，梁 AC、CD 在 C 处铰接，并支承于三个支座上。在此物体系中有两个构件，选择研究对象时有多种方案可供选择，如:

方案一：先选取 CD 梁作为研究对象，再选取整个系统作为研究对象。

方案二：先选取 CD 梁作为研究对象，再选取单个构件 AC 梁作为研究对象。

方案三：先选取 AC 梁作为研究对象，再选取整个系统作为研究对象。

上述方案中，选择研究对象的先后顺序对解题的过程及难易也有影响。例如，若将方案一选择研究对象的次序改变，即先以整个系统作为研究对象，再以 CD 梁作为研究对象进行分析，则与原方案相比，解题的过程及难易程度是不同的。因此，本问题总共有 6 种方案可供选择。下面以方案一和方案二为例求解此问题。

解法一:

(1) 取 CD 梁为研究对象，受力如图 3-15 (b) 所示，由平衡方程

$$\sum M_C=0: F_D\times 2-2\times q\times 1=0$$

解得

$$F_D=10\text{kN}$$

(2) 取整个连续梁为研究对象，受力如图 3-15 (c) 所示，由平衡方程

$$\begin{cases}\sum M_A=0: F_B\times 3+F_D\times 6-F\sin 60^\circ\times 1.5-q\times 2\times 5=0\\ \sum F_x=0: F_{Ax}-F\cos 60^\circ=0\\ \sum F_y=0: F_{Ay}+F_B-F\sin 60^\circ-q\times 2+F_D=0\end{cases}$$

将 $q=10\text{kN/m}$，$F=20\text{kN}$ 和 $F_D=10\text{kN}$ 代入上式，依次可解得

$$F_B\approx 22\text{kN}, F_{Ax}=10\text{kN}, F_{Ay}\approx 5.32\text{kN}$$

至此，A、B、D 三处的约束力已全部求解出来。

解法二：

（1）取 CD 梁为研究对象，受力如图 3-15（b）所示。其平衡方程为

$$\begin{cases}\sum F_x=0: F_{Cx}=0\\ \sum F_y=0: F_{Cy}-q\cdot l_{CD}+F_D=0\\ \sum M_C=0: F_D\times 2-2\times q\times 1=0\end{cases}$$

（2）取 AC 梁为研究对象，受力如图 3-15（d）所示。其平衡方程为

$$\begin{cases}\sum F_x=0: F_{Ax}-F\cos 60^\circ-F'_{Cx}=0\\ \sum F_y=0: F_{Ay}-F\sin 60^\circ+F_B-F'_{Cy}=0\\ \sum M_A=0: -F\sin 60^\circ\cdot l_{AB}/2+F_B\cdot l_{AB}-F'_{Cy}\cdot l_{AC}=0\end{cases}$$

由上述两个平衡方程组，并利用作用力与反作用力关系，可以解出 A、B、D 处的约束力，也可以求出节点 C 处的约束力。这里略去具体求解过程。

讨论：（1）在解法二中，需先求出铰结点 C 处的约束力才能求出 A、B 处的约束力；而在解法一中不需要求解 C 处的约束力。由此可见，与解法二相比，解法一要简便些。在解决物体系的平衡问题时，往往会出现较多的平衡方程。通过选择恰当的研究对象，往往可以避免多个方程联立求解某些未知力。究竟选择哪种方案简便？这属于解题技巧问题，需要一定量的训练才能掌握。

（2）在本例中，连续梁的两个构件在整个结构中的地位或作用是不同的。其中 AC 梁可以独立承受荷载并维持平衡，称为结构的基本部分。而 CD 梁不能独立承受荷载，须依赖于 AC 梁才能维持平衡，称为结构的附属部分。这类结构称为**有主次之分的结构**。在解决此类结构时，应优先选择附属部分作为研究对象。这样做的优点是：无需考虑基本部分的结构与受力，直接通过附属部分的受力图及其平衡方程，就可以求解出附属部分的全部约束力或未知量。

【例 3-12】　三铰刚架尺寸以及所受荷载如图 3-16（a）所示，其中 $F=qa$，求支座 A、B 及铰 C 处的约束力。

解：三铰刚架是由左、右两部分刚架通过中间铰 C 连接而成的物体系统。作用于左、右两部分刚架上的力系都是平面任意力系，可以列出 6 个独立的平衡方程。本题有 3 个铰约束，计 6 个未知力。因此，本问题是静定的，可解。

（1）取三铰刚架整体为研究对象，受力如图 3-16（b）所示，列平衡方程

$$\begin{cases}\sum M_B=0: F_{Ay}\times 4a+F\times 2a-q\times 4a\times 2a=0\\ \qquad\Rightarrow F_{Ay}=\dfrac{1}{4a}(8qa^2-2qa^2)=1.5qa\\ \sum M_A=0: F_{By}\times 4a-F\times 2a-q\times 4a\times 2a=0\\ \qquad\Rightarrow F_{By}=\dfrac{1}{4a}(8qa^2+2qa^2)=2.5qa\\ \sum F_x=0: F_{Ax}+F-F_{Bx}=0\end{cases}\tag{a}$$

（2）取右半刚架为研究对象，受力如图 3-16（c）所示，列平衡方程

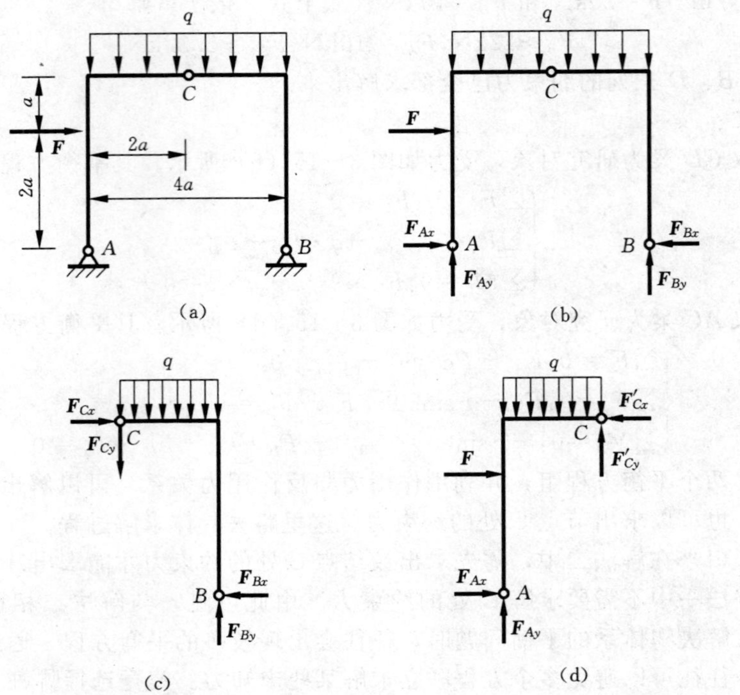

图 3-16

$$\left\{\begin{aligned}&\sum M_C=0：F_{Bx}\times 3a+q\times 2a\times a-F_{By}\times 2a=0\\&\qquad\Rightarrow F_{Bx}=\frac{1}{3a}(F_{By}\times 2a-2qa^2)=qa\\&\sum F_x=0：F_{Cx}-F_{Bx}=0\\&\qquad\Rightarrow F_{Cx}=F_{Bx}=qa\\&\sum F_y=0：F_{By}-F_{Cy}-q\times 2a=0\\&\qquad\Rightarrow F_{Cy}=F_{By}-2qa=0.5qa\end{aligned}\right.\tag{b}$$

将 F_{Bx} 的值带入式（a）中的第三式，得

$$F_{Ax}=F_{Bx}-F=0$$

（3）校核。取左半个刚架为研究对象，其受力如图 3-16（d）所示。根据其平衡方程，可校核以上计算结果是否正确，读者可自行完成。

讨论：本例的结构属于**无主次之分的结构**。对于此类结构，通常首先观察分析整体的受力情况，然后再决定选取整体或局部为研究对象。在求解时，应尽量做到一个方程求解一个未知力。对于较为复杂的无主次之分的结构，一般难以避免联立方程求解未知量的情形。

【例 3-13】 图 3-17（a）所示机构为发动机简图，属于曲柄滑块连杆机构。它由曲轴 OA、活塞 B、连杆 AB 组成。工作时，燃烧室的气体膨胀，给活塞施加压力 $\boldsymbol{F}$，推动活塞运动；活塞通过连杆 AB 将运动传递给曲轴 OA；曲轴 OA 通过自身的转动带动其他物体运动。曲轴带动其他物体的运动相当于通过施加力偶矩对外做功。

由作用力与反作用力可知，曲轴将受到一反力偶，设为 M。若 $\boldsymbol{F}$ 大小已知，$OA=r$，不计质量及自重，忽略摩擦，并假设在图示位置机构处于平衡状态。试求：①作用于曲轴上的力偶矩 M；②轴承 O 处的约束力；③连杆 AB 的受力；④滑块 B 受到的侧压力。

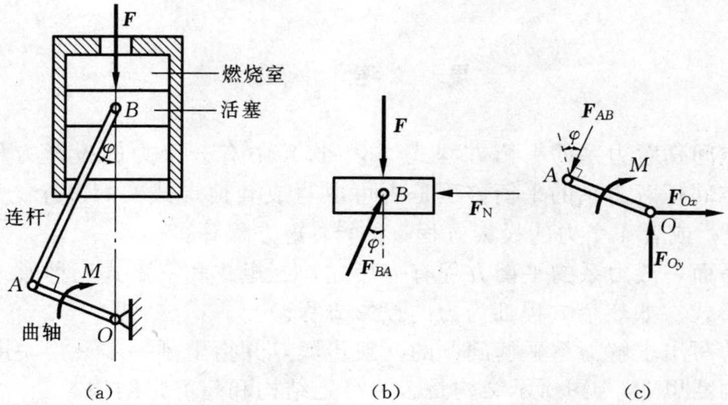

图 3-17

解：(1) 以活塞 B 为研究对象。由于 AB 杆为二力杆，故活塞 B 的受力如图 3-17 (b) 所示。作用于活塞的各力组成了平面汇交力系，由平面汇交力系的平衡方程得

$$\begin{cases}\sum F_x=0: F_{AB}\sin\varphi-F_{\mathrm{N}}=0\\ \sum F_y=0: F_{BA}\cos\varphi-F=0\end{cases}$$

解得

$$F_{BA}=F/\cos\varphi, F_{\mathrm{N}}=F\tan\varphi$$

(2) 以曲轴为研究对象。曲轴受到的作用力有：二力杆 AB 施加的作用力 $\boldsymbol{F}_{AB}$，力偶 M，O 处的约束力 $\boldsymbol{F}_{Ox}$ 和 $\boldsymbol{F}_{Oy}$。曲轴的受力如图 3-17 (c) 所示。各力组成平面一般力系，其相应的平衡方程为

$$\begin{cases}\sum F_x=0: F_{Ox}-F_{AB}\sin\varphi=0\\ \sum F_y=0: F_{Oy}-F_{AB}\cos\varphi=0\\ \sum M_O=0: F_{AB}\cdot r-M=0\end{cases}$$

由于 $F_{BA}=F_{AB}$，将其代入上式，解得

$$F_{Ox}=F\tan\varphi, F_{Oy}=F, M=Fr/\cos\varphi$$

讨论：本题属于**运动机构**的平衡问题。在运动机构中并不是所有的构件的位移都被约束完全限制。须指出，运动机构须在主动力满足一定条件下，才能处于平衡状态。此时，静力学理论才能用于求解相应的平衡问题。

以上各例所考察的结构或机构都是由两个物体组成的系统。对于由更多的物体组成的系统，可以仿照上述各例的方法与步骤进行求解。在求解由两个以上物体组成的物体系平衡问题中，研究对象的选择将更加多样化。对于由 n 个物体组成的系统而言，往往需要 n 次选取研究对象，每一次选取都可以是单个物体或是由多个物体组成

的子系统。必须指出，尽管可以有多种方案可供选择，但问题的解是唯一的。

本章的核心内容是平衡方程的应用，它既包括在空间问题中的应用，也包括在平面问题的应用；既包括在单个物体平衡中的应用，也包括在物体系平衡中的应用。总体来看，本章具有“理论易懂题难解”的特点。要想熟练掌握本章知识，须经过一定量的练习。

思　考　题

3-1　空间任意力系的平衡方程式（3-10）中有3个力的投影方程，3个力矩方程。试问空间任意力系的平衡方程是否可以写成其他形式？如2个力的投影方程，4个力矩方程；或者4个力的投影方程，2个力矩方程等。

3-2　平面一般力系的平衡方程有一矩式，二矩式和三矩式三种形式。是否可以写出其他的形式？如3个方程都为力的投影方程。

3-3　请写出求解力系平衡问题的一般步骤，并指出哪一步最为关键，为什么？

3-4　判断思3-4图所示结构是否为静定结构和超静定结构。

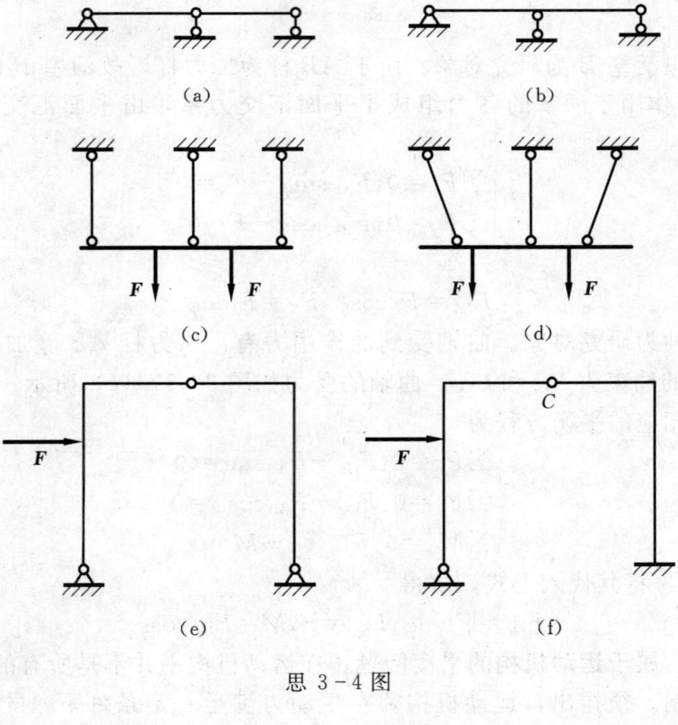

思 3-4 图

习　题

3-1　托架制成如题3-1图所示的三种形式。已知 $AB=BC=AD$，试求 A、D 处的约束力。

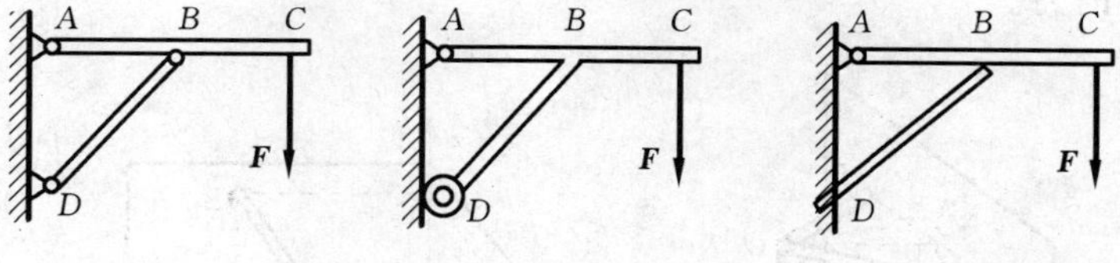

(a) (b) (c)

题 3-1 图

3-2 题 3-2 图所示一圆球置于两物体间，接触点分别为 A 和 B，处于平衡状态。已知圆球半径为 R，自重为 $\boldsymbol{P}$，A、B 两点间的距离为 $\sqrt{2}R$，且接触点 A、B 在同一水平线上，求 A、B 接触处的约束力。

3-3 题 3-3 图所示结构受水平力 $\boldsymbol{F}$ 作用，自重不计，求 A、B 约束处的约束力。

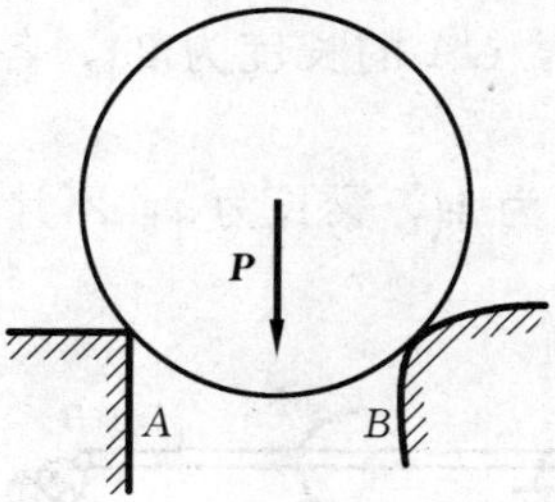

题 3-2 图

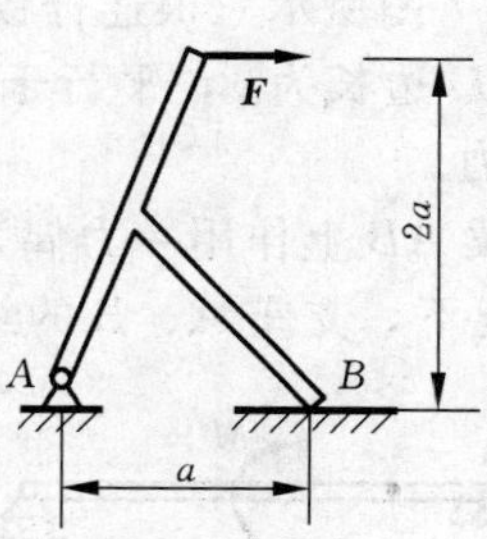

题 3-3 图

3-4 如题 3-4 图所示，作用在手柄 OBC 上 C 点的力 $F=400\text{N}$，手柄在图示位置平衡。若各杆自重不计，试求 A 处的约束力。

3-5 题 3-5 图所示刚架结构，受集中力 $\boldsymbol{F}$ 作用。求 A、B、C 处的约束力。

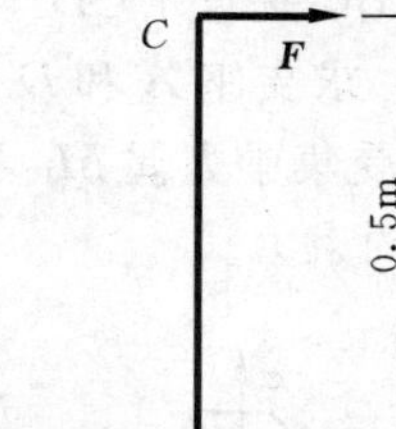

题 3-4 图

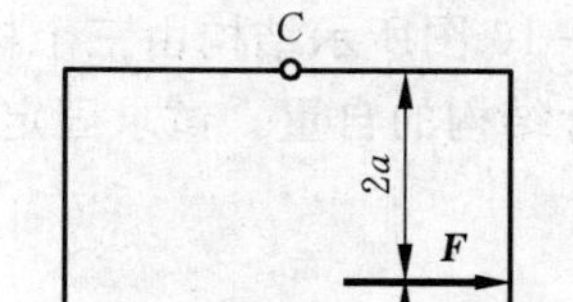

题 3-5 图

3-6 杆 OA、OB 和 OC 在 O 点用球铰连接，且在 A、B、C 处用球铰固定在墙壁上，如题 3-6 图所示。杆 OA 与 OB 位于水平面内，且 ΔAOB 为等边三角形，边长为 a，D 为 AB 中点，杆 OC 长为$\sqrt{3}a$。在 O 点悬挂重为 $\boldsymbol{P}$ 的重物，各杆自重不计，

试求各杆所受的力。

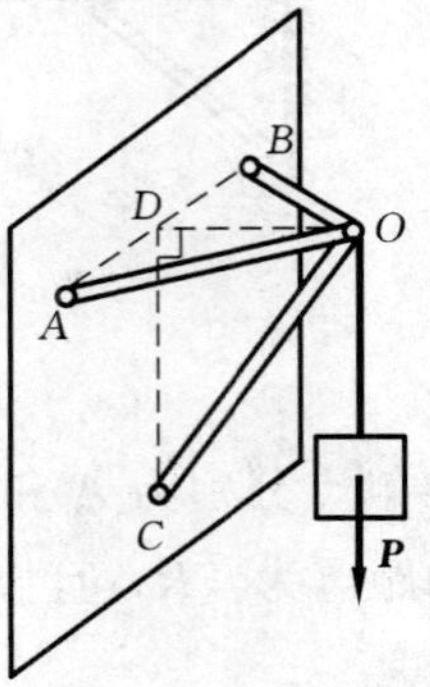

题 3-6 图

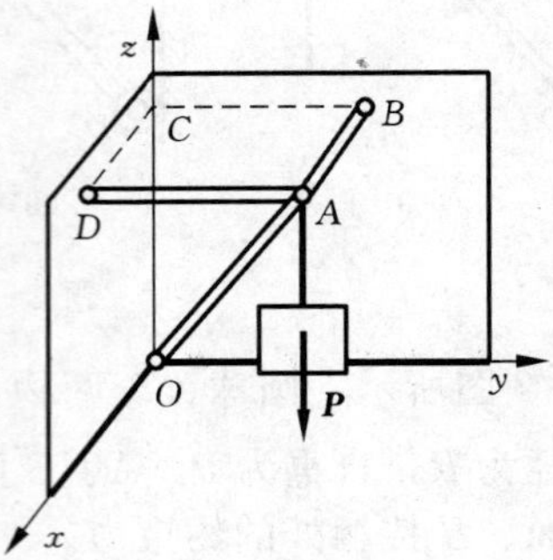

题 3-7 图

3-7 题 3-7 图所示三根连杆铰接于 A 点，用于悬吊一物体，物体重为 $\boldsymbol{P}$。已知：正方形 $ABCD$ 边长为 a，平行于 Oxy 面，OA 的长度为 $2a$，各杆自重不计，试求各连杆所受的力。

3-8 已知梁 AB 上作用一力偶，力偶矩为 M，梁长为 a，不计梁重。求在题 3-8 图所示两种情况下，支座 A、B 的约束力。

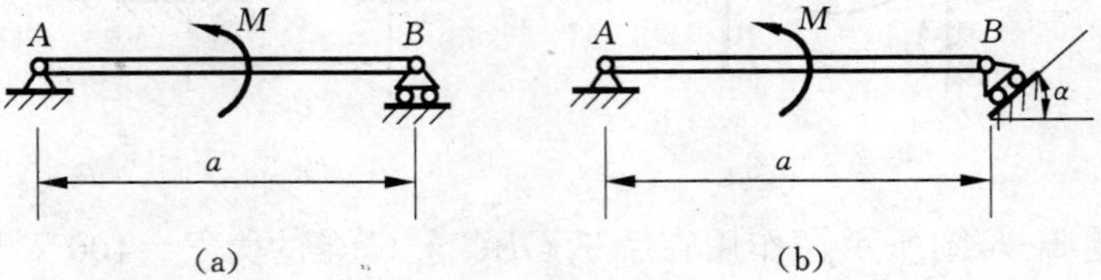

题 3-8 图

3-9 题 3-9 图所示结构中，AB 垂直于 BC，BC 垂直于 CD 且 $BC=CD$。构件 AB 上作用一力偶矩为 M 的力偶，不计结构的自重，求支座 A 和 D 的约束力。

3-10 题 3-10 图所示结构由三个构件组成，受集中力偶 $\boldsymbol{M}_1$ 和 $\boldsymbol{M}_2$ 作用，各构件相互垂直，不计结构的自重，试求固定端 O 处的约束力。

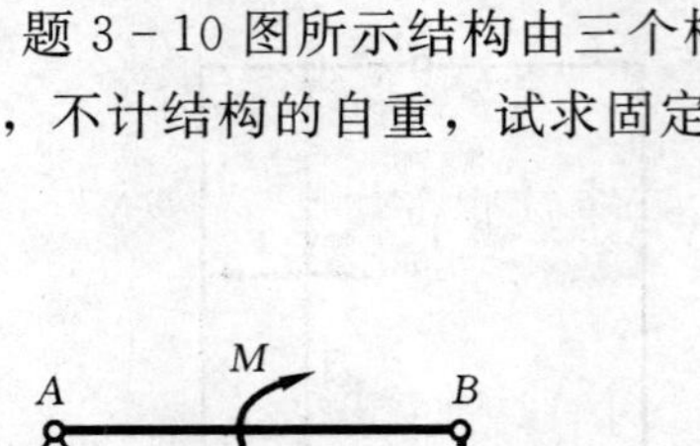

题 3-9 图

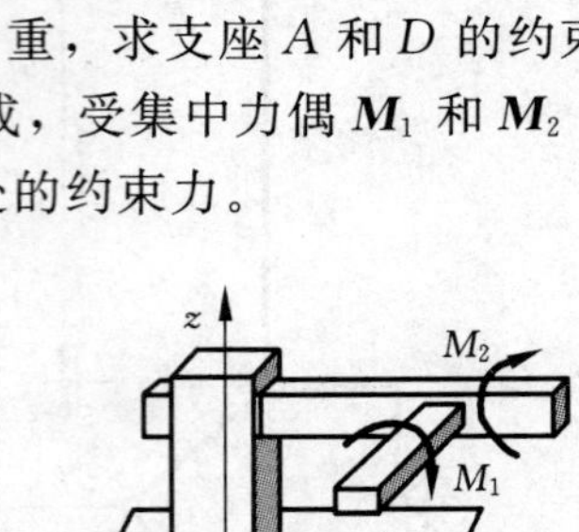

题 3-10 图

3-11 试求题 3-11 图所示各简支梁支座 A、B 处的约束力。

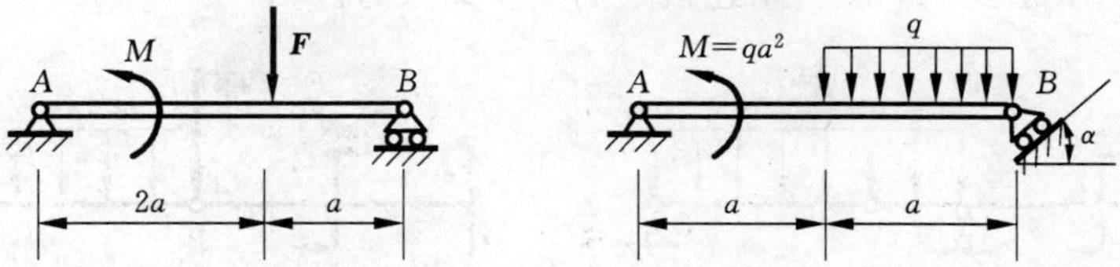

(a)　　(b)

题 3-11 图

3-12　试求题 3-12 图所示悬臂梁 A 处的约束力。

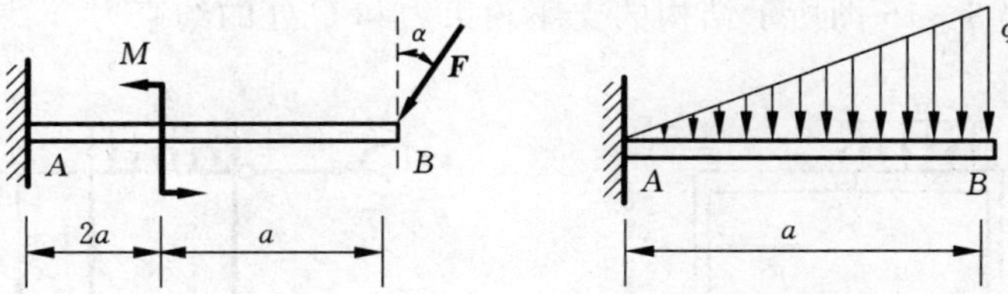

(a)　　(b)

题 3-12 图

3-13　试求题 3-13 图所示外伸梁的支座约束力。

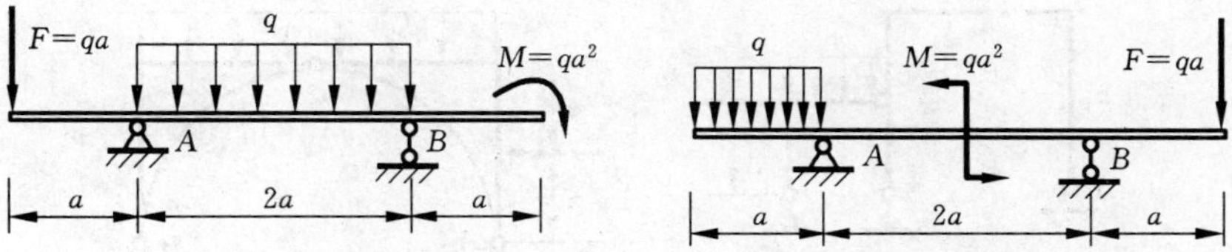

(a)　　(b)

题 3-13 图

3-14　试求题 3-14 图所示刚架的支座约束力。

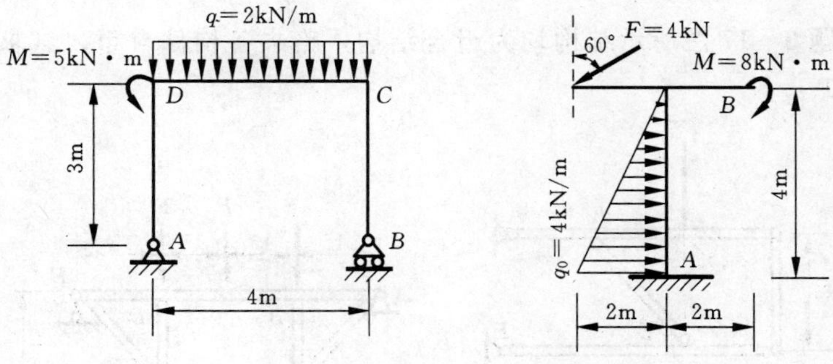

(a)　　(b)

题 3-14 图

3-15 试求题3-15图所示连续梁的支座约束力。

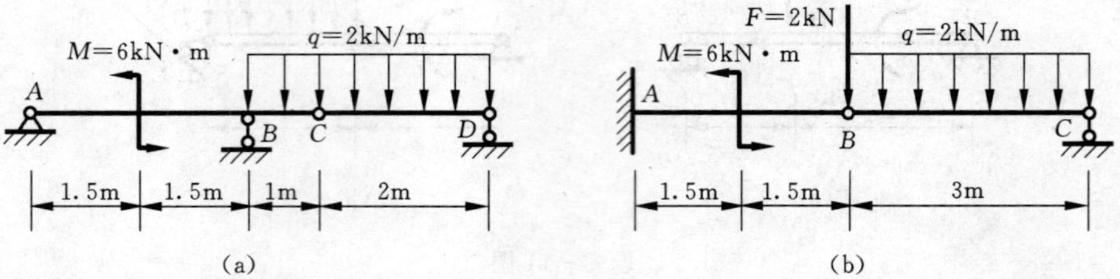

题3-15图

3-16 求题3-16图所示结构的支座约束力和C处的约束力。

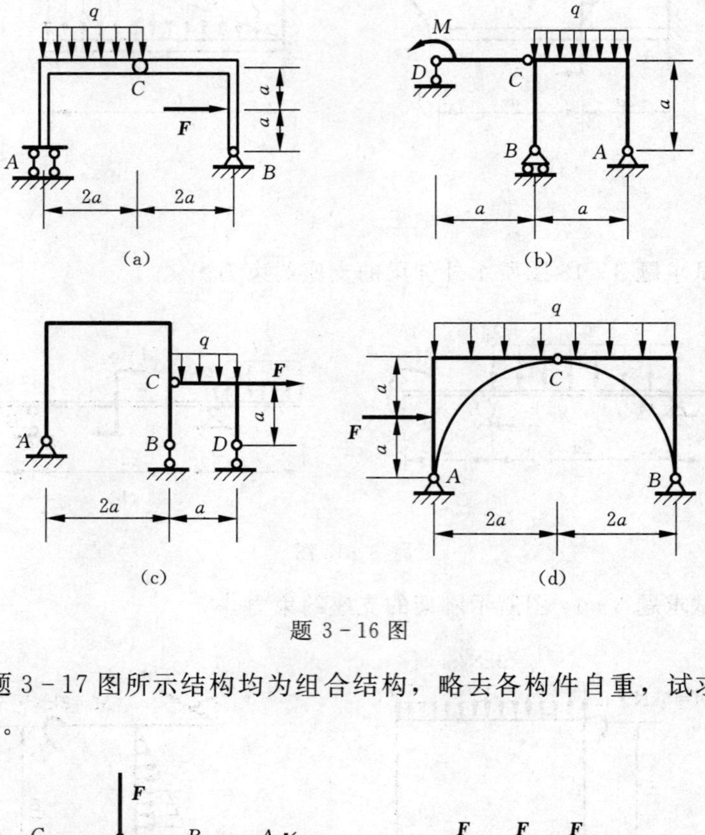

题3-16图

3-17 题3-17图所示结构均为组合结构，略去各构件自重，试求各结构中二力杆所受的力。

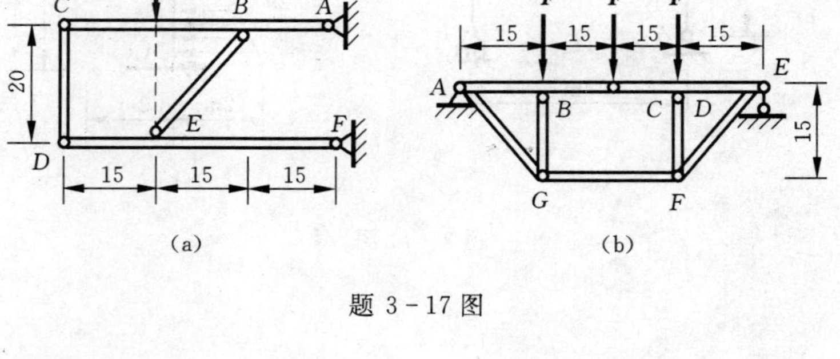

题3-17图

3-18 题3-18图所示三铰刚架为对称结构，受到均布荷载和集中力作用，自重不计，试求A、B、C处的约束力。

3-19 题3-19图所示刚架结构由AB、BCD、CE三个构件组成，受到均布荷载 $q_1=2\text{kN/m}$ 和 $q_2=4\text{kN/m}$ 共同作用，结构尺寸如图所示。不计自重，试求支座A、D、E处的约束力和B、C两处的内约束力。

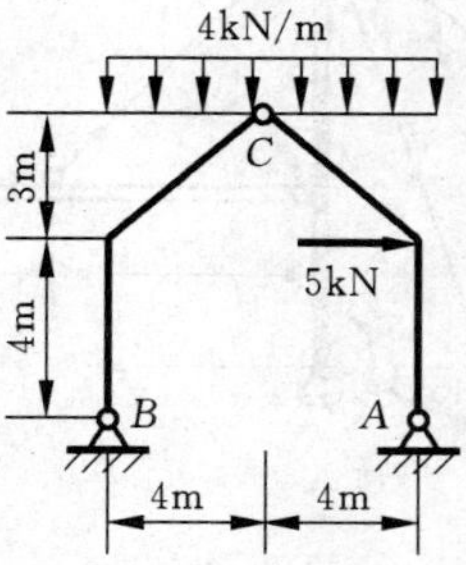

题3-18图

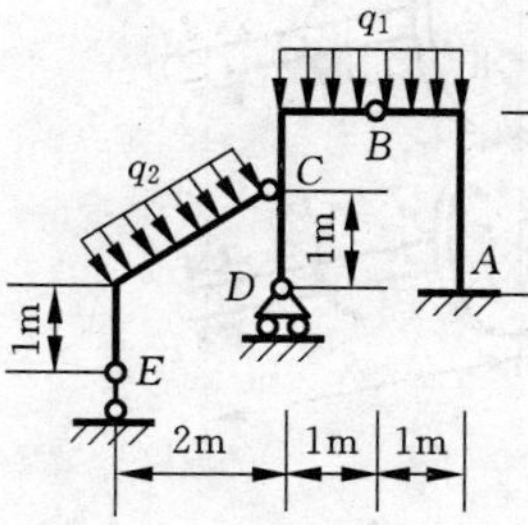

题3-19图

3-20 如题3-20图所示，在均质梁AB上铺设有起重机轨道。已知梁AB重心位于该梁中点，自重 $P_1=30\text{kN}$，起重机重 $P_2=60\text{kN}$，重物重为 $P_3=10\text{kN}$。求当起重机的伸臂和梁AB在同一铅直面内时，支座A和B处的约束力。

3-21 重物悬挂如题3-21图所示，已知吊重 $P=1.8\text{kN}$，其他重量不计，$AC=CB=30\text{cm}$，滑轮半径为10cm。试求固定铰支座A的约束力和杆BD所受的力。

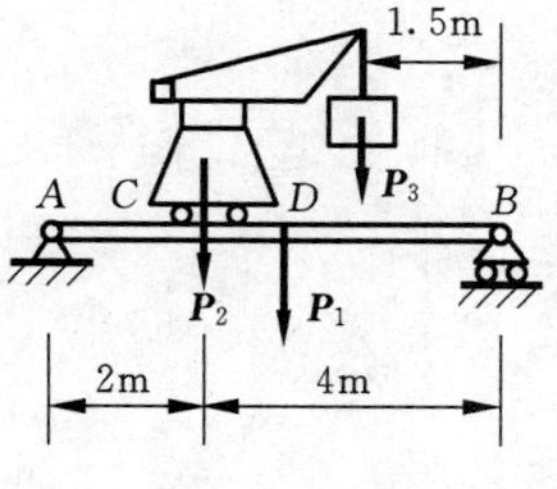

题3-20图

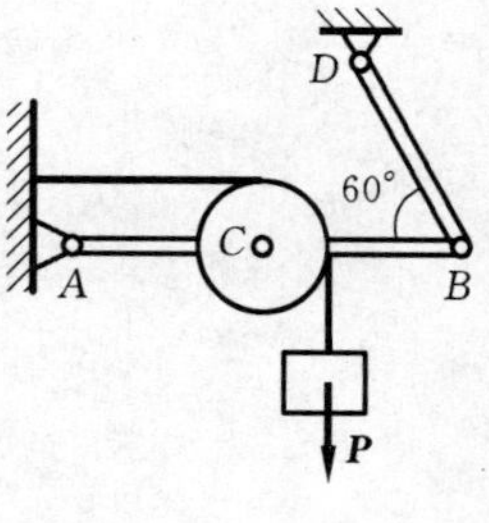

题3-21图

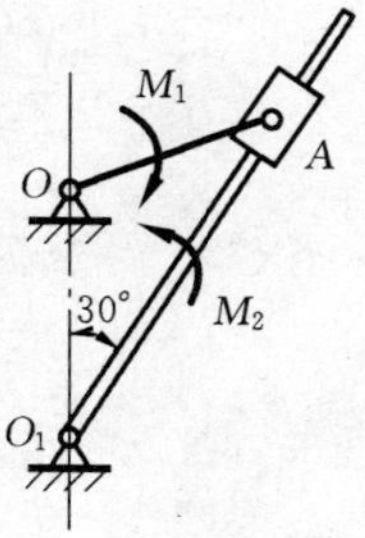

题3-22图

3-22 滑道摇杆机构受两力偶作用，在题3-22图所示位置平衡。已知：$OO_1=OA=0.2\text{m}$，$M_1=300\text{N}\cdot\text{m}$，不计摩擦，求另一力偶矩 M_2 及O、O_1 两处的约束力。

3-23 题3-23图所示提升机构吊起一重物。已知：$O_1A=0.5\text{m}$，$r_1=0.1\text{m}$，$r=0.2\text{m}$，$r_2=0.4\text{m}$，$P=10\text{kN}$，求手柄上的力 $\boldsymbol{F}$ 至少为多大才能将该重物吊起？

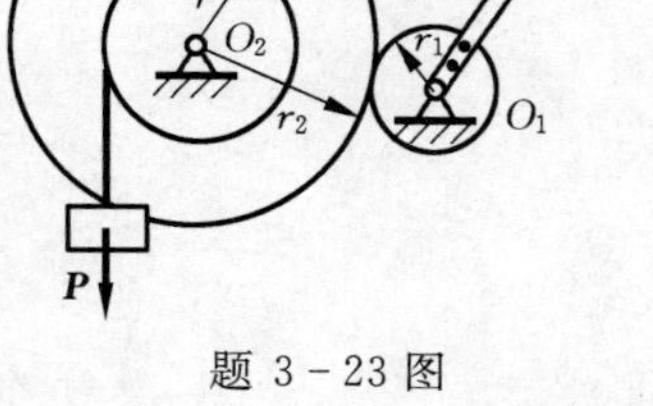

题3-23图

3-24 题3-24图所示两水平均质圆轴AB和CD位于同一水平面上，自重均为 $\boldsymbol{P}$，均质主动轮Ⅰ和从动轮 II 的自重分别为 $\boldsymbol{P}_{\mathrm{I}}$ 和 $\boldsymbol{P}_{\mathrm{II}}$，主动轮输入的转矩为 M_1，从动轮输出的转矩为 M_2，尺寸如图所示，求轴承 A、B、C、D 处的约束力。（设两轮间径向无挤压，且转动轴匀速转动）

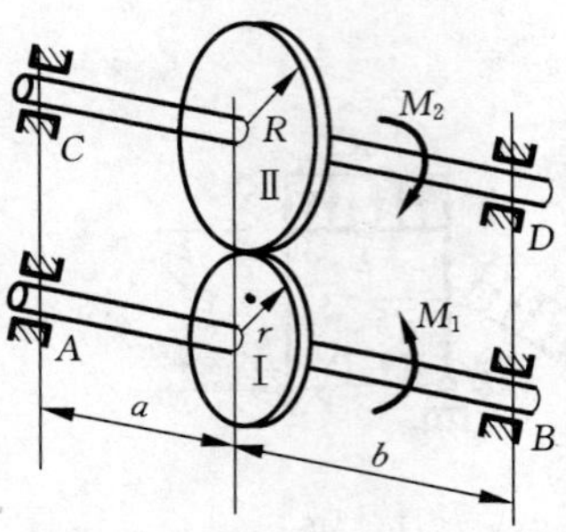

题 3-24 图

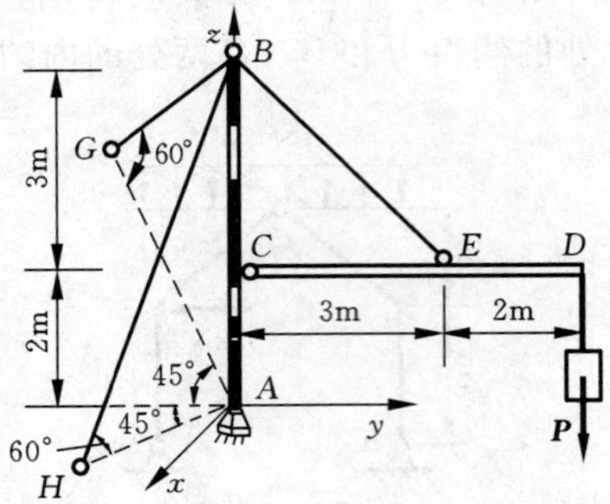

题 3-25 图

3-25　题 3-25 图所示扒杆，其立柱 AB 在 A 点用球铰约束，而 B 端通过两根缆绳 BG 和 BH 拉住，其中 G 点和 H 点在坐标面 Axy 内，且关于 y 轴对称，且在坐标面 Axy 内。设在图示位置水平杆 CD 平行于 y 轴，D 端悬吊的重物重 $P=20\text{kN}$，系统静止，求两缆绳的拉力和支座 A 的约束力。

第 4 章

静力学应用专题

一般来说，掌握了力系平衡理论之后，静定结构中的任何静力学问题都可以解决。本章将应用力系平衡理论分析两类特殊问题，即具有摩擦的力系平衡问题和静定平面桁架的内力计算。

4.1 摩 擦

若相互挤压的物体之间有相对运动或运动趋势时，则这两个物体间就存在**摩擦**(friction)。摩擦对工程实践和日常生活都具有十分重要的影响。这种影响既有正面的，也有负面的。从正面来看，工程上重力坝依靠底板与坝基间的摩擦力来保证坝体的稳定性；在桩基工程中，摩擦桩利用桩与土体的摩擦力来承受纵向荷载；车辆的行驶，以及人们的行走、奔跑等，都离不开摩擦。从负面来看，摩擦可以使机器上的零部件磨损、发热，从而降低机器寿命与能效；摩擦还会产生尖锐的噪声，影响人们的生活环境。摩擦与许多因素有关，诸如材料的组成、接触面性能、润滑剂等，已逐渐发展成为一个专门的研究方向。本节只是从力学的角度对摩擦作简要的介绍。

按照接触物体之间相对运动的情况，摩擦可分为滑动摩擦与滚动摩阻。

4.1.1 滑动摩擦 (kinetic friction)

当两个相互挤压的物体有相对滑动或相对滑动趋势时，在接触处的公切面内将产生阻力，该阻力称为**滑动摩擦力** (sliding friction force)，记为 $\boldsymbol{F}_{\mathrm{f}}$。相应的摩擦也就称为**滑动摩擦**。如活塞在汽缸中滑动，冰刀在冰面上的移动等，都存在滑动摩擦。如果两物体间仅仅存在相对运动趋势而没有相对运动，这时的摩擦力称为**静滑动摩擦力**，简称**静摩擦力** (static friction force)，记为 $\boldsymbol{F}_{\mathrm{s}}$；如果两物体间存在相对运动，此时的摩擦力称为**动滑动摩擦力**，简称**动摩擦力** (kinetic friction force)，记为 $\boldsymbol{F}_{\mathrm{k}}$。如图 4－1 所示，当 $\boldsymbol{F}$ 较小时，物块并不运动，此时的摩擦力就是静摩擦力；当 $\boldsymbol{F}$ 较大时，物块将运动起来，此时的摩擦力就是动摩擦力。

1. 静滑动摩擦

由实验容易验证，静摩擦力有如下一些性质：

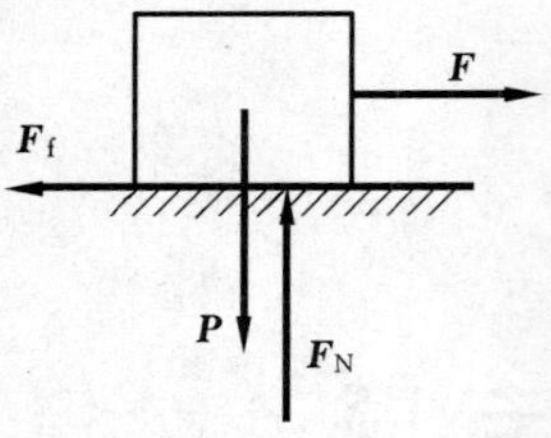

图 4-1

（1）物体所受静摩擦力的方向总是与物体相对滑动的趋势相反。

（2）若保持物体接触处的正压力一定，则物体所受摩擦力的大小 F_s 介于零和最大值之间。该最大值称为**最大静摩擦力**（maximum static friction force），记为 F_{smax}。

（3）在一定范围内，最大静摩擦力的大小 F_{smax} 与接触处的正压力 F_N 近似成正比，即

$$F_{smax}=f_sF_N \tag{4-1}$$

这就是**静滑动摩擦定律，** 又称为**库仑摩擦定律**（Coulomb law of friction）。式中 f_s 称为**静滑动摩擦因数**（static friction factor），是一个无量纲量，它的大小与两接触物体的材料以及接触面状况（粗糙度、湿度、温度等）有关。例如：轮胎与路面的摩擦因数在晴好天气条件下可超过 0.9；在雨水条件下，将降到 0.6 以下；若是冰雪天气，则可降到 0.2 以下。各种材料在不同表面情况下的静摩擦因数是由实验测定的，这些值一般可在一些工程手册中查到。表 4-1 列举了几种材料的静摩擦因数 f_s 的值，以供参考。

表 4-1　　一些材料的滑动摩擦因数

材料名称	静摩擦		动摩擦	
	无润滑	有润滑	无润滑	有润滑
钢—钢	0.15	0.1～0.12	0.15	0.05～0.1
钢—软钢			0.2	0.1～0.2
钢—铸铁	0.3		0.18	0.05～0.15
钢—青铜	0.15	0.1～0.15	0.15	0.1～0.15
软钢—铸铁	0.2		0.18	0.05～0.15
软钢—青铜	0.2		0.18	0.07～0.15
铸铁—铸铁		0.18	0.15	0.07～0.12
铸铁—青铜			0.15～0.2	0.07～0.15
皮革—铸铁	0.3～0.5	0.15	0.6	0.15
橡皮—铸铁			0.8	0.5
木材—木材	0.4～0.6	0.1	0.2～0.5	0.07～0.15
钢—铝			0.17	0.02

必须指出，尽管式（4-1）所表示的关系只是近似的，但由于公式简单，应用方便，用它求得的结果，对于一般工程问题来说，已能满足要求，故被广泛采用。此外，须强调：最大静摩擦力仅是两物体间静摩擦力的极限值，并不一定是两物体间的实际摩擦力，只有在达到临界状态（即由平衡过渡到运动的状态）时，实际摩擦力才等于最大静摩擦力。

2. 动滑动摩擦

由实验容易验证，动摩擦力与静摩擦力具有类似的性质，具体如下：

（1）物体所受的动摩擦力的方向总是与该物体的相对滑动方向相反。

（2）在一定范围内，动摩擦力 $\boldsymbol{F}_k$ 的大小与接触面之间的正压力（法向约束力）F_N 近似成正比。即

$$F_k = f_k F_N \tag{4-2}$$

这就是**动滑动摩擦定律**，简称**动摩擦定律**（law of kinetic friction）。式中 f_k 称为**动摩擦因数**（kinetic friction factor），是一个无量纲量。与静摩擦因数一样，动摩擦因数的大小同样与组成物体的材料、接触面状况等因素有关。此外，动摩擦因数还与相对滑动的速度有关。由于两者关系较复杂，通常忽略运动速度对动摩擦因数的影响。一般来说，动摩擦因数要比静摩擦因数略小。

3. 摩擦角与自锁现象

将一物体置于支承面上，并保持静止，如图 4-2（a）所示。支承面对物体所施加的力包括法向约束力 $\boldsymbol{F}_N$ 和摩擦力 $\boldsymbol{F}_s$，这两个力的合力 $\boldsymbol{F}_R$ 称为支承面对物体的**全约束力**，其作用点设为 A 点。全约束力 $\boldsymbol{F}_R$ 的作用线与法向约束力 $\boldsymbol{F}_N$ 的作用线成一夹角，记为 φ，见图 4-2（a）。当静摩擦力 $\boldsymbol{F}_s$ 达到最大静摩擦力 $\boldsymbol{F}_{smax}$ 时，φ 也达到最大值 φ_f，见图 4-2（b）。此时，夹角 φ_f 称为**摩擦角**（angle of friction）。

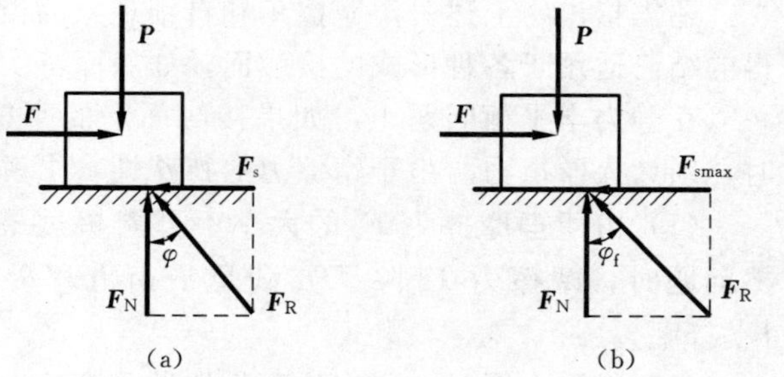

图 4-2

由几何关系可得

$$F_{smax} = F_N \tan\varphi_f$$

考虑到式（4-1），则有

$$f_s = \tan\varphi_f \tag{4-3}$$

即静摩擦因数等于摩擦角的正切。

在平衡条件下，如果物体的滑动趋势方向改变，则全约束力作用线的方位亦随之改变。若通过接触点 A 在不同的方向作出在临界状态下的全约束力的作用线，则这些作用线将形成一个以 A 为顶点的锥面，称为**摩擦锥**（cone of friction）。若沿接触面的各个方向的摩擦因数都相同，则摩擦锥是一个顶角为 $2\varphi_f$ 的圆锥，如图 4-3（a）所示。

全约束力 $\boldsymbol{F}_R$ 与接触面法线所成的夹角不会大于 φ_f，也就是说全约束力 $\boldsymbol{F}_R$ 的作用线不可能超出摩擦锥。因此，若物块所受所有主动力的合力 $\boldsymbol{F}'_R$ 的作用线在摩擦锥内，即 $\boldsymbol{F}'_R$ 与接触面法线所成的夹角 $\varphi \leqslant \varphi_f$［图 4-3（b）］，则不论该主动力有多大，总有全约束力 $\boldsymbol{F}_R$ 与之平衡，从而使物体保持静止，这种现象称为**自锁**（self-lock）。反之，若物块所受所有主动力的合力 $\boldsymbol{F}'_R$ 的作用线在摩擦锥之外，即 $\boldsymbol{F}'_R$ 与接触面法线所成的夹角 $\varphi > \varphi_f$［图 4-3（c）］，则不论该主动力如何小，物体一定会滑动，从而避免自锁现象的发生。

工程上常利用自锁现象设计一些机构或夹具。例如螺旋千斤顶顶起重物后不会自行下落就是自锁现象；用传送带输送物料时就是借助“自锁”以阻止物料相对于传送带的滑动等。而在另一些问题中，则要设法避免产生自锁现象。例如，当机器工作

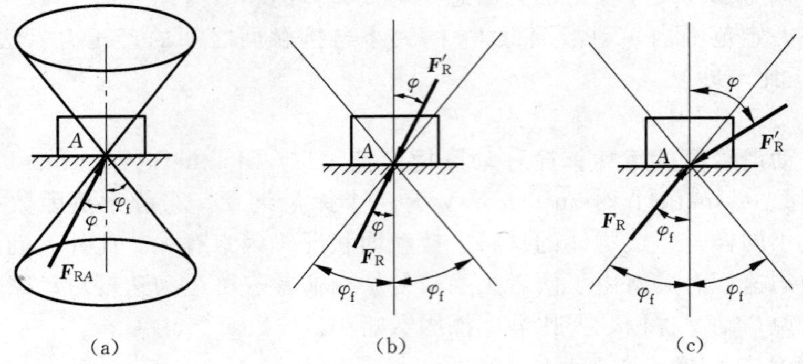

图 4-3

时，零部件之间应避免发生自锁现象，否则就会影响机器的正常运转。

还需指出，上述关于摩擦角和自锁现象的讨论，并没有限定支承面为水平面。所得的结论适用于各种形式的接触面，如斜面等。

在静力学平衡问题中，如果接触面上的摩擦力不能忽略，则在物体的受力分析时，须计入摩擦力。由于摩擦力的特殊性，求解时应注意如下三点：

(1) 由于静摩擦力 $\boldsymbol{F}_s$ 的大小不可能超过最大静摩擦力 F_{smax}。因此，在考虑摩擦问题时，摩擦力 $\boldsymbol{F}_s$ 除了要满足平衡方程外还必须满足它的取值范围，即 $0 \leqslant F_s \leqslant F_{smax}$。

(2) 作受力图时，还应注意物体所受摩擦力的方向总是与物体的相对运动趋势相反。因此，往往需要对物体的运动趋势做出判别或假定。

(3) 具体分析摩擦问题时，往往要对物体是否处于临界状态进行判别和假定。在临界状态下物体所受摩擦力等于最大静摩擦力，从而得到补充方程式 (4-1)。该方程可与临界状态条件下的平衡方程联立求解相关问题，如约束力等。

下面通过例子说明如何求解具有滑动摩擦力的平衡问题。

【例 4-1】 重力为 $\boldsymbol{P}$ 的物块放在斜面上如图 4-4 (a) 所示，已知物块与斜面间的静摩擦因数为 f_s，且斜面的倾角 α 大于摩擦角 φ_f，如用一水平力 $\boldsymbol{F}$ 使物体平衡，求 $\boldsymbol{F}$ 的最大值和最小值（假定 $\alpha+\varphi_f<90°$）。

解： 因 $\alpha>\varphi_f$，若没有水平力 $\boldsymbol{F}$ 或 $\boldsymbol{F}$ 太小，则物块将下滑；若 $\boldsymbol{F}$ 太大，又会使物块上滑，所以要使物体不滑动，水平力 $\boldsymbol{F}$ 的值应当在一定范围内。

(1) 求水平力 $\boldsymbol{F}$ 的最小值 F_{min}。在水平力 $\boldsymbol{F}_{min}$ 作用下，物块处于沿斜面即将下滑的临界状态，作用在物块上的摩擦力达到最大值，且方向沿斜面向上。取物块为研究对象，其受力如图 4-4 (b) 所示。列出其平衡方程，有

$$\begin{cases} \sum F_x=0: F_{min}\cos\alpha+F_{smax}-P\sin\alpha=0 \\ \sum F_y=0: F_N-F_{min}\sin\alpha-P\cos\alpha=0 \end{cases} \tag{a}$$

由库仑摩擦定律，有

$$F_{smax}=f_s F_N \tag{b}$$

由式 (a) 与式 (b) 联立，可解得

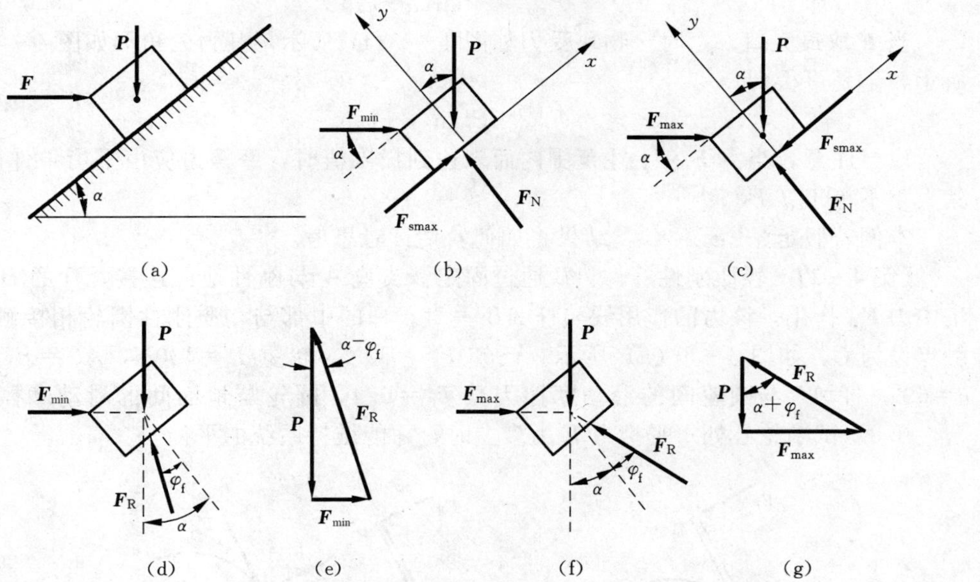

图 4－4

$$F_{min}=\frac{\sin\alpha-f_s\cos\alpha}{\cos\alpha+f_s\sin\alpha}P \tag{c}$$

又 $f_s=\tan\varphi_f$，代入式（c）得

$$F_{min}=\frac{\sin\alpha-\tan\varphi_f\cos\alpha}{\cos\alpha+\tan\varphi_f\sin\alpha}P=P\tan(\alpha-\varphi_f) \tag{d}$$

（2）求水平力 $\boldsymbol{F}$ 的最大值 F_{max}。最大水平力 $\boldsymbol{F}_{max}$ 作用于物块时，物块处于上滑的临界状态，静摩擦力也达到最大值，且方向沿斜面向下。物块的受力如图 4－4（c）所示。列出其平衡方程，有

$$\begin{cases}\sum F_x=0:F_{max}\cos\alpha+F_{smax}-P\sin\alpha=0\\ \sum F_y=0:F_N-F_{max}\sin\alpha-P\cos\alpha=0\end{cases} \tag{e}$$

由库仑摩擦定律，有

$$F_{smax}=f_sF_N \tag{f}$$

联立式（e）和式（f），可解得

$$F_{max}=\frac{\sin\alpha+f_s\cos\alpha}{\cos\alpha-f_s\sin\alpha}P=P\tan(\alpha+\varphi_f) \tag{g}$$

综合式（d）和式（g），要使物块在斜面上保持静止，水平力 $\boldsymbol{F}$ 必须满足以下条件：

$$P\tan(\alpha-\varphi_f)\leqslant F\leqslant Pan(\alpha+\varphi_f) \tag{h}$$

本题若利用摩擦角的概念采用几何法求解，则很容易得到上面结果。具体分析如下：

当 $\boldsymbol{F}$ 取最小值 F_{min} 时，物块受力如图 4－4（d）所示，其中 $\boldsymbol{F}_R$ 是斜面对物块的全约束力。这时 $\boldsymbol{F}_{min}$、$\boldsymbol{P}$ 和 $\boldsymbol{F}_R$ 三力成平衡，力多边形应闭合，如图 4－4（e）所示，由图即可得到

$$F_{\min}=P\tan(\alpha-\varphi_{f})$$

当 **F** 取最大值 $F_{\max}$ 时，物块受力如图 4-4（f）所示，其力三角形如图 4-4（g）所示，于是可得到

$$F_{\max}=P\tan(\alpha+\varphi_{f})$$

应当注意，当力 **F** 在上述范围内而未达到极限值时，摩擦力应由平衡条件确定，其大小不等于 f_sF_N。

本例若假定 $\alpha+\varphi_f>90°$，结果将如何？请读者思考。

【例 4-2】 轻质刚性杆件 AB 通过固定铰支座 A 与刚性地面连接，杆的 B 端受集中力 $\boldsymbol{F}_B$ 作用，该力的作用线与杆 AB 垂直。杆的中部与均质刚性圆轮相接触，接触点设为 C，如图 4-5（a）所示。已知 $F_B=50\text{N}$，轮重 $P=100\text{N}$，$AC=BC=a$，$\theta=60°$，杆 AB 与圆轮间的滑动摩擦因数 $f_C=0.4$，圆轮与地面间的滑动摩擦因数 $f_D=0.3$。试求轮心处水平推力 F 为多少时，才能维持系统的平衡。

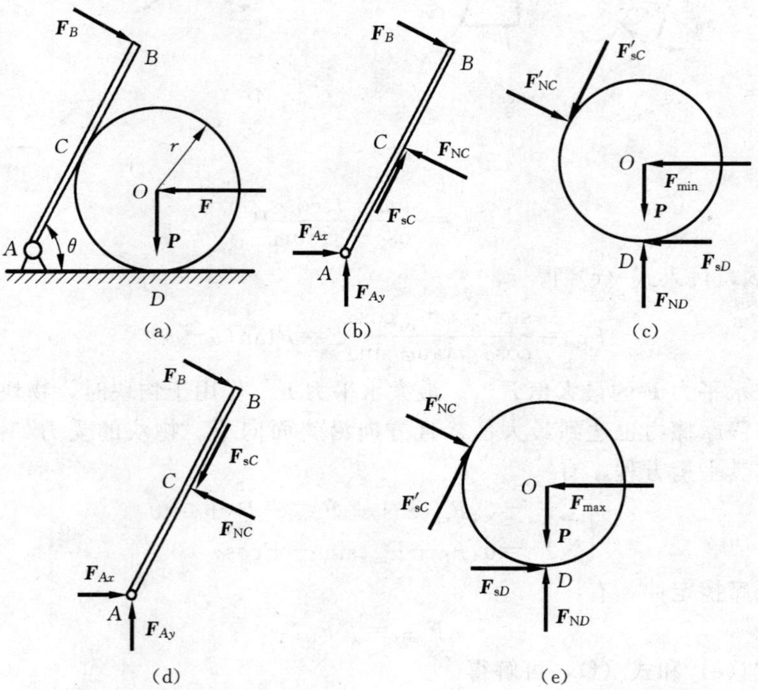

图 4-5

解： 由于圆轮有向左和向右运动两种可能性。由此可判定水平推力 **F** 的值是一个范围，在此范围内系统处于平衡状态。

（1）求最小值 $F_{\min}$。当 $F=F_{\min}$ 时，圆轮有向右运动的趋势，C、D 两处至少有一处摩擦力达到最大静摩擦力。假设 C 处达到最大静摩擦力，D 处的摩擦力小于等于最大静摩擦力。

先取 AB 杆为研究对象，其受力如图 4-5（b）所示。以 A 点为矩心，得力矩平衡方程为

$$\sum M_A=0: F_{NC}\cdot\frac{l}{2}-F_B\cdot l=0 \tag{a}$$

解得

$$F_{NC}=2F_B=2\times 50=100\text{N} \tag{b}$$

由库仑摩擦定律，有

$$F_{sC}=f_C F_{NC}=0.4\times 100=40\text{N} \tag{c}$$

再取圆轮为研究对象，其受力如图 4-5（c）所示，其中 D 处摩擦力 $\boldsymbol{F}_{sD}$ 的方向可任意假定。在图 4-5（c）中假定为水平向左。圆轮的平衡方程为

$$\begin{cases}\sum F_x=0: F'_{NC}\sin 60°-F'_{sC}\cos 60°-F_{\min}-F_{sD}=0\\ \sum F_y=0: F_{ND}-P-F'_{NC}\cos 60°-F'_{sC}\sin 60°=0\\ \sum M_O=0: F'_{sC}\cdot r-F_{sD}\cdot r=0\end{cases} \tag{d}$$

将式（b）和式（c），以及 $P=100\text{N}$ 代入式（d），解得

$$F_{\min}\approx 26.6\text{N}, F_{sD}=40\text{N}, F_{ND}\approx 184.6\text{N} \tag{e}$$

由滑动摩擦定律，在 $F_{ND}=184.6\text{N}$ 条件下，D 处的最大静摩擦力为

$$F_{sD\max}=f_D F_{ND}\approx 0.3\times 184.6=55.4\text{N} \tag{f}$$

于是，有

$$F_{sD}<F_{sD\max} \tag{g}$$

故假设成立，即保持系统平衡的最小力 $F_{\min}\approx 26.6\text{N}$。此时，圆轮处于沿地面向右纯滚动的临界状态。

（2）求最大值 $F_{\max}$。当 $F=F_{\max}$ 时，圆轮有向左运动的趋势，C、D 两处至少有一处摩擦力达到最大静摩擦力。仍假设 C 处达到最大静摩擦力，D 处的摩擦力小于等于最大静摩擦力。

仍先取 AB 杆为研究对象，其受力如图 4-5（d）所示。与求最小值时类似，以 A 点为矩心取力矩平衡方程，再根据库仑摩擦定律，可依次解得

$$F_{NC}=100\text{N}, F_{sC}=40\text{N} \tag{h}$$

再取圆轮为研究对象，其受力如图 4-5（e）所示，其中 D 处摩擦力 $\boldsymbol{F}_{sD}$ 的方向可任意假定。在图 4-5（e）中假定为水平向右。圆轮的平衡方程为

$$\begin{cases}\sum F_x=0: F'_{NC}\sin 60°+F'_{sC}\cos 60°-F_{\max}+F_{sD}=0\\ \sum F_y=0: F_{ND}-P-F'_{NC}\cos 60°+F'_{sC}\sin 60°=0\\ \sum M_O=0: F_{sD}\cdot r-F'_{sC}\cdot r=0\end{cases} \tag{i}$$

将式（h）以及 $P=100\text{N}$ 代入上式，解得

$$F_{\max}\approx 146.6\text{N}, F_{sD}=40\text{N}, F_{ND}\approx 115.4\text{N} \tag{j}$$

由滑动摩擦定律，在 $F_{ND}=115.4\text{N}$ 条件下，D 处的最大静摩擦力为

$$F_{sD\max}=f_D F_{ND}\approx 0.3\times 115.4=34.6\text{N} \tag{k}$$

于是，有

$$F_{sD}>F_{sD\max} \tag{l}$$

故假设不成立。也就是说，当 $F=F_{\max}$ 时，D 处达到最大静摩擦力，C 处的摩擦力小于最大静摩擦力。

此时，取圆轮为研究对象，其受力仍如图 4-4（e）所示。须指出，C 处的摩擦

力 $\boldsymbol{F}_{sC}$ 不是最大静摩擦力，D 处的摩擦力 $\boldsymbol{F}_{sD}$ 为最大静摩擦力。列出圆轮的平衡方程为

$$\begin{cases}\sum F_x=0:F'_{NC}\sin60°+F'_{sC}\cos60°-F_{max}+F_{sD}=0\\ \sum F_y=0:F_{ND}-P-F'_{NC}\cos60°+F'_{sC}\sin60°=0\\ \sum M_O=0:F_{sD}\cdot r-F'_{sC}\cdot r=0\end{cases} \tag{m}$$

由于 D 处的摩擦力为最大静摩擦力，故有

$$F_{sD}=f_D\cdot F_{ND} \tag{n}$$

联立式（m）和式（n），可解得

$$F_{max}\approx140\text{N},F_{sD}=F'_{sC}\approx35.7\text{N},F_{ND}\approx119\text{N} \tag{o}$$

在前面已经求出 C 处的最大静摩擦力为 40N，因此 $F_{sC}<F_{sCmax}$。此时，圆轮处于沿地面向左又滑又滚的临界状态。

综上，要使系统保持稳定的平衡状态，推力 F 应满足 $26.6\text{N}<F<140\text{N}$。

4.1.2 滚动摩阻（rolling resistance）

当两个物体之间存在相对滚动或相对滚动趋势时，则物体间存在**滚动摩阻**。为了描述滚动摩阻的性质，首先来看一个实验。

设一均质圆轮置于水平地面上，其自重为 $\boldsymbol{P}$，并在其圆心上作用一水平集中力 $\boldsymbol{F}$，并让它由零逐渐增大，如图 4-6（a）所示。一般来说，当 F 较小时，圆轮将不会滚动；只有当 F 大到某一值时，圆轮才会滚动。此外，若圆轮的自重越大，则推动圆轮所需的力 F 也就越大。那么是什么原因阻止圆轮的滚动呢？

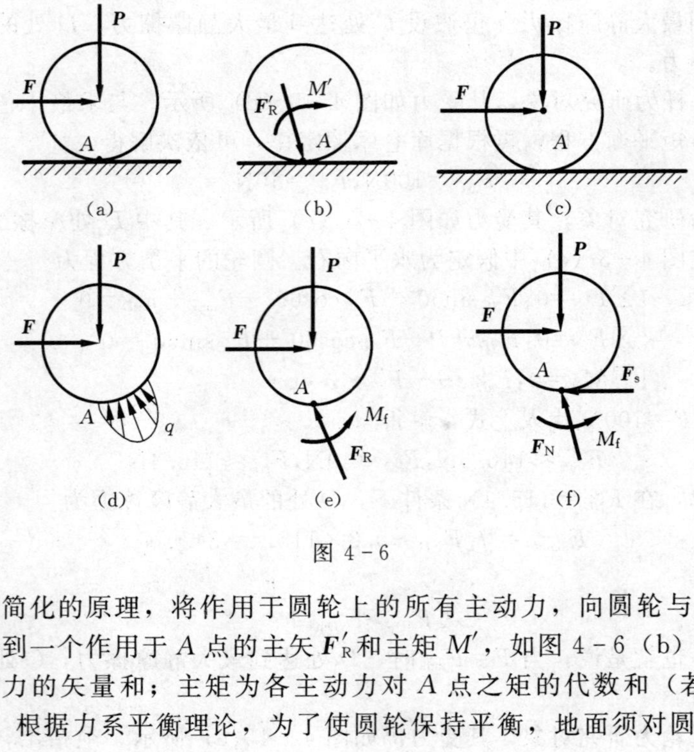

图 4-6

根据力系简化的原理，将作用于圆轮上的所有主动力，向圆轮与地面接触点 A 简化，最终得到一个作用于 A 点的主矢 $\boldsymbol{F}'_R$ 和主矩 M'，如图 4-6（b）所示，其中主矢等于各主动力的矢量和；主矩为各主动力对 A 点之矩的代数和（若为空间问题，则为矢量和）。根据力系平衡理论，为了使圆轮保持平衡，地面须对圆轮施加一个约

束力和一个约束力偶，以抵消主矢 $\boldsymbol{F}'_R$ 和主矩 M' 的作用效应。地面所施加的这个约束力可分解为法向约束力 $\boldsymbol{F}_N$ 和摩擦力 $\boldsymbol{F}_s$；而这个约束力偶则称为**滚动摩阻力偶**（rolling resistance couple），记为 M_f，如图 4-6（f）所示。

那么接触表面是如何产生滚动摩阻力偶的呢？事实上，实际物体相互作用时，总是存在变形的。这就使得两物体的接触并不是一个点或一条线，而是一个面，如图 4-6（c）所示。由于接触面上任一点都可能存在相互作用力，于是实际物体间的相互作用力是分布力，见图 4-6（d）。若将此分布力向接触面上 A 点简化时，就可得到一个主矢和主矩，见图 4-6（e）。这个主矢和主矩就分别对应于约束力和滚动摩阻力偶。

实验表明，滚动摩阻力偶具有如下性质：

（1）在正压力一定的条件下，滚动摩阻力偶矩 M_f 的值介于零和最大值 M_{fmax} 之间。

（2）在一定范围或一定条件下，最大滚动摩阻力偶矩与圆轮的半径无关，而与支承面的正压力 $\boldsymbol{F}_N$ 的大小成正比，即

$$M_{fmax}=\delta F_N$$

这就是**滚动摩阻定律**（law of rolling resistance），其中 δ 为比例常数，称为**滚动摩阻系数**（rolling resistance factor），简称滚阻系数。滚阻系数具有长度的量纲，其单位常用 mm 表示。表 4-2 给出了一些材料的滚阻系数。

若摩阻力偶的影响不可忽略，则求解问题时应予考虑。下面通过例子说明如何求解具有滚动摩擦的平衡问题。

表 4-2　　一些材料的滚阻系数 δ

材料名称	δ (mm)	材料名称	δ (mm)
铸铁—铸铁	0.5	软钢—钢	0.5
钢质车轮—钢轨	0.05	有滚珠轴承的料车—钢轨	0.09
木—钢	0.3～0.4	无滚珠轴承的料车—钢轨	0.21
木—木	0.5～0.8	钢质车轮—木面	1.5～2.5
软木—软木	1.5	轮胎—路面	2～10
淬火钢珠—钢	0.01		

【例 4-3】 绳子经定滑轮 B，一端系于放置在斜面上的圆轮中心点 C，另一端悬挂重物 D，如图 4-7（a）所示。设圆轮半径为 R，重为 $\boldsymbol{P}$，斜面倾角为 α，圆轮与斜面间的滚动摩阻系数为 δ。为使整个系统处于平衡状态，重物 D 应满足什么条件？

解：取圆轮为研究对象，其受力如图 4-7（b）所示。假定圆轮处于平衡状态，则平衡方程为

$$\begin{cases}\sum F_x=0: F+F_s-P\sin\alpha=0\\ \sum F_y=0: F_N-P\cos\alpha=0\\ \sum M_A=0: -F\cdot R+P\sin\alpha\cdot R-M_f=0\end{cases}\qquad\text{(a)}$$

解得

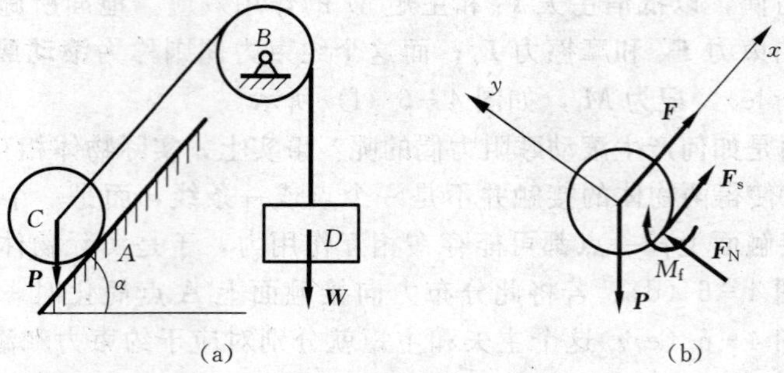

图 4-7

$$F_N = P\cos\alpha, F = P\sin\alpha - M_f/R, F_s = M_f/R \quad \text{(b)}$$

由滚动摩阻的性质，

$$0 \leqslant |M_f| \leqslant M_{fmax} = \delta F_N \quad \text{(c)}$$

有

$$-\delta P\cos\alpha \leqslant M_f \leqslant \delta P\cos\alpha \quad \text{(d)}$$

将式（d）应用于式（b）中第二式，可得

$$P\left(\sin\alpha - \frac{\delta}{R}\cos\alpha\right) \leqslant F \leqslant P\left(\sin\alpha + \frac{\delta}{R}\cos\alpha\right) \quad \text{(e)}$$

当系统平衡时，重物的重力就等于绳子中的张力 F。因此，当重物的重力 $\boldsymbol{W}$ 满足不等于 $P\left(\sin\alpha - \frac{\delta}{R}\cos\alpha\right) \leqslant W \leqslant P\left(\sin\alpha + \frac{\delta}{R}\cos\alpha\right)$ 时，整个系统平衡。

求解此例时，也可分析系统的两个临界状态。其中一个临界状态是指，在保证系统平衡的条件下，重物的重力达到最小值的状态。此时圆轮有沿斜面向下滚动的趋势。另一状态则是指，在保证系统平衡条件下，重物的重力达到最大值的状态，此时圆轮有沿斜面向上滚动的趋势。通过对这两个临界状态的分析，就可确定重物的重力范围。

4.2　静定平面桁架

桁架（truss）是由一些细长直杆在两端以适当方式连结而成的结构。它被广泛地应用于桥梁、建筑、航空等工程中，是较为常见的一种结构形式。图 4-8 为火箭发射塔架打开时的情形；图 4-9 为火车站顶棚的结构。在这些结构中，均使用了桁架结构。

4.2.1　桁架的简化与分类

为了简化桁架的设计和计算，通常作如下假设：

（1）桁架结构中的各节点均假设为光滑铰链或球铰连接。

（2）忽略桁架结构中各杆的自重，并假定桁架结构的荷载都作用在节点上。因此，组成桁架结构的各杆均为二力杆。

图 4-8

图 4-9

满足上面两个假设的桁架称为**理想桁架**（ideal truss）。

桁架可分为**静定桁架**（statically determinate truss）和**超静定桁架**（statically indeterminate truss）。在超静定桁架结构中去除某些构件，结构仍可以保持平衡。因此，超静定桁架又称为有冗杆桁架。在静定桁架中去除任何一根构件都可能导致整个结构发生运动或大变形。因此，静定桁架又称为无冗杆桁架。

按照杆件的分布情况，桁架也可分为**平面桁架**（plane truss）和**空间桁架**（space truss）。若桁架中各杆的轴线都在同一平面内，则称为平面桁架，反之则为空间桁架。

在平面桁架中，若桁架是以三角形构架为基础，然后每增加一个节点就相应增加两根杆件，则称为简单平面桁架，见图 4-10（a）；在空间桁架中，若桁架以四面体构架为基础，然后每增加一个节点就相应增加三根杆件，则称为简单空间桁架。简单桁架是无冗余杆的桁架结构，是静定结构。本节将主要介绍求解简单平面桁架内力的节点法和截面法。

4.2.2 简单平面桁架的内力计算

1. 节点法（method of joints）

节点法的主要思想是：以桁架结构中的节点为研究对象，分析节点的受力，并利用节点的平衡方程来求桁架杆件的内力。对于 n 个杆件组成的简单平面桁架，计有 $(n+3)/2$ 个节点，每一节点可以列出 2 个独立的平衡方程，计可列出 $n+3$ 个独立的方程。而 n 个杆件（二力杆）有 n 个未知内力，再加上支座处的 3 个约束力，计有 $n+3$ 个未知力。因此，采用节点法，可以求出桁架中所有杆件的内力。

下面通过例子说明节点法的解题步骤。

【例 4-4】 桁架结构的支承、所受到的荷载和各构件的比例关系，如图 4-10（a）所示，试求各杆的内力。

解：（1）取节点 C 为研究对象，其受力如图 4-10（b）所示。受力图中二力杆

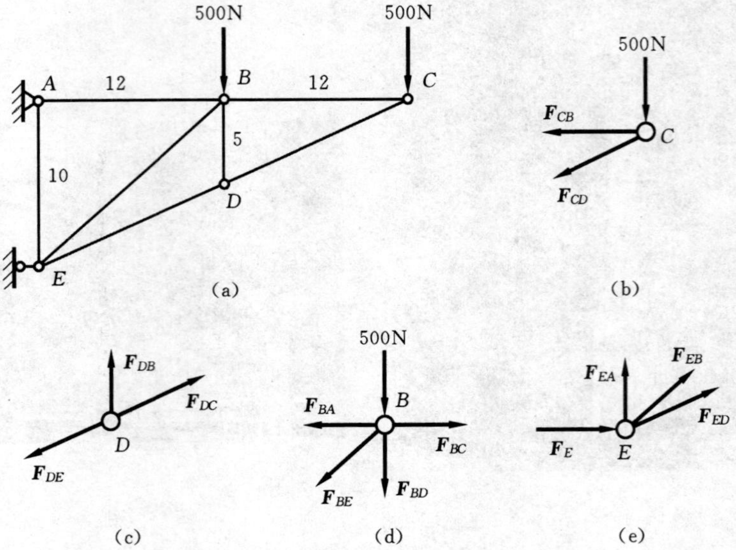

图 4-10

BC 和 CD 对节点所施加力的方向是任意假定的，图中均设为拉力。节点 C 所受各力组成平面汇交力系，相应的平衡方程为

$$\begin{cases}\sum F_x=0:-F_{CB}-F_{CD}\cdot\dfrac{12}{13}=0\\ \sum F_y=0:-500-F_{CD}\cdot\dfrac{5}{13}=0\end{cases}\tag{a}$$

解得

$$F_{CB}=1200\text{N},F_{CD}=-1300\text{N}\tag{b}$$

（2）以节点 D 为研究对象，其受力如图 4-10（c）所示。由其平衡方程，有

$$\begin{cases}\sum F_x=0:F_{DC}\cdot\dfrac{12}{13}-F_{DE}\cdot\dfrac{12}{13}=0\\ \sum F_y=0:F_{DB}+F_{DC}\cdot\dfrac{5}{13}-F_{DE}\cdot\dfrac{5}{13}=0\end{cases}\tag{c}$$

考虑到 $F_{DC}=F_{CD}$，上式可解得

$$F_{DE}=-1300\text{N},F_{DB}=0\tag{d}$$

（3）以节点 B 为研究对象，其受力如图 4-10（d）所示。由其平衡方程，有

$$\begin{cases}\sum F_x=0:F_{BC}-F_{BA}-F_{BE}\cdot\dfrac{12}{\sqrt{244}}=0\\ \sum F_y=0:-500-F_{BD}-F_{BE}\cdot\dfrac{10}{\sqrt{244}}=0\end{cases}\tag{e}$$

考虑到 $F_{BD}=F_{DB}$ 和 $F_{BC}=F_{CB}$，上式可解得

$$F_{BE}=-50\sqrt{244}\approx-781\text{N},\ F_{BA}=1800\text{N} \tag{f}$$

(4) 以节点 E 为研究对象，其受力如图 4-10 (e) 所示。由其平衡方程，有

$$\begin{cases}\sum F_x=0: F_E+F_{EB}\cdot\dfrac{12}{\sqrt{244}}+F_{ED}\cdot\dfrac{12}{13}=0\\ \sum F_y=0: F_{EA}+F_{EB}\cdot\dfrac{10}{\sqrt{244}}+F_{ED}\cdot\dfrac{5}{13}=0\end{cases} \tag{g}$$

考虑到 $F_{ED}=F_{DE}$，$F_{EB}=F_{BE}$，式 (g) 可解得

$$F_E=1800\text{N},F_{EA}=1000\text{N} \tag{h}$$

通过节点 A 的分析，还可以算出支座 A 的约束力，这里略。

讨论：(1) 本例作各节点受力图时，均假设杆件为拉力，而且在力的标注时也注重了统一性。尽管上述做法不是必须的，但增加了解题过程的可阅读性，给判断杆件的拉压状态提供了便利。本例中，解出的各值如果是正值表示相应杆件为拉杆，如果是负值表示相应杆件为压杆。

(2) 选择研究对象有多种方案。如本例解题时先后选择节点 C、D、B 和 E 作为研究对象，事实上也可先以整个系统为研究对象，求出支座处的约束力，再取一些节点进行分析。

(3) 如有可能，应尽量使当前研究的节点所受未知力的个数不多于两个。如此，则可通过该节点的平衡方程直接求解未知力，否则就需要同其他节点的平衡方程联立求解。

(4) 在节点 D 的受力图 4-10 (c) 中，如以杆 DC 方向为 x 轴，以与杆 DC 垂直的方向为 y 轴，则容易得出 $F_{DB}=0$，$F_{DE}=F_{DC}$。在图示荷载作用下，杆 BD 受力为零，称为**零力杆**。

2. 截面法 (method of sections)

在实际分析时，有时只需要求解一根或几根杆件的内力。若采用节点法，往往要计算一些不必要的杆件内力。而截面法则可避免出现这一问题。截面法分析问题的主要步骤是：

(1) 设想用一个平面或曲面将桁架截开，分为两部分，去掉其中一部分，保留另一部分。

(2) 分析保留部分的受力情况，保留部分除了受到荷载和支座约束力作用外，还将受到去掉部分对其作用力（该作用力就是被截开杆件的内力）。

(3) 根据保留部分的受力图，列出相应的平衡方程，从而求解出被截杆件的内力。

下面通过一个例子具体说明截面法的解题步骤。

【例 4-5】 图 4-11 所示平面桁架结构中，各杆等长，求杆 1、杆 2 和杆 3 的内力。

解：(1) 求支座约束力。以系统为研究对象，其受力如图 4-11 (a) 所示。列出其平衡方程，有

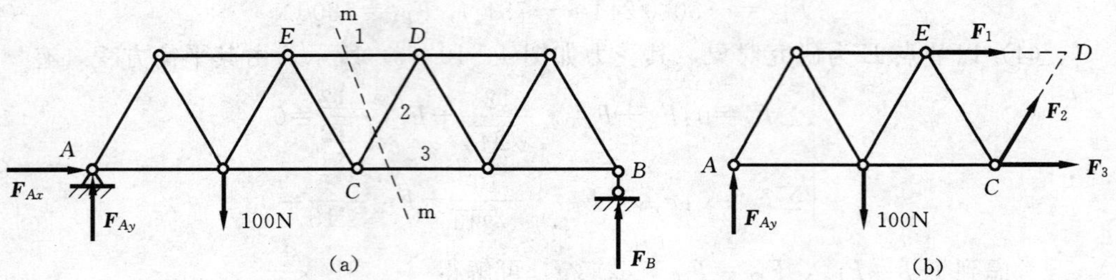

图 4-11

$$\begin{cases}\sum F_x=0: F_{Ax}=0\\ \sum F_y=0: F_{Ay}-100+F_B=0\\ \sum M_A=0: -100\cdot a+F_B\cdot 4a=0\end{cases} \tag{a}$$

式中：a 为杆件的长度。

由式（a）可解得

$$F_{Ax}=0, F_B=25\text{N}, F_{Ay}=75\text{N} \tag{b}$$

（2）用截面法将杆件 1、2 和 3 截开，取左半部分为研究对象，其受力如图 4-11（b）所示。由于 $F_{Ax}=0$，故受力图中未画出。列出其平衡方程，有

$$\begin{cases}\sum M_C=0: 100\cdot a-F_{Ay}\cdot 2a-F_1\cdot \dfrac{\sqrt{3}}{2}a=0\\ \sum M_D=0: 100\cdot \dfrac{3}{2}a-F_{Ay}\cdot \dfrac{5}{2}a+F_3\cdot \dfrac{\sqrt{3}}{2}a=0\\ \sum F_y=0: F_{Ay}-100+F_2\cdot \dfrac{\sqrt{3}}{2}=0\end{cases} \tag{c}$$

解得

$$F_1=-57.7\text{N}, F_2=28.9\text{N}, F_3=43.3\text{N} \tag{d}$$

其中负值表示压力，相应的杆件为压杆。

讨论：（1）将结构截开后，可取任一部分为研究对象。在本例求解时选取了左半部分，通过其受力分析和平衡方程求解出了杆 1、2、3 的内力。事实上，在本例中，如果选取右半部分作为研究对象，则更为简便。

（2）采用截面法时，一定要将结构截开，分为两个部分，不可“截而不分”。如本例中，若只求杆 1 和杆 2 的内力，在用截面法求解时，如果只将杆 1 和杆 2 截开，则不足以将结构分为两部分。因此，无法进一步求解。

（3）使用截面将结构截开时，应尽量使被截杆件的数目不超过 3 个（内力已知的杆件不计）。如果超过 3 个，仅凭一个研究对象的平衡方程，不能全部求解出未知力。

（4）截面法的最主要特点是通过截面将结构截开，从而将杆件的内力暴露出来，

使得原构件的内力成为作用于保留部分的外力，进而由力系平衡理论求解。截面法是求解结构内力的基本方法，在材料力学中还将被广泛使用。

思　考　题

4-1　判断下列说法是否正确，为什么？

(1) 摩擦增加了能量损耗。因此，在机器运转过程中，摩擦总是有害的。

(2) 库仑摩擦定律表明，物体间的摩擦力总是与物体间的正压力成正比。

(3) 物体间摩擦力的大小可随荷载的改变而改变，但最大静摩擦力是固定不变的。

(4) 物体所受的摩擦力总是阻碍物体的运动。

(5) 由滚动摩阻定律可知，滚动摩阻力偶的大小等于滚动摩阻系数与接触面上正压力的乘积。

(6) 两物体接触时，如果物体表面越光洁，则摩擦力越小。

(7) 与实际桁架相比，理想桁架偏于安全。

(8) 理想桁架都属于静定结构。

(9) 在桁架结构中，有些杆件是零力杆。因此，它们可以从结构中去掉。

4-2　试举例说明摩擦在实际生活中的应用。

4-3　思4-3图所示测量滑动摩擦因数的实验装置中，斜面 OA 可绕轴 O 转动，其上放置一物块 B。试分析当转角 α 为多大时，物块将沿斜面开始下滑？

4-4　思4-4图所示对称钢质尖楔被打入一物体中，设尖楔与物体接触面的摩擦角为 φ_f。试问：欲使尖楔在打入后，不滑出物体，此钢楔两平面间的夹角 α 应满足怎样的条件？

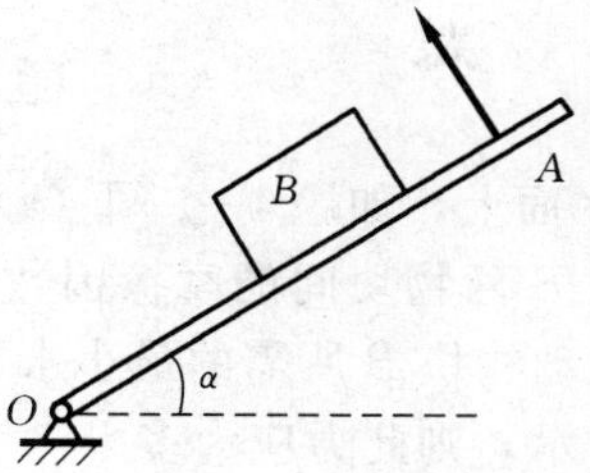

思4-3图

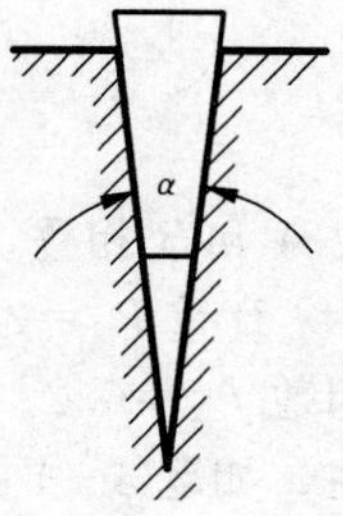

思4-4图

4-5　分析车辆正常行驶过程中，车轮与地面间的滑动摩擦力和滚动摩阻力偶。若为雨水天气或冰雪天气，试分析这些天气因素对车辆的行驶有何影响？

4-6　试分析静滑动摩擦力和动滑动摩擦力中的“静”、“动”和“滑动”分别代表什么含义？

4-7　为什么维持一个物体的运动比使其由静止进入运动要容易？

4-8　试从摩擦的角度分析水泥路面与沥青路面对车辆行驶的影响。

4-9　思4-9图中列出了物体 A 在力 $\boldsymbol{F}$ 作用下的几种情形，对于每一种情形，物体可能处于静止、运动和临界状态中的一种状态。对于每一种情形，分别讨论物体在静止、运动和临界状态下摩擦力的大小和方向。

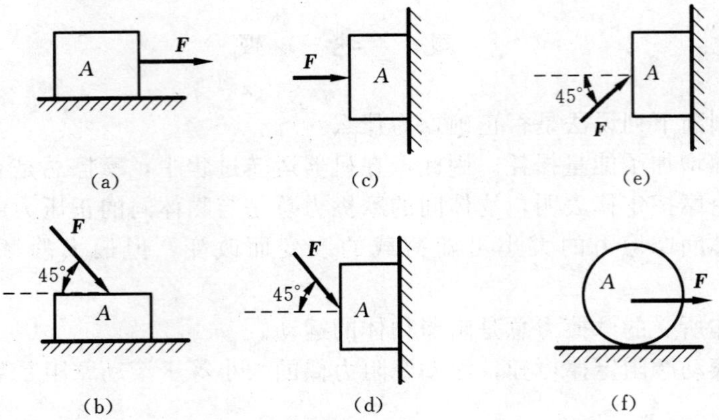

思 4-9 图

4-10 为保证螺纹正常工作，工程中螺纹升角应满足怎样的条件？

4-11 思 4-11 图为桁架结构中的局部情形。不用计算，试直接判断哪些杆件为零力杆。

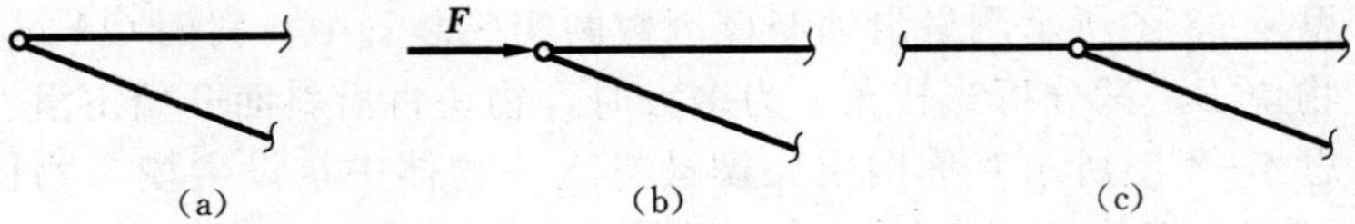

思 4-11 图

习 题

4-1 两物块 A 和 B 相叠，置于水平面上，如题 4-1 图（a）所示。已知物块 A 重 $P_1=500\text{N}$，物块 B 重 $P_2=200\text{N}$，A、B 两物块间的摩擦因数 $f_{s1}=0.25$，物体 B 与地面间的摩擦因数 $f_{s2}=0.2$。求：①拉动物块 B 所需的最小水平力 F_{min}；②若物块 A 用一根绳子拉住，如题 4-1 图（b）所示，则此力应为多少？

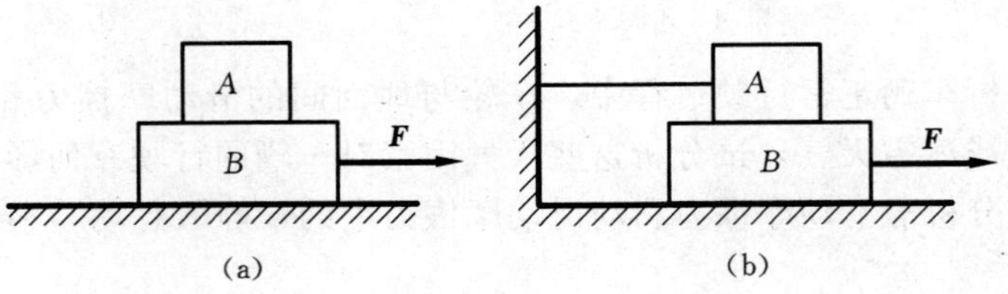

题 4-1 图

4-2 如题 4-2 图所示，滑块重 $P=30\text{N}$，放置在倾角为 30°的斜面上，滑块与斜

面间的静摩擦因数 $f_s=0.25$，动摩擦因数 $f=0.24$。今在滑块上外加指向斜面上方的力 $F=10\text{N}$。试问：①滑块是否处于平衡状态？②滑块与斜面之间的摩擦力为多少？

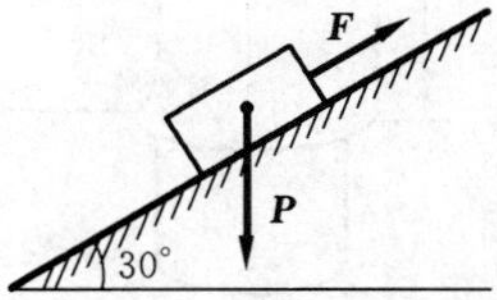

题 4-2 图

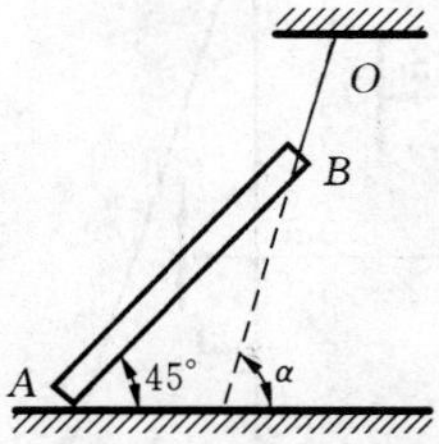

题 4-3 图

4-3　均质杆 AB 的 A 端置于水平面上，B 端用一根绳子吊起，如题 4-3 图所示。已知 A 处的摩擦因数为 f，杆 AB 与水平面的夹角为 45°。若在此位置，杆 AB 处于滑动临界状态，则绳子 OB 与水平面间的夹角 α 为多少？

4-4　题 4-4 图所示梯子的自重为 $P_1=250\text{N}$，长为 l。其上端与光滑的墙面接触，下端与水平地面间的摩擦因数为 f。设有一重为 $P_2=500\text{N}$ 的人在梯子上行走，试求：①当梯子与地面夹角固定的条件下，为使梯子不滑倒，此人在梯子上的活动范围有多大？②若此人可安全地立于梯子中间，则梯子与地面间的夹角应满足什么样的条件？

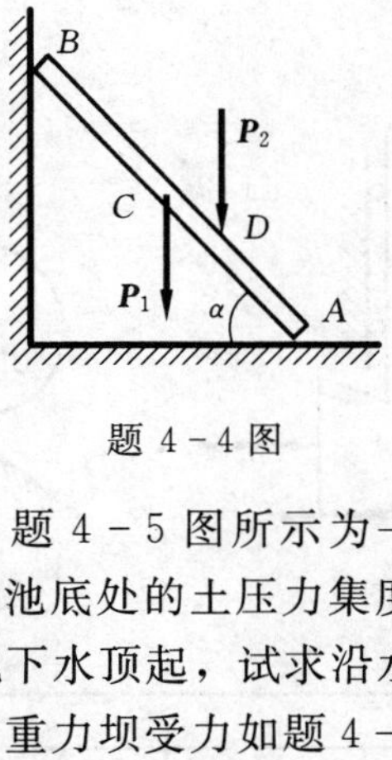

题 4-4 图

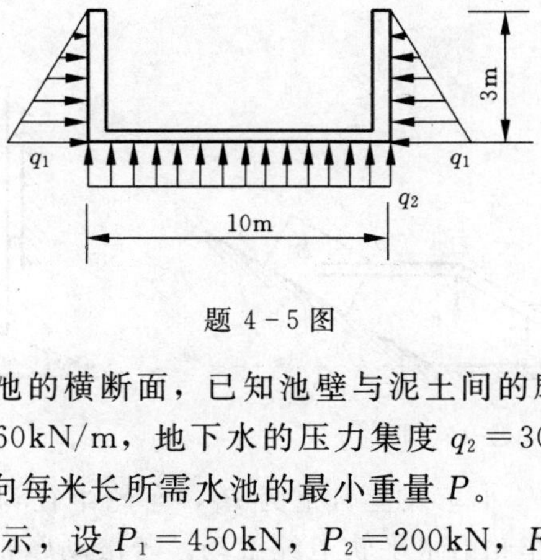

题 4-5 图

4-5　题 4-5 图所示为一空水池的横断面，已知池壁与泥土间的摩擦因数为 $f_s=0.10$，池底处的土压力集度 $q_1=60\text{kN/m}$，地下水的压力集度 $q_2=30\text{kN/m}$。要池底不被地下水顶起，试求沿水池纵向每米长所需水池的最小重量 P。

4-6　重力坝受力如题 4-6 图所示，设 $P_1=450\text{kN}$，$P_2=200\text{kN}$，$F_1=300\text{kN}$。坝与地面的静摩擦因数 $f_s=0.6$。试问：①此坝是否会滑动？②此坝是否会绕 B 点而翻倒？

4-7　如题 4-7 图所示，一个活动支架高 $h=20\text{cm}$，支架与支承圆柱间的摩擦因数 $f=0.25$，支架自重不计，$d=10\text{cm}$。求作用于支架的集中力 $\boldsymbol{F}$ 距圆柱中心线的距离为多少时，支架才不会滑落？

4-8　轻质杆 AC 和 BC 在 C 端铰接，杆 AC 的 A 端和杆 BC 的 B 端通过滑块分别放置于水平面和斜面上，如题 4-8 图所示。已知杆 AC 平行于斜面，杆 BC 平行于水平面，滑块 A、B 重力均为 100N，滑块与各面间的摩擦因数 $f=0.5$，求维持整个

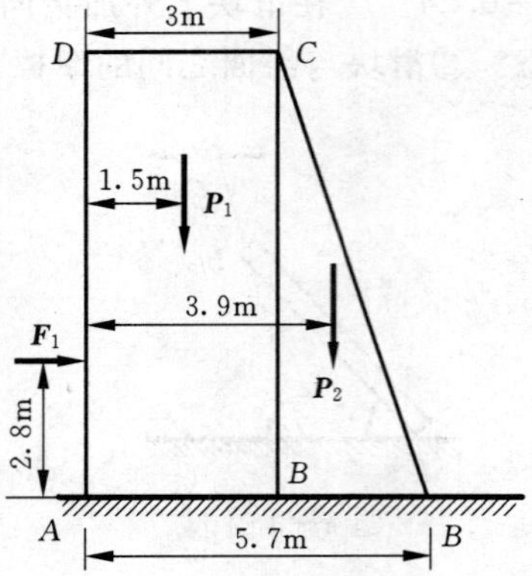

题 4-6 图

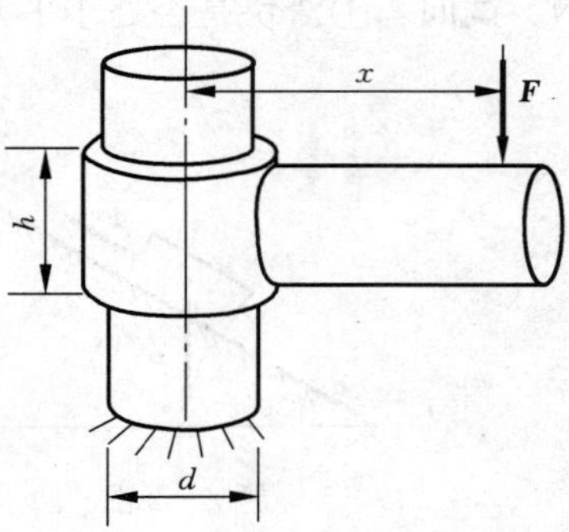

题 4-7 图

系统平衡的最大铅垂力 $F_{\max}$。

4-9 尖劈顶重装置如题 4-9 图所示。已知尖劈 A 的顶角为 α，物块 B 上顶有重力为 $\boldsymbol{P}$ 的重物，A、B 两物块间的摩擦因数 $f_s=\tan\varphi_m$，忽略其他地方的摩擦，不计 A、B 两物块的重量。若要保持系统平衡，则作用于物体 A 的水平力 F 应在什么范围内？

4-10 如题 4-10 图所示，半径为 r，重力为 $\boldsymbol{P}$ 的均质圆轮，在倾角 θ 的斜面上，处于滚动的临界状态，试求轮与斜面的滚动摩阻系数。

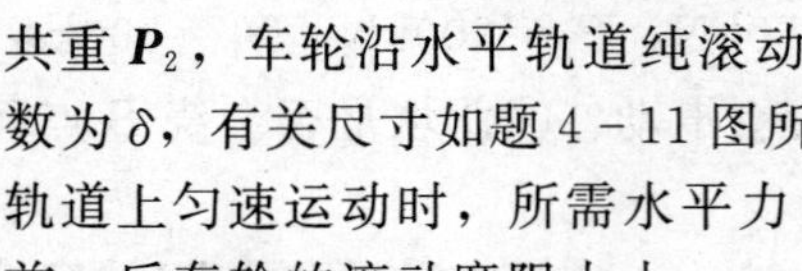

题 4-8 图

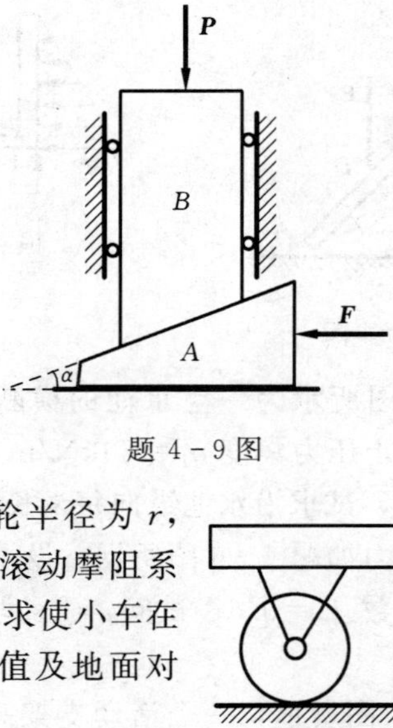

题 4-9 图

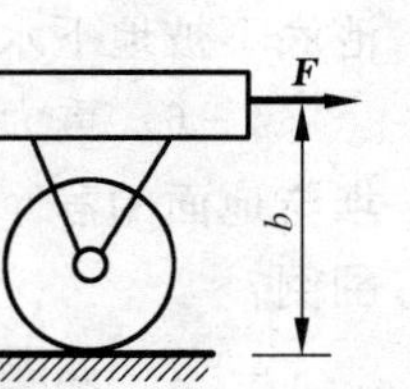

题 4-10 图

4-11 小车底盘自重为 $\boldsymbol{P}_1$，车轮半径为 r，共重 $\boldsymbol{P}_2$，车轮沿水平轨道纯滚动。若滚动摩阻系数为 δ，有关尺寸如题 4-11 图所示，求使小车在轨道上匀速运动时，所需水平力 $\boldsymbol{F}$ 的值及地面对前、后车轮的滚动摩阻大小。

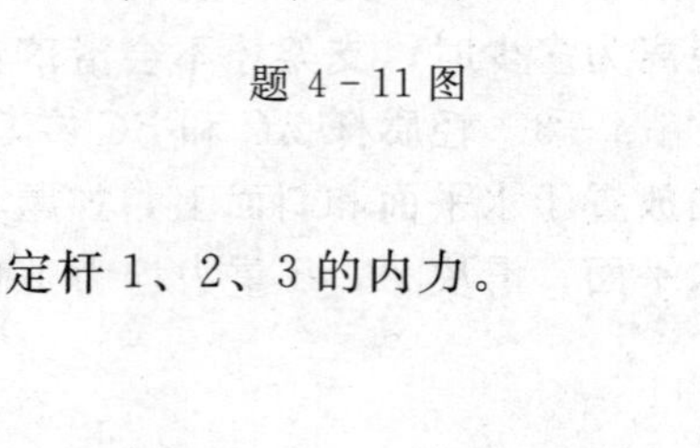

题 4-11 图

4-12 用节点法求解题 4-12 图所示桁架中各杆的内力。

4-13 试用截面法求解题 4－12 图（b）、（c）中 BD、CD、CE 杆的内力。

4-14 用截面法求解题 4-14 图所示桁架中指定杆 1、2、3 的内力。

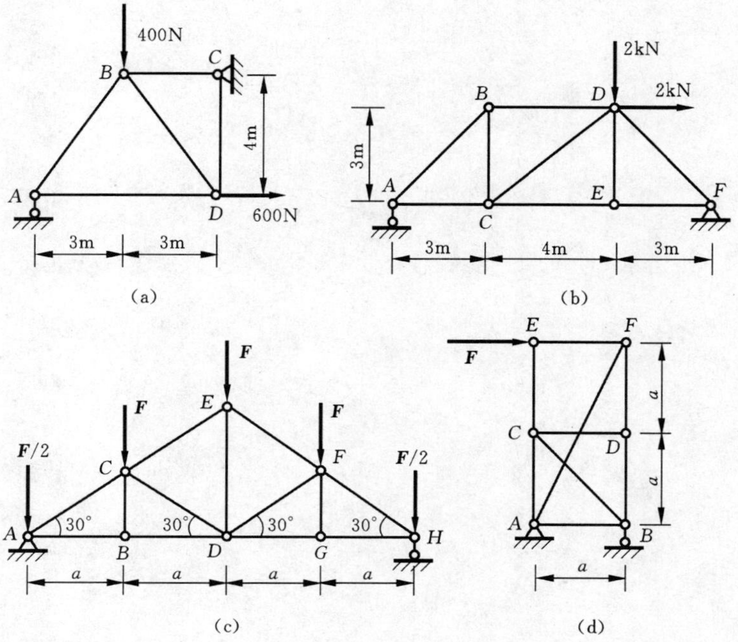
400N
B
C
4m
A
D
600N
3m
3m
(a)
2kN
B
D
2kN
3m
A
E
F
C
3m
4m
3m
(b)
F
F
E
F
F/2
C
F
F/2
A
30°
30°
30°
30°
H
B
D
G
a
a
a
a
(c)
E
F
F
a
C
D
a
A
B
a
(d)

题 4-12 图

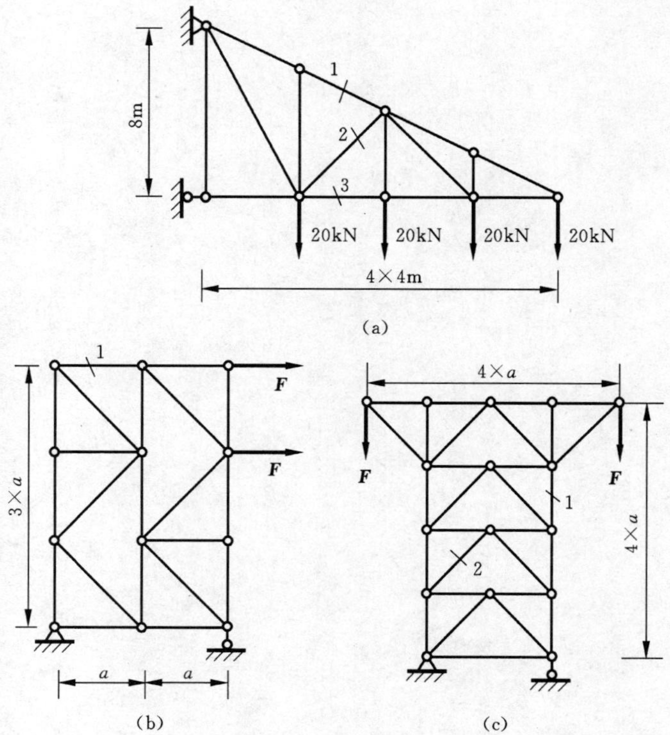
1
8m
2
3
20kN
20kN
20kN
20kN
4×4m
(a)
1
F
F
3×a
a
a
(b)
4×a
F
F
1
2
4×a
(c)

题 4-14 图

第 2 篇

运动学

运动学是从几何学的观点来研究物体的运动规律，而不考虑引起物体运动状态变化的物理因素。即运动学只研究运动的几何性质，包括物体在空间的位置随时间变化的规律、物体的运动轨迹、速度和加速度等，而不涉及运动与作用力、质量之间的关系。

学习运动学一方面是为学习动力学打基础，另一方面又有独立的意义，为分析机构的运动打好基础。因此，运动学作为理论力学中的独立部分也是很必要的。

物体在空间的位置随时间的改变称为机械运动，为了观察或描述物体的运动，观察者总是依附于某一物体上，如人既可以站在地面上观察或描述飞机的运动，亦可以坐在运动的汽车上观察或描述同一运动，观察者所依附的物体称为参考的物体。因此，研究一个物体的机械运动，必须选取另一物体作为参考，这个参考的物体称为**参考体**。如果所选参考体不同，那么物体对于不同参考体的运动也不同。因此，在力学中，描述任何物体的运动都需要指明参考体。与参考体固连的坐标系称为**参考系**。一般工程问题中，都取与地面固连的坐标系作为参考系，以后，如果不作特别说明，就应如此理解。对于特殊的问题，将根据需要另选与运动物体固连的坐标系为参考系。

在运动学中，度量时间要涉及到“瞬时”和“时间间隔”两个概念。所谓瞬时，应理解为物体运动过程中相应的某一时刻，通常以 t 表示；而时间间隔是指两瞬时 t_1 与 t_2 之间的一段时间，通常以 $\Delta t = t_2 - t_1$。

由于不涉及力和质量的概念，运动学中通常将实际物体抽象为两种力学模型；几何意义上的点和刚体。这里说的点是指无质量、无大小、在空间占有其位置的几何点；刚体则是点的集合，而且其任意两点的距离是保持不变的。一个物体抽象化为哪种模型，主要取决于问题的性质。比如，分析汽车在制动过程中的速度、加速度时，虽然汽车各部分的运动情况不同，但由于我们研究的是汽车整体的运动规律，因此可以忽略其大小，将汽车看作一个点，以简化讨论。但分析车轮上各点的运动时，就必须把车轮作为具有一定尺寸的刚体来研究。

本篇主要研究两个方面的问题：①介绍点和刚体相对参考坐标系运动方程的建立方法，即确定点和刚体的空间位置随时间变化规律的方法；②研究点和刚体的运动学几何特征，即点或刚体上点的运动轨迹、速度、加速度和刚体转动的角速度、角加速度。

第 5 章

点 的 运 动

点的运动是研究一般物体运动的基础，又具有独立的应用意义。本章将研究点的运动规律，也就是确定点在任一瞬时对于所选坐标系的位置，以及它的轨迹、速度和加速度等。点的运动可以采用矢量法、直角坐标法、自然法和极坐标法等多种研究方法，由于矢量法形式比较简单，便于其他方法的推导，所以本章先用矢量法来研究点的运动，然后再讨论其他几种方法。

5.1 点的运动的矢量法

5.1.1 运动方程

设动点 M 在空间作曲线运动，选取参考系某固定点 O 为参考点，则动点 M 在任一瞬时的位置，如图 5-1 所示可用**位置矢径**（position vector）即由定点 O 到动点 M 所引的矢量 $\boldsymbol{r}$ 来唯一确定。点 M 运动时，矢径的大小和方向随时间 t 变化，所以矢径 $\boldsymbol{r}$ 是个变矢量，并可将其表示为时间 t 的单值连续函数，即

$$\boldsymbol{r}=\boldsymbol{r}(t) \tag{5-1}$$

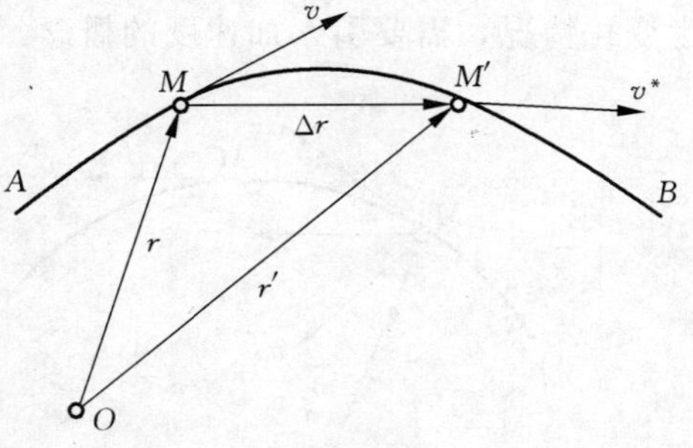

图 5-1

这个方程完全确定了任一瞬时动点 M 在空间的位置，称为动点以**矢量表示的运动方程。**它表明了动点在空间的位置随时间变化的规律，又称运动规律。动点 M 在空间运动时，矢径 $\boldsymbol{r}$ 的末端将描绘出一条连续的曲线，称为矢径 $\boldsymbol{r}$ 的矢端曲线。显然，矢径 $\boldsymbol{r}$ 的矢端曲线就是动点 M 的**运动轨迹**（trajectory of motion）。

5.1.2 速度

当动点 M 作曲线运动时，动点的运动快慢和方向一般都是随时间而改变。为了

描述动点的运动变化情况，需要引入速度概念。

设在瞬时 t，动点位于 M 点，其矢径为 $\boldsymbol{r}$；在 $t+\Delta t$ 瞬时，动点位于 M'点，其矢径为 $\boldsymbol{r}'$。如图 5-1 所示，在 Δt 时间间隔内，矢径的改变量为

$$\Delta \boldsymbol{r}=\boldsymbol{r}'-\boldsymbol{r} \tag{5-2}$$

它代表动点在 Δt 时间间隔内的位移。若 Δt 取得很小，则动点在 Δt 时间内所经过的路程$\overset{\frown}{MM'}$和其运动方向，就可近似地用位移 Δr 来表示。故位移 Δr 与相应时间间隔 Δt 的比值即为动点在 Δt 时间内的平均速度，并以 $\boldsymbol{v}^*$ 表示，则

$$\boldsymbol{v}^*=\frac{\Delta r}{\Delta t} \tag{5-3}$$

由于 Δt 是标量，所以 $\boldsymbol{v}^*$ 的方向应与 $\Delta \boldsymbol{r}$ 同向。

当 Δt 趋近于零时，平均速度 $\boldsymbol{v}^*$ 趋于一极限值，它反映了动点 M 在瞬时 t 的运动快慢和方向，称此极限为动点在瞬时 t 的**速度**（velocity），并以 $\boldsymbol{v}$ 表示，则

$$\boldsymbol{v}=\lim_{\Delta t\to 0}\boldsymbol{v}^*=\lim_{\Delta t\to 0}\frac{\Delta r}{\Delta t} \tag{5-4}$$

根据矢量导数的定义，式（5-4）可以写成

$$\boldsymbol{v}=\frac{\mathrm{d}\boldsymbol{r}}{\mathrm{d}t}=\dot{\boldsymbol{r}} \tag{5-5}$$

这表明**动点的速度等于它的矢径对时间的一阶导数。**速度是矢量，它的方向是平均速度 $\boldsymbol{v}^*$，也就是 Δt 趋近于零时 Δr 的极限方向，亦即沿着动点的轨迹在该点的切线，并指向运动的一方。速度的大小即速度矢 $\boldsymbol{v}$ 的模，表明点运动的快慢。在国际单位制中，速度 $\boldsymbol{v}$ 的单位为 m/s。

5.1.3 加速度

在点的曲线运动中，速度的大小和方向一般都随时间而变化，为了描述动点的速度变化情况，需要引入加速度的概念。

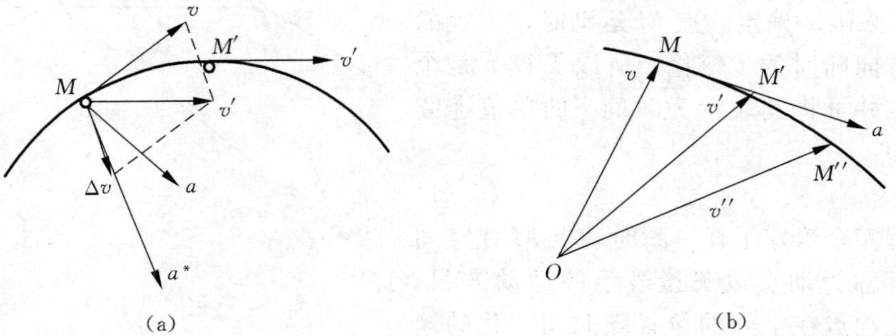

图 5-2

设在瞬时 t，动点 M 的速度为 $\boldsymbol{v}$，经过时间 Δt 后，动点位于 M'点，其速度为 $\boldsymbol{v}'$。将速度矢量 $\boldsymbol{v}'$平行移到 M 点，并作出速度平行四边形，如图 5-2（a）所示，则可得动点的速度在 Δt 时间内的改变量 $\Delta\boldsymbol{v}=\boldsymbol{v}'-\boldsymbol{v}$，$\Delta\boldsymbol{v}$ 与相应时间间隔 Δt 的比值，即为动点在 Δt 时间内的平均加速度，并以 $\boldsymbol{a}^*$ 表示，则

$$a^* = \frac{\Delta v}{\Delta t} \tag{5-6}$$

显然，a^* 的方向与 Δv 的方向一致。当 Δt 趋近于零时，平均加速度的极限即为动点在瞬时 t 的**加速度**（acceleration），并以 a 表示，即

$$a = \lim_{\Delta t \to 0} a^* = \lim_{\Delta t \to 0} \frac{\Delta v}{\Delta t} = \frac{dv}{dt} \tag{5-7}$$

这表明动点的加速度等于其速度对时间的一阶导数，亦等于其矢径对时间的二阶导数。

点的加速度也是矢量，它表征了速度大小和方向的变化。如在空间任取一点 O'，以此为原点将动点 M 在不同瞬时的速度矢 v，v'，v''，…都平行地移到点 O'，连接各矢量的端点就构成了矢量 v 端点的连续曲线，称为**速度矢端曲线**，动点的加速度矢 a 的方向与速度矢端曲线在相应点 M 的切线平行。如图 5-2（b）所示。在国际单位制中，加速度 a 的单位为 m/s^2。

5.2 点的运动的直角坐标法

由上可知，用矢量法描述点的运动，其速度和加速度公式形式简洁，便于理论推导，是研究点的运动的基本公式，也是整个运动学基本公式的重要组成部分。为了便于应用和计算，可根据实际情况选择其他描述运动的方法。直角坐标法，是采用人们熟悉的笛卡尔坐标系。这种方法是矢量法的代数运算。

5.2.1 运动方程

在参考体的固定点 O 上，建立直角坐标系 $Oxyz$ 作为参考坐标系。设动点 M 在瞬时 t 的坐标为（x，y，z），如图 5-3 所示，它与矢径 r 的关系为

$$r = xi + yj + zk \tag{5-8}$$

式中：i、j、k 为 $Oxyz$ 坐标系沿 x、y、z 三个坐标轴正向的单位矢量。

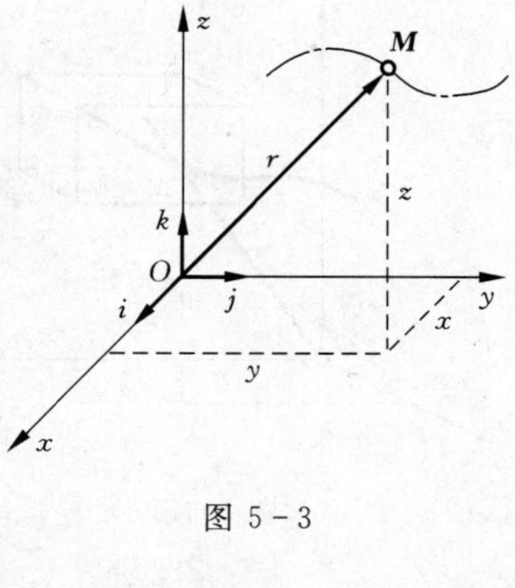

图 5-3

当动点 M 运动时，其坐标 x、y、z 是随着时间而变化的，因此可分别表示为时间 t 的单值连续函数，即

$$\left.\begin{aligned} x &= f_1(t) \\ y &= f_2(t) \\ z &= f_3(t) \end{aligned}\right\} \tag{5-9}$$

这就是用**直角坐标表示的动点的运动方程**。如果知道了点的运动方程式（5-9），就可以求出任一瞬时点的坐标（x，y，z）的值，也就完全确定了该瞬时动点的位置。式（5-9）实际上也是点的轨迹的参数方程，只要给定时间 t 的不同数值，依次得出点的坐标（x，y，z）的相应数值，根据这些数值就可以描出动点的轨迹。因为动点的轨迹与时间无关，如果需要求点的轨迹方程，只需将运动方程中的时间 t 消去。在工程中，经常遇到点在某平面内运动的情形，此时点的轨迹为一平面曲线。取轨迹所在的平面为坐标平面

Oxy，则点的运动方程为

$$\left.\begin{array}{l}x=f_1(t)\\ y=f_2(t)\end{array}\right\}\tag{5-10}$$

从式（5-10）中消去时间 t 即得轨迹方程

$$f(x,y)=0\tag{5-11}$$

5.2.2　速度

将矢径 $\boldsymbol{r}$ 的解析式（5-9）代入式（5-8），并注意单位矢量 $\boldsymbol{i}$、$\boldsymbol{j}$、$\boldsymbol{k}$ 为常矢量，它们对时间 t 的导数等于零，于是得

$$\boldsymbol{v}=\frac{\mathrm{d}\boldsymbol{r}}{\mathrm{d}t}=\frac{\mathrm{d}x}{\mathrm{d}t}\boldsymbol{i}+\frac{\mathrm{d}y}{\mathrm{d}t}\boldsymbol{j}+\frac{\mathrm{d}z}{\mathrm{d}t}\boldsymbol{k}\tag{5-12}$$

若以 v_x、v_y、v_z 分别表示速度 $\boldsymbol{v}$ 在相应坐标轴上的投影，则速度可写为

$$\boldsymbol{v}=v_x\boldsymbol{i}+v_y\boldsymbol{j}+v_z\boldsymbol{k}\tag{5-13}$$

比较以上两式，可得

$$\left.\begin{array}{l}v_x=\dfrac{\mathrm{d}x}{\mathrm{d}t}=\dot{x}\\[2ex] v_y=\dfrac{\mathrm{d}y}{\mathrm{d}t}=\dot{y}\\[2ex] v_z=\dfrac{\mathrm{d}z}{\mathrm{d}t}=\dot{z}\end{array}\right\}\tag{5-14}$$

即动点的速度在直角坐标轴上的投影等于其相应坐标对时间的一阶导数。

由速度的投影可求出速度的大小

$$v=\sqrt{v_x^2+v_y^2+v_z^2}\tag{5-15}$$

速度的方向由其方向余弦确定，即

$$\left.\begin{array}{l}\cos(\boldsymbol{v},\boldsymbol{i})=\dfrac{v_x}{v}\\[2ex] \cos(\boldsymbol{v},\boldsymbol{j})=\dfrac{v_y}{v}\\[2ex] \cos(\boldsymbol{v},\boldsymbol{k})=\dfrac{v_z}{v}\end{array}\right\}\tag{5-16}$$

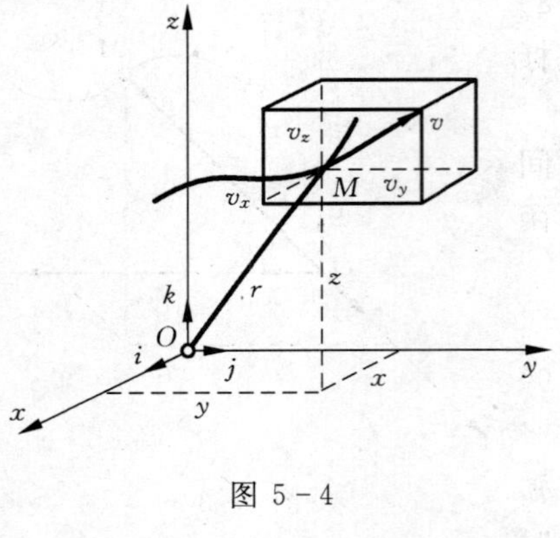

图 5-4

图 5-4 表示了点的速度和其在直角坐标轴上的投影的关系。

5.2.3　加速度

将速度 $\boldsymbol{v}$ 的解析式（5-13）代入式（5-7），得到点的加速度在直角坐标系中的表达式为

$$\boldsymbol{a}=\frac{\mathrm{d}\boldsymbol{v}}{\mathrm{d}t}=\frac{\mathrm{d}v_x}{\mathrm{d}t}\boldsymbol{i}+\frac{\mathrm{d}v_y}{\mathrm{d}t}\boldsymbol{j}+\frac{\mathrm{d}v_z}{\mathrm{d}t}\boldsymbol{k}=\frac{\mathrm{d}^2x}{\mathrm{d}t}\boldsymbol{i}+\frac{\mathrm{d}^2y}{\mathrm{d}t}\boldsymbol{j}+\frac{\mathrm{d}^2z}{\mathrm{d}t}\boldsymbol{k}\tag{5-17}$$

若以 a_x、a_y、a_z 分别表示加速度 $\boldsymbol{a}$ 在相应坐标轴上的投影，则加速度可写为

$$\boldsymbol{a}=a_x\boldsymbol{i}+a_y\boldsymbol{j}+a_z\boldsymbol{k}\tag{5-18}$$

比较以上两式，可得

$$\left.\begin{aligned} a_x&=\frac{\mathrm{d}v_x}{\mathrm{d}t}=\frac{\mathrm{d}^2x}{\mathrm{d}t^2}=\ddot{x}\\ a_y&=\frac{\mathrm{d}v_y}{\mathrm{d}t}=\frac{\mathrm{d}^2y}{\mathrm{d}t^2}=\ddot{y}\\ a_z&=\frac{\mathrm{d}v_z}{\mathrm{d}t}=\frac{\mathrm{d}^2z}{\mathrm{d}t^2}=\ddot{z}\end{aligned}\right\} \tag{5-19}$$

即动点的加速度在直角坐标轴上的投影等于其相应速度对时间的一阶导数亦等于其相应坐标对时间的二阶导数。

式（5-18）完全确定了加速度 $\boldsymbol{a}$ 的大小和方向。其大小为

$$a=\sqrt{a_x^2+a_y^2+a_z^2} \tag{5-20}$$

其方向可由加速度 $\boldsymbol{a}$ 的方向余弦来确定

$$\left.\begin{aligned}\cos(\boldsymbol{a},\boldsymbol{i})&=\frac{a_x}{a}\\ \cos(\boldsymbol{a},\boldsymbol{j})&=\frac{a_y}{a}\\ \cos(\boldsymbol{a},\boldsymbol{k})&=\frac{a_z}{a}\end{aligned}\right\} \tag{5-21}$$

运用式（5-9）、式（5-14）、式（5-19）通常可以求解如下两类问题：一类是已知点的运动方程，求点的速度和加速度，这类问题可以运用微分的方法来解决；另一类是已知点的加速度或速度，求点的速度或运动方程，这类问题可以运用积分的方法来解决。积分常数可据点运动的初始条件（即初位置和初速度）确定。

【例 5-1】 曲柄连杆机构如图 5-5 所示，设曲柄 OA 长为 r，绕 O 轴匀速转动，曲柄与 x 轴的夹角为 $\varphi=\omega t$，t 为时间（单位为 s），连杆 AB 长为 l，滑块 B 在水平的滑道上运动，试求滑块 B 的运动方程，速度和加速度。

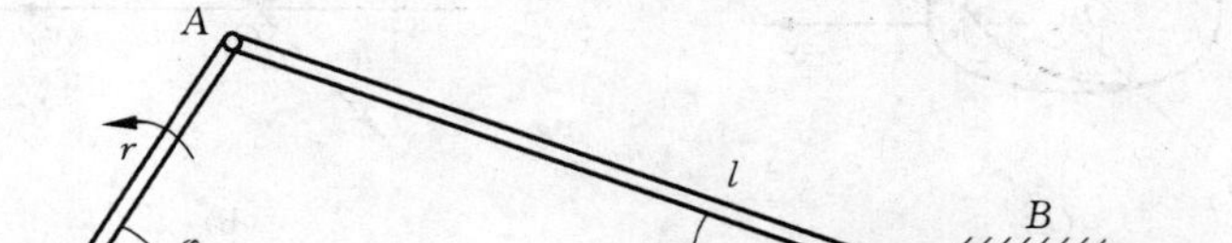

图 5-5

解： 如图 5-5 所示：滑块 B 的运动方程为

$$x=r\cos\varphi+l\cos\Psi \tag{a}$$

其中由几何关系得

$$r\sin\varphi=l\sin\Psi$$

则有

$$\cos\Psi=\sqrt{1-\sin^2\Psi}=\sqrt{1-\left(\frac{r}{l}\sin\varphi\right)^2} \tag{b}$$

式（b）代入式（a）得滑块 B 的运动方程

$$x=r\cos\varphi+l\sqrt{1-\left(\frac{r}{l}\sin\varphi\right)^2} \tag{c}$$

对式（b）求导得滑块 B 的速度和加速度，即

$$v=\dot{x}=-r\omega\sin\omega t-\frac{r^2\omega\sin2\omega t}{2l\sqrt{1-\left(\frac{r}{l}\sin\omega t\right)^2}}$$

$$a=\dot{v}=-r\omega^2\cos\omega t-\frac{r^2\omega^2\left\{4\cos2\omega t\left[1-\left(\frac{r}{l}\sin\omega t\right)^2\right]+\frac{r^2}{l^2}\sin^2 2\omega t\right\}}{4l\left[1-\left(\frac{r}{l}\sin\omega t\right)^2\right]^{\frac{3}{2}}}$$

【例 5-2】 已知动点的运动方程为 $x=r\cos\omega t$，$y=r\sin\omega t$，$z=ut$，r、u、ω 为常数，试求动点的轨迹、速度和加速度。

解： 由运动方程消去时间 t 得动点的轨迹方程为

$$x^2+y^2=r^2 \qquad y=r\sin\frac{\omega z}{u}$$

动点的轨迹曲线是沿半径为 r 的柱面上的一条螺旋线，如图 5-6（a）所示。

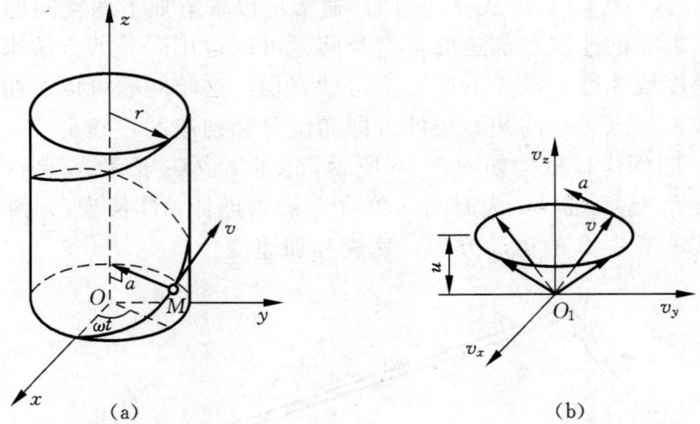

图 5-6

动点的速度在直角坐标轴上的投影为

$$v_x=\dot{x}=-r\omega\sin\omega t$$
$$v_y=\dot{y}=r\omega\cos\omega t$$
$$v_z=\dot{z}=u$$

速度的大小和方向余弦为

$$v=\sqrt{v_x^2+v_y^2+v_z^2}=\sqrt{r^2\omega^2+u^2}$$

$$\cos(\boldsymbol{v},\boldsymbol{i})=\frac{v_x}{v}=\frac{-r\omega\sin\omega t}{\sqrt{r^2\omega^2+u^2}}$$

$$\cos(\boldsymbol{v},\boldsymbol{j})=\frac{v_y}{v}=\frac{r\omega\cos\omega t}{\sqrt{r^2\omega^2+u^2}}$$

$$\cos(\boldsymbol{v},\boldsymbol{k})=\frac{v_z}{v}=\frac{u}{\sqrt{r^2\omega^2+u^2}}$$

由上式知速度大小为常数，其方向与 z 轴的夹角为常数，故速度矢端迹为水平面的圆，如图 5-6（b）所示。

动点的加速度在直角坐标轴上的投影为

$$a_x=\dot{v}_x=-r^2\omega\cos\omega t$$

$$a_y=\dot{v}_y=-r^2\omega\sin\omega t$$

$$a_z=\dot{v}_z=0$$

加速度的大小和方向余弦为

$$a=\sqrt{a_x^2+a_y^2+a_z^2}=r\omega^2$$

$$\cos(\boldsymbol{a},\boldsymbol{i})=\frac{a_x}{a}=\frac{-r^2\omega\cos\omega t}{r\omega^2}=-\frac{r}{\omega}\cos\omega t$$

$$\cos(\boldsymbol{a},\boldsymbol{j})=\frac{a_y}{a}=\frac{-r^2\omega\sin\omega t}{r\omega^2}=-\frac{r}{\omega}\sin\omega t$$

$$\cos(\boldsymbol{a},\boldsymbol{k})=\frac{a_z}{a}=\frac{0}{r\omega^2}=0$$

则动点的加速度的方向垂直于 z 轴，并恒指向 z 轴。

【例 5-3】 如图 5-7 所示为液压减震器简图，当液压减震器工作时，其活塞 M 在套筒内作直线的往复运动，设活塞 M 的加速度为 $a=-kv$，v 为活塞 M 的速度，k 为常数，初速度为 v_o，试求活塞 M 的速度和运动方程。

解： 因活塞 M 作直线的往复运动，因此建立 x 轴表示活塞 M 的运动规律，如图 5-7 所示。活塞 M 的速度、加速度与 x 坐标的关系为

$$a=\dot{v}=\ddot{x}(t)$$

代入已知条件，则有

$$-kv=\frac{\mathrm{d}v}{\mathrm{d}t} \tag{a}$$

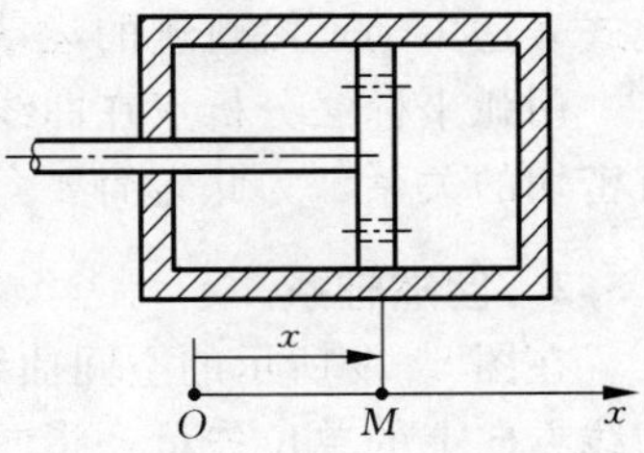

图 5-7

将式（a）进行变量分离，并积分

$$-k\int_0^t \mathrm{d}t=\int_{v_o}^{v}\frac{\mathrm{d}v}{v}$$

得

$$-kt=\ln\frac{v}{v_o}$$

活塞 M 的速度为

$$v=v_oe^{-kt} \tag{b}$$

再对式（b）进行变量分离

$$\mathrm{d}x=v_oe^{-kt}\mathrm{d}t$$

积分

$$\int_{x_o}^{x} \mathrm{d}x = v_o \int_0^t e^{-kt} \mathrm{d}t$$

得活塞 M 的运动方程为

$$x = x_o + \frac{v_o}{k}(1 - e^{-kt}) \tag{c}$$

5.3 点的运动的自然法

利用点的运动轨迹建立弧坐标及自然坐标系，并用它们来描述和分析点的运动的方法称为**自然法**。

5.3.1 运动方程

在许多工程实际问题中，动点的运动轨迹往往是已知的，如火车运行的线路即为已知的轨迹。在此前提下，沿轨迹曲线建立一条弧形曲线坐标轴，简称**弧坐标轴**。用弧坐标来确定动点在任意瞬时的位置的方法称为**弧坐标法**。

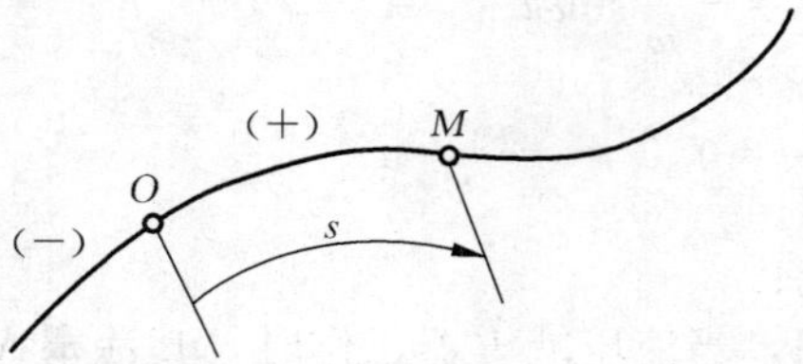

图 5-8

设动点沿已知的轨迹曲线运动，如图 5-8 所示，在轨迹上任选一定点 O 为弧坐标的原点，并规定从 O 点沿弧坐标轴的某一边量取的弧长为正值，另一边则为负值。从 O 点到动点之间的弧长 s 称为动点的**弧坐标**（arc coordinates）。由此可知弧坐标是一代数量。点的运动轨迹已知时，在运动过程中，点在任意瞬时的位置可由弧坐标唯一地确定下来。它是时间 t 的单值连续函数

$$s = f(t) \tag{5-22}$$

此式表达了动点沿轨迹的运动规律，称为**用弧坐标表示点的运动方程**。

用弧坐标法分析点在曲线上的运动时，点的速度、加速度与轨迹曲线的几何性质有密切的关系，为此先简要介绍自然轴系的概念。

5.3.2 自然轴系

在图 5-9 所示的空间曲线 AB 上，$\boldsymbol{e}_t$ 表示在 M 点的切线方向上的单位矢量，指向弧坐标的正向，简称**切线单位矢量**。$\boldsymbol{e}_t'$表示与 M 点临近的 M' 的切向单位矢量。过 M 点作平行于 $\boldsymbol{e}_t'$的矢量 $\boldsymbol{e}_t''$，并作一包含矢量 $\boldsymbol{e}_t$ 和 $\boldsymbol{e}_t''$的平面 P。令 M'无限接近于 M 点，在此过程中，单位矢量 $\boldsymbol{e}_t$ 固定不动，$\boldsymbol{e}_t'$则不断地改变它的方向，所以，平面 P 的位置也在变化，绕着 $\boldsymbol{e}_t$ 不断转动。当 M'趋近于 M 点时，平面 P 将趋于某一极限位置。这个极限位置所在的平面称为空间曲线在 M 点的**密切面**（osculating plane）。显然，在空间曲线上 M 点附近无限小的一段曲线可视为在密切面内的一平面曲线，因而密切面是最贴近 M 点的附近曲线的。

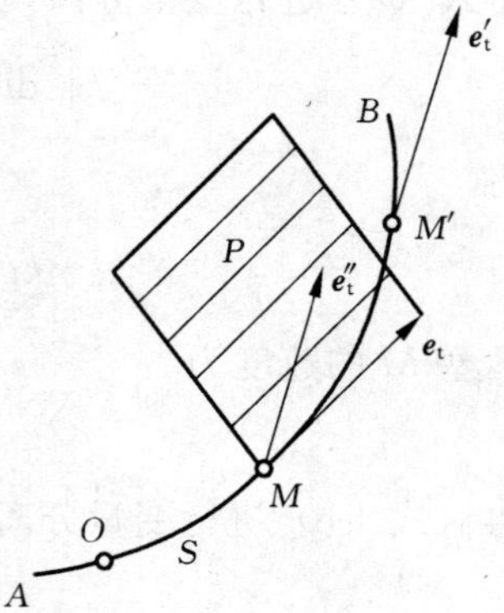

图 5-9

对于一般空间曲线，密切面的方位将随 M 点的位置而改变；至于平面曲线，密切面就是曲线所在的平面。

在图 5－10 中，$\boldsymbol{e}_t$ 是曲线在 M 点的切线单位矢量。过 M 点作垂直于 $\boldsymbol{e}_t$ 的平面，称为曲线在 M 点的**法平面**（normal plane）。在法平面内，过 M 点的一切直线都是该曲线在 M 点的法线。在这些法线中，位于密切面内的法线称为曲线在 M 点的**主法线**（principal normal）；与密切面垂直的法线称为**副法线**（binormal）。用 $\boldsymbol{e}_n$ 表示主法向单位矢量，$\boldsymbol{e}_b$ 表示副法线单位矢量，t、n、b 三个方向的轴线将构成互相垂直的自然轴系，如图 5－11 所示。

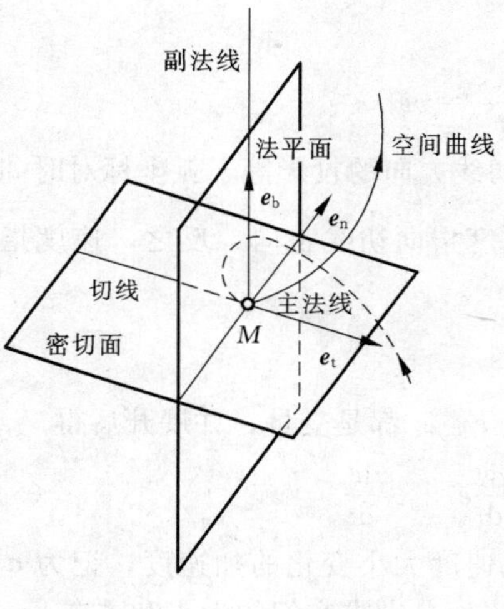

图 5－10

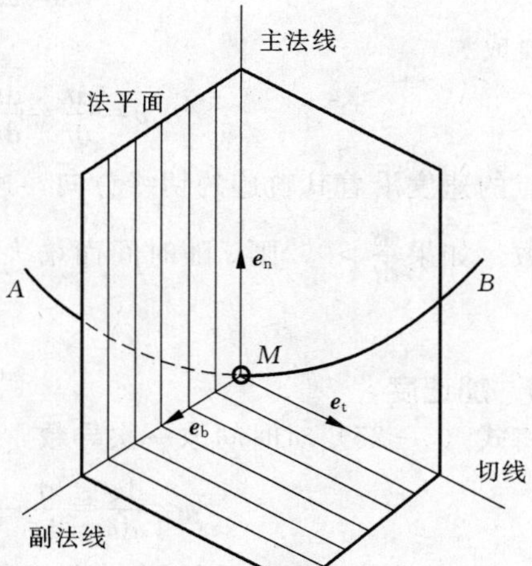

图 5－11

他们指向是这样确定的：$\boldsymbol{e}_t$ 的正向指向弧坐标的正向；$\boldsymbol{e}_n$ 的正向指向曲线内凹的一边，$\boldsymbol{e}_b$ 的正向则由右手法则决定，即

$$\boldsymbol{e}_b=\boldsymbol{e}_t\times\boldsymbol{e}_n \tag{5-23}$$

以点 M 为原点，以切线、主法线和副法线为坐标轴组成的正交坐标系称为曲线在点 M 的**自然坐标系**（natural coordinates），这三个轴称为**自然轴**（natural axes）。随着点 M 在轨迹上运动，t，n，b 的方向也在不断变化，自然坐标系是沿着曲线而变动的游动坐标系。这与直角坐标系有着本质的不同，前者单位向量不断变化是动坐标系，后者单位向量不变，是定坐标系。

5.3.3 速度

设在瞬时 t 动点位于 M，矢径为 r，在瞬间 $t+\Delta t$ 动点位于 M'，矢径为 $\boldsymbol{r}'$，则在 Δt 时间内，动点弧坐标的增量为 Δs，位移为 Δr，如图 5－12 所示。由式（5－5）可知，动点在瞬时 t 的速度 $\boldsymbol{v}=\dfrac{\mathrm{d}r}{\mathrm{d}t}=\dot{\boldsymbol{r}}$，为了得到点的速度在自然轴中的表达式，把式（5－5）作如下变换：

$$\boldsymbol{v}=\frac{\mathrm{d}\boldsymbol{r}}{\mathrm{d}t}=\frac{\mathrm{d}s}{\mathrm{d}t}\frac{\mathrm{d}\boldsymbol{r}}{\mathrm{d}s} \tag{5-24}$$

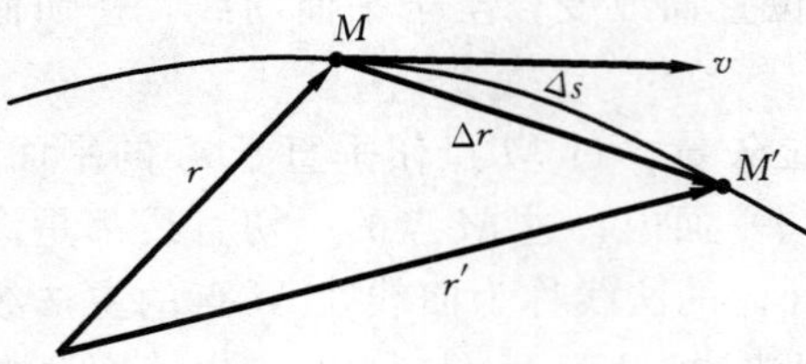

图 5 - 12

式（5 - 24）中$\frac{\mathrm{d}\boldsymbol{r}}{\mathrm{d}s}$的大小为

$$\left|\frac{\mathrm{d}\boldsymbol{r}}{\mathrm{d}s}\right|=\lim_{\Delta s\to 0}\left|\frac{\Delta\boldsymbol{r}}{\Delta s}\right|=1$$

由此可知：$\frac{\mathrm{d}\boldsymbol{r}}{\mathrm{d}s}$为单位矢量，其方向是 $\Delta\boldsymbol{r}$ 当 Δs 趋于零时的极限方向，即沿着 M 点轨迹的切线方向。由图 5 - 12 看出，无论 M' 点是从弧的正向还是负向趋近于 M 点，$\lim\limits_{\Delta s\to 0}\frac{\Delta\boldsymbol{r}}{\Delta s}$总是指向 $\boldsymbol{\tau}$ 的正向，因此$\frac{\mathrm{d}\boldsymbol{r}}{\mathrm{d}s}=\boldsymbol{e}_{\mathrm{t}}$。于是速度 $\boldsymbol{v}$ 可写成

$$\boldsymbol{v}=\frac{\mathrm{d}\boldsymbol{r}}{\mathrm{d}t}=\frac{\mathrm{d}s}{\mathrm{d}t}\frac{\mathrm{d}\boldsymbol{r}}{\mathrm{d}s}=\frac{\mathrm{d}s}{\mathrm{d}t}\boldsymbol{e}_{\mathrm{t}}=v\boldsymbol{e}_{\mathrm{t}} \tag{5 - 25}$$

即动点的速度沿着其轨迹的切线方向，速度在切线方向的投影等于弧坐标对时间的一阶导数。如果$\frac{\mathrm{d}s}{\mathrm{d}t}>0$，则 s 随时间而增大，即速度指向切线正向；反之，速度指向切线负向。

5.3.4　加速度

将式（5 - 25）对时间取一次导数，注意到 $\boldsymbol{v}$、$\boldsymbol{e}_{\mathrm{t}}$ 都是变量，并展开后得

$$\boldsymbol{a}=\frac{\mathrm{d}\boldsymbol{v}}{\mathrm{d}t}=\frac{\mathrm{d}}{\mathrm{d}x}(v\,\boldsymbol{e}_{\mathrm{t}})=\frac{\mathrm{d}v}{\mathrm{d}t}\boldsymbol{e}_{\mathrm{t}}+v\,\frac{\mathrm{d}\boldsymbol{e}_{\mathrm{t}}}{\mathrm{d}t} \tag{5 - 26}$$

式（5 - 26）右端两项都是矢量，第一项是反映速度大小变化的加速度，记为 $\boldsymbol{a}_{\mathrm{t}}$；第二项是反映速度方向变化的加速度，记为 $\boldsymbol{a}_{\mathrm{n}}$。下面分别求它们的大小和方向。

反映速度大小变化的加速度 $\boldsymbol{a}_{\mathrm{t}}$，因为

$$\boldsymbol{a}_{\mathrm{t}}=\dot{v}\boldsymbol{e}_{\mathrm{t}}=\ddot{s}\,\boldsymbol{e}_{\mathrm{t}} \tag{5 - 27}$$

显然 $\boldsymbol{a}_{\mathrm{t}}$ 是一个沿轨迹切线的矢量，因此称为切向加速度。若 $\dot{v}>0$，$\boldsymbol{a}_{\mathrm{t}}$ 指向轨迹的正向；反之，指向轨迹的负向。令

$$\boldsymbol{a}_{\mathrm{t}}=\dot{v}=\ddot{s} \tag{5 - 28}$$

$\boldsymbol{a}_{\mathrm{t}}$ 是一个代数量，是加速度 $\boldsymbol{a}$ 沿轨迹切向的投影。

由此可得结论：**切向加速度反映点的速度值对时间的变化率，它的代数值等于速度的代数值对时间的一阶导数，亦等于弧坐标对时间的二阶导数，它的方向沿轨迹切线。**

反映速度方向变化的加速度 $\boldsymbol{a}_{\mathrm{n}}$，因为

$$\boldsymbol{a}_{\mathrm{n}}=v\,\frac{\mathrm{d}\boldsymbol{e}_{\mathrm{t}}}{\mathrm{d}t} \tag{5 - 29}$$

为了确定它的大小和方向，先求$\frac{\mathrm{d}\boldsymbol{e}_{\mathrm{t}}}{\mathrm{d}t}$。如图 5 - 13 所示，在 t 和 $t+\Delta t$ 瞬时，设动点分别位于轨迹上的 M 和 M' 点，对应位置的切向单位矢量为 $\boldsymbol{e}_{\mathrm{t}}$ 和 $\boldsymbol{e}'_{\mathrm{t}}$，矢量 $\boldsymbol{e}_{\mathrm{t}}$、$\boldsymbol{e}'_{\mathrm{t}}$的方位角（与水平线夹角）分别为 φ、φ'。$\Delta\boldsymbol{e}_{\mathrm{t}}=\boldsymbol{e}'_{\mathrm{t}}-\boldsymbol{e}_{\mathrm{t}}$ 是切向单位矢量的改变量，$\Delta\varphi=\varphi'-\varphi$ 是方位角的增量。$\boldsymbol{e}_{\mathrm{t}}$ 的方向是随着它的方位角 φ 和动点弧坐标 s 变化而变化的。又

因为，$v=\frac{ds}{dt}$，$\frac{1}{\rho}=\frac{d\varphi}{ds}$，$\rho$ 为曲线在 M 点的曲率半径。所以

$$\frac{d\boldsymbol{e}_t}{dt}=\frac{d\boldsymbol{e}_t}{d\varphi}\frac{d\varphi}{ds}\frac{ds}{dt}=\frac{v}{\rho}\frac{d\boldsymbol{e}_t}{d\varphi}$$

式中$\frac{d\boldsymbol{e}_t}{d\varphi}$的大小为

$$\left|\frac{d\boldsymbol{e}_t}{d\varphi}\right|=\lim_{\Delta\varphi\to 0}\left|\frac{\Delta\boldsymbol{e}_t}{\Delta\varphi}\right|=\lim_{\Delta\varphi\to 0}\frac{2\times 1\times\sin\frac{\Delta\varphi}{2}}{\Delta\varphi}=\lim_{\Delta\varphi\to 0}\frac{\sin\frac{\Delta\varphi}{2}}{\frac{\Delta\varphi}{2}}=1$$

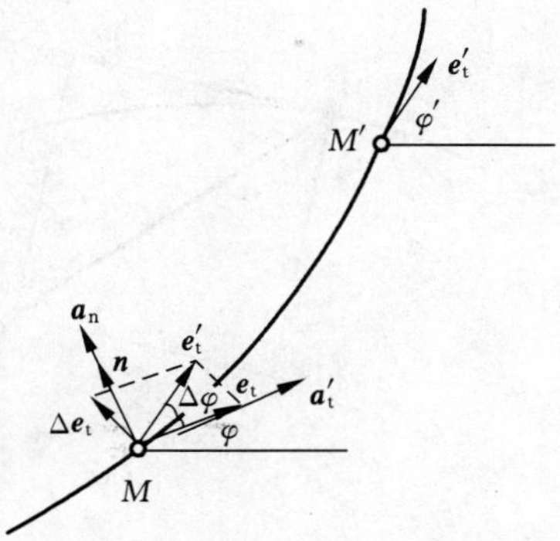

图 5-13

其方向由 $\Delta\boldsymbol{e}_t$ 的极限方向决定，当 $\Delta t\to 0$，$\Delta\boldsymbol{e}_t$ 的方向趋近于轨迹在 M 点的主法线方向。于是

$$\frac{d\boldsymbol{e}_t}{dt}=\frac{v}{\rho}\boldsymbol{n}$$

$$v\frac{d\boldsymbol{e}_t}{dt}=\frac{v^2}{\rho}\boldsymbol{n}$$

这表面，加速度 $\boldsymbol{a}$ 的第二分矢量的大小为$\frac{v^2}{\rho}$，其方向恒沿主法线正向，即指向曲率中心，称为法向加速度。用 $\boldsymbol{a}_n$ 表示，即

$$\boldsymbol{a}_n=\frac{v^2}{\rho}\boldsymbol{n} \tag{5-30}$$

加速度在主法线上的投影等于速度大小的平方除以轨迹曲线在该点的曲率半径，方向指向主法线方向，法向加速度反映点的速度方向的变化率。

将式（5-27）、式（5-30）代入式（5-26），点的加速度在自然坐标轴系的表达式为

$$\boldsymbol{a}=\frac{d\boldsymbol{v}}{dt}=\boldsymbol{a}_t+\boldsymbol{a}_n=\frac{dv}{dt}\boldsymbol{e}_t+\frac{v^2}{\rho}\boldsymbol{e}_n \tag{5-31}$$

因 $\boldsymbol{e}_t$、$\boldsymbol{e}_n$ 在密切面内，所以加速度 $\boldsymbol{a}$ 也处于密切面内。若以 a_t、a_n、a_b 分别表示加速度在自然坐标系的切线、主法线和副法线三轴上的投影，则加速度 $\boldsymbol{a}$ 亦可写为

$$\boldsymbol{a}=a_t\boldsymbol{e}_t+a_n\boldsymbol{e}_n+a_b\boldsymbol{e}_b \tag{5-32}$$

比较式（5-31）与式（5-32），可得点的加速度在自然轴上的投影

$$\left.\begin{aligned}a_t&=\frac{dv}{dt}\\a_n&=\frac{v^2}{\rho}\\a_b&=0\end{aligned}\right\} \tag{5-33}$$

式（5-33）完全确定了加速度 $\boldsymbol{a}$ 的大小和方向。其大小为

$$a=\sqrt{a_t^2+a_n^2}=\sqrt{\left(\frac{dv}{dt}\right)^2+\left(\frac{v^2}{\rho}\right)^2} \tag{5-34}$$

其方向可用 $\boldsymbol{a}$ 与主法线 $\boldsymbol{e}_n$ 所夹的角 α 来确定，如图 5-14 所示。

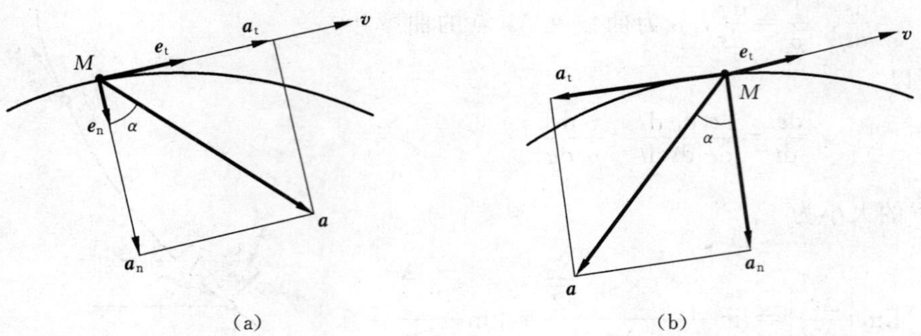

图 5-14

$$\tan\alpha=\frac{|a_t|}{a_n} \tag{5-35}$$

最后讨论几种特殊情况：

(1) 直线运动。因直线轨迹的曲率半径 $\rho=\infty$，由式（5-33）可得

$$a_t=\frac{dv}{dt}, a_n=0$$

即在直线运动中，加速度 $\boldsymbol{a}$ 等于切向加速度 a_t。

(2) 匀速曲线运动。即 $v=$常量。由式（5-33）可得

$$a_t=\frac{dv}{dt}=0, a_n=\frac{v^2}{\rho}$$

即在匀速曲线运动中，加速度大小恒为 v^2/ρ，方向与法向加速度相同。

(3) 匀变速曲线运动。即 $a_t=$常量的曲线运动。由式（5-33）可得

$$a_t=\frac{dv}{dt}=\text{常量}, a_n=\frac{v^2}{\rho}$$

即在匀变速曲线运动中，切向加速度的代数值不随时间而变化。根据运动的初始条件（$t=0$，$v=v_0$，$s=s_0$），将关系式 $a_t=\frac{dv}{dt}$ 逐次积分，可得动点的速度方程和沿已知轨迹的运动方程为

$$v=v_0+a_t t \tag{5-36}$$

$$s=s_0+v_0 t+\frac{1}{2}a_t t^2 \tag{5-37}$$

综上所述，应用弧坐标能够方便地描述点在轨迹上的位置。然而，为了描述点的速度和加速度，弧坐标法就不够用了，需要引入自然轴系。自然轴系是与轨迹的几何特性联系在一起的参考系，这就导致点的速度、加速度在自然轴系中的各个分量有着明显的几何意义。当点的运动轨迹已知时，运用自然轴系来描述点的速度、加速度比较简便；当点的运动轨迹未知时，运用直角坐标来描述则比较方便。

【例 5-4】 列车沿半径为 $R=800$m 的圆弧轨道作匀加速运动。如初速度为零，经过 2min 后，速度达到 54km/h。求列车起点和末点的加速度。

解： 由于列车沿圆弧轨道作匀加速运动，切向加速度 a_t 等于恒量。于是有方程

$$a_t=\frac{dv}{dt}=常量$$

积分一次，得

$$v=a_t t$$

当 $t=2\text{min}=120\text{s}$ 时，$v=54\text{km/h}=15\text{m/s}$，代入上式，求得

$$a_t=\frac{15\text{m/s}}{120\text{s}}=0.125\text{m/s}^2$$

在起点，$v=0$，因此法向加速度等于零，列车只有切向加速度

$$a_t=0.125\text{m/s}^2$$

在末点时速度不等于零，既有切向加速度又有法向加速度，而

$$a_t=0.125\text{m/s}^2,\ a_n=\frac{v^2}{\rho}=\frac{(15\text{m/s})^2}{800\text{m}}=0.281\text{m/s}^2$$

末点的全加速度大小为

$$a=\sqrt{a_t^2+a_n^2}=0.308\text{m/s}^2$$

末点的全加速度与法向的夹角 α 为

$$\tan\alpha=\frac{|a_t|}{a_n}=0.443,\ \theta=23°54'$$

【例 5-5】 半径为 r 的轮子沿直线轨道无滑动地滚动，如图 5-15 所示，已知轮心 C 的速度为 v_C，试求轮缘上点 M 的速度、加速度、沿轨迹曲线的运动方程和轨迹的曲率半径 ρ。

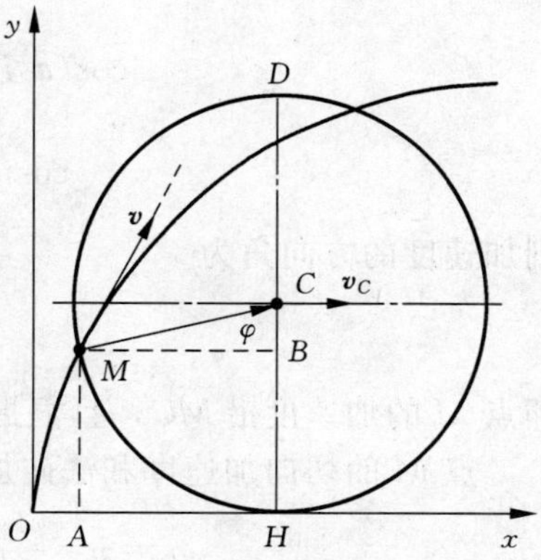

图 5-15

解：沿轮子滚动的方向建立直角坐标系 Oxy，初始时设轮缘上的点 M 位于原点 O 上。在图示瞬时，点 M 和轮心 C 的连线与 CH 所得夹角为

$$\varphi=\frac{MH}{r}=\frac{OH}{r}=\frac{v_C t}{r}$$

点 M 的运动方程为

$$\begin{cases} x=HO-AO=v_C t-r\sin\varphi=v_C t-r\sin\dfrac{v_C t}{r} \\ y=CH-CB=r-r\cos\varphi=r-r\cos\dfrac{v_C t}{r} \end{cases}$$

为求点 M 的速度，将上式对时间求一次导数。得

$$\begin{cases} v_x=\dot{x}=v_C-v_C\cos\dfrac{v_C t}{r}=v_C\left(1-\cos\dfrac{v_C t}{r}\right)=2v_C\sin^2\dfrac{v_C t}{2r} \\ v_y=\dot{y}=v_C\sin\dfrac{v_C t}{r}=2v_C\sin\dfrac{v_C t}{2r}\cos\dfrac{v_C t}{2r} \end{cases}$$

点 M 的速度大小为

$$v=\sqrt{v_x^2+v_y^2}=2v_C\sin\frac{v_C t}{2r}$$

点 M 的速度方向余弦为

$$\cos(\boldsymbol{v},\boldsymbol{i})=\frac{v_x}{v}=\sin\frac{v_C t}{2r}=\cos\left(\frac{\pi}{2}-\frac{\varphi}{2}\right)$$

$$\cos(\boldsymbol{v},\boldsymbol{j})=\frac{v_y}{v}=\cos\frac{v_C t}{2r}=\cos\frac{\varphi}{2}$$

则速度的方向角为

$$\alpha=\frac{\pi}{2}-\frac{\varphi}{2},\beta=\frac{\varphi}{2}$$

即点 M 速度沿$\angle MCH$ 角分线。

轮缘上的点 M 沿轨迹曲线的运动方程，由速度积分得

$$s=\int_0^t v\mathrm{d}t=\int_0^t 2v_C\sin\frac{v_C t}{2r}\mathrm{d}t=4r\left(1-\cos\frac{v_C t}{2r}\right)$$

点 M 的加速度在坐标轴上的投影，由速度投影求导得

$$\begin{cases}a_x=\dot{v}_x=\dfrac{v_C^2}{r}\sin\dfrac{v_C t}{r}\\[2ex] a_y=\dot{v}_y=\dfrac{v_C^2}{r}\cos\dfrac{v_C t}{r}\end{cases}$$

点 M 的加速度大小和方向余弦为

$$a=\sqrt{a_x^2+a_y^2}=\frac{v_C^2}{r}$$

$$\cos(\boldsymbol{a},\boldsymbol{i})=\frac{a_x}{a}=\sin\frac{v_C t}{r}=\cos\left(\frac{\pi}{2}-\varphi\right)$$

$$\cos(\boldsymbol{a},\boldsymbol{j})=\frac{a_y}{a}=\cos\frac{v_C t}{r}=\cos\varphi$$

则加速度的方向角为

$$\alpha=\frac{\pi}{2}-\varphi,\beta=\varphi$$

即点 M 的加速度沿 MC，且恒指向轮心 C 点。

点 M 的切向加速度和法向加速度为

$$a_t=\dot{v}=\frac{v_C^2}{r}\cos\frac{v_C t}{2r},a_n=\sqrt{a^2-a_t^2}=\frac{v_C^2}{r}\sin\frac{v_C t}{2r}$$

轨迹的曲率半径为

$$\rho=\frac{v^2}{a_n}=4r\sin\frac{v_C t}{2r}$$

【例 5-6】 已知动点的运动方程为

$$x=20t,y=5t^2-10$$

式中 x、y 以 m 计，t 以 s 计，试求 $t=0$ 时动点的曲率半径 ρ。

解：动点的速度和加速度在直角坐标 x、y、z 上的投影为

$$v_x=\dot{x}=20\text{m/s}$$
$$v_y=\dot{y}=10t\text{m/s}$$
$$a_x=\dot{v}_x=0$$
$$a_y=\dot{v}_y=10\text{m/s}^2$$

动点的速度和全加速度的大小为

$$v=\sqrt{v_x^2+v_y^2}=\sqrt{400+100t^2}=10\sqrt{4+t^2}$$

$$a=\sqrt{a_x^2+a_y^2}=10\text{m/s}^2$$

在 $t=0$ 时，动点的切向加速度为

$$a_\text{t}=\dot{v}=\frac{10t}{\sqrt{4+t^2}}=0$$

法向加速度为

$$a_\text{n}=\frac{v^2}{\rho}=\frac{400}{\rho}$$

全加速度的大小为

$$a=\sqrt{a_x^2+a_y^2}=\sqrt{a_\text{t}^2+a_\text{n}^2}=a_\text{n}$$

$t=0$ 时动点的曲率半径为

$$\rho=\frac{400}{a}=\frac{400}{10}=40\text{m}$$

【例 5-7】 一动点 M 的矢径 $\boldsymbol{r}_M=2t\boldsymbol{i}+t^3\boldsymbol{j}+3t^2\boldsymbol{k}$，其中长度单位为 m，时间单位为 s。试求 $t=1$s 时，动点 M 的切向加速度和法向加速度及其曲率半径。

解： 将矢径 $\boldsymbol{r}$ 对时间求一阶和二阶导数，得

$$\boldsymbol{v}=\frac{\mathrm{d}\boldsymbol{r}}{\mathrm{d}t}=2\boldsymbol{i}+3t^2\boldsymbol{j}+6t\boldsymbol{k}$$

$$\boldsymbol{a}=6t\boldsymbol{j}+6\boldsymbol{k}$$

由此解得 $t=1$s 时动点 M 的速度大小

$$v=\sqrt{v_x^2+v_y^2+v_z^2}=\sqrt{2^2+(3t^2)^2+(6t)^2}$$

$$=\sqrt{4+9+36}=7\text{m/s}$$

若选取 $t=0$ 瞬时动点的位置为弧坐标 s 的原点，以其运动的方向为弧坐标的正向，则速度 v 可用自然法表示为

$$\boldsymbol{v}=\frac{\mathrm{d}s}{\mathrm{d}t}\boldsymbol{e}_\text{t}=\sqrt{4+9t^4+36t^2}\,\boldsymbol{e}_\text{t}$$

将利用速度 v 的函数式对时间求一阶导数，并代入 $t=1$s，得此瞬时动点 M 切向加速度大小

$$a_\text{t}=\frac{\mathrm{d}v}{\mathrm{d}t}=\frac{\mathrm{d}}{\mathrm{d}t}\sqrt{2^2+(3t^2)^2+(6t)^2}$$

$$=\frac{18(t^3+2t)}{\sqrt{2^2+(3t^2)^2+(6t)^2}}=7.714\text{m/s}^2$$

可见 a_t 与 v 同向，动点 M 沿着轨迹作加速运动。

又因 $t=1$s 时，动点 M 的加速度大小

$$a=\sqrt{a_x^2+a_y^2+a_z^2}=\sqrt{(6t)^2+6^2}$$

$$=6\sqrt{t^2+1}=6\sqrt{2}\text{m/s}^2$$

所以该瞬时动点 M 的法向加速度大小

$$a_n=\sqrt{a^2-a_t^2}=3.535\text{m/s}^2$$

其方向沿着轨迹在 M 处的法向，并指向曲率中心。

根据 $a_n=\frac{v^2}{\rho}$，可得动点 M 在 $t=1$s 时的曲率半径

$$\rho=\frac{v^2}{a_n}=13.86\text{m}$$

通过以上例题的分析，求解点的运动的方法和步骤可大致归纳如下：

(1) 分析动点的运动情况，根据题意适当选择点的运动表示法。如果点的运动轨迹未知，则一般选用直角坐标法；如果点的运动轨迹已知，则选用自然法较为简单。

(2) 如果运动方程未直接给出，则须根据题意来建立。在建立运动方程时，应将动点放在任意瞬时 t 的位置，使它在动点的整个运动过程中都适用。通常，将动点放在参考坐标系的正向分析较方便。

(3) 如果已知直角坐标表示的运动方程，则运用求导的方法求点的速度和加速度在各轴上的投影，由此即可求点的速度和加速度。

如果已知动点沿已知轨迹表示的运动方程，则运用公式

$$v=\frac{\mathrm{d}s}{\mathrm{d}t},a_t=\frac{\mathrm{d}v}{\mathrm{d}t},a_n=\frac{v^2}{\rho}$$

即可求出动点的速度、切向加速度和法向加速度，从而得出全加速度。

当已知动点的加速度，需求点的运动方程时，应先分析动点的起始条件，即 $t=0$ 时，动点的初速度和初位置，然后运用积分法求解。

应当注意，如果问题中给出的不是加速度 a 与时间 t 的函数关系，而是加速度 a 和位置或速度的函数关系，则往往是通过一定的变换才能积分。以动点沿 x 轴作直线运动为例，积分前需作如下变换：

$$\frac{\mathrm{d}^2x}{\mathrm{d}t^2}=\frac{\mathrm{d}v_x}{\mathrm{d}t}=\frac{\mathrm{d}v_x}{\mathrm{d}x}\frac{\mathrm{d}x}{\mathrm{d}t}=v_x\frac{\mathrm{d}v_x}{\mathrm{d}x}$$

(4) 在已知直角坐标表示的运动方程（或轨迹方程）时，若要分析动点的曲率半径或以自然法表示的加速度，则往往需要综合运用动点的 $\boldsymbol{r}$、$\boldsymbol{v}$、a 在各种坐标系的表达式。

5.4 点的运动的极坐标法

当点作平面曲线运动时，对某些问题，例如人造卫星沿轨道的运动，采用极坐标法来分析点的运动规律是比较方便。

设在动点 M 运动的平面中，取定点 O 为极点，自 O 引射线 OA 为极轴，动点 M 在任一瞬时的矢径为 $\boldsymbol{r}$，则矢径的大小 r 和极轴 OA 到矢径 $\boldsymbol{r}$ 量得的旋转角 θ 分别称为动点 M 的极径和极角，并将此两参数 r 和 θ 称为动点 M 的极坐标。如图 5-16 所示，当动点 M 运动时，其极坐标 r 和 θ 是时间 t 的单值连续函数，即

$$\left.\begin{aligned}r&=f_1(t)\\\theta&=f_2(t)\end{aligned}\right\}\tag{5-38}$$

消去 t 就可以得到用极坐标表示的轨迹方程

$$F(r,\theta)=0 \tag{5-39}$$

下面讨论点的速度和加速度的极坐标表示。

沿极径 $\boldsymbol{r}$ 取轴，称为极坐标的径向轴；过极点 O 引半射线 OB 与径向轴垂直，并指向 θ 增加的一方，OB 称为极坐标的横向轴。单位矢量分别表示为 $\boldsymbol{e}_r$、$\boldsymbol{e}_\theta$；方向如图 5-16 所示。当动点 M 运动时，这两个单位矢量的方向都随时间而变化。

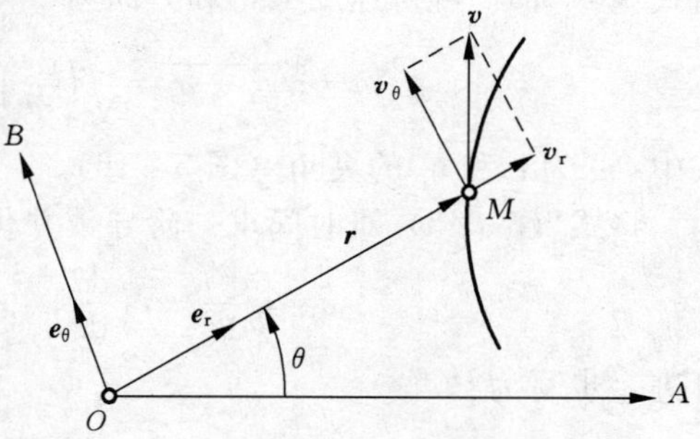

图 5-16

现将动点 M 的矢径表示为

$$\boldsymbol{r}=r\boldsymbol{e}_r$$

上式对时间求一阶导数，得动点 M 的速度为

$$\boldsymbol{v}=\frac{d\boldsymbol{r}}{dt}=\frac{dr}{dt}\boldsymbol{e}_r+r\frac{d\boldsymbol{e}_r}{dt} \tag{5-40}$$

现计算 $\frac{d\boldsymbol{e}_r}{dt}$。设在 Δt 时间内，单位矢量 $\boldsymbol{e}_r$ 转过 $\Delta\theta$，其变化量为 $\Delta\boldsymbol{e}_r$，如图 5-17 所示。

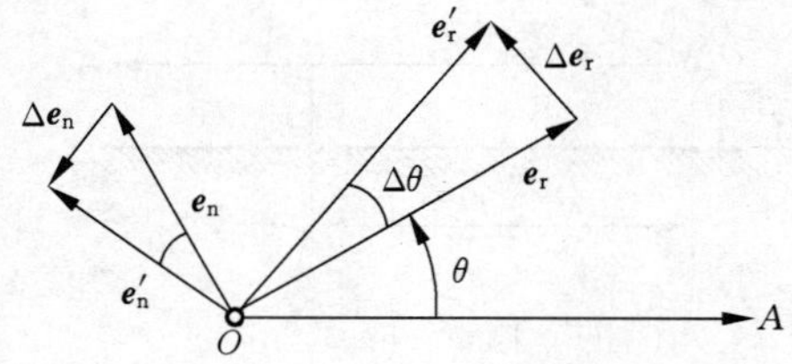

图 5-17

$|\Delta\boldsymbol{e}_r|=2|\boldsymbol{e}_r|\sin\frac{\Delta\theta}{2}\times 2\times 1\times\frac{\Delta\theta}{2}=\Delta\theta$，对此式两边除以 Δt 并取极限得

$$\lim_{\Delta t\to 0}\frac{|\Delta\boldsymbol{e}_r|}{\Delta t}=\lim_{\Delta t\to 0}\frac{\Delta\theta}{\Delta t}$$

即

$$\left|\frac{d\boldsymbol{e}_r}{dt}\right|=\frac{d\theta}{dt}$$

从上式可以看到，径向单位矢量 $\boldsymbol{e}_r$ 对时间的一阶导数的大小，等于极角 θ 对时间的一阶导数。而 $\frac{d\boldsymbol{e}_r}{dt}$ 的方向就是 $\Delta\boldsymbol{e}_r$ 的极限方向，即与 $\boldsymbol{e}_\theta$ 的方向一致。即得

$$\frac{d\boldsymbol{e}_r}{dt}=\frac{d\theta}{dt}\boldsymbol{e}_\theta \tag{5-41}$$

将式（5-41）代入式（5-40）得

$$\boldsymbol{v}=\frac{dr}{dt}\boldsymbol{e}_r+r\frac{d\theta}{dt}\boldsymbol{e}_\theta \tag{5-42}$$

由式（5-42）可知，以极坐标表示点的运动时，点的速度矢量 $\boldsymbol{v}$ 可分解为两个互垂的分量，其中沿径向轴的分量 $\boldsymbol{v}_r=\frac{dr}{dt}\boldsymbol{e}_r$，称为径向速度；沿着横向轴的分量 $\boldsymbol{v}_\theta=r\frac{d\theta}{dt}\boldsymbol{e}_\theta$，称为横向速度。由图 5-16 所示，前者说明动点矢径大小的变化，后者说明其方向的变化。则式（5-42）可表示为

$$\boldsymbol{v}=\boldsymbol{v}_r+\boldsymbol{v}_\theta=\frac{dr}{dt}\boldsymbol{e}_r+r\frac{d\theta}{dt}\boldsymbol{e}_\theta \tag{5-43}$$

由式（5-43）可得速度大小和方向为

$$v=\sqrt{v_{\mathrm{r}}^2+v_\theta^2}=\sqrt{\left(\frac{\mathrm{d}r}{\mathrm{d}t}\right)^2+\left(r\frac{\mathrm{d}\theta}{\mathrm{d}t}\right)^2},\tan\alpha=\left|\frac{v_\theta}{v_{\mathrm{r}}}\right| \tag{5-44}$$

式中：α 为 $\boldsymbol{v}$ 和 $\boldsymbol{v}_{\mathrm{r}}$ 的夹角（图 5-16）。

将式（5-43）对时间求一阶导数并化简即可得动点的加速度为

$$\boldsymbol{a}=\left[\frac{\mathrm{d}^2r}{\mathrm{d}t^2}-r\left(\frac{\mathrm{d}\theta}{\mathrm{d}t}\right)^2\right]\boldsymbol{e}_{\mathrm{r}}+\left[2\frac{\mathrm{d}r}{\mathrm{d}t}\frac{\mathrm{d}\theta}{\mathrm{d}t}+r\frac{\mathrm{d}^2\theta}{\mathrm{d}t^2}\right]\boldsymbol{e}_\theta \tag{5-45}$$

可进一步写为

$$\boldsymbol{a}=a_{\mathrm{r}}\boldsymbol{e}_{\mathrm{r}}+a_\theta\boldsymbol{e}_\theta \tag{5-46}$$

式中：$\boldsymbol{a}_{\mathrm{r}}=a_{\mathrm{r}}\boldsymbol{e}_{\mathrm{r}}$ 为径向加速度；$\boldsymbol{a}_{\mathrm{n}}=a_\theta\boldsymbol{e}_\theta$ 为横向加速度（图 5-18）。

由式（5-46）可得动点的加速度大小和方向为

$$a=\sqrt{a_{\mathrm{r}}^2+a_\theta^2}=\sqrt{\left(\frac{\mathrm{d}^2r}{\mathrm{d}t^2}-r\frac{\mathrm{d}\theta}{\mathrm{d}t}\right)^2+\left(2r\frac{\mathrm{d}r}{\mathrm{d}t}\frac{\mathrm{d}\theta}{\mathrm{d}t}+r\frac{\mathrm{d}^2\theta}{\mathrm{d}t^2}\right)^2},\tan\beta=\left|\frac{a_\theta}{a_{\mathrm{r}}}\right| \tag{5-47}$$

式中：β 为 $\boldsymbol{a}$ 和 $\boldsymbol{a}_{\mathrm{r}}$ 的夹角（图 5-18）。

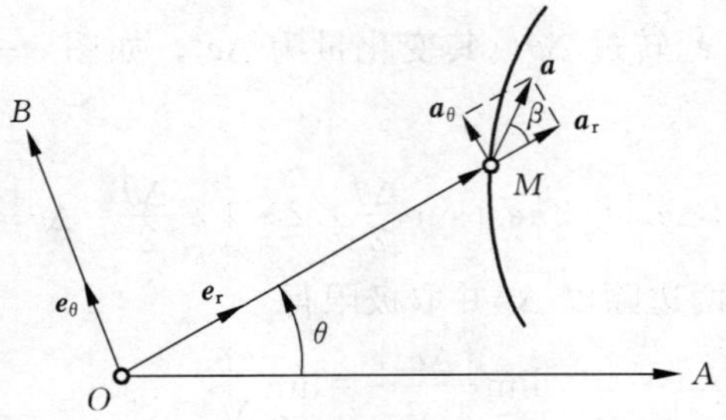

图 5-18

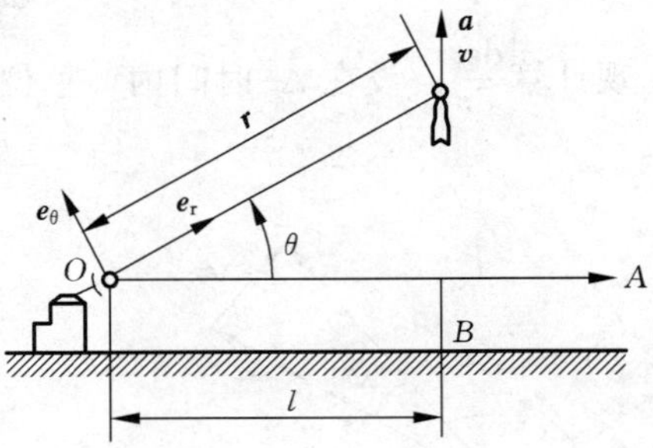

图 5-19

【例 5-8】 从发射场 B 垂直向上发射一火箭。在 A 处用雷达对火箭进行追踪，如图 5-19 所示。试以 l、θ、$\dot{\theta}$、$\ddot{\theta}$ 表示火箭的速度和加速度大小。

解： 当用雷达追踪时，以极坐标（r，θ）来确定火箭位置比较方便。如图 5-18 所示，火箭的运动方程为

$$r=\frac{l}{\cos\theta},\theta=\theta(t)$$

火箭的径向速度及横向速度大小分别为

$$v_{\mathrm{r}}=\frac{\mathrm{d}r}{\mathrm{d}t}=\frac{l\sin\theta}{\cos^2\theta}\dot{\theta},v_\theta=r\frac{\mathrm{d}\theta}{\mathrm{d}t}=\frac{l}{\cos\theta}\dot{\theta}$$

则火箭的速度大小为

$$v=\sqrt{v_{\mathrm{r}}^2+v_\theta^2}=\frac{l}{\cos^2\theta}\dot{\theta}$$

火箭的径向加速度大小为

$$a_{\mathrm{r}}=\frac{\mathrm{d}^2r}{\mathrm{d}t^2}-r\left(\frac{\mathrm{d}\theta}{\mathrm{d}t}\right)^2=\frac{2l\sin^2\theta}{\cos^3\theta}\dot{\theta}^2+\frac{l\sin\theta}{\cos\theta}\ddot{\theta}$$

火箭的横向加速度大小为

$$a_\theta=2\frac{\mathrm{d}r}{\mathrm{d}t}\frac{\mathrm{d}\theta}{\mathrm{d}t}+r\frac{\mathrm{d}^2\theta}{\mathrm{d}t^2}=\frac{l}{\cos\theta}\ddot{\theta}+2\frac{l\sin\theta}{\cos^2\theta}\dot{\theta}^2$$

则火箭的加速度大小为

$$a=\sqrt{a_\mathrm{r}^2+a_\theta^2}=\frac{l}{\cos^2\theta}(\ddot{\theta}+2\dot{\theta}^2\tan\theta)$$

建议读者用直角坐标法校核以上所得的结果。

思 考 题

5-1 指出下述各量分别代表什么物理意义：

（1）$\frac{\mathrm{d}\boldsymbol{r}}{\mathrm{d}t}$，$\frac{\mathrm{d}s}{\mathrm{d}t}$，$\frac{\mathrm{d}x}{\mathrm{d}t}$ （2）$\frac{\mathrm{d}\boldsymbol{v}}{\mathrm{d}t}$，$\frac{\mathrm{d}v}{\mathrm{d}t}$，$\frac{\mathrm{d}v_x}{\mathrm{d}t}$

5-2 点作直线运动时，若其瞬时速度为零，其加速度是否也一定为零？点作曲线运动时，若其速度大小不变，加速度是否为零？若点沿曲线作匀变速运动，其加速度是否一定为常量。

5-3 根据点的加速度 $\boldsymbol{a}=\boldsymbol{a}(t)$ 能否求出点的速度 $\boldsymbol{v}=\boldsymbol{v}(t)$ 及运动方程 $\boldsymbol{r}=\boldsymbol{r}(t)$？还需什么条件？

5-4 动点在平面内运动，已知其运动轨迹 $y=f(x)$ 及其速度在 x 轴上的分量 v_x，判断下列说法是否正确：①动点的速度 $\boldsymbol{v}$ 可完全确定；②动点的加速度在 x 轴分量 a_x 可完全确定；③当 $v_x\neq0$ 时，一定能确定动点的速度 $\boldsymbol{v}$、切向加速度 a_t 和法向加速度 a_n 及全加速度 a。

5-5 在点的曲线运动中 a_t、v、s 三者之间的关系与点的直线运动中 a、v、s 三者之间的关系是否完全相同？

5-6 点的下述运动是否可能？

（1）加速度越来越大，而速度大小不变。

（2）加速度越来越小，而速度越来越大。

（3）加速度越来越大，而速度越来越小。

（4）加速度大小不变且不为零，速度大小也不变。

（5）速度大小不变，而加速度越来越小。

（6）速度越来越大，而全速度大小为零。

（7）切向加速度越来越大，而全加速度大小不变。

（8）切向加速度越来越小，而法向加速度越来越大。

5-7 点沿如思 5-7 图所示的曲线运动，所设的速度 $\boldsymbol{v}$ 和加速度 $\boldsymbol{a}$ 的情况哪些是正确的，哪些是不正确的？并说明理由。

5-8 点 M 沿螺线自外向内运动，如思 5-8 图所示，它走过的弧长与时间成正比，问点的加速度是越来越大，还是越来越小？这点越跑越快，还是越跑越慢（是否重复?），还是快慢不变？

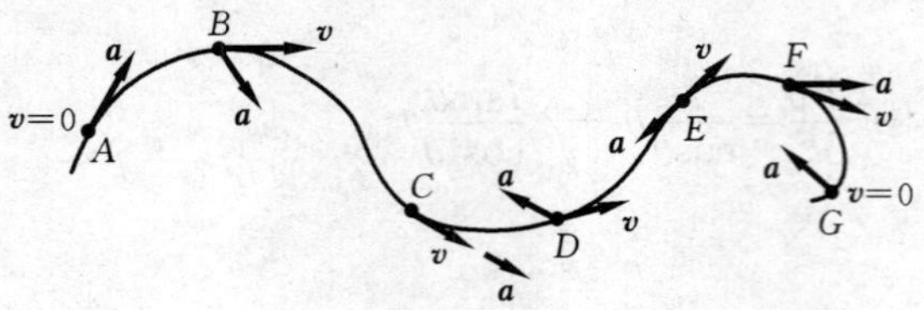

思 5-7 图

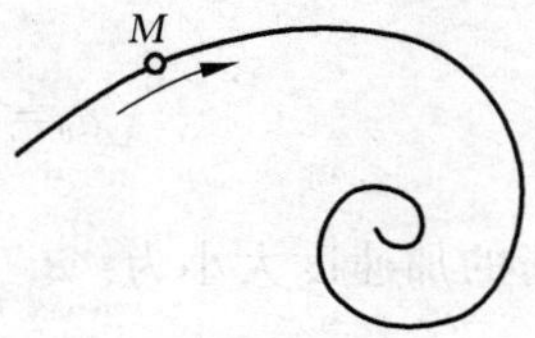

思 5-8 图

习 题

5-1 题5-1图所示曲线规尺的各杆，长为 $OA=AB=200\text{mm}$，$CD=DE=AC=AE=50\text{mm}$。如杆 OA 以等角速度 $\omega=\frac{\pi}{5}\text{rad/s}$ 绕 O 轴转动，并且当运动开始时，杆 OA 水平向右，求尺上点 D 的运动方程和轨迹。

5-2 如题5-2图所示，半圆形凸轮以等速 $v_0=0.01\text{m/s}$ 沿水平方向向左运动，而使活塞杆 AB 沿铅直方向运动。当运动开始时，活塞杆 A 端在凸轮的最高点上。如凸轮的半径 $R=80\text{mm}$，求活塞上 A 端相对于地面和相对于凸轮的运动方程和速度。

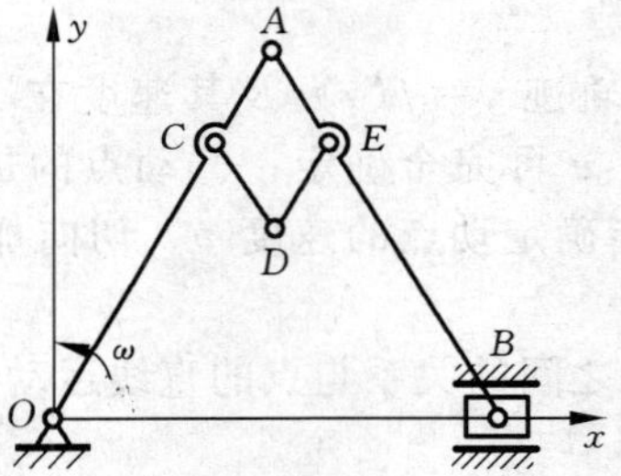

题 5-1 图

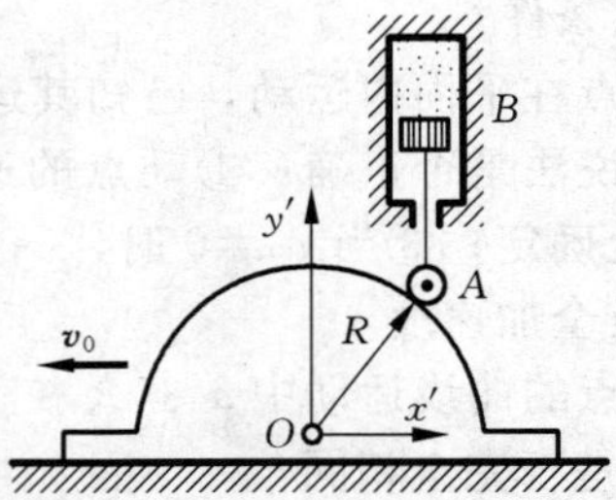

题 5-2 图

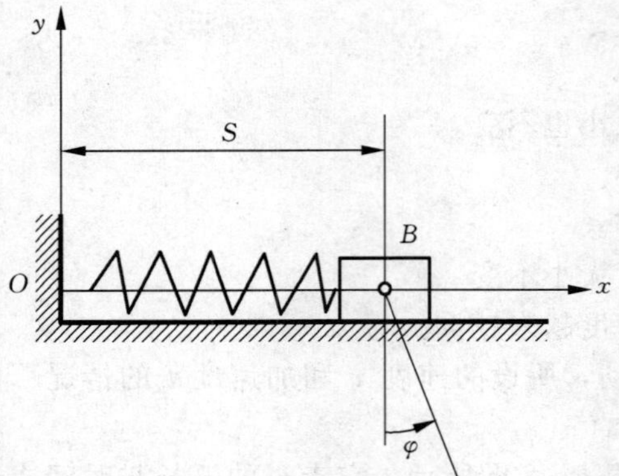

题 5-3 图

5-3 题5-3图所示 AB 杆长 l，以 $\varphi=\omega t$ 的规律绕 B 点转动，ω 为常量。而与杆连接的滑块 B 以 $s=a+b\sin\omega t$ 的规律沿水平线作谐振动，a、b 为常量。求 A 点的轨迹。

5-4 题5-4图所示雷达在距离火箭发射台为 l 的 O 处观察铅直上升的火箭发射，测得角 θ 的规律为 $\theta=kt$（k 为常数）。写出火箭的运动方程并计算当 $\theta=30°$、$\theta=60°$ 时，火箭的速度和加速度。

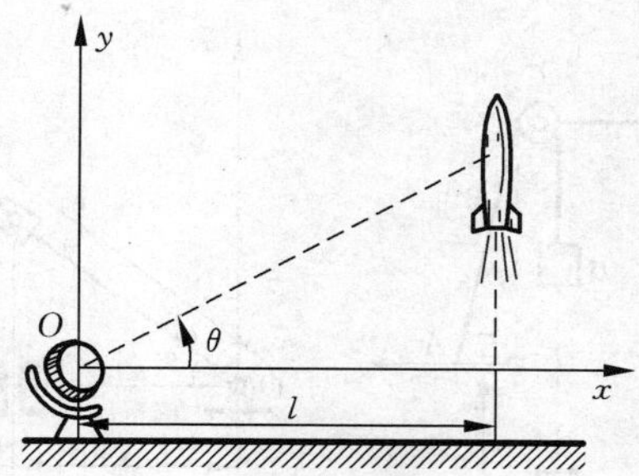

题 5-4 图

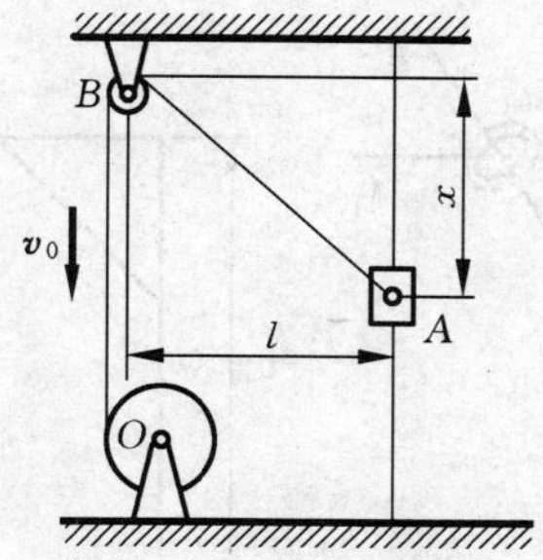

题 5-5 图

5-5 套管 A 由绕过定滑轮 B 的绳索牵引而沿导轨上升，滑轮中心到导轨的距离为 l，如题 5-5 图所示。设绳索以等速 $\boldsymbol{v}_0$ 拉下，忽略滑轮尺寸，求套管 A 的速度和加速度与距离 x 的关系式。

5-6 题 5-6 图所示摇杆滑道机构中的滑块 M 同时在固定的圆弧槽 BC 和摇杆 OA 的滑道中滑动。如弧 BC 的半径为 R，摇杆 OA 的轴 O 在弧 BC 的圆周上。摇杆绕 O 轴以等角速度 ω 转动，当运动开始时，摇杆在水平位置。试分别用直角坐标法和自然法给出点 M 的运动方程，并求其速度和加速度。

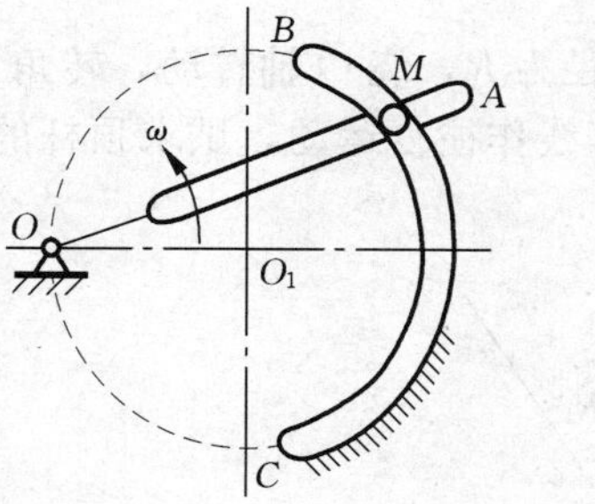

题 5-6 图

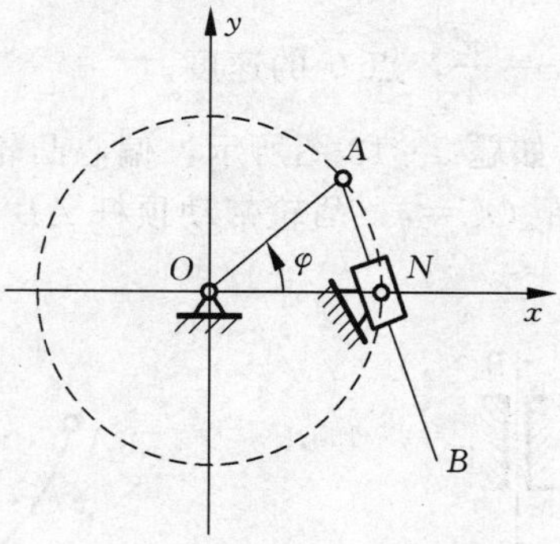

题 5-7 图

5-7 曲柄 OA 长 r，在平面内绕 O 轴转动，如题 5-7 图所示。杆 AB 通过固定于点 N 的套筒与曲柄 OA 铰接于点 A。设 $\varphi=\omega t$，杆 AB 长 $l=2r$，求点 B 的运动方程、速度和加速度。

5-8 点沿平面曲线轨迹 $y=e^x$ 向 x、y 增大的方向运动，其中 x、y 的单位皆为 m，速度大小为常量 $v=12\text{m/s}$。求动点经过 $y=1\text{m}$ 处时，其速度和加速度在坐标轴上的投影。

5-9 已知动点的运动方程为 $x=50t$，$y=500-5t^2$，其中 x、y 以 m 计、t 以 s 计，试求动点在 $t=0$ 时的曲率半径。

5-10 题 5-10 图所示杆 AB 以等角速度 ω 绕点 A 转动，并带动套在水平杆 OC 上的小环 M 运动，当运动开始时，杆 AB 在铅直位置，设 $OA=h$，试求：①小环 M 沿杆 OC 滑动的速度；②小环 M 相对于杆 AB 运动的速度。

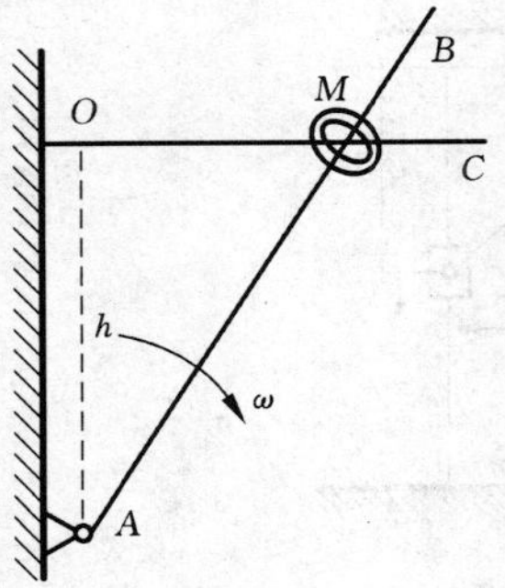

题 5-10 图

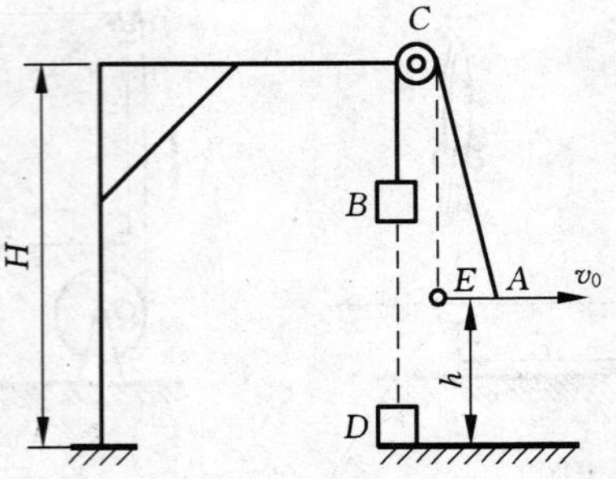

题 5-11 图

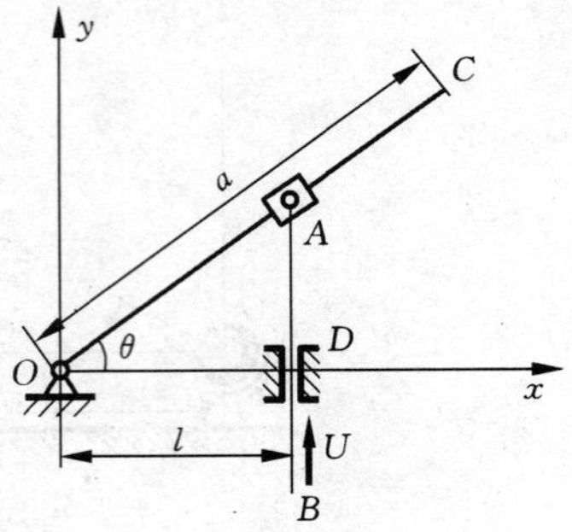

题 5-12 图

5-11 题 5-11 图所示跨过滑轮 C 的绳子一端挂有重物 B，另一端 A 被人拉着沿水平方向运动，其速度 $v_0=1\text{m/s}$，而点 A 到地面的距离保持常量 $h=1\text{m}$。如滑轮离地面的高度 $H=9\text{m}$，滑轮的半径忽略不计，当运动开始时，重物在地面上的 D 处，绳子 AC 段在铅直位置 EC 处，试求重物 B 上升的运动方程和速度，以及重物 B 到达滑轮处所需的时间。

5-12 如题 5-12 图所示，摇杆机构的滑杆 AB 以等速度 u 向上运动，摇杆 OC 的长为 a，$OD=l$ 初始时，摇杆 OC 位于水平位置，试建立摇杆 OC 上点 C 的运动方程，并求当 $\varphi=\dfrac{\pi}{4}$，点 C 的速度。

5-13 如题 5-13 图所示，偏心凸轮半径为 R，绕 O 轴转动，转角 $\varphi=\omega t$，ω 为常量，偏心距 $OC=e$，凸轮带动顶杆 AB 沿直线作往复运动，试求顶杆的运动方程和速度。

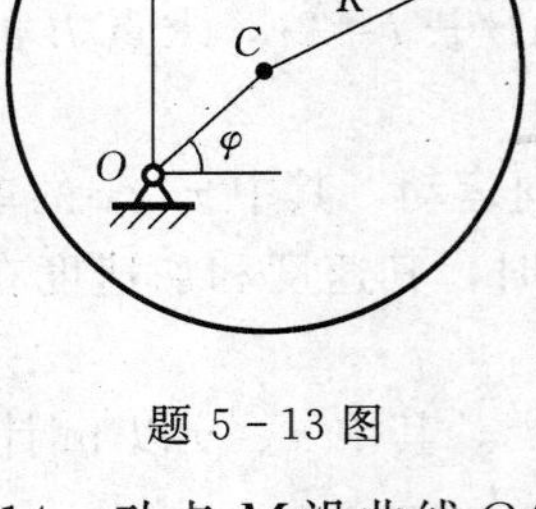

题 5-13 图

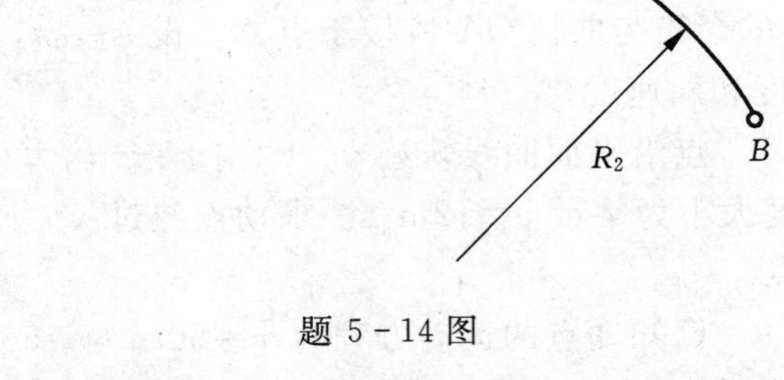

题 5-14 图

5-14 动点 M 沿曲线 OA 和 OB 两段圆弧运动，其圆弧的半径分别为 $R_1=18\text{m}$ 和 $R_2=24\text{m}$，以两段圆弧的连接点为弧坐标的坐标原点 O，如题 5-14 图所示。已知动点的运动方程为 $s=3+4t-t^2$，s 以 m 计、t 以 s 计，试求：①动点 M 由 $t=0$ 运动到 $t=5\text{s}$ 所经走的路程；②$t=5\text{s}$ 时的加速度。

第 6 章

刚体的基本运动

本章将研究刚体的两种最简单、最基本的运动，即刚体的平行移动和定轴转动。由于这两种运动是研究复杂刚体运动的基础，所以将这两种运动统称为刚体的基本运动。

一般来说，刚体运动时，体内各点的运动轨迹、速度和加速度未必相同。但是，它们都是刚体内的点，各点间距离保持不变，因而，各点的运动、点与刚体整体运动存在一定的联系。这就表明，在研究刚体的运动时，一方面要研究其整体的运动特征和运动规律；另一方面还要研究组成刚体的各点的运动特征和运动规律，揭示刚体内各点的运动与整体运动的联系。

6.1 刚体的平行移动

在工程实际中，我们经常可以看到这样的一些刚体运动：火车车厢沿直线轨道的运动，如图 6-1 所示；摆式筛砂机筛子的运动，如图 6-2 所示；以及龙门刨床工作台的运动等。这些运动都具有一个共同的特点，即刚体的运动过程中，其上任意一条直线始终平行于它的初始位置，这种运动称为刚体的**平行移动**，简称**平移**（translation）。

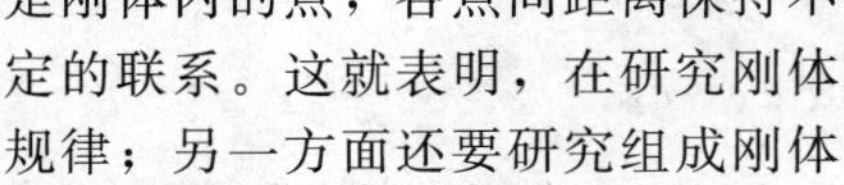

图 6-1

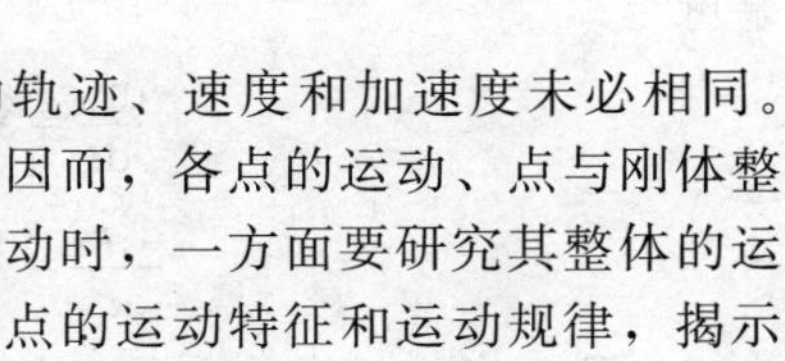

图 6-2

刚体作平移时，如果体内各点的轨迹是直线，则称为**直线平移**；如果体内各点的轨迹是曲线，则称为**曲线平移**。上述车厢就作直线平移，筛子各点作圆弧运动，但筛子本身作曲线平移。

现在根据刚体平移的特征，来研究刚体内各点的运动轨迹、速度和加速度之间的关系。

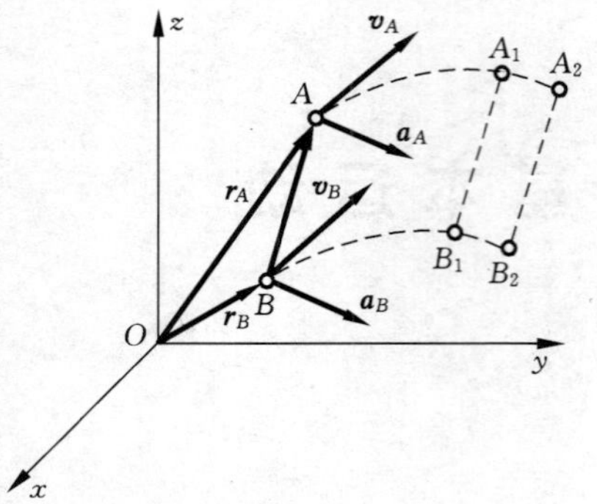

图 6-3

如图 6-3 所示，对刚体上的任意两点 A、B，若 $\boldsymbol{r}_A$ 和 $\boldsymbol{r}_B$ 分别表示 A、B 两点的位置矢量。由该图可见，矢径 $\boldsymbol{r}_A$ 和 $\boldsymbol{r}_B$ 在任一瞬时均有如下的关系。

$$\boldsymbol{r}_A=\boldsymbol{r}_B+\boldsymbol{BA} \tag{6-1}$$

根据刚体不变形的性质和平移刚体的运动特征，可知矢量 BA 是一个大小和方向都不改变的常矢量。

因此，如将 B 点的轨迹沿矢量 $\boldsymbol{BA}$ 方向平行移动一段距离 BA，就能与 A 点的轨迹完全重合。这说明平移刚体上各点的轨迹形状相同且相互平行。必须注意，刚体平移时，其上各点的轨迹可能是直线，也可能是曲线。

由式（6-1）对时间分别求一阶导数和二阶导数，注意 $\boldsymbol{BA}$ 是常矢量其导数等于零，于是可得

$$\frac{\mathrm{d}\boldsymbol{r}_A}{\mathrm{d}t}=\frac{\mathrm{d}\boldsymbol{r}_B}{\mathrm{d}t}\text{或}\ \boldsymbol{v}_A=\boldsymbol{v}_B \tag{6-2}$$

$$\frac{\mathrm{d}^2\boldsymbol{r}_A}{\mathrm{d}t^2}=\frac{\mathrm{d}^2\boldsymbol{r}_B}{\mathrm{d}t^2}\text{或}\ \boldsymbol{a}_A=\boldsymbol{a}_B \tag{6-3}$$

因为 A、B 两点是任意选取的，故由式（6-1）、式（6-2）和式（6-3）可得如下结论：

当刚体平移时，其上各点的轨迹形状相同，在同一瞬时，各点的速度和加速度也相同。由此可见，刚体平移时，整个刚体的运动，完全可由刚体内任一点的运动来确定，而且已知刚体上一点的运动情况，则其他各点的运动情况也随之确定。故刚体的平移问题可以归结为点的运动问题。这样，描述点的运动的各种方法完全可适用于刚体的平移。

【例 6-1】 杆 AB 用两条长为 l（单位为 m）的钢索平行吊起，如图 6-4 所示。浪木摆动时，钢索的摆动规律为 $\varphi=\varphi_0\sin\frac{\pi}{4}t$，其中 t 为时间，单位为 s，φ_0 的单位为 rad。试求当 $t=0$ 和 $t=2$s 时，浪木中点 M 的速度和加速度。

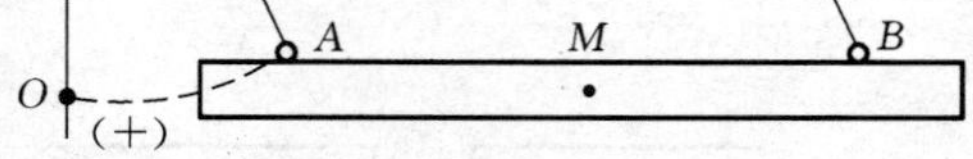

图 6-4

解：由于两条钢索 O_1A 和 O_2B 等长且互相平行，故浪木 AB 在运动过程中始终平行于直线 O_1O_2，浪木作平移。浪木中点 M 的速度和加速度与 A 点的速度和加速度相同，A 点的运动轨迹为圆弧曲线，半径为 l。以最低点 O 为起点，规定弧坐标 s 向右为正，则 A 点的运动方程为

$$s=l\varphi=\varphi_0 l\sin\frac{\pi}{4}t$$

将上式对时间求一阶导数，得 A 点速度

$$\boldsymbol{v}_A=\frac{\mathrm{d}s}{\mathrm{d}t}=\frac{\pi}{4}\varphi_0 l\cos\frac{\pi}{4}t$$

再求一阶导数，得 A 点切向和法向加速度

$$a_{At}=\frac{\mathrm{d}v_A}{\mathrm{d}t}=-\frac{\pi^2}{16}\varphi_0 l\sin\frac{\pi}{4}t, a_{An}=\frac{v_A^2}{l}=\frac{\pi^2}{16}\varphi_0^2 l\cos^2\frac{\pi}{4}t$$

代入 $t=0$ 和 $t=2\mathrm{s}$，即可求得这两个瞬时 A 点的速度和加速度，亦即 M 点的速度和加速度。

当 $t=0$ 时

$$v_M=v_A=\frac{\pi}{4}\varphi_0 l; a_{Mt}=a_{At}=0, a_{Mn}=a_{An}=\frac{\pi^2}{16}\varphi_0^2 l$$

当 $t=2\mathrm{s}$ 时

$$v_M=v_A=0; a_{Mt}=a_{At}=-\frac{\pi^2}{16}\varphi_0 l, a_{Mn}=a_{An}=0$$

6.2　刚体的定轴转动

在工程实际中，带轮、齿轮和电动机转子等的运动都具有一个共同的特点，即刚体运动时，刚体内（或其延展部分）有一条直线始终固定不动，这种运动称为**刚体绕固定轴的转动**，简称刚体的定轴转动（rotation about a fixed axis）。固定不动的直线称为**轴线**或**转轴**（axis of rotation）。显然，刚体转动时，轴线上各点的速度恒为零，其他各点都在垂直于转轴的平面内绕轴作圆周运动，圆心在转轴上，半径分别为各点到转轴的垂直距离。

6.2.1　转动方程

在研究刚体的定轴转动时，首先要确定刚体的位置随时间变化的规律。

设有一绕定轴转动的刚体，如图 6－5 所示。z 轴为其转轴。通过 z 轴选一固定平面 L_0，再选一与刚体固连的平面 L。在刚体转动过程中，如果平面 L 的位置确定了，此刚体的位置也就确定了。从图 6－5 看出，平面 L 的位置可由它和平面 L_0 之间的夹角 φ 来确定。考虑到平面 L 有两种转向，φ 角应看成代数量，称为刚体的转角，以弧度（rad）计。

同时规定：由 z 轴的正向往下看，从定平面 L_0 按逆时针方向计量的转角 φ 取正值；反之取负值。这样，刚体在空间的位置就可以用转角 φ 来确定。

刚体定轴转动时，它的位置随时间而变化，即转角 φ 随时间而变化，转角 φ 是时间 t 的单值连续函数，即

$$\varphi=\varphi(t) \tag{6-4}$$

式（6－4）称为**刚体定轴转动的运动方程。**

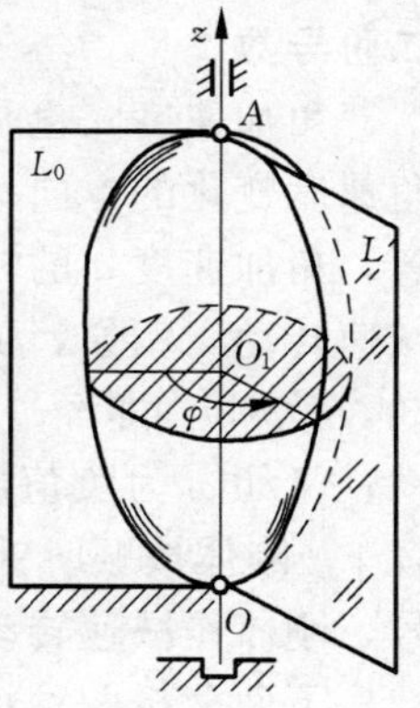

图 6－5

转角 φ 实际上是确定转动刚体位置的“角坐标”。

6.2.2 角速度

为了描述刚体定轴转动的快慢程度，需要建立角速度的概念。

设刚体按规律 $\varphi=\varphi(t)$ 绕 z 轴转动。在瞬时 t，刚体的转角为 φ，经过时间间隔 Δt 后，刚体的转角为 φ'，则在时间间隔 Δt 内，刚体转过的角度 $\Delta\varphi=\varphi'-\varphi$。$\Delta\varphi$ 称为刚体在 Δt 时间内的**角位移**。$\omega^*=\dfrac{\Delta\varphi}{\Delta t}$称为时间间隔 Δt 内的平均角速度。当 $\Delta t\to 0$ 时，则刚体的**瞬时角速度**（angular velocity）定义为

$$\omega=\lim_{\Delta t\to 0}\frac{\Delta\varphi}{\Delta t}=\frac{\mathrm{d}\varphi}{\mathrm{d}t} \tag{6-5}$$

即定轴转动刚体的角速度等于转角 φ 对时间的一阶导数。

角速度 ω 是代数量，它的大小表示刚体在瞬时 t 转动的快慢程度；它的正负号表示该瞬时的转动方向，从转轴 z 正向往下看，正号表示刚体是逆时针转动，负号表示刚体是顺时针转动。在国际单位制中，角速度的单位是 rad/s。工程上还常用转速 n（r/min）来表示转动的快慢。n 与 ω 的关系，可由下式给出换算

$$\omega=\frac{2\pi n}{60}=\frac{\pi n}{30} \tag{6-6}$$

6.2.3 角加速度

电机启动时，转子从静止开始越转越快；在制动或停止时，转子越转越慢。这说明转子转动的角速度是随时间而变化的。为了描述角速度变化的快慢程度，需要建立角加速度的概念。

设刚体在瞬时 t 的角速度为 ω，经过时间间隔 Δt 后，其角速度为 ω'。则在时间间隔 Δt 内，刚体角速度的变化量 $\Delta\omega=\omega'-\omega$。$a^*=\dfrac{\Delta\omega}{\Delta t}$称为时间间隔 Δt 内的平均角加速度。当 $\Delta t\to 0$ 时，则刚体的**瞬时角加速度**（angular acceleration）定义为

$$a=\lim_{\Delta t\to 0}\frac{\Delta\omega}{\Delta t}=\frac{\mathrm{d}\omega}{\mathrm{d}t}=\frac{\mathrm{d}^2\varphi}{\mathrm{d}t^2} \tag{6-7}$$

即定轴转动刚体的角加速度等于角速度 ω 对时间的一阶导数，亦等于转角对时间的二阶导数。

角加速度 a 也是代数量，它的大小代表角速度瞬时变化的大小；它的正负号表示角速度变化的方向。从转轴 z 正向往下看，a 为逆时针转向为正，反之为负。应该注意，角加速度 a 的转向并不能表示刚体转动的方向，也不能确定刚体是加速转动还是减速转动。例如，ω 为正值时（表示刚体逆时针转动），如果 a 为正值，由式（6-7）知，$\omega'>\omega$，即经过时间间隔 Δt 后，刚体的角速度增大，刚体按逆时针方向加速运动；又如 ω 为负值时（表示刚体顺时针转动），如果 a 为负值，则 $\omega'<\omega$，$|\omega'|>|\omega|$，刚体按顺时针方向加速转动。因此，ω 与 a 同号，刚体作加速转动；ω 与 a 异号，刚体作减速转动。在国际单位制中，角加速度的单位是 $\mathrm{rad/s^2}$。

下面分析两种特殊情形。

（1）**匀速转动**。刚体的角速度不变，即 ω 为常量，这种转动称为匀速转动。可

以导出

$$\varphi=\varphi_0+\omega t \tag{6-8}$$

式中：φ_0 为 $t=0$ 的初始转角。

（2）**匀变速转动。**刚体的角加速度不变，即 a 为常量，这种转动称为匀变速转动。可以导出

$$\omega=\omega_0+at \tag{6-9}$$

$$\varphi=\varphi_0+\omega_0 t+\frac{1}{2}at^2 \tag{6-10}$$

由上面一些公式可知：匀变速转动时，刚体的角速度、转角和时间之间的关系与点在匀变速运动中的速度、坐标和时间之间的关系相似。

6.3　转动刚体内各点的速度和加速度

6.3.1　转动刚体上各点的速度

当刚体作定轴转动时，除了转轴上的点以外，刚体上各点都在垂直于转轴的平面上作圆周运动，圆心都在转轴上，半径等于点到转轴的垂直距离。这时，可用弧坐标法确定刚体上各点的运动。

如图 6-6（a）所示，M 点为刚体上任意一点，O 为转轴与圆周所在平面的交点，M 点到转轴的距离为 R，称为转动半径。为确定 M 点的运动，可选当刚体转角 φ 为零时，M 点所在的位置 O_1 为弧坐标原点，以转角 φ 的正向为弧坐标 s 的正向，则 M 点的运动方程为

$$s=R\varphi \tag{6-11}$$

将式（6-11）对时间 t 求一阶导数，得 M 点速度为

$$v=\frac{\mathrm{d}s}{\mathrm{d}t}=R\,\frac{\mathrm{d}\varphi}{\mathrm{d}t}=R\omega \tag{6-12}$$

即转动刚体内一点速度的大小，等于该点的转动半径与刚体角速度的乘积，方向垂直

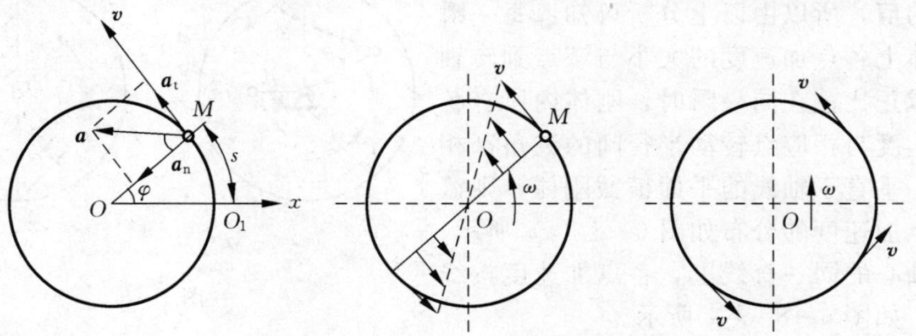

(a)　(b)　(c)

图 6-6

于转动半径并指向转动的一方。

用一垂直于轴线的平面横截刚体，则在该截面任一条通过轴心的直线上，各点速度的分布如图 6-6（b）所示。该截面不在同一直线的各点速度分布如图 6-6（c）所示。

6.3.2 转动刚体上各点的加速度

因为点作圆周运动，需求切向加速度和法向加速度。由点的运动规律可知，切向加速度

$$a_t=\frac{dv}{dt}=r\frac{d\omega}{dt}=r\alpha \tag{6-13}$$

即转动刚体内一点的切向加速度的大小，等于该点的转动半径与刚体角加速度的乘积，方向垂直于转动半径并与角加速度转向一致。如果 ω 与 α 同号，角速度的绝对值增加，刚体作加速度转动，点的切向加速度 $\boldsymbol{a}_t$ 与速度 $\boldsymbol{v}$ 同指向；如果 ω 与 α 异号，刚体作减速转动，$\boldsymbol{a}_t$ 与 $\boldsymbol{v}$ 指向相反。这两种情况如图 6-7 所示。

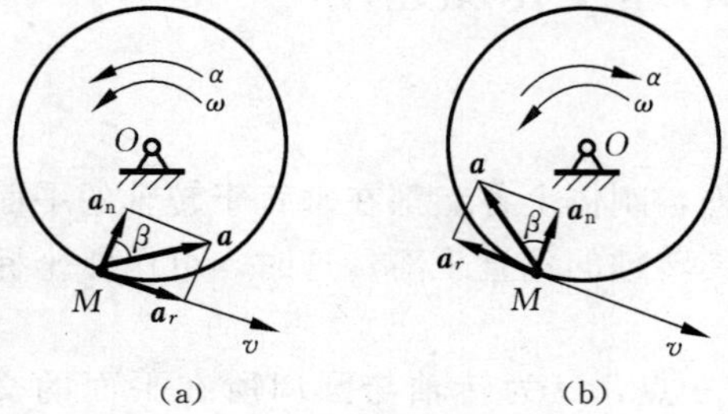

图 6-7

法向加速度

$$a_n=\frac{v^2}{r}=r\omega^2 \tag{6-14}$$

即转动刚体上任一点的法向加速度的大小，等于该点的转动半径与刚体角速度平方的乘积，方向始终指向轴线。

M 点全加速度 $\boldsymbol{a}$ 的大小可由式（6-15）求得，即

$$a=\sqrt{a_t^2+a_n^2}=\sqrt{R^2\alpha^2+R^2\omega^4}=R\sqrt{\alpha^2+\omega^4} \tag{6-15}$$

要确定加速度 $\boldsymbol{a}$ 的方向，只需求出 $\boldsymbol{a}$ 与转动半径 R 的夹角即可。从图 6-7 所示三角关系得

$$\tan\beta=\frac{|a_t|}{a_n}=\frac{|R\alpha|}{R\omega^2}=\frac{|\alpha|}{\omega^2} \tag{6-16}$$

由于在每一瞬时，刚体的 ω 与 α 只有一个确定的值，所以由以上分析可知：每一瞬时，刚体上各点加速度的大小与该点到转轴的距离成正比；在同一瞬时，刚体内所有各点的加速度与相应点转动半径间的夹角都相同。用一垂直于轴线的平面横截刚体，则截面上各点加速度的分布如图 6-8（a）所示。在通过轴心的同一直线上，各点加速度按线性分布，如图 6-8（b）所示。

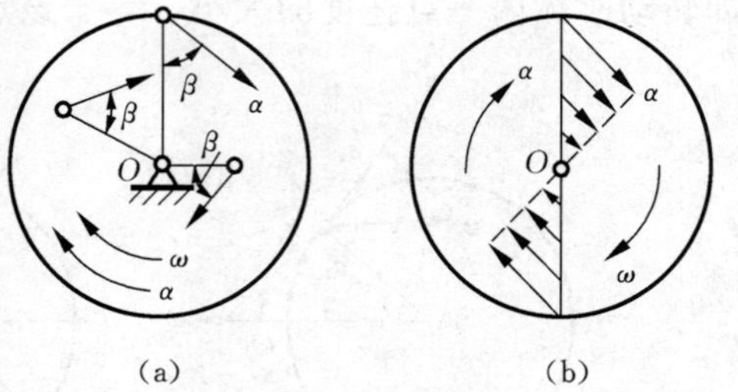

图 6-8

【例 6-2】 如图 6-9 所示，升降机由半径为 $R=50$cm 的鼓轮带动，被升降物体的运动方程为 $x=5t^2$（t 以 s 计，x 以 m 计）。求鼓轮的角速度和角加速度，并求在任一瞬时，鼓轮轮缘上一点全加速度的大小。

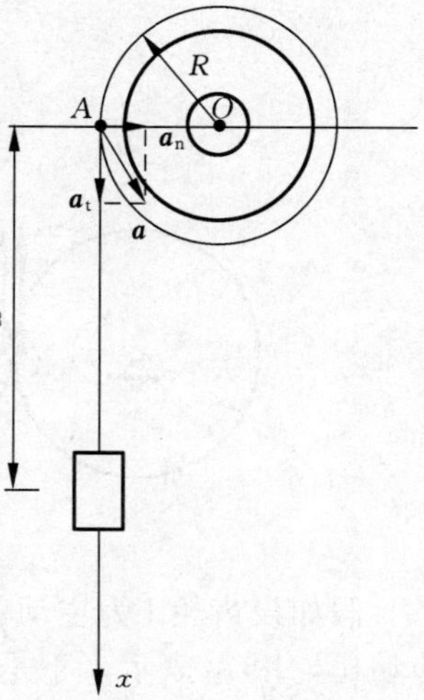

图 6-9

解：在系统运动过程中，鼓轮作定轴转动，被升降物体作直线平移。在任一瞬时，轮缘上一点速度的大小和切向加速度的大小，都与物体运动速度的大小和加速度的大小相同。由物体运动方程 $x=5t^2$，可计算出物体的速度和加速度

$$v_1=\frac{dx}{dt}=10t\text{m/s}, a_1=10\text{m/s}^2$$

即轮缘上一点的速度、切向加速度为

$$v=10t\text{m/s}, a_t=10\text{m/s}^2$$

又由于 $v=R\omega$，$a_t=R\alpha$，可得角速度和角加速度

$$\omega=\frac{v}{R}=20t\text{rad/s}, \alpha=\frac{a_t}{R}=20\text{rad/s}$$

轮缘上一点的法向加速度

$$a_n=\frac{v^2}{R}=200t^2\text{m/s}$$

于是可得在任意瞬时，轮缘上一点全加速度的大小为

$$a=\sqrt{a_t^2+a_n^2}=10\sqrt{1+400t^4}\text{m/s}^2$$

6.4　定轴轮系的传动比

工程中，常利用轮系传动提高或降低机械的转速，最常见的有齿轮系和带轮系。

6.4.1　齿轮传动

机械中常用齿轮作为传动部件，可用来升降转速、改变转动方向。

现以一对啮合的圆柱齿轮为例。圆柱齿轮传动分为外啮合和内啮合两种，如图 6-10 所示。两齿轮外啮合时，它们的转向相反，内啮合时转向则相同。设两齿轮各绕固定轴 O_1 和 O_2 转动。已知其啮合圆半径各为 R_1 和 R_2；齿数各为 z_1 和 z_2；角速度各为 ω_1 和 ω_2。令 A 和 B 分别是两个齿轮啮合圆的接触点，因两圆之间没有相对滑动，故

$$v_B=v_A$$

并且速度方向也相同。但 $v_B=R_2\omega_2$，$v_A=R_1\omega_1$，因此

$$R_2\omega_2=R_1\omega_1$$

或

$$\frac{\omega_1}{\omega_2}=\frac{R_2}{R_1}$$

由于齿轮在啮合圆上的齿距相等，它们的齿数与半径成正比，故

$$\frac{\omega_1}{\omega_2}=\frac{R_2}{R_1}=\frac{z_2}{z_1} \tag{6-17}$$

由此可知：**处于啮合中的两个定轴齿轮的角速度与两齿轮的齿数成反比**（或与两齿轮的啮合圆半径成反比）。

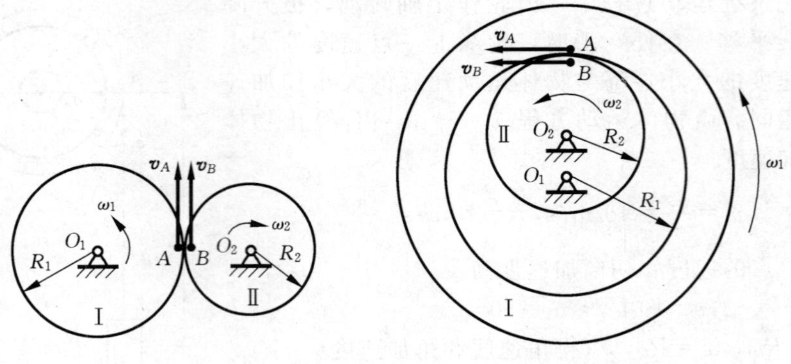

图 6-10

假如设齿轮Ⅰ为主动轮，齿轮Ⅱ为从动轮。主动轮与从动轮的角速度之比，称为传动比，用 i_{12} 表示，于是

$$i_{12}=\pm\frac{\omega_1}{\omega_2} \tag{6-18}$$

式中："+"号表示角速度的转向相同，为内啮合情形；"−"表示转向相反，为外啮合情形。

将式（6-17）代入式（6-18），即可以得传动比的基本公式

$$i_{12}=\pm\frac{\omega_1}{\omega_2}=\pm\frac{R_2}{R_1}=\pm\frac{z_2}{z_1} \tag{6-19}$$

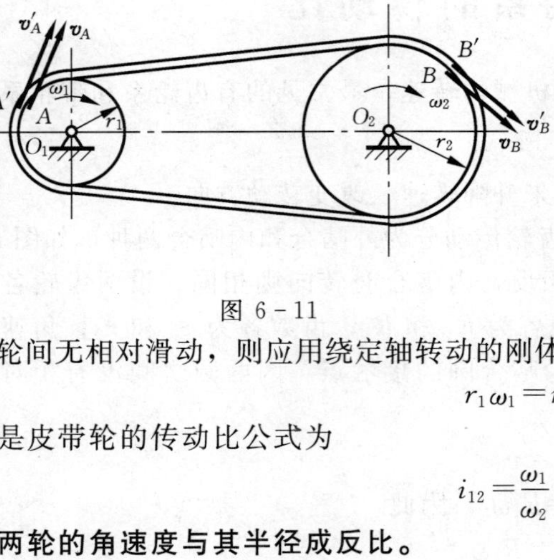

图 6-11

6.4.2 皮带轮传动

在机床中，电动机一般通过皮带使变速箱的轴转动。如图 6-11 所示的皮带轮装置中，主动轮和从动轮的半径分别为 r_1 和 r_2，角速度分别为 ω_1 和 ω_2。如不考虑皮带的厚度，并假定皮带和皮带轮间无相对滑动，则应用绕定轴转动的刚体上各点速度的公式，可得到下列关系式

$$r_1\omega_1=r_2\omega_2$$

于是皮带轮的传动比公式为

$$i_{12}=\frac{\omega_1}{\omega_2}=\frac{r_2}{r_1} \tag{6-20}$$

即两轮的角速度与其半径成反比。

6.5 泊 桑 公 式

6.5.1 角速度矢量和角加速度矢量

前面总是把角速度和角加速度定义为代数量。但在讨论某些复杂问题时，矢量分析经常用于研究刚体的运动。为了确定刚体定轴转动的角速度和角加速度的全部性质，需确定转动轴的位置、角速度的大小（转动的快慢）和转动方向这三个要素。这三个要素可以用一矢量表示。下面给出用矢量表示刚体转动角速度和角加速度的方

法。用 $\boldsymbol{\omega}$ 表示刚体的角速度矢量，$\boldsymbol{\alpha}$ 表示刚体的角加速度矢量，它们的作用线均沿转动轴，它们的模分别表示角速度和角加速度的大小，其指向则根据 ω 和 α 的转向按右手螺旋规则确定。设矢量 $\boldsymbol{k}$ 表示沿转动轴 Oz 正向的单位矢量，则有

$$\omega = \omega \boldsymbol{k} \tag{6-21}$$

将角速度矢量对时间求一阶导数，得角加速度矢量

$$\boldsymbol{\alpha} = \alpha \boldsymbol{k} = \frac{\mathrm{d}\boldsymbol{\omega}}{\mathrm{d}t} = \frac{\mathrm{d}\omega}{\mathrm{d}t}\boldsymbol{k} = \frac{\mathrm{d}^2\varphi}{\mathrm{d}t^2}\boldsymbol{k} \tag{6-22}$$

当 $\boldsymbol{\alpha}$ 与 $\boldsymbol{\omega}$ 同向时，刚体作加速度转动，当 $\boldsymbol{\alpha}$ 与 $\boldsymbol{\omega}$ 反向时，刚体作减速转动。图 6-12 (a) 表示刚体作加速度转动；图 6-12 (b) 表示刚体作减速转动。

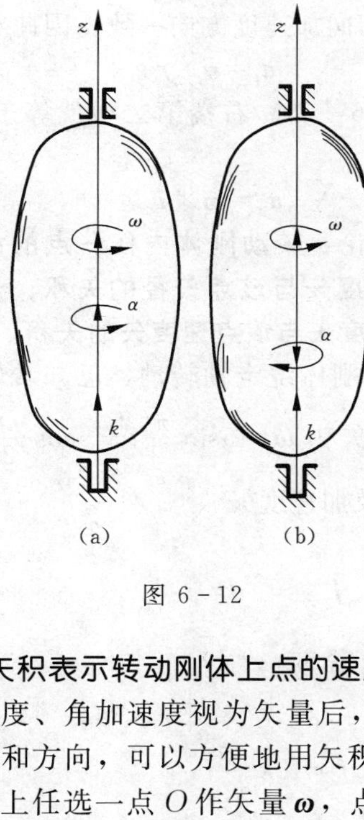

图 6-12

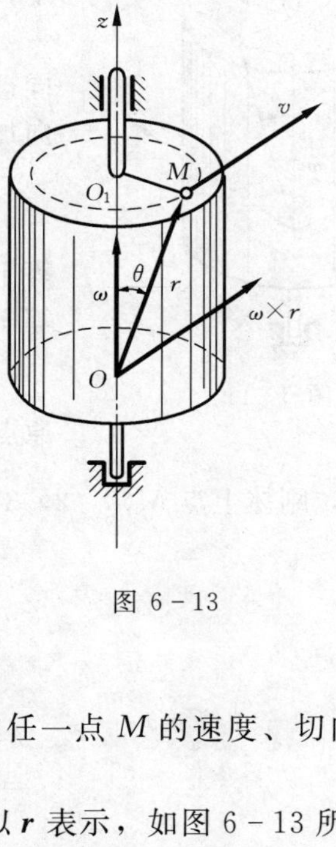

图 6-13

6.5.2 用矢积表示转动刚体上点的速度和加速度

将角速度、角加速度视为矢量后，转动刚体内任一点 M 的速度、切向和法向加速度的大小和方向，可以方便地用矢积表示出来。

在转轴上任选一点 O 作矢量 $\boldsymbol{\omega}$，点 M 的矢径以 $\boldsymbol{r}$ 表示，如图 6-13 所示。那么，点 M 的速度可以用角速度矢量与点的矢径 $\boldsymbol{r}$ 的矢积表示，即

$$\boldsymbol{v} = \boldsymbol{\omega} \times \boldsymbol{r} \tag{6-23}$$

事实上，根据矢积的定义，$\boldsymbol{\omega} \times \boldsymbol{r}$ 仍是一个矢量，它的大小

$$|\boldsymbol{\omega} \times \boldsymbol{r}| = |\boldsymbol{\omega}|\,|\boldsymbol{r}|\sin\theta = |\boldsymbol{\omega}|R = |\boldsymbol{v}| \tag{6-24}$$

式中：θ 为角速度矢量 $\boldsymbol{\omega}$ 与矢径 $\boldsymbol{r}$ 之间的夹角。

于是矢积 $\boldsymbol{\omega} \times \boldsymbol{r}$ 的大小等于速度的大小。矢积 $\boldsymbol{\omega} \times \boldsymbol{r}$ 的方向垂直于 $\boldsymbol{\omega}$ 和 $\boldsymbol{r}$ 所决定的平面（即图 6-13 中三角形 OMO_1 所在平面），其指向根据右手规则确定。即从矢量 $\boldsymbol{v}$ 的末端向始端看，$\boldsymbol{\omega}$ 应按逆时针转过角 θ 与 $\boldsymbol{r}$ 重合。这说明矢积 $\boldsymbol{\omega} \times \boldsymbol{r}$ 的大小和方向与速度 $\boldsymbol{v}$ 相同。由此可得结论：**定轴转动刚体上任一点的速度矢，等于刚体的角速度矢与该点矢径的矢积。**

将式 (6-23) 对时间求导，即可得到加速度 $\boldsymbol{a}$ 的矢积表达式

$$\boldsymbol{a}=\frac{\mathrm{d}\boldsymbol{v}}{\mathrm{d}t}=\frac{\mathrm{d}}{\mathrm{d}t}(\boldsymbol{\omega}\times\boldsymbol{r})=\frac{\mathrm{d}\boldsymbol{\omega}}{\mathrm{d}t}\times\boldsymbol{r}+\boldsymbol{\omega}\times\frac{\mathrm{d}\boldsymbol{r}}{\mathrm{d}t} \tag{6-25}$$

即

$$\boldsymbol{a}=\boldsymbol{\alpha}\times\boldsymbol{r}+\boldsymbol{\omega}\times\boldsymbol{v} \tag{6-26}$$

式（6-23）代入式（6-26），导出

$$\boldsymbol{a}=\boldsymbol{\alpha}\times\boldsymbol{r}+\boldsymbol{\omega}\times(\boldsymbol{\omega}\times\boldsymbol{r}) \tag{6-27}$$

式（6-26）中右端第一项的大小为

$$|\boldsymbol{\alpha}\times\boldsymbol{r}|=|\boldsymbol{\alpha}|\,|\boldsymbol{r}|\sin\theta=|\boldsymbol{\alpha}|R$$

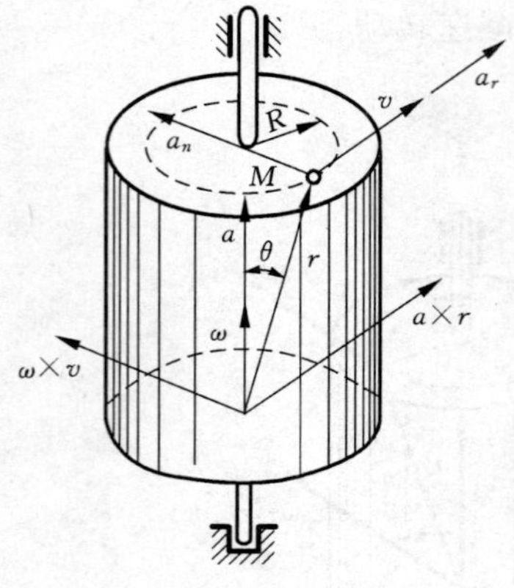

图 6-14

这个结果即为 M 点的切向加速度的大小。而 $\boldsymbol{\alpha}\times\boldsymbol{r}$ 的方向垂直于 $\boldsymbol{\alpha}$ 和 $\boldsymbol{r}$ 所构成的平面，指向如图 6-14 所示，与 M 点的切向加速度方向一致。因此有

$$\boldsymbol{a}_{\mathrm{t}}=\boldsymbol{\alpha}\times\boldsymbol{r} \tag{6-28}$$

同理可得，式（6-26）右端第二项就等于 M 点的法向加速度，即

$$\boldsymbol{a}_{\mathrm{n}}=\boldsymbol{\omega}\times\boldsymbol{v} \tag{6-29}$$

于是可得结论：**转动刚体内任一点的切向加速度等于刚体的角速度矢与该点矢径的矢积；法向加速度等于刚体的角速度矢与该点速度矢的矢积。**

【例 6-3】 刚体绕定轴转动，已知转轴通过坐标原点 O，角速度矢为 $\boldsymbol{\omega}=5\sin\frac{\pi t}{2}\boldsymbol{i}+5\cos\frac{\pi t}{2}\boldsymbol{j}+5\sqrt{3}\boldsymbol{k}$。求 $t=1\mathrm{s}$ 时，刚体上点 $M(0,2,3)$ 的速度矢及加速度矢。

解：

$$\boldsymbol{v}=\omega\times r=\begin{vmatrix}\boldsymbol{i} & \boldsymbol{j} & \boldsymbol{k}\\ 5\sin\frac{\pi t}{2} & 5\cos\frac{\pi t}{2} & 5\sqrt{3}\\ 0 & 2 & 3\end{vmatrix}$$

$$=-10\sqrt{3}\boldsymbol{i}-15\boldsymbol{j}+10\boldsymbol{k}$$

$$\boldsymbol{a}=\boldsymbol{\alpha}\times\boldsymbol{r}+\boldsymbol{\omega}\times\boldsymbol{v}=\frac{\mathrm{d}\boldsymbol{\omega}}{\mathrm{d}t}\times\boldsymbol{r}+\boldsymbol{\omega}\times\boldsymbol{v}$$

$$=\left(-\frac{15}{2}\pi+75\sqrt{3}\right)\boldsymbol{i}-200\boldsymbol{j}-75\boldsymbol{k}$$

6.5.3 泊桑公式

如图 6-15 所示，设固结于刚体的动系 $O'x'y'z'$ 绕固定轴 z 转动。以 $\boldsymbol{i}'$、$\boldsymbol{j}'$、$\boldsymbol{k}'$ 分别表示动系各动坐标轴正向的单位矢量。以 $\boldsymbol{r}'_0$、$\boldsymbol{r}$ 表示单位矢量 $\boldsymbol{i}'$ 的始端和终端的绝对矢径，则由图 6-15 所示得矢量关 系为

$$\boldsymbol{i}'=\boldsymbol{r}-\boldsymbol{r}'_0$$

将上式对时间求导得

$$\frac{\mathrm{d}\boldsymbol{i}'}{\mathrm{d}t}=\frac{\mathrm{d}\boldsymbol{r}}{\mathrm{d}t}-\frac{\mathrm{d}\boldsymbol{r}'_0}{\mathrm{d}t}$$

上式中$\dfrac{\mathrm{d}\boldsymbol{r}'_0}{\mathrm{d}t}$和$\dfrac{\mathrm{d}\boldsymbol{r}}{\mathrm{d}t}$分别表示单位矢量$\boldsymbol{i}'$的始端和终端的速度。若在图 6-15 所示瞬时动系绕固定轴 z 转动的角速度矢为$\boldsymbol{\omega}$，根据式（6-23），可得下面的关系

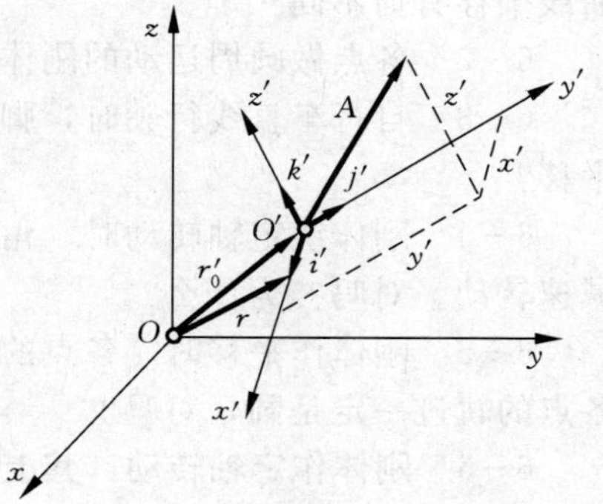

图 6-15

$$\frac{\mathrm{d}\boldsymbol{r}}{\mathrm{d}t}=\boldsymbol{\omega}\times\boldsymbol{r},\frac{\mathrm{d}\boldsymbol{r}'_0}{\mathrm{d}t}=\boldsymbol{\omega}\times\boldsymbol{r}'_0$$

将上式代入式$\dfrac{\mathrm{d}\boldsymbol{i}'}{\mathrm{d}t}=\dfrac{\mathrm{d}\boldsymbol{r}}{\mathrm{d}t}-\dfrac{\mathrm{d}\boldsymbol{r}'_0}{\mathrm{d}t}$中，得

$$\frac{\mathrm{d}\boldsymbol{i}'}{\mathrm{d}t}=\frac{\mathrm{d}\boldsymbol{r}}{\mathrm{d}t}-\frac{\mathrm{d}\boldsymbol{r}'_0}{\mathrm{d}t}=\boldsymbol{\omega}\times\boldsymbol{r}-\boldsymbol{\omega}\times\boldsymbol{r}'_0=\boldsymbol{\omega}\times(\boldsymbol{r}-\boldsymbol{r}'_0)$$

由式 $\boldsymbol{i}'=\boldsymbol{r}-\boldsymbol{r}'_0$代入上式可得

$$\frac{\mathrm{d}\boldsymbol{i}'}{\mathrm{d}t}=\boldsymbol{\omega}\times\boldsymbol{i}'$$

同理可得

$$\frac{\mathrm{d}\boldsymbol{j}'}{\mathrm{d}t}=\boldsymbol{\omega}\times\boldsymbol{j}' \tag{6-30}$$

$$\frac{\mathrm{d}\boldsymbol{k}'}{\mathrm{d}t}=\boldsymbol{\omega}\times\boldsymbol{k}'$$

式（6-30）称为泊桑公式。

另外，式（6-30）也可有如下证明：

因$\dfrac{\mathrm{d}\boldsymbol{i}'}{\mathrm{d}t}$只表示矢量$\boldsymbol{i}'$方向及大小的变化，与$\boldsymbol{i}'$的作用点无关，因此可将$\boldsymbol{i}'$平移至$O$点，若在图示瞬时动系绕固定轴 z 转动的角速度矢为$\boldsymbol{\omega}$，根据式（6-23），即可得下面的关系

$$\frac{\mathrm{d}\boldsymbol{i}'}{\mathrm{d}t}=\boldsymbol{\omega}\times\boldsymbol{i}'$$

同理可得

$$\frac{\mathrm{d}\boldsymbol{j}'}{\mathrm{d}t}=\boldsymbol{\omega}\times\boldsymbol{j}'$$

$$\frac{\mathrm{d}\boldsymbol{k}'}{\mathrm{d}t}=\boldsymbol{\omega}\times\boldsymbol{k}'$$

由泊桑公式可知：与转动参考系固结的任意矢量对时间的导数等于动系的角速度矢量与该矢量的矢积。

思　考　题

6-1　平移刚体有何特征？刚体作平移时各点的轨迹一定是直线吗？直线平移和

曲线平移有何不同？

6-2 各点做圆周运动的刚体一定是定轴转动吗？

6-3 自行车直线行驶时，脚蹬板做什么运动？汽车在弯道行驶时，车厢是否作平移？

6-4 刚体绕定轴转动时，角加速度为正，表示加速转动；角加速度为负，表示减速转动。对吗？为什么？

6-5 刚体作平移时，各点的轨迹一定是直线或平面曲线；刚体绕定轴转动时，各点的轨迹一定是圆，对吗？

6-6 刚体作定轴转动，其上某点 A 到转轴距离为 R。为求出刚体上任意点在某一瞬时的速度和加速度的大小，下述哪些条件是充分的？

(1) 已知点 A 的速度及该点的全加速度方向。

(2) 已知点 A 的切向加速度及法向加速度。

(3) 已知点 A 的法向加速度及该点的全加速度方向。

(4) 已知点 A 的法向加速度及该点的速度。

(5) 已知点 A 的法向加速度及该点全加速度的方向。

6-7 飞轮匀速转动，若半径增大一倍，边缘上点的速度和加速度是否增大一倍？若飞轮转速增大一倍，边缘上点的速度和加速度是否也增大一倍？

习 题

6-1 题 6-1 图所示曲柄滑杆机构中，滑杆有一圆弧形滑道，其半径 $R=100\text{mm}$，圆心 O_1 在导杆 BC 上。曲柄长 $OA=100\text{mm}$，以等角速度 $\omega=4\text{rad/s}$ 绕 O 轴转动。求导杆 BC 的运动规律以及当轴柄与水平线间的交角 φ 为 30°时，导杆 BC 的速度和加速度。

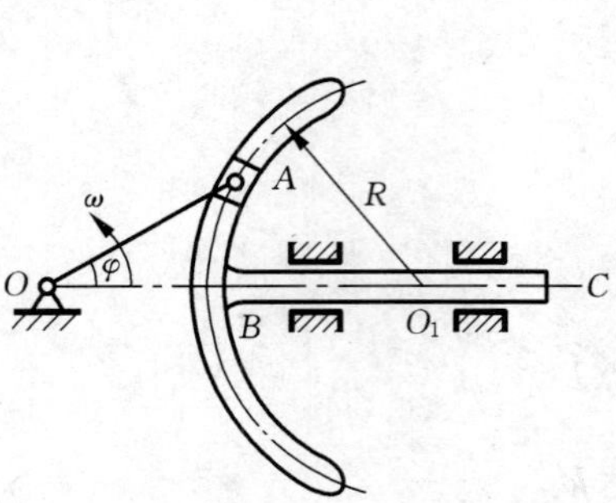

题 6-1 图

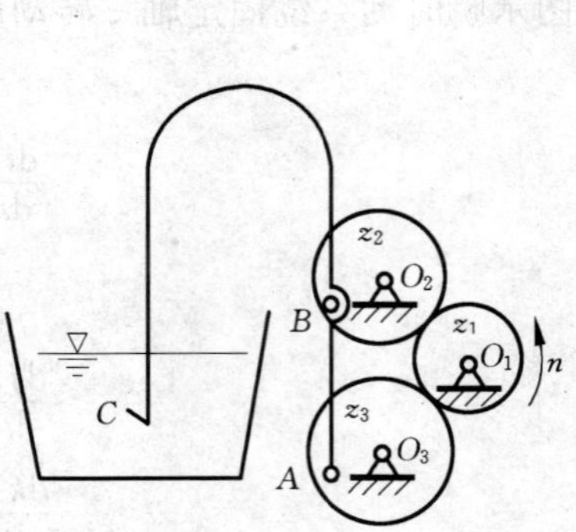

题 6-2 图

6-2 搅拌机的主动齿轮 O_1 以 $n=950\text{r/min}$ 的转速转动。搅杆 ABC 用销钉 A、B 与齿轮 O_2、O_3 相连，如题 6-2 图所示。且 $AB=O_2O_3$，$O_3A=O_2B=0.25\text{m}$，各齿轮齿数为 $z_1=20$，$z_2=50$，$z_3=50$，求搅杆端点 C 的速度和轨迹。

6-3 如题 6-3 图所示的机构中，已知 $O_1A=O_2B=AM=r=0.2\text{m}$，$O_1O_2=AB$，轮 O_1 的运动方程为 $\varphi=15\pi t$ (rad)，试求当 $t=0.5\text{s}$ 时，杆 AB 上的点 M 的速

度和加速度。

6-4　揉茶机的揉桶有三个曲柄支持，曲柄支座 A、B、C 与支轴 a、b、c 恰好组成等边三角形，如题 6-4 图所示。三个曲柄长相等，长为 $l=15\text{cm}$，并以相同的转速 $n=45\text{r/min}$ 分别绕其支座转动，试求揉桶中心点 O 的速度和加速度。

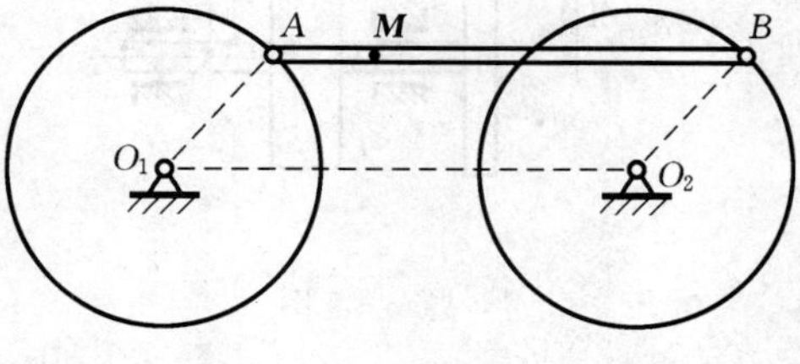

题 6-3 图

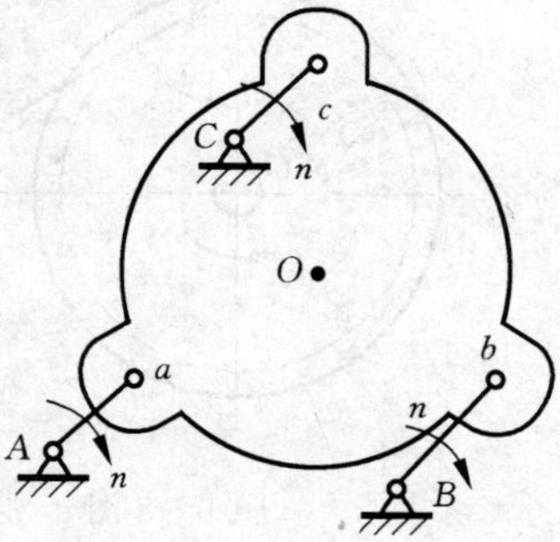

题 6-4 图

6-5　机构如题 6-5 图所示，假设 AB 杆以匀速 u 运动，开始时 $\varphi=0$。试求当 $\varphi=\dfrac{\pi}{4}$ 时，摇杆 OC 的角速度和角加速度。

6-6　如题 6-6 图所示，曲柄 CB 以等角速度 ω_0 绕 C 轴转动，其转动方程为 $\varphi=\omega_0 t$。滑块 B 带动摇杆 OA 绕轴 O 转动。设 $OC=h$，$CB=r$。求摇杆的转动方程。

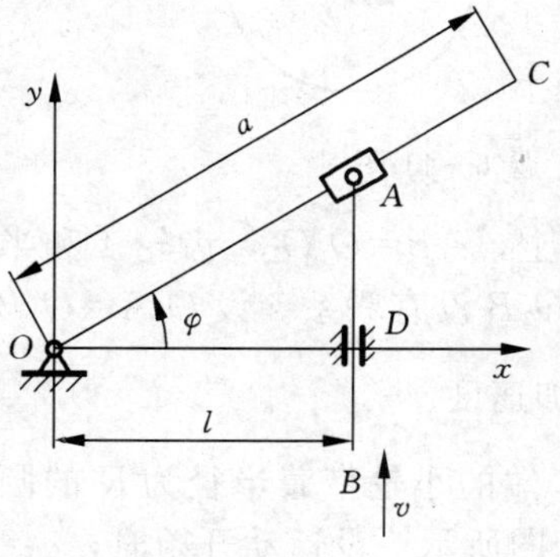

题 6-5 图

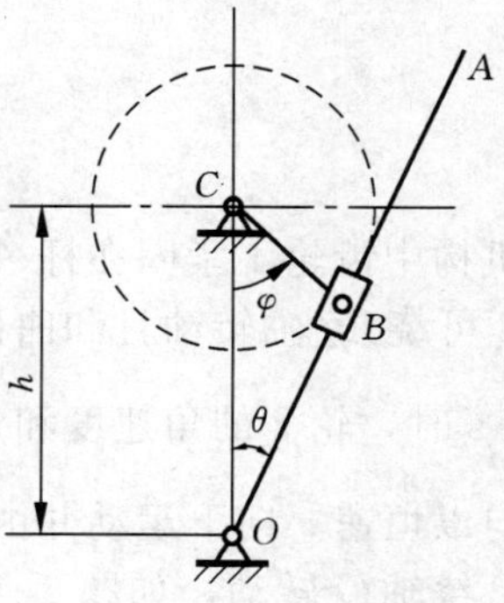

题 6-6 图

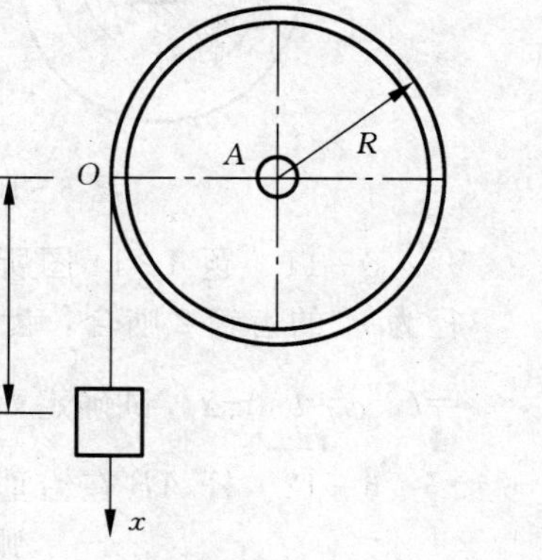

题 6-7 图

6-7　如题 6-7 图所示的升降机装置由半径 $R=50\text{cm}$ 的鼓轮带动，被提升的重物的运动方程为 $x=5t^2$，x 的单位为 m，t 的单位为 s，试求鼓轮的角速度和角加速度，轮边缘上任一点的全加速度。

6-8　如题 6-8 图所示飞轮绕固定轴 O 转动，其轮缘上任一点的加速度在某段运动过程中与轮半径的夹角恒为 60°，初始时，设转角 $\varphi=0$，角速度 $\omega=\omega_0$，试求飞轮的转动方程以及角速度与转角间的关系。

6-9　车床的传动装置如题 6-9 图所示。已知各齿轮的齿数分别为：$z_1=40$，$z_2=84$，$z_3=28$，$z_4=80$；带动刀具的丝杠的螺距为 $h_4=12\text{mm}$。求车刀切削工件的

螺距 h_1。

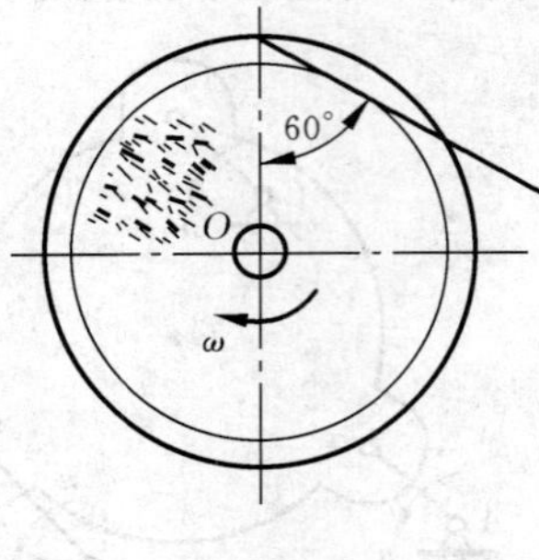

题 6-8 图

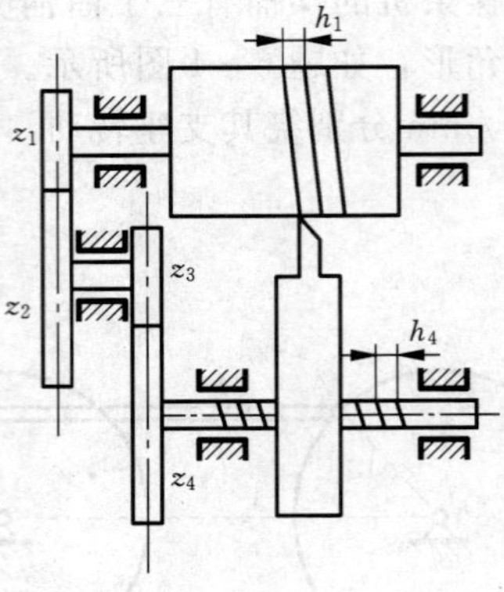

题 6-9 图

6-10　如题 6-10 图所示，纸盘由厚度为 a 的纸条卷成，令纸盘的中心不动，而以等速 v 拉纸条。求纸盘的角加速度（以半径 r 的函数表示）。

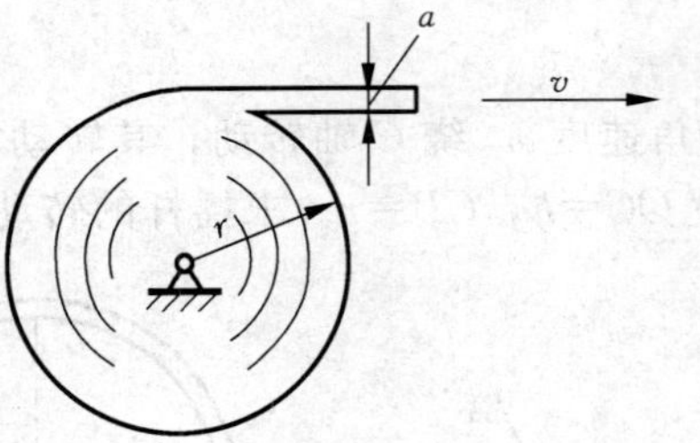

题 6-10 图

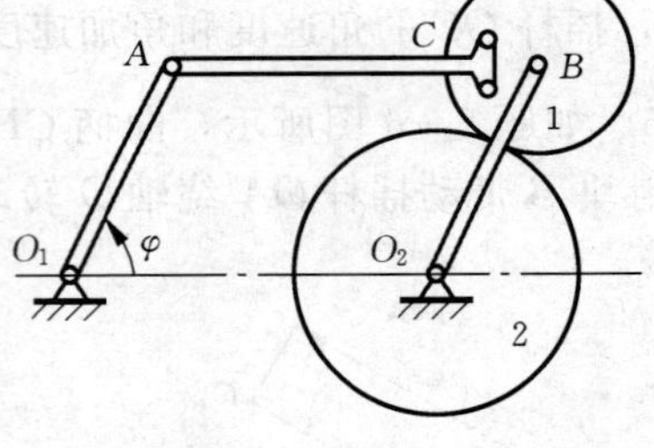

题 6-11 图

6-11　题 6-11 图所示机构中齿轮 1 紧固在杆 AC 上，$AB=O_1O_2$，齿轮 1 和半径为 r_2 的齿轮 2 啮合，齿轮 2 可绕 O_2 轴转动且和曲柄 O_2B 没有联系。设 $O_1A=O_2B=l$，$\varphi=b\sin\omega t$，试确定 $t=\dfrac{\pi}{2\omega}$s 时，轮 2 的角速度和角加速度。

6-12　杆 AB 在铅垂方向以恒速 v 向下运动并由 B 端的小轮带着半径为 R 的圆弧 OC 绕轴 O 转动，如题 6-12 图所示。设运动开始时，$\varphi=\dfrac{\pi}{4}$，求此后任意瞬时 t，OC 杆的角速度 ω 和点 C 的速度。

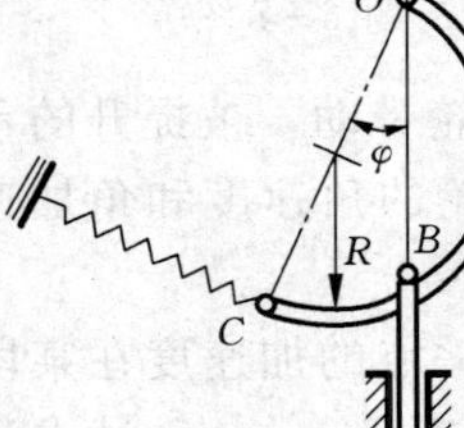

题 6-12 图

6-13　半径 $R=100$mm 的圆盘绕其圆心转动，题 6-13 图所示瞬时，点 A 的速度为 $v_a=200\boldsymbol{j}$mm/s，点 B 的切向加速度 $a_B^t=150\boldsymbol{i}$mm/s^2。试求角速度 ω 和角加速度 α，并进一步写出点 C 的加速度和矢量表达式。

6-14　如题 6-14 图所示的绞车机构中，手柄长 $l=40$cm，当其转动时，重物 P 在铅锤方向上运动，重物的运动方程为 $x=5t^2$，x 的单位为 cm，t 的单位为 s，鼓轮的直径 d

$=20\text{cm}$，绞车机构的齿数为 $z_1=13$、$z_2=39$、$z_3=11$、$z_4=77$，轮Ⅱ与轮Ⅲ固连在同一轴上，试求 $t=2\text{s}$ 时，手柄顶端的速度和加速度。

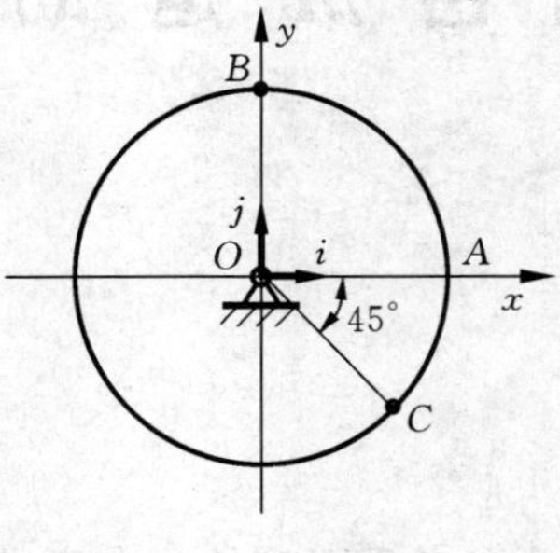

题 6-13 图

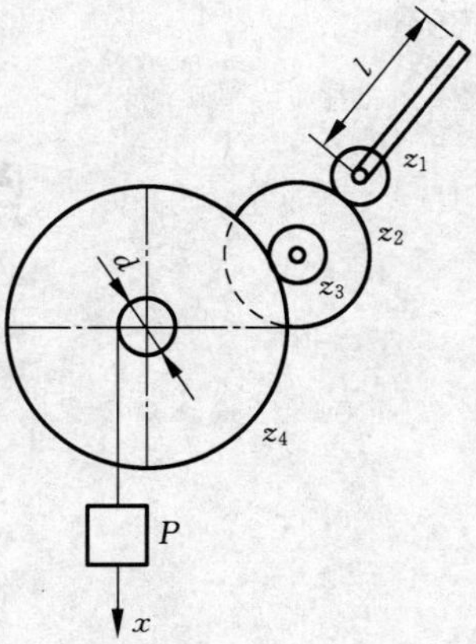

题 6-14 图

第7章 点的合成运动

前两章研究点或刚体的运动都是相对某一个参考系而言的。本章进一步叙述点的合成运动的分析方法，它建立在点在不同坐标系运动的关系的基础上。由于运动的描述具有相对性，即同一物体的运动，相对于不同的参考系，可以表现出不相同的运动学特征。那么，这些运动学特征之间，到底存在什么样的区别和联系？这是本章需要解决的问题。在本章中，利用静参考系和动参考系描述同一动点的运动，分析两种描述间的相互关系，从而给出运动分解与合成的规律，其中包括速度合成定理和加速度合成定理。

点的合成运动是运动分析的重要内容，在工程运动分析中有着广泛的应用。同时可为相对运动动力学提供运动分析的理论基础。合成运动的分析方法还可推广应用于分析刚体的合成运动。

本章以点的合成运动为核心叙述点的速度合成和加速度合成的规律。首先通过引入静、动两种参考系，定义绝对运动、相对运动和牵连运动，以及相应速度和加速度。然后基于绝对速度、相对速度和牵连速度的概念，建立三者间联系而导出速度合成定理。最后分析合成运动中加速度之间的关系；分别就牵连运动为平移和定轴转动两种不同的情况导出加速度合成定理；通过例题说明该定理的应用。

7.1 基本概念

工程实际中常常需要研究一个动点相对于两套坐标系的运动。例如，人在航行中的船上走动，需要研究人相对于地球的运动，又要研究人相对于船的运动。这类问题的特点是：某物体 A 相对于 B 运动，物体 B 相对于物体 C 又有运动，需要确定物体 A 相对于 C 的运动。解决这类问题的方法有两种。一是直接建立物体 A 相对于物体 C 的运动方程式，然后求出物体 A 相对于 C 有关的运动量。这种方法道理比较简单，但是，应用起来比较麻烦。二是根据这类问题的特点，先分析研究物体 A 相对于物体 B 的运动，物体 B 相对于物体 C 的运动，然后运用运动合成的概念，把物体 A 相对于物体 C 的运动看成上述两种运动的合成运动。这种方法需要建立合成运动的概念，但是，它往往能够把一个比较复杂的运动看成是两种简单运动的合成运动，把比较复杂的运动的求解过程简单化。这是运动学中分析问题的一个重要方法。

为便于研究点的合成运动，规定将固结于某一固定参考体上的坐标系 $Oxyz$ 称为**静坐标系**（fixed reference system），简称**静系**，通常，如不加说明，则以固结于地球表面上的坐标系作为静系；而将固结于运动的参考体上的坐标系 $O'x'y'z'$ 称为**动坐标系**（moving reference system），简称**动系**。相应地，动点相对于静系的运动称为**绝对运动**（absolute motion）；动点相对于动系的运动称为**相对运动**（relative motion）；动系相对于静系的运动称为**牵连运动**（transport motion）。例如，人在航行中的船上走动时，以人为动点，船为动系，则人相对于船的运动为相对运动；船相对于地面的运动为牵连运动；人相对于地面的运动为绝对运动。这里注意，在分析三种运动时，务必明确：①站在什么地方看物体的运动？②看什么物体的运动？

必须指出：动点的绝对运动和相对运动都是点的运动。它可能作直线运动和曲线运动；而牵连运动则是动坐标系的运动，属于刚体的运动，有平移、定轴转动和其他形式的运动。

通过以上对相对运动、牵连运动和绝对运动的分析，我们可以清楚地看到，如果没有牵连运动，此时也无需动坐标系，则动点的相对运动就是它的绝对运动；如果没有相对运动，则动点被动坐标系牵带的运动就是它的绝对运动。如果既有相对运动又有牵连运动，则动点的绝对运动就是这两种运动的合成。因此，这种类型的运动称为点的**合成运动**（composite motion）或**复合运动**。反之，动点的绝对运动也可分解为牵连运动和相对运动，点的这三种运动关系如图 7-1 所示。

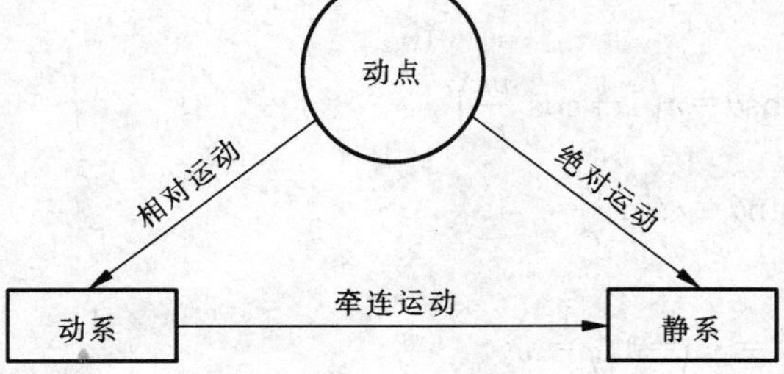

图 7-1

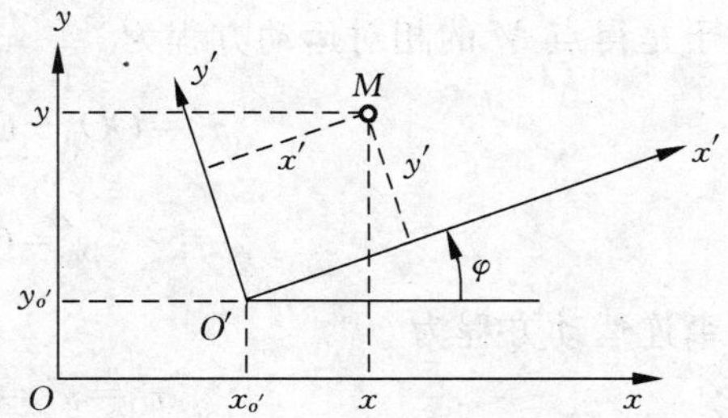

图 7-2

研究点的合成运动的主要问题，就是如何由已知动点的相对运动与牵连运动求出绝对运动；或者，如何将已知的绝对运动分解为相对运动和牵连运动。总之，即是研究这三者运动的关系。主要是建立动点相对于两个不同参考系运动时速度或加速度之间的关系。至于动点的绝对运动方程和相对运动方程之间的关系，仅通过下面一例来说明。

如图 7-2 所示，设 Oxy 为静系，$O'x'y'$ 为动系，M 为动点。

动点 M 的绝对运动方程为

$$x=x(t),y=y(t)$$

动点 M 的相对运动方程为

$$x'=x'(t),y'=y'(t)$$

动系 $O'x'y'$ 的运动可由三个方程描述，即

$$x'_O=x'_O(t),y'_O=y'_O(t),\varphi=\varphi(t)$$

式中：φ 为 x 轴到 x' 轴的转向，方向以逆时针为正。

这三个方程称为动系相对静系的牵连运动方程。由图 7－2 可得动系 $O'x'y'$ 和静系 Oxy 之间的坐标变化关系为

$$\begin{cases}x=x'_O+x'\cos\varphi-y'\sin\varphi\\ y=y'_O+x'\sin\varphi+y'\cos\varphi\end{cases}\tag{7-1}$$

式（7－1）表明，动点的绝对运动方程和其相对运动方程可以通过牵连运动方程来建立关系。据此式，可以由给定的牵连运动方程和动点的绝对运动方程求出动点的相对运动方程，或由给定的牵连运动方程和动点的相对运动方程求该处动点的绝对运动方程。

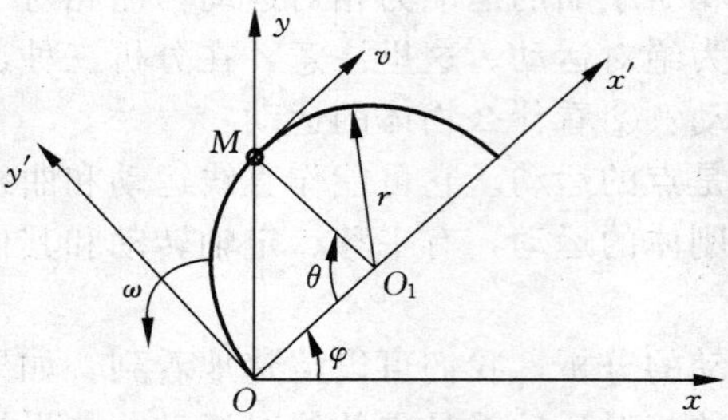

图 7－3

【例 7－1】 点 M 相对于动系 $Ox'y'$ 沿半径为 r 的圆周以速度 v 作匀速圆周运动（圆心为 O_1），动系 $Ox'y'$ 相对于静系 Oxy 以匀角速度 ω 绕点 O 作定轴转动，如图 7－3 所示。初始时 $Ox'y'$ 与 Oxy 重合，点 M 与点 O 重合。求点 M 的绝对运动方程。

解：连接 O_1M，由图 7－3 可知

$$\theta=\frac{vt}{r}$$

于是得点 M 的相对运动方程为

$$x'=OO_1-O_1M\cos\theta=r\left(1-\cos\frac{vt}{r}\right)$$

$$y'=O_1M\sin\theta=r\sin\frac{vt}{r}$$

牵连运动方程为

$$x'_O=x'_O=0,y'_O=y'_O=0,\varphi=\omega t$$

利用坐标变化关系式（7－1），即得点 M 的绝对运动方程为

$$x=r\left(1-\cos\frac{vt}{r}\right)\cos\omega t-r\sin\frac{vt}{r}\sin\omega t$$

$$y=r\left(1-\cos\frac{vt}{r}\right)\sin\omega t+r\sin\frac{vt}{r}\cos\omega t$$

【例 7－2】 半径为 r 的轮子沿直线轨道无滑动地滚动，如图 7－4 所示，已知轮心 C 的速度为 v_C，试求轮缘上的点 M 绝对运动方程和相对轮心 C 的运动方程和牵连运动方程。

解：沿轮子滚动的方向建立定系 Oxy，初始时设轮缘上的点 M 位于 y 轴上 M_O 处。在图示瞬时，点 M 和轮心 C 的连线与 CH 所的夹角为

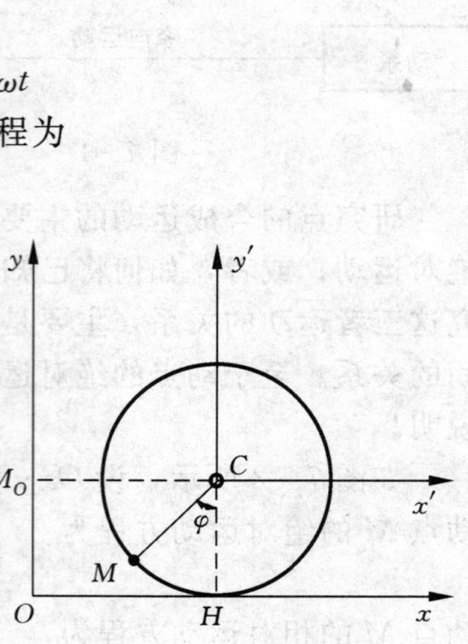

图 7－4

$$\varphi_1=\frac{MH}{r}=\frac{v_C t}{r}$$

在轮心 C 建立动系 $Cx'y'$，点 M 的相对运动方程为

$$\begin{cases} x'=-r\sin\varphi_1=-r\sin\dfrac{v_C t}{r} \\ y'=-r\cos\varphi_1=-r\cos\dfrac{v_C t}{r} \end{cases} \tag{a}$$

点 M 相对运动轨迹方程为

$$x'^2+y'^2=r^2 \tag{b}$$

由式（b）知点 M 的相对运动轨迹为圆。

牵连运动为动系 $Cx'y'$ 相对于定系 Oxy 的运动，其牵连运动方程为

$$\begin{cases} x_C=v_C t \\ y_C=r \\ \varphi=0 \end{cases} \tag{c}$$

其中，由于动系作平移，因此动系坐标轴 x' 与定系坐标轴 x 的夹角 $\varphi=0$。

由式（7-1）得点 M 绝对运动方程为

$$\begin{cases} x=v_C t-r\sin\varphi_1=v_C t-r\sin\dfrac{v_C t}{r} \\ y=r-r\cos\varphi_1=r-r\cos\dfrac{v_C t}{r} \end{cases} \tag{d}$$

点 M 的绝对运动轨迹为式（d）表示的旋轮线。

7.2 点的速度合成

7.2.1 绝对速度、相对速度和牵连速度

运动是相对的，在动坐标系与静坐标系中观察到的动点的速度是不同的。

动点相对于静参考系的运动速度，称为动点的**绝对速度**（absolute velocity），通常以符号 $\boldsymbol{v}_a$ 来表示。动点相对于动参考系的运动速度，称为动点的**相对速度**（relative velocity），通常以符号 $\boldsymbol{v}_r$ 来表示。由于牵连运动是刚体的运动，在一般情况下，其上各点的运动轨迹是不相同的，因此，通常不笼统提牵连速度。要说牵连速度就必须指明是动参考系上哪个点的速度。为此，先引入牵连点的概念。

除了刚体作平移以外，一般情况下，刚体上各点的运动并不相同。于是，动参考系中，对具体讨论的动点的运动起到直接影响作用的，应是动参考系上每一瞬时与动点相重合的那一点，这个点就称为动参考系上的牵连点（transport spot）。由于动点相对于动参考系是运动的，因此，在不同的瞬时，牵连点是动参考系上的不同点。由此可以定义：动点的牵连速度就是指某一瞬时，动参考系上牵连点的速度。即指在某一瞬时，动参考系上与动点相重合的那一点的速度为**牵连速度**（transport velocity）通常以符号 $\boldsymbol{v}_e$ 表示。应该注意，绝对速度或相对速度，都是指动点相对静系或动系的速度，而牵连速度，则是指动参考系上的牵连点的速度。

研究点的合成运动时，明确区分动点和它的牵连点是很重要的。动点和牵连点是一对相伴点，在运动的同一瞬时，它们是重合在一起的。前者是与动系有相对运动的点，后者是动系上的几何点。在运动的不同瞬时，动点与动系上不同的点重合，而这些点在不同瞬时的运动状态往往不同。

应用点的合成运动的方法时，如何选择动点、动系是解决问题的关键。一般来讲，由于合成运动方法上的要求，动点相对于动系应有相对运动，因而动点与动系不能选同一刚体，由于合成运动方法就是使复杂运动简单化处理，因此应使动点相对于动系的相对运动为简单明确的运动，不应含糊不清。所以在分析三种速度之前，应明确给出动点、动系，并且符合上述要求，分析每一种运动方式之后再讨论速度问题。

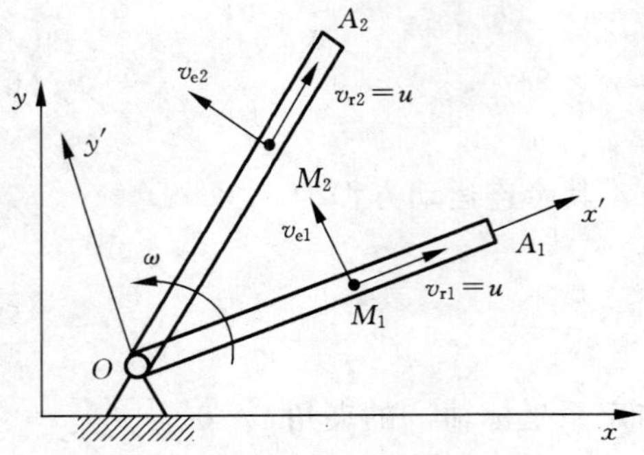

图 7-5

【例 7-3】 图 7-5 所示一小球 M 沿直管 OA 以匀速 u 由里向外运动，直管 OA 又以匀角速度 ω 绕定轴 O 转动。设在某瞬时 t_1，直管的位置为 OA_1，小球在直管中的 M_1 位置。到另一瞬时 t_2，直管的位置为 OA_2，小球在直管中的 M_2 位置。以此为例说明牵连速度概念。

解： 取小球 M 为动点，静系固结在地面上，动系则固结在直管上随管子一起转动。于是，动点的相对运动为直线运动，动点的绝对运动为沿对数螺线的运动，牵连运动则为直管的定轴转动。动点的相对速度的大小 $v_{r1}=v_{r2}=u$，方向则沿管子由里指向外。为确定动点的牵连速度，需要先确定牵连点。瞬时 t_1 的牵连点为直管上的 M_1 点（不是 M_1 位置的小球!），因此牵连速度的大小 $v_{e1}=OM_1\omega$，方向则垂直于 OM_1 而指向 ω 转动的一方。瞬时 t_2 的牵连点为直管上的 M_2 点（不是 M_2 位置的小球!），因此牵连速度的大小 $v_{e2}=OM_2\omega$，方向则垂直于 OM_2 而指向 ω 转动的一方。显然，由图 7-5 可见，不同的瞬时，由于牵连点的不同，牵连速度也都不同。

7.2.2　速度合成定理

如图 7-6 所示，$Oxyz$ 为定参考系，$O'x'y'z'$ 为动参考系。动系坐标原点 O' 在定系中的矢径为 $\boldsymbol{r}_{O'}$，动系的三个单位矢量分别为 $\boldsymbol{i}'$、$\boldsymbol{j}'$、$\boldsymbol{k}'$。动点 M 在定系中的矢径为 $\boldsymbol{r}_M$，在动系中的矢径为 $\boldsymbol{r}'$。动系上与动点重合的点（牵连点）记为 M'，它在定系中的矢径为 $\boldsymbol{r}_{M'}$。有如下关系：

$$\boldsymbol{r}_M=\boldsymbol{r}_{O'}+\boldsymbol{r}'$$

$$\boldsymbol{r}'=x'\boldsymbol{i}'+y'\boldsymbol{j}'+z'\boldsymbol{k}'$$

在图 7-6 所示瞬时

$$\boldsymbol{r}_M=\boldsymbol{r}_{M'}$$

动点的相对速度 $\boldsymbol{v}_r$ 为

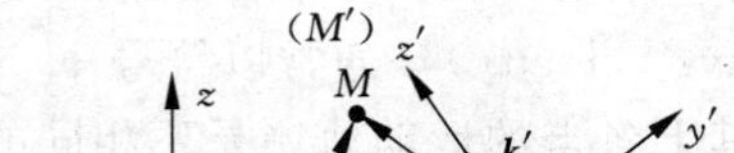

图 7-6

$$\boldsymbol{v}_{\mathrm{r}}=\frac{\tilde{\mathrm{d}}\boldsymbol{r}'}{\mathrm{d}t}=\dot{x}'\boldsymbol{i}'+\dot{y}'\boldsymbol{j}'+\dot{z}'\boldsymbol{k}' \tag{7-2}$$

由于相对速度 $\boldsymbol{v}_{\mathrm{r}}$ 是动点相对于动参考系的速度，因此求导时动系的三个单位矢量 $\boldsymbol{i}'$、$\boldsymbol{j}'$、$\boldsymbol{k}'$为常矢量。

动点的牵连速度 $\boldsymbol{v}_{\mathrm{e}}$ 为

$$\boldsymbol{v}_{\mathrm{e}}=\frac{\mathrm{d}\boldsymbol{r}_{M'}}{\mathrm{d}t}=\dot{\boldsymbol{r}}_{O'}+x'\dot{\boldsymbol{i}}'+y'\dot{\boldsymbol{j}}'+z'\dot{\boldsymbol{k}}' \tag{7-3}$$

牵连速度是牵连点 M'的速度，该点是动系上的点，它在动系上的坐标（x'，y'，z'）是常量。

动点的绝对速度 $\boldsymbol{v}_{\mathrm{a}}$ 为

$$\boldsymbol{v}_{\mathrm{a}}=\frac{\mathrm{d}\boldsymbol{r}_{M}}{\mathrm{d}t}=\dot{\boldsymbol{r}}_{O'}+x'\dot{\boldsymbol{i}}'+y'\dot{\boldsymbol{j}}'+z'\dot{\boldsymbol{k}}'+\dot{x}'\boldsymbol{i}'+\dot{y}'\boldsymbol{j}'+{}'\boldsymbol{k}'$$

绝对速度是动点相对于定系的速度，动点在动系中的坐标（x'，y'，z'）是时间的函数，由于动系也在运动，动系的三个单位矢量的方向也在不断变化，故 $\boldsymbol{i}'$、$\boldsymbol{j}'$、$\boldsymbol{k}'$也是时间的函数。

因动点 M 和牵连点 M'仅在该瞬时重合，其他瞬时并不重合，因此 $\boldsymbol{r}_M$ 与 $\boldsymbol{r}_{M'}$ 对时间的导数是不同的。

根据绝对速度关系式结合式（7-2）和式（7-3）得

$$\boldsymbol{v}_{\mathrm{a}}=\boldsymbol{v}_{\mathrm{e}}+\boldsymbol{v}_{\mathrm{r}} \tag{7-4}$$

这表明，动点在某瞬时的绝对速度，等于它在该瞬时的牵连速度与相对速度的矢量和。这就是**点的速度合成定理**（theorem on the composition of velocities）。即动点的绝对速度矢量，可以由它的牵连速度矢量与相对速度矢量所构成的平行四边形的对角线来确定。这个四边形就称为速度平行四边形。

必须指出，在上述推导速度合成定理的过程中，并未限制动参考系（即与之相固结的刚体）作什么样的运动，因此，这个定理适用于牵连运动为刚体的任意运动的情况。

在应用速度合成定理求解具体问题时，应该注意：

（1）动点和动系的恰当选取，其原则是，必须保证动点对动系有相对运动，且相对运动应便于进行分析。

（2）对三种运动的正确分析，注意牵连运动是指刚体的运动。

（3）牵连点的确定和对三种速度的分析。

（4）三种速度有 3 个大小和 3 个方向共 6 个要素，必须已知其中 4 个要素，才能求出剩余的 2 个要素。

（5）正确画出速度平行四边形，必须确保绝对速度矢量是对角线。

【例 7-4】 如图 7-7 所示，两种曲柄摇杆机构中，已知图 7-7（a）中 O_1B 杆和该图（b）中 O_2A 杆的角速度分别为 ω_1 和 ω_2。若要分别求图 7-7（a）中 O_2A 杆和该图（b）中 O_1B 杆的角速度，试分析：①动点和动系应如何选取？②三种运动各是什么运动？③各自的速度平行四边形并将其画出。

解： 在图 7-7（a）中，取 O_1B 杆的端点 B（即滑块 B）为动点，则动系只能固

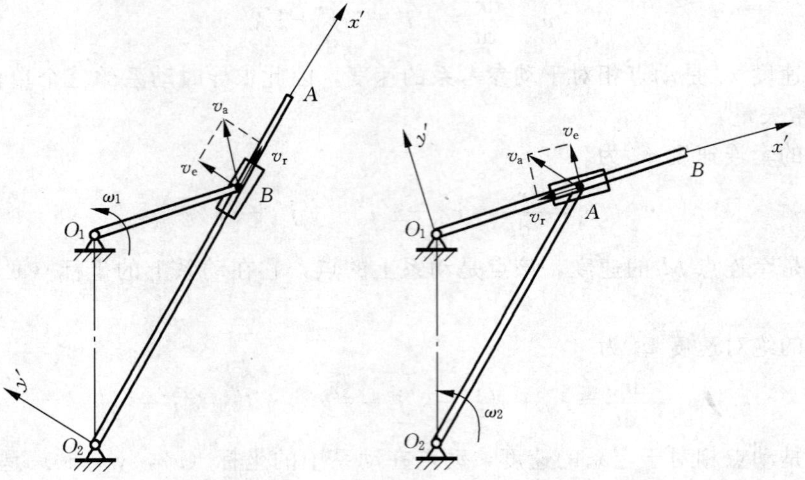

图 7-7

结在 O_2A 杆上（否则便无相对运动），静系固结在地面（一般可不画出）。显然，这时动点的相对运动是沿 O_2A 杆的直线运动；动点的绝对运动是以 O_1 为圆心、O_1B 为半径的圆周运动；牵连运动则为 O_2A 杆的定轴转动。

由对三种运动的分析结果可知，动点的绝对速度的大小 $v_a=O_1B\omega_1$，方向如图 7-7（a）所示；动点的相对速度的大小 v_r 未知，方向则沿着 O_2A 杆；在图 7-7（a）所示瞬时的牵连点为 O_2A 杆上的 B 点，因此，牵连速度的方向必垂直于 O_2A，大小 $v_e=O_2B\omega_2$ 待求。根据点的速度合成定理，由于每个速度矢量均有大小、方向两个要素，因此式中共有 6 个要素，现已知 4 个要素，故可作出速度平行四边形如图 7-7（a）所示。注意，$\boldsymbol{v}_a$ 应是对角线。

同理，对图 7-7（b），可取 O_2A 杆的端点 A（即滑块 A）为动点，则动系只能固结在 O_1B 杆上。这时，相对运动是沿 O_1B 杆的直线运动；动点的绝对运动是以 O_2 为圆心、O_2A 为半径的圆周运动；牵连运动则为 O_1B 杆的定轴转动。牵连点为 O_1B 杆上的 A 点。由于 $\boldsymbol{v}_a$ 大小、方向已知，$\boldsymbol{v}_e$ 的方向已知、大小未知，$\boldsymbol{v}_r$ 的方向已知、大小未知，故可据此画出速度平行四边形如图 7-7（b）所示。

由本例的分析可见，具体解题时，一般可选两个构件的连接点为动点，因此，必须具体说明是哪一个构件上的点。动点选定以后，则动系必须固结在另一个构件上，否则动点便无相对运动。另外，动点和动系的选取，应尽量使相对运动的分析既简单又方便。例如，本例图 7-7（a）中，动点也可选 O_2A 杆上的 B 点（不是滑块 B），则动系应固结在 O_1B 杆上，但在分析相对运动时，就不如题中的选法那么直接和方便。

【例 7-5】 如图 7-8 所示的摇杆机构中，滑杆 AB 以匀速 $\boldsymbol{u}$ 向上移动，$OC=l$，$OD=b$。若初瞬时摇杆 OC 水平，求在任一瞬时，摇杆 OC 的角速度和 C 点的速度。

解： 取 AB 杆的端点 A（即滑块 A）为动点，则动系应固结在 OC 杆上。于是，

相对运动为沿 OC 的直线运动，绝对运动为铅直方向的直线运动，牵连运动为 OC 杆的定轴转动。因此，$\boldsymbol{v}_a$ 的大小 $v_a=u$，方向则铅直向上；$\boldsymbol{v}_r$ 的方向沿 OC，大小未知；在图示的瞬时，OC 杆上的 A 点为牵连点，故 $\boldsymbol{v}_e$ 的方向垂直于 OC，大小未知。根据式（7-4），可画出速度平行四边形。由几何关系，可得

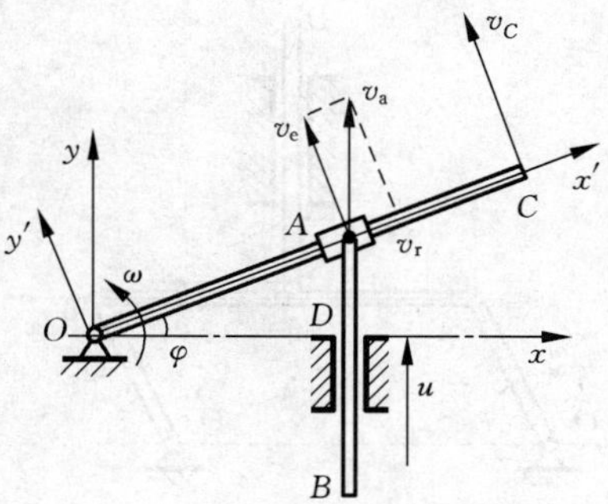

图 7-8

$$v_e=v_a\cos\varphi=u\frac{OD}{OA}=\frac{bu}{\sqrt{b^2+ut^2}}$$

于是，OC 杆的角速度

$$\omega=\frac{v_e}{OA}=\frac{bu}{b^2+u^2t^2}$$

转向如图所示。C 点的速度

$$v_C=l\omega=\frac{lbu}{b^2+u^2t^2}$$

方向如图 7-8 所示。

【例 7-6】 如图 7-9 所示，半径为 R，偏心距为 e 的凸轮，以匀角速度 ω 绕 O 轴转动，并使滑槽内的直杆 AB 上下移动，设 OAB 在一条直线上，某瞬时轮心 C 与 O 的连线水平如图，试求在图 7-9 所示位置，杆 AB 的速度。

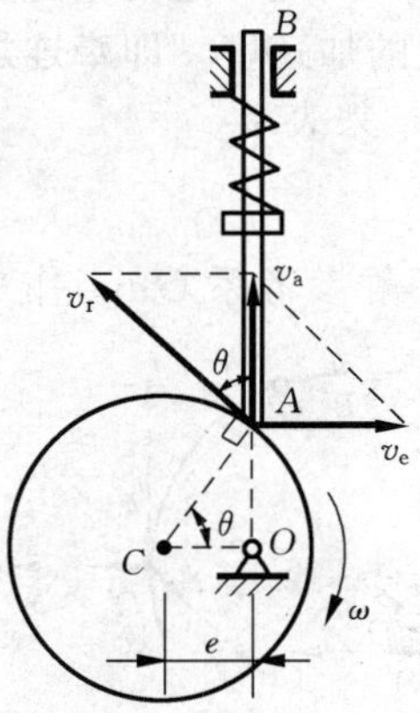

图 7-9

解： 由于杆 AB 作平移，所以研究杆 AB 的运动只需研究其上 A 点的运动即可。因此选杆 AB 上的 A 点为动点，凸轮为动系，地面为静系。

动点 A 的绝对运动是上下直线运动；相对运动为以凸轮中心 C 为圆心的圆周运动，即沿凸轮边缘的圆周运动；牵连运动为凸轮绕 O 轴的定轴转动，作速度的平行四边形如图 7-9 所示。

动点 A 的牵连速度为

$$v_e=\omega OA$$

动点 A 的绝对速度为

$$v_a=v_e\cot\theta=\omega OA\frac{e}{OA}=\omega e$$

【例 7-7】 如图 7-10 所示的铰接四边形机构中，$O_1A=O_2B=10\text{cm}$，又 $O_1O_2=AB$。当杆 O_1A 以匀角速度 $\omega=2\text{rad/s}$ 绕 O_1 轴转动时，由 AB 杆推动顶杆 CD 沿直导槽上下移动。求当 $\varphi=60°$时，顶杆 CD 端点 D 的速度。

解： 由于顶杆 CD 沿铅直方向作平移，若求得顶杆上 C 点的速度，便可得到顶杆上所有各点的速度。因此，可取 CD 杆的端点 C 为动点，则动系应固结在 AB 杆上。这时，动点的相对运动为沿 AB 的直线运动，绝对运动为沿铅直方向的直线运动，牵连运动为 AB 杆的运动。因为 $O_1A=O_2B$，$O_1O_2=AB$，所以 O_1ABO_2 恒为四边形，故 AB 杆作平移，即牵连运动为 AB 杆的平移。

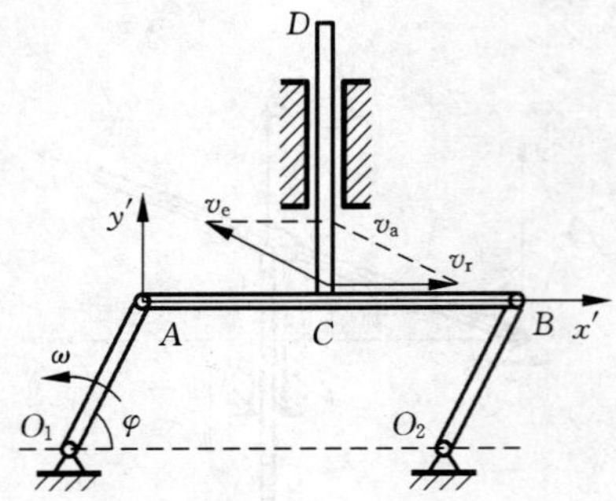

图 7-10

于是，动点的绝对速度沿铅直方向，大小待求；相对速度沿 AB 方向，大小未知；牵连点为 AB 杆上的 C 点，因 AB 杆作平移，在同一瞬时，其上所有各点具有完全相同的速度，而 AB 杆上 A 点速度的大小、方向已知，故 $\boldsymbol{v}_C=\boldsymbol{v}_A$，因此，牵连速度的大小 $v_e=v_A=O_1A\omega$，方向则垂直于 O_1A 而指向 ω 转动的一方。据此，可画出速度平行四边形如图 7-10 所示。由几何关系可解得

$$v_a=v_e\cos60°=O_1A\omega\cos60°=10\text{cm/s}$$

方向如图 7-10 所示。顶杆端点 D 的速度大小和方向与 $\boldsymbol{v}_a$ 完全相同。

7.3　牵连运动为平移时点的加速度合成

7.3.1　绝对加速度、相对加速度和牵连加速度

动点相对于静参考系的运动加速度，称为动点的**绝对加速度**（absolute acceleration），通常以符号 $\boldsymbol{a}_a$ 来表示。动点相对于动参考系的运动加速度，称为动点的**相对加速度**（relative acceleration），通常以符号 $\boldsymbol{a}_r$ 来表示。与牵连速度类似，由于牵连运动是刚体的运动，在一般情况下，其上各点的运动是不相同的，因此，通常不笼统提牵连加速度。要说牵连加速度就必须指明是动参考系上哪个点的加速度。即**牵连加速度**（transport acceleration）是牵连点的加速度。通常以符号 $\boldsymbol{a}_e$ 来表示。

7.3.2　牵连运动为平移时点的加速度合成定理

设动点 M 按一定规律沿曲线 AB 运动，而 AB 曲线又相对于静参考系 $Oxyz$ 作平移，如图 7-11 所示。若把动参考系 $O'x'y'z'$ 固结在曲线 AB 上，则牵连运动就是 AB 曲线的平移。

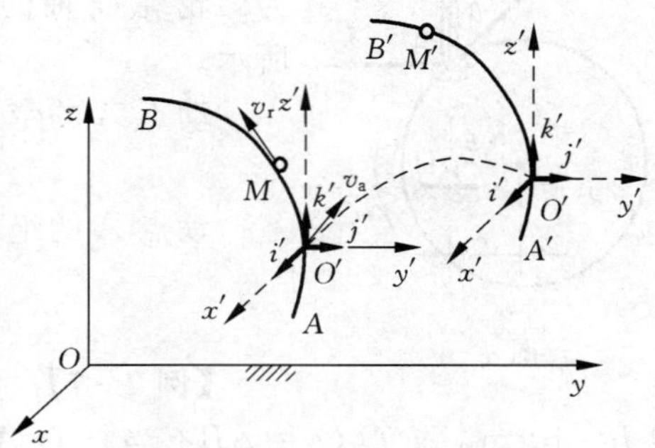

图 7-11

由于动参考系作平移，因此，在同一瞬时，动系上所有各点的速度完全相同。即在任一瞬时，动系上牵连点的速度都与动参考系坐标原点 O' 的速度相同，有

$$\boldsymbol{v}_e=\boldsymbol{v}_{O'}$$

而相对速度可表示为

$$\boldsymbol{v}_r=v_{rx'}\boldsymbol{i}'+v_{ry'}\boldsymbol{j}'+v_{rz'}\boldsymbol{k}'$$

式中：$\boldsymbol{i}'$、$\boldsymbol{j}'$、$\boldsymbol{k}'$ 为动参考系中沿各轴正向的单位矢量。

于是，由点的速度合成定理可得

$$\boldsymbol{v}_a=\boldsymbol{v}_{O'}+(v_{rx'}\boldsymbol{i}'+v_{ry'}\boldsymbol{j}'+v_{rz'}\boldsymbol{k}')$$

注意到由于动参考系作平移，因此动系中各坐标轴单位矢量的大小和方向均不随时间变化，即 $\boldsymbol{i}'$、$\boldsymbol{j}'$、$\boldsymbol{k}'$ 均为常矢量。于是，由动点绝对加速度的定义，有

$$\boldsymbol{a}_{\mathrm{a}}=\frac{\mathrm{d}\boldsymbol{v}_{\mathrm{a}}}{\mathrm{d}t}=\frac{\mathrm{d}\boldsymbol{v}_{O'}}{\mathrm{d}t}+\left(\frac{\mathrm{d}v_{\mathrm{r}x'}}{\mathrm{d}t}\boldsymbol{i}'+\frac{\mathrm{d}v_{\mathrm{r}y'}}{\mathrm{d}t}\boldsymbol{j}'+\frac{\mathrm{d}v_{\mathrm{r}z'}}{\mathrm{d}t}\boldsymbol{k}'\right)$$

由于动系平移时，动系上所有各点在同一瞬时的加速度都相同，即有

$$\frac{\mathrm{d}\boldsymbol{v}_{O'}}{\mathrm{d}t}=\boldsymbol{a}_{O'}=\boldsymbol{a}_e$$

是动点的牵连加速度。而

$$\frac{\mathrm{d}v_{\mathrm{r}x'}}{\mathrm{d}t}\boldsymbol{i}'+\frac{\mathrm{d}v_{\mathrm{r}y'}}{\mathrm{d}t}\boldsymbol{j}'+\frac{\mathrm{d}v_{\mathrm{r}z'}}{\mathrm{d}t}\boldsymbol{k}'=\boldsymbol{a}_{\mathrm{r}}$$

是动点的相对加速度。因此，由上述几式可得

$$\boldsymbol{a}_{\mathrm{a}}=\boldsymbol{a}_{\mathrm{e}}+\boldsymbol{a}_{\mathrm{r}} \tag{7-5}$$

即当牵连运动为平移时，动点的绝对加速度等于牵连加速度与相对加速度的矢量和。这就是牵连运动为平移时点的加速度合成定理。

【例7-8】 如图7-12所示，在铰接四边形机构中，$O_1A=O_2B=10\mathrm{cm}$，又$O_1O_2=AB$。当杆O_1A以匀角速度$\omega=2\mathrm{rad/s}$绕O_1轴转动时，由AB杆推动顶杆CD沿直导槽上下移动。求当$\varphi=60°$时，顶杆上CD上D点的加速度。

解： 仍以顶杆CD的端点C为动点，动系固结在AB杆上。则动点的绝对运动和相对运动分别为铅直和水平方向的直线运动，牵连运动为AB杆的平移。根据牵连平移时的加速度合成定理，有$\boldsymbol{a}_{\mathrm{a}}=\boldsymbol{a}_{\mathrm{e}}+\boldsymbol{a}_{\mathrm{r}}$。此时$\boldsymbol{a}_{\mathrm{a}}$的方向沿$CD$直线，大小待求；$\boldsymbol{a}_{\mathrm{r}}$的方向沿$AB$直线，大小未知；牵连点为$AB$杆上的$C$点，由于$AB$杆作平移，$C$点的加速度与$A$点的加速度完全相同，而$A$点为围绕$O_1$点作匀速圆周运动，故$A$点的切向加速度$a_A^{\mathrm{t}}=0$，$A$点法向加速度的大小$\boldsymbol{a}_A^{\mathrm{n}}=O_1A\omega^2$，方向则由$A$点指向$O_1$点，于是，牵连加速度的大小$a_{\mathrm{e}}=a_A^{\mathrm{n}}=O_1A\omega^2$，方向则平行于$O_1A$且与$\boldsymbol{a}_A^{\mathrm{n}}$指向相同。据此，可画出加速度的平行四边形如图7-12所示。由几何关系可解得

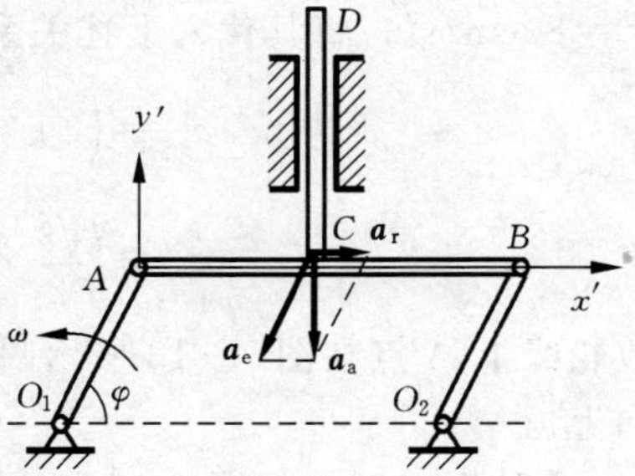

图7-12

$$a_{\mathrm{a}}=a_{\mathrm{e}}\sin60°=O_1A\omega^2\frac{\sqrt{3}}{2}=34.64\mathrm{cm/s^2}$$

其指向如图7-12所示。于是，顶杆上D点加速度的大小和方向与$\boldsymbol{a}_{\mathrm{a}}$完全相同。

【例7-9】 如图7-13所示，小车沿水平方向向右作加速运动，其加速度$a=49.28\mathrm{cm/s^2}$，车上装有一半径$r=20\mathrm{cm}$的轮子，以$\varphi=t^2$（t以s计，φ以rad计）的规律绕O_1轴转动。若在$t=1\mathrm{s}$时，轮缘上某点A的位置如图7-13所示。求此瞬时A点的绝对加速度。

解： 取轮缘的A点为动点，动系固结在小车上。则动点的相对运动是以O_1点为圆心的圆周运动，绝对运动为铅垂平面内的曲线运动（运动规律未知），牵连运动为小车的平移。于是在图7-13所示瞬时，动点绝对加速度$\boldsymbol{a}_{\mathrm{a}}$的大小、方向均未知；动点的相对加速度$\boldsymbol{a}_{\mathrm{r}}=\boldsymbol{a}_{\mathrm{r}}^{\mathrm{t}}+\boldsymbol{a}_{\mathrm{r}}^{\mathrm{n}}$，其中相对切向加速度的大小$a_{\mathrm{r}}^{\mathrm{t}}=r\alpha=r\mathrm{d}^2\varphi/\mathrm{d}t^2$，沿垂直于$O_1A$的方向而指向上方，相对法向加速度的大小$a_{\mathrm{r}}^{\mathrm{n}}=r\omega^2=r(\mathrm{d}\varphi/\mathrm{d}t)^2$，由$A$点

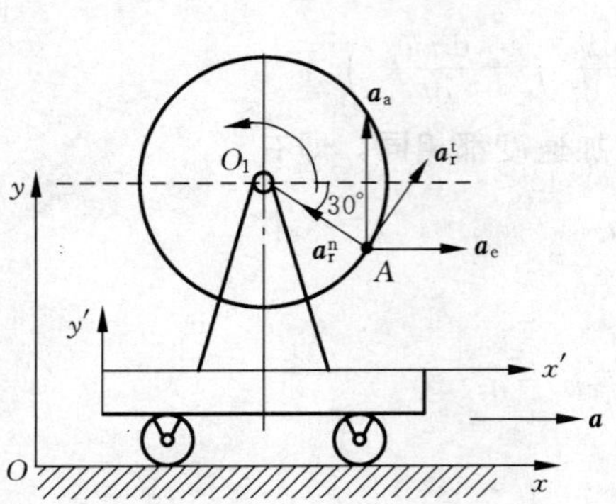

图 7-13

指向 O_1 点；此时，牵连点为动系上的 A 点，由于动系随小车作平移，故在同一瞬时，动系上所有各点的加速度完全相同，且都等于小车的加速度 $\boldsymbol{a}$，于是，牵连加速度 $\boldsymbol{a}_e=\boldsymbol{a}$。

因为牵连运动是平移，由牵连平移时的加速度合成定理即式（7-5），有

$$\boldsymbol{a}_a=\boldsymbol{a}+\boldsymbol{a}_r^\tau+\boldsymbol{a}_r^n$$

在此矢量等式中，只有两个要素（$\boldsymbol{a}_a$ 的大小和方向）未知，可以求解。

为具体求 $\boldsymbol{a}_a$，可将上述矢量关系式分别向静参考系的 x 轴和 y 轴投影，得

$$a_{ax}=a_x+a_{rx}^t+a_{rx}^n,a_{ay}=a_x+a_{ry}^t+a_{ry}^n$$

根据图示瞬时的几何关系，有

$$a_{ax}=a+a_r^t\cos60°-a_r^n\cos30°,a_{ay}=a_r^t\sin60°-a_r^n\sin30°$$

注意到 $a_r^\tau=r\mathrm{d}^2\varphi/\mathrm{d}t^2=2r$，$a_r^n=r(\mathrm{d}\varphi/\mathrm{d}t)^2=4rt^2$，在 $t=1\mathrm{s}$ 时，$a_r^\tau=40\mathrm{cm/s^2}$，$a_r^n=80\mathrm{cm/s^2}$，将其代入上述关系式中，可求得

$$a_{ax}=\left(49.28+\frac{1}{2}\times40-\frac{\sqrt{3}}{2}\times80\right)\mathrm{cm/s^2}=0$$

$$a_{ay}=\left(\frac{\sqrt{3}}{2}\times40+\frac{1}{2}\times80\right)=74.64\mathrm{cm/s^2}$$

故轮缘上 A 点在图 7-13 所示瞬时的绝对加速度的大小为 $74.64\mathrm{cm/s^2}$，方向则铅垂向上。

【例 7-10】 如图 7-14（a）所示，曲柄 OA 以匀角速度 ω 绕定轴 O 转动，丁字形杆 BC 沿水平方向往复平移，滑块 A 在铅直槽 DE 内运动，$OA=r$，曲柄 OA 与水平线夹角为 $\varphi=\omega t$，试求图 7-14（a）所示瞬时，杆 BC 的速度及加速度。

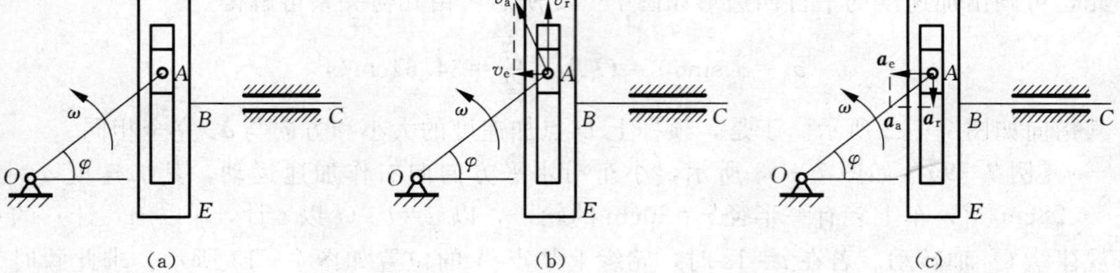

图 7-14

解： 滑块 A 为动点，丁字形杆 BC 为动系，地面为静系。动点 A 的绝对运动是绕 O 点的圆周运动；相对运动为滑块 A 在铅直槽 DE 内的直线运动；牵连运动为丁字形杆 BC 沿水平方向的往复平移。

（1）求杆 BC 的速度。作速度的平行四边形，如图 7-14（b）所示。动点 A 的绝对速度为

$$v_a = r\omega$$

杆 BC 的速度为

$$v_{BC} = v_e = v_a \sin\varphi = r\omega \sin\omega t$$

(2) 求杆 BC 的加速度。作加速度的平行四边形，如图 7-14 (c) 所示。动点 A 的绝对加速度为

$$a_a = r\omega^2$$

杆 BC 的加速度为

$$a_{BC} = a_e = a_a \cos\varphi = r\omega^2 \cos\omega t$$

7.4 牵连运动为定轴转动时点的加速度合成

当牵连运动为转动时，动点在进行加速度合成时，前面导出的式 (7-5) 是否仍然适用？为了回答这个问题，先来分析一个特例。

设一圆盘以匀角速度 ω 绕固定轴 O 顺时针转动，圆盘上有一动点 M，在盘上半径为 R 的圆槽内以匀速 v_r 相对圆盘作顺时针的圆周运动，如图 7-15所示。现在分析动点 M 对于静参考系的绝对加速度。

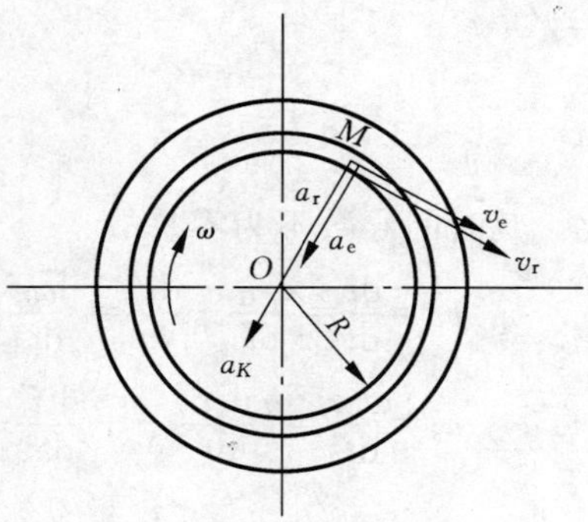

图 7-15

将动参考系固结在旋转的圆盘上。动点的相对运动为圆周运动，某瞬时位置的相对速度为图 7-15 所示的 $\boldsymbol{v}_r$；相对加速度 $\boldsymbol{a}_r = \boldsymbol{a}_r^t + \boldsymbol{a}_r^n$，相对运动为匀速运动，$\boldsymbol{a}_r^t = 0$，故 $\boldsymbol{a}_r = \boldsymbol{a}_r^n$，大小为 $a_r = a_r^n = v_r^2/R$。在图 7-15 所示的瞬时，牵连点为圆盘上与动点相重合的 M 点；牵连速度为图示的 $\boldsymbol{v}_e$，大小为 $v_e = R\omega$；牵连加速度 $\boldsymbol{a}_e = \boldsymbol{a}_e^t + \boldsymbol{a}_e^n$，圆盘作匀速转动，$a_e^t = 0$，故 $\boldsymbol{a}_e = \boldsymbol{a}_e^n$，大小为 $a_e = a_e^n = R\omega^2$。

牵连速度与相对速度同指向，根据点的速度合成定理即式 (7-4)，可得动点绝对速度的大小为

$$v_a = R\omega + v_r = \text{常量}$$

即动点的绝对运动也是匀速圆周运动。因此，动点绝对加速度的大小应为

$$a_a = \frac{v_a^2}{R} = \frac{(R\omega + v_r)^2}{R} = R\omega^2 + \frac{v_r^2}{R} + 2\omega v_r$$

其方向为半径 MO 且指向圆心 O 点。根据上面的分析，上式中右端的第一项就是牵连加速度，第二项就是相对加速度。由此可见，当牵连运动为转动时，动点的绝对加速度除了牵连加速度和相对加速度两项外，还多出了一个附加项。通过这个特例的分析即可知道，当牵连运动为转动时，动点的绝对加速度已不只等于牵连加速度与相对加速度两项的矢量和，还必须再加上一项附加加速度。这个附加加速度是由于相对运动与牵连转动的相互影响而产生的，习惯上称为科里奥利加速度，简称**科氏加速度**(Coriolis acceleration)，用 $\boldsymbol{a}_C$ 表示。可以在一般情形下证明这个结论。

设动系 $O'x'y'z'$ 以角速度 ω_e 和角加速度 a_e 绕静系 $Oxyz$ 的定轴 z 转动，动点 M 又相对于动系作相对运动，对动系 $O'x'y'z'$ 的相对矢径为 $\boldsymbol{r}'$，坐标为（x'，y'，z'）。动点相对于动系的相对速度与相对加速度分别为

$$\boldsymbol{v}_r=\frac{dx'}{dt}\boldsymbol{i}'+\frac{dy'}{dt}\boldsymbol{j}'+\frac{dz'}{dt}\boldsymbol{k}' \tag{7-6}$$

$$\boldsymbol{a}_r=\frac{d^2x'}{dt^2}\boldsymbol{i}'+\frac{d^2y'}{dt^2}\boldsymbol{j}'+\frac{d^2z'}{dt^2}\boldsymbol{k}' \tag{7-7}$$

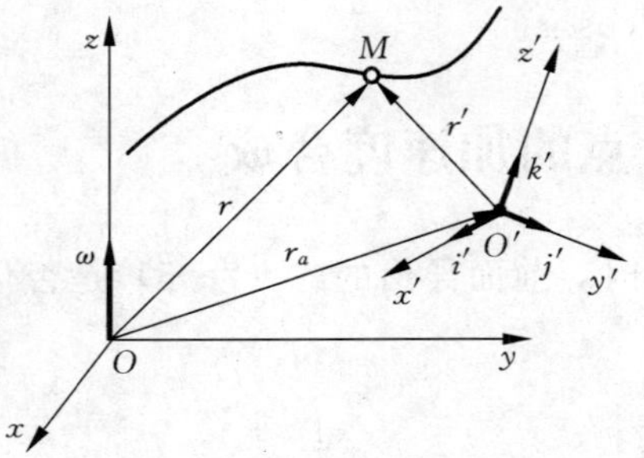

图 7-16

式中：$\boldsymbol{i}'$、$\boldsymbol{j}'$、$\boldsymbol{k}'$ 为动系中各轴正向的单位矢量。

动点 M 对静系 $Oxyz$ 的绝对矢径为 $\boldsymbol{r}$。在任意瞬时，绝对矢径 $\boldsymbol{r}$、相对矢径 $\boldsymbol{r}'$ 与动系原点 O' 对静系的矢径 $\boldsymbol{r}_{O'}$ 之间，存在如下的关系（图 7-16）：

$$\boldsymbol{r}=\boldsymbol{r}_{O'}+\boldsymbol{r}'=\boldsymbol{r}_{O'}+x'\boldsymbol{i}'+y'\boldsymbol{j}'+z'\boldsymbol{k}' \tag{7-8}$$

将式（7-8）两端分别对时间求一阶和二阶导数，将分别得到绝对速度和绝对加速度。注意动系的单位矢量 $\boldsymbol{i}'$、$\boldsymbol{j}'$、$\boldsymbol{k}'$ 均随动系一起绕定轴 z 转动，它们的大小虽然不变，但方向却随时间在不断变化，其时间导数不为零。故

$$\boldsymbol{v}_a=\frac{d\boldsymbol{r}}{dt}=\frac{d\boldsymbol{r}_{O'}}{dt}+\frac{d\boldsymbol{r}'}{dt}=\frac{d\boldsymbol{r}_{O'}}{dt}+x'\frac{d\boldsymbol{i}'}{dt}+y'\frac{d\boldsymbol{j}'}{dt}+z'\frac{d\boldsymbol{k}'}{dt}+\frac{dx'}{dt}\boldsymbol{i}'+\frac{dy'}{dt}\boldsymbol{j}'+\frac{dz'}{dt}\boldsymbol{k}' \tag{7-9}$$

$$\begin{aligned}\boldsymbol{a}_a=\frac{d^2\boldsymbol{r}}{dt^2}&=\left(\frac{d^2\boldsymbol{r}_{O'}}{dt^2}+x'\frac{d^2\boldsymbol{i}'}{dt^2}+y'\frac{d^2\boldsymbol{j}'}{dt^2}+z'\frac{d^2\boldsymbol{k}'}{dt^2}\right)\\&+\left(\frac{d^2x'}{dt^2}\boldsymbol{i}'+\frac{d^2y'}{dt^2}\boldsymbol{j}'+\frac{d^2z'}{dt^2}\boldsymbol{k}'\right)+2\left(\frac{dx'}{dt}\frac{d\boldsymbol{i}'}{dt}+\frac{dy'}{dt}\frac{d\boldsymbol{j}'}{dt}+\frac{dz'}{dt}\frac{d\boldsymbol{k}'}{dt}\right)\end{aligned} \tag{7-10}$$

由式（7-7）可知，式（7-10）第二个括号内的项即表示动点的相对加速度 $\boldsymbol{a}_r$。下面对第一个括号内的项进行分析。

由于牵连点是动系上与动点相重合的点，则它对静系的矢径应与动点对静系的矢径完全相同，即矢径仍由式（7-8）确定。但因为牵连点是动系上的点，这里不存在相对运动，故牵连点在动系的坐标 x'、y'、z' 对时间的导数为零。动系是转动的，故 $\boldsymbol{i}'$、$\boldsymbol{j}'$、$\boldsymbol{k}'$ 对时间的导数却不为零。对式（7-8）求导，则牵连速度和牵连加速度分别为

$$\boldsymbol{v}_e=\frac{d\boldsymbol{r}_{O'}}{dt}+x'\frac{d\boldsymbol{i}'}{dt}+y'\frac{d\boldsymbol{j}'}{dt}+z'\frac{d\boldsymbol{k}'}{dt} \tag{7-11}$$

$$\boldsymbol{a}_e=\frac{d^2\boldsymbol{r}_{O'}}{dt^2}+x'\frac{d^2\boldsymbol{i}'}{dt^2}+y'\frac{d^2\boldsymbol{j}'}{dt^2}+z'\frac{d^2\boldsymbol{k}'}{dt^2} \tag{7-12}$$

这就说明了式（7-10）中第一个括号内的项表示动点的牵连加速度 $\boldsymbol{a}_e$。式（7-10）右端第三个括号内的项，实际上就是前面提到的附加加速度。

根据泊桑公式有

$$\frac{d\boldsymbol{i}'}{dt}=\boldsymbol{\omega}_e\times\boldsymbol{i}',\frac{d\boldsymbol{j}'}{dt}=\boldsymbol{\omega}_e\times\boldsymbol{j}',\frac{d\boldsymbol{k}'}{dt}=\boldsymbol{\omega}_e\times\boldsymbol{i}' \tag{7-13}$$

并注意到式（7－10），导出

$$\frac{\mathrm{d}x'}{\mathrm{d}t}\frac{\mathrm{d}\boldsymbol{i}'}{\mathrm{d}t}+\frac{\mathrm{d}y'}{\mathrm{d}t}\frac{\mathrm{d}\boldsymbol{j}'}{\mathrm{d}t}+\frac{\mathrm{d}z'}{\mathrm{d}t}\frac{\mathrm{d}\boldsymbol{k}'}{\mathrm{d}t}=\frac{\mathrm{d}x'}{\mathrm{d}t}(\boldsymbol{\omega}_{\mathrm{e}}\times\boldsymbol{i}')+\frac{\mathrm{d}y'}{\mathrm{d}t}(\boldsymbol{\omega}_{\mathrm{e}}\times\boldsymbol{j}')+\frac{\mathrm{d}z'}{\mathrm{d}t}(\boldsymbol{\omega}_{\mathrm{e}}\times\boldsymbol{k}')$$

$$=\boldsymbol{\omega}_{\mathrm{e}}\times\left(\frac{\mathrm{d}x'}{\mathrm{d}t}\boldsymbol{i}'+\frac{\mathrm{d}y'}{\mathrm{d}t}\boldsymbol{j}'+\frac{\mathrm{d}z'}{\mathrm{d}t}\boldsymbol{k}'\right)=\boldsymbol{\omega}_{\mathrm{e}}\times\boldsymbol{v}_{\mathrm{r}} \tag{7-14}$$

故式（7－10）右端第三个括号内的项即是前面讨论例子中的附加加速度即科氏加速度。由此得出

$$\boldsymbol{a}_{\mathrm{C}}=2\boldsymbol{\omega}_{\mathrm{e}}\times\boldsymbol{v}_{\mathrm{r}} \tag{7-15}$$

由式（7－10）可得动点的绝对加速度为

$$\boldsymbol{a}_{\mathrm{a}}=\boldsymbol{a}_{\mathrm{r}}+\boldsymbol{a}_{\mathrm{e}}+\boldsymbol{a}_{\mathrm{C}} \tag{7-16}$$

式（7－16）为牵连运动为转动时点的加速度合成定理：当牵连运动为转动时，动点的绝对加速度，等于该瞬时动点的牵连加速度、相对加速度与科氏加速度的矢量和。

科氏加速度的出现，是由于牵连运动与相对运动相互影响的结果。根据矢积的定义，由式（7－15）可知，科氏加速度的大小为

$$a_{\mathrm{C}}=2\omega_{\mathrm{e}}v_{\mathrm{r}}\sin\theta \tag{7-17}$$

式中：θ 为 ω_{e} 和 $\boldsymbol{v}_{\mathrm{r}}$ 两矢量间的最小夹角。

科氏加速度的方位与 $\boldsymbol{\omega}_{\mathrm{e}}$ 和 $\boldsymbol{v}_{\mathrm{r}}$ 所构成的平面相垂直，指向则按右手法则确定，如图 7－17 所示。

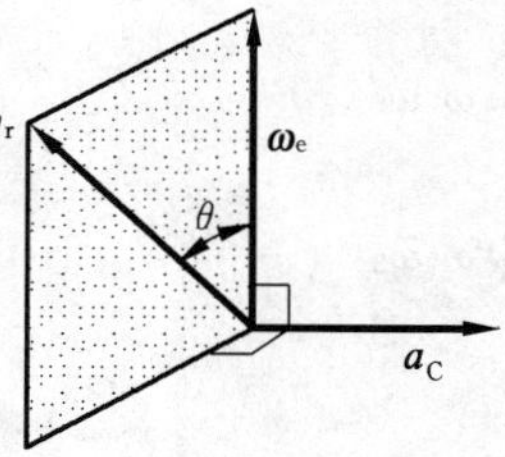

图 7－17

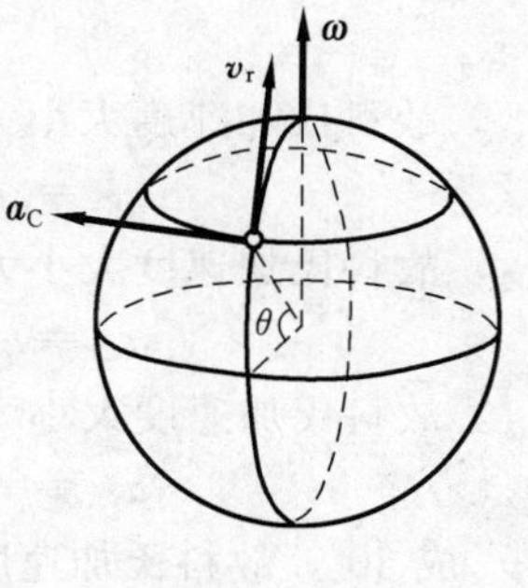

图 7－18

显然，当 θ 为 0°或 180°时，$\boldsymbol{v}_{\mathrm{r}}//\boldsymbol{\omega}_{\mathrm{e}}$，即当动点沿平行于动系的转轴作相对运动时，$a_{\mathrm{C}}=0$。由于地球本身绕地轴自转，因而在地球表面相对地球运动的物体，只要其速度方向不与地轴平行，则一定有科氏加速度，如图 7－18 所示。

科氏加速度在自然现象中是有所表现的。例如，在北半球，河水向北流动时，河水的科氏加速度 $\boldsymbol{a}_{\mathrm{C}}$ 向西，即指向左侧，如图 7－18 所示。由动力学可知，有向左的加速度，河水必受有右岸对水的向左的作用力。根据作用与反作用定律，河水必对右岸有反作用力。北半球的江河，其右岸都受有较明显的冲刷，这是地理学中的一项规律。

可以证明，当牵连运动为刚体的其他更复杂的运动时，动点的加速度合成关系仍适用。

【例 7－11】 半径为 r 的转子相对于支承框架以匀角速度 ω_1 绕水平轴 Ⅰ—Ⅰ 转动，此轴连同框架又以匀角速度 ω_2 相对于固定铅垂轴 Ⅱ—Ⅱ 转动，如图 7－19（a）所示。

试求转子边缘上 A、B、C、D 四点在图示位置时的科氏加速度。

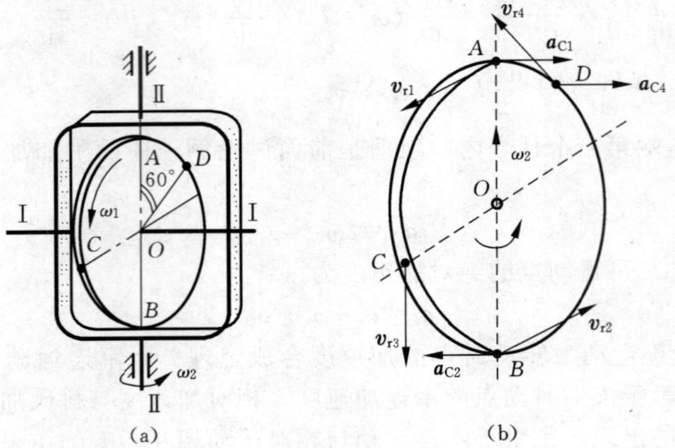

图 7-19

解：分别取 A、B、C、D 各点为动点，动系固结在框架上。则各点的相对运动都是匀速圆周运动，绝对运动为空间曲线运动，牵连运动为框架的定轴转动。由已知条件，牵连角速度大小 $\omega_e=\omega_2$，指向则沿铅垂轴Ⅱ—Ⅱ向上；各点相对速度的大小相等，均为 $v_r=r\omega_1$，方向则如图 7-19（b）所示。利用式（7-15），可计算各点科氏加速度。

A 点，因 $\boldsymbol{\omega}_2\perp\boldsymbol{v}_{r1}$，故科氏加速度大小为

$$a_{C1}=2\omega_2 v_{r1}=2r\omega_1\omega_2$$

B 点，因 $\boldsymbol{\omega}_2\perp\boldsymbol{v}_{r2}$，故科氏加速度大小为

$$a_{C2}=2\omega_2 v_{r2}=2r\omega_1\omega_2$$

C 点，因 $\boldsymbol{\omega}_2//\boldsymbol{v}_{r3}$，故科氏加速度大小为

$$a_{C3}=0$$

D 点，因 $\boldsymbol{\omega}_2$ 与 $\boldsymbol{v}_{r4}$ 成 30°，故科氏加速度大小为

$$a_{C4}=2\omega_2 v_{r4}\sin30=r\omega_1\omega_2$$

方向则由右手法则知，如图 7-19（b）所示。

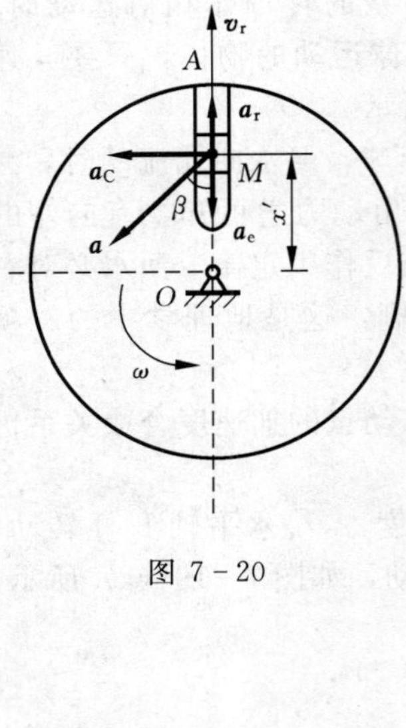

图 7-20

【例 7-12】 圆盘以匀角速度 $\omega=4\text{rad/s}$ 绕定轴 O 转动，滑块 M 按 $x'=2t^2$（x'单位为 cm）的规律沿圆盘上径向滑槽 OA 滑动，如图 7-20 所示。求当 $t=1\text{s}$ 时，滑块 M 的绝对加速度。

解：以滑块 M 为动点，动系固结在圆盘上，则动点的相对运动为沿 OA 的直线运动，绝对运动为平面螺线运动，牵连运动为圆盘的定轴转动。已知 M 点的相对运动方程 $x'=2t^2$，故动点在 $t=1\text{s}$ 时位于 OA 上的 $OM=x'=2\text{cm}$ 处；相对速度的大小 $v_r=\mathrm{d}x'/\mathrm{d}t=4t$，在 $t=1\text{s}$ 时，$v_r=4\text{cm/s}$，由 v_r 为正值，故 v_r 的方向沿 OM 向外；相对加速度的大小 $a_r=\mathrm{d}^2x'/\mathrm{d}t^2=4\text{cm/s}^2$，$a_r$ 为正值，故方向

亦沿 OM 向外。绝对加速度的大小、方向均待求。牵连点为圆盘上的 M 点，因此牵连加速度 $\boldsymbol{a}_e=\boldsymbol{a}_e^t+\boldsymbol{a}_e^n$，由于圆盘匀速转动，故 $\boldsymbol{a}_e^t=0$，$\boldsymbol{a}_e=\boldsymbol{a}_e^n$，其大 $a_e=a_e^n=OM\omega^2=x'\omega^2=2t^2\omega^2$，在 $t=1$s 时，$a_e=32\text{cm/s}^2$，方向由 M 点指向轴心 O 点。$\omega_e=\omega$ 垂直于盘面向外，科氏加速度由式（7-15）确定，a_C 的大小 $a_C=2\omega v_r$，在 $t=1$s 时，$a_C=32\text{cm/s}^2$，方向垂直于 OA 指向左方。根据式（7-20），由图 7-20 所示加速度矢量的几何关系，可求得滑块 M 在 $t=1$s 时的绝对加速度大小为

$$a_a=\sqrt{(a_e-a_r)^2+a_C^2}=\sqrt{(32-4)^2+32^2}\,\text{cm/s}^2=42.5\text{cm/s}^2$$

它与半径 OA 方向的夹角为

$$\beta=\arctan\frac{a_C}{a_e-a_r}=\arctan\frac{8}{7}=48°49'$$

方向如图 7-20 所示。

【例 7-13】 已知曲柄 $OA=r$，距离 $OO_1=l$，曲柄 OA 以匀角速度 ω 转动。求当曲柄 OA 在水平向右的位置时摇杆 O_1B 的角速度 ω_1，摇杆 O_1B 的角加速度 α_1。

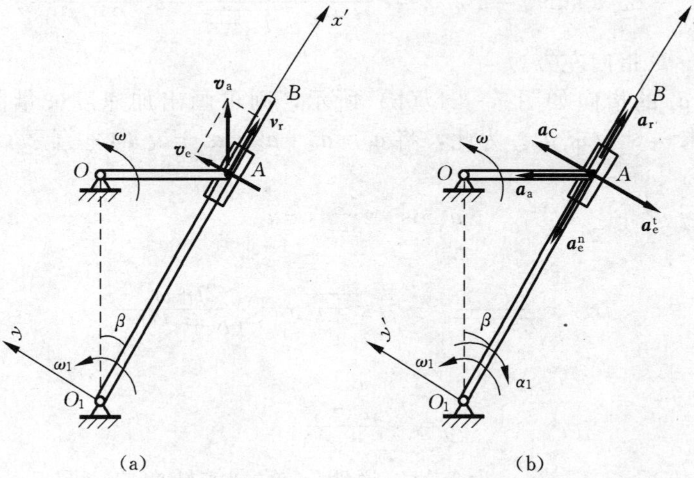

图 7-21

解： 取 OA 杆的端点 A 为动点，则动系应固结在 O_1B 杆上。于是，动点的相对运动为沿 O_1B 的直线运动，绝对运动为以 O 为圆心的圆周运动，牵连运动为 O_1B 杆的定轴转动。因此，动点绝对速度的大小 $v_a=r\omega$，方向垂直于 OA 而指向 ω 转动的一方；相对速度的方向沿 O_1B，大小未知；牵连点为 O_1B 杆上的 A 点，故牵连速度的方向垂直于 O_1B，大小未知。据此可画出速度平行四边形如图 7-21（a）所示。由几何关系可得

$$v_e=v_a\sin\beta,\ v_r=v_a\cos\beta$$

又由于 $v_e=O_1A\omega_1$，故有

$$\omega_1=\frac{v_e}{O_1A}=\frac{v_a}{O_1A}\sin\beta=\frac{r\omega}{O_1A}\sin\beta$$

由图 7-21 可知

$$O_1A==\sqrt{l^2+r^2},\sin\beta=\frac{r}{\sqrt{r^2+l^2}}$$

代入以上关系式，可求得

$$\omega_1=\frac{r\omega}{O_1A}\sin\beta=\frac{r^2\omega}{l^2+r^2}$$

仍以 OA 杆 A 点为动点，动系固结在 O_1B 杆上。三种运动和三种速度的分析同上。因曲柄 OA 以匀角速度 ω 转动，故 $\boldsymbol{a}_a^t=0$，$\boldsymbol{a}_a=\boldsymbol{a}_a^n$，大小为 $a_a=a_a^n=r\omega^2$，方向则由 A 点指向 O 点。相对运动是沿 O_1B 的直线运动，由上面速度计算可知：$v_r=rl\omega/\sqrt{l^2+r^2}$方向沿 O_1B 指向上方，相对加速度 $\boldsymbol{a}_r$ 的大小未知，方向沿 O_1B 直线。由于牵连点作以 O_1 点为圆心的圆周运动，故牵连加速度 $\boldsymbol{a}_e=\boldsymbol{a}_e^t+\boldsymbol{a}_e^n$，其中 $\boldsymbol{a}_e^t$ 的大小 $a_e^t=O_1A_1\alpha_1$，方向垂直于 O_1B，a_e^n 的大小 $a_e{}^n=O_1A\omega^2$，方向则由 A 点指向 O_1 点。如图 7-21 所示。由上面计算可得，$\omega_1=r^2\omega/(l^2+r^2)$，$\omega_1$ 矢量垂直于纸面朝外。科氏加速度可根据式（7-19）求得大小为

$$a_C=2\omega_1v_r\sin90°=2\omega_1v_r=2\,\frac{r^2\omega}{l^2+r^2}\frac{rl\omega}{\sqrt{l^2+r^2}}=2\,\frac{lr^3\omega^2}{(l^2+r^2)^{3/2}}$$

方向则垂直于 O_1B 指向左方。

若设 $\boldsymbol{a}_r$ 与 $\boldsymbol{a}_e^t$ 的指向如图 7-21（b）所示，则可画出加速度矢量图如图 7-21（b）所示。为求 α_1，应求 $\boldsymbol{a}_e^t$。为此，将 $\boldsymbol{a}_a=\boldsymbol{a}_e^t+\boldsymbol{a}_e^n+\boldsymbol{a}_r+\boldsymbol{a}_C$ 向垂直于 O_1B 的方向投影，得

$$a_a\cos\beta=-a_e^t+a_C$$

即

$$r\omega^2\,\frac{l}{\sqrt{l^2+r^2}}=-\sqrt{l^2+r^2}\alpha_1+\frac{2lr^3\omega^2}{(l^2+r^2)^{3/2}}$$

解得

$$\alpha_1=\frac{lr(r^2-l^2)}{(l^2+r^2)^2}\omega^2$$

由于（r^2-l^2）<0，故 α_1 为负值，说明 α_1 的真实转向应与图 7-21（*b*）中 α_1 的转向相反，即为逆时针转向。

【例 7-14】 半径为 R，偏心距为 e 的凸轮，以匀角速度 ω 绕 O 轴转动，并使滑槽内的直杆 AB 上下移动，设 OAB 在一条直线上，试求在图示轮心 C 与 O 轴在水平位置时，杆 AB 的速度及加速度。

解：由于杆 AB 作平移，所以研究杆 AB 的运动只需研究其上 A 点的运动即可。因此选杆 AB 上的 A 点为动点，凸轮为动系，地面为静系。动点 A 的绝对运动是直杆 AB 的上下直线运动；相对运动为凸轮的轮廓线，即沿凸轮边缘的圆周运动；牵连运动为凸轮绕 O 轴的定轴转动，作速度的平行四边形如图 7-22（a）所示。

动点 A 的牵连速度为

$$v_e=\omega OA$$

动点 A 的绝对速度为

$$v_a=v_e\cot\theta=\omega OA\,\frac{e}{OA}=\omega e$$

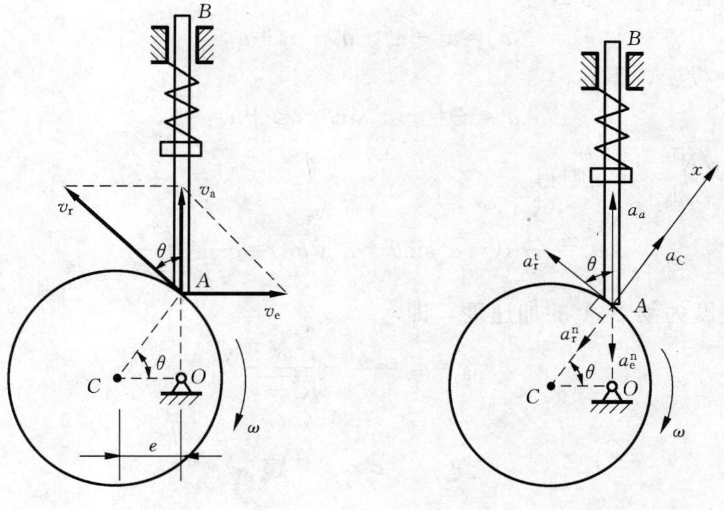

（a）　　　　（b）

图 7-22

杆 AB 的速度为动点 A 的速度，即

$$v_{AB}=v_B=\omega e$$

动点 A 的相对速度为

$$v_r=\frac{v_a}{\cos\theta}=\frac{\omega eR}{e}=\omega R$$

下面分析加速度：

杆 AB 上的 A 点为动点，凸轮为动系，地面为定系。应用牵连运动为定轴转动时点的加速度合成定理，即

$$\boldsymbol{a}_a=\boldsymbol{a}_e+\boldsymbol{a}_r+\boldsymbol{a}_C$$

动点 A 的绝对加速度 a_a：由于动点 A 的绝对运动是作直线运动，故其加速度的方向是已知的，大小是未知的。

动点 A 的相对加速度 a_r：动点 A 的相对运动是沿凸轮边缘的圆周运动，故其加速度分为切向加速度 a_r^t 和法向加速度 a_r^n。
由上面计算的相对速度 v_r 知相对加速度的法向加速度 a_r^n 为

$$a_r^n=\frac{v_r^2}{R}=\omega^2 R$$

相对加速度的切向加速度 a_r^t 的方向沿圆轮的切线，指向任意；a_r^t 的大小是未知的。

牵连加速度 a_e：因为凸轮以匀角速度 ω 绕 O 轴转动，所以牵连加速度为法向加速度 a_e^n，切向加速度 $\boldsymbol{a}_e^t=0$，即

$$a_e=a_e^n=OA\omega^2=\sqrt{R^2-e^2}\,\omega^2$$

科氏加速度 a_C，大小为

$$a_C=2\omega v_r=2\omega^2 R$$

方向按右手螺旋法则来确定，如图 7-22（b）所示。

加速度合成定理可进一步写成

$$\boldsymbol{a}_a=\boldsymbol{a}_e^t+\boldsymbol{a}_e^n+\boldsymbol{a}_r^t+\boldsymbol{a}_r^n+\boldsymbol{a}_C$$

将上式向 x 轴投影，得

$$a_a\sin\theta=-a_e^n\sin\theta-a_r^n+a_C$$

其中，$\sin\theta=\frac{\sqrt{R^2-e^2}}{R}$，则得

$$a_a=\frac{1}{\sin\theta}(-a_e^n\sin\theta-a_r^n+a_C)=\frac{e^2\omega^2}{\sqrt{R^2-e^2}}$$

杆 AB 的加速度为动点 A 的加速度，即

$$a_{AB}=a_B==\frac{e^2\omega^2}{\sqrt{R^2-e^2}}$$

思 考 题

7-1 试用合成运动的概念分析思 7-1 图中所指定点 M 的运动，先确定动坐标系，并说明绝对运动、相对运动和牵连运动，画出动点在思 7-1 图所示位置的绝对速度、相对速度和牵连速度。

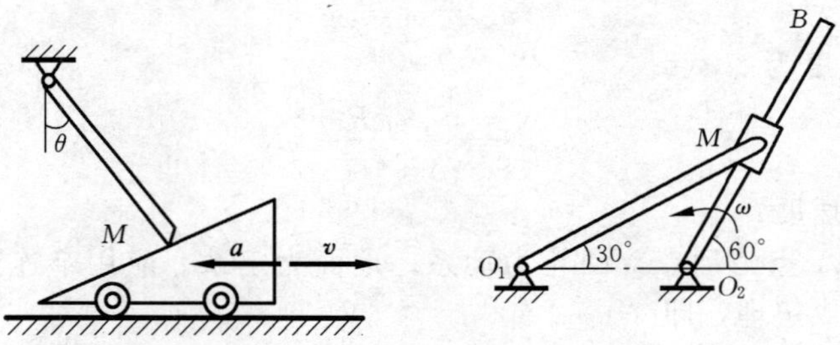

思 7-1 图

7-2 下列说法是否正确？为什么？

(1) 牵连速度是动坐标系相对于静坐标系的速度。

(2) 牵连速度是动坐标系上任一点相对于静坐标系的速度。

7-3 为什么坐在行驶的汽车中，看到后面超车的汽车较实际速度慢？而看到对面驶来的汽车速度较实际速度快？试说明之。

7-4 为什么牵连运动为平移时，没有科氏加速度？试述科氏加速度产生的原因。是否只要牵连运动为定轴转动，就必定有科氏加速度。

7-5 如思 7-5 图所示，半径为 R 的圆轮以角速度 $\omega=$常数沿固定水平面作无滑动的滚动，OA 杆可绕 O 轴作定轴转动，并靠在圆轮上。若选轮心 C 为动点，OA 杆为动系，指出下列答案中哪个是正确的。

(1) $\boldsymbol{v}_e\begin{cases}v_e=OB\cdot\omega_{OA}\\ v_e\perp OB\end{cases}$，(2) $\boldsymbol{v}_e\begin{cases}v_e=OC\cdot\omega_{OA}\\ v_e\perp OC\end{cases}$，(3) $\boldsymbol{v}_e\begin{cases}v_e=R\omega\\ v_e/\!/OA\end{cases}$，(4) $\boldsymbol{v}_e\begin{cases}v_e=R\omega\\ v_e\perp BC\end{cases}$

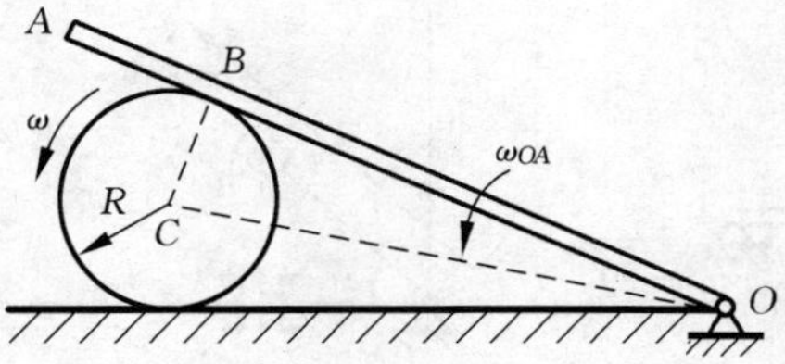

思 7-5 图

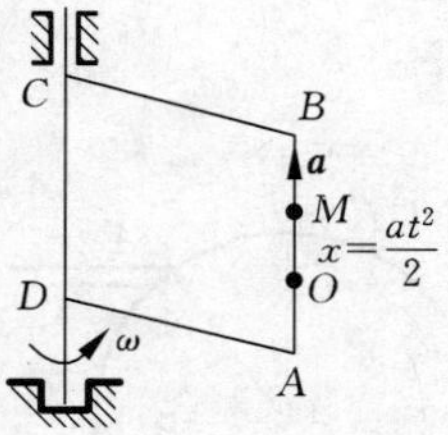

思 7-6 图

7-6　如思 7-6 图所示，已知 M 点以 $x=\frac{at^2}{2}$ 沿 AB 边运动，而 $ABCD$ 绕 CD 边以匀角速度 ω 转动，$CD=AB$。求 M 点的绝对加速度。

解： $a_r=\frac{dx^2}{dt^2}=a$，$a_C=0$（$\boldsymbol{\omega}//\boldsymbol{v}_r$），$a_e=\frac{dv_e}{dt}=0$

M 点的绝对加速度为 $a_a=a_r=a$

试问上述计算对不对？若有错，错在哪里？

习　　题

7-1　如题 7-1 图所示，点 M 在平面 $Ox'y'$ 中运动，运动方程为

$$x'=40(1-\cos t),y'=40\sin t$$

t 以 s 计，x'、y' 以 mm 计，平面 $Ox'y'$ 绕 O 轴转动，其转动方程为 $\varphi=t$（rad），试求点 M 的相对运动轨迹和绝对运动轨迹。

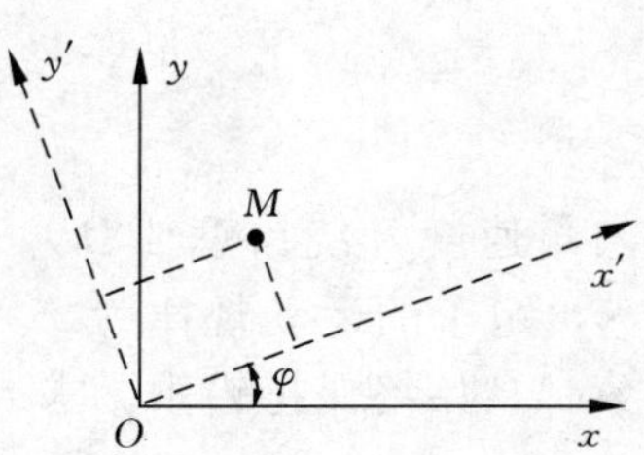

题 7-1 图

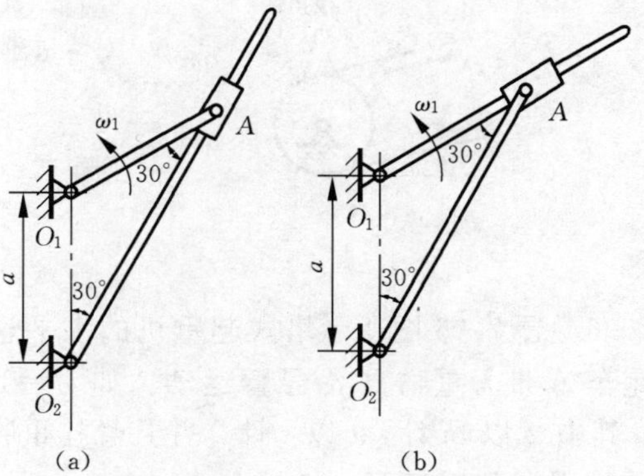

题 7-2 图

7-2　在题 7-2 图（a）、（b）所示的两种机构中，已知 $O_1O_2=a=200$mm，$\omega_1=3$rad/s。求题 7-2 图所示位置时杆 O_2A 的角速度。

7-3　如题 7-3 图所示偏心圆轮以匀角速度 ω 绕 O 轴转动，杆 AB 的 A 端搁在凸轮上，图示瞬时 AB 杆处于水平位置，OA 为铅垂，$AB=l$，半径 $AC=R$，$CO=e$，试求该瞬时 AB 杆角速度的大小及转向。

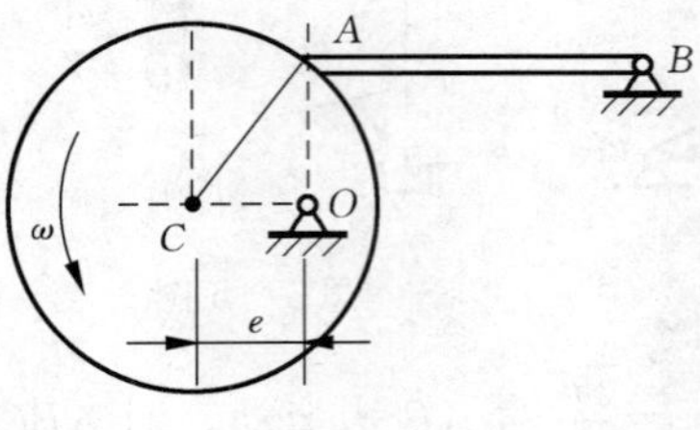

题 7-3 图

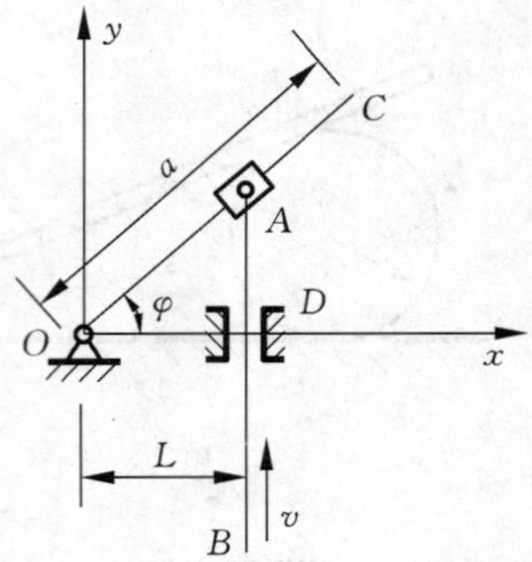

题 7-4 图

7-4 如题 7-4 图所示的机构中，杆 AB 以匀速 v 沿铅直导槽向上运动，摇杆 OC 穿过套筒 A，$OC=a$，导槽到 O 的水平距离为 L，初始时 $\varphi=0$，试求当 $\varphi=\dfrac{\pi}{4}$时，摇杆 OC 的端点 C 速度。

7-5 麦粒从传送带 A 落到另一个传送带 B，其绝对速度 $v_1=4\text{m/s}$，其方向与铅垂线成 30°角，设传送带 B 与水平面成 15°角，其速度 $v_2=2\text{m/s}$。求此时麦粒对于传送带 B 的相对速度。另外问当传送带 B 的速度为多大时，麦粒的相对速度才能与它垂直。

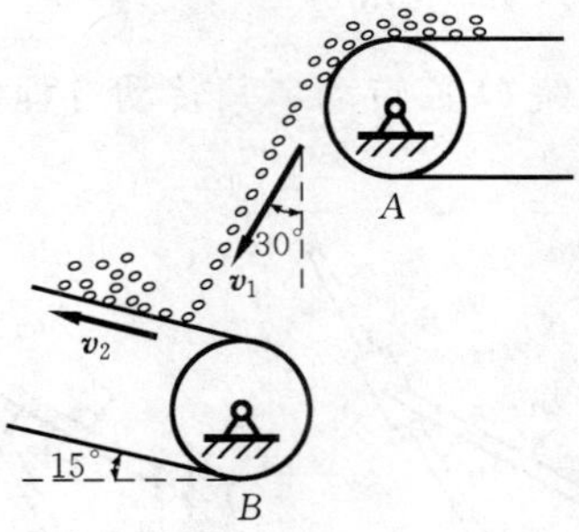

题 7-5 图

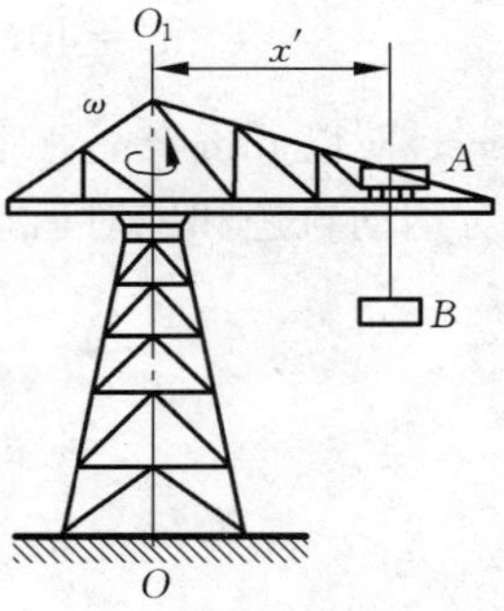

题 7-6 图

7-6 题 7-6 图所示塔式起重机的水平悬臂以匀角速度 ω 绕铅垂轴 OO_1 转动，同时跑车 A 带着重物 B 沿悬臂运动。如 $\omega=0.1\text{rad/s}$，跑车的运动规律为 $x=20-0.5t$，其中 x 以 m 计，t 以 s 计，并且悬挂重物的钢索 AB 始终保持铅垂。求 $t=10\text{s}$ 时，重物 B 的绝对速度。

7-7 题 7-7 图所示曲柄滑道机构中，杆 BC 为水平，杆 DE 保持铅直。曲柄长 $OA=0.1\text{m}$，并以匀角速度 $\omega=20\text{rad/s}$ 绕 O 轴逆时针转动，通过滑块 A 使杆 BC 作往复运动。求当曲柄与水平线的交角 φ 分别为 0°、30°、90°时杆 BC 的速度。

7-8 题 7-8 图所示曲柄滑道机构中，曲柄长 $OA=10\text{cm}$，并以匀角速度 $\omega=20\text{rad/s}$ 绕 O 轴逆时针转动，通过滑块 A 使杆 BC 作往复运动。杆 BC 水平，杆上的滑槽 DE 与水平线成 60°角。求当曲柄与水平线交角 φ 为 0°、30°、60°时，杆 BC 的速度。

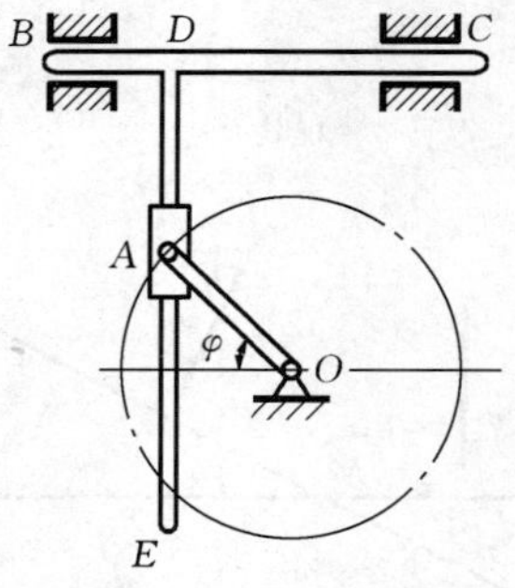

题 7 - 7 图

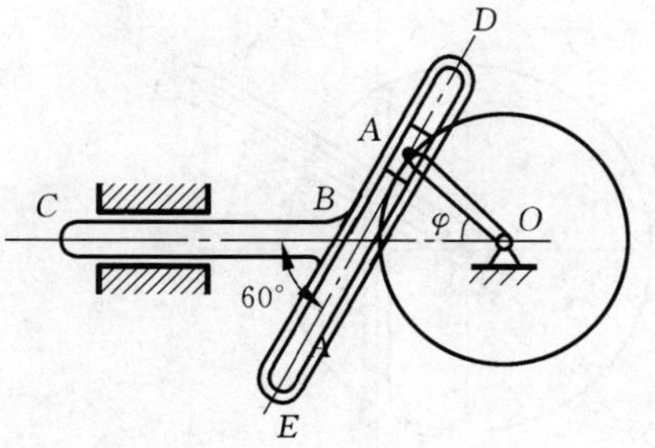

题 7 - 8 图

7 - 9　如题 7 - 9 图所示，瓦特离心调速器以角速度 ω 绕铅垂轴转动。由于机器转速的变化，调速器重球以角速度 ω_1 向外张开。如该瞬时 $\omega=10\text{rad/s}$，$\omega_1=1.2\text{rad/s}$。球柄长 $l=500\text{mm}$，悬挂球柄的支点到铅垂的距离为 $e=50\text{mm}$，球柄与铅垂轴间所成的夹角 $\beta=30°$。求此时重球的绝对速度。

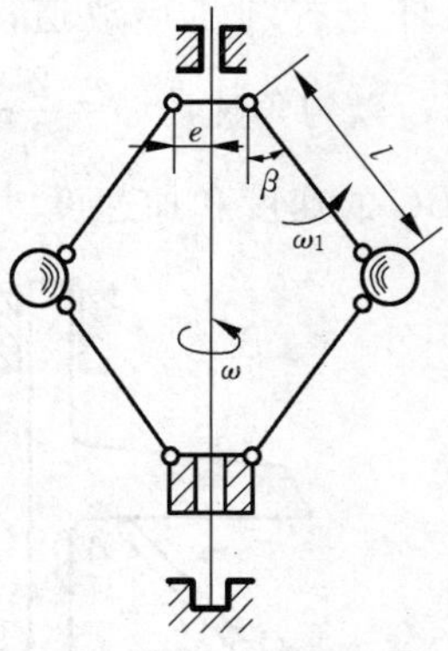

题 7 - 9 图

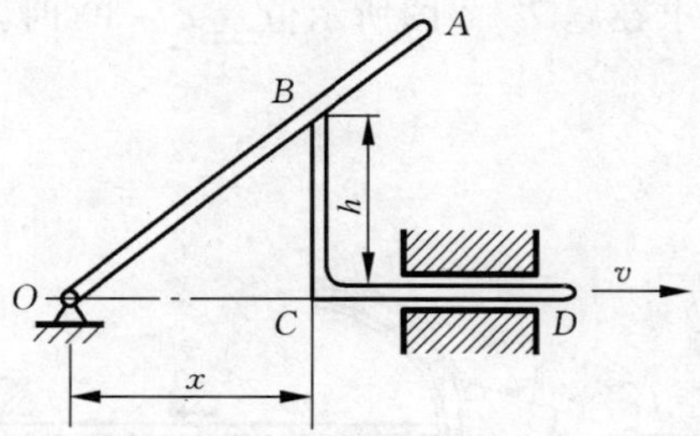

题 7 - 10 图

7 - 10　题 7 - 10 图所示 L 形杆 BCD 以匀速 $\boldsymbol{v}$ 沿导槽向右平移，$BC \perp CD$，$BC=h$。靠在它上面并保持接触的直杆 OA 长为 l，可绕 O 轴转动。试以 x 的函数表示出直杆 OA 端点 A 的速度。

7 - 11　如题 7 - 11 图所示，摇杆 OC 绕 O 轴转动，拨动固定在齿条 AB 上的销钉 K 而使齿条在铅直导轨内移动。齿条再传动半径 $r=100\text{mm}$ 的齿轮 D。连线 OO_1 是水平的，距离 $l=400\text{mm}$。在题 7 - 11 图所示位置，摇杆角速度 $\omega=0.5\text{rad/s}$，$\varphi=30°$。试求此时齿轮 D 的角速度。

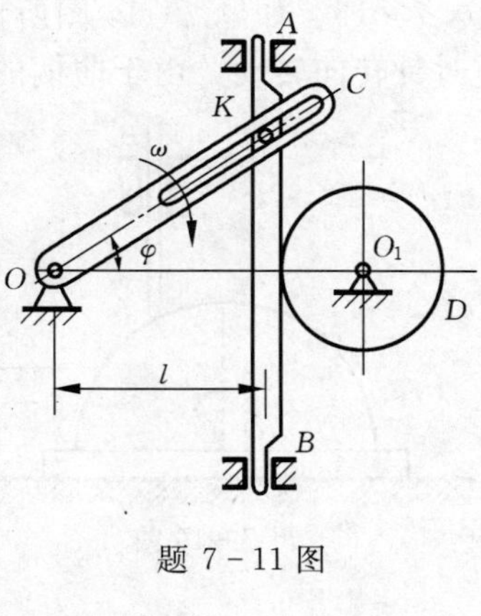

题 7 - 11 图

7 - 12　绕轴 O 转动的圆盘及直杆 OA 上均有一导槽，两导槽间有一活动销子 M 如题 7 - 12 图所示，$b=0.1\text{m}$。设在题 7 - 12 图所示位置时，圆盘及直杆的角速度分别为 $\omega_1=9\text{rad/s}$ 和 $\omega_2=3\text{rad/s}$。求此瞬时销子

M 的速度。

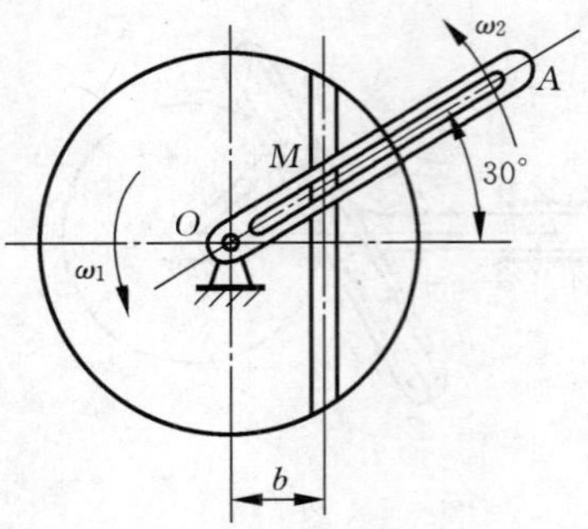

题 7-12 图

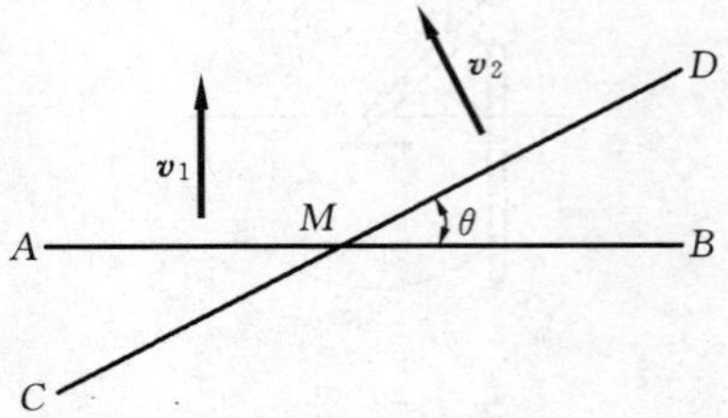

题 7-13 图

7-13 直线 AB 以大小为 v_1 的速度沿垂直于 AB 杆的方向向上移动，直线 CD 以大小为 v_2 的速度沿垂直于 CD 杆的方向向上移动，如题 7-13 图所示，若两个直线的交角为 θ，试求两个直线的交点 M 的速度。

7-14 如题 7-14 图所示曲柄滑杆机构中，滑杆上有圆弧形滑道，其半径为 $R=10\text{cm}$，圆心 O_1 在导杆 BC 上，曲柄长 $OA=10\text{cm}$，以匀角速度 $\omega=\frac{2}{3}\pi\text{rad/s}$ 绕轴 O 转动，试求在题 7-4 图所示位置 $\varphi=30°$时，滑杆 BC 的速度和加速度。

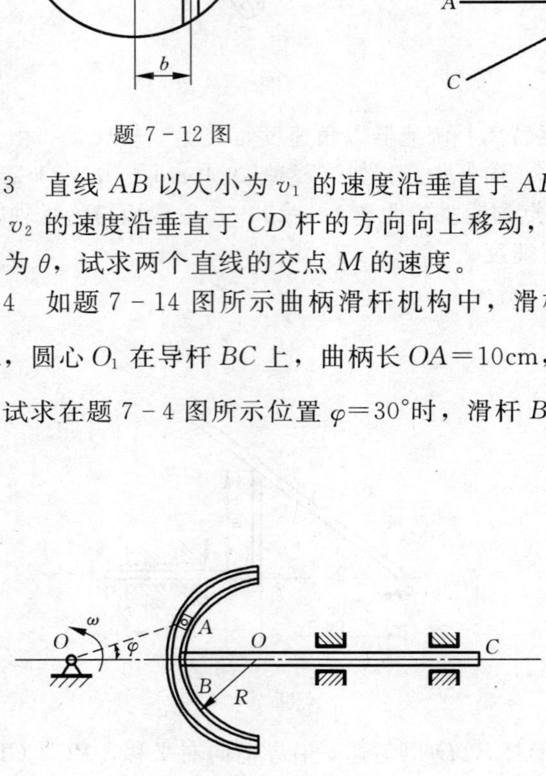

题 7-14 图

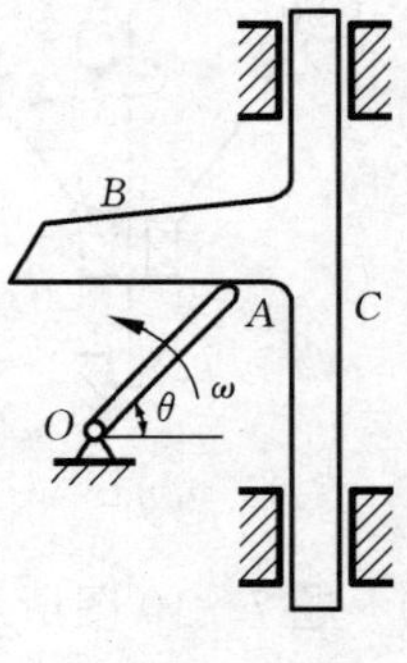

题 7-15 图

7-15 如题 7-15 图所示，曲柄 OA 长 0.4m，以等角速度 $\omega=0.5\text{rad/s}$ 绕 O 轴逆时针转向转动，由于曲柄的 A 端推动水平板 B，而使滑杆 C 沿铅直方向上升。试求当曲柄 OA 与水平线间的夹角 $\theta=30°$时，滑杆 C 的速度和加速度。

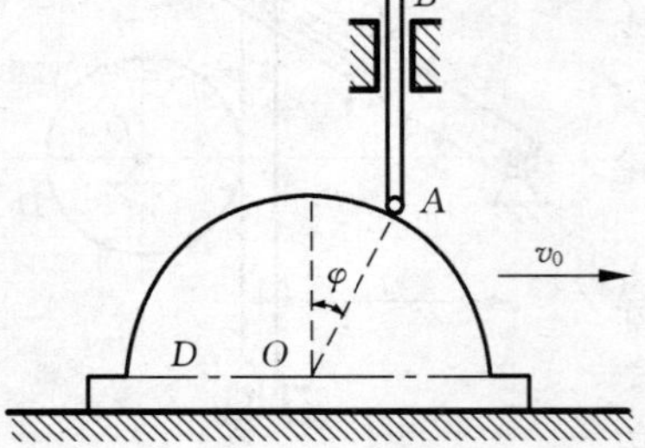

题 7-16 图

7-16 半径为 R 的圆形凸轮 D 以等速 v_0 沿水平线向右运动，带动从动杆 AB 沿铅直方向上升，如题 7-16 图所示。试求当 $\varphi=30°$时，杆 AB 相对于凸轮 D 的速度和加速度。

7-17 小车沿水平方向向右作加速运动，其加速度 $a=0.493\text{m/s}^2$，在小车上有一轮绕 O 轴转动，其转动方程为 $\varphi=t^2$，t 以 s 计，φ 以 rad 计。

当 $t=1\text{s}$ 时，轮缘上点 A 的位置如题 7-17 图所示，轮的半径 $r=0.2\text{m}$，试求题 7-17 图所示瞬时点 A 的绝对加速度。

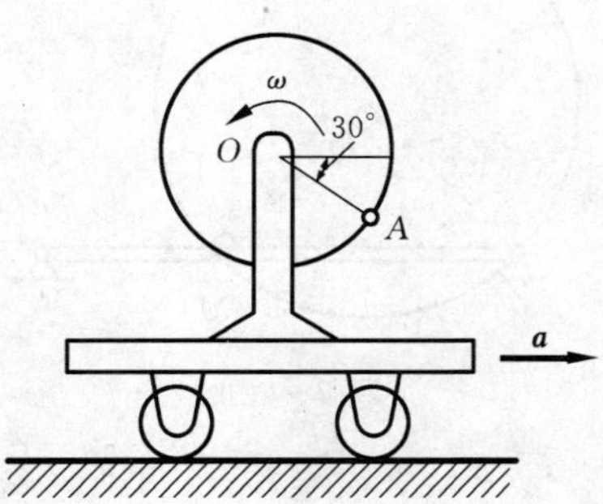

题 7-17 图

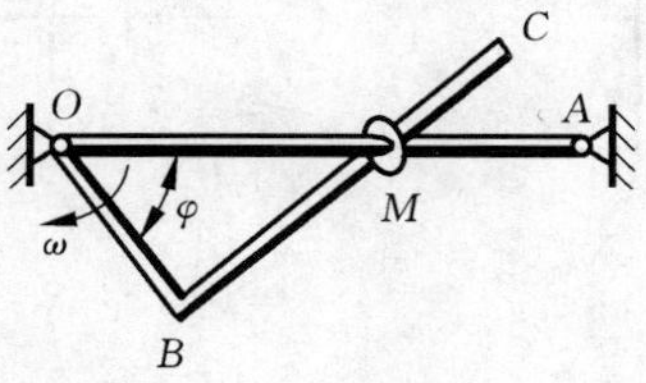

题 7-18 图

7-18　如题 7-18 图所示直角曲杆 OBC 绕轴 O 转动，使套在其上的小环 M 沿固定直杆 OA 滑动。已知：$OB=0.1\text{m}$，OB 与 BC 垂直，曲杆的角速度 $\omega=0.5\text{rad/s}$，角加速度 $\alpha=0$，试求当 $\varphi=60°$时，小环 M 的速度和加速度。

7-19　如题 7-19 图所示，圆盘以角速度 $\omega=2t\text{rad/s}$ 绕 AB 轴转动，点 M 由盘心 O 沿半径向盘边运动，其运动规律为 $OM=40t^2$，其中长度以 mm 计，时间以 s 计，求 $t=1\text{s}$ 时 M 点的绝对加速度。

7-20　如题 7-20 图所示，半径为 r 的空心圆环以等角速度 ω 绕 O 轴转动，圆环内充满液体，液体按箭头方向以相对速度 v 在环内作匀速运动 。求在 1 点和 2 点处液体的绝对加速度。

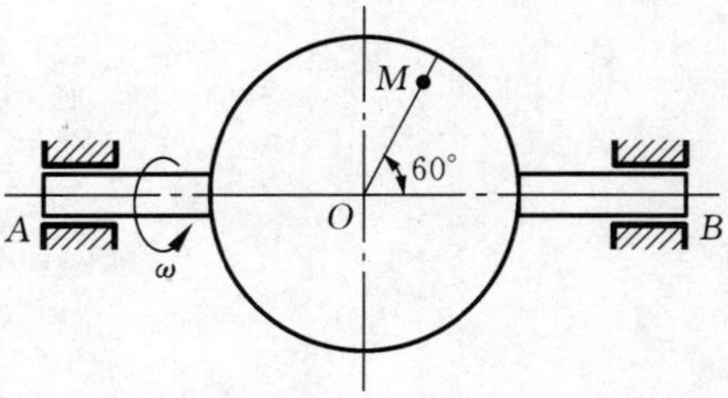

题 7-19 图

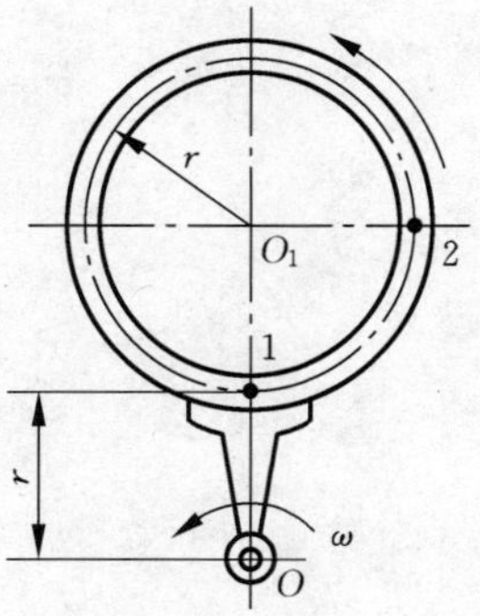

题 7-20 图

7-21　具有半长 $R=0.2\text{m}$ 的半圆形槽的滑块，以速度 $v_0=1\text{m/s}$，加速度 $a_0=2\text{m/s}^2$ 水平向右运动，推动杆 AB 沿铅垂方向运动。试求在题 7-21 图所示 $\varphi=60°$ 时，AB 杆的速度和加速度。

7-22　如题 7-22 图所示，半径 r 的圆环以匀角速度 ω 绕垂直于纸面的 O 轴转动，OA 杆固定于水平方向，小环 M 套在大圆环及杆上。试用点的合成运动方法求当 OC 垂直于 CM 时，小环 M 的速度和加速度。

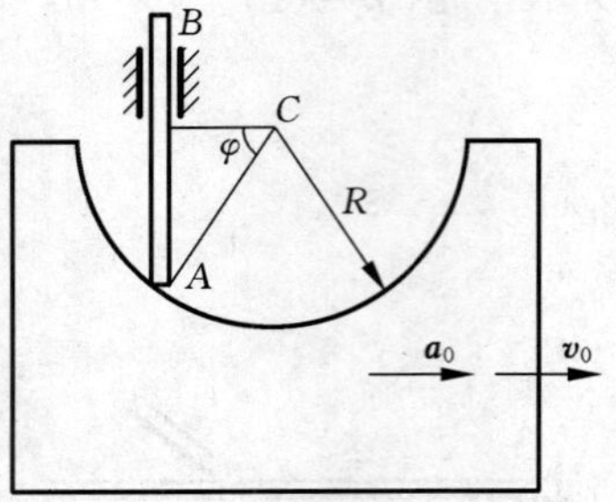

题 7-21 图

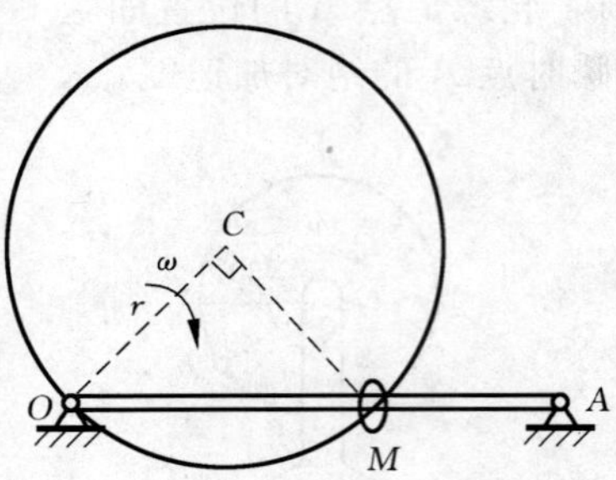

题 7-22 图

第 8 章

刚体的平面运动

在第 6 章中，我们已经讨论了最基本也是最简单的刚体运动——刚体平移和刚体定轴转动，包括研究刚体的整体运动性质和刚体上各点的运动性质。本章进一步叙述工程中一种常见的刚体运动——刚体的平面运动。根据简化的顺序，刚体的平面运动先简化为平面图形在其本身平面内的运动，再分解为刚体平移和定轴转动，最后还可以简化为绕一系列瞬心的瞬时转动。从运动的合成与分解方面来讨论，可把平面运动分解为平移和转动，从而可用第 7 章的速度合成定理与加速度合成定理，研究刚体内任一点的速度与加速度，这就是合成法。从绝对运动的观点研究，可把刚体平面运动归结为依次绕一系列转动瞬心的瞬时转动，这就是瞬心法。在本章中，既讨论刚体平面运动的整体运动描述与性质，又讨论刚体上各点的运动性质以及它们之间的联系和区别。

本章以速度合成法和速度瞬心法为核心叙述刚体平面运动。首先叙述刚体平面运动的简化和运动分解。然后叙述速度合成法、速度瞬心法和速度投影定理，讨论它们之间存在的内在联系以及平面图形上各点速度分布规律。最后，叙述求解平面图形上各点加速度的方法——加速度合成法，并举例说明该方法的应用。

8.1 运动方程 平面运动作为平移和转动的合成

8.1.1 刚体平面运动的特征

机构中很多构件的运动，例如行星齿轮机构中动齿轮 B 的运动，如图 8-1 (a) 所示；曲柄连杆机构中连杆 AB 的运动，如图 8-1 (b) 所示；以及沿直线轨道滚动的轮子如图 8-1 (c) 所示。这些刚体的运动既不是平移，也不是定轴转动，但它们运动时具有一个共同的特点，那就是：在运动过程中，刚体上任意点与某一固定平面的距离始终保持不变。刚体的这种运动定义为**平面运动** (plane motion)。刚体平面运动时，其上各点的运动轨迹各不相同，但都在平行于某一固定平面的平面内。

刚体平面运动：在一般情况下，刚体运动过程中，其上任意一点与某一固定平面

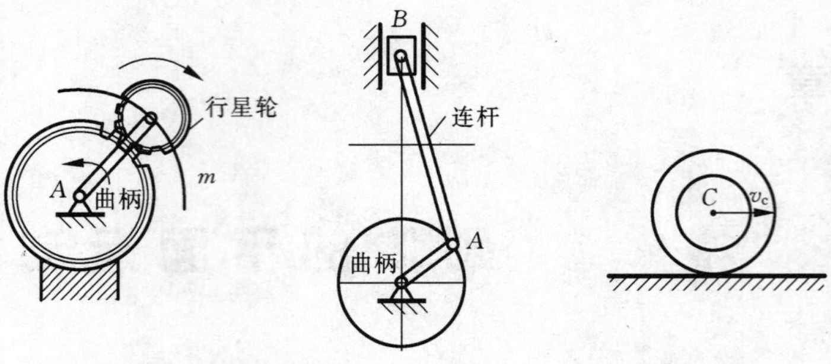

(a) (b) (c)

图 8-1

的距离始终保持不变的运动。

当刚体作平面运动时，作平面 L 平行于固定平面 L_u，并与刚体相交，截出一平面图形 S，如图 8-2 所示。根据刚体平面运动的特点，刚体运动时，平面图形 S 将始终保持在自身平面 L 中运动。若取与平面图形 S 垂直相交的直线 A_1A_2。它与平面图形 S 的交点为 A，则当刚体运动时，直线 A_1A_2 将作平移。因而，直线上各点的运动都相同，可以用其上一点 A 运动来代表。由此可见，平面图形上各点的运动就代表了整个刚体的运动。因此，研究刚体平面运动的问题就归结为研究平面图形 S 在其自身平面内的运动问题。

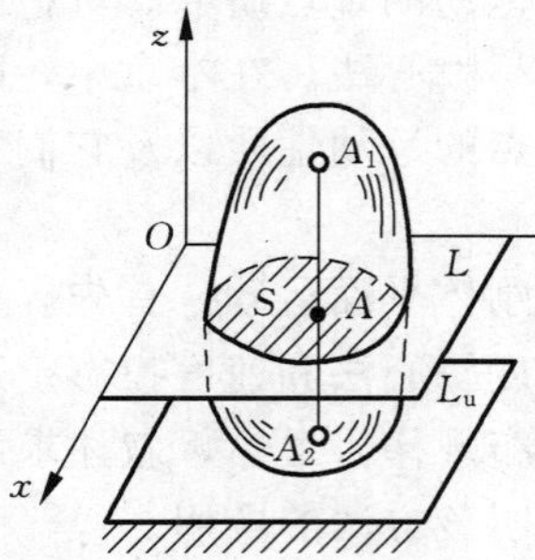

图 8-2

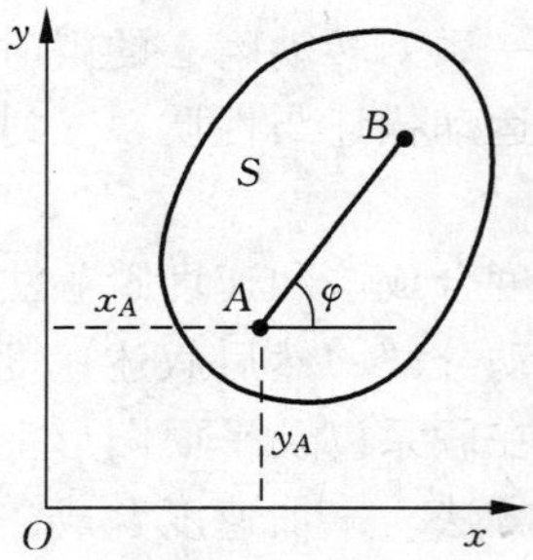

图 8-3

8.1.2 刚体平面运动的运动方程

为了确定平面图形 S 在任意瞬时 t 的位置，只需确定图形内任一线段 AB 的位置。在图形 S 所在的平面内取固定直角坐标系 Oxy，如图 8-3 所示，则线段 AB 的位置可由 A 点的坐标 x_A、y_A 和线段 AB 与 x 轴之间的夹角 φ 来表示。A 点称为基点(pole)，φ 称为平面图形的角坐标。当图形 S 在自身平面内运动时，线段 AB 随同图形一起运动，故基点 A 点的坐标 x_A、y_A 和角坐标 φ 都是时间 t 的函数，即有

$$x_A = x_A(t), y_A = y_A(t), \varphi = \varphi(t) \tag{8-1}$$

式 (8-1) 称为**刚体的平面运动方程**。如已知图形的平面运动方程，就能确定对应于任一瞬时平面图形在其自身平面内的位置。

8.1.3　刚体平面运动可分解为平移和转动

由刚体的平面运动方程可以看到，如果图形中的 A 点固定不动，则刚体将作定轴转动；如果线段 AB 的方位不变（即 φ 常数），则刚体将作平移。由此可见，平面图形的运动可以看成是刚体平移和转动的合成运动。显然，一般情况下，A 点和线段 AB 均发生位置的变化，故平面运动将包含着平移和转动这两种基本运动。由此得到启发，若能将平面运动分解为平移和转动，则可应用前面点的合成运动理论来分析平面运动刚体上各点的速度和加速度。

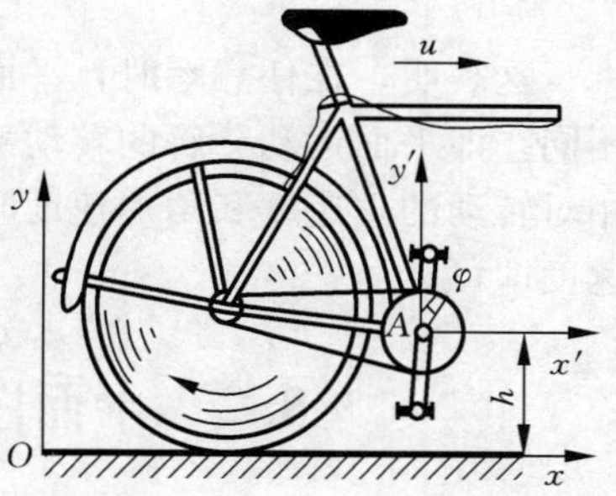

图 8-4

为了说明平面运动可以分解为平移和转动，下面以自行车的链轮运动为例来说明。如图 8-4 所示的自行车在直线路面行驶时，链轮相对于地面是平面运动，链轮相对于车身的运动是绕 A 轴的转动，车身又作直线平移。若在自行车车身上安放一动参考系 $Ax'y'$，让它随同车身一起作平移，坐标原点取在链轮中心。这样，链轮的平面运动（绝对运动）便可分解为随动坐标系的平移（牵连运动）和相对动坐标系的转动（相对运动）。

这种方法适用于研究任何平面图形的运动。若在平面图形上任取的 A 点处，假想地安放一个平移坐标系 $Ax'y'$，当图形运动时，令平移坐标系的两轴始终分别平行于静坐标轴 Ox 和 Oy。通常取基点 A 作为这一动坐标系的原点，则平面图形的平面运动便可看成是为随同基点 A 的平移（牵连运动）和绕基点 A 的转动（相对运动）的合成。

从平面运动分解的角度看，基点选取是任意的。在具体求解实际问题时，常取图形内运动规律已知的点作为基点。这样的点可能不止一个。以下分析选取基点不同对平面运动分解的影响。

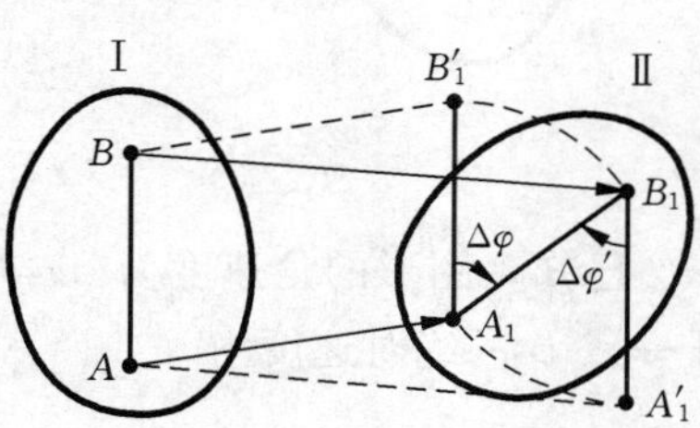

图 8-5

设在时间间隔 Δt 内，平面图形由位置Ⅰ运动到位置Ⅱ，相应地，图形内任取的线段从 AB 运动到 A_1B_1，如图 8-5 所示。图形的运动，可分别以 A 和 B 为基点来进行研究。如取 A 点为基点，则图形的运动可分解为：线段 AB 随 A 点平行移动到位置 A_1B_1'，再绕 A_1 点由位置 A_1B_1' 转动 $\Delta\varphi$ 角到达位置 A_1B_1；如取 B 点为基点，图形的运动可分解为：线段 AB 随 B 点平行移动到位置 $A_1'B_1$，再绕 B_1 点由位置 $A_1'B_1$ 转动 $\Delta\varphi'$ 角到达位置 A_1B_1。当然，实际上平移和转动两者是同时进行的。

由图 8-5 可知，取不同的基点，平移部分一般来说是不同的（$\boldsymbol{AA_1} \neq \boldsymbol{BB_1}$），其速度和加速度也不相同。因此，平面运动分解为平移和转动时，其平移部分与基点的选取有关。对于转动部分，由图 8-5 可见，绕不同基点转动的角位移 $\Delta\varphi$ 和 $\Delta\varphi'$ 的大小及转向总是相同的，即总有 $\Delta\varphi=\Delta\varphi'$。由

$$\omega=\frac{\mathrm{d}\varphi}{\mathrm{d}t},\ \omega'=\frac{\mathrm{d}\varphi'}{\mathrm{d}t}$$

以及

$$\alpha=\frac{\mathrm{d}\omega}{\mathrm{d}t},\ \alpha'=\frac{\mathrm{d}\omega'}{\mathrm{d}t}$$

可得

$$\omega=\omega',\ \alpha=\alpha'$$

这表明，在任意瞬时，平面图形绕其平面内任意基点转动的角速度和角加速度都相同，即平面运动分解的转动部分与基点的选取无关。因此，以后凡涉及到平面图形相对转动的角速度和角加速度时，不必指明基点，而只说是平面图形的角速度和角加速度即可。

8.2 平面图形内各点的速度 速度瞬心

8.2.1 基点法

任何平面图形的运动都可视为随同基点的平移和绕基点转动的合成运动。随着平面图形运动的分解与合成，图形上任一点的运动也相应地分解与合成。应用点的合成运动的方法，便可求出图形上任一点的速度。

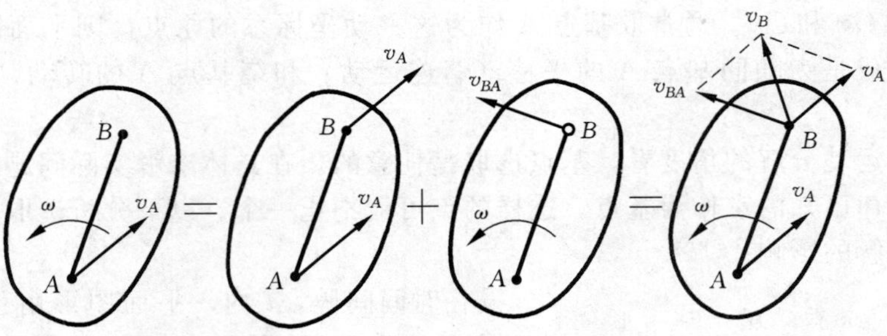

图 8-6

如图 8-6 所示，设某一瞬时图形上 A 点的速度 v_A 已知，图形的角速度为 ω。若选 A 点为基点，则根据点的速度合成定理，图形上任一点 B 的绝对速度为

$$\boldsymbol{v}_B=\boldsymbol{v}_\mathrm{e}+\boldsymbol{v}_\mathrm{r}$$

由于牵连运动为动坐标系随同基点的平移，故牵连速度 $\boldsymbol{v}_\mathrm{e}=\boldsymbol{v}_A$。相对运动为图形绕基点 A 的转动，即图形上各点以基点 A 为中心作圆周运动，故相对速度为以 AB 为半径绕 A 点作圆周运动时的速度，记为 $\boldsymbol{v}_{BA}$，其大小为 $\boldsymbol{v}_{BA}=AB\omega$，方向垂直于 AB，指向与图形的转动方向相一致。因此根据速度合成定理 B 点的速度可表示为

$$\boldsymbol{v}_B=\boldsymbol{v}_A+\boldsymbol{v}_{BA} \tag{8-2}$$

即平面图形内任一点的速度，等于基点速度与该点绕基点转动速度的矢量和。这就是求平面图形内各点速度的基点法（method of base point）。它表明了平面图形内任意两点之间速度的关系，是求平面运动图形内任一点速度的基本方法。在分析具体问题

中，通常把平面图形中速度为已知的点选作基点。

在应用时，应该注意到式（8-2）是一个矢量表达式，各矢量均有大小和方向两个要素，式中共有 6 个要素。由于相对速度 $\boldsymbol{v}_{BA}$ 的方向总是已知的，它垂直于线段 AB。因此欲使问题可解，还应知道另外 3 个要素，方可求解剩余的 2 个要素。特别是若已知或求得平面图形角速度，以点 A 为基点，用式（8-2）可求出图形上任意点的速度。此外，应用式（8-2）作速度平行四边形时，必须注意 $\boldsymbol{v}_B$ 应为速度平行四边形的对角线。

8.2.2　速度投影定理

某些情况下求平面图形上各点的速度，采用投影法更为方便。

在平面图形上任取 A 和 B 两点，它们的速度分别为 v_A 和 v_B。则两点的速度满足式（8-2），将该式在线段 AB 方向上投影，得

$$[\boldsymbol{v}_B]_{AB}=[\boldsymbol{v}_A]_{AB}+[\boldsymbol{v}_{BA}]_{AB}$$

注意到 $\boldsymbol{v}_{AB}$ 恒垂直于线段 AB，因此有 $[\boldsymbol{v}_{BA}]_{AB}=0$。故

$$[\boldsymbol{v}_B]_{AB}=[\boldsymbol{v}_A]_{AB} \tag{8-3}$$

式（8-3）表明：在任一瞬时，平面图形上任意两点的速度在这两点连线上的投影相等。此为**速度投影定理**（theorem of projection of velocities）。速度投影定理反映了刚体上任意两点间的距离保持不变的特性，它不仅适用刚体作平面运动，也适用刚体作其他任何运动。

应用速度投影定理计算平面图形内任一点速度的方法称为**投影法**。使用投影法求速度时，必须知道该点的速度大小或方向和图形内另一点速度（大小和方向）。当已知一点速度求另一点速度时速度投影定理较为方便，因为投影为代数量，不涉及矢量的叠加计算。但需注意的是：仅用投影法无法求解平面图形的角速度。

【例 8-1】　如图 8-7（a）所示，滑块 A、B 分别在相互垂直的滑槽中滑动，连杆 AB 的长度为 $l=20\text{cm}$，在图 8-7（a）所示瞬时，$v_A=20\text{cm/s}$，水平向左，连杆 AB 与水平线的夹角为 $\varphi=30°$，试求滑块 B 的速度和连杆 AB 的角速度。

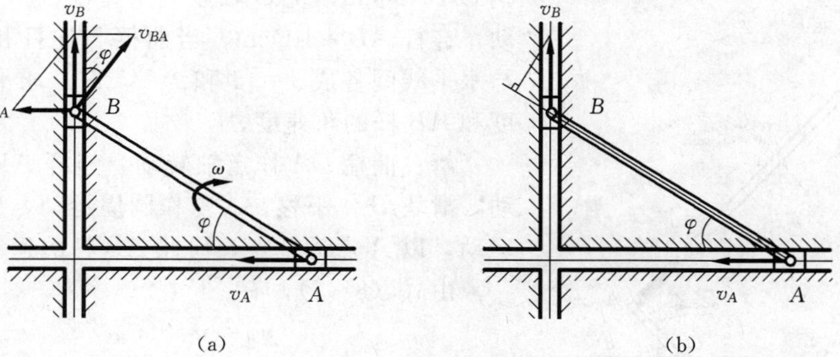

图 8-7

解：连杆 AB 作平面运动，因滑块 A 的速度是已知的，故选点 A 为基点，由基点法式（8-2）得滑块 B 的速度为

$$\boldsymbol{v}_B=\boldsymbol{v}_A+\boldsymbol{v}_{BA}$$

上式中有 3 个大小和 3 个方向，共 6 个要素，其中 $\boldsymbol{v}_B$ 的方位是已知的，$\boldsymbol{v}_B$ 的大小是未知的；$\boldsymbol{v}_A$ 的大小和方位是已知的；点 B 相对基点转动的速度 $\boldsymbol{v}_{BA}$ 的大小是未知的，$\boldsymbol{v}_{BA}=\omega AB$，方位是已知的，垂直于连杆 AB。在点 B 处作速度的平行四边形，应使 $\boldsymbol{v}_B$ 位于平行四边形对角线的位置，如图 8－7（a）所示。由图中的几何关系得

$$v_B=\frac{v_A}{\tan\varphi}=\frac{20}{\tan30^\circ}=34.6\text{cm/s}$$

其中 $\boldsymbol{v}_B$ 的方向铅直向上。

点 B 相对基点转动的速度为

$$v_{BA}=\frac{v_A}{\sin\varphi}=\frac{20}{\sin30^\circ}=40\text{cm/s}$$

则连杆 AB 的角速度为

$$\omega=\frac{v_{BA}}{l}=\frac{40}{20}=2\text{rad/s}$$

转向为顺时针。

本题若采用速度投影法，可以很快速地求出滑块 B 的速度。如图 8－7（b）所示，由式（8－3）有

$$[\boldsymbol{v}_A]_{AB}=[\boldsymbol{v}_B]_{AB}$$

即

$$v_A\cos\varphi=v_B\sin\varphi$$

则

$$v_B=\frac{\cos\varphi}{\sin\varphi}v_A=\frac{v_A}{\tan\varphi}=\frac{20}{\tan30^\circ}=34.6\text{cm/s}$$

但此法不能求出连杆 AB 的角速度。

【例 8－2】 曲柄滑块机构如图 8－8 所示。曲柄 $OA=20$cm，绕 O 轴以等角速度 $\omega_0=10$rad/s 转动，连杆 $AB=100$cm。当曲柄与连杆相互垂直并与水平线间各成 $\alpha=45^\circ$ 和 $\beta=45^\circ$时，求滑块 B 的速度和 AB 杆的角速度。

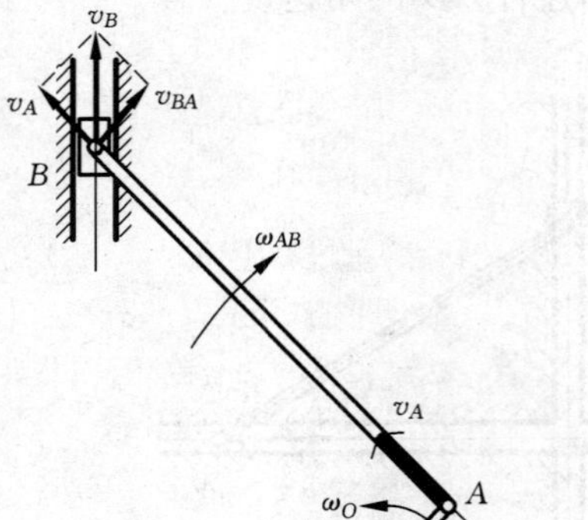

图 8－8

解：曲柄 OA 作定轴转动，连杆 AB 作平面运动，滑块 B 作平移。A 点作圆周运动，B 点作直线运动。以 A 点为基点，研究 AB 杆的运动。

由式（8－2），有

$$\boldsymbol{v}_B=\boldsymbol{v}_A+\boldsymbol{v}_{BA}$$

其中基点速度已知，$v_A=OA\omega_0=2$m/s，方向垂直于 OA；$\boldsymbol{v}_B$ 和 $\boldsymbol{v}_{BA}$ 的方向均已知，大小待求。作出 B 点的速度平行四边形，由图中几何关系可得 $v_B=v_A/\cos\alpha=2/\cos45^\circ=2\sqrt{2}$m/s，$v_{BA}=v_A=2$m/s。

故

$$\omega_{BA}=v_{BA}/AB=2\text{rad/s}$$

由相对速度 $\boldsymbol{v}_{BA}$ 的指向及其相对于 A 的位置，可以判明角速度 ω_{BA} 的转向为顺时针方向。

【例 8-3】 曲柄连杆机构如图 8-9 所示，曲柄 OA 以匀速度 ω 绕 O 轴转动，已知曲柄 OA 长为 R，连杆 AB 长为 l，试求当曲柄与水平线的夹角 $\varphi=\omega t$ 时，滑块 B 的速度和连杆 AB 的角速度。

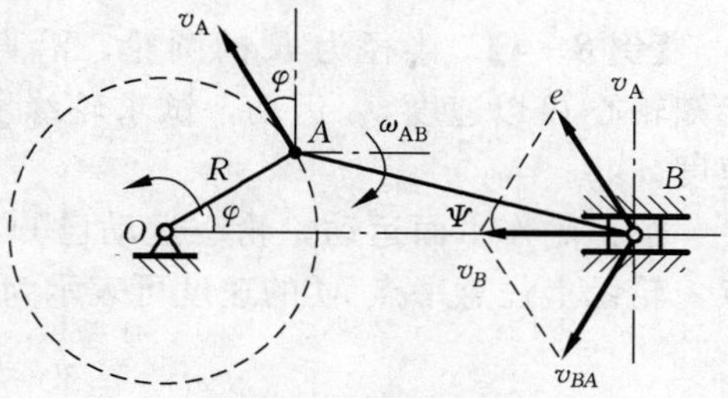

图 8-9

解：连杆 AB 作平面运动，因点 A 的运动是已知的，故选点 A 为基点，由基点法式（8-2）得滑块 B 的速度为

$$\boldsymbol{v}_B=\boldsymbol{v}_A+\boldsymbol{v}_{BA}$$

其中，由于曲柄 OA 作定轴转动，则点 A 的速度大小为 $v_A=\omega R$，方位垂直于曲柄 OA 沿 ω 的旋转方向；滑块 B 的速度大小是未知的，方位是已知的，点 B 相对基点转动的速度 $\boldsymbol{v}_{BA}$ 的大小是未知的，$\boldsymbol{v}_{BA}=\omega AB$，方位是已知的，垂直于连杆 AB。故在点 B 处作速度的平行四边形，应使 $\boldsymbol{v}_B$ 位于平行四边形对角线的位置，如图 8-9 所示。由图中的几何关系得

$$\frac{v_A}{\sin(90°-\Psi)}=\frac{v_B}{\sin(\varphi+\Psi)}$$

解得滑块 B 的速度为

$$v_B=v_A\frac{\sin(\Psi+\varphi)}{\cos\Psi}=\omega R(\sin\varphi+\cos\varphi\tan\Psi) \tag{a}$$

式中几何关系有

$$l\sin\Psi=R\sin\varphi$$

则

$$\sin\Psi=\frac{R}{l}\sin\varphi$$

$$\cos\Psi=\sqrt{1-\sin^2\Psi}=\frac{1}{l}\sqrt{l^2-R^2\sin^2\varphi}$$

$$\tan\Psi=\frac{R\sin\varphi}{\sqrt{l^2-R^2\sin^2\varphi}} \tag{b}$$

式(b)代入式(a)中，并考虑 $\varphi=\omega t$

$$v_B=\omega R\left(1+\frac{R\cos\omega t}{\sqrt{l^2-R^2\sin^2\omega t}}\right)\sin\omega t$$

连杆 AB 的角速度为

$$\frac{v_A}{\sin(90°-\Psi)}=\frac{v_{BA}}{\sin(90°-\varphi)}$$

解得

$$v_{BA}=\frac{v_A\sin(90°-\varphi)}{\sin(90°-\Psi)}=\omega R\,\frac{\cos\varphi}{\cos\Psi}$$

则

$$\omega_{AB}=\frac{v_{BA}}{l}=\frac{\omega R}{l}\frac{\cos\varphi}{\cos\Psi}=\frac{\omega R\cos\omega t}{\sqrt{l^2-R^2\sin^2\varphi}}$$

【例 8-4】 半径为 R 的圆轮，沿直线轨道作无滑动的滚动，如图 8-10 所示。已知轮心 O 以速度 v_O 运动，试求轮缘上水平位置和竖直位置处点 A、B、C、D 的速度。

解： 轮作平面运动，轮心运动已知，故以轮心为基点进行求解。选轮心 O 为基点，轮缘上任意一点 M 的速度可表示为

$$\boldsymbol{v}_M=\boldsymbol{v}_O+\boldsymbol{v}_{MO}$$

其中，$\boldsymbol{v}_{MO}$ 的大小为 $R\omega$，方向垂直于半径。注意，这里角速度 ω 是未知的，故 $\boldsymbol{v}_{MO}$ 的大小仍属未知。而轮缘上各点速度的大小和方向都是未知的。所以直接求解轮缘上各点的速度条件尚不足。但考虑到车轮的纯滚动条件，可以设法先求得车轮角速度。由于轨道静止不动，而轮与轨道的接触点相对于轨道没有滑动，因此轮上 C 点的速度应为零即

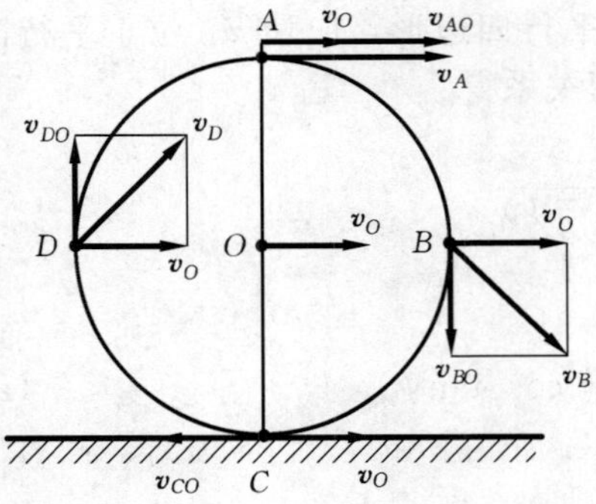

图 8-10

$$v_C=0$$

如图 8-10 所示，则有

$$v_C=v_O-v_{CO}=0$$

圆轮的角速度为

$$\omega=\frac{v_{CO}}{R}=\frac{v_{CO}}{R}$$

当 ω 求得后，各点相对于基点的速度即可求。作 A、B、D 点速度平行四边形，由几何关系可得各点速度为

$$v_{AO}=v_{BO}=v_{DO}=\omega R=v_O$$

A 的速度为

$$v_A=v_O+v_{AO}=2v_O$$

B、D 的速度为

$$v_B=v_D=\sqrt{2}v_O$$

方向如图所示。

【例 8-5】 如图 8-11 所示平面连杆滑块机构中，A、B、O_2 和 O_1、C 分别在两

水平线上，O_1、A 和 O_2、C 分别在两铅垂线上。$\alpha=30°$，$\beta=45°$，$O_2C=10\text{cm}$。已知滑块 A 的速度 $\boldsymbol{v}_A=8\text{cm/s}$，方向水平向左。求摆杆 O_2C 的角速度。

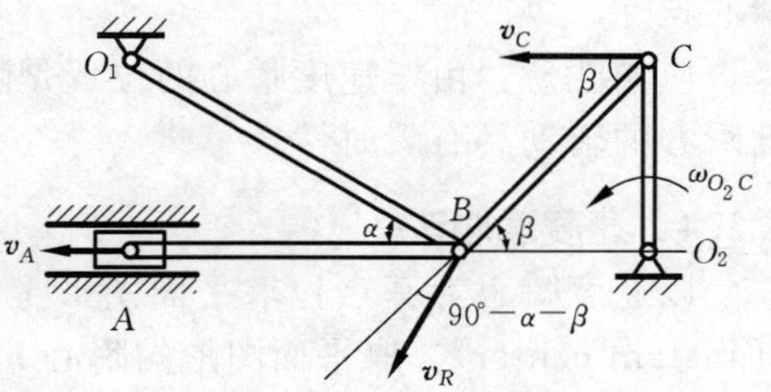

图 8-11

解：机构中 O_1B 和 O_2C 杆定轴转动，AB 和 BC 杆平面运动，滑块 A 平移。当滑块 A 以已知速度 v_A 向左滑动时，机构中的 B 点和 C 点的速度如图所示。对于 AB 杆和 BC 杆分别应用速度投影定理式（8-3），得到

$$v_A=v_B\cos(90°-\alpha),\ v_B\cos(90°-\alpha-\beta)=v_C\cos\beta$$

解得

$$v_C=\frac{v_A}{\sin\alpha}\frac{\sin(\alpha+\beta)}{\cos\beta}=\frac{8}{\sin30°}\frac{\sin(45°+30°)}{\cos45°}=8(\sqrt{3}+1)\text{cm/s}$$

故 O_2C 杆的角速度为

$$\omega_{O_2C}=\frac{v_C}{O_2C}=\frac{4}{5}(\sqrt{3}+1)\text{rad/s}$$

其转向为逆时针方向。

8.2.3　瞬时速度中心

由于平面图形上任一点的速度等于基点速度与绕基点转动速度的矢量和，若在给定瞬时，平面图形上存在着瞬时速度等于零的点，那么选该点为基点时，求解其他各点的速度就会变得十分方便。可以证明：一般情况下，在平面图形中，每一瞬时都唯一地存在着速度为零的点。

图 8-12

事实上，任取平面图形上一点 A，若在某瞬时 $\boldsymbol{v}_A=\mathbf{0}$，则该点便是速度为零的点。若 $\boldsymbol{v}_A\neq\mathbf{0}$，过 A 点作直线垂直于速度 $\boldsymbol{v}_A$，则该直线上各点相对于 A 点的速度都垂直于该直线。设平面图形的角速度为 ω，在图 8-12 所示角速度转向情形下，A 点下侧直线上各点相对于 A 点的速度与 $\boldsymbol{v}_A$ 同向，A 点上侧各点相对于 A 点的速度与 $\boldsymbol{v}_A$ 反向。因此，自 A 点沿直线向上量取长度 $AI=v_A/\omega$，可定出一点 I。可以证明，I 点的瞬时速度等于零。为此，取 A 点为基点来计算点 I 速度，得 $\boldsymbol{v}_I=\boldsymbol{v}_A+\boldsymbol{v}_{IA}$。因 $\boldsymbol{v}_A\perp IA$，$\boldsymbol{v}_{IA}\perp IA$，且 $\boldsymbol{v}_{IA}$ 的大小为 $\boldsymbol{v}_{CI}=AI\omega=\dfrac{\boldsymbol{v}_A}{\boldsymbol{\omega}}\omega=\boldsymbol{v}_A$，但方向与 $\boldsymbol{v}_A$ 相反。故 $v_I=v_A-v_{IA}=0$。即点 I 是在该瞬时速度为零的点。由以上分析可知，若平面图形不是在给定瞬时静止（$\boldsymbol{v}_A=\mathbf{0}$ 且 $\omega=0$），则瞬时速度为零的点是唯一的。在给定瞬时平面图形上速度为零的点称为该平面图形的**瞬时速度中心**（instant center），简称**速度瞬心**。

结论：作平面运动的刚体，在每一瞬时，都唯一地存在一个速度为的点，即速度

瞬心点。

应当注意：由于速度瞬心的位置是随时间的变化而变化的，因此平面图形相对速度瞬心的转动具有瞬时性。

8.2.4 速度瞬心法

以速度瞬心为基点，求平面图形上各点速度的方法，称为**速度瞬心法**（method of instant center）。取平面图形的瞬心 I 为基点，则该图形内任一点 M 的速度为 $\boldsymbol{v}_M=\boldsymbol{v}_I+\boldsymbol{v}_{MI}=\boldsymbol{v}_{MI}$。故平面图形内任意一点的速度，就等于该点绕速度瞬心的转动速度。其大小等于该点到速度瞬心的距离乘以图形的角速度，即

$$v_M=IM\omega \tag{8-4}$$

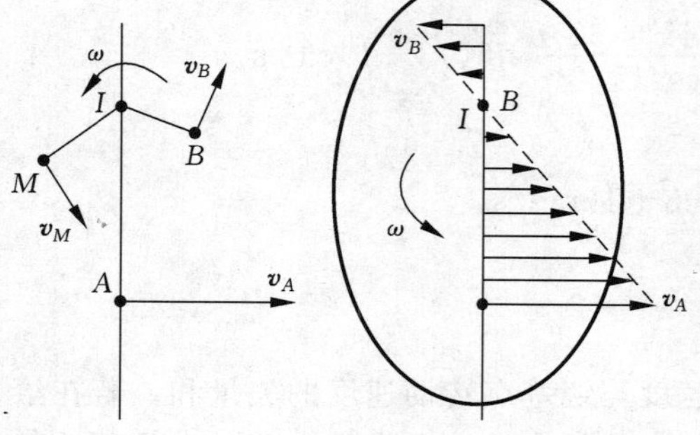

图 8-13

其方向与 IM 相垂直并指向图形转动的一方。平面图形内各点速度的分布如图 8-13 所示。它与图形绕定轴转动时各点速度的分布情况类似。因此，每一瞬时，平面图形的运动可看成是绕速度瞬心的瞬时转动。

必须说明，尽管平面图形上各点速度在某瞬时绕瞬心的分布与绕定轴转动时的分布类似，但它们之间有着本质的区别。绕定轴转动时，转动中心是一个固定不动的点，而速度瞬心的位置是随时间而变化的，不同的瞬时，平面图形具有不同的速度瞬心。故速度瞬心又称为平面图形的瞬时转动中心。

8.2.5 速度瞬心位置的确定

利用速度瞬心计算平面图形上各点速度的方法称为瞬心法。应用瞬心法首先必须确定速度瞬心的位置。下面说明几种可以确定速度瞬心位置的情形。

（1）平面图形沿地面作无滑动的滚动。如图 8-14 所示，图形与地面的接触点 I 的绝对速度等于零，故 I 点就是图形在该瞬时的速度瞬心。

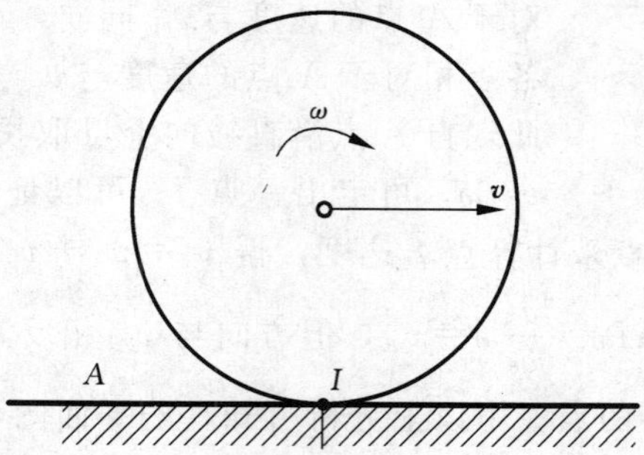

图 8-14

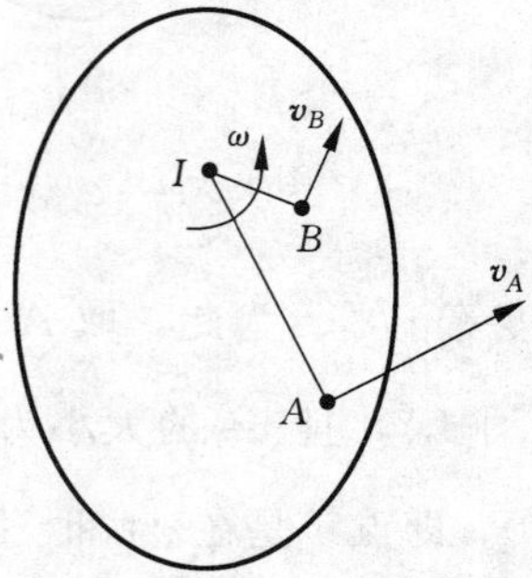

图 8-15

（2）已知某瞬时平面图形上任意两点的速度方向，且两速度彼此不平行。如图

8-15 所示，由于图形的运动可以看成为绕速度瞬心作瞬时转动，故过 A、B 两点分别作 $\boldsymbol{v}_A$ 和 $\boldsymbol{v}_B$ 的垂线，其交点 I 即是图形的速度瞬心。

（3）已知某瞬时平面图形上两点速度的大小，其方向均与两点的连线垂直。如图 8-16 所示，根据图形的速度分布规律，则两点连线与两速度矢端连线的交点即为速度瞬心。

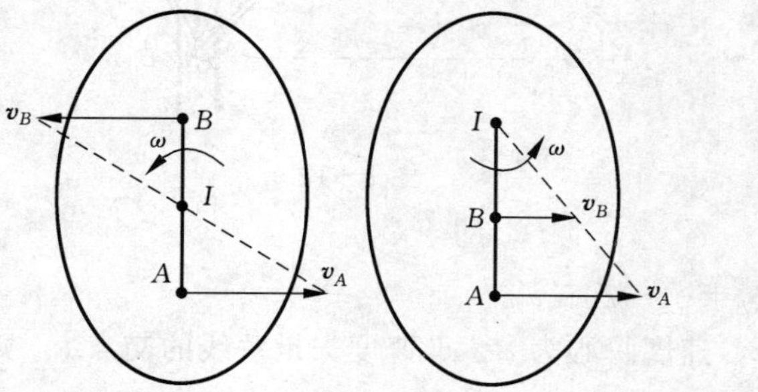

图 8-16

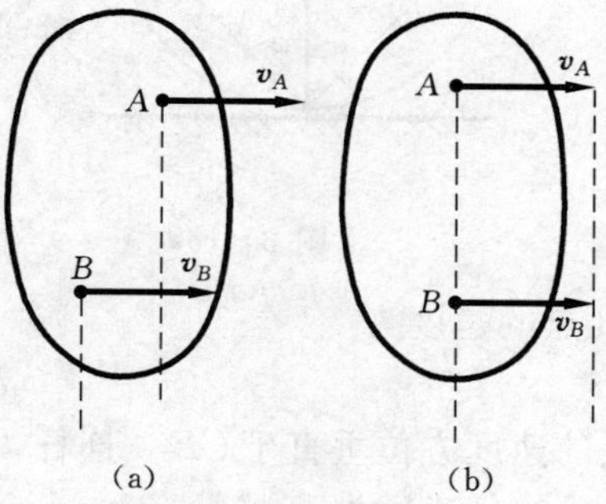

图 8-17

（4）已知某瞬时平面图形上两点速度相互平行但不垂直于两点连线，或者垂直于连线但大小相等。如图 8-17（a）、（b）所示，这时速度瞬心在无穷远处。图形的角速度 $\omega=0$，各点的瞬时速度彼此相等，即平面图形作**瞬时平移**（instant translation）。但应注意，该瞬时图形上各点的加速度并不相等。因此瞬时平移与刚体平移是有本质区别的。

【例 8-6】 用速度瞬心法求例题 8-4 各点的速度。

解： 由于圆轮沿直线轨道作无滑动的滚动，圆轮与轨道接触点的速度为零，故点 I 为速度瞬心。圆轮的角速度为

$$\omega=\frac{v_O}{R}$$

圆轮上各点速度为

$$v_A=\omega AI=\frac{v_O}{R}2R=2v_O$$

$$v_B=v_D=\omega\sqrt{2}R=\sqrt{2}v_O$$

$$v_I=0$$

各点速度的方向如图 8-18 所示。

【例 8-7】 平面机构如图 8-19 所示，曲柄 OA 以角速度 $\omega=2\text{rad/s}$ 绕轴 O 转动，已知：$OA=CD=10\text{cm}$，$AB=20\text{cm}$，$BC=30\text{cm}$，在图示位置时，曲柄 OA 处于水平位置，曲柄 CD 与水平线夹角 $\varphi=45°$；试求该瞬时连杆 AB、BC 和曲柄 CD 的角速度。

解： 速度分析如图 8-19 所示，点 A 的速度为

$$v_A=\omega OA=10\times2=20\text{cm/s}$$

由于 B 点的速度铅直方位，故连杆 AB 作瞬时平移，其角速度为

$$\omega_{AB}=0$$

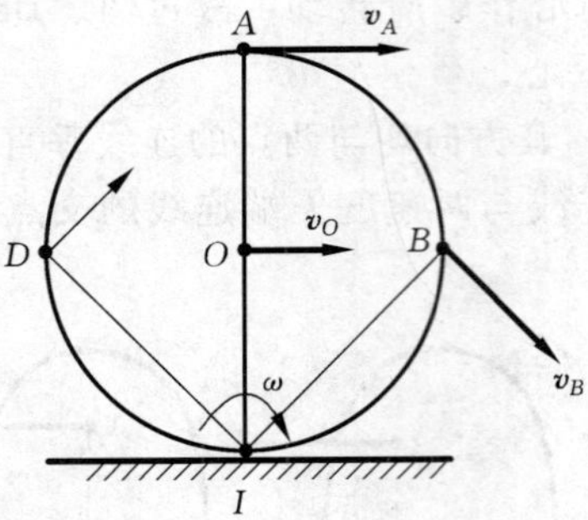

图 8-18

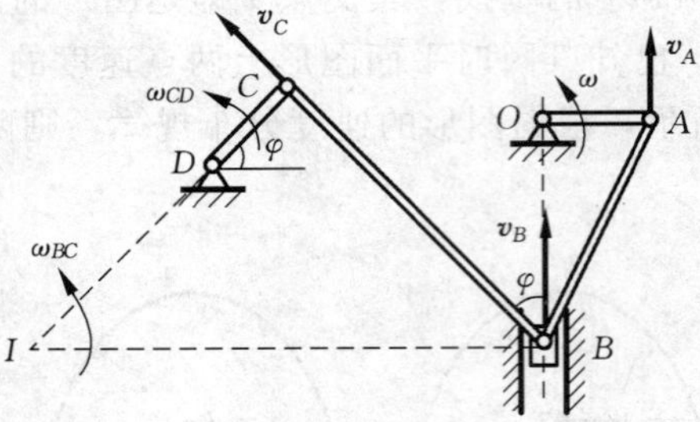

图 8-19

则 B 点的速度为

$$v_B = v_A = 20\text{cm/s}$$

C 点的速度方位垂直于 CD，连杆 BC 速度瞬心为 B、C 速度矢量垂线的交点 I。则连杆 BC 的角速度为

$$\omega_{BC} = \frac{v_B}{IB} = \frac{v_B}{\sqrt{2}BC} = \frac{20}{30\sqrt{2}} = 0.471\text{cm/s}$$

C 点的速度大小为

$$v_C = \omega_{BC} IC = 0.471 \times 30 = 14.14\text{cm/s}$$

曲柄 CD 的角速度为

$$\omega_{CD} = \frac{v_C}{CD} = \frac{14.14}{10} = 1.414\text{cm/s}$$

8.3　平面图形内各点的加速度

由于平面运动可以看成是随同基点的牵连平移与绕基点的相对转动的合成运动，于是图形上任一点的加速度可以由加速度合成定理求出。设已知某瞬时图形内 A 点的加速度 $\boldsymbol{a}_A$，图形的角速度为 $\boldsymbol{\omega}$，角加速度为 $\boldsymbol{\alpha}$，如图 8-20 所示。以 $\boldsymbol{A}$ 点为基点，分析图形上任意一点 $\boldsymbol{B}$ 的加速度 $\boldsymbol{a}_B$。因为牵连运动为动坐标系随同基点的平移，故牵连加速度 $\boldsymbol{a}_e = \boldsymbol{a}_A$。相对运动是点 B 随同图形绕基点 A 的转动，故相对加速度 $\boldsymbol{a}_r = \boldsymbol{a}_{BA}$，其中 $\boldsymbol{a}_{BA}$ 是点 B 随同图形绕基点 A 的转动加速度。由式（7-5）得

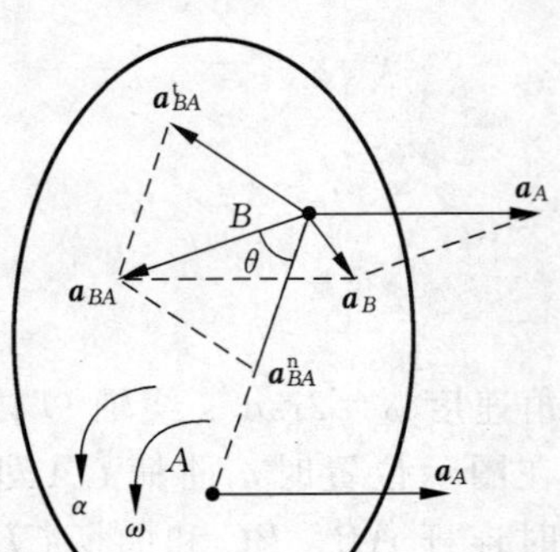

图 8-20

$$\boldsymbol{a}_B = \boldsymbol{a}_A + \boldsymbol{a}_{BA} \tag{8-5}$$

由于 B 点随同图形绕基点 A 转动的加速度包括切向加速度 $\boldsymbol{a}_{BA}^t$ 和法向加速度 $\boldsymbol{a}_{BA}^n$，故式（8-5）可写作

$$\boldsymbol{a}_B = \boldsymbol{a}_A + \boldsymbol{a}_{BA}^t + \boldsymbol{a}_{BA}^n \tag{8-6}$$

即平面图形上任意一点的加速度，等于基点的加速度与该点随同图形绕基点转动的切向加速度和法向加速度的矢量和。

在式（8-6）中，相对切向加速度$\boldsymbol{a}_{BA}^{t}$与点A、B连线方向垂直，大小为$AB\cdot\alpha$；相对法向加速度$\boldsymbol{a}_{BA}^{n}$沿点A、B连线方向从B指向A，大小为$AB\cdot\omega^2$

在应用式（8-6）计算平面图形上各点的加速度时，只能求解矢量表达式中的两个要素。因此在解题时，要注意分析所求问题是否可解。当问题可解时，将式（8-6）在平面直角坐标系上投影，即可由两个代数方程联立求得所需的未知量。

【例8-8】 如图8-21（a）所示，曲柄OA以匀角速度$\omega_O=10\text{rad/s}$绕轴O转动，$OA=20\text{mm}$，逆时针方向转动，并带动连杆AB，$AB=100\text{mm}$，滑块B沿铅直滑道运动，当$\varphi=45°$时，曲柄OA与连杆AB垂直，试求此瞬时连杆AB中点M的加速度大小。

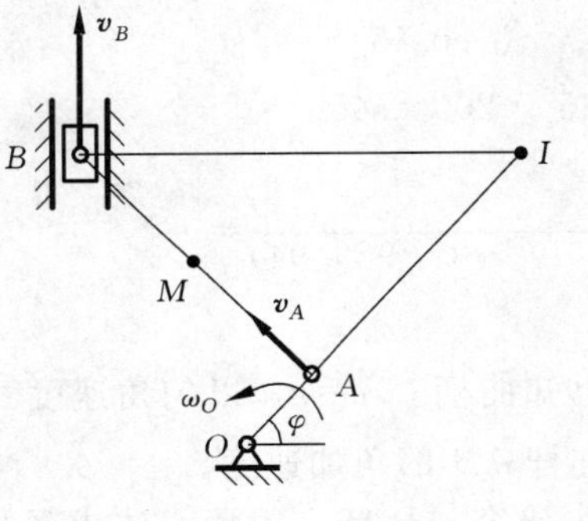

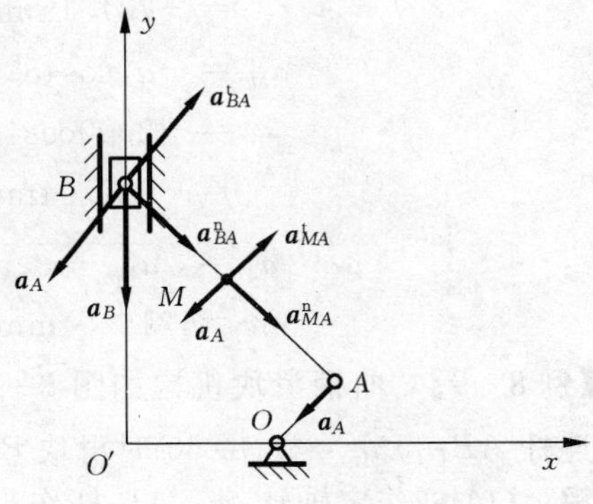

图8-21

解： 由速度瞬心法求连杆AB的角速度，如图8-21（a）所示，即

$$\omega_{AB}=\frac{v_A}{IA}=\frac{\omega_O OA}{AB}=\frac{10\times20}{100}=2\text{rad/s}$$

选A为基点，基点A的加速度为

$$a_A=\omega_O^2 OA=10^2\times20=2000\text{mm/s}^2$$

则点B的加速度为

$$\boldsymbol{a}_B=\boldsymbol{a}_A+\boldsymbol{a}_{BA}=\boldsymbol{a}_A+\boldsymbol{a}_{BA}^{t}+\boldsymbol{a}_{BA}^{n}\tag{a}$$

点B的加速度分析如图8-21（b）所示，

$$a_{BA}^{n}=\omega_{AB}^2 AB=2^2\times100=400\text{mm/s}^2$$

$$a_{BA}^{t}=\alpha AB$$

将式（a）向水平方向x轴投影，得

$$0=-a_A\cos45°+a_{BA}^{n}\cos45°+a_{BA}^{t}\cos45°$$

得连杆AB的角加速度为

$$\begin{aligned}\alpha&=\frac{a_{BA}^{t}}{AB}=\frac{1}{100\cos45°}(a_A\cos45°-a_{BA}^{n}\cos45°)\\&=\frac{1}{100\cos45°}(2000\cos45°-400\cos45°)\\&=16\text{rad/s}^2\end{aligned}$$

连杆 AB 中点 M 的加速度为

$$\boldsymbol{a}_M=\boldsymbol{a}_A+\boldsymbol{a}_{MA}=\boldsymbol{a}_A+\boldsymbol{a}_{MA}^{\mathrm{t}}+\boldsymbol{a}_{MA}^{\mathrm{n}} \tag{b}$$

其中

$$a_{MA}^{\mathrm{t}}=\alpha MA=16\times 50=800\mathrm{mm/s^2}$$

$$a_{MA}^{\mathrm{n}}=\frac{1}{2}a_{BA}^{\mathrm{n}}=200\mathrm{mm/s^2}$$

将式（b）向水平方向 x、y 轴投影，得

$$\begin{aligned}a_{Mx}&=-a_A\cos45°+a_{MA}^{\mathrm{t}}\cos45°+a_{MA}^{\mathrm{n}}\cos45°\\&=-2000\cos45°+800\cos45°+200\cos45°\\&=-707.1\mathrm{mm/s^2}\\a_{My}&=-a_A\cos45°+a_{MA}^{\mathrm{t}}\cos45°-a_{MA}^{\mathrm{n}}\cos45°\\&=-2000\cos45°+800\cos45°-200\cos45°\\&=-989.94\mathrm{mm/s^2}\\a_M&=\sqrt{a_{Mx}^2+a_{My}^2}=\sqrt{(-707.1)^2+(-989.94)^2}\\&=1216.54\mathrm{mm/s^2}\end{aligned}$$

【例 8-9】 曲柄滑块机构如图 8-22 所示。已知曲柄 $OA=r$，以匀角速度 ω 转动，连杆 $AB=\sqrt{3}r$。求 $\varphi=60°$时滑块 B 加速度和连杆 AB 的角加速度。

解： OA 杆作定轴转动，AB 杆作平面运动。先研究 AB 杆，用瞬心法求 AB 杆的角速度。由 $\boldsymbol{v}_A$ 和 $\boldsymbol{v}_B$ 方向可确定 AB 杆的瞬心 I，由 A 点的速度可求得 AB 杆的角速度为

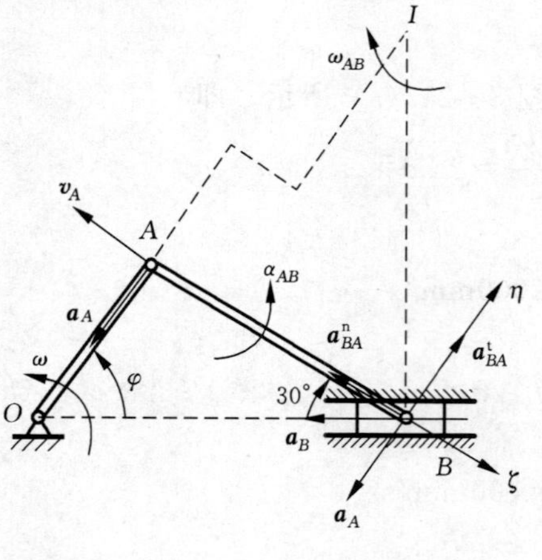

图 8-22

$$\omega_{AB}=\frac{v_A}{AI}=\frac{r\omega}{3r}=\frac{\omega}{3}$$

转向如图 8-22 所示。再求滑块 B 的加速度和连杆 AB 的角加速度。以 A 点为基点，分析 B 点的加速度。由式（8-6），有

$$\boldsymbol{a}_B=\boldsymbol{a}_A+\boldsymbol{a}_{BA}^{\mathrm{t}}+\boldsymbol{a}_{BA}^{\mathrm{n}} \tag{a}$$

分析各项加速度的大小和方向：$\boldsymbol{a}_B$ 的方向水平，设指向左，大小未知；$\boldsymbol{a}_A=r\omega^2$，指向 O 点（因匀速转动，只有法向加速度）；$\boldsymbol{a}_{BA}^{\mathrm{t}}$ 的方向垂直于 AB，设 α_{AB} 为逆时针转向，则 $\boldsymbol{a}_{BA}^{\mathrm{t}}$ 指向如图 8-22所示的方向，其大小未知；$\boldsymbol{a}_{BA}^{\mathrm{n}}$ 由 B 点指向 A 点，大小为 $a_{BA}^{\mathrm{n}}=AB\omega_{AB}^2=\frac{\sqrt{3}r\omega^2}{9}$。$B$ 点的加速度图如图 8-22 所示。

由于式（a）中只有两个要素未知，故可由投影法求得未知量。分别将式（a）向 ζ 和 η 轴投影，得到

$$-a_B\cos30°=0+0-a_{BA}^{\mathrm{n}}，\ \alpha_{AB}=\frac{a_{CA}^{\mathrm{t}}}{CA}=\frac{24.576}{\sqrt{8^2+6^2}}=2.4576$$

解得

$$a_B=\frac{a_{BA}^{\mathrm{n}}}{\cos30^\circ}=\frac{\sqrt{3}}{9}r\omega^2\ \frac{2}{\sqrt{3}}=\frac{2}{9}r\omega^2,\quad a_{BA}^{\mathrm{t}}=a_A-a_B\sin30^\circ=r\omega^2-\frac{2}{9}r\omega^2\ \frac{1}{2}=\frac{8}{9}r\omega^2$$

由 $a_{BA}^{\mathrm{t}}=AB\alpha_{AB}$，解得

$$\alpha_{AB}=\frac{a_{BA}^{\mathrm{t}}}{AB}=\frac{8r\omega^2}{9\sqrt{3}r}=\frac{8\sqrt{3}}{27}\omega^2$$

求得的 a_B 及 a_{BA}^{t} 均为正值，说明它们的实际指向与假设的指向相同，如图 8－22 所示。

【例 8－10】 半径为 R 的车轮沿直线滚动，某瞬时轮心 O 点的速度为 $\boldsymbol{v}_O$，加速度为 $\boldsymbol{a}_O$，如图 8－23（a）所示。若轮作纯滚动，求图示瞬时车轮上 A、B、C 三点的加速度。

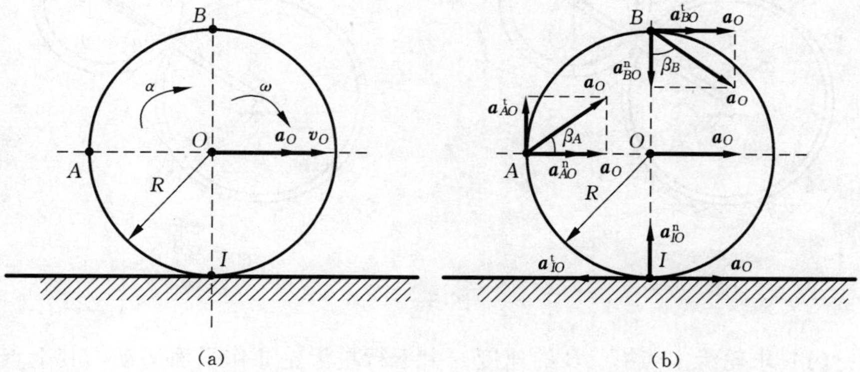

图 8－23

解： 轮作纯滚动，其瞬心为轮上与地面的接触点 I。车轮的角速度可按下式计算：

$$\omega(t)=\frac{v_O(t)}{R}$$

车轮的角加速度 α 等于角速度对时间求一阶导数。上式对任一瞬时均成立，故可对时间求导，得

$$\alpha(t)=\frac{\mathrm{d}\omega(t)}{\mathrm{d}t}=\frac{\mathrm{d}}{\mathrm{d}t}\left(\frac{v_O(t)}{R}\right)=\frac{1}{R}\frac{\mathrm{d}v_O(t)}{\mathrm{d}t}=\frac{a_O(t)}{R}$$

在图 8－23(a)所示瞬时，将 a_O 瞬时值代入，得 $\alpha=a_O/R$，转向如图 8－23(a)所示。

车轮做平面运动，取轮心 O 点为基点，由式(8－6)，有

$$\boldsymbol{a}_A=\boldsymbol{a}_O+\boldsymbol{a}_{AO}^{\mathrm{t}}+\boldsymbol{a}_{AO}^{\mathrm{n}},\boldsymbol{a}_B=\boldsymbol{a}_O+\boldsymbol{a}_{BO}^{\mathrm{t}}+\boldsymbol{a}_{BO}^{\mathrm{n}},\boldsymbol{a}_I=\boldsymbol{a}_O+\boldsymbol{a}_{IO}^{\mathrm{t}}+\boldsymbol{a}_{IO}^{\mathrm{n}}$$

式中

$$a_{AO}^{\mathrm{t}}=a_{BO}^{\mathrm{t}}=a_{IO}^{\mathrm{t}}=R\alpha=a_O,a_{AO}^{\mathrm{n}}=a_{BO}^{\mathrm{n}}=a_{CO}^{\mathrm{n}}=R\omega^2=v_O^2/R。$$

各点的加速度图如图 8－23(b)所示。于是可求得各点加速度的大小和方向为

$$a_A=\sqrt{(a_{AO}^{\mathrm{t}})^2+(a_O+a_{AO}^{n})^2}=\sqrt{a_O^2+(a_O+v_O^2/R)^2},\beta_A=\tan^{-1}\frac{a_OR}{a_OR+v_O^2}$$

$$a_B=\sqrt{(a_{BO}^{n})^2+(a_O+a_{BO}^{t})^2}=\sqrt{(v_O^2/R)^2+4a_O^2},\beta_B=\tan^{-1}\frac{2a_OR}{v_O^2}$$

$$a_I=a_{IO}^{n}=v_O^2/R,\beta_C=0$$

由 I 点加速度的结果可见，速度瞬心的加速度不等于零。当车轮在地面上只滚不滑时，速度瞬心 I 的加速度指向轮心 O。

【例 8-11】 如图 8-24 所示行星轮系机构中，大齿轮Ⅰ固定不动，半径为 r_1，曲柄 OA 以匀角速度 ω_O 绕 O 轴转动，并带动行星齿轮Ⅱ沿轮Ⅰ只滚动而不滑动，齿轮Ⅱ的半径为 r_2，试求轮Ⅱ的角速度 ω，轮缘上点 C、B 的速度和加速度（点 C 在曲柄 OA 的延长线上，点 B 在与 OA 垂直的半径上）。

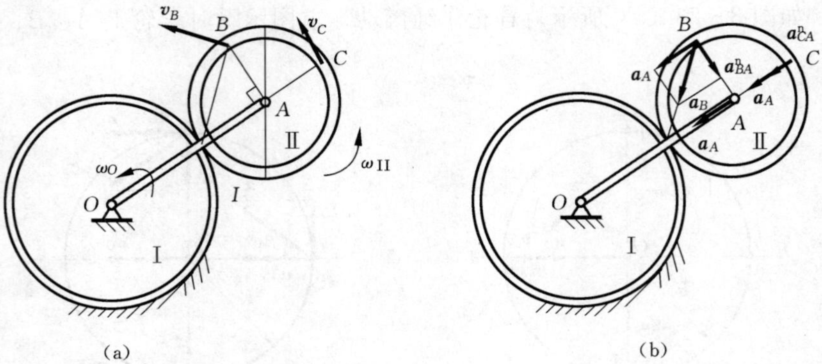

图 8-24

解：(1) 求轮缘上点 C、B 的速度。由于行星齿轮Ⅱ作平面运动，其上点 A 的速度由曲柄转动求得，即

$$v_A=\omega_O OA=\omega_O(r_1+r_2)$$

由于行星齿轮Ⅱ沿轮Ⅰ只滚动而不滑动，则两轮接触点 I 为速度瞬心，轮Ⅱ的角速度为

$$\omega_{\text{Ⅱ}}=\frac{v_A}{r_2}=\frac{\omega_O(r_1+r_2)}{r_2} \tag{a}$$

轮缘上点 C、B 的速度为

$$v_C=2r_2\omega_{\text{Ⅱ}}=2\omega_O(r_1+r_2)=2\omega_O(r_1+r_2)$$

$$v_B=\sqrt{2}r_2\omega_{\text{Ⅱ}}=\sqrt{2}\omega_O(r_1+r_2)$$

方向如图 8-24 (a) 所示。

(2) 求轮缘上点 C、B 的加速度。由于曲柄 OA 以匀角速度 ω_O 转动，则式 (a) 对时间求导，得轮Ⅱ的角加速度为

$$\alpha=0 \tag{b}$$

选点 A 为基点，轮缘上点 C、B 的加速度为

$$\boldsymbol{a}_B=\boldsymbol{a}_A+\boldsymbol{a}_{BA}=\boldsymbol{a}_A^{t}+\boldsymbol{a}_A^{n}+\boldsymbol{a}_{BA}^{t}+\boldsymbol{a}_{BA}^{n}$$

$$\boldsymbol{a}_C=\boldsymbol{a}_A+\boldsymbol{a}_{CA}=\boldsymbol{a}_A^{t}+\boldsymbol{a}_A^{n}+\boldsymbol{a}_{CA}^{t}+\boldsymbol{a}_{CA}^{n}$$

其中

$$a_A^t = a_{BA}^t = a_{CA}^t = 0$$

$$a_A = a_A^n = \omega_O^2 (r_1 + r_2)$$

$$a_{BA}^n = a_{CA}^n = \omega_{\text{II}}^2 r_2 = \frac{\omega_O^2 (r_1 + r_2)^2}{r_2}$$

$$a_C = a_A + a_{CA}^n = \omega_O^2 (r_1 + r_2) + \frac{\omega_O^2 (r_1 + r_2)^2}{r_2}$$

$$a_B = \sqrt{a_A^2 + a_{BA}^{n\,2}} = \sqrt{\omega_O^4 (r_1 + r_2)^2 + \frac{\omega_O^4 (r_1 + r_2)^4}{r_2^2}}$$

a_B 与 AB 的夹角为

$$\theta = \tan^{-1} \frac{a_A}{a_{BA}^n} = \tan^{-1} \frac{r_2}{r_1 + r_2}$$

方向如图 8-24（b）所示。

8.4　运动学综合应用举例

通过前面的介绍，已分别论述了点的运动、点的合成运动，刚体的平移、转动和平面运动等方面的运动学知识。在工程实际中，往往需要应用这些理论对平面运动机构进行运动分析。同平面的几个刚体按照确定的方式相互联系，各刚体之间有一定的相对运动的装置称为平面机构。平面机构能够传递、转换运动或实现某种特定的运动，因而在工程中有着广泛的应用。对平面机构进行运动分析，首先要根据各刚体的运动特征，分辨它们各自做什么运动，是平移、定轴转动还是平面运动。其次，刚体之间是靠约束连接来传递运动，这就需要建立刚体之间连接点的运动学条件。例如，用铰链连接，则连接点的速度、加速度相等。值得注意的是经常会遇到两刚体间的连接点有相对运动情况。例如，用滑块和滑槽来连接两刚体时，连接点的速度、加速度是不相等的，需要应用点的合成运动理论来建立连接点的运动学条件。如果被连接的刚体中有作平面运动的情形，则需要综合应用合成运动和平面运动的理论去求解。在求解时，应从具备已知条件的刚体开始，然后通过建立的运动学条件过渡到相邻的刚体，最终解出全部未知量。下面通过例题说明。

【例 8-12】 如图 8-25（a）所示，曲柄 OA 以匀角速度 ω_O 绕 O 轴转动，连杆 AB 穿过套筒 D，套筒 D 与曲柄 CD 相连，连杆 AB 的另一端连接滑块 B，滑块 B 在水平的滑道内运动。已知 $OA = CD = AD = DB = r$，试求当曲柄 OA 和曲柄 CD 位于水平位置，$\angle BAO = 60°$时，曲柄 CD 的角速度和加速度。

解：（1）求曲柄 CD 的角速度。连杆 AB 作平面运动，速度瞬心与 O 重合，用瞬心法求得连杆 AB 的角速度为

$$\omega_{AB} = \frac{v_A}{OA} = \frac{\omega_O OA}{OA} = \omega_O$$

选取套筒 D 为动点，连杆 AB 为动系，静系固结于支座 C 上。

套筒 D 的牵连速度为

$$v_{De} = \omega_{AB} OD = \omega_O r$$

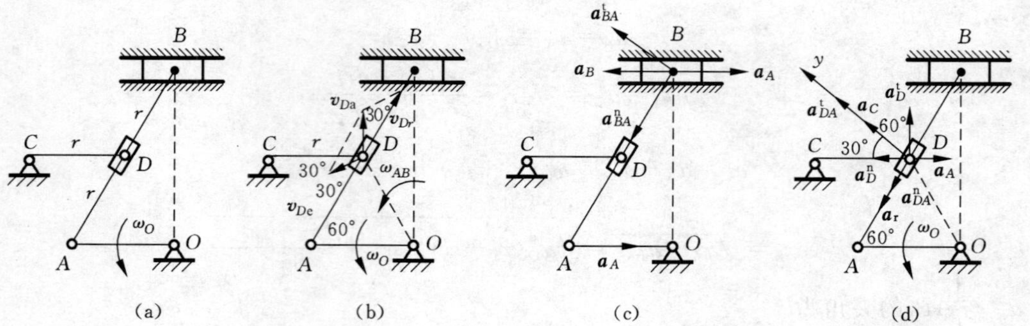

图 8-25

如图 8-25（b）所示，由套筒 D 速度的平行四边形得

$$v_{Dr}=2v_{De}\cos30°=\sqrt{3}\omega_O r$$

$$v_{Da}=v_{De}=\omega_O r$$

则曲柄 CD 的角速度为

$$\omega_{CD}=\frac{v_{Da}}{CD}=\frac{\omega_O r}{r}=\omega_O$$

转向为逆时针。

（2）求曲柄 CD 的角加速度。选点 A 为基点，滑块 B 的加速度为

$$\boldsymbol{a}_B=\boldsymbol{a}_A^t+\boldsymbol{a}_A^n+\boldsymbol{a}_{BA}^t+\boldsymbol{a}_{BA}^n \tag{a}$$

其中

基点 A 的加速度： $a_A^t=0$，$a_A=a_A^n=r\omega_O^2$

相对基点转动的加速度： $a_{BA}^t=2r\alpha_{AB}$，$a_{BA}^n=2r\omega_{AB}^2=2r\omega_O^2$

如图 8-25（c）所示，将式（a）向 OB 投影得

$$0=a_{BA}^t\cos60°-a_{BA}^n\cos30°$$

$$\alpha_{AB}=\sqrt{3}\omega_O^2$$

连杆 AB 作平面运动，以 A 为基点，则 AB 上与套筒 D 重合的点 D' 即牵连点的加速度为

$$\boldsymbol{a}_e=\boldsymbol{a}_{D'}=\boldsymbol{a}_A+\boldsymbol{a}_{DA}^n+\boldsymbol{a}_{DA}^t$$

选取套筒 D 为动点，连杆 AB 为动系，静系固结于支座 C 上。

套筒 D 的加速度为

$$\boldsymbol{a}_D=\boldsymbol{a}_e+\boldsymbol{a}_r+\boldsymbol{a}_C$$

而绝对运动中有

$$\boldsymbol{a}_D=\boldsymbol{a}_D^n+\boldsymbol{a}_D^t$$

所以有

$$\boldsymbol{a}_D^n+\boldsymbol{a}_D^t=\boldsymbol{a}_A+\boldsymbol{a}_{DA}^n+\boldsymbol{a}_{DA}^t+\boldsymbol{a}_r+\boldsymbol{a}_C \tag{b}$$

其中

基点 A 的加速度：$a_A=a_A^n=r\omega_O^2$

套筒 D 的绝对加速度：$a_D^t=\alpha_{CD}r$，$a_D^n=r\omega_{CD}^2=r\omega_O^2$

套筒 D 的牵连加速度：$a_{DA}^{t}=\alpha_{AB}AD=\sqrt{3}\omega_O^2r$，$a_{DA}^{n}=\omega_{AB}^2AD=\omega_O^2r$

套筒 D 的科氏加速度：$a_C=2\omega_{AB}v_{Dr}=2\sqrt{3}\omega_O^2r$

套筒 D 的相对加速度：a_r 沿连杆 AB。

如图 8－25（d）所示，将式（b）向 y 轴投影得

$$a_D^t\cos60°+a_D^n\cos30°=-a_A\cos30°+a_{DA}^t+a_C$$

$$\frac{1}{2}\alpha_{CD}r+\omega_O^2r\frac{\sqrt{3}}{2}=-\omega_O^2r\frac{\sqrt{3}}{2}+\sqrt{3}\omega_O^2r+2\sqrt{3}\omega_O^2r$$

$$\alpha_{CD}=4\sqrt{3}\omega_O^2$$

转向为逆时针。

【例 8－13】　图 8－26（a）所示机构中，AB 杆一端连接在水平面上作纯滚动的滚子 A，滚子的中心 A 以速度 $v_A=16\text{cm/s}$ 沿水平方向匀速运动，AB 杆活套在可绕 O 轴转动的套管内，结构尺寸如图所示。求 AB 杆的角速度和角加速度。

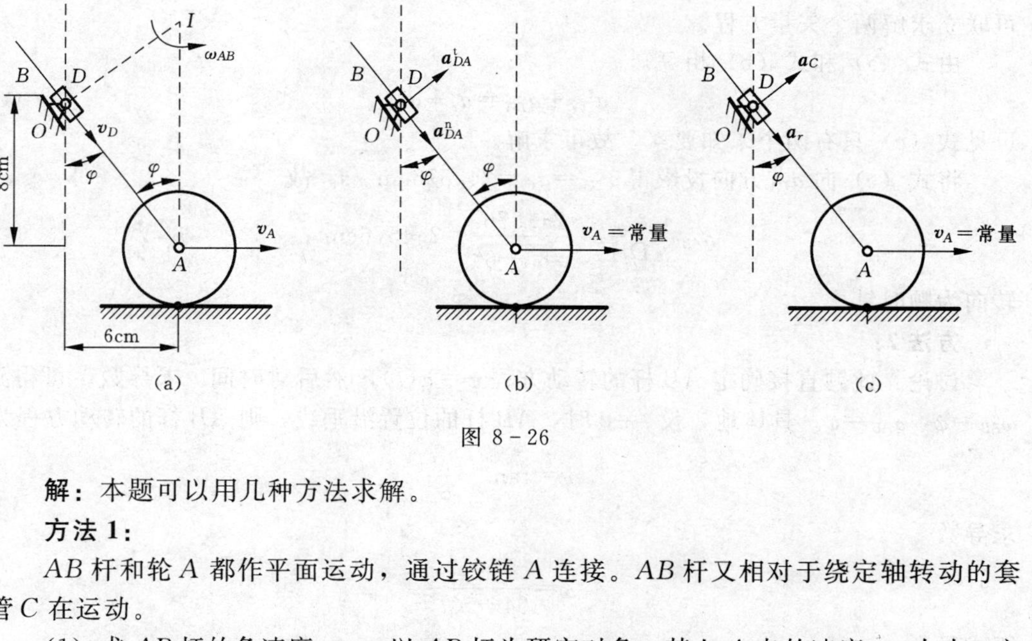

图 8－26

解：本题可以用几种方法求解。

方法 1：

AB 杆和轮 A 都作平面运动，通过铰链 A 连接。AB 杆又相对于绕定轴转动的套管 C 在运动。

（1）求 AB 杆的角速度 ω_{AB}。以 AB 杆为研究对象，其上 A 点的速度 $\boldsymbol{v}_A$ 大小、方向已知，如能再知道 AB 杆上某一点速度的方向，则可确定出 AB 杆的瞬心。在 AB 杆上与套管 D 重合的那一点的速度方向能够确定。AB 杆上的 D 点相对于套筒有运动，用点的合成运动方法分析 D 点的速度方向。以 AB 杆上 D 点为动点，动系固定在套筒上，因 D 点的牵连速度为零，所以 $\boldsymbol{v}_D=\boldsymbol{v}_r$，$AB$ 杆上 D 点的速度方向沿 AB 杆。AB 杆作平面运动，由 $\boldsymbol{v}_A$ 和 $\boldsymbol{v}_D$ 已知方向，确定其瞬心在 I 点，如图 8－26（a）所示。注意到 $IA=AD/\cos\varphi=AD^2/8=12.5$，故 AB 杆的角速度和点 D 速度分别为

$$\omega_{AB}=\frac{v_A}{IA}=1.28\text{rad/s},\ v_D=ID\cdot\omega_{AB}=AD\cdot\tan\varphi\cdot\omega_{AB}=9.6\text{cm/s}$$

（2）求 AB 杆的角加速度 α_{AB}。取 AB 杆为研究对象。选 A 为基点，由式（8－

6)，AB 杆上 D 点的加速度的公式为

$$\boldsymbol{a}_D=\boldsymbol{a}_A+\boldsymbol{a}_{DA}^{t}+\boldsymbol{a}_{DA}^{n} \tag{a}$$

式（a）中 $\boldsymbol{a}_D$ 的大小和方向未知，由 $\boldsymbol{v}_A$ 为常数知 $\boldsymbol{a}_A=0$，$\boldsymbol{a}_{DA}^{t}$ 的大小 $\boldsymbol{a}_{DA}^{t}=DA\cdot\alpha_{DA}$，方向垂直于 CA；$\boldsymbol{a}_{DA}^{n}$ 的大小 $a_{DA}^{n}=DA\cdot\omega_{AB}^{2}$，沿 CA 方向指向 A 点。矢量图如图 8-26（b）所示。式（a）有三个未知要素，故不能求解，需另找补充方程。

再由点的合成运动，取 AB 杆上 D 点为动点，套筒固定动系，由于牵连运动为转动，故由式（8-20）得

$$\boldsymbol{a}_D=\boldsymbol{a}_e+\boldsymbol{a}_r+\boldsymbol{a}_C \tag{b}$$

式中 $\boldsymbol{a}_D$ 的大小和方向未知，$\boldsymbol{a}_e=0$；$\boldsymbol{a}_r$ 的大小未知，方向沿 BA，假设图示方向；$\boldsymbol{a}_D$ 的大小 $a_C=2\omega_e\cdot v_r\cdot\sin(\omega_e,\ \boldsymbol{v}_r)$，因为套筒和杆 AB 始终在同一直线上，转角相同，故 $\omega_e=\omega_{AB}=1.28\text{rad/s}$。相对速度 $\boldsymbol{v}_r$ 沿 AB 方向，前面已求出 $\boldsymbol{v}_r=v_D=8.6\text{cm/s}$，$\boldsymbol{\omega}_e$ 与 $\boldsymbol{v}_r$ 垂直，故科氏加速度 $a_c=2\omega_e v_r=24.576\text{cm}^2/\text{s}$。加速度图如图 8-26（c）所示。因此式（b）也有 3 个未知要素。综合式（a）和式（b），共有 4 个未知要素，故可联立求解两个矢量方程。

由式（a）和式（b）相等知

$$\boldsymbol{a}_{DA}^{t}+\boldsymbol{a}_{DA}^{n}=\boldsymbol{a}_r+\boldsymbol{a}_C \tag{c}$$

可见式（c）只有两个未知要素，故可求解。

将式（c）向 a_{CA}^{τ} 方向投影得 $a_{DA}^{t}=a_C=24.576\text{cm}^2/\text{s}$。故

$$\alpha_{AB}=\frac{a_{DA}^{t}}{DA}=\frac{24.576}{\sqrt{8^2+6^2}}=2.4576\text{cm}^2/\text{s}$$

转向为顺时针。

方法 2：

讨论：此题直接确定 AB 杆的转动方程 $\varphi=\varphi(t)$，然后对时间 t 求导数，可得到 $\omega_{AB}=\dot{\varphi}$，$\alpha_{AB}=\ddot{\varphi}$。具体地，设 $t=0$ 时，AB 杆的位置沿垂线，则 AB 杆的转动方程为

$$\varphi=\tan^{-1}\frac{v_A t}{8}$$

求导数

$$\omega=\frac{8v_A}{64+v_A^2t^2}$$

再求导数

$$\alpha=-\frac{16v_A^3t}{(64+v_A^2t^2)^2}$$

当 $v_At=6$，即 $t=3/8\text{s}$ 时，并以 $v_A=16\text{cm/s}$ 代入上两式，得 $\omega=1.28\text{rad/s}$ 和 $\alpha=-2.4576\text{rad/s}^2$。（符号表示转向为顺时针）。

两种解法结果相同。

【例 8-14】 图 8-27（a）所示曲柄连杆机构带动摇杆 O_1D 绕 O_1 轴转动。在连杆 AC 上装有两个滑块，滑块 B 在水平滑道上滑动，滑块 C 沿摇杆 O_1D 滑动，已知曲柄长 $OA=l$，以匀角速度 ω 绕 O 轴转动，$AB=BC=2l$。在图 8-27（a）所示位置时，曲柄与水平线夹角 90°，摇杆与水平线夹角 60°。求摇杆 O_1D 的角速度和角加速度。

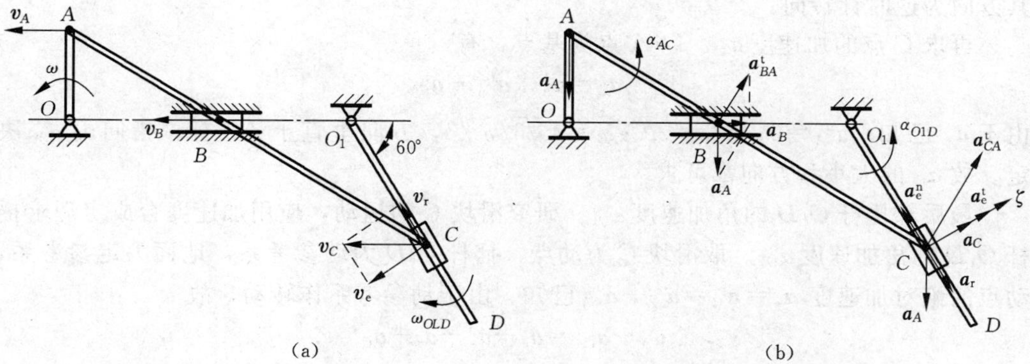

图 8-27

解：由题可知，曲柄 OA 和摇杆 O_1D 作定轴转动，连杆 AC 作平面运动，滑块 B 沿水平滑道平移，滑块 C 沿摇杆 O_1D 滑动。

(1) 求摇杆 O_1D 的角速度 ω_{O1}。研究连杆 AC 的运动，求滑块 C 的速度 $\boldsymbol{v}_C$。在图 8-27 (a) 所示位置，由于连杆上 A 点和 B 点的速度相互平行，故连杆的速度瞬心在无穷远处，AC 杆作瞬时平移。因此连杆上各点的速度相同，即有

$$v_C = v_B = v_A = l\omega$$

方向水平向左。取滑块 C 为动点，摇杆 O_1D 为动参考系，地面为静参考系。由速度合成定理，有 $\boldsymbol{v}_C = \boldsymbol{v}_e + \boldsymbol{v}_r$。其中 $\boldsymbol{v}_C$ 已知，$\boldsymbol{v}_e$ 和 $\boldsymbol{v}_r$ 大小未知，方向已知，故可解。以 $\boldsymbol{v}_C$ 为对角线作速度平行四边形，如图 8-27 (a) 所示。由几何关系得

$$v_r = v_C \sin 30° = \frac{1}{2} l\omega,\ v_e = v_C \cos 30° = \frac{\sqrt{3}}{2} l\omega$$

注意到 $O_1C = 2l/2\cos 30° = 2l/\sqrt{3}$，则摇杆 O_1D 的角速度为

$$\omega_{O1} = \frac{v_e}{O_1C} = \frac{3}{4}\omega$$

转向如图 8-27 (a) 所示。

(2) 求摇杆 O_1D 的角加速度 α_{O1}。先以连杆 AC 为研究对象，先通过 B 点，求连杆的角加速度 α_{ABC}。取 A 点为基点，有

$$\boldsymbol{a}_B = \boldsymbol{a}_A + \boldsymbol{a}_{BA}^t + \boldsymbol{a}_{BA}^n$$

式中 $a_A = a_A^n = l\omega^2$。方向沿 OA 指向 O 点，$\boldsymbol{a}_B$ 大小未知，方向沿水平方向；a_{BA}^t 大小未知，方向垂直于 AB；由 $\omega_{AB} = 0$ 知 $a_{BA}^n = 0$。由于 $a_{BA}^n = 0$，式中只有三个矢量，作加速度平行四边形如图 8-27 (b) 所示。由几何关系可得

$$a_{BA}^t = \frac{a_A}{\cos 30°} = \frac{2}{\sqrt{3}} l\omega^2$$

从而求得

$$\alpha_{AC} = \frac{a_{BA}^t}{2l} = \frac{\sqrt{3}}{3}\omega^2$$

其方向为逆时针转向。

再求 C 点的加速度 $\boldsymbol{a}_C$。以 A 点为基点，有

$$\boldsymbol{a}_C=\boldsymbol{a}_A+\boldsymbol{a}_{CA}^{t}+\boldsymbol{a}_{CA}^{n}$$

由于 $\boldsymbol{a}_A$ 已知；$a_{CA}^{n}=0$；$a_{CA}^{t}=AC\alpha_{AC}=4\sqrt{3}l\omega^2/3$，方向垂直于 AC 杆，指向由 α_{AC} 决定。故 a_C 的大小和方向都可求。

最后求摇杆 O_1D 的角加速度 α_{O1}。研究滑块 C 的运动，应用加速度合成定理求摇杆 O_1D 的角加速度 α_{O1}。取滑块 C 为动点，摇杆 O_1D 为动参考系，地面为定参考系，动点的绝对加速度 $\boldsymbol{a}_a=\boldsymbol{a}_C=\boldsymbol{a}_A+\boldsymbol{a}_{CA}^{t}$ 已知。由于动参考系作转动，故

$$\boldsymbol{a}_A+\boldsymbol{a}_{CA}^{t}=\boldsymbol{a}_e^{t}+\boldsymbol{a}_e^{n}+\boldsymbol{a}_r+\boldsymbol{a}_C$$

式中 $\boldsymbol{a}_A$、$\boldsymbol{a}_{CA}^{t}$ 已在前面求出，$\boldsymbol{a}_e^{n}=O_1C\omega_{O1}^2=3\sqrt{3}l\omega^2/8$，方向由 C 点指向 O_1 点；$\boldsymbol{a}_C=2\omega_{O1}v_r=3l\omega^2/4$，方向由右手螺旋法则决定，如图 8-27（b）所示；$\boldsymbol{a}_e^{t}$ 的大小未知，方向垂直于 O_1D 杆，$\boldsymbol{a}_r$ 的大小未知，方向沿 O_1D 杆。由分析可见，问题中只含有两个未知数，故可解。为直接求得 $\boldsymbol{a}_e^{t}$ 的大小，取如图 8-27（b）所示的投影轴，设 $\boldsymbol{a}_e^{t}$ 及 $\boldsymbol{a}_r$ 的指向如图 8-27（b）所示。将上式向 ξ 轴投影

$$-a_A\sin30°+a_{CA}^{t}\cos30°=a_e^{t}+a_C$$

于是

$$a_e^{t}=-a_C-a_A\sin30°+a_{CA}^{t}\cos30°=-\frac{3l\omega^2}{4}-\frac{l\omega^2}{2}+\frac{4\sqrt{3}}{3}l\omega^2\frac{\sqrt{3}}{2}=\frac{3}{4}l\omega^2$$

$\boldsymbol{a}_e^{t}$ 得正值表示 $\boldsymbol{a}_e^{t}$ 的实际指向与假设的指向相同，由此可求得

$$\alpha_{O1}=\frac{a_e^{t}}{O_1C}=\frac{3\sqrt{3}}{8}\omega^2$$

其转向应与 $\boldsymbol{a}_e^{t}$ 的指向一致，即逆时针方向，如图 8-27（b）所示。

从上面的例题可以看出：某些问题可以用多种方法求解。解题时应该注意，若已知条件适用于运动全过程时，可建立运动方程，进行微积分运算，用解析法求解；若已知条件是图示瞬时的，不是全过程的条件，可通过机构分析求出所需位置的结果。

思 考 题

8-1 一平面图形 S，若选其上一点 A 为基点，则图形 S 绕 A 点转动的角速度为 ω_A；若选另一点 B 为基点，则图形 S 绕 B 点转动的角速度为 ω_B，且一般情况下 ω_A 和 ω_B 不相等。你认为这种说法对吗？为什么？

8-2 平面图形上任意两点 A、B 的速度 $\boldsymbol{v}_A$ 和 $\boldsymbol{v}_B$ 有何关系？若 $\boldsymbol{v}_A\perp AB$，$\boldsymbol{v}_B$ 的方向怎样判断？

8-3 思 8-3 图（a）、（b）、（c）所示平面图形上 A、B、C 三点的速度分布情况，其中哪一种是可能的，为什么？

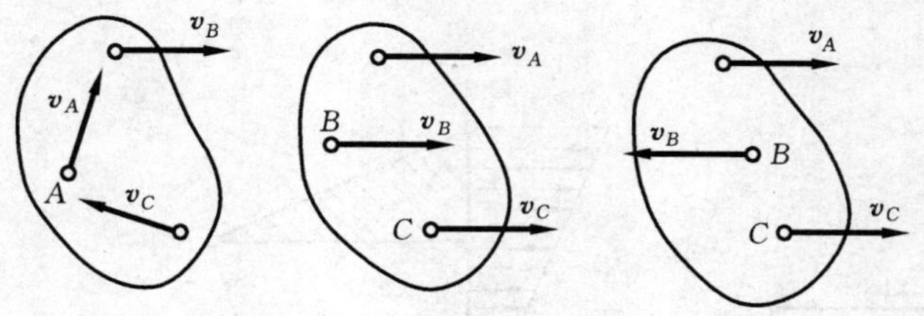

(a)　　(b)　　(c)

思 8-3 图

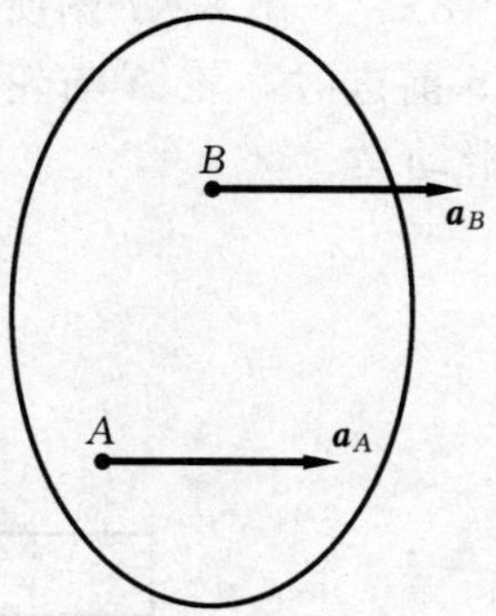

思 8-4 图

8-4　思 8-4 图所示平面图形上 A、B 两点的加速度大小相等，方向相同，即 $\boldsymbol{a}_A=\boldsymbol{a}_B$，试问此瞬时平面图形的角速度 ω 和角加速度 α 哪一个等于零？

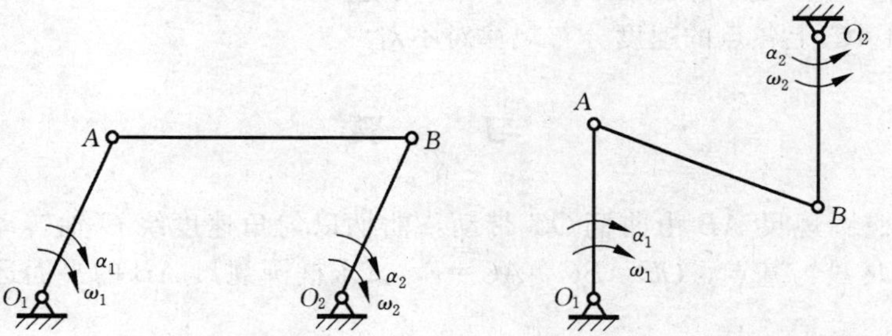

(a)　　(b)

思 8-5 图

8-5　已知 $O_1A \mathrel{\underline{\underline{/\!/}}} O_2B$，问在思 8-5 图所示瞬时，$\omega_1$ 与 ω_2、α_1 与 α_2 是否相等？

8-6　下列各题的计算过程有没有错误？如有错，为什么错？

(1) 如思 8-6 图 (a) 所示，已知 $\boldsymbol{v}_B$，则 $v_{AB}=v_B\cdot\sin\alpha$ 所以 $\omega_{AB}=\dfrac{v_{AB}}{AB}$。

(2) 如思 8-6 图 (b) 所示，已知 $\omega=$常量，$OA=r$，$v_A=r\omega=$常量，在图示瞬时，$\boldsymbol{v}_A=\boldsymbol{v}_B$，即 $\boldsymbol{v}_B=\omega r=$常量，所以 $a_B=\dfrac{\mathrm{d}v_B}{\mathrm{d}t}=0$。

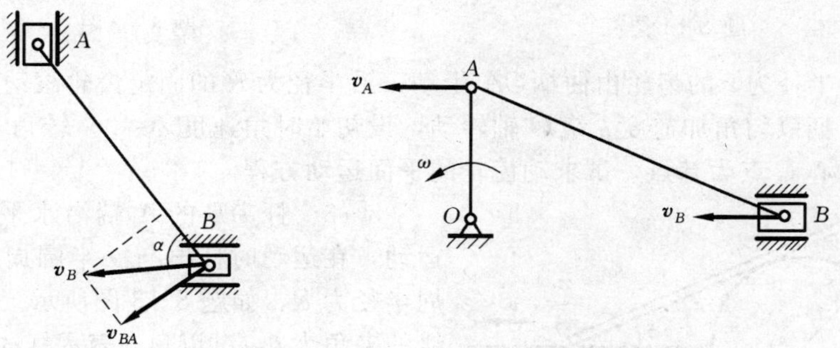

(a)　　(b)

思 8-6 图

8-7 思8-7图所示滑台的导轮 A 与圆柱垫轮 B 的半径均为 r，问当滑台以速度 $\boldsymbol{v}$ 前进时，轮 A 与轮 B 的角速度是否相等（设轮 A、轮 B 与地面及滑台间均无相对滑动）?

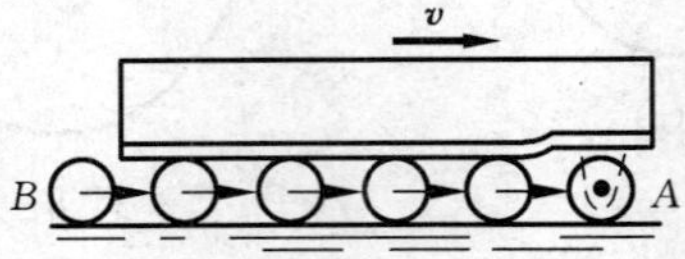

思8-7图

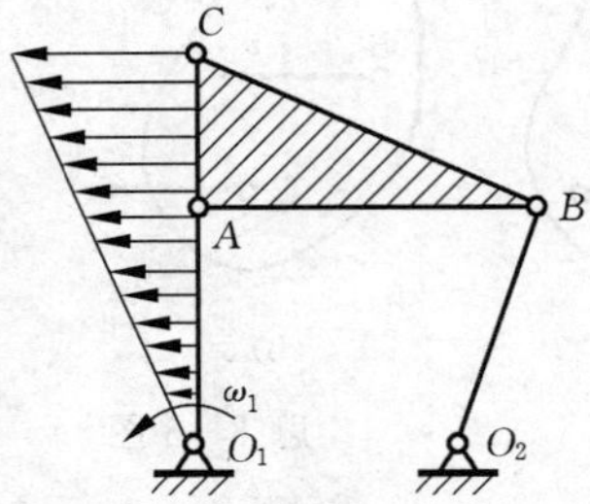

思8-8图

8-8 思8-8图所示四杆机构 O_1A 的角速度为 ω_1，板 ABC 和杆 O_1A 铰接。问图中 O_1A 和 AC 上各点的速度分布规律对不对?

习 题

8-1 椭圆规尺 AB 由曲柄 OC 带动，曲柄以匀角速度绕 O 轴转动，如题8-1图所示，若取 C 为基点，$OC=BC=AC=r$，试求椭圆规尺 AB 的平面运动方程。

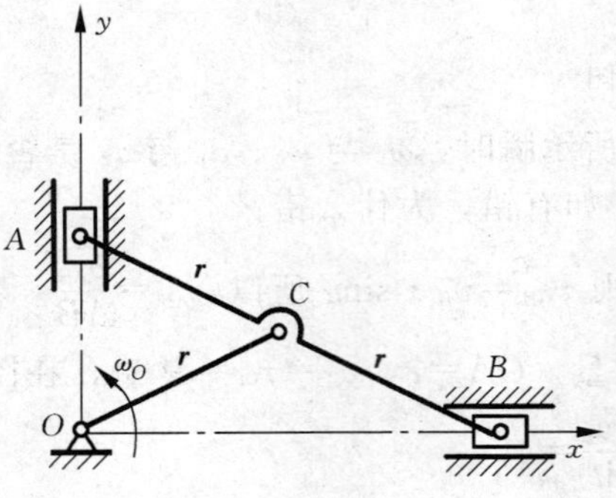

题8-1图

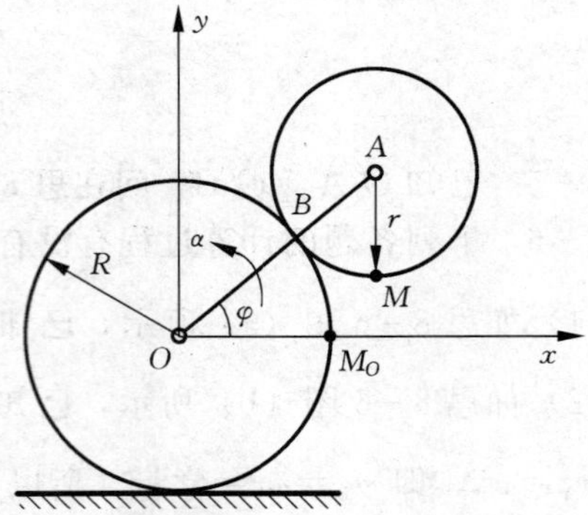

题8-2图

8-2 半径为 r 的齿轮由曲柄 OA 带动，沿半径为 R 的固定齿轮滚动，如题8-2图所示。曲柄以匀角加速度 α 绕 O 轴转动，设初始时角速度 $\omega=0$，转角 $\varphi=0$，若选动齿轮的轮心 C 点为基点，试求动齿轮的平面运动方程。

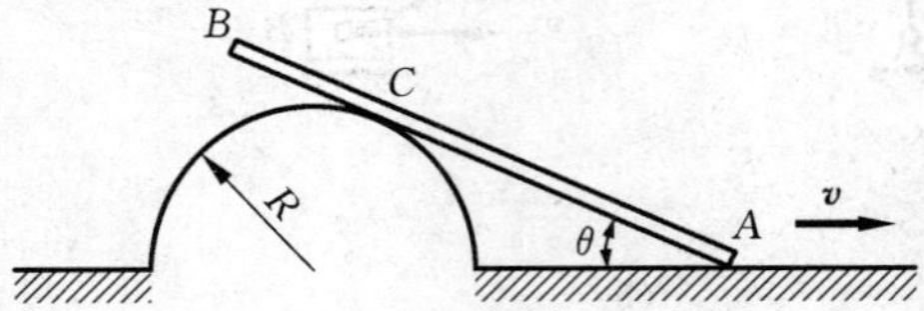

题8-3图

8-3 杆 AB 的 A 端沿水平线以等速 v 运动，在运动时杆恒与一半圆周相切，半圆周半径为 R，如题8-3图所示。如杆与水平线的夹角为 θ，试以角 θ 表示杆的角速度。

8-4 题8-4图所示机构中，已知 OA

$=0.1\text{m}$，$BD=0.1\text{m}$，$DE=0.1\text{m}$，$EF=0.1\sqrt{3}\text{m}$，$\omega_{OA}=4\text{rad/s}$。在图示位置时，曲柄 OA 与水平线 OB 垂直；且 B、D 和 F 在同一铅直线上，又 $DE\perp EF$。求 EF 的角速度和点 F 的速度。

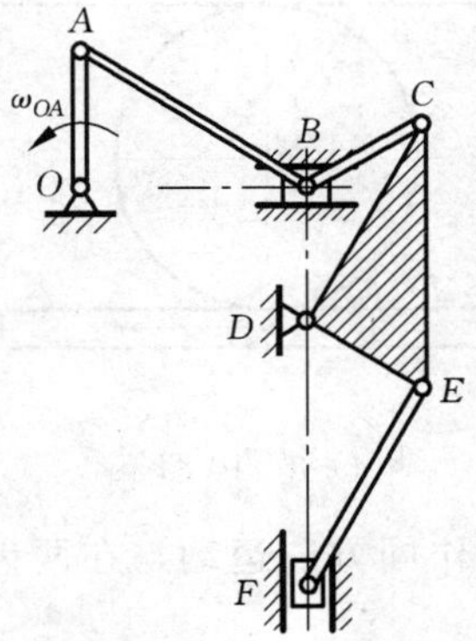

题 8-4 图

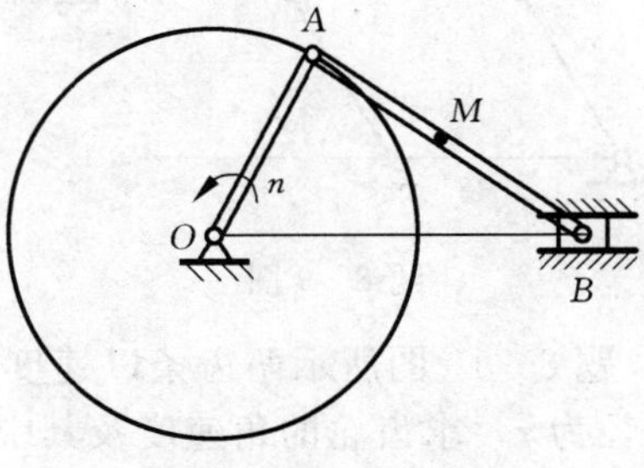

题 8-5 图

8-5　曲柄连杆机构，已知 $OA=40\text{cm}$，连杆 $AB=1\text{m}$，曲柄 OA 绕 O 轴以转速 $n=180\text{r/min}$ 匀速转动，如题 8-5 图所示。试求当曲柄 OA 与水平线成 $45°$ 角时，连杆 AB 的角速度和中点 M 的速度大小。

8-6　已知曲柄 $OA=r$，杆 $BC=2r$，曲柄 OA 以匀角速度 $\omega=4\text{rad/s}$ 顺时针转动，如题 8-6 图所示。试求在图示瞬时点 B 的速度以及杆 BC 的角速度。

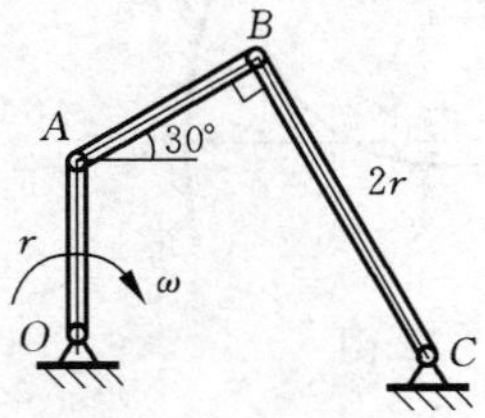

题 8-6 图

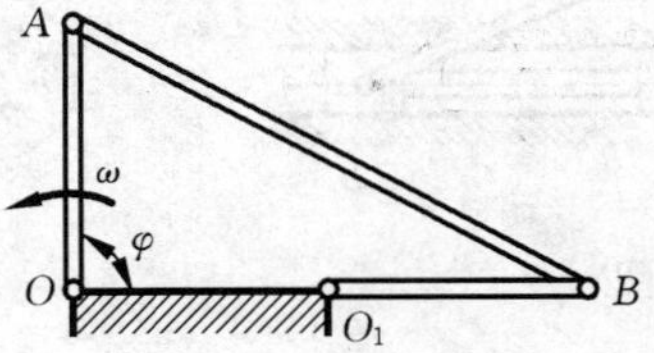

题 8-7 图

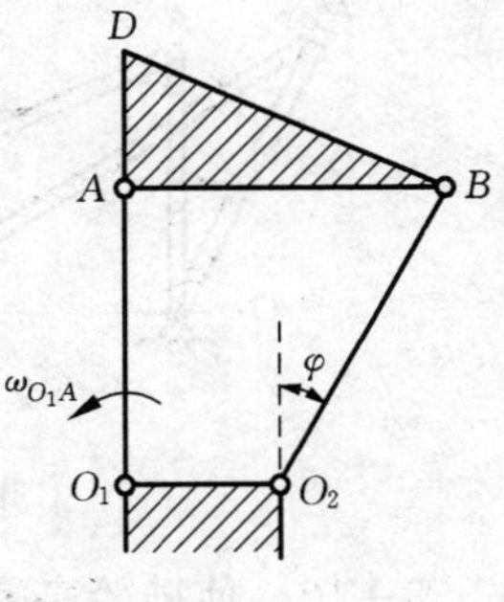

题 8-8 图

8-7　题 8-7 图所示四杆机构 $OABO_1$ 中，$OA=O_1B=\frac{1}{2}AB$；曲柄 OA 的角速度 $\omega=2\text{rad/s}$。求当 $\varphi=90°$ 而曲柄 O_1B 重合于 OO_1 的延长线上时，求杆 AB 和曲柄 O_1B 的角速度。

8-8　题 8-8 图所示四连杆机构中，连杆 AB 上固联一块三角板 ABD。机构由曲柄 O_1A 带动。已知：曲柄的角速度 $\omega_{O_1A}=2\text{rad/s}$；曲柄 $O_1A=10\text{cm}$，水平距离 $O_1O_2=5\text{cm}$；$AD=5\text{cm}$，当 O_1A 铅垂时，AB 平行于 O_1O_2，且 AD 与 AO_1 在同一直线上；角 $\varphi=30°$。求三角板 ABD 的角速度和 D 点的速度。

8-9　如题 8-9 图所示筛料机，由曲柄 OA 带动筛子 BC 摆动。已知曲柄 OA 以

转速 $n=40\text{r/min}$ 匀速转动，$OA=0.3\text{m}$，当筛子 BC 运动到与点 O 在同一水平线时，$\angle BAO=90°$，摆杆与水平线夹角为 60°，试求在图示瞬时筛子 BC 的速度。

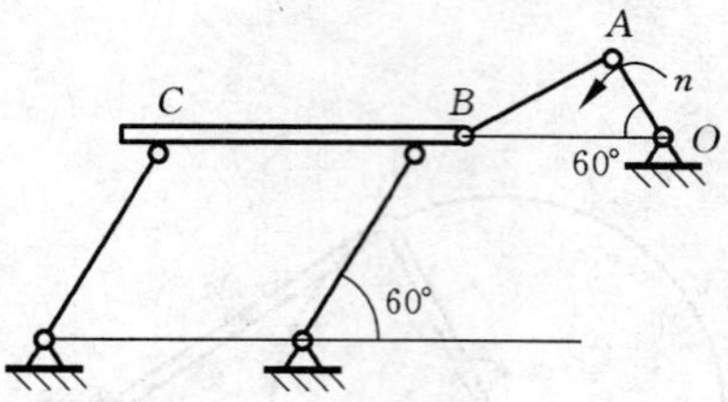

题 8-9 图

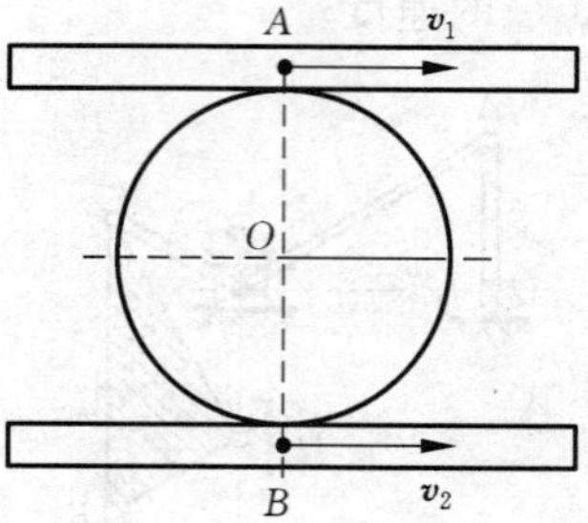

题 8-10 图

8-10 题 8-10 图所示两齿条以速度 $\boldsymbol{v}_1$ 和 $\boldsymbol{v}_2$ 作同方向运动，在两齿条间夹一齿轮，其半径为 r，求齿轮的角速度及其中心的速度。

8-11 题 8-11 图所示双曲柄连杆机构中，滑块 B 和 E 用杆 BE 连接，主动曲柄 OA 和从动曲柄 OD 都绕 O 轴转动。OA 以匀角速度 $\omega_0=12\text{rad/s}$ 转动。已知 $OA=100\text{mm}$，$OD=120\text{mm}$，$AB=260\text{mm}$，$BE=120\text{mm}$，$DE=120\sqrt{3}\,\text{mm}$。求当曲柄 OA 垂直于滑块的导轨方向时，曲柄 OD 和连杆 DE 的角度。

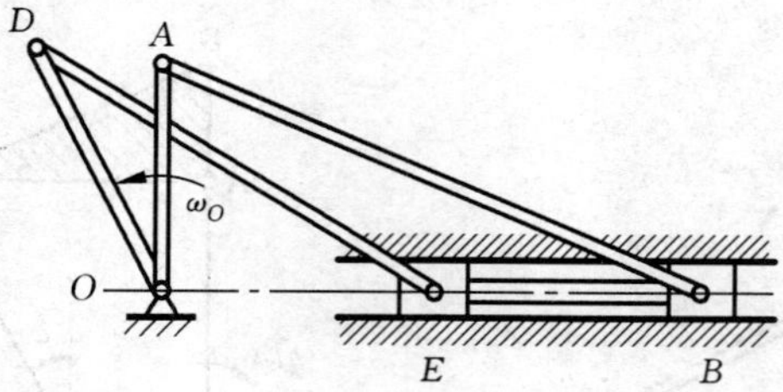

题 8-11 图

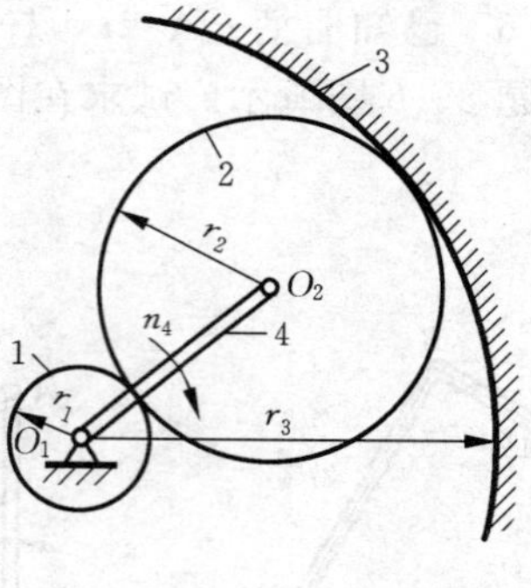

题 8-12 图

8-12 使砂轮高速转动的装置如题 8-12 图所示。杆 O_1O_2 绕 O_1 轴转动，转速为 $n_4=900\text{r/min}$，O_2 处用铰链连接一半径为 r_2 的动齿轮 2，杆 O_1O_2 转动时，轮 2 在半径为 r_3 的固定内齿轮 3 上滚动，并使半径 $\dfrac{r_2}{r_1}=11$ 的轮 1 绕 O_1 轴转动。轮 1 上装有砂轮，随同轮 1 高速转动。求砂轮的转速。

8-13 如题 8-13 图所示的瓦特行星齿轮机构中，平衡杆 O_1A 绕 O_1 轴转动，并借连杆 AB 带动曲柄 OB；而曲柄 OB 活动地装在 O 轴上。在 O 轴上装有齿轮 Ⅰ，齿轮Ⅱ与连杆 AB 固连于一体。已知 $r_1=r_2=0.3\sqrt{3}\text{m}$，$O_1A=0.75\text{m}$，$AB=1.5\text{m}$，平衡杆的角速度 $\omega=6\text{rad/s}$，试求当 $\gamma=60°$ 且 $\beta=90°$ 时，曲柄 OB 和齿轮 Ⅰ 的角速度。

8-14 如题 8-14 图所示齿轮Ⅰ在齿轮Ⅱ内滚动，其半径分别为 r 和 $R=2r$。曲柄 OO_1 绕 O 轴以等角速度 ω_O 转动，并带动行星齿轮Ⅰ。试求轮Ⅰ速度瞬心 I 点的加速度。

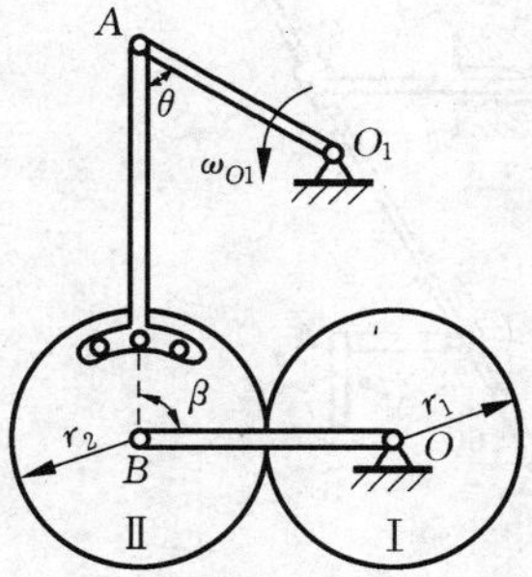

题 8-13 图

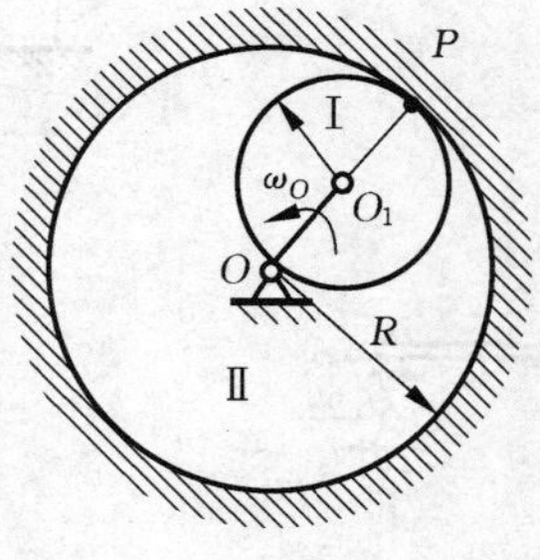

题 8-14 图

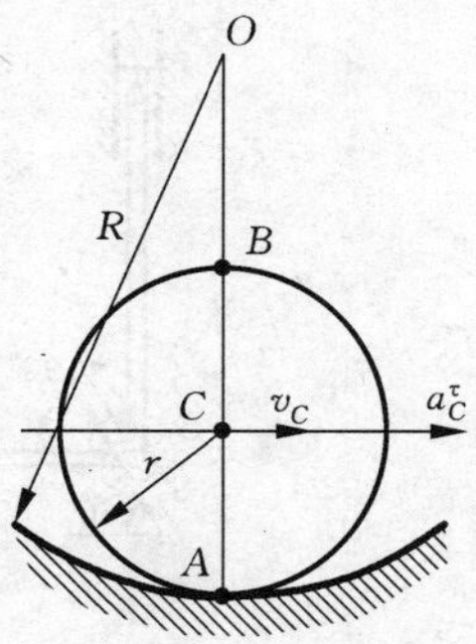

题 8-15 图

8-15　半径为 r 的圆柱体在半径为 R 的圆弧内作无滑动的滚动，如题 8-15 图所示，圆柱中心 C 的速度为 v_C，切向加速度为 a_C^τ，试求圆柱的最低点 A 和最高点 B 的加速度。

8-16　曲柄 OA 以匀角速度 $\omega=2\text{rad/s}$ 绕 O 轴转动，并借连杆 AB 驱动半径为 r 的轮子在半径为 R 的圆弧内作无滑动的滚动。设 $OA=AB=R=2r=1\text{m}$，试求题 8-16 图所示瞬时轮子上的点 B、C 的速度和加速度。

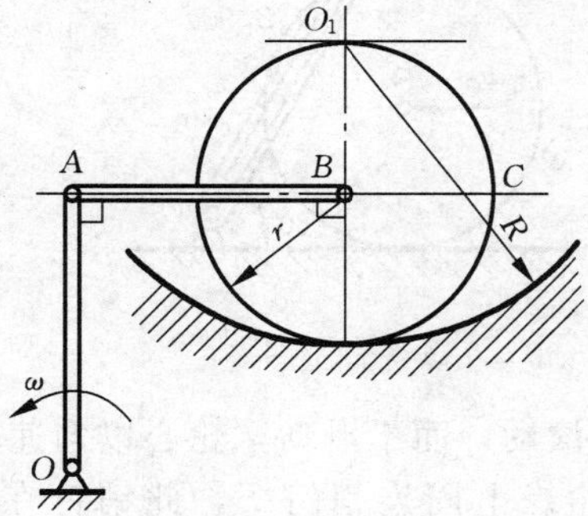

题 8-16 图

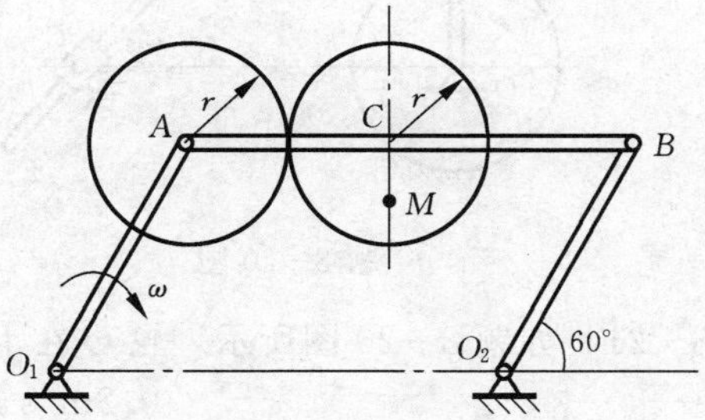

题 8-17 图

8-17　在曲柄齿轮椭圆规中，齿轮 A 和曲柄 O_1A 固结为一体，齿轮 C 和齿轮 A 半径均为 r 并互相啮合，如题 8-17 图所示。已知 $AB=O_1O_2$，$O_1A=O_2B=0.4\text{m}$，O_1A 以匀角速度 $\omega=0.2\text{rad/s}$ 绕 O_1 轴转动。M 为轮 C 上的点，$CM=0.1\text{m}$。图示瞬时，CM 为铅直，试求此瞬时点 M 的速度和加速度。

8-18　如题 8-18 图所示的平面机构中，曲柄 $OA=r$，以匀角速度 ω_O 绕 O 轴转动，$AB=6r$，$BC=3\sqrt{3}r$，试求图示瞬时，滑块 C 的速度和加速度。

8-19　题 8-19 图所示轻型杆式推钢机中，曲柄 OA 借连杆 AB 带动摇杆 O_1B 绕 O_1 轴摆动，杆 EC 以铰链与滑块 C 相连，滑块 C 可沿杆 O_1B 滑动。摇杆摆动时带动杆 EC 推动钢材。已知 $OA=a$，$AB=\sqrt{3}a$，$O_1B=2b/3$，在图示位置时，$BC=4b/3$，$\omega_{OA}=1/2\text{rad/s}$，$a=0.2\text{m}$，$b=1\text{m}$ 求滑块 C 的绝对速度和绝对加速度，滑块 C 相对于摇杆 O_1B 的速度和加速度。

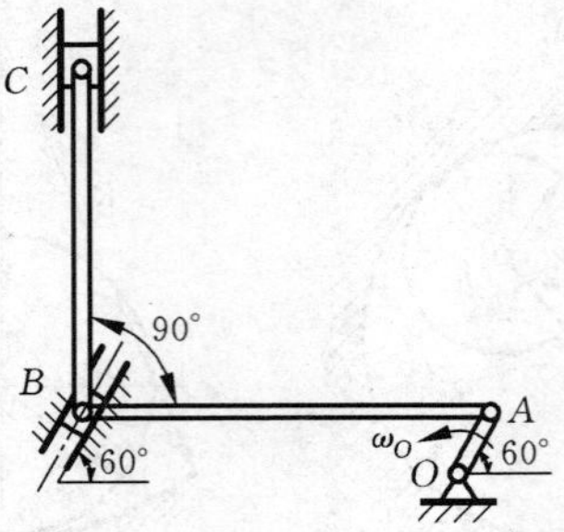

题 8-18 图

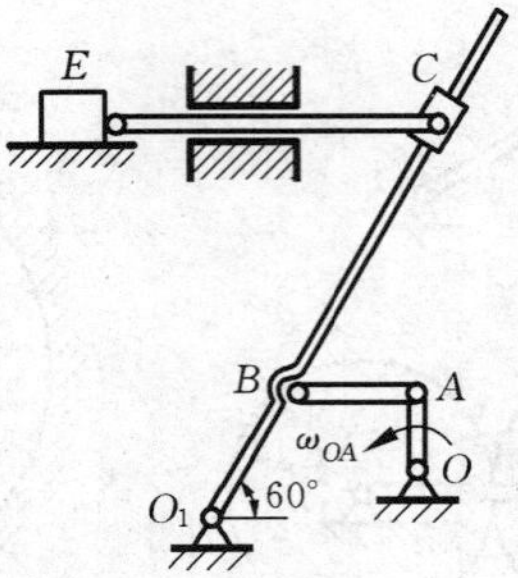

题 8-19 图

8-20　题 8-20 图所示行星齿轮传动机构中，曲柄 OA 以角速度 ω_O 绕 O 轴转动，使与齿轮 A 固结在一起的杆 BD 运动，并借铰链 B 带动 BE 杆运动。如定齿轮的半径为 $2r$，动齿轮半径为 r，且 $AB=\sqrt{5}r$，图示瞬时，OA 在铅直位置，BD 在水平位置，杆 BE 与水平线间成 φ 角。求杆 BE 上的点 C 的速度。

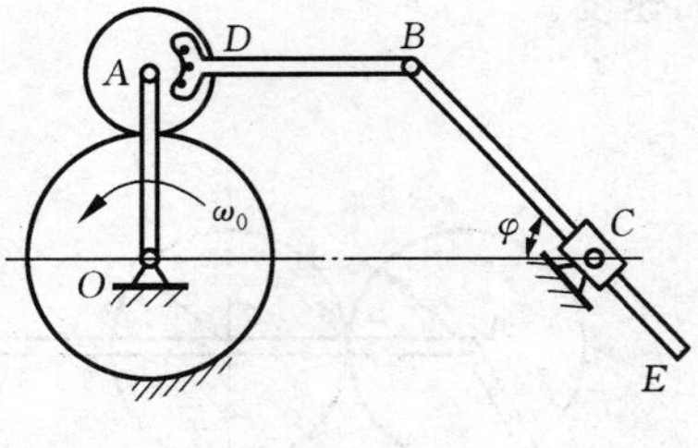

题 8-20 图

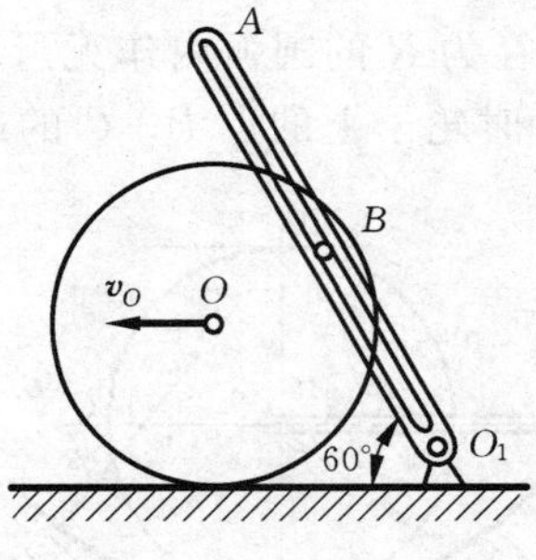

题 8-21 图

8-21　如题 8-20 图所示，轮 O 在水平面上滚动，而不滑动，轮心以匀速 $v_O=0.2\text{m/s}$ 运动，轮缘上固连销钉 B，此销钉在摇杆 O_1A 的槽内滑动，并带动摇杆绕 O_1 轴转动。已知轮的半径 $R=0.5\text{m}$，图示瞬时 O_1A 是轮的切线，摇杆与水平线的夹角为 60°，试求此瞬时摇杆 O_1A 角速度和角加速度。

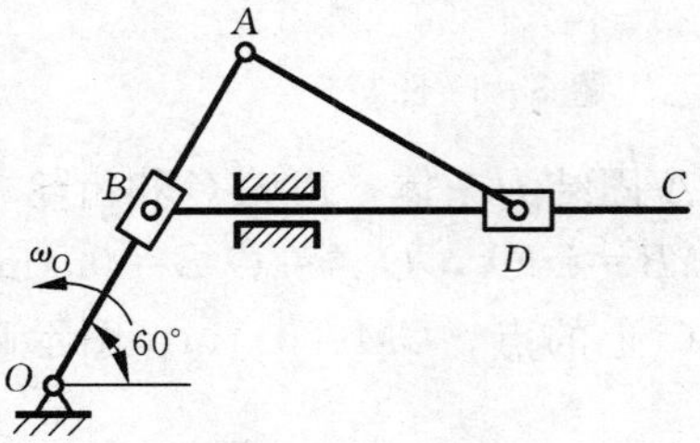

题 8-22 图

8-22　题 8-22 图所示平面机构的曲柄 OA 长为 $2l$，以匀角速度 ω_O 绕 O 轴转动。图示瞬时 $AB=BO$，并且 $\angle OAD=90°$，试求此瞬时套筒 D 相对于杆 BC 的速度和加速度。

8-23　题 8-23 图所示曲柄连杆机构带动摇杆 O_1C 绕 O_1 轴摆动。在连杆 AB 上装有两个滑块，滑块 B 在水平槽内滑动，而滑块 D 则在摇杆 O_1C 的槽内滑动。已知：曲柄 $OA=50\text{mm}$，绕 O 轴转动的匀角速度 $\omega=10\text{rad/s}$。在图示位置时，曲柄与水平线间成 90°角，$\angle OAB=60°$，摇杆与水平线间成 60°角；距离 $O_1D=70\text{mm}$。求摇杆的角速度和角加速度。

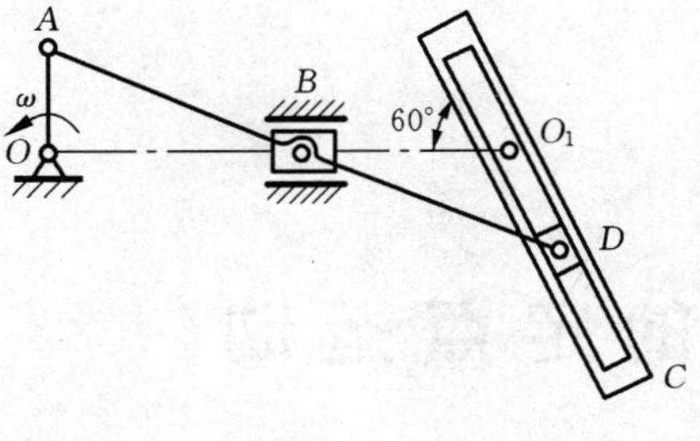

题 8-23 图

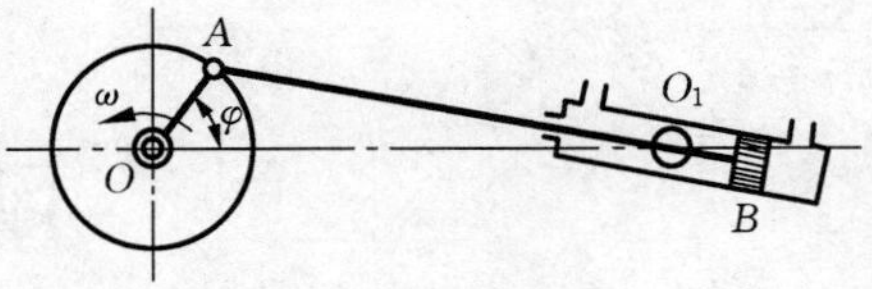

题 8-24 图

8-24　在题 8-24 图所示摆动汽缸式蒸汽机，曲柄 $OA=0.12\text{m}$，绕 O 轴匀速转动，其角速度为 $\omega=5\text{rad/s}$。汽缸绕 O_1 轴摆动，连杆 AB 端部的活塞 B 在汽缸内滑动。已知：距离 $OO_1=0.6\text{m}$，连杆 $AB=0.6\text{m}$。求当曲柄在 φ 为 0°、45°、90°三个位置时活塞的速度。

* 第 9 章

刚体的定点运动

本章主要介绍刚体定点运动的基本概念和计算方法。

刚体平移、定轴转动及平面运动是一般工程中最常见的运动形式。在某些机构和仪器中，有的刚体有一个固定点，此时的运动是刚体绕此定点的运动。这种运动的分析较为复杂并涉及到一些新的概念。研究刚体绕定点运动有其特殊而重要的理论和实际应用意义。

刚体的定点运动是刚体一般运动的基础，刚体的平移和定点运动可合成为刚体的任意运动，同时也是刚体的合成运动与陀螺仪理论的运动学基础。

9.1 刚体定点运动的运动方程

刚体运动时，若体内或其外延部分上有一点在空间的位置保持不变，则这种运动称为**刚体绕定点运动**（rotation around a fixed point）。例如锥形行星齿轮的运动［图 9-1（a)]、陀螺的运动［图 9-1（b)]，以及陀螺仪中转子的运动［图 9-1（c)]等都是刚体绕定点运动的实例。

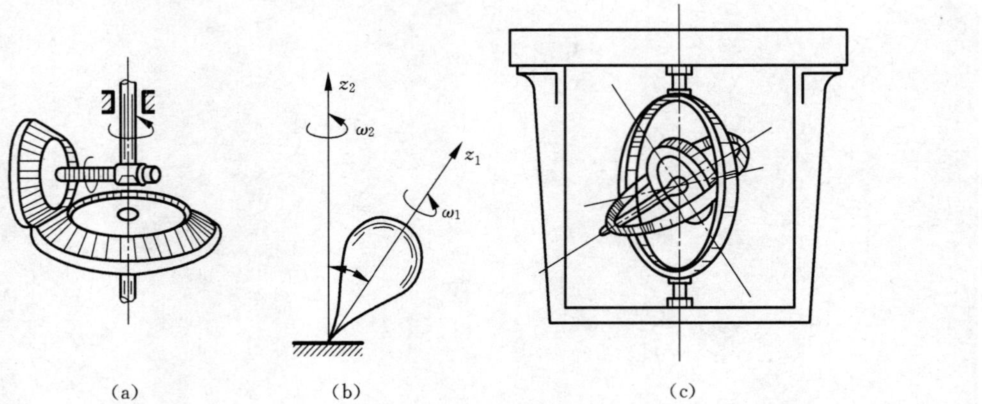

图 9-1

刚体作定点运动时，刚体上每一点到固定点的距离保持不变，因此每一点都是在以固定点为中心而以固定点到该点的距离为半径的球面上运动，所以定点运动也称为球面运动（图 9-2）。

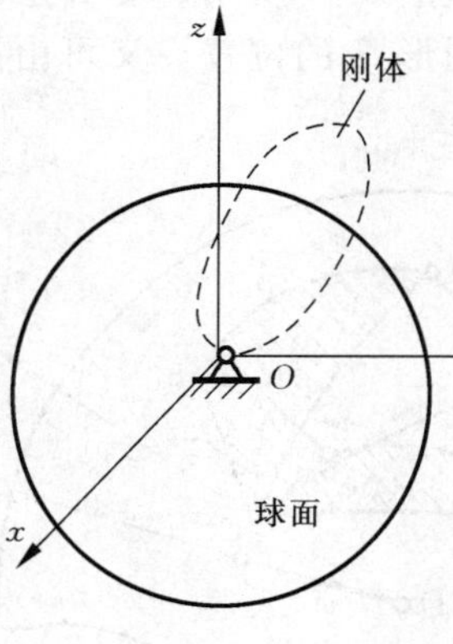

图 9-2

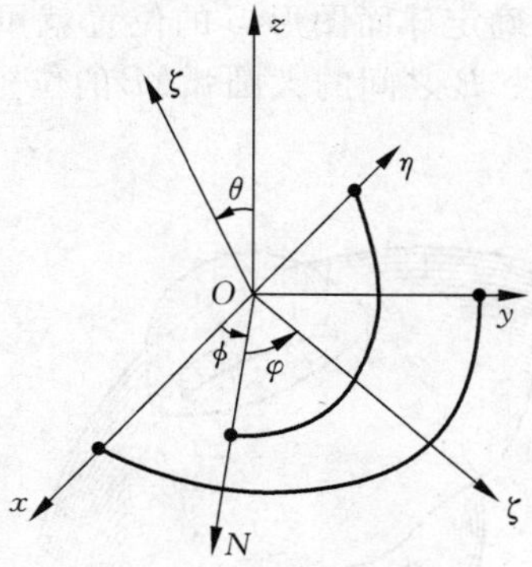

图 9-3

为了确定绕定点运动的刚体在空间的位置，以刚体的固定点为坐标原点，取静坐标系 $Oxyz$，另取与刚体固结的动坐标系 $O\xi\eta\zeta$，如图 9-3 所示。显然，只要确定了动坐标系 $O\xi\eta\zeta$ 在静坐标系 $Oxyz$ 中的位置，则刚体的位置也随之确定。

刚体定点运动可以用瑞士数学家、力学家欧拉提出的三个相互独立的角度来描述，这就是通常说的欧拉角。设动坐标在任意位置时，动坐标面 $O\xi\eta$ 与静坐标面 Oxy 的交线为 ON，这直线称为**节线**。节线 ON 垂直于轴 $O\zeta$ 和 Oz。欧拉角定义如下：

进动角（precession angular）：节线 ON 与定轴 Ox 间的夹角，用 ϕ 表示。

章动角（notation angular）：动轴 $O\zeta$ 与定轴 Oz 间的夹角，用 θ 表示。

自转角（spin angular）：节线 ON 与动轴 $O\xi$ 间的夹角，用 φ 表示。

并规定：由 Oz、ON、$O\xi$ 的正向朝负向看去，各角以逆时针向量取为正。这三个角合称为**欧拉角**（Euler's angules），如图 9-3 所示。

绕定点运动的刚体在空间的位置用这三个欧拉角可以完全确定：设运动开始时，动坐标系与静坐标系重合。令动坐标系按照图示箭头方向先绕定轴 Oz 转过 ϕ 角，再绕节线 ON 转过 θ 角，最后绕动轴 $O\zeta$ 转过 ϕ 角，就到了图示的确定位置。这三个角相互独立，因此绕定点运动的刚体有三个自由度。

当刚体绕定点运动时，欧拉角是时间的单值连续函数，即

$$\phi = f_1(t), \theta = f_2(t), \varphi = f_3(t) \tag{9-1}$$

上式称为**刚体绕定点运动的运动方程**。

9.2 欧 拉 定 理

绕定点运动的刚体，从某一位置到另一位置的任何位移，可以绕通过定点的某一轴转动一次而实现。称为刚体定点运动的**位移定理**，也称**欧拉定理**（Euler's theorem）。

证明：刚体绕定点运动时，刚体内各点在半径不同的球面上运动，定点为这些球面的中心。

任取一球面，它与刚体相交截出球面图形 S，如图 9－4 所示。要确定刚体的位置，只需确定球面图形 S 的位置就可以了。而球面图形 S 的位置，又可由图形上任意两点 A、B 之间的大圆弧$\widehat{AB}$的位置来确定。

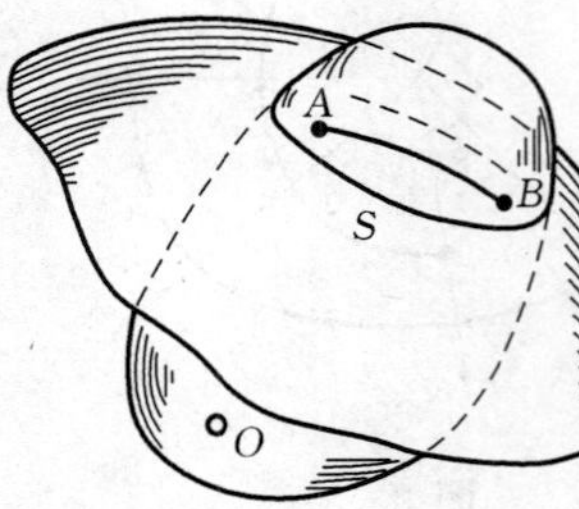

图 9－4

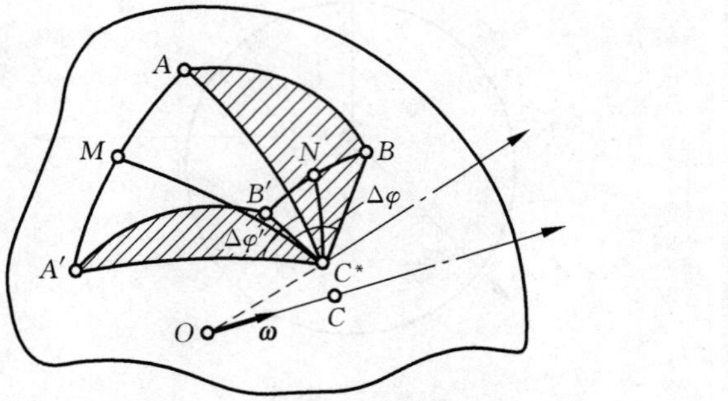

图 9－5

设瞬时 t，大圆弧$\widehat{AB}$在图 9－5 中所示位置，在瞬时 $t+\Delta t$，大圆弧运动到$\widehat{A'B'}$。现在证明从$\widehat{AB}$到$\widehat{A'B'}$可以由绕通过定点 O 的某一轴的转动来实现。

过大圆弧$\widehat{AA'}$和$\widehat{BB'}$的中点 M 和 N，分别作出与这两段大圆弧相垂直的大圆弧$\widehat{MC^*}$和$\widehat{NC^*}$，它们交于球面上的点 C^*。再作大圆弧$\widehat{AC^*}$、$\widehat{BC^*}$、$\widehat{A'C^*}$和$\widehat{B'C^*}$，得球面三角形 ABC^* 和 $A'B'C^*$。因这两个三角形的对应弧长相等，所以两球面三角形全等，于是

$$\angle AC^*B=\angle A'C^*B'$$

且

$$\angle AC^*B+\angle AC^*B'=\angle A'C^*B'+\angle AC^*B'$$

即

$$\angle BC^*B'=\angle AC^*A'=\Delta\varphi$$

以直线连接 O、C^* 两点。将球面三角形 ABC^* 绕轴 OC^* 转过 $\Delta\varphi$，必定与球面三角形 $A'B'C^*$ 完全重合，因此大圆弧$\widehat{AB}$绕通过定点 O 的轴 OC^*，经过一次转动即到达$\widehat{A'B'}$的位置。上述位移定理得证。

9.3　瞬时转动轴　刚体的角速度和角加速度

9.3.1　瞬时转动轴

由位移定理知：绕定点运动刚体的任一位移都可视为绕某一轴 OC^* 的转动位移。设经过时间 Δt，此转动角位移为 $\Delta\varphi$，当 Δt 减小时，$\Delta\varphi$ 随之减小，轴 OC^* 的位置也随着改变。当 $\Delta t\to 0$ 时，$\Delta\varphi\to 0$，轴 OC^* 趋近于某一极限位置 OC，即

$$\lim_{\Delta t\to 0}OC^*=OC$$

轴 OC 称为刚体在该瞬时的**瞬时转动轴**，简称为**瞬轴**（instant axis of rotation）。刚体在不同瞬时，瞬轴的位置不同。刚体绕定点的运动可以看称为顺次绕通过定点 O 的一系列瞬轴作一系列转动。

9.3.2　刚体的角速度和角加速度

由于瞬轴在空间的位置不断变化，所以定点运动刚体的角速度为矢量，以 $\boldsymbol{\omega}$ 表示。其大小为

$$\omega=\lim_{\Delta t\to 0}\frac{\Delta\varphi}{\Delta t} \tag{9-2}$$

方向沿瞬轴，指向按右手法则规定，如图 9-5 所示。

同理，由于瞬轴的位置随时间 t 变化，角速度矢量 $\boldsymbol{\omega}$ 的大小和方向都随时间变化。角速度矢对时间的一阶导数，称为刚体绕定点运动的角加速度，用 $\boldsymbol{\alpha}$ 表示，即

$$\alpha=\lim_{\Delta t\to 0}\frac{\Delta\boldsymbol{\omega}}{\Delta t}=\frac{\mathrm{d}\boldsymbol{\omega}}{\mathrm{d}t} \tag{9-3}$$

角加速度也是一个矢量。方向沿角速度矢量 $\boldsymbol{\omega}$ 的矢端曲线的切线，如图 9-6 所示。

刚体定点运动的角速度 $\boldsymbol{\omega}$ 和角加速度 $\boldsymbol{\alpha}$ 一般不共线，这与大家熟悉的刚体定轴转动有很大区别。

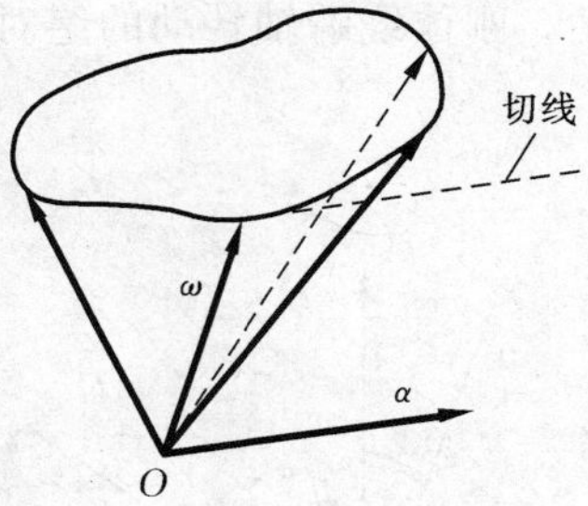

图 9-6

9.3.3　角速度合成定理

设刚体相对于框架 OAB 以角速度 ω_1 绕 $O\zeta$ 轴转动，如图 9-7（a）所示，而 z 轴又随框架 OAB 以角速度 ω_2 绕定轴 Oz 转动。显然，这两种运动的合成结果就是刚体绕 $O\zeta$ 轴与 Oz 轴的交点 O 的定点运动。

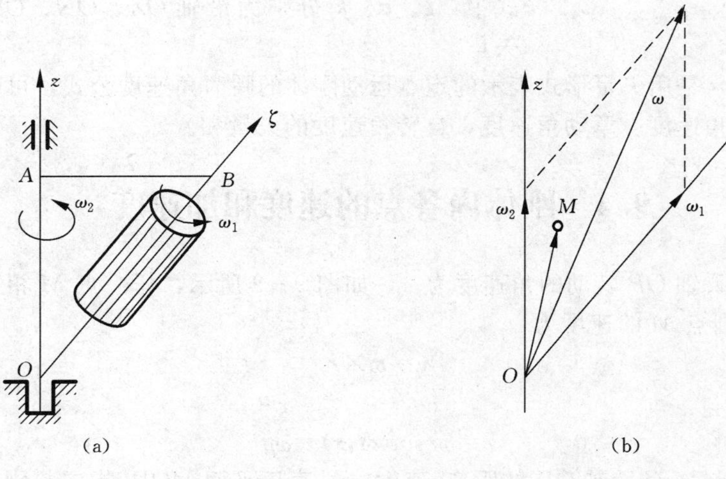

图 9-7

现在通过刚体内任一点 M 的速度来求刚体绕顺轴转动的绝对角速度，如图 9-7（b）所示。设点 M 的矢径 $\boldsymbol{r}$，取框架 OAB 为动参考系，则点 M 的相对速度和牵连速

度可分别表示为

$$\boldsymbol{v}_r=\boldsymbol{\omega}_1\times\boldsymbol{r},\ \boldsymbol{v}_e=\boldsymbol{\omega}_1\times\boldsymbol{r}$$

根据点的速度合成定理，点 M 的绝对速度为

$$\boldsymbol{v}_a=\boldsymbol{v}_r+\boldsymbol{v}_e=\boldsymbol{\omega}_1\times\boldsymbol{r}+\boldsymbol{\omega}_2\times\boldsymbol{r}=(\boldsymbol{\omega}_1+\boldsymbol{\omega}_2)\times\boldsymbol{r} \tag{9-4}$$

另一方面，若以 $\boldsymbol{\omega}$ 表示刚体绕瞬轴转动的绝对角速度，则有

$$\boldsymbol{v}_a=\boldsymbol{\omega}\times\boldsymbol{r} \tag{9-5}$$

由式（9-4）和式（9-5），可得

$$\omega=\boldsymbol{\omega}_1+\boldsymbol{\omega}_2 \tag{9-6}$$

式（9-6）推广即得**角速度合成定理**：刚体绕几个相交轴转动的合成为定点运动，刚体绕瞬轴转动的绝对角速度等于各分转动角速度的矢量和。即

$$\omega=\sum\boldsymbol{\omega}_i \tag{9-7}$$

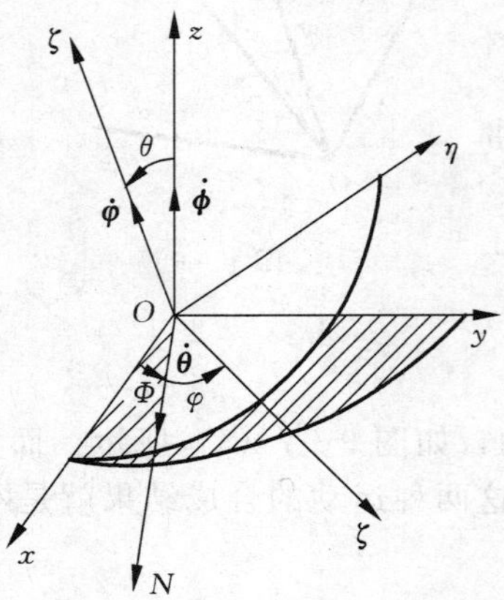

图 9-8

设在初瞬时静坐标系 $Oxyz$ 与动坐标系 $O\xi\eta\zeta$ 重合，则可通过如下三次转动而到达图 9-8 所示任意位置：①绕定轴 Ox 转过 ϕ 角；②绕节线 ON 转过 θ 角；③绕动轴 $O\zeta$ 转过 φ 角。由此可知，选用欧拉角确定定点运动刚体的位置，实质上就是将刚体的定点运动视为三个绕相交轴转动的合成：①节线 ON 以进动角速度 $\dot{\boldsymbol{\varphi}}$ 绕定轴 Ox 进动；②动轴 $O\zeta$ 以章动角速度 $\dot{\boldsymbol{\theta}}$ 绕节线 ON 转动；③刚体以角速度 $\dot{\boldsymbol{\varphi}}$ 绕动轴自转。由角速度合成定理，刚体的角速度为

$$\boldsymbol{\omega}=\dot{\boldsymbol{\phi}}+\dot{\boldsymbol{\theta}}+\dot{\boldsymbol{\varphi}}=\dot{\phi}\boldsymbol{\zeta}+\dot{\theta}\boldsymbol{n}+\dot{\varphi}\boldsymbol{k} \tag{9-8}$$

式中：$\boldsymbol{\zeta}$、$\boldsymbol{n}$、$\boldsymbol{k}$ 分别为沿轴 OZ、ON、$O\zeta$ 正向单位矢量。

式（9-8）是用矢量形式表示的定点运动刚体的瞬时角速度公式，可知刚体的角速度等于进动角速度、章动角速度、自转角速度的矢量和。

9.4 刚体内各点的速度和加速度

设刚体绕瞬轴 OP 转动的角速度为 $\boldsymbol{\omega}$，如图 9-9 所示，任一点 M 相对于定点 O 的矢径为 $\boldsymbol{r}$，则点 M 的速度为

$$\boldsymbol{v}=\boldsymbol{\omega}\times\boldsymbol{r} \tag{9-9}$$

速度大小为

$$v=\omega r\sin(\boldsymbol{\omega},\boldsymbol{r})=\omega\rho$$

其中 ρ 是点 M 到瞬轴 OP 的距离，速度 $\boldsymbol{v}$ 垂直于平面 MOP，指向与刚体绕 OP 转动的转向一致。

在瞬轴上各点，因 $\rho=0$，因此 $v=0$。可见，某瞬时的瞬轴，是该瞬时速度等于零的各点的连线，据此，在某一瞬时，设已知某点的速度为 0，则该点与固定点 O 的连线就是

刚体在瞬时的瞬轴。

现在求点 M 的加速度

$$a=\frac{\mathrm{d}\boldsymbol{v}}{\mathrm{d}t}=\frac{\mathrm{d}}{\mathrm{d}t}(\boldsymbol{\omega}\times\boldsymbol{r})=\frac{\mathrm{d}\boldsymbol{\omega}}{\mathrm{d}t}\times\boldsymbol{r}+\boldsymbol{\omega}\times\frac{\mathrm{d}\boldsymbol{r}}{\mathrm{d}t}$$
$$=\boldsymbol{\alpha}\times\boldsymbol{r}+\boldsymbol{\omega}\times\boldsymbol{v}=\boldsymbol{\alpha}\times\boldsymbol{r}+\boldsymbol{\omega}\times(\boldsymbol{\omega}\times\boldsymbol{r})$$
$$=\boldsymbol{a}_1+\boldsymbol{a}_2$$

其中

$$\boldsymbol{a}_1=\boldsymbol{\alpha}\times\boldsymbol{r},\boldsymbol{a}_2=\boldsymbol{\omega}\times\boldsymbol{v}=\boldsymbol{\omega}\times(\boldsymbol{\omega}\times\boldsymbol{r}) \tag{9-10}$$

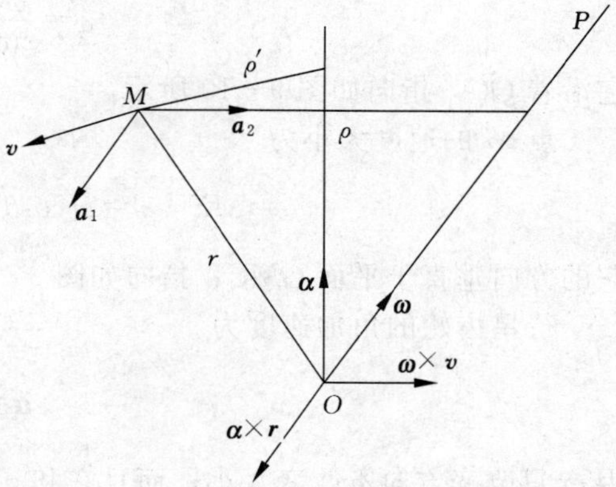

图 9-9

$\boldsymbol{a}_1$ 与 $\boldsymbol{a}_2$ 分别称为**转动加速度**（rotary component of acceleration）及**向轴加速度**（acceleration component pointing to axis）。$\boldsymbol{a}_1$ 的大小是 $a_1=\alpha\rho'$。其中 ρ'是点 M 到矢量 $\boldsymbol{\alpha}$ 方位线的距离，$\boldsymbol{a}_1$ 垂直于 $\boldsymbol{\alpha}$ 与 $\boldsymbol{r}$ 所决定的平面，指向按右手法则决定，如图 9-7 所示。矢量 $\boldsymbol{a}_2$ 的大小是 $a_2=\omega v\sin 90^\circ=\omega v=\omega^2\rho$。$\boldsymbol{a}_2$ 垂直于 $\boldsymbol{\omega}$ 与 $\boldsymbol{v}$ 所决定的平面并指向瞬轴。

于是可知：刚体绕定点运动时，刚体内任一点的速度等于绕瞬轴转动的角速度与矢径的矢量积；该点的加速度等于绕瞬轴的向轴加速度与转动加速度的矢量和。

可以看出，式（9-3）、式（9-9）和式（9-10）与刚体绕定轴转动的公式在形式上完全一样。但是应该注意到，刚体绕定轴转动时，角速度矢 $\boldsymbol{\omega}$ 和角加速度矢 $\boldsymbol{\alpha}$ 都沿着固定的轴线；而刚体绕定点运动时，角速度矢 $\boldsymbol{\omega}$ 的大小和方向都将不断变化。角加速度矢 $\boldsymbol{\alpha}$ 沿 $\boldsymbol{\omega}$ 的矢端曲线的切线，在一般情况下，它不与角速度矢 $\boldsymbol{\omega}$ 相重合。由图 9-9 所示，转动加速度 $\boldsymbol{a}_1=\boldsymbol{\alpha}\times\boldsymbol{r}$ 的方向既不与速度矢 $\boldsymbol{v}$ 的方向相重合，也不垂直于向轴加速度矢 $\boldsymbol{a}_2=\boldsymbol{\omega}\times\boldsymbol{v}$。因此，$\boldsymbol{a}_1$ 不是点 M 的切向加速度，$\boldsymbol{a}_2$ 也不是点 M 的法向加速度。

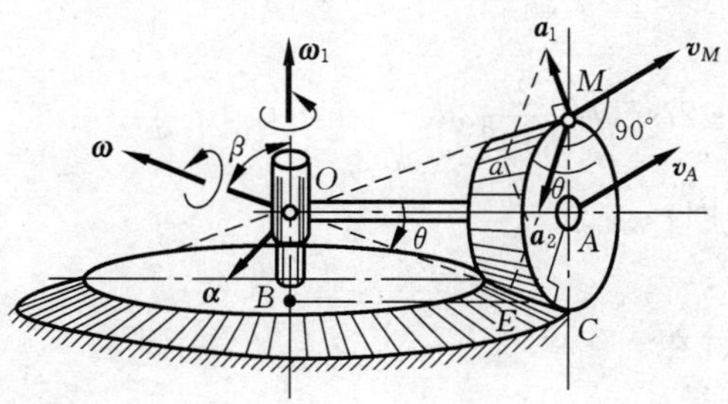

图 9-10

【例 9-1】　行星齿轮的轴 OA 以匀角速度 ω_1 绕铅直轴 OB 转动，如图 9-10 所示。设 $OA=l$，$AC=r$，求齿轮上点 M 的速度和加速度。

解：行星齿轮的运动是绕定点 O 的运动。

因为大齿轮固定不动，所以行星齿轮的啮合点 C 的速度等于 0，于是 O 与 C 两点的连线为瞬轴。设齿轮绕瞬轴转动的角速度为 ω，则齿轮中心点 A 的速度为

$$v_A=OA\sin\theta\cdot\omega$$

另一方面，点 A 绕定点 O 在水平面内作圆周运动，有

$$v_A=OA\cdot\omega_1$$

则绕瞬轴 OC 转动的角速度大小为

$$\omega=\frac{\omega_1}{\sin\theta}=\text{常量}$$

它沿着 OC，指向如图 9-10 所示。

点 M 的速度大小为

$$v_M=ME\cdot\omega=2r\cos\theta\,\frac{\omega_1}{\sin\theta}=2l\sin\theta\,\frac{\omega_1}{\sin\theta}=2l\omega_1$$

它的方向垂直于平面 OMC，指向如图 9-10 所示。

行星齿轮的角加速度为

$$\boldsymbol{\alpha}=\frac{\mathrm{d}\boldsymbol{\omega}}{\mathrm{d}t}$$

因 $\boldsymbol{\omega}$ 只改变方向不改变大小，而且它和 z 轴之间的夹角 β 的大小保持不变，所以它的矢端曲线是水平的圆周，有 $\boldsymbol{\alpha}=\frac{\mathrm{d}\boldsymbol{\omega}}{\mathrm{d}t}=\boldsymbol{\omega}_1\times\boldsymbol{\omega}$。$\boldsymbol{\alpha}$ 沿此圆周的切线，指向 ω_1 转动的一方（图 9-7），$\boldsymbol{\alpha}$ 大小为

$$\alpha=\omega_1\cdot\omega\sin\beta=\omega_1\,\frac{\omega_1}{\sin\theta}\cos\theta=\omega_1^2\cot\theta$$

现计算点 M 的加速度。转动加速度 $\boldsymbol{a}_1$ 大小为

$$a_1=\alpha\cdot OM=\omega_1^2\cot\theta\,\frac{l}{\cos\theta}=\frac{l}{\sin\theta}\omega_1^2$$

它垂直于由 $\boldsymbol{\alpha}$ 和 OM 形成的平面，指向如图 9-10 所示。

向轴加速度 $\boldsymbol{a}_2$ 的大小

$$a_2=\omega^2\cdot ME=\omega^2\cdot 2l\sin\theta=\frac{2l}{\sin\theta}\omega_1^2$$

它的方向自 M 指向点 E（在铅直平面 OAC 内）。

据

$$\boldsymbol{a}=\boldsymbol{a}_1+\boldsymbol{a}_2$$

由几何关系得

$$a^2=a_1^2+a_2^2-2a_1a_2\cos2\theta$$

将 a_1、a_2 值代入上式得

$$\cot\theta=\frac{l}{r}\text{和}\sin\theta=\frac{r}{\sqrt{r^2+l^2}}$$

得

$$a=\omega_1^2 l\sqrt{9+\left(\frac{l}{r}\right)^2}$$

思 考 题

9-1 绕定点运动的刚体是否在任何时刻都有瞬时轴？

9-2　刚体绕定点运动时，一般情况下其角速度矢 $\boldsymbol{\omega}$ 与角加速度矢 $\boldsymbol{\alpha}$ 是否在同一直线上？

9-3　刚体绕定点运动，其角速度矢及角加速度矢分别为 $\boldsymbol{\omega}$ 和 $\boldsymbol{\alpha}$，刚体上任一点 M 的矢径及速度分别为 $\boldsymbol{r}$ 和 $\boldsymbol{v}$。问：

(1) $\boldsymbol{a}_1=\boldsymbol{\alpha}\times\boldsymbol{r}$，$\boldsymbol{a}_2=\boldsymbol{\omega}\times\boldsymbol{v}=\boldsymbol{\omega}\times(\boldsymbol{\omega}\times\boldsymbol{r})$ 分别称为什么加速度？

(2) $\boldsymbol{a}_2$ 的方向指向哪里？

(3) $\boldsymbol{a}_2$ 是否是点 M 的法向加速度？

(4) $\boldsymbol{a}_1$ 的方向是否沿 M 点轨迹的切线？

(5) $\boldsymbol{a}_1$ 是否是点 M 的切向加速度？

9-4　刚体绕定点运动时，某瞬时若已知某点的速度大小和方向，那么此时瞬时轴的位置能确定吗？

9-5　刚体绕瞬时轴转动时，各点的速度及加速度分布与刚体绕定轴转动时是否相同？

习　题

9-1　圆锥滚子轴承由紧套在轴 2 上的内环 1、装在机身上的外环 3 和一些圆锥滚子 4 组成。如果滚子无滑动，而转子角速度为恒量 ω，试在题 9-1 图所示尺寸下求滚子的角速度和角加速度。

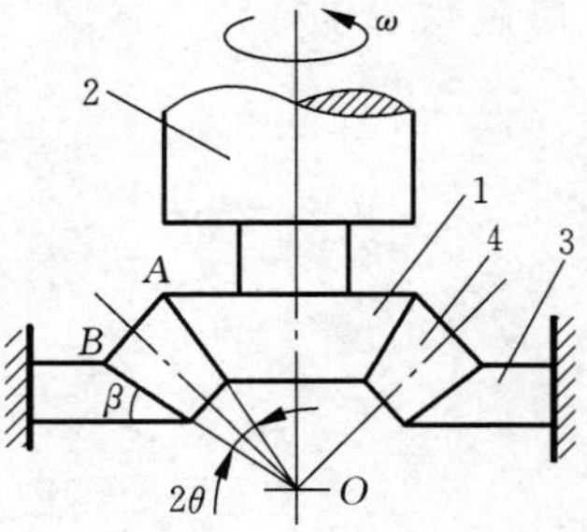

题 9-1 图

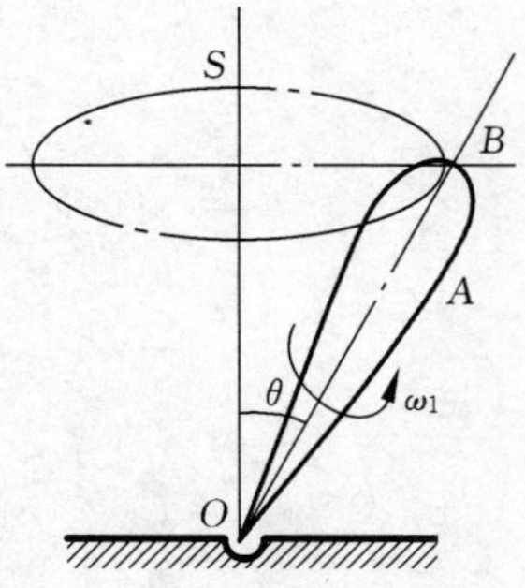

题 9-2 图

9-2　陀螺以等角速度 ω_1 绕轴 OB 转动，而轴 OB 等速地画出一圆锥，如题 9-2 图所示，如陀螺的中心轴 OS 每分钟的转数为 n，$\angle BOS=\theta$（常数），求陀螺的角速度和角加速度。

9-3　题 9-3 图所示电机托架 OB 以恒角速度 $\omega=3\text{rad/s}$ 绕 z 轴转动，电机轴带着半径为 120mm 的圆盘以恒定的角速度 $\dot{\varphi}=8\text{rad/s}$ 自转。设 $\gamma=30°$，求此时圆盘最高点 A 的速度、加速度。

9-4　题 9-4 图所示圆锥滚子在水平的圆锥环形支座上滚动而不滑动。滚子底面半径 $R=100\sqrt{2}\text{mm}$，顶角 $2\theta=90°$，滚子中心 A 沿其轨迹运动的速度为 $v_A=0.2\text{m/s}$。求圆锥滚子上 C 和 B 点的速度和加速度。

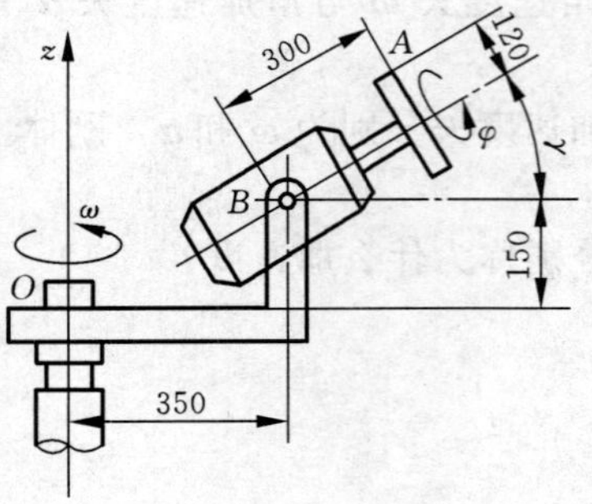

题 9-3 图（单位：mm）

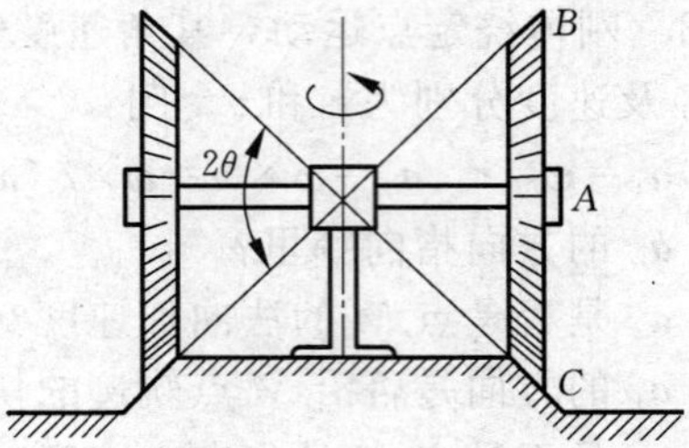

题 9-4 图

第3篇

动力学

静力学中，我们研究了物体在力系作用下的平衡问题；运动学中，我们仅从几何方面研究了物体的运动，没有涉及作用于物体的力；动力学中，我们将对物体的机械运动进行全面的分析，研究物体的运动与作用在物体上的力之间的关系，从而建立物体机械运动的普遍规律。动力学内容是静力学和运动学内容的拓宽，静力学、运动学是研究动力学的基础。

随着生产和科学技术的发展，工程技术中的动力学问题愈来愈多，如航天器的发射与运行，建筑物的振动与抗震等，这些问题的研究都是以动力学基本理论为基础的。因此，学习和掌握动力学基本理论是非常重要的。

根据研究的具体问题，可将动力学中的物体抽象为质点或质点系。质点是具有一定质量而可以忽略尺寸大小的物体，质点系是一群具有某种联系的质点。刚体是一种特殊的质点系，由无限个质点组成，其中任意两个质点之间的距离保持不变。

动力学包括牛顿力学（也称为矢量力学）和分析力学。牛顿力学是从牛顿定律出发，建立动力学普遍定理（即动量定理、动量矩定理和动能定理）和达朗贝尔原理。牛顿力学理论严密，表述直观，可以解决许多实际问题，但在用牛顿力学建立受约束系统的动力学方程时，由于“限制物体运动的约束”换成了“约束力”，将增加较多的未知约束力，导致用牛顿力学方法会遇到困难。分析力学是在虚位移原理和达朗贝尔原理的基础上建立起来的，它是用标量形式的广义坐标代替矢径，用对能量和功的分析代替对力或力矩的分析，利用微积分学和变分学的数学分析方法，将整个力学问题用统一的原理和公式表述出来，完全不涉及系统的理想约束力。

第10章

动力学基本定律　质点运动微分方程

本章主要在牛顿运动定律的基础上建立质点在惯性坐标系下的运动微分方程，运用微积分方法求解质点的动力学问题。本章还建立了非惯性坐标系下质点相对运动动力学方程。

10.1　牛顿运动定律　惯性参考系

动力学的基本定律是牛顿（Isaac Newton）在其《自然哲学之数学原理》一书中提出的三个定律，即**牛顿运动定律**（Newton's laws of motion）。

第一定律　任何物体，如不受外力作用，将保持静止或作匀速直线运动。

第二定律　质点受到外力作用时，所产生的加速度的大小与力的大小成正比，而与质点的质量成反比，加速度的方向与力的方向相同。这一定律可表示为

$$\boldsymbol{F}=m\boldsymbol{a}$$

其中

$$\boldsymbol{F}=\sum \boldsymbol{F}_i$$

式中：m 为质点的质量；$\boldsymbol{F}$ 为作用于质点的所有的力的合力。

第三定律（作用与反作用定律）两物体间相互作用的力（作用力与反作用力）同时存在，大小相等，作用线相同而指向相反。

不受外力作用时，物体将保持静止的或匀速直线运动的状态，这是物体的属性，这种属性称为**惯性**（inertia）。第一定律也称为惯性定律，匀速直线运动也称为惯性运动。

由第二定律可知，在相同的力的作用下，质量愈大的质点加速度愈小，即质点的质量愈大，保持惯性运动的能力愈强，由此可知，质量是物体惯性的度量。

根据相对论力学，物体的质量将随运动速度而变[1]，但只有当物体运动的速度可与光速相比时，变化才显著。在古典力学里，所考察的物体的运动速度都远远小于光

[1] 根据相对论力学，物体以速度 v 在一参考系内运动时，它的质量与速度的关系是 $m=m_0/\sqrt{1-\beta^2}$，其中 m_0 是物体相对于参考系处于静止状态时的质量（称为静止质量），$\beta=v/c$，而 c 是光速。

速，因而将物体的质量看作常量是足够精确的。

任一物体的质量 m 与它的重量 W 之间的关系为

$$W=mg \text{ 或 } m=\frac{W}{g}$$

式中：g 为重力加速度。

应当注意，质量与重量是两个不同的概念。一个物体的质量是一定的，而它的重量则随着它在地面上的位置而变。地面上各地的 g 值略有不同（与高度、纬度有关），在我国一般取 $g=9.80\,m/s^2$。

牛顿定律中，涉及到静止、运动、速度和加速度等运动学的概念，这些概念是对什么参考系而言的呢?

牛顿在提出各定律之前，先引进了“绝对空间”的概念。所谓“绝对空间”，是与物质无关的、绝对不动的空间。按照牛顿的意思，它提出的定律只适用于质点在“绝对空间”内的运动，即质点在绝对静止的参考系内的运动。当然，“绝对空间”是不存在的，宇宙间根本找不到绝对静止不动的参考系。但牛顿引进“绝对空间”这一概念，就清楚地告诉我们：牛顿定律并不是对任何参考系都适用，而只适用于某种参考系。

适用牛顿定律的参考系称为**惯性参考系**（inertial coordinate system）。既然找不到绝对静止不动的参考系，那么什么样的参考系可以作为惯性参考系呢？只有靠观察和实验来验证。

实践结果证明，在绝大多数工程问题中，可取固结于地球的坐标系为惯性参考系。对需考虑地球自转影响的问题（如由地球自转而引起的河流冲刷，落体对铅直线的偏离等）必须选取以地心为原点而三个轴指向三个“恒星”的坐标系作为惯性参考系，即所谓的地心参考系。在天文计算中，则取日心参考系，即以太阳中心为坐标原点，三个轴指向三个“恒星”。后面将证明，凡是相对惯性参考系作匀速直线平移的参考系，也是惯性参考系（见 10.4 节）。在以后的论述中，如果没有特别指明，则所有运动都是对惯性参考系而言的。并且约定，物体在惯性参考系中的运动称为绝对运动，还习惯地将惯性参考系称为固定坐标系或静坐标系，以区别于某些需要考虑其运动的参考系。在实际问题中，除少数特别指明者外，都以固结于地球的坐标系为惯性参考系。

10.2　单位制和量纲

力学中有许多物理量，每一个物理量都必须用一适当的单位来度量。由于某些物理量之间具有一定的关系，因而并不是每个物理量的单位都是可以任意规定的。在许多物理量中，我们以某几个量作为**基本量**，它们的单位称为**基本单位**；其他量的单位都可由基本单位导出，称为**导出单位**，而那些量相应地称为**导出量**。

选取不同的基本单位，就形成不同的单位制。本书采用国际单位制（SI），以长度、时间和质量为基本量，它们的单位以米（m）、秒（s）、千克（kg）为基本单位。

在国际单位制中，力是导出量，力的单位是导出单位。质量为 1kg 的质点，获

得 $1\mathrm{m/s^2}$ 的加速度时，作用于该质点的力为 1N（牛顿，简称为牛），即

$$1\mathrm{N}=1\mathrm{kg}\times1\mathrm{m/s^2}=1\mathrm{kg}\cdot\mathrm{m/s^2}$$

导出量可用几个基本量的组合表示出来，表示某一物理量是由哪几个基本量按什么规律组成的式子，称为该物理量的量纲（dimensions）或因次[1]。

在国际单位制中，长度、时间和质量的量纲分别用 L、T 和 M 表示，其他量的量纲可表示为这三个量纲的函数。例如速度的量纲为 L/T，加速度的量纲为 $\mathrm{L/T^2}$，力的量纲为 $\mathrm{ML/T^2}$。

应当注意，量纲与单位是两个不同的概念。一个物理量的量纲是一定的，但它的大小却可用不同的单位来度量。例如长度的量纲是 L，但长度的大小可用米、毫米、千米等不同单位来度量。同样，力的量纲为 $\mathrm{ML/T^2}$，但力的大小可用牛、千牛等不同单位来度量。

物理量的量纲还有一个重要的作用，就是检验力学方程的正确性。因为在同一个方程中，各项的量纲必须相同（在作数字计算时，还必须单位相同）。虽然一个方程的各项的量纲相同时，并不能判断该方程是否正确；但如一个方程的各项的量纲不尽相同，则可以判断该方程必然是错误的。

10.3 质点运动微分方程

设有一质点 M，质量为 m，作用于该质点的所有的力的合力为 $\boldsymbol{F}=\sum\boldsymbol{F}_i$，质点对固定点 O 的矢径为 $\boldsymbol{r}$，令质点的速度为 $\boldsymbol{v}$、加速度为 $\boldsymbol{a}$（图 10-1），则根据牛顿第二定律有

$$m\boldsymbol{a}=\boldsymbol{F}\qquad(10-1)$$

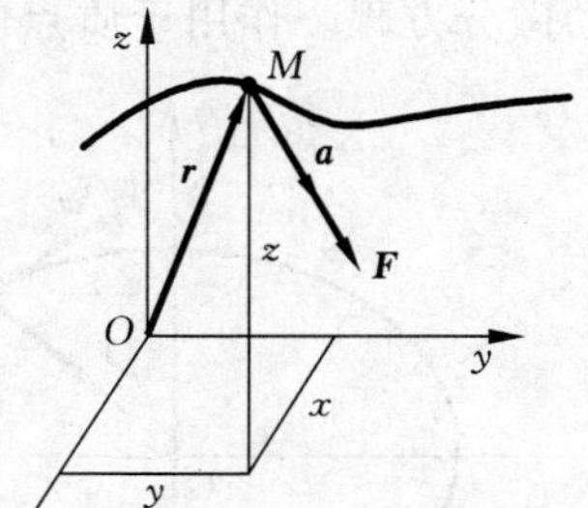

图 10-1

由运动学知，质点的加速度 $\boldsymbol{a}=\frac{\mathrm{d}\boldsymbol{v}}{\mathrm{d}t}=\frac{\mathrm{d}^2\boldsymbol{r}}{\mathrm{d}t^2}$，代入式（10-1），得质点运动微分方程的矢量形式为

$$m\frac{\mathrm{d}\boldsymbol{v}}{\mathrm{d}t}=\boldsymbol{F}\text{ 或 }m\frac{\mathrm{d}\boldsymbol{r}^2}{\mathrm{d}t^2}=\boldsymbol{F}\qquad(10-2)$$

过点 O 取直角坐标系 $Oxyz$，设力 $\boldsymbol{F}$ 在坐标轴上投影分别为 F_x、F_y、F_z，将式（10-2）投影到各坐标轴上，得到质点运动微分方程的直角坐标形式为

$$m\frac{\mathrm{d}^2x}{\mathrm{d}t^2}=F_x,\ m\frac{\mathrm{d}^2y}{\mathrm{d}t^2}=F_y,\ m\frac{\mathrm{d}^2z}{\mathrm{d}t^2}=F_z\qquad(10-3)$$

若已知质点运动的轨迹曲线（图 10-2），以轨迹曲线上质点所在处为原点，取自然轴系 $Mtnb$，设力 $\boldsymbol{F}$ 在坐标轴上投影分别为 F_{t}、F_{n}、F_{b}，将方程式（10-2）投影到自然轴系上，得到质点运动微分方程的自然形式为

$$m\frac{\mathrm{d}^2s}{\mathrm{d}t^2}=F_{\mathrm{t}},\ m\frac{v^2}{\rho}=F_{\mathrm{n}},\ F_{\mathrm{b}}=0\qquad(10-4)$$

---

[1] 有的把这种式子称为量纲式，而把基本量的指数称为量纲。

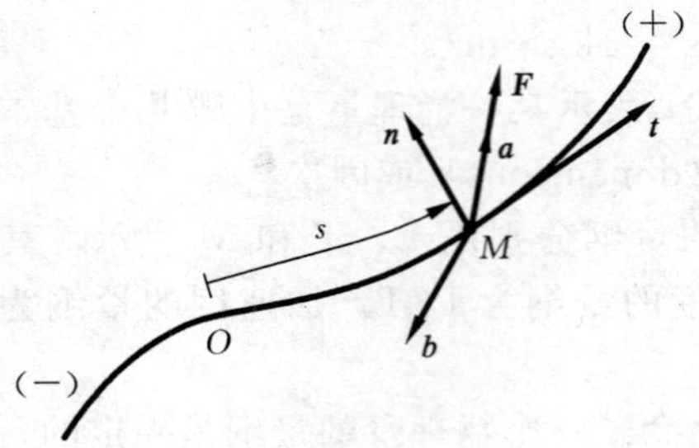

图 10-2

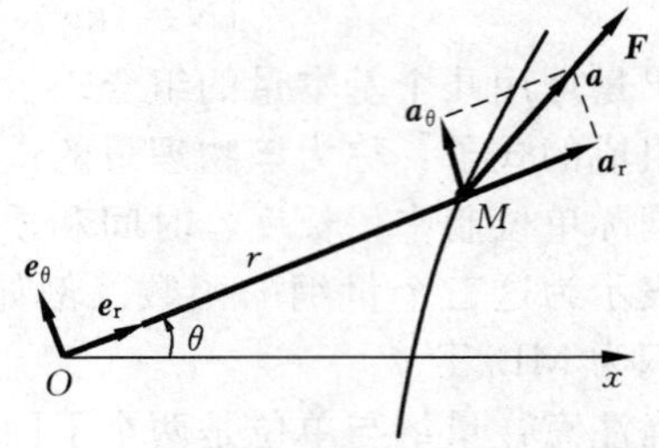

图 10-3

当质点作平面曲线运动时，如采用极坐标表示法（图 10-3），则质点的加速度 $\boldsymbol{a}=(\ddot{r}-r\dot{\theta}^2)\boldsymbol{e}_r+(r\ddot{\theta}+2\dot{r}\dot{\theta})\boldsymbol{e}_\theta$，其中 $\boldsymbol{e}_r$、$\boldsymbol{e}_\theta$ 分别为沿径向、横向的单位矢量。设力 $\boldsymbol{F}$ 在坐标轴上投影分别为 F_r、F_θ，将方程式（10-2）投影到极坐标轴上，得到质点运动微分方程的极坐标形式为

$$m(\ddot{r}-r\dot{\theta}^2)=F_r,\ m(r\ddot{\theta}+2\dot{r}\dot{\theta})=F_\theta \tag{10-5}$$

应用质点运动微分方程可求解质点动力学的两类基本问题。

第一类问题：已知质点的运动规律，求质点所受的力。这类问题不难用微分法求得解答。

第二类问题：已知作用于质点的力，求质点的运动规律。这类问题归结为求解运动微分方程。作用于质点的力可以是常力或变力，变力可能是时间、质点的位置坐标、速度的函数，只有当函数关系较简单时，才能求得微分方程的精确解；如果函数关系复杂，求解将非常困难，有时只能求出近似解。此外，求解微分方程时将出现积分常数，这些积分常数须根据质点运动的**初条件**（initial condition）即初速度和初位置坐标来决定。

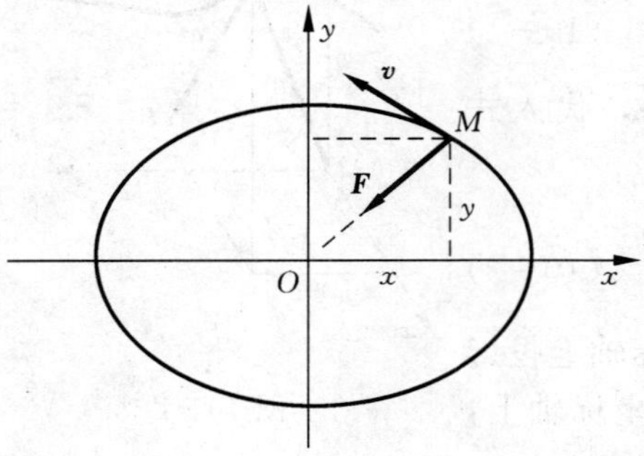

图 10-4

有的问题既要求质点的运动规律，又要求未知的约束力，是第一类问题与第二类问题综合在一起的动力学问题，称为混合问题。

【例 10-1】 质量为 m 的质点 M 在平面 Oxy 内运动（图 10-4），已知其运动方程为 $x=a\cos\omega t$、$y=b\sin\omega t$，其中 a、b、ω 都是常量，求质点所受的力 $\boldsymbol{F}$。

解： 运动方程中消去时间 t，得质点运动的轨迹方程 $\dfrac{x^2}{a^2}+\dfrac{y^2}{b^2}=1$，这是以 a、b 为半轴的椭圆。由式（10-3）可求得力 $\boldsymbol{F}$ 的投影

$$F_x=m\frac{d^2x}{dt^2}=-m\omega^2a\cos\omega t=-m\omega^2x$$

$$F_y=m\frac{d^2y}{dt^2}=-m\omega^2 b\sin\omega t=-m\omega^2 y$$

力 **F** 的大小为

$$F=\sqrt{F_x^2+F_y^2}=m\omega^2\sqrt{x^2+y^2}=m\omega^2 r$$

式中：r 为点 M 的矢径 $\boldsymbol{r}$ 的模。

力 **F** 的方向余弦为

$$\cos(\boldsymbol{F},x)=\frac{F_x}{F}=-\frac{x}{r},\ \cos(\boldsymbol{F},y)=\frac{F_y}{F}=-\frac{y}{r}$$

恰与矢径 $\boldsymbol{r}$ 的方向余弦数值相等而符号相反。所以力 **F** 与矢径 $\boldsymbol{r}$ 成比例而方向相反（即 **F** 指向坐标原点 O），可表示为：$\boldsymbol{F}=-m\omega^2\boldsymbol{r}$。

【例 10-2】 在倾角为 θ 的粗糙斜面上放一重 W 的物块 A［图 10-5（a）］，物块上系一绳，绳与斜面平行，绕过滑轮后，在另一端悬挂一重 P 的物块 B。物块与斜面间的摩擦因数为 f。求物块 A 沿斜面向上的加速度。假设绳子不可伸长，绳子的质量不计，滑轮的质量及轮轴处的摩擦也不计。

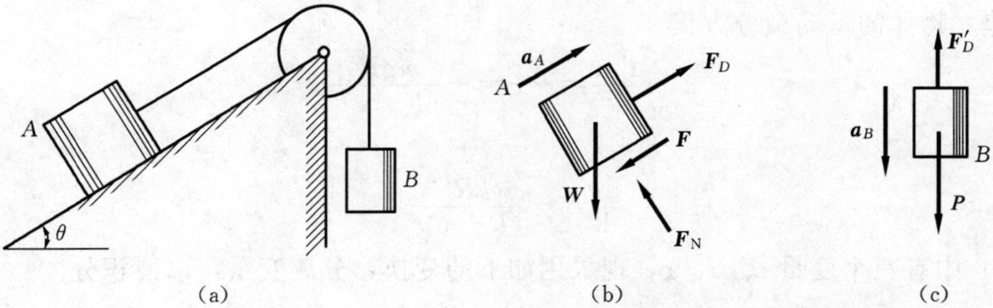

图 10-5

解： 分别考察物块 A、B，作示力图，并标出加速度的方向［图 10-5（b）、（c）］。物块 A、B 虽为刚体，但由于均作平移，故可抽象为质点，可用质点运动微分方程求解。

两物块的动力学方程是

$$\frac{W}{g}a_A=F_D-F-W\sin\theta \tag{a}$$

$$\frac{W}{g}\cdot 0=F_N-W\cos\theta \tag{b}$$

$$\frac{P}{g}\cdot a_B=P-F'_D \tag{c}$$

因绳子不可伸长，且不计绳子和滑轮的质量以及轮轴处的摩擦，所以有

$$a_B=a_A \tag{d}$$

$$F'_D=F_D \tag{e}$$

而摩擦力 **F** 的大小为

$$F=fF_N \tag{f}$$

将式（d）、式（e）、式（f）代入式（a）、式（b）、式（c），解得

$$a_A = a_B = \frac{P - W(\sin\theta + f\cos\theta)}{P + W}g$$

【例 10 - 3】 在地面上以速度 v_0 铅直向上射出一物体，设地球引力与物体到地心的距离之平方成反比，求物体可能达到的最大高度。空气阻力不计，地球半径 $R = 6370\text{km}$❶。

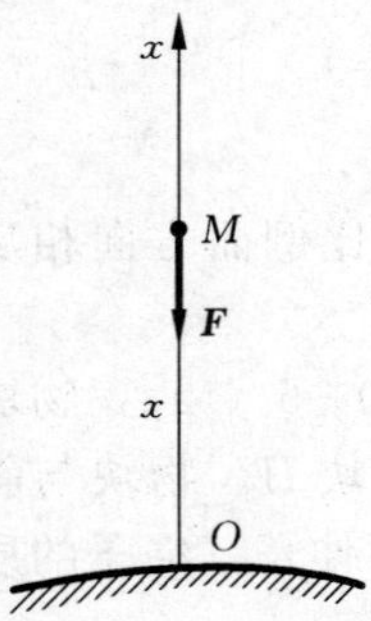

图 10 - 6

解：以地面上发射物体处为坐标原点，x 轴铅直向上（图 10 - 6）。物体射出后，在运动过程中的任一位置，仅受地球引力 $\boldsymbol{F}$ 作用，引力 $\boldsymbol{F}$ 的大小为

$$F = \frac{Gm_e m}{(R+x)^2} \tag{a}$$

式中：G 为引力常数；m_e 为地球的质量；m 为射出物体的质量；x 为物体与地面的距离。

当物体在地面上时，$x=0$，$F=mg$，由式（a）有 $mg = \frac{Gm_e m}{R^2}$❷，即 $Gm_e = gR^2$，所以有 $F = mg\frac{R^2}{(R+x)^2}$。

建立物体的运动微分方程

$$m\frac{\mathrm{d}^2 x}{\mathrm{d}t^2} = -F = -\frac{mgR^2}{(R+x)^2}$$

即

$$\frac{\mathrm{d}v}{\mathrm{d}t} = -\frac{gR^2}{(R+x)^2} \tag{b}$$

式（b）中有三个变量 t、v、x，现采用如下的变换，分离变量，以便积分。

$$\frac{\mathrm{d}v}{\mathrm{d}t} = \frac{\mathrm{d}v}{\mathrm{d}x} \cdot \frac{\mathrm{d}x}{\mathrm{d}t} = v\frac{\mathrm{d}v}{\mathrm{d}x}$$

代入式（b），得

$$v\frac{\mathrm{d}v}{\mathrm{d}x} = -\frac{gR^2}{(R+x)^2}$$

即

$$v\mathrm{d}v = -gR^2\frac{\mathrm{d}x}{(R+x)^2}$$

积分，注意积分上、下限。在 $t=0$ 时，$v=v_0$，$x=0$；在任一瞬时 t 时，速度为 v，坐标为 x。于是有

$$\int_{v_0}^{v} v\mathrm{d}v = \int_0^x -gR^2\frac{\mathrm{d}x}{(R+x)^2}$$

解得

$$v^2 = v_0^2 - \frac{2gRx}{R+x} \tag{c}$$

---

❶ 地球形状是椭球而非圆球，这只是通常采用的简化了的数值。

❷ 这是一个不十分准确的关系，详见例 10 - 5。

当物体到达最高点时，$x=x_{\max}$，$v=0$，代入式（c），得

$$x_{\max}=\frac{v_0^2R}{2gR-v_0^2} \tag{d}$$

为了使射出的物体脱离地球引力的影响，发射速度 v_0 应当多大？从式（a）可知，要使物体不受地球引力作用，必须使 $x=\infty$。而由式（d）可知，要使 $x=\infty$，必须 $2gR-v_0^2=0$，即 $v_0=\sqrt{2gR}=11.2\text{km/s}$。这一速度称为**逃逸速度**或**第二宇宙速度**。

【例 10-4】　一质点 M 沿离心泵的光滑导叶向外运动（图 10-7）。设离心泵以匀角速度 $\omega=\dot{\theta}$ 转动，初瞬时，质点在导叶内端 $r=r_i$ 处（r 为质点与泵轴心的距离），而 $\dot{r}=0$。试将质点沿导叶运动的速度 $\dot{r}$ 及导叶作用于质点的力 F_N 表示为 r 的函数，并求质点的运动方程。

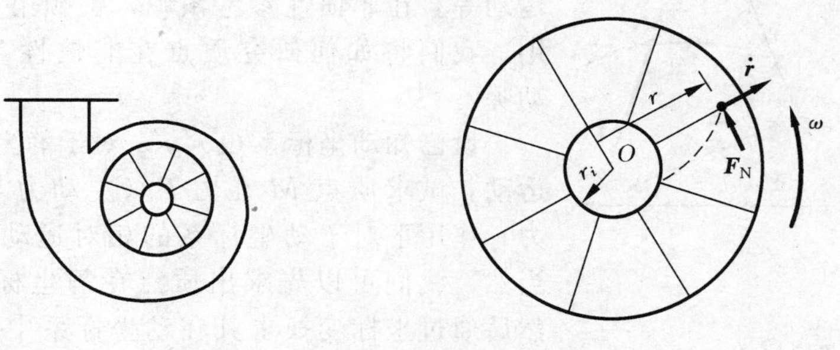

图 10-7

解：本题以采用极坐标表示法最为方便。

因质点运动时，沿径向不受力，横向只受导叶作用的力 $\boldsymbol{F}_N$，即 $F_r=0$、$F_\theta=F_N$。设质点的质量为 m，则质点的运动微分方程为

$$m(\ddot{r}-r\dot{\theta}^2)=0 \tag{a}$$

$$m(r\ddot{\theta}+2\dot{r}\dot{\theta})=F_N \tag{b}$$

将 $\ddot{r}=\dot{r}\dfrac{d\dot{r}}{dr}$代入式（a），有 $\dot{r}d\dot{r}=r\omega^2dr$，积分 $\int_0^{\dot{r}}\dot{r}d\dot{r}=\int_{r_i}^{r}r\omega^2dr$，得

$$\dot{r}=\omega\sqrt{r^2-r_i^2} \tag{c}$$

将式（c）代入式（b），并考虑到 $\ddot{\theta}=0$，得 $F_N=2m\omega^2\sqrt{r^2-r_i^2}$。

因离心泵匀速转动，取 $\theta_0=0$，则极角

$$\theta=\omega t \tag{d}$$

将式（c）改写成 $\dfrac{dr}{\sqrt{r^2-r_i^2}}=\omega dt$，积分 $\int_{r_i}^{r}\dfrac{dr}{\sqrt{r^2-r_i^2}}=\int_0^t\omega dt$，得 $\text{arcosh}\dfrac{r}{r_i}=\omega t$，即

$$r=r_i\cosh\omega t \tag{e}$$

式（d）和式（e）就是质点位于泵内时的运动方程。质点离泵后，则以离泵时的速度为初速度而运动。

从以上的例子可以看出，求解质点的动力学问题，必须先分析质点的受力情况，

正确作出示力图，再分析质点的运动情况，然后选适宜的坐标系，建立相应形式的运动微分方程，最后求解。对于质点系问题，还必须特别注意，除根据作用与反作用定律确定各质点相互作用的力之间的关系外，还应根据约束条件确定各质点的运动之间的关系（位移、速度或加速度之间的关系）。

10.4　质点在非惯性参考系中的运动

前面讨论了质点（或质点系）在惯性参考系中的运动，即绝对运动。而在自然界和工程技术中有很多问题，需要研究质点相对非惯性参考系的运动，即相对运动。例如，考虑地球自转时，河流的运动及远程炮弹或人造卫星的运动；加速运动着的飞机或轮船中物体的运动等。在非惯性参考系中，牛顿第二定律不再适用，我们将如何研究质点在非惯性参考系中的运动呢？

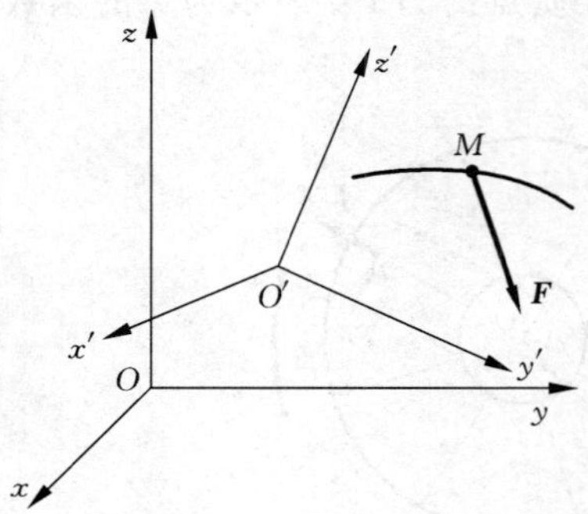

图 10-8

设已知动坐标系 $O'x'y'z'$ 对于静坐标系 $Oxyz$ 的运动，试求质点 M 在力 $\boldsymbol{F}$（主动力与约束力的合力）作用下对于动坐标系的相对运动（图 10-8）。当然，我们可以先求出质点在静坐标系中的运动，然后通过坐标变换求其在动坐标系中的运动。但这样做是不胜其烦的。下面讨论直接求质点相对运动的方法。

根据式（10-1）写出质点 M 在绝对运动中的动力学方程 $m\boldsymbol{a}=\boldsymbol{F}$，其中 $\boldsymbol{a}$ 是点 M 的绝对加速度。由一般情况下的加速度合成定理[1]，得

$$\boldsymbol{a}=\boldsymbol{a}_{\mathrm{r}}+\boldsymbol{a}_{\mathrm{e}}+\boldsymbol{a}_{\mathrm{C}} \tag{a}$$

式中：$\boldsymbol{a}_{\mathrm{r}}$、$\boldsymbol{a}_{\mathrm{e}}$ 及 $\boldsymbol{a}_{\mathrm{C}}$ 分别为相对加速度、牵连加速度及科氏加速度。

将式（a）代入动力学方程 $m\boldsymbol{a}=\boldsymbol{F}$ 中，得

$$m\boldsymbol{a}_{\mathrm{r}}=\boldsymbol{F}-m\boldsymbol{a}_{\mathrm{e}}-m\boldsymbol{a}_{\mathrm{C}} \tag{b}$$

令

$$\boldsymbol{F}_{\mathrm{Ie}}=-m\boldsymbol{a}_{\mathrm{e}},\ \boldsymbol{F}_{\mathrm{IC}}=-m\boldsymbol{a}_{\mathrm{C}}$$

则式（b）成为

$$m\boldsymbol{a}_{\mathrm{r}}=\boldsymbol{F}+\boldsymbol{F}_{\mathrm{Ie}}+\boldsymbol{F}_{\mathrm{IC}} \tag{10-6}$$

其中 $\boldsymbol{F}_{\mathrm{Ie}}$ 及 $\boldsymbol{F}_{\mathrm{IC}}$ 都具有力的量纲，分别称为**牵连惯性力**（convected inertial force）及**科里奥利力**（coriolis force），后者常简称为**科氏力**。

方程式（10-6）是质点相对于非惯性参考系 $O'x'y'z'$ 运动的动力学方程，称为**质点相对运动动力学方程**。对比方程式（10-6）与式（10-1）可见，只须在质点实际受到的力 $\boldsymbol{F}$ 之外，加上牵连惯性力 $\boldsymbol{F}_{\mathrm{Ie}}$ 及科氏力 $\boldsymbol{F}_{\mathrm{IC}}$，则相对运动动力学方程与绝对运动动力学方程具有相同的形式。于是，可以用与解答绝对运动动力学问题相同的方法来解答相对运动的动力学问题。

---

[1] 当牵连运动为一般运动时，$\boldsymbol{a}=\boldsymbol{a}_{\mathrm{e}}+\boldsymbol{a}_{\mathrm{r}}+\boldsymbol{a}_{\mathrm{C}}$ 仍然适用，具体证明参见有关教材。

解决实际问题时，可根据给定条件，选用直角坐标或自然轴系或极坐标，将方程式（10－6）投影到相应的轴上，再求积分。积分常数由相对运动的初条件决定。

方程式（10－6）是动坐标系作任意运动时质点的相对运动动力学方程。现在讨论几个特殊情况。

1. 动坐标系作平移时质点的相对运动

设动坐标系 $O'x'y'z'$ 在静坐标系 $Oxyz$ 中作平移，则科氏加速度 $a_C=0$，从而科氏力 $\boldsymbol{F}_{IC}=-m\boldsymbol{a}_C=0$，于是质点的相对运动动力学方程为

$$m\boldsymbol{a}_r=\boldsymbol{F}+\boldsymbol{F}_{Ie} \tag{10-7}$$

当动坐标系作平移时，只须在质点实际受到的力 $\boldsymbol{F}$ 之外，加上牵连惯性力 $\boldsymbol{F}_{Ie}$，则质点的相对运动动力学方程，与质点在绝对运动中的动力学方程具有相同的形式。

2. 动坐标系作匀速直线平移时质点的相对运动

当动坐标系作匀速直线平移时，牵连加速度 $\boldsymbol{a}_e$ 和科氏加速度 $\boldsymbol{a}_C$ 都等于零，因此，牵连惯性力 $\boldsymbol{F}_{Ie}$ 和科氏力 $\boldsymbol{F}_{IC}$ 也都为零，质点的相对运动动力学方程式为

$$m\boldsymbol{a}_r=\boldsymbol{F} \tag{10-8}$$

这一方程式与质点的绝对运动的动力学方程式（10－1）完全一样。说明：在静坐标系中和在匀速直线平移的坐标系中，所观察到的力学现象是相同的。例如，在匀速直线上升或下降的电梯中称物体的重量，与在静止的电梯中所称的结果完全相同。又如，在沿直线匀速行驶的轮船上，向上抛出的物体，和在静止的船上抛出的物体一样，仍沿铅直方向在原处落下，并不会因为船向前运动而落向船尾。因此，**在一个系统内部所作的任何力学试验，都不能决定这一系统是静止的还是在作匀速直线平移。**这一结论称为**古典力学的相对性原理**，也称为**伽利略－牛顿相对性原理**。由方程式（10－8）可见，就相对于静坐标系作匀速直线平移的坐标系来说，牛顿第二定律并未作任何修正，所以这样的坐标系也是惯性参考系。而且，从动力学的观点来看，所有的惯性参考系都是一样的，并没有哪一个惯性参考系比其它惯性参考系更优越。

3. 质点的相对平衡与相对静止

若质点在动坐标系中作匀速直线运动，则称该质点处于相对平衡状态。相对加速度 $a_r=0$，式（10－6）成为

$$\boldsymbol{F}+\boldsymbol{F}_{Ie}+\boldsymbol{F}_{IC}=0 \tag{10-9}$$

质点处于相对平衡时，作用于质点的力 $\boldsymbol{F}$ 与牵连惯性力 $\boldsymbol{F}_{Ie}$ 及科氏力 $\boldsymbol{F}_{IC}$ 成平衡。

若质点在动坐标系中保持相对静止，则不但 $a_r=0$，而且相对速度 $v_r=0$。科氏力 $\boldsymbol{F}_{IC}=-m\boldsymbol{a}_C=-2m\boldsymbol{\omega}\times\boldsymbol{v}_r=0$，式（10－6）成为

$$\boldsymbol{F}+\boldsymbol{F}_{Ie}=0 \tag{10-10}$$

当质点保持相对静止时，作用于质点的力 $\boldsymbol{F}$ 与牵连惯性力 $\boldsymbol{F}_{Ie}$ 成平衡。

在以上各方程中，我们引进了牵连惯性力和科氏力这两个概念，它们是非惯性参考系运动的反映。在惯性参考系中的观察者看来，质点只受到其他物体对它作用的主动力和约束力（其合力为 $\boldsymbol{F}$），并没有受到牵连惯性力和科氏力的作用，这两个惯性力都是假想的，不是真实的；加上这两个惯性力，只是为了建立质点的相对加速度与它所受的力之间的正确关系。但是，在非惯性参考系中的观察者看来，这两个惯性力却又是“真实的”，可以量度的。例如，在以加速度 $\boldsymbol{a}$ 沿直线轨道运动着的车厢中

[图 10-9 (a)]，悬挂小球的绳子将偏离铅直线向后，与铅直线成角 θ（请读者计算 θ 值）。在地球（惯性参考系）上的观察者看来，小球只受到重力 $\boldsymbol{W}$ 和绳子拉力 $\boldsymbol{F}$ 的作用，正是这两个力的合力，使得小球具有与车厢相同的加速度 $\boldsymbol{a}$。但是，在车厢（非惯性参考系）中的观察者看来，小球除受力 $\boldsymbol{W}$ 及 $\boldsymbol{F}$ 外，还受有牵连惯性力 $\boldsymbol{F}_{\mathrm{Ie}}$，才使得绳子偏向后，在车厢中保持平衡；而且可用测力器测出 $\boldsymbol{F}_{\mathrm{Ie}}$，所以是“真实的”。如果把绳子剪断，小球落到虚线所示车厢的底板上的 I 点。在地球上的观察者看来，小球是以绳子剪断时的速度 $\boldsymbol{v}$ 为初速度向前做抛射运动，轨迹如图 10-9 (b) 中虚曲线所示，由于车厢加速运动，才落到 I 点；而在车厢中的观察者看来，小球是同时受了 $\boldsymbol{W}$ 和 $\boldsymbol{F}_{\mathrm{Ie}}$ 的作用，向后运动（初速度为零），轨迹为图中虚斜线（请读者自己导出），所以落到 I 点。可见，在惯性参考系中表现出的惯性（小球在水平方向的运动是惯性运动），在非惯性参考系中就以惯性力的形式反映出来。

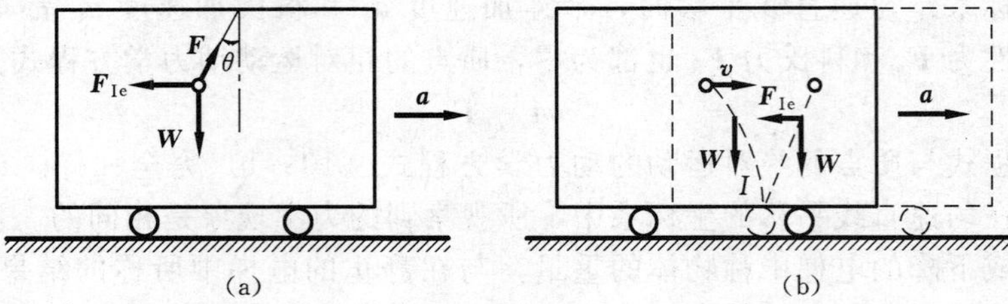

图 10-9

在 7.4 节中曾讲过，当考虑地球自转的影响时，北半球河流水点的科氏加速度指向左岸，可见科氏力指向右岸。水点在科氏力的持续作用下，运动轨迹偏向右岸。所以北半球的河流，右岸所受的冲刷较左岸厉害。反之，在南半球则左岸冲刷较厉害。一般来说，在必须考虑地球自转影响的一些现象中，都会看到科氏力所产生的效应。例如，在北半球，自由落体有向东的偏移；高空大气向低压中心流动时，产生偏移，形成逆时针向的环流，都是科氏力的效应的表现。

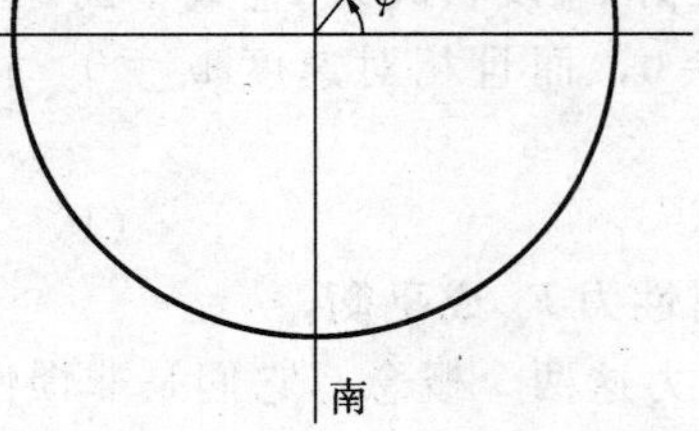

图 10-10

【例 10-5】 由于地球自转的影响，地面上各处（除两极及赤道附近外）的铅直线并不沿着地球半径，而是下端偏向赤道。试求偏角 θ 与纬度 φ 的关系。

解：假设地球为一圆球，半径为 R。今在纬度为 φ 的地面上用绳索悬挂一铅球 M（图 10-10），使其保持静止。因铅球很小，可作为质点看待。考虑到地球的自转，铅球 M 的静止只是相对静止。作用于铅球 M 上的实际的力有沿地球半径指向地心的地球引力 $\boldsymbol{F}$ 及绳索拉力 $\boldsymbol{F}_1$。这两个力应与铅球 M 的牵连惯性力 $\boldsymbol{F}_{\mathrm{Ie}}$ 成平衡，即

$$\boldsymbol{F}+\boldsymbol{F}_1+\boldsymbol{F}_{\mathrm{Ie}}=0 \tag{a}$$

因地球自转是匀角速的，所以 $\boldsymbol{F}_{\mathrm{Ie}}$ 的大小为

$$F_{\mathrm{Ie}}=m\rho\omega^2=m\omega^2R\cos\varphi \tag{b}$$

式中：m 为铅球的质量；ρ 为铅球至地轴的距离；ω 为地球自转的角速度；$\boldsymbol{F}_{\mathrm{Ie}}$ 的方向垂直并背离地轴。

由于绳索拉力 $\boldsymbol{F}_1$ 与实际量得的重力 $\boldsymbol{W}$ 大小相等，而方向相反，即 $\boldsymbol{F}_1=-\boldsymbol{W}$，代入式（a），得 $\boldsymbol{W}=\boldsymbol{F}+\boldsymbol{F}_{\mathrm{Ie}}$。可见，在地面上量得的重力等于地球引力与牵连惯性力的矢量和。

重力 $\boldsymbol{W}$ 的方向就是铅直线的方向。现在来计算铅直线的偏角 θ（即 $\boldsymbol{W}$ 与 $\boldsymbol{F}$ 所成的角）。取 x 轴垂直于铅直线，由 $\sum F_{ix}=0$，得

$$F\sin\theta=F_{\mathrm{Ie}}\sin(\varphi+\theta) \tag{c}$$

因地球自转周期为一个恒星日（23h56min4s，即 86164s），自转的角速度为 $\omega=\dfrac{2\pi}{86164}=7.29\mathrm{rad/s}$，可见 $F_{\mathrm{Ie}}=m\omega^2R\cos\varphi$ 必远较地球引力 F 为小，所以可相当准确地认为 W 与 F 相等，即 $F=W=mg$，其中 g 是重力加速度。又因偏角 θ 极小，故可用 θ 代替 $\sin\theta$，用 φ 代替 $\varphi+\theta$。由式（b）及式（c）得

$$mg\theta=m\omega^2R\cos\varphi\sin\varphi$$

即

$$\theta=\frac{R\omega^2}{2g}\sin2\varphi$$

取 $R=6370\mathrm{km}$，$g=9.80\mathrm{m/s^2}$，则 $\theta=0.0017\sin2\varphi$。在纬度 45°处，偏角 θ 有最大值 $\theta_{\max}=0.0017\mathrm{rad}\approx0°6'$。可见偏差极小，所以一般都略去不计，而认为重力是指向地心的，铅直线则沿着地球半径方向。

【例 10-6】 精确的试验表明，在北半球，物体在地面附近自由降落时，并非准确地沿铅直线，而是有向东的微小偏移。试导出求偏移的公式。

解： 自由落体偏离铅直线是地球自转影响的结果。取固结在地球上的坐标系 $Oxyz$ 为动坐标系。而以地心坐标系为静坐标系（未画出）。

设质点在北纬 φ 的地方，从地面上高 H 处自由降落。以经过质点初位置 M_0 的铅直线与地面的交点为动坐标系的原点 O，x 轴沿经线的切线而指向南方，y 轴沿纬线的切线而指向东方，z 轴沿铅直线向上（图 10-11）。

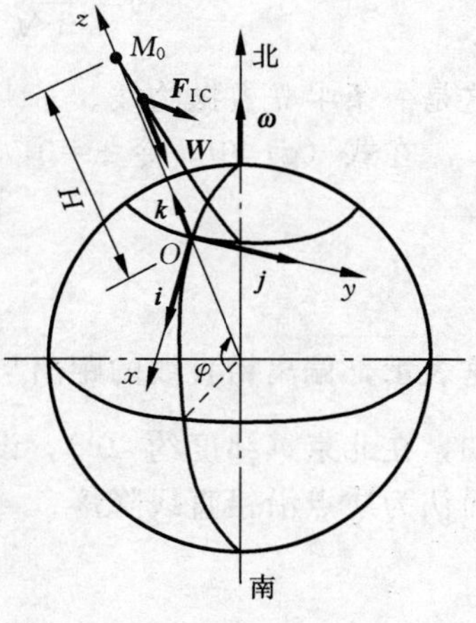

图 10-11

如例 10-5 所述，将地球引力与牵连惯性力合成，得重力 $\boldsymbol{W}$，沿 z 轴负向，而 $W=mg$ 可看作常量（当 H 远小于地球半径时，将重力作为常量是足够精确的）。现在来考察科氏力 $\boldsymbol{F}_{\mathrm{IC}}$。以 $\boldsymbol{\omega}$ 表示地球自转的角速度，$\boldsymbol{v}$ 表示质点降落的速度，则科氏加速度 $\boldsymbol{a}_{\mathrm{C}}=2\boldsymbol{\omega}\times\boldsymbol{v}$，科氏力

$$\boldsymbol{F}_{\mathrm{IC}}=-2m\boldsymbol{\omega}\times\boldsymbol{v}=-2m[(\omega_y\dot{z}-\omega_z\dot{y})\boldsymbol{i}+(\omega_z\dot{x}-\omega_x\dot{z})\boldsymbol{j}+(\omega_x\dot{y}-\omega_y\dot{x})k] \tag{a}$$

式中：$\boldsymbol{i}$、$\boldsymbol{j}$、$\boldsymbol{k}$ 为沿坐标轴的单位矢量；ω_x、ω_y、ω_z 及 $\dot{x}$、$\dot{y}$、$\dot{z}$ 分别为 $\boldsymbol{\omega}$ 及 $\boldsymbol{v}$ 在坐标

轴上的投影。而

$$\omega_x=-\omega\cos\varphi,\ \omega_y=0,\ \omega_z=\omega\sin\varphi \tag{b}$$

由直角坐标形式的质点相对运动微分方程得

$$\begin{cases}\ddot{x}=-2\omega\dot{y}\sin\varphi\\ \ddot{y}=-2\omega\dot{x}\sin\varphi-2\omega\dot{z}\cos\varphi\\ \ddot{z}=-g+2\omega\dot{y}\cos\varphi\end{cases} \tag{c}$$

这是一组联立的微分方程，极难求其精确解。考虑到偏移的数值很小，可用逐步逼近法求近似解。因 $\dot{x}_0=\dot{y}_0=\dot{z}_0=0$，作为零次近似，取

$$\dot{x}=0,\ \dot{y}=0,\ \dot{z}=-gt \tag{d}$$

将这些值代入式（c），积分两次，并将初条件 $\dot{x}_0=\dot{y}_0=\dot{z}_0=0$，$x_0=y_0=0$，$z_0=H$ 代入，得第一次近似值

$$\dot{x}=0,\ \dot{y}=\omega gt^2\cos\varphi,\ \dot{z}=-gt \tag{e}$$

$$x=0,\ y=\frac{1}{3}\omega gt^3\cos\varphi,\ z=H-\frac{1}{2}gt^2 \tag{f}$$

将式（e）代入式（c），再积分，可得第二次近似值，但没必要这样做了，因为与第一次近似值相比较，修正项系 ω^2 项，很小。

从式（f）可见，作为足够精确的近似解，质点在铅直方向下落的规律与不考虑地球自转时相同，但有向东（y 轴正向）的偏移。如果求出第二次近似值，还将有向南（x 轴正向）的偏移，但已是高一阶的微量了。

从式（f）中消去 t，得质点的轨迹方程

$$y=\frac{g\omega}{3}\sqrt{\frac{8(H-z)^3}{g^3}}\cos\varphi=\frac{\omega}{3}\sqrt{\frac{8(H-z)^3}{g}}\cos\varphi \tag{g}$$

这是一条半立方抛物线。

在式（g）中，令 $z=0$，可得质点降落到地面时向东偏离铅直线的距离

$$\delta=\frac{2\omega}{3}\sqrt{\frac{2}{g}}H^{\frac{3}{2}}\cos\varphi$$

这表示，偏离铅直线的距离与降落距离的$\frac{3}{2}$次方成正比。实际上偏离的数值很小，例如，在北京（纬度约 $40°$），设 $H=100\text{m}$，则 $\delta=16.8\text{mm}$，在实用上可以忽略不计，而认为质点沿铅直线降落。

思 考 题

10-1 分析以下论述是否正确：

（1）一个运动的质点必定受到力的作用；质点运动的方向总是与所受的力的方向一致。

(2) 质点运动时，速度大则受力也大，速度小则受力也小，速度等于零则不受力。

(3) 两质量相同的质点，在相同的力 $\boldsymbol{F}$ 作用下，任一瞬时的速度、加速度均相等。

10-2　质量相同的两物块 A、B，初速度的大小均为 v_0。今在两物块上分别作用一力 $\boldsymbol{F}_A$ 和 $\boldsymbol{F}_B$。若 $\boldsymbol{F}_A > \boldsymbol{F}_B$，试问经过相同的时间间隔 t 后，是否 v_A 必大于 v_B？

10-3　思 10-3 图所示一细绳 AB 跨过光滑小环 O_1、O_2，绳的 A 端悬挂重量为 W 的小球 M_1，B 端连接两股绳，各悬挂重量为 $\frac{W}{2}$ 的小球 M_2、M_3。设系统原处于静止，问：

(1) 若球 M_1 绕 y_1 转动，球 M_2、M_3 是否运动？

(2) 若球 M_1 左右摆动，球 M_2、M_3 是否运动？

(3) 若球 M_2 和 M_3 绕 y_2 转动，M_1 是否运动？

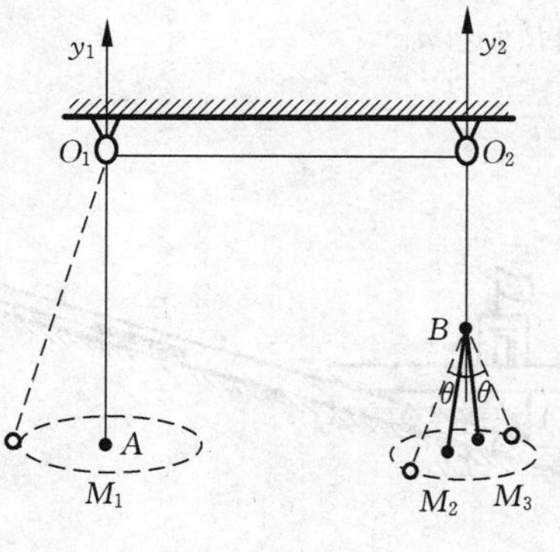

思 10-3 图

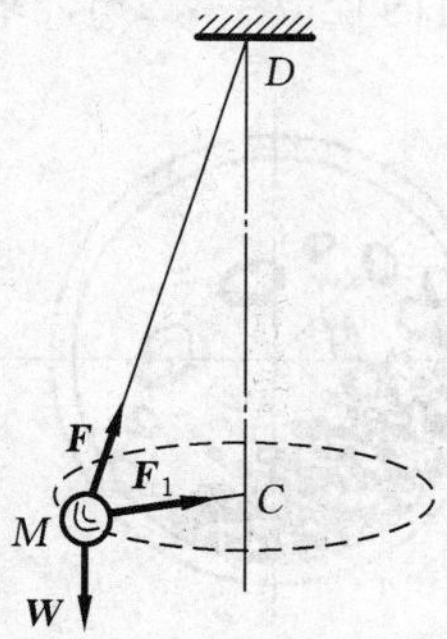

思 10-4 图

10-4　如思 10-4 图所示，用一细绳将小球 M 悬挂在 D 处。当小球在水平面内作圆周运动时，有人认为球上受到重力 $\boldsymbol{W}$、绳子张力 $\boldsymbol{F}$ 及向心力 $\boldsymbol{F}_1$ 的作用，对吗？若不对，错在哪里？

习　题

10-1　如题 10-1 图所示，重 $W=100\text{kN}$ 的重物用钢绳悬挂于跑车之下，随同跑车以 $v=1\text{m/s}$ 的速度沿桥式吊车的水平桥架移动。重物之重心到悬挂点的距离为 $l=5\text{m}$。当跑车突然停止时，重物因惯性而继续运动，此后即绕悬挂点摆动。试求钢绳的最大张力。设摆至最高位置的偏角为 8°，求此时的张力。

10-2　如题 10-2 图所示，质量为 m 的球 A，用两根长均为 l 的杆支承。支承架以匀角速 ω 绕铅直轴 BC 转动。已知 $BC=2b$；杆 AB 及 AC 的两端均铰接，杆重忽略不计。求杆所受的力。

10-3　物块 A、B 质量分别为 $m_1=100\text{kg}$，$m_2=200\text{kg}$，用弹簧连结，如题 10-3 图所示。设物块 A 在弹簧上按规律 $x=20\sin 10t$ 作简谐运动（x 以 mm 计，t 以 s

计)，求水平面所受的压力的最大值与最小值。

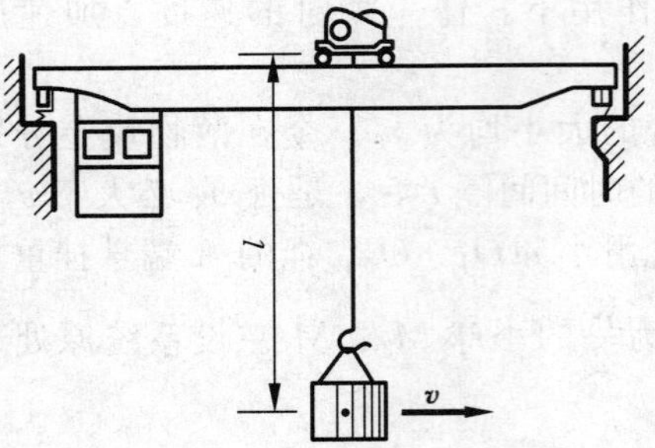

题 10-1 图

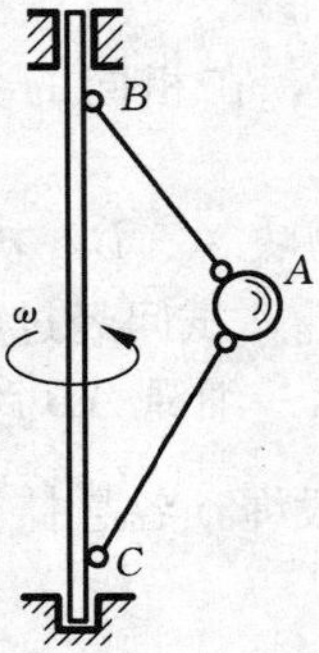

题 10-2 图

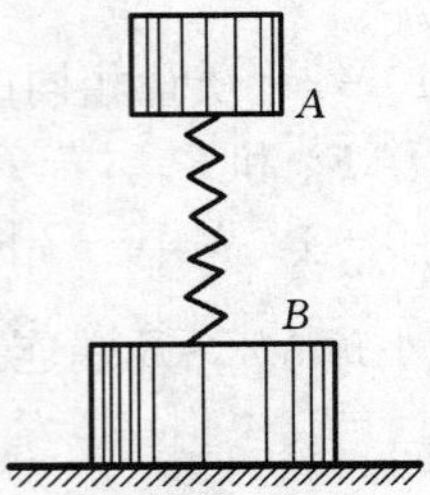

题 10-3 图

10-4 如题 10-4 图所示，球磨机的圆筒转动时，带动钢球一起运动，使球转到一定角度 θ 时下落撞击矿石。已知钢球转到 $\theta=35°20'$ 时脱离圆筒，可得到最大打击力。设圆筒内径 $d=3.2$m，求圆筒应有的转速 n。

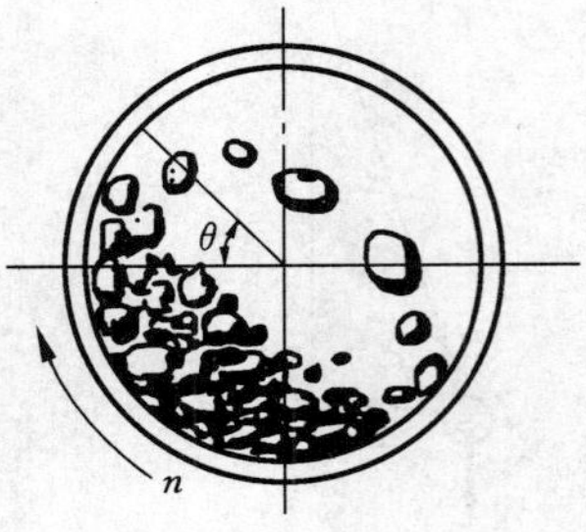

题 10-4 图

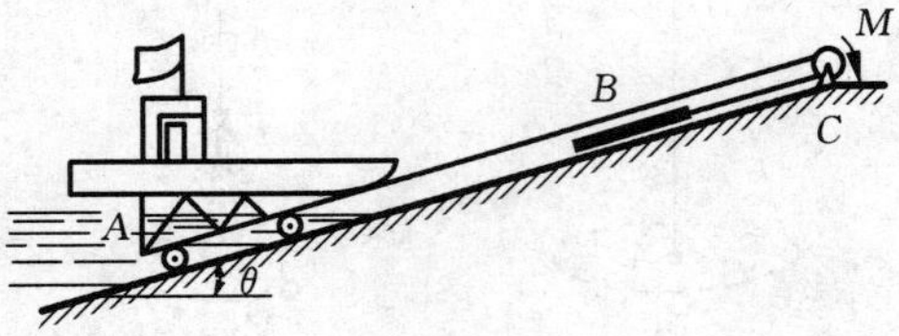

题 10-5 图

10-5 斜坡式升船机构如题 10-5 图所示。设升船车 A 连同船只共重 W，平衡车 B 重 P。两车在导轨上运动时，摩擦力各为其重量的 1%；导轨的倾角为 θ，启动时的加速度为 a。试求加于鼓轮 C 上的力偶矩 M。鼓轮的半径为 r，质量不计。

10-6 质量各为 10kg 的物块 A、B，放置在水平面上，并用滑轮联系，如题 10-6 图所示。设两物块与水平面的摩擦因数 $f=0.2$，滑轮质量不计。在物块 A 上作用一大小为 50N 的水平力 $\boldsymbol{F}$，求 A、B 的加速度。

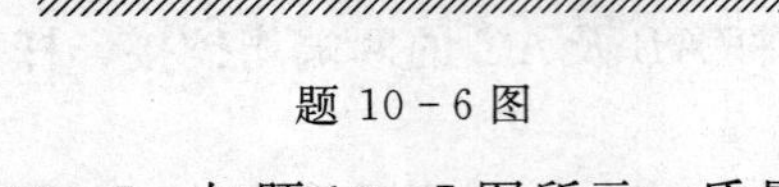

题 10-6 图

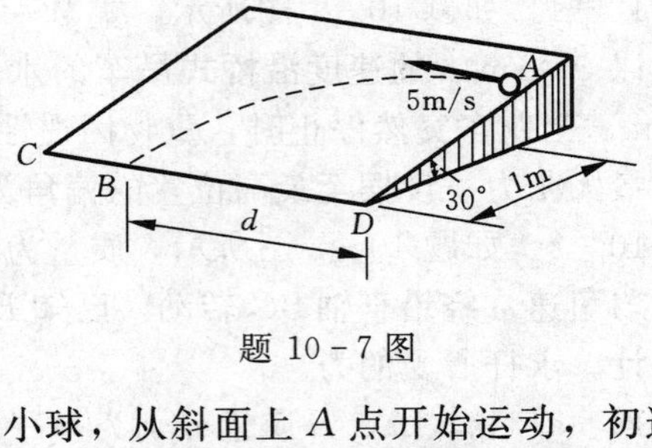

题 10-7 图

10-7 如题 10-7 图所示，质量为 m 的小球，从斜面上 A 点开始运动，初速度 $v_0=5$m/s，方向与 CD 平行，不计摩擦。试求：①球运动到 B 点所需的时间；②距

离 d。

10-8　如题10-8图所示，小球从光滑半圆柱的顶点 A 无初速地下滑，求小球脱离半圆柱时的位置角 φ。

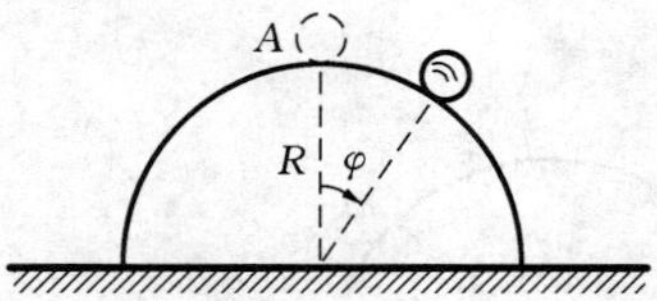

题10-8图

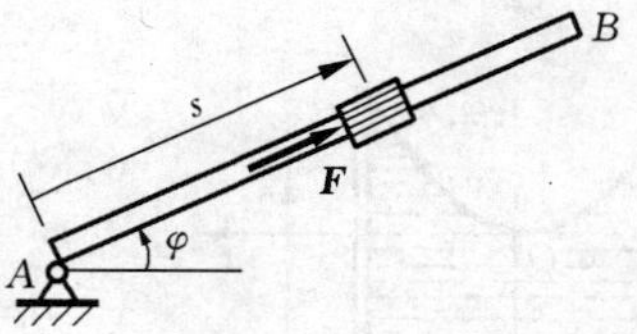

题10-9图

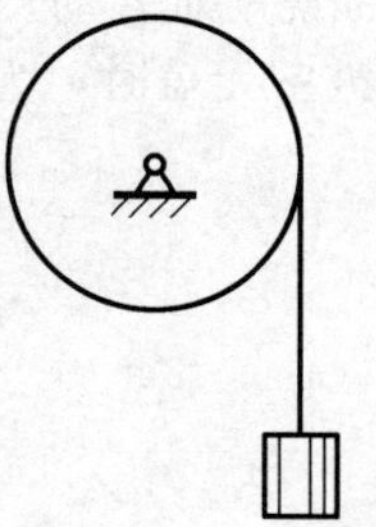

题10-10图

10-9　如题10-9图所示，质量为2kg的滑块在力 $\boldsymbol{F}$ 作用下沿杆 AB 运动，杆 AB 在铅直平面内绕 A 转动，已知 $s=0.4t$，$\varphi=0.5t$（s 的单位为m，φ 的单位为rad，t 的单位为s），滑块与杆 AB 的摩擦因数为0.1，求 $t=2$s时力 $\boldsymbol{F}$ 的大小。

10-10　如题10-10图所示，重量为 $W=30$kN的物体悬于钢索下端，以匀速 $v_0=2$m/s下降，若卷筒突然刹车，求钢索的最大伸长。设钢索每伸长10mm需力20kN。

10-11　一个物体重 $W=10$N，在变力 $F=10(1-t)$ 作用下作水平直线运动（其中 t 以s计，F 以N计）。设在初瞬时物体的速度大小为200mm/s，而方向与力的方向相同。问经过几秒钟后物体速度为零？并求从开始至速度为零这段时间内经过的路程。

10-12　质量为 m 的质点受固定中心排斥力 $F=\dfrac{\mu m}{x^2}$ 的作用，其中 μ 为常数，x 为质点与固定中心的距离。在初瞬时，$x_0=b$，$v_0=0$。求质点运动一段路程 $s=b$ 时的速度。

10-13　泥沙在水中下沉时，受到的阻力可用斯托克斯公式计算：$F=6\pi\eta vr$，其中 η 为水的阻力系数；v 为泥沙运动之速度，以mm/s计；r 为泥沙的半径，以mm计；F 以N计。已知细沙半径 $r=0.05$mm，沙的密度 $\rho=2.8\times10^{-6}$kg/mm^3，$\eta=1\times10^{-6}$N·s/mm^2。试求细沙在水中下沉的极限速度。

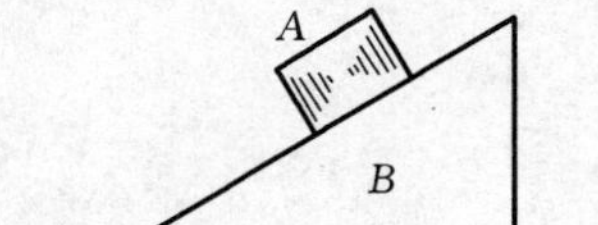

题10-15图

10-14　一物体从地球表面以速度 v_0 铅直上抛，假定空气阻力 $R=mkv^2$，其中 k 为常数，m 为物体的质量，试求该物体返回至地面时的速度 v_1。

10-15　如题10-15图所示，质量为 m_1 的物块 A 放在质量为 m_2 的物块 B 的斜面上，设各接触处摩擦均不计，求物块 A 下滑时 A、B 的加速度。

10-16　题10-15图中欲使物块 B 在 A 下滑过程中保持不动，问 B 与水平面之间摩擦因数应为若干？

10－17 铁轨沿经线铺设，质量为 2×10^{6}kg 的列车，以 15m/s 的速率自南向北行驶，某瞬时经过北纬 60°，求该瞬时列车对铁轨之侧压力。

10－18 离心式分离机如题 10－18 图所示，鼓室半径为 R，高为 H，以匀角速 ω 绕 y 轴转动。试求：①鼓室旋转时，在 Oxy 平面内液面所形成的曲线形状；②当鼓室无盖时，为使被分离的流体不致溢出，注入液体的最大高度 h。

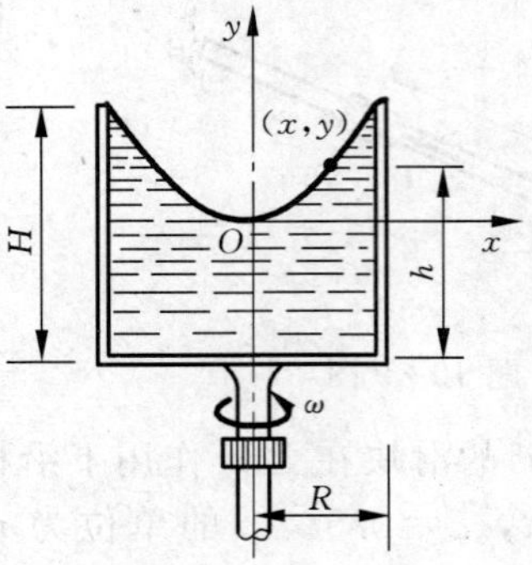

题 10－18 图

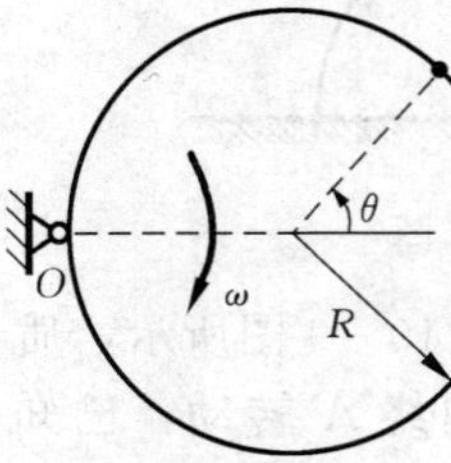

题 10－19 图

10－19 如题 10－19 图所示，一质量为 m 的小球 M 套在半径为 R 的光滑大圆环上，并可沿大圆环滑动。如大圆环在水平面内以匀角速 ω 绕通过 O 的铅直轴转动，试求小球 M 相对于大圆环运动的运动微分方程。

第 11 章 质心运动定理　动量定理

建立质点运动微分方程然后积分求解，是解答动力学问题的基本方法。但这种方法并非总是可行的，因为求运动微分方程的积分时，常会遇到困难；对于任意质点系，需求解微分方程组，多数情况下将遇到难以克服的数学上的困难；对于刚体，无法就每个质点建立运动微分方程。而在许多实际问题中，并不需要求出质点系中每个质点的运动，而只要知道整个质点系运动的某些特征就够了。因此，我们将介绍描述整个质点系运动特征的一些物理量（如动量、动量矩、动能等），并建立作用在质点系上的力与这些物理量的变化率之间的关系。这些关系统称为**动力学普遍定理**（general theorems of dynamics），它包括动量定理、动量矩定理和动能定理。在一定条件下，用这些定理来解答问题，非常方便简捷。

虽然我们是以牛顿定律为基础导出普遍定理的，但有的定理实际上是作为独立的基本定律而存在的，其应用范围也不限于古典力学，有的还早在牛顿定律之前就已经建立了。

本章给出动量和冲量的概念，由牛顿第二定律导出质心运动定理和动量定理，并用于求解质点系的动力学问题。

11.1 质心运动定理

设质点系由 n 个质点 M_1，M_2，…，M_n 组成，各质点的质量分别为 m_1，m_2，…，m_n，质点系的质量为 $m=\sum m_i$。任取固定点 O，设任一质点 M_i 对点 O 的矢径为 $\boldsymbol{r}_i$（图 11－1），则由下列公式

$$\boldsymbol{r}_C=\frac{\sum m_i\boldsymbol{r}_i}{m}\quad 或\quad m\boldsymbol{r}_C=\sum m\boldsymbol{r}_i \tag{11-1}$$

确定的一点 C 称为质点系的**质量中心**（center of mass），简称**质心**，又称**惯性中心**。

过点 O 取直角坐标系 $Oxyz$，命 M_i 的坐标为 x_i、y_i、z_i，则质心的位置坐标可由下式确定

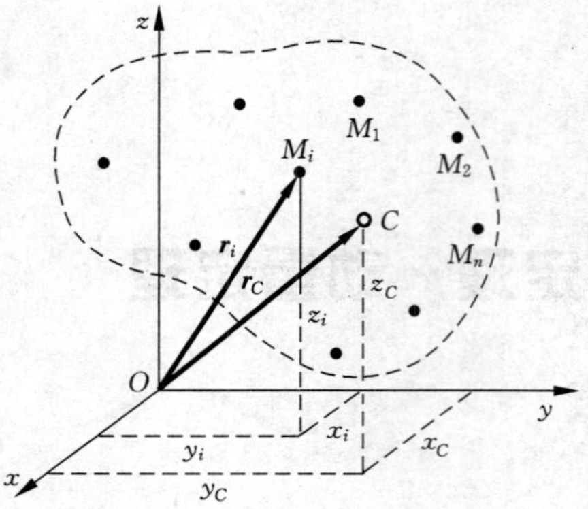

图 11-1

$$x_C=\frac{\sum m_i x_i}{m},\ y_C=\frac{\sum m_i y_i}{m},\ z_C=\frac{\sum m_i z_i}{m} \tag{11-2}$$

如质点系在地面附近，即在均匀重力场内，则 $m_i=W_i/g$、$m=W/g$，W_i 及 $W=\sum W_i$ 分别是质点 M_i 及整个质点系的重量。质心坐标公式（11-2）成为

$$x_C=\frac{\sum W_i x_i}{W},\ y_C=\frac{\sum W_i y_i}{W},\ z_C=\frac{\sum W_i z_i}{W}$$

这就是静力学中重心的位置坐标公式。可见，在重力场内，质点系的质心与重心相重合。但应注意，质心与重心是两个不同的概念。质心完全决定于质点系各质点质量的大小及其分布情况，不论质点系在宇宙空间什么位置它都存在，而重心只是当质点系位于重力场中时才存在。所以，质心比重心具有更广泛的意义。

如果质点系是由几个刚体组成的系统，则与求组合物体重心相似，可先求出各刚体的质心，然后再求整个系统的质心。

将式（11-1）两边对时间 t 求导数，得

$$m\frac{\mathrm{d}\boldsymbol{r}_C}{\mathrm{d}t}=\frac{\mathrm{d}}{\mathrm{d}t}\sum m_i\boldsymbol{r}_i=\sum m_i\frac{\mathrm{d}\boldsymbol{r}_i}{\mathrm{d}t} \tag{11-3}$$

将两边再对时间 t 求导数，并由牛顿第二定律得

$$m\frac{\mathrm{d}^2\boldsymbol{r}_C}{\mathrm{d}t^2}=\sum m_i\frac{\mathrm{d}^2\boldsymbol{r}_i}{\mathrm{d}t^2}=\sum \boldsymbol{F}_i \tag{a}$$

式中：$\boldsymbol{F}_i$ 为作用于质点 M_i 的所有力的合力。

在作用于 M_i 的那些力中，既有所考察的质点系内其他质点对 M_i 的作用力，也有质点系之外的物体对 M_i 作用的力。我们将把所考察的质点系内各质点之间相互作用的力称为**内力**（internal forces），所考察的质点系以外的物体作用于该质点系中各质点的力称为**外力**（external forces）。

注意，内力与外力的区分是相对的，随着所取的考察对象不同，同一个力可能是内力，也可能是外力。例如，将整列火车作为考察对象，则机车与第一节车厢之间相互作用的力为内力；但如将机车与车厢分作两个质点系来考察，它们之间相互作用的力就成为外力了。内力既然是质点系内各质点之间相互作用的力，根据作用与反作用定律，这些力必然成对出现，而且每一对力都是大小相等、方向相反而且作用线相同，因此，**对整个质点系来说，内力系的主矢量以及对任一点的主矩都等于零**，或者说，**内力系所有各力的矢量和等于零，内力系对任一点或任一轴的矩之和也等于零**。

如将作用于质点 M_i 的力分为外力和内力，并用 $\boldsymbol{F}_i^{(e)}$ 代表外力之和，$\boldsymbol{F}_i^{(i)}$ 代表内力之和，则式（a）成为

$$m\frac{\mathrm{d}^2\boldsymbol{r}_C}{\mathrm{d}t^2}=\sum \boldsymbol{F}_i^{(e)}+\sum \boldsymbol{F}_i^{(i)} \tag{b}$$

因内力系的主矢量等于零，即$\sum \boldsymbol{F}_i^{(i)}=0$，所以

$$m\frac{d^2\boldsymbol{r}_C}{dt^2}=\sum \boldsymbol{F}_i^{(e)} \quad 或 \quad m\frac{d\boldsymbol{v}_C}{dt}=\sum \boldsymbol{F}_i^{(e)} \tag{11-4}$$

式（11-4）表明，**质点系的质量与质心加速度的乘积等于作用在质点系上的外力的矢量和**。

将式（11-4）投影到固定直角坐标轴 x、y、z 上，得

$$m\frac{d^2 x_C}{dt^2}=\sum F_{ix}^{(e)}, \ m\frac{d^2 y_C}{dt^2}=\sum F_{iy}^{(e)}, \ m\frac{d^2 z_C}{dt^2}=\sum F_{iz}^{(e)} \tag{11-5}$$

式（11-4）与式（11-5）是质心的运动微分方程。与质点运动微分方程式（10-2）、式（10-3）比较，可知，**质点系的质心就像一个质点那样运动，这个质点的质量等于质点系的质量，而且在这个质点上作用着所有作用于质点系的外力**。这就是**质心运动定理**（theorem of the motion of the center of mass）。

式（11-4）中，设$\sum \boldsymbol{F}_i^{(e)}\equiv 0$，即质点系不受外力，或作用于质点系的外力的矢量和始终等于零，则 $\boldsymbol{v}_C$＝常量，即质心处于静止（如果原来是静止的）或作匀速直线运动。式（11-5）中，设$\sum F_{ix}^{(e)}\equiv 0$，即作用于质点系的外力在轴 x 上投影的代数和始终等于零，则 v_{Cx}＝常量，即质心的 x 坐标不变（如果质心的初速度在轴 x 上的投影等于零），或者质心沿轴 x 的运动是匀速的。由此可见，**要改变质点系质心的运动，必须有外力作用**；质点系内部各质点之间相互作用的内力不能改变质心的运动。

例如，汽车开动时，发动机汽缸内的燃气压力对汽车整体来说是内力，不能使车子前进。汽车能前进，是因为燃气推动活塞，通过传动机构带动主动轮转动，地面对主动轮作用了向前的摩擦力，且这个摩擦力大于总的阻力。日常生活中，我们知道，在非常光滑的地面上行走很困难；在静止的小船上，人向前走，船往后退等，都是因为水平方向外力很小，人的质心或人与小船的质心趋向于保持静止的缘故。

根据质心运动定理，某些质点系动力学问题可以直接用质点动力学理论来解答。例如，刚体作平移时，知道了刚体质心的运动，也就知道了整个刚体的运动，所以刚体平移的问题完全可以作为质点问题来求解。又如，土建、水利工程中采用定向爆破的施工方法时，要求一次爆破就将大量土石方抛掷到指定的地方。怎样才能达到目的呢？虽然爆破出来的土石块运动各不相同，情况很复杂，但就它们整体而言，不计空气阻力，爆破后只受重力作用，根据质心运动定理，它们质心的运动就像一个质点在重力作用下作抛射运动一样。因此，只要控制好质心的初速度 $\boldsymbol{v}_0$，使质心的运动轨迹通过指定区域内的适当位置，就可能使大部分土石块落在该区域内，达到预期的效果（图 11-2）。

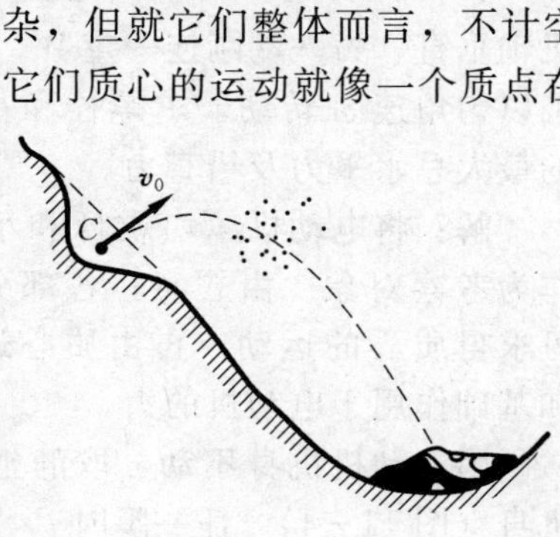

图 11-2

质心运动定理在理论上也有重要意义。因为，质点系的复杂运动总可以看作随同质心的运动与相对于质心的运动（以后，凡是讲相对于质心的运动，都是指相对于随质心平移的坐标系的运动）两部分

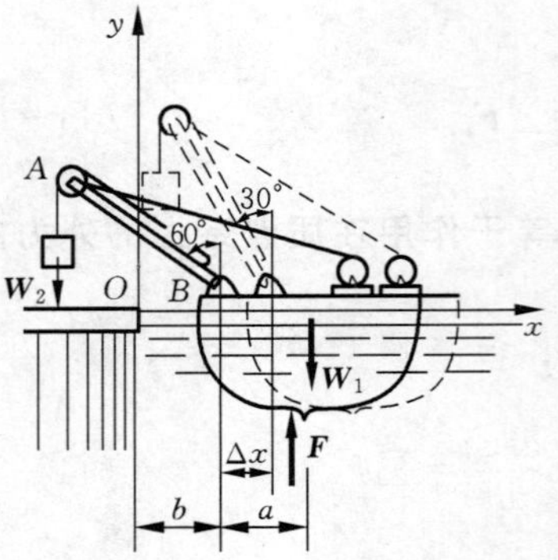

图 11-3

合成的结果。应用质心运动定理求出质心的运动，也就确定了质点系随同质心的平移。至于相对于质心的运动，则须用下一章“动量矩定理”来研究。

【例 11-1】 浮动起重船重 $W_1=200\text{kN}$，起吊重 $W_2=20\text{kN}$ 的物体（图 11-3），吊杆长 $AB=8\text{m}$，初瞬时整个系统静止，吊杆与铅直线成 60°角。求当吊杆从初始位置转到与铅直线成 30°角的位置时起重船的位移。吊杆的重量及水的阻力不计。

解： 考察起重船与重物所组成的质点系。因不计水的阻力，作用于质点系的外力只有重力 $\boldsymbol{W}_1$、$\boldsymbol{W}_2$ 及水的浮力 $\boldsymbol{F}$。因所有外力又都是铅直的，在水平方向上的投影等于零，且初瞬时整个系统静止，所以质点系质心的水平位置应保持不变。

以码头上一点 O 为原点，取坐标系 Oxy（图 11-3）。设点 B 至起重船重力作用线的距离为 a，初瞬时点 B 至轴 y 的距离为 b。当吊杆与铅直线成 60°角时，质点系质心的 x 坐标为

$$x_C=\frac{W_1(a+b)+W_2(b-AB\sin60^\circ)}{W_1+W_2}$$

当吊杆转到与铅直位置成 30°角时，设起重船向右移动了 Δx，质点系质心的 x 坐标为

$$x'_C=\frac{W_1(a+b+\Delta x)+W_2(b+\Delta x-AB\sin30^\circ)}{W_1+W_2}$$

由 $x_C=x'_C$，得

$$\Delta x=\frac{W_2\cdot AB\ (\sin30^\circ-\sin60^\circ)}{W_1+W_2}$$

将各已知值代入，得 $\Delta x=-0.266\text{m}$，“－”号表示起重船应向左（向着岸边）移动。

【例 11-2】 电动机重 W_1，外壳用螺栓固定在基础上（图 11-4）。另有一均质杆，长 l，重 W_2，一端固连在电动机轴上，并与机轴垂直，另一端刚连一重 W_3 的小球。设电动机轴以匀角速 ω 转动，求螺栓和基础作用于电动机的最大总水平力及铅直力。

解： 将电动机、均质杆和小球组成的质点系作为考察对象。由题意，各部分运动已知，从而可求得质心的运动。再由质心运动定理，求螺栓和基础作用于电动机的力。

因电动机机身**不动**，取静坐标系 Oxy 固结于机身（图 11-4）。任一瞬时 t，均质杆与轴 y 夹角为 ωt。所考察的质点系的质心位置坐标为

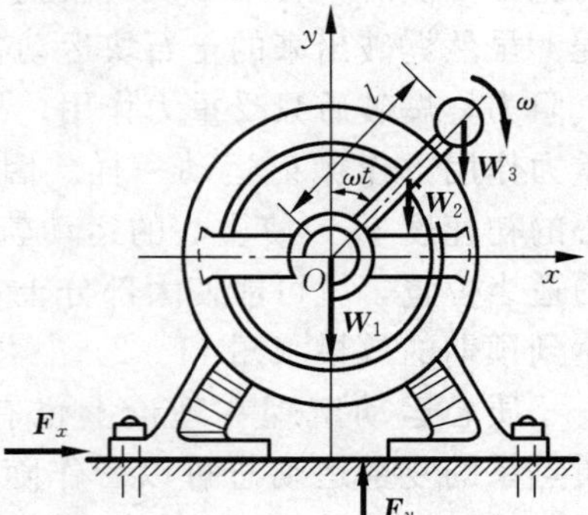

图 11-4

$$x_C=\frac{W_2\dfrac{l}{2}\sin\omega t+W_3 l\sin\omega t}{W_1+W_2+W_3}=\frac{(W_2+2W_3)\ l}{2\ (W_1+W_2+W_3)}\sin\omega t$$

$$y_C=\frac{W_2\dfrac{l}{2}\cos\omega t+W_3 l\cos\omega t}{W_1+W_2+W_3}=\frac{(W_2+2W_3)\ l}{2\ (W_1+W_2+W_3)}\cos\omega t$$

将 x_C、y_C 对 t 求二阶导数，即

$$\left.\begin{aligned}\frac{\mathrm{d}^2x_C}{\mathrm{d}t^2}&=-\frac{(W_2+2W_3)\ l\omega^2}{2\ (W_1+W_2+W_3)}\sin\omega t\\ \frac{\mathrm{d}^2y_C}{\mathrm{d}t^2}&=-\frac{(W_2+2W_3)\ l\omega^2}{2\ (W_1+W_2+W_3)}\cos\omega t\end{aligned}\right\}\tag{a}$$

作用于质点系的外力有：重力 $\boldsymbol{W}_1$、$\boldsymbol{W}_2$、$\boldsymbol{W}_3$ 及螺栓和基础对电动机作用的总的水平力 $\boldsymbol{F}_x$、铅直力 $\boldsymbol{F}_y$。由式（11-5），有

$$\left.\begin{aligned}\frac{W_1+W_2+W_3}{g}\cdot\frac{\mathrm{d}^2x_C}{\mathrm{d}t^2}&=F_x\\ \frac{W_1+W_2+W_3}{g}\cdot\frac{\mathrm{d}^2y_C}{\mathrm{d}t^2}&=F_y-W_1-W_2-W_3\end{aligned}\right\}\tag{b}$$

将式（a）代入式（b），得

$$F_x=-\frac{W_2+2W_3}{2g}l\omega^2\sin\omega t,\ F_y=W_1+W_2+W_3-\frac{W_2+2W_3}{2g}l\omega^2\cos\omega t$$

水平力 $\boldsymbol{F}_x$ 的最大值为 $F_{x\max}=\dfrac{W_2+2W_3}{2g}l\omega^2$，

铅直力 $\boldsymbol{F}_y$ 的最大值为 $F_{y\max}=W_1+W_2+W_3+\dfrac{W_2+2W_3}{2g}l\omega^2$。

由 $\boldsymbol{F}_y$ 的表达式可知，铅直力包含两部分：一部分是由 $\boldsymbol{W}_1$、$\boldsymbol{W}_2$、$\boldsymbol{W}_3$ 等静力作用引起的，称为**静约束力**（statical constraint force）；另一部分是由物体运动引起的，称为**动约束力**（dynamical constraint force）。一般说来，动力学中的约束力，不仅与物体所受的主动力有关，而且与物体的运动有关，这是与静力学中的约束力不同之处。

11.2　动量和冲量

11.2.1　动量

动量是表征机械运动的一个物理量。大家都知道，枪弹的质量尽管很小，但因为速度很大，所以能对阻碍其运动的物体产生很大的冲击力；轮船靠岸时，速度很小，但由于质量很大，如果不慎，也会撞坏码头；重量相同而速度不同的两辆汽车，要在相同的时间内停下来，则速度大的比速度小的需要更大的制动力。

一个质点的质量 m 与它在某瞬时 t 的速度 $\boldsymbol{v}$ 的乘积，称为该质点在瞬时 t 的**动量**（momentum）。质点系中所有质点动量之矢量和，称为该质点系的动量，用 $\boldsymbol{p}$ 表示，即

$$\boldsymbol{p}=\sum m_i\boldsymbol{v}_i\tag{11-6}$$

根据式（11－3），可将质点系的动量表示为

$$\boldsymbol{p}=\sum m_i\boldsymbol{v}_i=m\boldsymbol{v}_C \tag{11-7}$$

即质点系的质量与其质心速度的乘积就等于质点系的动量。上式为计算质点系特别是刚体的动量提供了简捷的方法。

动量是矢量，如果利用速度的投影来计算动量，式（11－7）又可写成

$$\boldsymbol{p}=\sum m_iv_{ix}\boldsymbol{i}+\sum m_iv_{iy}\boldsymbol{j}+\sum m_iv_{iz}\boldsymbol{k}=mv_{Cx}\boldsymbol{i}+mv_{Cy}\boldsymbol{j}+mv_{Cz}\boldsymbol{k} \tag{11-8}$$

对于刚体系统，设第 i 个刚体的质心 C_i 的速度为 $\boldsymbol{v}_{Ci}$，则整个系统的动量为

$$\boldsymbol{p}=\sum m_i\boldsymbol{v}_{Ci} \tag{11-9}$$

式中：m_i 为第 i 个刚体的质量。

动量的量纲是 ML/T，单位为 kg・m/s。

【例 11－3】 曲柄连杆机构的曲柄 OA 以匀角速度 ω 转动（图 11－5）。设 $OA=AB=l$，曲柄 OA、连杆 AB 都是均质杆，质量均为 m，滑块 B 的质量也是 m。求当 $\varphi=45°$时系统的动量。

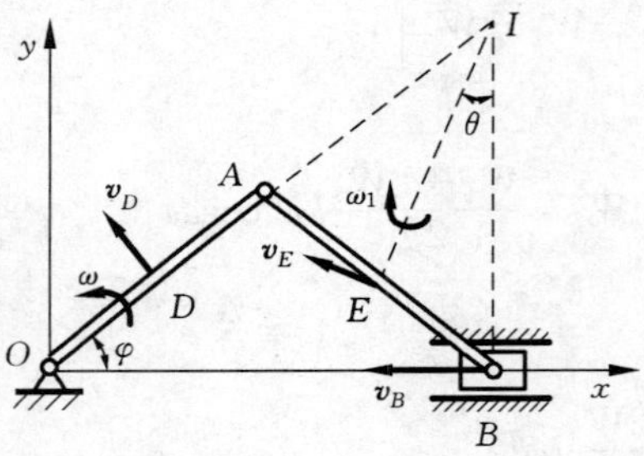

图 11－5

解： 曲柄 OA 作定轴转动，其质心 D 的速度 $v_D=\dfrac{l\omega}{2}$，$\boldsymbol{v}_D\perp OA$，指向与 ω 的转向一致。连杆 AB 作平面运动，其质心 E 的速度 $\boldsymbol{v}_E$ 以及滑块 B 的速度可由平面运动理论求得。

连杆 AB 的速度瞬心在 I，当 $\varphi=45°$时，$IA=l$，$IB=\sqrt{2}\,l$，由几何关系得 $IE=\dfrac{\sqrt{5}}{2}l$，$\sin\theta=\dfrac{1}{\sqrt{10}}$，$\cos\theta=\dfrac{3}{\sqrt{10}}$，而 AB 的角速度是 $\omega_1=\omega$，所以 $v_E=IE\cdot\omega_1=\dfrac{\sqrt{5}}{2}l\omega$，$\boldsymbol{v}_E\perp IE$，指向如图 11－5 所示；$v_B=\sqrt{2}l\omega$，$\boldsymbol{v}_B$ 水平向左。由式（11－9）求系统的动量

$$\boldsymbol{p}=m[(-v_D\sin\varphi-v_E\cos\theta-v_B)\boldsymbol{i}+(v_D\cos\varphi+v_E\sin\theta)\boldsymbol{j}]=ml\omega\left(-2\sqrt{2}\boldsymbol{i}+\frac{1}{\sqrt{2}}\boldsymbol{j}\right)$$

11.2.2 冲量

物体运动状态的改变，不仅与作用在物体上的力有关，还与力作用的时间长短有关。例如，工人用手推动一辆停在轨道上的小车，推力越大，时间越长，小车获得的速度也越大。一个力与其作用时间的乘积称为该力的**冲量**（impulse），用 $\boldsymbol{I}$ 表示，即

$$\boldsymbol{I}=\int_{t_1}^{t_2}\boldsymbol{F}\mathrm{d}t \tag{11-10}$$

式中：$\boldsymbol{F}\mathrm{d}t$ 为力 $\boldsymbol{F}$ 在 d t 时间内的**元冲量**。

冲量是矢量。将式（11－10）的两边投影到固定坐标轴上，得冲量 $\boldsymbol{I}$ 在直角坐标轴上的投影

$$I_x = \int_{t_1}^{t_2} F_x \mathrm{d}t,\ I_y = \int_{t_1}^{t_2} F_y \mathrm{d}t,\ I_z = \int_{t_1}^{t_2} F_z \mathrm{d}t \tag{11-11}$$

如果作用于质点的力不止一个而有若干个，设为 $\boldsymbol{F}_1$，$\boldsymbol{F}_2$，…，$\boldsymbol{F}_n$，其合力为 $\boldsymbol{F}=\sum \boldsymbol{F}_i$，则

$$\begin{aligned}\boldsymbol{I} &= \int_{t_1}^{t_2} \boldsymbol{F} \mathrm{d}t = \int_{t_1}^{t_2} (\boldsymbol{F}_1 + \boldsymbol{F}_2 + \cdots + \boldsymbol{F}_n) \mathrm{d}t \\ &= \int_{t_1}^{t_2} \boldsymbol{F}_1 \mathrm{d}t + \int_{t_1}^{t_2} \boldsymbol{F}_2 \mathrm{d}t + \cdots + \int_{t_1}^{t_2} \boldsymbol{F}_n \mathrm{d}t \\ &= \boldsymbol{I}_1 + \boldsymbol{I}_2 + \cdots + \boldsymbol{I}_n = \sum \boldsymbol{I}_i \end{aligned} \tag{11-12}$$

即在任一段时间内，合力的冲量等于所有分力的冲量的矢量和。

冲量的量纲是 ML/T，单位为 kg·m/s 或 N·s。

11.3　动　量　定　理

设质点系由 n 个质点组成，取任一质点 M_i 来考察。命 M_i 的质量为 m_i，速度为 $\boldsymbol{v}_i$，作用于质点 M_i 的所有力的合力为 $\boldsymbol{F}_i$，因 m_i 为常量，方程式（10-2）可改写为

$$\frac{\mathrm{d}}{\mathrm{d}t}(m_i \boldsymbol{v}_i) = \boldsymbol{F}_i \tag{a}$$

将作用于质点 M_i 的力分为外力和内力，它们的合力分别用 $\boldsymbol{F}_i^{(\mathrm{e})}$ 与 $\boldsymbol{F}_i^{(\mathrm{i})}$ 表示，$\boldsymbol{F}_i = \boldsymbol{F}_i^{(\mathrm{e})} + \boldsymbol{F}_i^{(\mathrm{i})}$，代入式（a）得

$$\frac{\mathrm{d}}{\mathrm{d}t}(m_i \boldsymbol{v}_i) = \boldsymbol{F}_i^{(\mathrm{e})} + \boldsymbol{F}_i^{(\mathrm{i})} \tag{b}$$

对质点系中每一个质点写出这样一个方程，共有 n 个方程。将 n 个方程相加，得

$$\sum \frac{\mathrm{d}}{\mathrm{d}t}(m_i \boldsymbol{v}_i) = \sum \boldsymbol{F}_i^{(\mathrm{e})} + \sum \boldsymbol{F}_i^{(\mathrm{i})} \tag{c}$$

根据矢量导数运算法则（参见附录 A），有

$$\sum \frac{\mathrm{d}}{\mathrm{d}t}(m_i \boldsymbol{v}_i) = \frac{\mathrm{d}}{\mathrm{d}t} \sum (m_i \boldsymbol{v}_i) \tag{d}$$

式中：$\sum \mathrm{m_i} \boldsymbol{v}_i$ 为质点系的动量 $\boldsymbol{p}$。

方程式（c）右边第一项 $\sum \boldsymbol{F}_i^{(\mathrm{e})}$ 为作用于质点系的外力的矢量和，第二项 $\sum \boldsymbol{F}_i^{(\mathrm{i})}$ 为作用于质点系的内力的矢量和，因内力系的矢量和等于零，即 $\sum \boldsymbol{F}_i^{(\mathrm{i})} = 0$，所以方程式（c）成为

$$\frac{d\boldsymbol{p}}{\mathrm{d}t} = \sum \boldsymbol{F}_i^{(\mathrm{e})} \tag{11-13}$$ [❶]

---

❶ 利用式（11-7），可由式（11-4）导出此式，或者反之。

即质点系的动量对于时间的导数，等于作用于质点系的外力的矢量和。这就是质点系的动量定理（theorem of the momentum of a system of particles）。

任取固定的直角坐标轴 x、y、z，将方程式（11-13）两边投影到各轴上，并注意矢量导数的投影等于矢量投影的导数，有

$$\frac{\mathrm{d}p_x}{\mathrm{d}t}=\sum F_{ix}^{(e)},\ \frac{\mathrm{d}p_y}{\mathrm{d}t}=\sum F_{iy}^{(e)},\ \frac{\mathrm{d}p_z}{\mathrm{d}t}=\sum F_{iz}^{(e)} \tag{11-14}$$

式中：p_x、p_y、p_z 分别为质点系的动量 $\boldsymbol{p}$ 在轴 x、y、z 上的投影。

据式（11-6），它们分别为

$$p_x=\sum m_i v_{ix},\ p_y=\sum m_i v_{iy},\ p_z=\sum m_i v_{iz} \tag{11-15}$$

方程式（11-14）是质点系动量定理的投影形式，它表明：**质点系的动量在任一固定轴上的投影对于时间的导数，等于作用于质点系的所有外力在同一轴上投影的代数和。**

将方程式（11-13）改写为 $\mathrm{d}\boldsymbol{p}=\sum \boldsymbol{F}_i^{(e)}\mathrm{d}t$，两边求积分，动量 $\boldsymbol{p}$ 从 $\boldsymbol{p}_1$ 到 $\boldsymbol{p}_2$，时间 t 从 t_1 到 t_2，得

$$\boldsymbol{p}_2-\boldsymbol{p}_1=\sum\int_{t_1}^{t_2}\boldsymbol{F}_i^{(e)}\mathrm{d}t=\sum \boldsymbol{I}_i^{(e)} \tag{11-16}$$

即质点系的动量在任一段时间内的增量，等于作用于质点系的所有外力在同一段时间内的冲量之和。这是质点系动量定理的积分形式，或称质点系的冲量定理（theorem of the impulse of particles）。

将方程式（11-16）投影到固定直角坐标轴上，得

$$\left.\begin{aligned}p_{2x}-p_{1x}&=\sum\int_{t_1}^{t_2}F_{ix}^{(e)}\mathrm{d}t=\sum I_{ix}^{(e)}\\ p_{2y}-p_{1y}&=\sum\int_{t_1}^{t_2}F_{iy}^{(e)}\mathrm{d}t=\sum I_{iy}^{(e)}\\ p_{2z}-p_{1z}&=\sum\int_{t_1}^{t_2}F_{iz}^{(e)}\mathrm{d}t=\sum I_{iz}^{(e)}\end{aligned}\right\} \tag{11-17}$$

即在任一段时间内，质点系的动量在任一固定轴上的投影的增量，等于作用于质点系的外力的冲量在同一轴上的投影的代数和。

如$\sum \boldsymbol{F}_i^{(e)}\equiv 0$，则由式（11-13）得，$\boldsymbol{p}=\sum m_i\boldsymbol{v}_i=$常矢量；如$\sum F_{ix}^{(e)}\equiv 0$，则由式（11-14）得，$p_x=\sum m_i v_{ix}=$常量。可见，**在运动过程中，如作用于质点系的外力的矢量和（或在某一固定轴上投影的代数和）始终保持为零，则质点系的动量（或在该轴上的投影）保持不变。**该结论称为**质点系动量守恒定理**（theorem of conservation of momentum of system of particles）。由该定理可知，要使质点系动量发生变化，必须有外力作用。

质点系动量守恒定理是自然界中最普遍的客观规律之一，在科学技术上应用很广。例如，枪炮的“后坐”，火箭和喷气飞机的反推作用，都可用动量守恒定理加以研究。

【例 11-4】　用动量守恒定理求解例 11-1。

解： 仍考察起重船与重物组成的质点系。吊杆转动时，质点系在 x 方向不受外力，所以动量在 x 方向的投影保持为常量。

设起重船在离岸 x 处时，吊杆与水平线成角 φ，吊杆转动的角速度为 ω，起重船有向右的速度 $\boldsymbol{v}$（图 11-6），吊杆端点 A 相对于起重船的速度为 $v_r = AB \cdot \omega$，其绝对速度在 x 方向的投影为 $AB \cdot \omega\sin\varphi + v$。起吊的重物作平移，其速度与吊杆端点 A 的速度相同。因初瞬时系统静止，即 $p_{x0}=0$，所以有 $p_x=0$，即

$$p_x = \frac{W_1}{g}v + \frac{W_2}{g}(AB \cdot \omega\sin\varphi + v) = 0$$

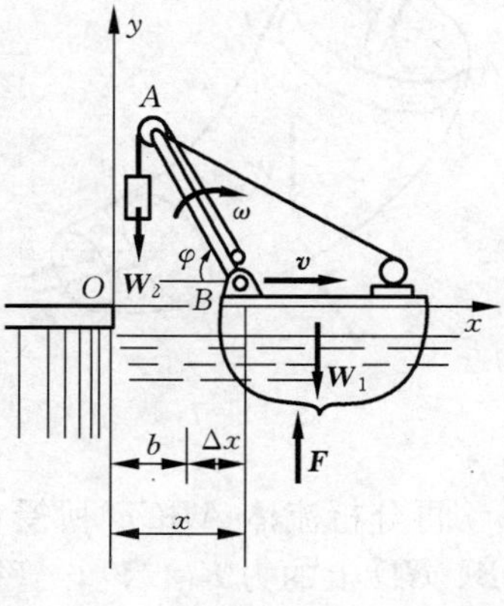

图 11-6

由此得

$$v = -\frac{W_2}{W_1+W_2}AB \cdot \omega\sin\varphi$$

即

$$\frac{\mathrm{d}x}{\mathrm{d}t} = -\frac{W_2}{W_1+W_2}AB\sin\varphi\,\frac{\mathrm{d}\varphi}{\mathrm{d}t}$$

两边积分，注意 x 从 b 到 $b+\Delta x$，φ 从 30°到 60°，可得起重船的位移

$$\Delta x = \frac{W_2 \cdot AB(\sin 30° - \sin 60°)}{W_1+W_2}$$

与由质心运动定理得到的结果相同，但较例 11-1 繁；如求起重船的速度与吊杆转速之关系，则用例 11-4 的方法较为简捷。本章开头曾指出，在**一定条件下**，用动力学普遍定理解答问题非常方便。初学者必须一开始就注意，根据问题的已知条件和要求，宜用什么定理求解，以求灵活掌握。

【例 11-5】　水流流过弯管时（图 11-7），在 AB、CD 两断面处平均流速分别为 $\boldsymbol{v}_1$、$\boldsymbol{v}_2$（大小以 m/s 计），求水流对弯管的动压力（即由于水流改变方向而产生的附加压力）。假设水流是恒定的（即水流流过管内每一点的速度都不随时间而变），因而体积流量 q_V（每秒钟流过一断面的水的体积，以 m^3/s 计）是常量，水的密度为 ρ（以 kg/m^3 计）。

解： 对于水之类的流体，分析时总是假想取出其中的一部分作为质点系来考察。现在已知的是水流在 AB、CD 两断面处的速度，所以取 AB、CD 两断面之间的流体 $ABCD$ 作为考察的质点系。因为是根据速度的变化求动压力，所以用动量定理求解。设经过 Δt 时间后，流体由 $ABCD$ 位置运动到 $abcd$ 位置。流体在两位置的速度不同，动量也相应改变，根据动量的改变，可以求出管壁作用于流体的力，与之相反的力，就是流体作用于管壁的力。

先计算质点系动量的改变

$$\boldsymbol{p}_2 - \boldsymbol{p}_1 = \boldsymbol{p}_{abcd} - \boldsymbol{p}_{ABCD} = (\boldsymbol{p}_{abCD} + \boldsymbol{p}_{CDcd})_2 - (\boldsymbol{p}_{ABab} + \boldsymbol{p}_{abCD})_1$$

因为水流情况不随时间而变，所以 $abCD$ 部分流体在两瞬时的动量相等，即 $(\boldsymbol{p}_{abCD})_1$

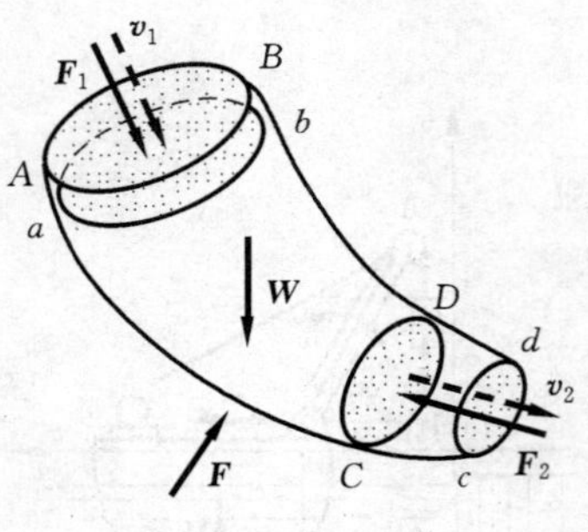

图 11-7

$=(\boldsymbol{p}_{abCD})_2$，于是有

$$\boldsymbol{p}_2-\boldsymbol{p}_1=\boldsymbol{p}_{CDcd}-\boldsymbol{p}_{ABab}$$

因体积流量 q_V 是常量，故 Δt 时间内流经 AB、CD 两断面的体积都是 $q_V\Delta t$，质量都是 $m=\rho q_V\Delta t$，这也就是 $ABab$ 及 $CDcd$ 两部分的质量。由于所取时间间隔 Δt 很小，ab 接近于 AB，cd 接近于 CD，所以可以认为：$ABab$ 部分的速度等于 $\boldsymbol{v}_1$，$CDcd$ 部分的速度等于 $\boldsymbol{v}_2$，从而有

$$\boldsymbol{p}_2-\boldsymbol{p}_1=\boldsymbol{p}_{CDcd}-\boldsymbol{p}_{ABab}=\rho q_V\Delta t(\boldsymbol{v}_2-\boldsymbol{v}_1)$$

再分析流体 $ABCD$ 所受的外力。除重力 $\boldsymbol{W}$ 外，还有其他部分流体作用于断面 AB、CD 上的力 $\boldsymbol{F}_1$、$\boldsymbol{F}_2$，管壁作用的约束力 $\boldsymbol{F}$。

据方程式（11-16)，有 $\rho q_V\Delta t(\boldsymbol{v}_2-\boldsymbol{v}_1)=(\boldsymbol{W}+\boldsymbol{F}_1+\boldsymbol{F}_2+\boldsymbol{F})\Delta t$，由此得

$$\boldsymbol{F}=-(\boldsymbol{W}+\boldsymbol{F}_1+\boldsymbol{F}_2)+\rho q_V(\boldsymbol{v}_2-\boldsymbol{v}_1)$$

可见，为使流体改变方向，管壁作用于流体的力应为

$$\boldsymbol{F}'=\rho q_V(\boldsymbol{v}_2-\boldsymbol{v}_1)$$

与 $\boldsymbol{F}'$ 相反的力就是流体作用于管道的动压力。

思 考 题

11-1 分析下列陈述是否正确：

(1) 动量是一个瞬时的量，相应地，冲量也是一个瞬时的量。

(2) 将质量为 m 的小球以速度 $\boldsymbol{v}_1$ 向上抛，小球回落到地面时的速度为 $\boldsymbol{v}_2$。因 $\boldsymbol{v}_1$ 与 $\boldsymbol{v}_2$ 的大小相等，所以动量也相等。

(3) 力 $\boldsymbol{F}$ 在直角坐标轴上的投影为 F_x、F_y、F_z，作用时间从 $t=0$ 到 $t=t_1$，其冲量的投影应是 $I_x=F_xt_1$、$I_y=F_yt_1$、$I_z=F_zt_1$。

(4) 一物体受到大小为 10N 的常力 $\boldsymbol{F}$ 作用，在 $t=3$s 的瞬时，该力的冲量的大小 $I=Ft=30$N·s。

11-2 当质点系中每一质点都作高速运动时，该系统的动量是否一定很大？为什么？

11-3 炮弹在空中飞行时，若不计空气阻力，则质心的轨迹为一抛物线。炮弹在空中爆炸后，其质心轨迹是否改变？当部分弹片落地后，其质心轨迹是否改变？为什么？

11-4 如思 11-4 图所示，质量为 m_1 的楔块 A 放在光滑水平面上。质量为 m_2 的杆 BC 可沿铅直槽运动，其一端放在楔块 A 上。在图示瞬时，楔块的速度为 $\boldsymbol{v}_A$，加速度为 $\boldsymbol{a}_A$，求此时系统质心的速度和加速度。

11-5 两个半径和质量相同的均质圆盘 A、B，放在光滑的水平面上，分别受到力 $\boldsymbol{F}_A$、$\boldsymbol{F}_B$ 的作用，如思 11-5 图所示，且 $\boldsymbol{F}_A=\boldsymbol{F}_B$。设两圆盘受力后自静止开始运

动，在某一瞬时两圆盘的动量分别为 $\boldsymbol{p}_A$、$\boldsymbol{p}_B$。问下列三个关系式哪一个正确？理由何在？①$p_A<p_B$；②$p_A>p_B$；③$p_A=p_B$。

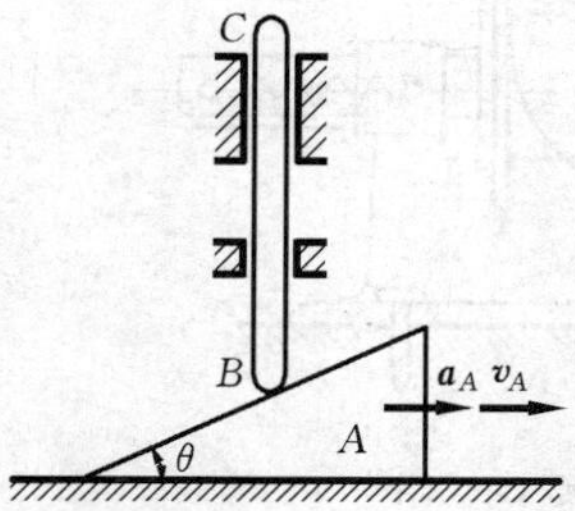

思 11-4 图

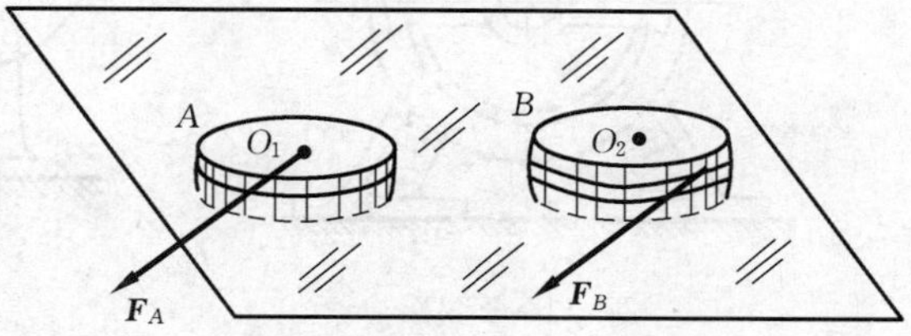

思 11-5 图

习　题

11-1　如题 11-1 图所示，两均质杆 AC 及 BC，长均为 l，重各为 W_1、W_2，在 C 处用光滑铰相连。开始时静止直立于光滑的水平地面上，后来在铅直平面内向两边分开倒下。问倒到地面上时，C 点的位置在哪里？设：①$W_1=W_2$；②$W_1=2W_2$；③$W_1=4W_2$。

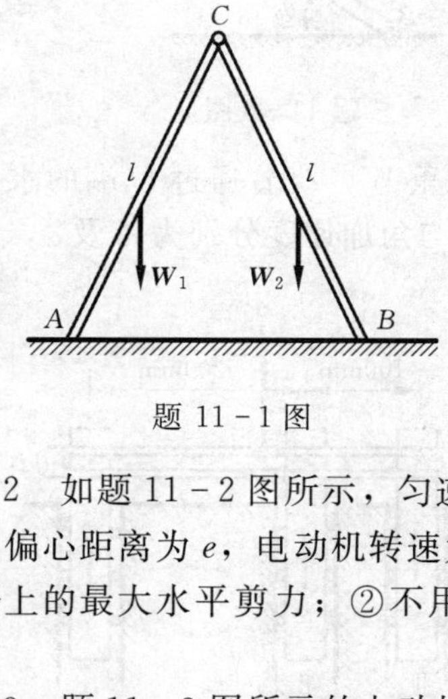

题 11-1 图

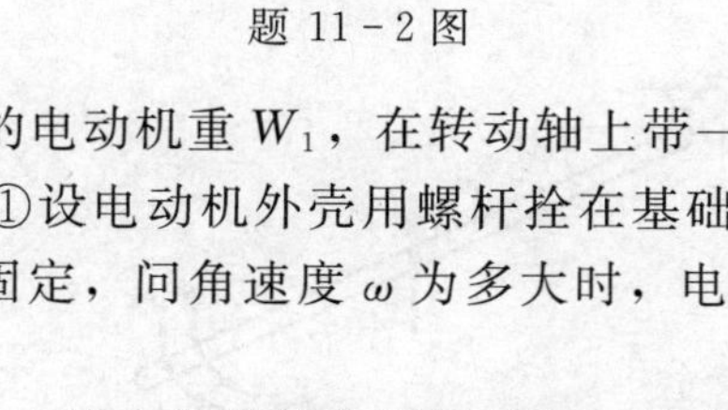

题 11-2 图

11-2　如题 11-2 图所示，匀速转动的电动机重 W_1，在转动轴上带一重 W_2 的偏心轮，偏心距离为 e，电动机转速为 ω。①设电动机外壳用螺杆拴在基础上，求作用在螺杆上的最大水平剪力；②不用螺杆固定，问角速度 ω 为多大时，电动机会跳离地面？

11-3　题 11-3 图所示的电动机重 W_1，放在光滑的水平基础上，另有一均质杆长 $2l$，重 W_2，一端与电动机的机轴相固结，并与机轴的轴线垂直，另一端则刚连于重 W_3 的物体。设机轴的角速度为 ω（常量），开始时杆处于铅直位置，整个系统静止。试求电动机的水平运动。

11-4　如题 11-4 图所示，均质圆盘绕偏心轴 O 以匀角速 ω 转动。重 P 的夹板借右端弹簧的推压而顶在圆盘上，当圆盘转动时，夹板作往复运动。设圆盘重 W，半径为 r，偏心距为 e，求任一瞬时基础和螺栓的动约束力。

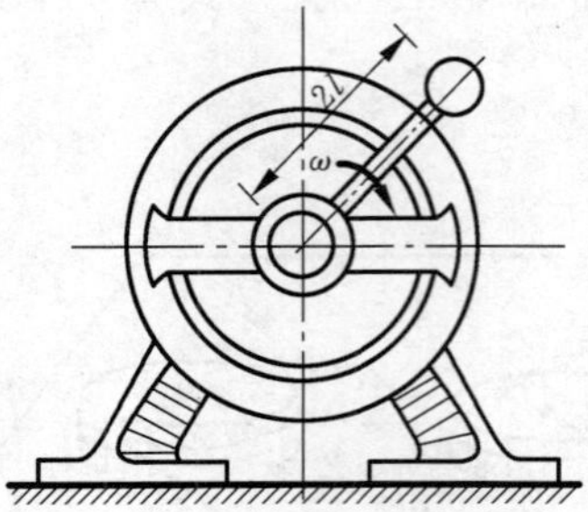

题 11-3 图

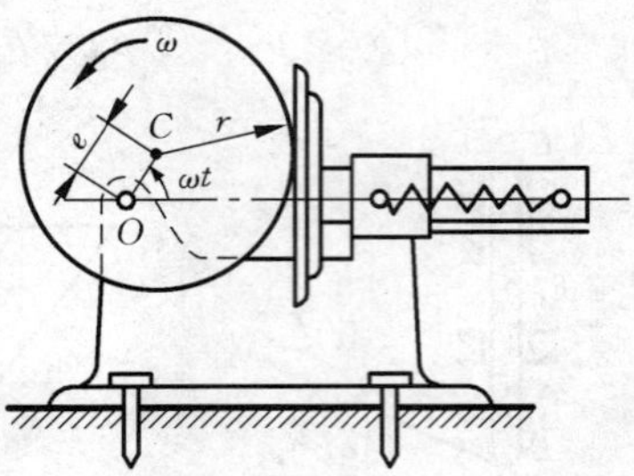

题 11-4 图

11-5 如题 11-5 图所示，小车 A 重 W，下悬一摆，摆按规律 $\varphi=\varphi_0\cos kt$ 摆动。设摆锤 B 的重量为 P，摆长为 l，摆杆的重量及各处摩擦均忽略不计，初瞬时小车静止，试求小车的运动方程。

11-6 如题 11-6 图所示，长为 $2l$ 的均质杆 AB，其一端 B 搁置在光滑水平面上，并与水平成 θ_0 角，求当杆倒下时，点 A 之轨迹方程。

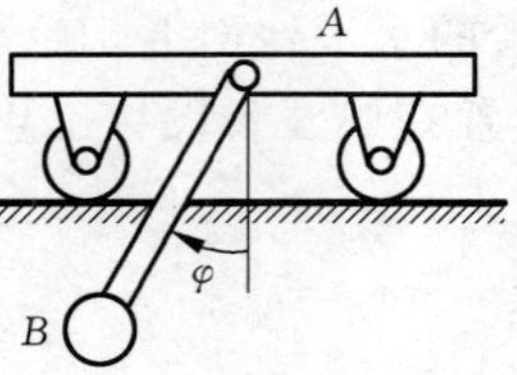

题 11-5 图

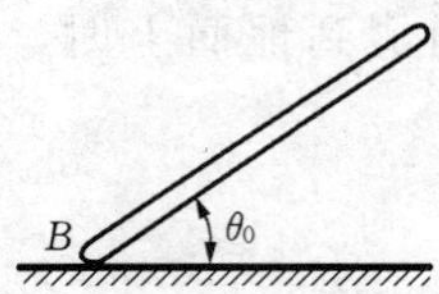

题 11-6 图

11-7 题 11-7 图所示均质杆 OA，长 $2l$，重 W，绕着通过 O 端的水平轴在铅直面内转动，转动到与水平线成角 φ 时，角速度与角加速度分别为 ω 及 α，试求此瞬时 O 端的约束力。

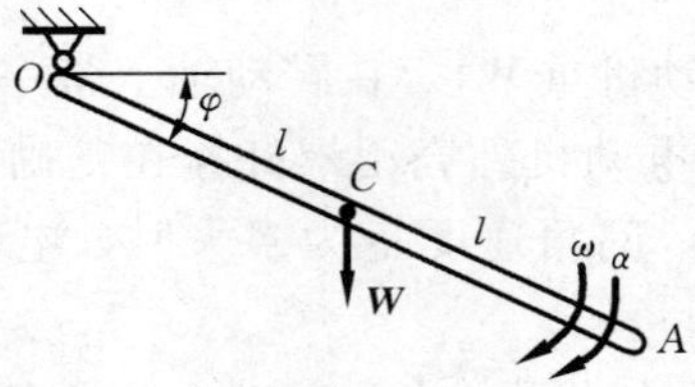

题 11-7 图

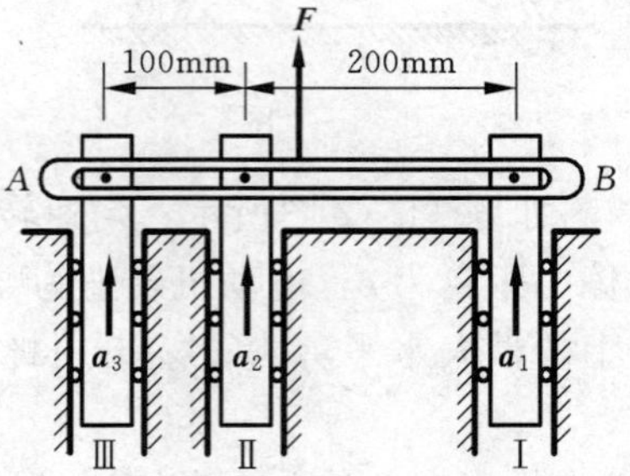

题 11-8 图

11-8 三块条板Ⅰ、Ⅱ和Ⅲ，质量各为 10kg、6kg 和 8kg，用槽杆 AB 支承如题 11-8 图所示，可分别沿一光滑铅直槽滑动。设已知三块板在图示瞬时的加速度各为 $a_1=0.6\text{m/s}^2$，$a_2=1\text{m/s}^2$ 和 $a_3=1.2\text{m/s}^2$。试求作用在杆 AB 上的铅直力 $\boldsymbol{F}$ 的大小和位置（AB 杆质量不计）。

11-9 一车沿水平直线轨道行驶，车重 $W=50\text{kN}$，开始刹车时速度 $v_0=20\text{m/s}$。

设：①刹车时阻力 $F=0.1W$；②刹车时阻力 $F=2t$（t 以 s 计，F 以 kN 计），试求从开始刹车到停车所经过的时间。

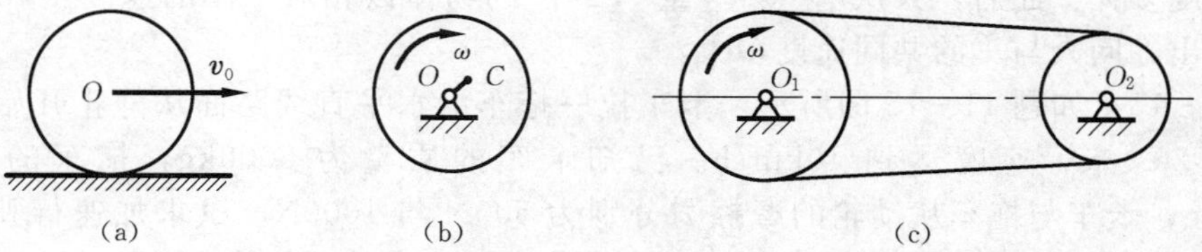

题 11-10 图

11-10　如题 11-10 图所示，试计算下列各系统在已知条件下的动量。

（1）重为 W 的均质圆轮，轮心具有速度 $\boldsymbol{v}_0$。

（2）非均质圆盘以角速度 ω 绕 O 轴转动，圆盘重 W，质心 C 离转动轴的距离 $OC=e$。

（3）两质量分别为 m_1 及 m_2 的均质带轮用质量为 m 的均质胶带相连，其中一个带轮的转动角速度为 ω，带与轮之间没有相对滑动。

11-11　如题 11-11 图所示，杆 AB 长 l，A 端刚连一小球，可绕滑块 B 上 O 点转动，其转动方程为 $\varphi=\frac{\pi}{2}t$。滑块 B 按规律 $s=a+b\sin\frac{\pi}{2}t$ 沿水平直线作谐振动，其中 a 和 b 均为常数。设小球的质量为 m_1，滑块 B 的质量为 m_2，杆 AB 的质量不计，求任一瞬时系统的动量。

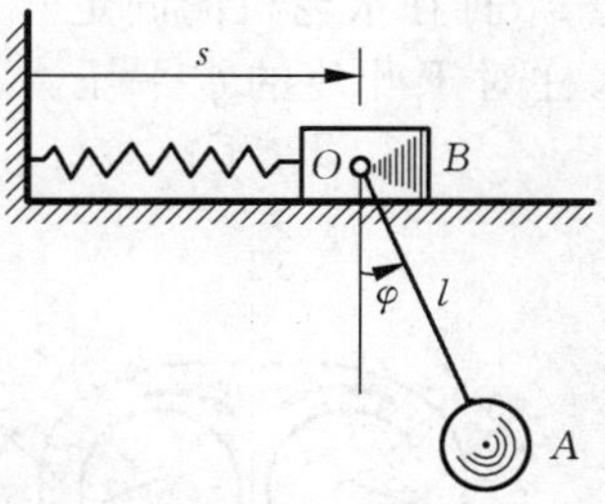

题 11-11 图

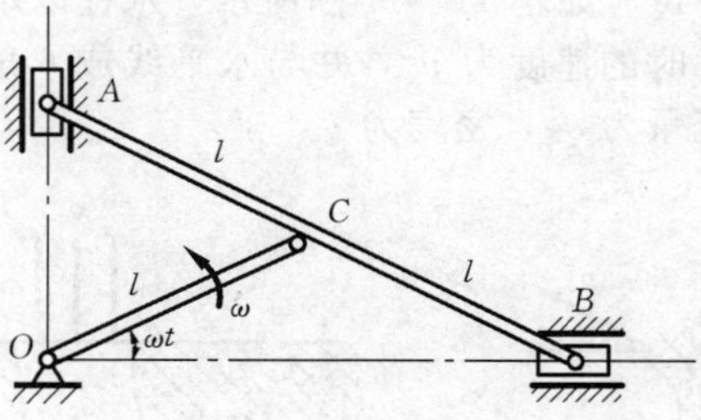

题 11-12 图

11-12　椭圆规机构如题 11-12 图所示，尺 AB 重 $2W_1$，曲柄 OC 重 W_1，套管 A 与 B 均重 W_2，$OC=AC=BC=l$。曲柄与尺为均质杆。设曲柄以匀角速 ω 转动。求此机构的动量。

11-13　如题 11-13 图所示，两小车 A、B 的质量各为 600kg、800kg，在水平轨道上分别以匀速 $v_A=1\text{m/s}$，$v_B=0.4\text{m/s}$ 运动。一质量为 40kg 的重物 C 以俯角 30°、速度 $v_C=2\text{m/s}$ 落入 A 车内，A 车与 B 车相碰后紧接在一起运动。设摩擦不计，试求两车共同的速度。

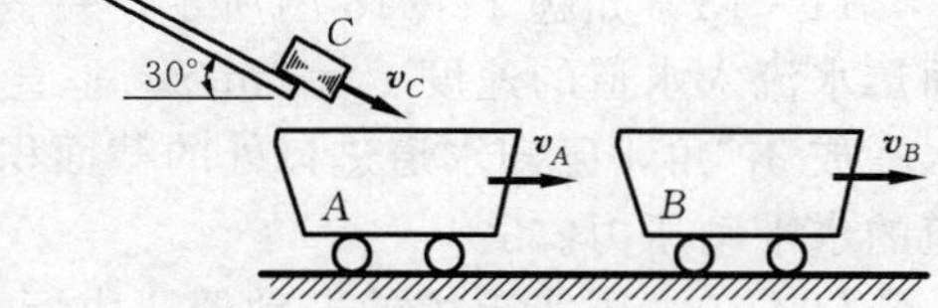

题 11-13 图

11－14　一小车连同货物总重 2.5kN，在水平轨道上以 3m/s 的速度作直线运动，一人重 0.6kN，以 4m/s 的水平速度从车后跳至车上。问人跳上车后，车与人的共同速度多大？此后，人从车上将一重 0.2kN 的物体以相对于车的速度 10m/s 水平向后抛出，问人与车的共同速度多大？

11－15　如题 11－15 图所示，卡车拉一拖车沿水平直线路面从静止开始加速运动，在 20s 末，速度达到 40km/h。已知卡车的质量为 5000kg，拖车的质量为 15000kg，卡车与拖车从动轮的摩擦力分别为 500N 与 1000N。试求加速行驶时，卡车主动轮（后轮）产生的平均牵引力及卡车作用于拖车的平均拉力。

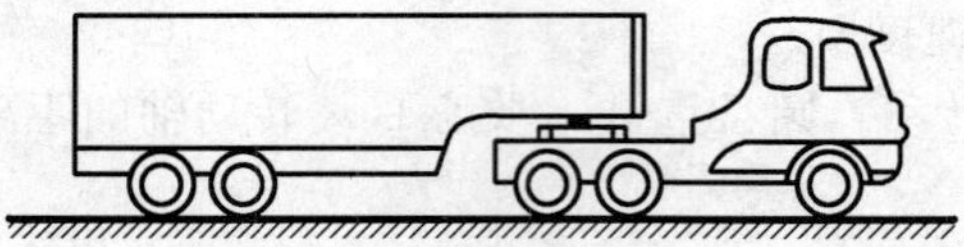

题 11－15 图

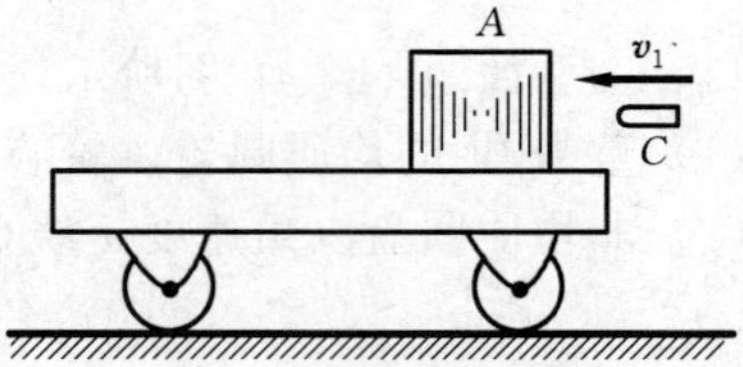

题 11－16 图

11－16　如题 11－16 图所示，在光滑水平轨道上的小车上放置一物块 A，一颗子弹以 $v_1=400$m/s 的水平速度射进物块 A 中。已知小车的质量为 35kg，物块 A 的质量为 30kg，子弹的质量为 0.3kg，物块与小车之间的摩擦因数 $f=0.5$。试求：①子弹射入并留在 A 中后小车与物块的速度；②物块 A 相对于小车的运动停止时在车上滑动的距离。

11－17　如题 11－17 图所示，水柱以水平速度 $\boldsymbol{v}_1$ 打在水轮机的固定叶片上，水流出叶片时的速度为 $\boldsymbol{v}_2$，并与水平线成 θ 角，求水柱对于叶片的水平压力，假设水的体积流量为 q_V，密度为 ρ。

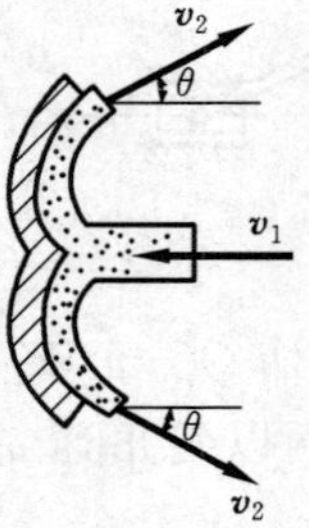

题 11－17 图

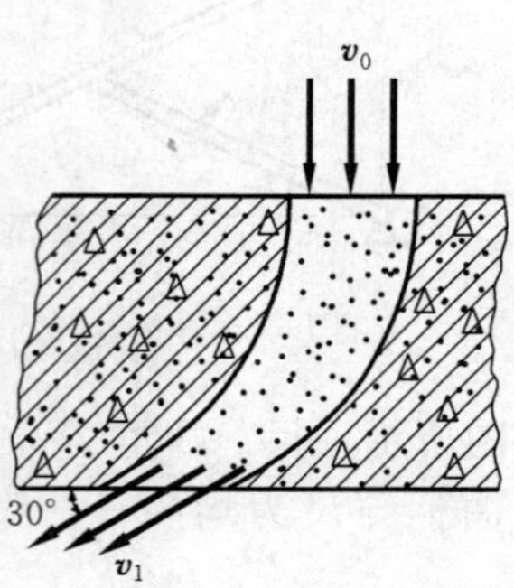

题 11－18 图

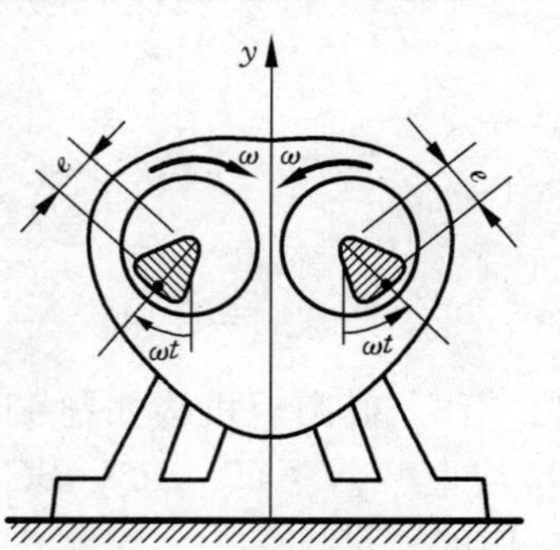

题 11－19 图

11－18　如题 11－18 图所示，一固定水道，其截面积逐渐改变，并对称于图平面。水流入水道的速度 $v_0=2$m/s，垂直于水平面；水流出水道的速度 $v_1=4$m/s，与水平成 30°角，已知水道进口处的截面积等于 0.02m²，求由于水的流动而产生的对水道的水平动压力。

11－19　压实土壤的振动器，由两个相同的偏心块和机座组成，如题 11－19 图所示。机座重 W，每个偏心块重 P，偏心距 e，两偏心块以相同的匀角速 ω 反向转动，转动时两偏心块的位置对称于轴 y。试求振动器在图示位置时对土壤的压力。

11－20　如题 11－20 图所示，机车以匀速 v 沿直线轨道行驶。平行杆 ABC 重 W，其质量可视为沿长度均匀分布；曲柄长 r，其质量不计；车轮半径为 R，在路轨上只滚动不滑动。求由于平行杆运动而加于铁轨的附加压力的最大值。

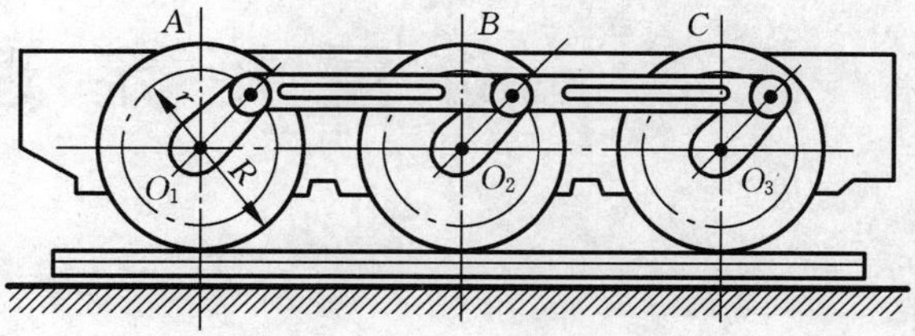

题 11－20 图

第12章 动量矩定理

动量是表征物体机械运动的物理量。但在有些情况下，动量却不能表征物体的运动。如刚体绕着通过质心的轴转动时，不论转动快慢如何，质心速度总是等于零，因而刚体的动量总是零，在这里，就不能用动量而必须用另一个物理量——动量矩来表征刚体的运动。

本章给出动量矩的概念，由牛顿第二定律导出动量矩定理，并用于求解质点系的动力学问题。

12.1 动　量　矩

12.1.1 质点系的动量矩

设质点系由 n 个质点组成，**任取固定点** O。在质点系中任选一点 M_i，设其质量为 m_i，速度为 $\boldsymbol{v}_i$，对 O 点的矢径为 $\boldsymbol{r}_i$（图 12－1），则 M_i 点的动量为 $m_i\boldsymbol{v}_i$。M_i 对 O 点的动量矩 $\boldsymbol{L}_{Oi}$ 定义为：$\boldsymbol{L}_{Oi}=\boldsymbol{r}_i\times m_i\boldsymbol{v}_i$；取直角坐标系 $Oxyz$，质点 M_i 对 z 轴的动量矩 L_{zi} 定义为：$m_i\boldsymbol{v}_i$ 在 xy 平面上的投影 $m_i\boldsymbol{v}_i'$ 对 O 点的矩。

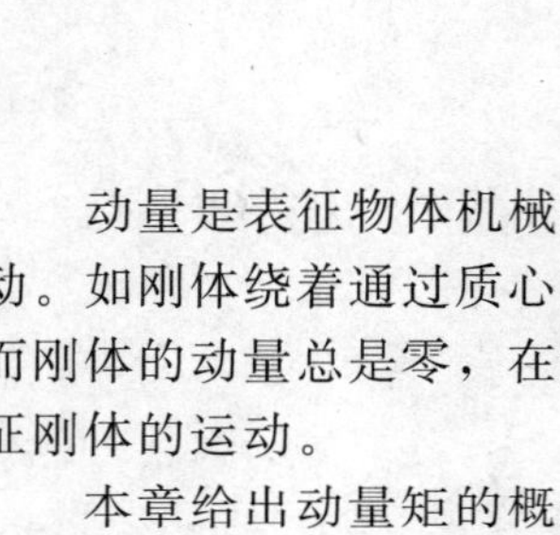

图 12－1

若将动力学中质点的动量与静力学中的力相对应，则动力学中质点的动量矩（对点或对轴的）与静力学中的力矩相对应。和力对于一点的矩与对于经过该点的任一轴的矩之间的关系相似，动量对于一点的矩在经过该点的任一轴上的投影就等于动量对于该轴的矩，即 $L_{zi}=(\boldsymbol{L}_{Oi})_z=L_{Oi}\cos\theta$。

质点系对 O 点的动量矩 $\boldsymbol{L}_O$、对 z 轴的动量矩 L_z 定义为

$$\boldsymbol{L}_O=\sum\boldsymbol{L}_{Oi}=\sum\boldsymbol{r}_i\times m_i\boldsymbol{v}_i \tag{12-1}$$

$$L_z=\sum L_{zi} \tag{12-2}$$

动量矩的量纲是 ML^2/T，单位为 $kg\cdot m^2/s$。

12.1.2　定轴转动刚体的动量矩

设刚体以角速度 ω 绕固定轴 z 转动（图 12-2）。命刚体内任一质点 M_i 的质量为 m_i，与转动轴的距离为 ρ_i，速度为 $\boldsymbol{v}_i$。由运动学知，$\boldsymbol{v}_i$ 在垂直于转动轴 z 的平面内，而 $v_i=\rho_i\omega$。质点 M_i 对 z 轴的动量矩为

$$L_{zi}=m_iv_i\rho_i=m_i\rho_i^2\omega$$

整个刚体对 z 轴的动量矩为

$$L_z=\sum L_{zi}=\sum m_i\rho_i^2\omega=\omega\sum m_i\rho_i^2 \tag{a}$$

因 $\sum m_i\rho_i^2=J_z$ 是刚体对 z 轴的转动惯量（参见附录 B），故

$$L_z=J_z\omega \tag{12-3}$$

即作定轴转动的刚体对于转动轴的动量矩，等于刚体对于转动轴的转动惯量与角速度之乘积。因为转动惯量是正标量，所以动量矩 L_z 的符号与角速度 ω 的符号相同。

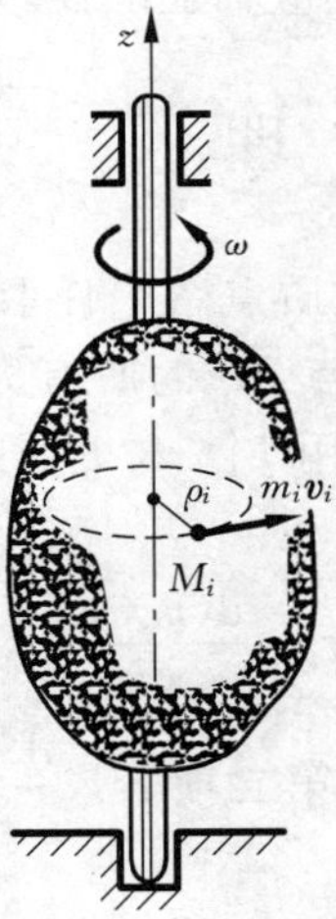

图 12-2

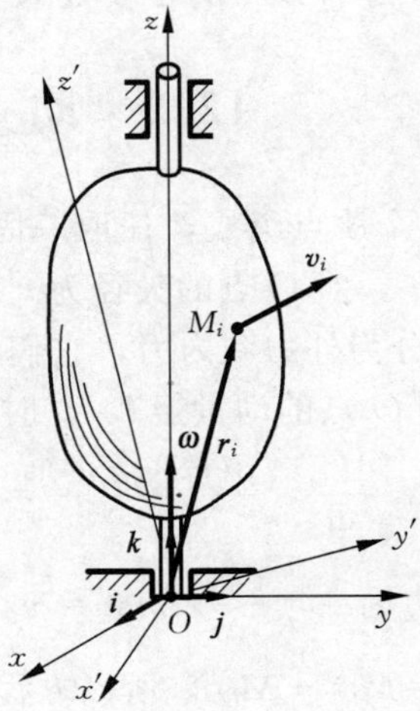

图 12-3

为了对定轴转动刚体的动量矩有较全面的了解，现求刚体对于转动轴 z 上一点 O 的动量矩及对于坐标系 $Oxyz$ 中各轴的动量矩（图 12-3）。命 M_i 对 O 点的矢径为 $\boldsymbol{r}_i$，M_i 在坐标系中的坐标为 x_i、y_i、z_i。以矢量 $\boldsymbol{\omega}=\omega\boldsymbol{k}$ 表示刚体的角速度，则 M_i 的速度 $\boldsymbol{v}_i=\omega\boldsymbol{k}\times\boldsymbol{r}_i$。刚体对 O 点的动量矩

$$\begin{aligned}\boldsymbol{L}_O&=\sum\boldsymbol{r}_i\times m_i\boldsymbol{v}_i=\sum\boldsymbol{r}_i\times m_i(\omega\boldsymbol{k}\times\boldsymbol{r}_i)^{❶}=\sum m_ir_i^2\omega\boldsymbol{k}-\sum m_i(\boldsymbol{r}_i\cdot\omega\boldsymbol{k})\boldsymbol{r}_i\\&=\sum m_i(x_i^2+y_i^2+z_i^2)\omega\boldsymbol{k}-\sum m_iz_i\omega(x_i\boldsymbol{i}+y_i\boldsymbol{j}+z_i\boldsymbol{k})\\&=\sum m_i(x_i^2+y_i^2)\omega\boldsymbol{k}-\sum m_ix_iz_i\omega\boldsymbol{i}-\sum m_iy_iz_i\omega\boldsymbol{j}\end{aligned}$$

因为 $\sum m_i(x_i^2+y_i^2)=J_z$，$\sum m_ix_iz_i=J_{xz}$，$\sum m_iy_iz_i=J_{yz}$（见附录 B），所以上式成为

---

❶ 矢量三重积 $\boldsymbol{a}\times(\boldsymbol{b}\times\boldsymbol{c})=(\boldsymbol{c}\cdot\boldsymbol{a})\boldsymbol{b}-(\boldsymbol{a}\cdot\boldsymbol{b})\boldsymbol{c}$

$$\boldsymbol{L}_O=J_z\omega\boldsymbol{k}-J_{xz}\omega\boldsymbol{i}-J_{yz}\omega\boldsymbol{j} \tag{12-4}$$

因为 $\boldsymbol{\omega}=\omega\boldsymbol{k}$，可见：当转动轴 z 是主轴时（见附录B），$J_{xz}=J_{yz}=0$，故 $\boldsymbol{L}_O=J_z\omega\boldsymbol{k}=J_z\boldsymbol{\omega}$，$\boldsymbol{L}_O$ 与 $\boldsymbol{\omega}$ 共线，即 $\boldsymbol{L}_O$ 沿 z 轴；如果转动轴 z 不是主轴，则 $\boldsymbol{L}_O$ 与 $\boldsymbol{\omega}$ 不共线。

据矢量分解公式，式（12-4）中 $\boldsymbol{i}$、$\boldsymbol{j}$、$\boldsymbol{k}$ 前面的系数就是 $\boldsymbol{L}_O$ 在坐标轴上的投影，亦即刚体对 x、y、z 轴的动量矩 L_x、L_y、L_z。所以

$$L_x=-J_{xz}\omega,\ L_y=-J_{yz}\omega,\ L_z=J_z\omega \tag{12-5}$$

如果将动量矩投影到任取的三个正交坐标轴 x'、y'、z' 上（图12-3），可以证明

$$\left.\begin{aligned}L_{x'}&=J_{x'}\omega_{x'}-J_{x'y'}\omega_{y'}-J_{x'z'}\omega_{z'}\\L_{y'}&=J_{y'}\omega_{y'}-J_{y'z'}\omega_{z'}-J_{y'x'}\omega_{x'}\\L_{z'}&=J_{z'}\omega_{z'}-J_{z'x'}\omega_{x'}-J_{z'y'}\omega_{y'}\end{aligned}\right\} \tag{12-6}$$

如果 x'、y'、z' 是刚体在 O 点的惯性主轴，则 $J_{x'y'}=J_{y'z'}=J_{z'x'}=0$，式（12-6）成为

$$L_{x'}=J_{x'}\omega_{x'},\ L_{y'}=J_{y'}\omega_{y'},\ L_{z'}=J_{z'}\omega_{z'} \tag{12-7}$$

式（12-6）、式（12-7）中的 $\omega_{x'}$、$\omega_{y'}$、$\omega_{z'}$ 是 $\boldsymbol{\omega}$ 在相应轴上的投影。

12.2 动量矩定理

设质点系由 n 个质点组成，任取一固定点 O。在质点系中任取一点 M_i，命其质量为 m_i，速度为 $\boldsymbol{v}_i$，对O点的矢径为 $\boldsymbol{r}_i$，作用于质点 M_i 的所有力的合力为 $\boldsymbol{F}_i$。将作用于 M_i 点的力分为外力和内力，它们的合力分别用 $\boldsymbol{F}_i^{(e)}$ 与 $\boldsymbol{F}_i^{(i)}$ 表示，则 $\boldsymbol{F}_i=\boldsymbol{F}_i^{(e)}+\boldsymbol{F}_i^{(i)}$。将点 M_i 对 O 点的动量矩 $\boldsymbol{L}_{Oi}$ 对时间求导，得

$$\frac{\mathrm{d}\boldsymbol{L}_{Oi}}{\mathrm{d}t}=\frac{\mathrm{d}(\boldsymbol{r}_i\times m_i\boldsymbol{v}_i)}{\mathrm{d}t}=\frac{\mathrm{d}\boldsymbol{r}_i}{\mathrm{d}t}\times m_i\boldsymbol{v}_i+\boldsymbol{r}_i\times\frac{\mathrm{d}(m_i\boldsymbol{v}_i)}{\mathrm{d}t} \tag{a}$$

方程式（a）中右边第一项 $\frac{\mathrm{d}\boldsymbol{r}_i}{\mathrm{d}t}\times m_i\boldsymbol{v}_i=\boldsymbol{v}_i\times m_i\boldsymbol{v}_i=0$，第二项 $\boldsymbol{r}_i\times\frac{\mathrm{d}\ (m_i\boldsymbol{v}_i)}{\mathrm{d}t}=\boldsymbol{r}_i\times\boldsymbol{F}_i=\boldsymbol{r}_i\times\boldsymbol{F}_i^{(e)}+\boldsymbol{r}_i\times\boldsymbol{F}_i^{(i)}=\boldsymbol{M}_{Oi}^{(e)}+\boldsymbol{M}_{Oi}^{(i)}$，所以方程式（a）成为

$$\frac{\mathrm{d}\boldsymbol{L}_{Oi}}{\mathrm{d}t}=\boldsymbol{M}_{Oi}^{(e)}+\boldsymbol{M}_{Oi}^{(i)} \tag{b}$$

对整个质点系，可写出 n 个这样的方程，相加，得

$$\sum\frac{\mathrm{d}\boldsymbol{L}_{Oi}}{\mathrm{d}t}=\sum\boldsymbol{M}_{Oi}^{(e)}+\sum\boldsymbol{M}_{Oi}^{(i)} \tag{c}$$

方程式（c）中左边 $\sum\frac{\mathrm{d}\boldsymbol{L}_{Oi}}{\mathrm{d}t}=\frac{\mathrm{d}}{\mathrm{d}t}\sum\boldsymbol{L}_{Oi}=\frac{\mathrm{d}\boldsymbol{L}_O}{\mathrm{d}t}$，右边第二项 $\sum\boldsymbol{M}_{Oi}^{(i)}=0$（内力系对任一点的矩之和等于零），所以方程式（c）成为

$$\frac{\mathrm{d}\boldsymbol{L}_O}{\mathrm{d}t}=\sum\boldsymbol{M}_{Oi}^{(e)} \tag{12-8}$$

即质点系对于任一固定点的动量矩对时间的导数，等于作用于质点系的所有外力对于同一点的矩的矢量和。这就是**质点系的动量矩定理**（theorem of the moment of momentum of a particles）。

方程式（12-8）有一明晰的几何解释。一个变矢量对时间 t 的导数，就是该矢

量的矢端速度，因此，$\frac{\mathrm{d}\boldsymbol{L}_O}{\mathrm{d}t}$是 $\boldsymbol{L}_O$ 的矢端速度。如令 $\boldsymbol{u}$ 为 $\boldsymbol{L}_O$ 的矢端速度，则方程式(12－8）成为

$$\boldsymbol{u}=\sum \boldsymbol{M}_{Oi}^{(e)} \tag{12-9}$$

即质点系对固定点 O 的动量矩矢的矢端速度等于作用于质点系的所有外力对 O 点的矩的矢量和。该结论称为**赖柴尔定理**（Resal's theorem)。在某些情况下，用该定理解答问题，十分方便。

将方程式（12－8）投影到固定坐标系 $Oxyz$ 的各轴上，得

$$\frac{\mathrm{d}L_x}{\mathrm{d}t}=\sum M_{ix}^{(e)},\quad \frac{\mathrm{d}L_y}{\mathrm{d}t}=\sum M_{iy}^{(e)},\quad \frac{\mathrm{d}L_z}{\mathrm{d}t}=\sum M_{iz}^{(e)} \tag{12-10}$$

即质点系对任一固定轴的动量矩对时间的导数，等于作用于质点系的所有外力对同一轴的矩之和。这是用投影形式表示的质点系动量矩定理。

将方程式（12－8）改写成 $\mathrm{d}\boldsymbol{L}_O=\sum \boldsymbol{M}_{Oi}^{(e)}\mathrm{d}t$，两边积分，$\boldsymbol{L}_O$ 从 $\boldsymbol{L}_{O1}$ 到 $\boldsymbol{L}_{O2}$，t 从 t_1 到 t_2，得

$$\boldsymbol{L}_{O2}-\boldsymbol{L}_{O1}=\sum \int_{t_1}^{t_2}\boldsymbol{M}_{Oi}^{(e)}\mathrm{d}t \tag{12-11}$$

式中 $\int_{t_1}^{t_2}\boldsymbol{M}_{Oi}^{(e)}\mathrm{d}t$ 称为外力对 O 点的**冲量矩**（moment of impulse)。式（12－11）是动量矩定理的积分形式，它表明：**质点系对固定点 O 的动量矩在一段时间内的增量，等于作用于质点系的外力在同一时间内对 O 点的冲量矩之和**。对于任一固定轴，也可由式（12－10）积分而得到相似的结论。

由方程式（12－8）及式（12－10）可知，如果 $\sum \boldsymbol{M}_{Oi}^{(e)}\equiv 0$（或 $\sum M_{ix}^{(e)}\equiv 0$），则 $\boldsymbol{L}_O=$常量（或 $L_x=$常量）。就是说，**如果质点系所受的外力对某一固定点（或固定轴）的矩始终等于零，则质点系对该点（或轴）的动量矩保持为常量**。此结论称为**质点系动量矩守恒定理**（theorem of conservation of moment of momentum of system of particles)。

动量矩守恒定理在科学技术上，在生产和日常生活中都有着广泛的应用。

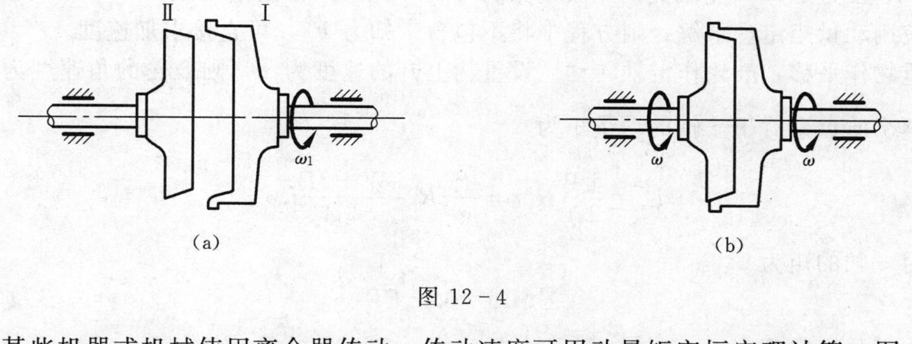

图 12－4

某些机器或机械使用离合器传动，传动速度可用动量矩守恒定理计算。图 12－4 为摩擦离合器的示意图。在离合器接合之前［图 12－4（a)］，飞轮Ⅰ以角速度 ω_1 转

动，而摩擦盘Ⅱ则静止不动。离合器接合以后［图 12－4（b）］，飞轮与摩擦盘则以相同角速度 ω 一起转动。将飞轮与摩擦盘（包括盘后的传动系统）作为一个质点系来考虑。设飞轮对转动轴的转动惯量为 J_1，摩擦盘及其后的传动系统对转动轴的转动惯量为 J_2，则整个系统在离合器接合前后的动量矩分别为 $J_1\omega_1$ 及 $(J_1+J_2)\omega$。因为整个系统不受外力矩（轴承处的摩擦不计），所以对转动轴的动量矩守恒，即 $J_1\omega_1=(J_1+J_2)\omega$，由此得

$$\omega=\frac{J_1}{J_1+J_2}\omega_1$$

请考虑：如果离合器以图 12－5 的方式接合，ω 与 ω_1 之间是否仍有上面的关系？

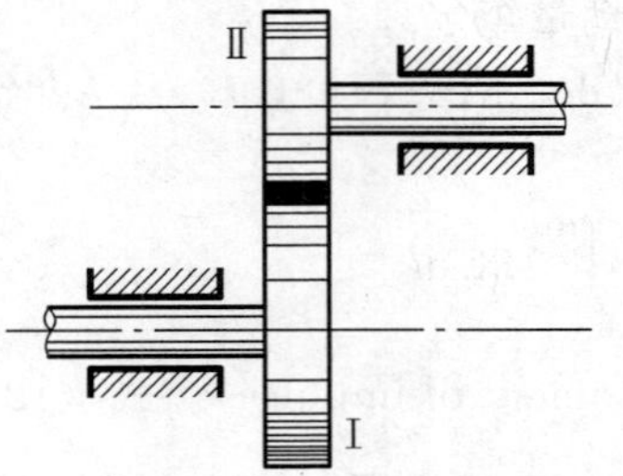

图 12－5

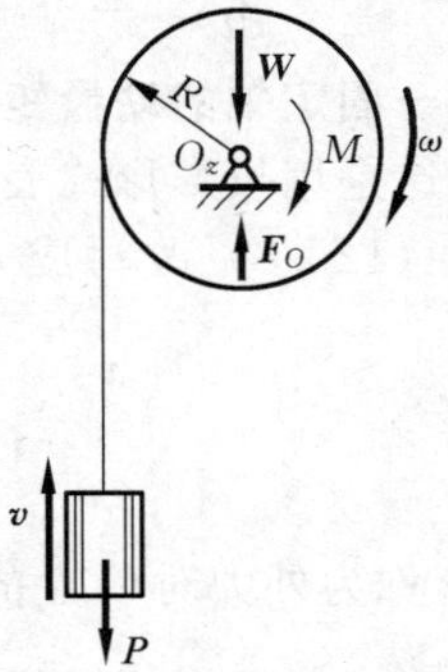

图 12－6

舞蹈演员绕着通过脚尖的铅直轴旋转时，可借着伸张或收缩两臂以调整旋转的速度，也是动量矩守恒（阻力不计）的例子。

【例 12－1】 卷扬机鼓轮重 W，半径为 R，可绕经过鼓轮中心 O 的水平轴 O_z 转动（图 12－6）。鼓轮上绕一绳，绳的一端挂一重 P 的物体。令在鼓轮上作用一力矩 M 以提升重物，求重物上升的加速度。鼓轮可看作均质圆柱，绳的重量及轮轴处的摩擦都不计。

解： 将鼓轮与重物作为一个质点系来考虑，作用于该质点系的外力有：已知的重力 $\boldsymbol{P}$、$\boldsymbol{W}$ 及力矩 M，轮轴处的未知约束力 $\boldsymbol{F}_O$。约束力 $\boldsymbol{F}_O$ 通过轮轴 O_z，如以 O_z 为矩轴，应用动量矩定理求解，则方程中将不包含未知力 $\boldsymbol{F}_O$，可直接求加速度。

重物作平移，鼓轮作定轴转动。设重物上升的速度为 $\boldsymbol{v}$，则鼓轮的角速度为 $\omega=\dfrac{v}{R}$，整个质点系对于 z 轴的动量矩为

$$L_z=\frac{1}{2}\frac{W}{g}R^2\omega+\frac{P}{g}vR=\frac{W+2P}{2g}Rv$$

外力对 z 轴的矩为

$$\sum M_{iz}^{(e)}=M-PR$$

由动量矩定理有

$$\frac{W+2P}{2g}R\,\frac{\mathrm{d}v}{\mathrm{d}t}=M-PR$$

得重物上升的加速度

$$a=\frac{\mathrm{d}v}{\mathrm{d}t}=\frac{2(M-PR)}{(W+2P)Rg}$$

【例 12-2】 水轮机受水流冲击而以匀角速 ω 绕着通过中心 O 的铅直轴（垂直于图平面）转动（图 12-7）。设总体积流量为 q_V，水的密度为 ρ；水流入水轮机的流速为 $\boldsymbol{v}_1$，离开水轮机时的流速为 $\boldsymbol{v}_2$，方向分别与轮缘切线成角 θ_1 及 θ_2（$\boldsymbol{v}_1$ 和 $\boldsymbol{v}_2$ 都是绝对速度）。假设水流是恒定的，求水流对水轮机的转动力矩。

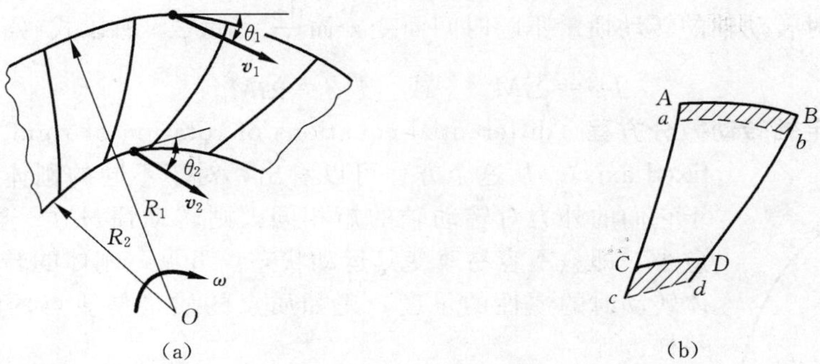

图 12-7

解： 取两叶片之间的流体作为质点系来考察。水在叶片间流动时，由于叶片的作用，各质点的速度以及与转动轴的距离都随时间而变，因此质点系对转动轴的动量矩也随时间而变。求出动量矩对时间的改变率，也就求得水轮机叶片对质点系作用的力矩（重力沿铅直方向，对动量矩没有影响），根据反作用定律，与该力矩转向相反的力矩就是该质点系作用于水轮机的力矩。所有叶片间的水流作用于水轮机的力矩之和，就是全部水流作用于水轮机的转动力矩。

设在瞬时 t，两叶片间的流体为 $ABCD$［图 12-7（b）］，在瞬时 $t+\Delta t$，流体位移至 $abcd$。用 L_i 代表这部分流体的动量矩，则两瞬时的动量矩之差为

$$\Delta L_i=L_{abcd}-L_{ABCD}=(L_{abCD}+L_{CDcd})_2-(L_{ABab}+L_{abCD})_1$$

因为水流是恒定的（即水流情况不随时间而变），所以 $(L_{abCD})_2=(L_{abCD})_1$，上式为

$$\Delta L_i=L_{CDcd}-L_{ABab}$$

命两叶片间的体积流量为 q_{Vi}，则 $ABab$ 与 $CDcd$ 两部分流体的体积都是 $V_i=q_{Vi}\Delta t$，质量都是 $\rho q_{Vi}\Delta t$，对转动轴的动量矩分别是 $\rho q_{Vi}\Delta t\cdot v_1\cos\theta_1\cdot R_1$ 及 $\rho q_{Vi}\Delta t\cdot v_2\cos\theta_2\cdot R_2$，于是

$$\Delta L_i=\rho q_{Vi}\Delta t(R_2v_2\cos\theta_2-R_1v_1\cos\theta_1)$$

由动量矩定理得两叶片间流体所受的力矩为

$$M_i=\frac{\mathrm{d}L_i}{\mathrm{d}t}=\lim_{\Delta t\to 0}\frac{\Delta L_i}{\Delta t}=\rho q_{Vi}(R_2v_2\cos\theta_2-R_1v_1\cos\theta_1)$$

该部分流体作用于水轮机的力矩为 $M_i'=-M_i$，全部水流作用于水轮机的转动力矩则是

$$M'=\sum M_i'=(R_1v_1\cos\theta_1-R_2v_2\cos\theta_2)\rho\sum q_{Vi}=\rho q_V(R_1v_1\cos\theta_1-R_2v_2\cos\theta_2)$$

12.3　刚体定轴转动微分方程

定轴转动刚体对转动轴 z 的动量矩是 $L_z=J_z\omega$，设作用于刚体的所有外力对 z 轴的矩之和是 $\sum M_{iz}^{(e)}$，则由方程式（12-10）有

$$\frac{\mathrm{d}}{\mathrm{d}t}(J_z\omega)=\sum M_{iz}^{(e)} \tag{a}$$

考虑到刚体对转动轴的转动惯量不随时间而变，而 $\frac{\mathrm{d}\omega}{\mathrm{d}t}=\alpha=\ddot{\varphi}$，所以式（a）可写成

$$J_z\alpha=\sum M_{iz}^{(e)} \quad 或 \quad J_z\ddot{\varphi}=\sum M_{iz}^{(e)} \tag{12-12}$$

这就是**刚体定轴转动微分方程**（differential equations of rotation of rigid body with a fixed axis）。从这个方程可以看出，对于不同的刚体，假设作用于它们的外力对转动轴的矩相同，则转动惯量 J_z 愈大的刚体 α 愈小，即愈不容易改变其运动状态。可见，刚体的转动惯量是刚体转动时的惯性的量度，正如质点的质量是质点的惯性的量度一样。

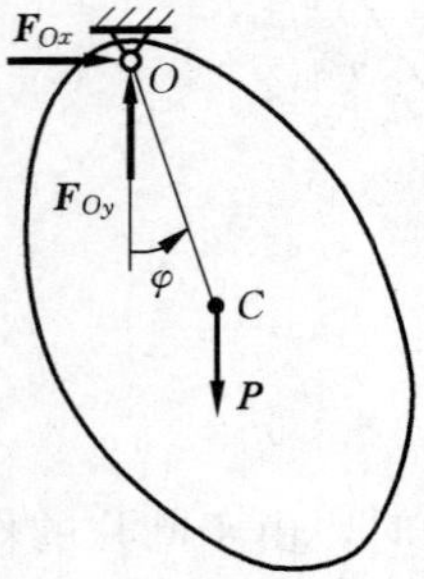

图 12-8

【例 12-3】 将一刚体悬挂在水平轴上，使其在重力作用下绕悬挂轴自由摆动，这种装置称为复摆，又称物理摆（图 12-8）。设摆的质量为 m，对悬挂轴 O 的转动惯量为 J_O，质心 C 到 O 的距离为 a，求摆的微幅摆动规律。空气阻力及转轴处的摩擦都不计。

解： 刚体在任一瞬时的位置可用 OC 与铅直线的夹角 φ 来确定，φ 以逆时针量取为正。

因不计摩擦和空气阻力，作用于刚体上外力只有重力 $\boldsymbol{P}$ 及转轴处的约束力 $\boldsymbol{F}_{Ox}$、$\boldsymbol{F}_{Oy}$。外力对转轴的矩为 $M_O=-Pa\sin\varphi=-mga\sin\varphi$，由方程式（12-12）有

$$J_O\ddot{\varphi}=-mga\sin\varphi$$

即

$$\ddot{\varphi}+\frac{mga}{J_O}\sin\varphi=0$$

当摆作微小摆动时，角 φ 始终很小，$\sin\varphi\approx\varphi$。令 $\frac{mga}{J_O}=p^2$，则上式成为

$$\ddot{\varphi}+p^2\varphi=0 \tag{a}$$

此方程的解为

$$\varphi=A\sin(pt+\beta)=A\sin\left(\sqrt{\frac{mga}{J_O}}t+\beta\right) \tag{b}$$

式中：A、β 为积分常数，由运动初条件确定。

式（b）是复摆微幅摆动的运动方程，可见复摆作简谐振动，振动周期为

$$T=\frac{2\pi}{p}=2\pi\sqrt{\frac{J_O}{mga}} \tag{c}$$

利用复摆振动周期的公式（c），可以测定形状不规则或形状复杂的物体的转动惯

量。设已知物体的重量及重心位置，将它悬挂起来作为复摆，使其作微小振动，测出其振动周期 T，利用式（c）求该物体对悬挂轴的转动惯量；再利用平行轴定理求物体对通过质心 C 且与悬挂轴平行的轴的转动惯量。

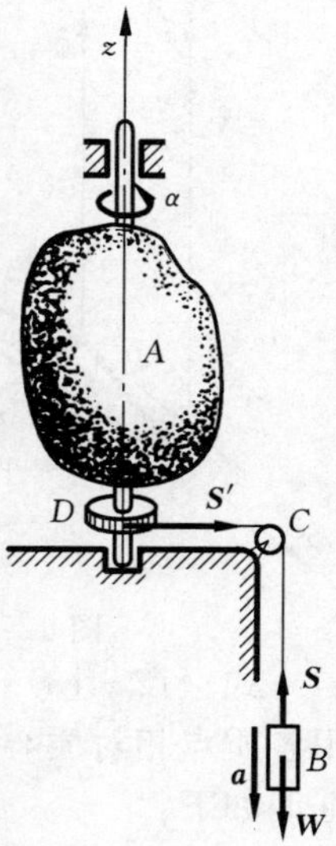

图 12-9

【例 12-4】 为了测定物体 A 的转动惯量，采用图 12-9 所示装置。测得重物 B 由静止下落一段距离 h 所需的时间 t_1，试求物体 A 对转动轴的转动惯量。鼓轮 D、滑轮 C 及绳子等的质量以及各轴承处的摩擦都忽略不计，并假定绳子是不可伸长的。鼓轮半径为 r，重物 B 的质量为 m。

解： 如将物体 A 及重物 B 作为一个质点系来考察，则不论怎样选取矩轴，在动量矩方程中将不能完全避免出现 z 轴轴承处或滑轮 C 轴承处的约束力。因此，将重物 B 与物体 A 分开考察。

作用于重物 B 的力有：重力 $\boldsymbol{W}(W=mg)$ 和绳子张力 $\boldsymbol{S}$。作用于物体 A 与鼓轮 D 组成的系统上的力有：绳子张力 $\boldsymbol{S}'$（因不计滑轮 C 的质量，所以 $S'=S$）、物体 A 的重力及 z 轴轴承处的约束力（因为它们对 z 轴的矩都等于零，将不出现在动量矩方程中。图上亦未画出）。设物体 A 的角加速度为 α，重物 B 下落的加速度为 a，则

$$J_z\alpha=S'r$$

$$ma=mg-S$$

从上两式中消去 S，并注意 $r\alpha=a$，得

$$a=\frac{mr^2}{mr^2+J_z}g$$

可见重物 B 以匀加速下降，据匀加速运动公式有 $h=\dfrac{1}{2}\dfrac{mr^2}{mr^2+J_z}gt_1^2$，由此得

$$J_z=mr^2\left(\frac{gt_1^2}{2h}-1\right)$$

实际上，这里求得的是物体 A 和鼓轮 D 对 z 轴的总转动惯量。要是鼓轮 D 的质量不能忽略，从上式中减去鼓轮 D 的转动惯量，就得到物体 A 对 z 轴的转动惯量。

12.4 相对于质心的动量矩定理 刚体平面运动微分方程

前面阐述的动量矩定理只适用于惯性参考系中的**固定点**或**固定轴**，对于一般的动点或动轴，动量矩定理具有较复杂的形式。但可以证明，如取质点系的质心或随同质心平移的坐标系的轴作为矩心或矩轴，动量矩定理的形式不变。

从质点系对固定点的动量矩定理出发。任取一固定点 O（图 12-10），设质点系的质心 C 对于固定点 O 的矢径为 $\boldsymbol{r}_C$，质点系中任一质点 M_i 对于 O 点的矢径为 $\boldsymbol{r}_i$、对于质心 C 的矢径为 $\boldsymbol{r}_i'$，作用于质点 M_i 的外力为 $\boldsymbol{F}_i^{(e)}$。

命质点 M_i 的质量为 m_i，速度为 $\boldsymbol{v}_i$，则 M_i 对固定点 O 的动量矩为

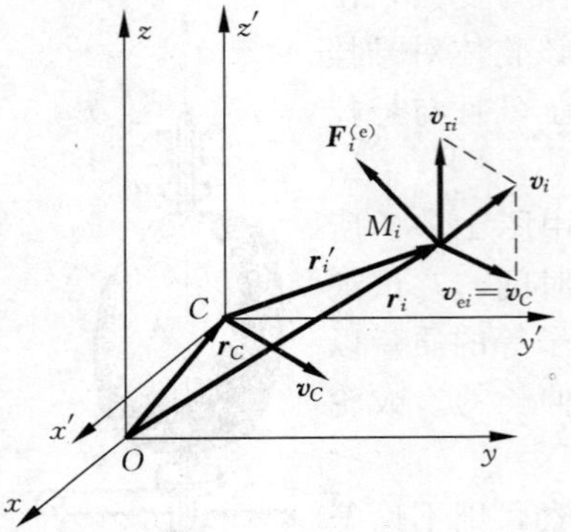

图 12-10

$$L_{Oi}=r_i\times m_iv_i=(r_C+r_i')\times m_iv_i$$

整个质点系对固定点 O 的动量矩为

$$L_O=\sum L_{Oi}=\sum(r_C+r_i')\times m_iv_i$$
$$=r_C\times\sum m_iv_i+\sum r_i'\times m_iv_i \tag{a}$$

上式右边第一项 $r_C\times\sum m_iv_i=r_C\times mv_C$，其中 $m=\sum m_i$ 是整个质点系的质量，v_C 是质点系质心的速度；第二项 $\sum r_i'\times m_iv_i$ 是质点系对于质心 C 的动量矩，用 L_C 表示为

$$L_C=\sum r_i'\times m_iv_i \tag{12-13}$$

则式（a）成为

$$L_O=r_C\times mv_C+L_C \tag{12-14}$$

式（12-13）中的 L_C 是根据各质点的绝对速度 v_i 来计算的。事实上，L_C 也可用各质点相对质心的相对速度（即相对于随同质心平移的坐标系的速度）v_{ri} 来计算，证明如下：

选动坐标系 $Cx'y'z'$ 随同质心 C 作平移。将质点系的运动看作随同质心 C 的平移与相对于质心的运动（即相对于动坐标系 $Cx'y'z'$ 的运动）的合成结果。设质点 M_i 的相对速度为 v_{ri}，根据速度合成定理，有

$$v_i=v_{ei}+v_{ri}=v_C+v_{ri}$$

代入式（12-13），得

$$L_C=\sum r_i'\times m_iv_i=\sum r_i'\times m_i(v_C+v_{ri})=(\sum m_ir_i')\times v_C+\sum r_i'\times m_iv_{ri}$$

由式（11-1）知，$\sum m_ir_i'=mr_C'=0$，则上式为

$$L_C=\sum r_i'\times m_iv_{ri} \tag{12-15}$$

这表明，不论用各质点的相对速度还是绝对速度来计算质点系对质心的动量矩 L_C，结果都一样。

应用对固定点 O 的动量矩定理，有

$$\frac{dL_O}{dt}=\sum r_i\times F_i^{(e)}$$

将式（12-14）代入，并注意 $r_i=r_C+r_i'$，得

$$\frac{d}{dt}(r_C\times mv_C)+\frac{dL_C}{dt}=r_C\times\sum F_i^{(e)}+\sum r_i'\times F_i^{(e)} \tag{b}$$

因 $\frac{d}{dt}(r_C\times mv_C)=\frac{dr_C}{dt}\times mv_C+r_C\times\frac{d}{dt}(mv_C)$，而 $\frac{dr_C}{dt}\times mv_C=v_C\times mv_C=0$，又由质心运动定理有 $\frac{d}{dt}(mv_C)=\sum F_i^{(e)}$，所以有

$$\frac{d}{dt}(r_C\times mv_C)=r_C\times\sum F_i^{(e)}$$

代入式（b），并注意 $\sum r_i'\times F_i^{(e)}=\sum M_{Ci}^{(e)}$ 是质点系所有外力对于质心 C 的矩之和，得

$$\frac{d\boldsymbol{L}_C}{dt}=\sum \boldsymbol{M}_{Ci}^{(e)} \tag{12-16}$$

该方程表明：**质点系对于质心的动量矩对时间的导数，等于作用于质点系的所有外力对于质心的矩之和**。这就是**质点系相对于质心的动量矩定理**（theorem of moment of momentum with respect to a center of mass）。

将方程式（12-16）投影到随同质心平移的坐标轴 x'、y'、z'上，得

$$\frac{dL_{x'}}{dt}=\sum M_{ix'}^{(e)},\quad \frac{dL_{y'}}{dt}=\sum M_{iy'}^{(e)},\quad \frac{dL_{z'}}{dt}=\sum M_{iz'}^{(e)} \tag{12-17}$$

式中：$L_{x'}$、$L_{y'}$、$L_{z'}$为质点系对于轴 x'、y'、z'的动量矩。

式（12-17）是质点系相对于质心的动量矩定理的投影形式，它表明：**质点系对于随同质心平移的任一轴的动量矩对时间的导数，等于作用于质点系的所有外力对同一轴的矩的代数和。**

如果$\sum \boldsymbol{M}_{Ci}^{(e)}\equiv 0$（或$\sum M_{ix'}^{(e)}\equiv 0$），则质点系对于质心（或通过质心的轴）的动量矩守恒。装有太阳板（收集太阳能用）的人造卫星绕 z 轴转动（图 12-11），由于对称，引力通过质心，如不计阻力，则外力对 z 轴的矩等于零，整个质点系对 z 轴的动量矩应保持不变。因此，调整太阳板与 z 轴的夹角 θ，将改变质点系对 z 轴的转动惯量，卫星绕 z 轴转动的角速度也随着改变。京剧或杂技演员翻跟斗及游泳运动员跳水时，身体都绕着通过重心（质心）的轴转动，身体和四肢蜷缩或伸展，将改变对转动轴的转动惯量，使转动角速度加快或变慢，可在落地时或入水时取得必要的位置。这些都是利用相对于质心的动量矩守恒的例子。

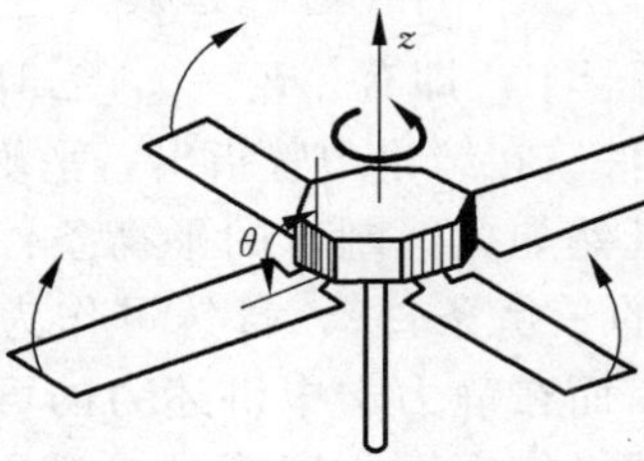

图 12-11

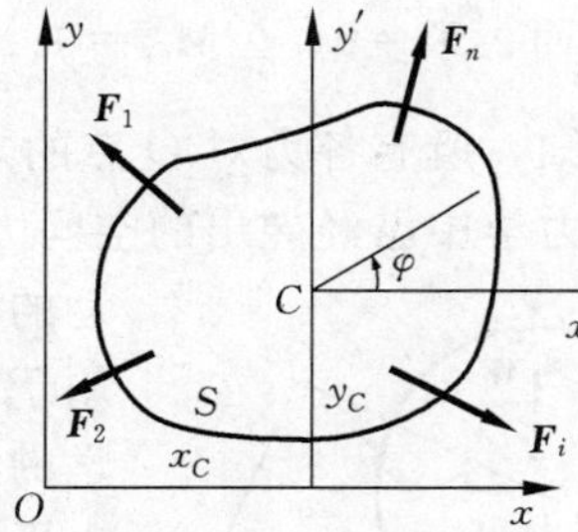

图 12-12

下面应用质心运动定理和相对于质心的动量矩定理来研究刚体平面运动的动力学问题。

设刚体在力 $\boldsymbol{F}_1$，$\boldsymbol{F}_2$，…，$\boldsymbol{F}_n$ 作用下作平面运动，它的运动可用平面图形 S 的运动来表明（图 12-12），质心 C 位于平面图形 S 内。将平面运动看作随同质心的平移与绕着通过质心而垂直于图平面的轴的转动合成的结果，由质心运动定理及相对于质心的动量矩定理有

$$m\boldsymbol{a}_C=\sum \boldsymbol{F}_i,\quad \frac{d\boldsymbol{L}_C}{dt}=\sum \boldsymbol{M}_{Ci} \tag{12-18}$$

式中：m 为刚体的质量；$\boldsymbol{a}_C$ 为质心的加速度；$\boldsymbol{M}_{Ci}$为力 $\boldsymbol{F}_i$ 对于质心的矩。

取图形 S 的运动平面为 xy 面，通过质心而垂直于图平面的轴为 z'轴，将式

(12-18) 中第一式投影于 x、y 轴，第二式投影于 z' 轴，得

$$ma_{Cx}=\sum F_{ix}, \quad ma_{Cy}=\sum F_{iy}, \quad \frac{\mathrm{d}L_{z'}}{\mathrm{d}t}=\sum M_{iz'} \tag{c}$$

请考虑：为什么这里只用三个投影方程？

设刚体绕 z' 转动的角速度为 ω，与计算作定轴转动的刚体对转动轴的动量矩相似，可得到刚体对 z' 轴的动量矩

$$L_{z'}=J_{z'}\omega$$

式中：$J_{z'}$ 为刚体对 z' 轴的转动惯量。

于是式 (c) 成为

$$\left.\begin{aligned} m\ddot{x}_C&=\sum F_{ix}\\ m\ddot{y}_C&=\sum F_{iy}\\ J_{z'}\ddot{\varphi}&=\sum M_{iz'}\end{aligned}\right\} \tag{12-19}$$

这就是**刚体平面运动的微分方程**（differential equations of planar motion of rigid body）。

顺便说明，方程式（12-18）对刚体以及任意质点系的任何运动都适用。例如，导弹、空间飞行器等的运动，都可看作随同质心的运动与相对于质心的运动两者合成的结果，前者可用质心运动定理加以研究，后者可用相对于质心的动量矩定理加以研究。知道了质心的运动及相对于质心的运动，也就知道了整个系统的运动。

从方程式（12-18）可见，如果刚体保持静止或作匀速直线平移，则 $\boldsymbol{a}_C\equiv 0$，$\dfrac{\mathrm{d}\boldsymbol{L}_C}{\mathrm{d}t}\equiv 0$，因而 $\sum \boldsymbol{F}_i=0$，$\sum \boldsymbol{M}_{Ci}=0$；如另取任一点 O 为矩心，根据静力学关于力系简化的理论可知，所有各力对 O 点的矩之和亦必等于零，即有 $\sum \boldsymbol{F}_i=0$，$\sum \boldsymbol{M}_{Oi}=0$。这就得到了静力学中已经导出的空间力系的平衡条件。在绪论中曾指出，平衡是机械运动的特殊情形。既然如此，刚体的平衡条件（亦即作用于刚体的力系的平衡条件），自然可作为刚体动力学的特例而得到。而在静力学中讲述力的可传性、二力平衡原理、加减平衡力系原理等时，都是从实践经验说明其正确性，现从方程式（12-18）也得到了证明。

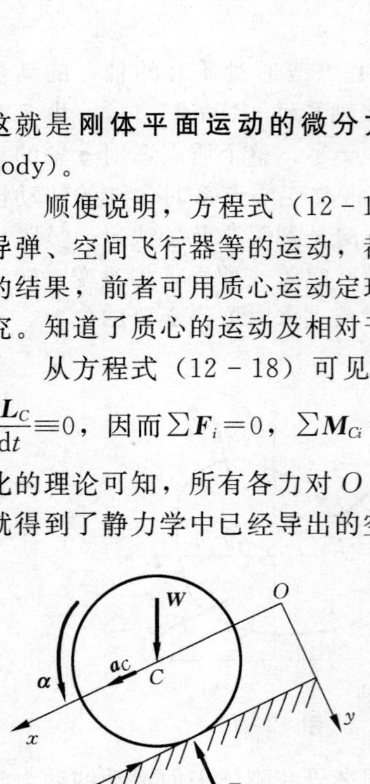

图 12-13

【例 12-5】 均质圆轮重 W，半径 R，沿倾角为 θ 的斜面滚下（图 12-13）。设轮与斜面间的摩擦因数为 f（设动、静摩擦因数相同），试求轮心 C 的加速度及斜面对于轮子的约束力。

解： 取坐标系如图。作用于轮的外力有：重力 $\boldsymbol{W}$、法向约束力 $\boldsymbol{F}_\mathrm{N}$ 及摩擦力 $\boldsymbol{F}$。假设 $\boldsymbol{F}$ 的方向沿斜面向上，并注意 $\ddot{x}_C=a_C$，$\ddot{y}_C=0$，则轮的运动微分方程为

$$\frac{W}{g}a_C=W\sin\theta-F \tag{a}$$

$$0=W\cos\theta-F_\mathrm{N} \tag{b}$$

$$J_C\alpha = FR \tag{c}$$

由式（b）得

$$F_N = W\cos\theta \tag{d}$$

而在式（a）及式（c）中，有三个未知量 a_C、α 及 F，必须有一附加条件才能求解。下面分两种情况来讨论。

（1）假定轮与斜面间无滑动，这时 $\boldsymbol{F}$ 是静摩擦力，大小、方向都未知，但

$$a_C = R\alpha \tag{e}$$

解方程式（a）、方程式（c）及方程式（e），并将 $J_C=\dfrac{WR^2}{2g}$ 代入，得

$$a_C=\frac{2}{3}g\sin\theta,\ \alpha=\frac{2g}{3R}\sin\theta,\ F=\frac{1}{3}W\sin\theta \tag{f}$$

F 为正值，表明其方向如图 12-13 所设。

（2）假定轮与斜面间有滑动，这时 $\boldsymbol{F}$ 是动摩擦力。因轮与斜面接触点向下滑动，故 $\boldsymbol{F}$ 斜向上，而大小为

$$F = fF_N \tag{g}$$

解方程式（a）、方程式（c）及方程式（g），将 $F_N=W\cos\theta$ 代入，得

$$a_C=(\sin\theta-f\cos\theta)g,\ \alpha=\frac{2fg\cos\theta}{R},\ F=fW\cos\theta \tag{h}$$

要确定轮子有无滑动，需视摩擦力 F 之值是否达到极限值 fF_N。要使轮子只有滚动而无滑动，必须 $F\leqslant fF_N$，由式（f）有

$$\frac{1}{3}W\sin\theta\leqslant fW\cos\theta，即\frac{1}{3}\tan\theta\leqslant f$$

如果 $\dfrac{1}{3}\tan\theta\leqslant f$，表示摩擦力未达极限值，轮子只滚不滑，则解答式（f）适用；如果 $\dfrac{1}{3}\tan\theta>f$，表示轮子既滚且滑，则解答式（h）适用。

【例 12-6】 均质杆 AB 长为 l，质量为 m，一端用绳 DB 悬挂，另一端铰接于滑块 A，滑块置于倾角为 θ 的光滑槽内［图 12-14（a）］，不计滑块的质量，试求绳断开瞬时杆 AB 的角加速度及槽的约束力。

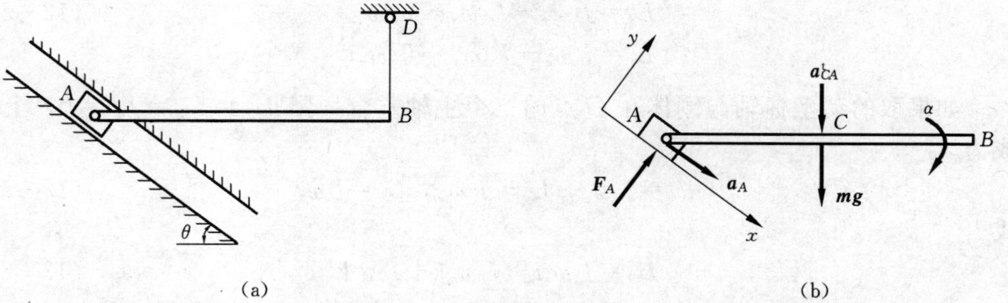

(a) (b)

图 12-14

解：绳断开瞬时，杆 AB 的受力如图 12-14（b）所示，此时杆 AB 的角速度为

零，但角加速度不为零。取直角坐标系 xy 如图 12-14（b）所示，由平面运动微分方程，有

$$ma_{Cx}=mg\sin\theta \tag{a}$$

$$ma_{Cy}=F_A-mg\cos\theta \tag{b}$$

$$\frac{ml^2}{12}\alpha=F_A\cos\theta\,\frac{l}{2} \tag{c}$$

在这三个方程中，有 a_{Cx}、a_{Cy}、α、F_A 四个未知量，必须补充一个方程才能求解。由运动学知，$\boldsymbol{a}_C=\boldsymbol{a}_A+\boldsymbol{a}_{CA}^{\mathrm{t}}+\boldsymbol{a}_{CA}^{\mathrm{n}}$，因 $a_{CA}^{\mathrm{n}}=\omega^2\,\dfrac{l}{2}=0$，$a_{CA}^{\mathrm{t}}=\alpha\,\dfrac{l}{2}$，所以 $\boldsymbol{a}_C=\boldsymbol{a}_A+\boldsymbol{a}_{CA}^{\mathrm{t}}$，投影到 y 轴上，有

$$a_{Cy}=-\alpha\,\frac{l}{2}\cos\theta \tag{d}$$

解方程式（b）、方程式（c）及方程式（d），得

$$\alpha=\frac{6g\cos^2\theta}{(1+3\cos^2\theta)l},\quad F_A=\frac{mg\cos\theta}{1+3\cos^2\theta}$$

12.5 刚体定点运动的欧拉动力学方程

设刚体绕固定点 O 转动，角速度为 $\boldsymbol{\omega}$。在刚体上任选一点 M_i，令其质量为 m_i，对固定点 O 的矢径为 $\boldsymbol{r}_i$，则该点的速度为 $\boldsymbol{v}_i=\boldsymbol{\omega}\times\boldsymbol{r}_i$。以定点 O 为原点建立固结于刚体的动坐标系 $Oxyz$，则 $\boldsymbol{r}_i=x_i\boldsymbol{i}+y_i\boldsymbol{j}+z_i\boldsymbol{k}$，$\boldsymbol{\omega}=\omega_x\boldsymbol{i}+\omega_y\boldsymbol{j}+\omega_z\boldsymbol{k}$，而刚体对固定点 O 的动量矩为

$$\boldsymbol{L}_O=\sum\boldsymbol{r}_i\times m_i\boldsymbol{v}_i=\sum m_i\boldsymbol{r}_i\times(\boldsymbol{\omega}\times\boldsymbol{r}_i)$$

而 $\boldsymbol{r}_i\times(\boldsymbol{\omega}\times\boldsymbol{r}_i)=(\boldsymbol{r}_i\cdot\boldsymbol{r}_i)\boldsymbol{\omega}-(\boldsymbol{r}_i\cdot\boldsymbol{\omega})\boldsymbol{r}_i$，代入上式得

$$\begin{aligned}\boldsymbol{L}_O=&\sum m_i(x_i^2+y_i^2+z_i^2)(\omega_x\boldsymbol{i}+\omega_y\boldsymbol{j}+\omega_z\boldsymbol{k})\\&-\sum m_i(x_i\omega_x+y_i\omega_y+z_i\omega_z)(x_i\boldsymbol{i}+y_i\boldsymbol{j}+z_i\boldsymbol{k})\end{aligned} \tag{12-20}$$

将上式投影到 $Oxyz$ 的各轴上，得

$$\left.\begin{aligned}L_x&=J_x\omega_x-J_{xy}\omega_y-J_{xz}\omega_z\\L_y&=J_y\omega_y-J_{yz}\omega_z-J_{yx}\omega_x\\L_z&=J_z\omega_z-J_{zx}\omega_x-J_{zy}\omega_y\end{aligned}\right\} \tag{12-21}$$

如果取的动坐标轴与刚体在 O 点的三个主轴重合，则 $J_{xy}=J_{yz}=J_{xz}=0$，上式成为

$$L_x=J_x\omega_x,\ L_y=J_y\omega_y,\ L_z=J_z\omega_z \tag{12-22}$$

或

$$\boldsymbol{L}_O=J_x\omega_x\boldsymbol{i}+J_y\omega_y\boldsymbol{j}+J_z\omega_z\boldsymbol{k} \tag{12-23}$$

一般情况下，刚体对点 O 的三个主转动惯量 J_x、J_y、J_z 不等或不全等，由式（12-23）知，刚体对定点 O 的动量矩 $\boldsymbol{L}_O$ 的方向与角速度 $\boldsymbol{\omega}$ 的方向不重合。只有当 $J_x=J_y=J_z$ 时，或角速度 $\boldsymbol{\omega}$ 与某一主轴 z 重合时（此时 $\omega_x=\omega_y=0$），$\boldsymbol{L}_O$ 与 $\boldsymbol{\omega}$ 才有相

同的方向。

将式（12-23）对时间求一阶导数（见附录A），得

$$\frac{\mathrm{d}\boldsymbol{L}_O}{\mathrm{d}t}=\frac{\tilde{\mathrm{d}}\boldsymbol{L}_O}{\mathrm{d}t}+\boldsymbol{\omega}\times\boldsymbol{L}_O \tag{a}$$

因 J_x、J_y、J_z 都是常数，所以 $\boldsymbol{L}_O$ 对时间的相对导数为

$$\frac{\tilde{\mathrm{d}}\boldsymbol{L}_O}{\mathrm{d}t}=J_x\dot{\omega}_x\boldsymbol{i}+J_y\dot{\omega}_y\boldsymbol{j}+J_z\dot{\omega}_z\boldsymbol{k} \tag{b}$$

而

$$\begin{aligned}\boldsymbol{\omega}\times\boldsymbol{L}_O &= \begin{vmatrix}\boldsymbol{i} & \boldsymbol{j} & \boldsymbol{k}\\ \omega_x & \omega_y & \omega_z\\ J_z\omega_x & J_y\omega_y & J_z\omega_z\end{vmatrix}\\ &=(J_z-J_y)\omega_y\omega_z\boldsymbol{i}+(J_x-J_z)\omega_z\omega_x\boldsymbol{j}\\ &\quad+(J_y-J_x)\omega_x\omega_y\boldsymbol{k}\end{aligned} \tag{c}$$

将式(b)、式(c)代入式(a)，并由对固定点的动量矩定理 $\frac{\mathrm{d}\boldsymbol{L}_O}{\mathrm{d}t}=\boldsymbol{M}_O^{(e)}$，得

$$\left.\begin{aligned}J_x\dot{\omega}_x+(J_z-J_y)\omega_y\omega_z=M_x^{(e)}\\ J_y\dot{\omega}_y+(J_x-J_z)\omega_z\omega_x=M_y^{(e)}\\ J_z\dot{\omega}_z+(J_y-J_x)\omega_x\omega_y=M_z^{(e)}\end{aligned}\right\} \tag{12-24}$$

式中：$M_x^{(e)}$、$M_y^{(e)}$、$M_z^{(e)}$ 分别为作用于定点运动刚体上的外力对 x、y、z 轴的矩。

这组方程称为刚体定点运动的**欧拉动力学方程**（Euler dynamical equations）。

*12.6 陀螺近似理论

工程上常将对称轴上一点固定，并以高速绕对称轴转动的回转型均质刚体称为**陀螺**（gyroscope）。

通常陀螺以角速度 ω_1 绕对称轴转动，同时对称轴又以角速度 ω_2 绕一固定轴转动。前一种运动称为**自转**（spin），后一种运动称为**进动**（precession）；相应地，ω_1 称为**自转角速度**，ω_2 称为**进动角速度**。

陀螺的运动是刚体定点运动的一种特殊情形，须用刚体定点运动动力学理论才能求得准确解。但是，如果 $\omega_1\gg\omega_2$，则可用赖柴定理近似求得 ω_1、ω_2 与刚体所受外力之关系。设陀螺支承于对称轴 z' 上的 O 点（图12-15），以高转速 $\boldsymbol{\omega}_1$ 绕对称轴 z' 自转，同时轴 z' 以角速度 $\boldsymbol{\omega}_2$ 绕固定轴 z 进动，陀螺所受外力对 O 点的矩为 $\boldsymbol{M}_O$。为了应用赖柴定理，先求陀螺对 O 点的动量矩 $\boldsymbol{L}_O$。

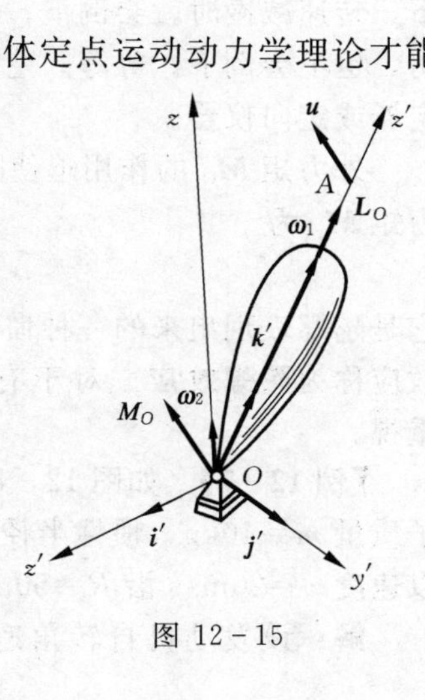

图12-15

取动坐标系 $Ox'y'z'$ 固结于陀螺，随陀螺运动，并取 x'、y' 为陀螺在 O 点的惯性主轴（因 z' 是对称轴，所以 z' 必是主轴），则由式（12-23）得

$$\boldsymbol{L}_O=J_{x'}\omega_{x'}\boldsymbol{i}'+J_{y'}\omega_{y'}\boldsymbol{j}'+J_{z'}\omega_{z'}\boldsymbol{k}' \tag{a}$$

式中：$J_{x'}$、$J_{y'}$、$J_{z'}$ 为陀螺的主转动惯量；$\omega_{x'}$、$\omega_{y'}$、$\omega_{z'}$

为陀螺角速度 $\boldsymbol{\omega}$ 的投影。

据 9.3 节角速度合成定理，有 $\boldsymbol{\omega}=\boldsymbol{\omega}_1+\boldsymbol{\omega}_2$，投影得

$$\omega_{x'}=\omega_{2x'},\ \omega_{y'}=\omega_{2y'},\ \omega_{z'}=\omega_1+\omega_{2z'}$$

一般情况下，$\boldsymbol{L}_O$ 与轴 z' 不重合。但如果 $\omega_1\gg\omega_2$，则 $\omega_{z'}\approx\omega_1$，且 $\omega_{z'}$ 远大于 $\omega_{x'}$ 及 $\omega_{y'}$。设 $J_{x'}$、$J_{y'}$、$J_{z'}$ 是同阶的，则 $J_{z'}\omega_{z'}$ 远大于 $J_{x'}\omega_{x'}$ 及 $J_{y'}\omega_{y'}$，式（a）成为

$$\boldsymbol{L}_O\approx J_{z'}\omega_{z'}\boldsymbol{k}'=J_{z'}\boldsymbol{\omega}_1 \tag{b}$$

即陀螺对 O 点的动量矩**近似地沿对称轴** z'。假设陀螺的自转角速度 ω_1 为常量，则 $\boldsymbol{L}_O$ 的大小是常量，于是 $\boldsymbol{L}_O$ 的端点 A 的速度为

$$\boldsymbol{u}=\boldsymbol{\omega}_2\times\boldsymbol{L}_O=\boldsymbol{\omega}_2\times J_{z'}\boldsymbol{\omega}_1 \tag{c}$$

根据赖柴定理 $\boldsymbol{u}=\boldsymbol{M}_O$，有

$$J_{z'}(\boldsymbol{\omega}_2\times\boldsymbol{\omega}_1)=\boldsymbol{M}_O \tag{12-25}$$

显然，$\boldsymbol{M}_O$ 垂直于轴 z 与 z' 所确定的平面。

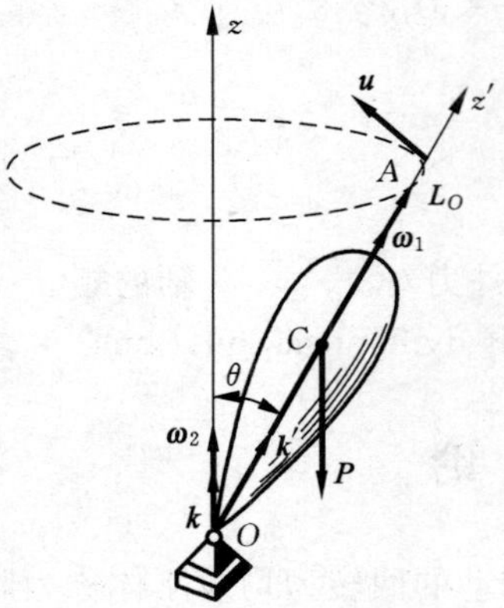

图 12-16

如果陀螺在重力 $\boldsymbol{P}$ 作用下运动（图 12-16），设重心与固定点 O 的距离为 a，轴 z 与 z' 的夹角为 θ，不计支承处的摩擦，则 $\boldsymbol{M}_O=a\boldsymbol{k}'\times(-P\boldsymbol{k})$，而 $\boldsymbol{\omega}_2\times\boldsymbol{\omega}_1=\omega_2\boldsymbol{k}\times\omega_1\boldsymbol{k}'$，由式（12-25）得

$$\omega_2=\frac{Pa}{J_{z'}\omega_1} \tag{12-26}$$

从式（12-26）可以看出，陀螺的自转角速度 ω_1 愈大，则 ω_2 愈小，愈符合假设的条件，陀螺的运动愈接近实际情况。

如果陀螺的重心与固定点 O 重合而又无其他主动力，则 $M_O=0$，由式（12-26）知 $\omega_2=0$，即陀螺不出现进动，陀螺的对称轴 z' 在惯性参考系中的位置将保持不变，这就是**陀螺的定轴性**。

陀螺理论可用来解释许多常见的现象。例如，玩具陀螺为什么转动得快时不致倒下，转速减慢时就会倒下；自行车静止时不易保持平衡，而车速很快时，即使偶受冲击，也不会倒下，等等。陀螺在工程技术上应用也很广。如船舶和飞机常用陀螺作稳定器或定向仪器。

外力矩 $\boldsymbol{M}_O$ 的作用迫使陀螺产生进动，根据反作用定律，陀螺对施力体的反作用力矩 $\boldsymbol{M}_g$ 为

$$\boldsymbol{M}_g=-\boldsymbol{M}_O=J_{z'}\boldsymbol{\omega}_1\times\boldsymbol{\omega}_2 \tag{12-27}$$

它是陀螺表现出来的一种惯性阻抗力矩，称为**陀螺力矩**。由于陀螺力矩而产生的力学效应称为**陀螺效应**。对于有高速转动的转子的机器，这种效应很明显，应予足够重视。

【例 12-7】 如图 12-17 所示，汽艇内一发动机的转动轴与船的纵轴平行，其转子质量 $m=40\text{kg}$，惯性半径 $\rho=0.1\text{m}$，以 $n=1600\text{r/m}$ 的转速转动。若汽艇在水面上以速度 $v=20\text{m/s}$ 沿 $R=50\text{m}$ 的圆弧行驶，求作用在艇上的陀螺力矩。

解： 设发动机自转角速度 $\boldsymbol{\omega}_1$ 沿汽艇前进方向，因进动角速度 $\boldsymbol{\omega}_2$ 沿铅直方向，

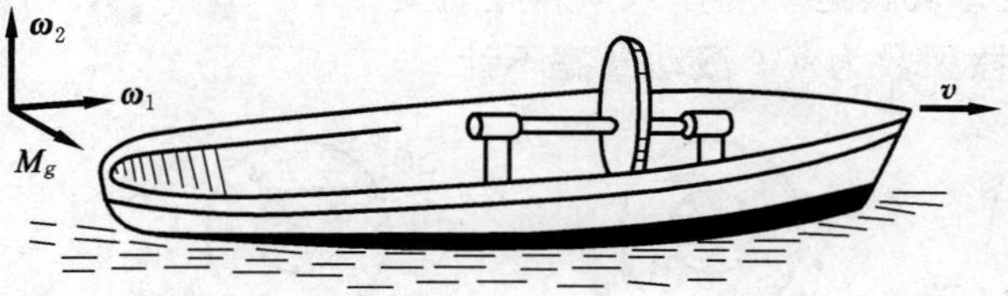

图 12-17

所以 $\boldsymbol{\omega}_1 \perp \boldsymbol{\omega}_2$。$\omega_1=\dfrac{n\pi}{30}=\dfrac{160\pi}{3}\text{rad/s}$，$\omega_2=\dfrac{v}{R}=0.4\text{rad/s}$，$J_{z'}=m\rho^2=0.4\text{kg}\cdot\text{m}^2$，由式（12-27）得，陀螺力矩 $M_g=J_{z'}\omega_1\omega_2=26.81\text{N}\cdot\text{m}$。

若汽艇沿圆弧向左行驶，则 $\boldsymbol{\omega}_2$ 向上，$\boldsymbol{M}_g$ 水平向右（图 12-17），$\boldsymbol{M}_g$ 将使汽艇前部提高，尾部降低。若汽艇沿圆弧向右行驶，则 $\boldsymbol{\omega}_2$ 向下，$\boldsymbol{M}_g$ 水平向左，$\boldsymbol{M}_g$ 将使汽艇尾部提高，前部降低。

思　考　题

12-1　如思 12-1 图所示，一根不能伸长的绳子绕过不计重量的定滑轮，绳的一端悬挂物块 A，另一端有一个与物块重量相等的人，从静止开始沿绳子往上爬，其相对速率为 u。试问 A 动还是不动？为什么？

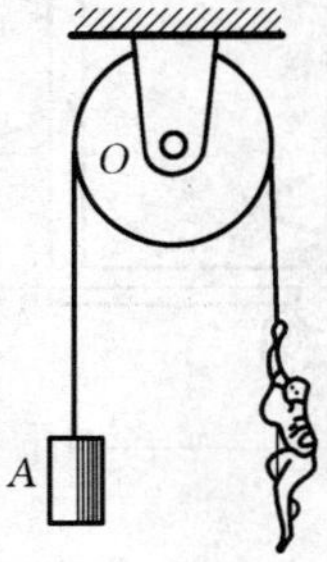

思 12-1图

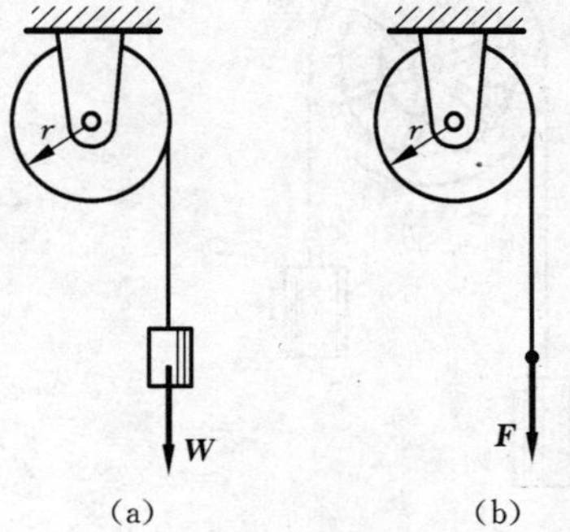

思 12-2图

12-2　两相同的均质滑轮各绕以细绳，思 12-2 图（a）中绳的末端挂一重为 W 的物块；思 12-2 图（b）中绳的末端作用一铅直向下的力 $\boldsymbol{F}$，设 $\boldsymbol{F}=\boldsymbol{W}$。问两滑轮的角加速度 α 是否相同？为什么？

12-3　质量为 m 的均质圆盘，平放在光滑水平面上。若受力情况分别如思 12-3 图所示，$F'=2F$、$F_1=F_2$，又 $R=2r$，试问圆盘各作什么运动？

12-4　思 12-3 图中，若圆盘质心开始都具有向右运动的速度 $\boldsymbol{v}_{C0}$，且各盘都有顺时针转动的初角速度 ω_0。试问哪一个移动得快？哪一个转动得快？

12-5　半径为 R 的均质圆轮沿直线轨道滚动，除重力外不受其他主动力作用，如思 12-5 图所示。若轮心初速度为 $\boldsymbol{v}_0$，轮子初角速度为 ω_0，试讨论下列三种情况下轮子所受的摩擦力及其运动规律（只作定性分析）。①$v_0=R\omega_0$；②$v_0>R\omega_0$；③$v_0<R\omega_0$。设滑动摩擦因数为 f，滚动摩擦不计。

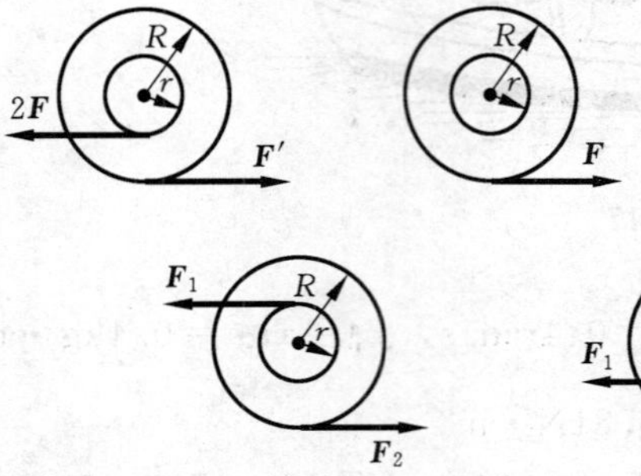

思 12－3图

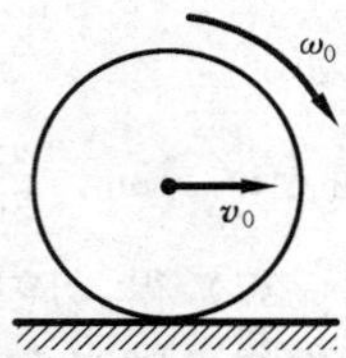

思 12－5图

习　题

12－1　如题 12－1 图所示，圆轮的辋重 P，外径为 R，内径为 r；轮辐为六根均质杆，各重 W。一绳跨过圆轮，两端悬挂重 P_1 及 P_2 的重物。设图示瞬时圆轮以角速度 ω 绕 O 轴转动，求整个系统对 O 的动量矩。

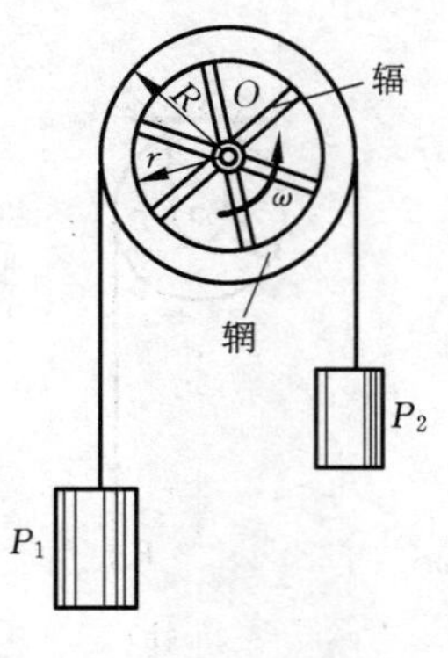

题 12－1图

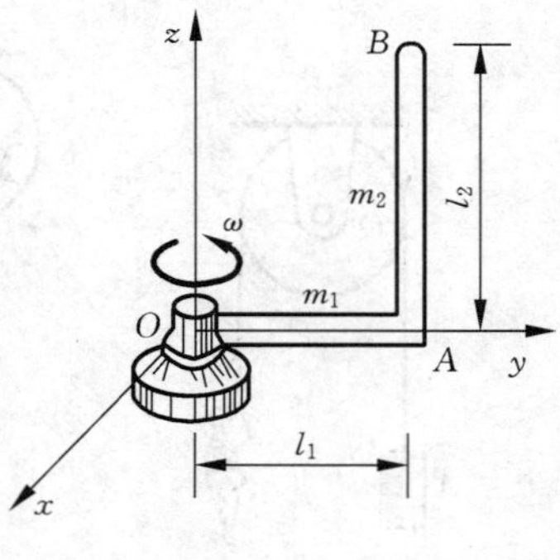

题 12－2图

12－2　均质细刚杆弯曲成题 12－2 图所示形状，OA 段沿 y 轴，AB 段平行于 z 轴，两段的质量分别为 m_1、m_2，并以角速度 ω 绕 z 轴转动。试求其对 z 轴的动量矩。

12－3　一刚体作平面运动，图平面为其质心的运动平面。已知运动方程为 $x_C=3t^2$，$y_C=4t^2$，$\varphi=\frac{1}{2}t^3$，其中长度以 m 计，角度以 rad 计，时间以 s 计。设刚体质量为 10kg，对于通过质心 C 且垂直于图平面的惯性半径 $\rho=0.5$m，求当 $t=2$s 时刚体对坐标原点的动量矩。

12－4　为了测定轴承中的摩擦力矩，在轴上装一质量 $m=500$kg、回转半径 $\rho=1.5$m 的飞轮。当飞轮有 $n=240$r/min 转速时，切断动力，任其转动，经 10min 而停止。设摩擦力矩为一常量，试求其大小。

12-5　如题 12-5 图所示，均质杆 AB 长 l，重 W_1，B 端刚连一重 W_2 的小球（小球可看作质点），杆上 D 点连一刚度系数为 k 的弹簧，使杆在水平位置保持平衡。设给小球 B 一微小初位移 δ_0，而 $v_0=0$，试求 AB 杆的运动规律。

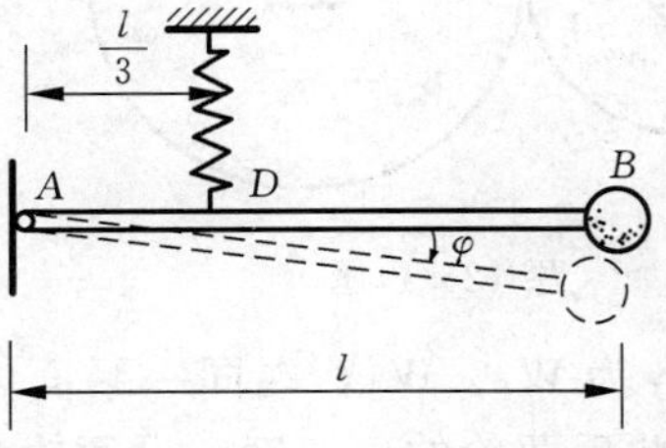

题 12-5图

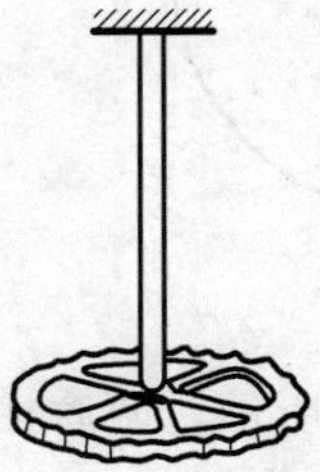
题 12-6图

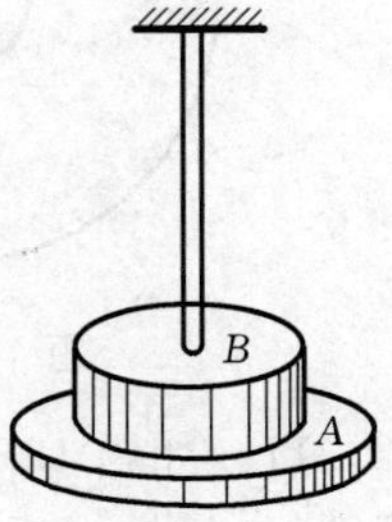

题 12-7图

12-6　题 12-6 图所示齿轮质量为 40kg，悬挂于扭转刚度为 58N·m/rad 的钢杆上，测得周期为 2s，求齿轮的回转半径。

12-7　如题 12-7 图所示，扭摆 A 的转动惯量为 J_1，扭振周期为 T_1。今将另一物体 B 加于扭摆上，测得扭振周期为 T_2。试求所加物体对扭转轴的转动惯量 J_2。

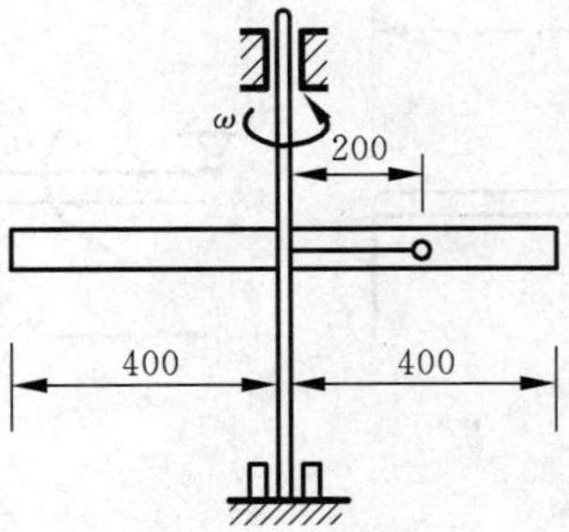

题 12-8图

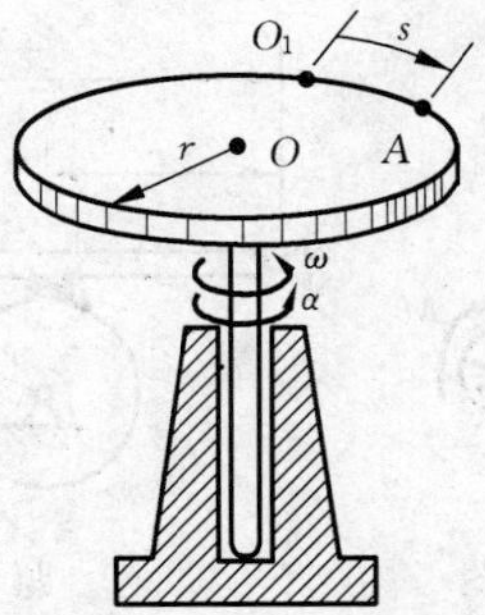

题 12-9图

12-8　质量为 15kg 的空心套管绕铅直轴转动。管内放一质量为 10kg 的小球，用细绳与转动轴连接，如题 12-8 图所示。绳长 200mm，细绳能承受的最大拉力为 8N。问套管角速度多大时恰好将细绳拉断？细绳拉断后，小球滑至管端时，套管的角速度是多少？套管的转动惯量按均质杆计算。

12-9　如题 12-9 图所示，一半径为 r、重为 W_1 的均质水平圆形转台，可绕通过中心 O 并垂直于台面的铅直轴转动。重 W_2 的物块 A，按规律 $s=\frac{1}{2}at^2$ 沿台的边缘运动。初瞬时，圆台静止。求物块运动以后，圆台在任一瞬时的角速度与角加速度。

12-10　水泵叶轮的水流的进、出口速度三角形如题 12-10 图所示。设叶轮转速 $n=1450\text{r/min}$，叶轮外径 $D_2=400\text{mm}$，$\beta_2=45°$，$\varphi_2=30°$，$\varphi_1=90°$，体积流量 $q_V=0.02\text{m}^3/\text{s}$，试求水流过叶轮时所产生的力矩。

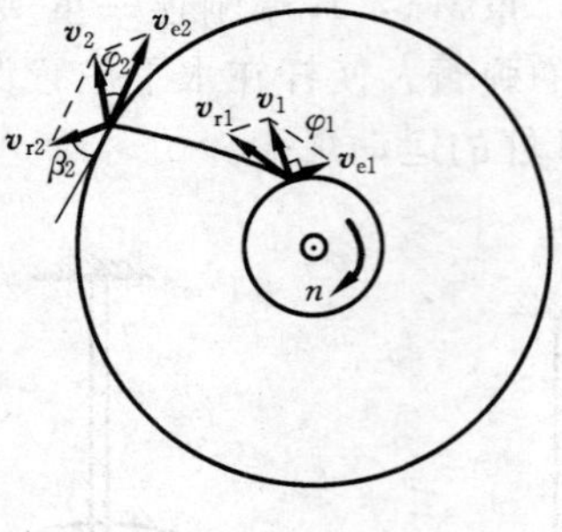

题 12-10图

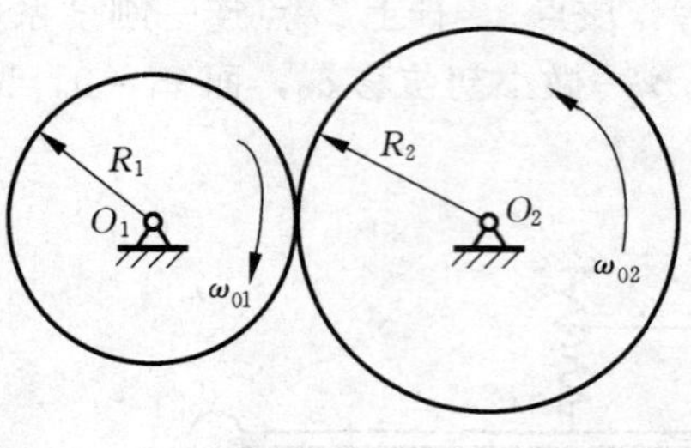

题 12-11图

12-11 如题 12-11 图所示，两摩擦轮重量各为 W_1、W_2，在同一平面内分别以角速度 ω_{01} 与 ω_{02} 转动。用离合器使两轮啮合，求此后两轮的角速度。设两轮为均质圆盘。

12-12 如题 12-12 图所示卷扬机中，轮 B、C 半径分别为 R、r，对水平转动轴的转动惯量为 J_1、J_2，物体 A 重 W。设在轮 C 上作用一常力矩 M，试求物体 A 上升的加速度。

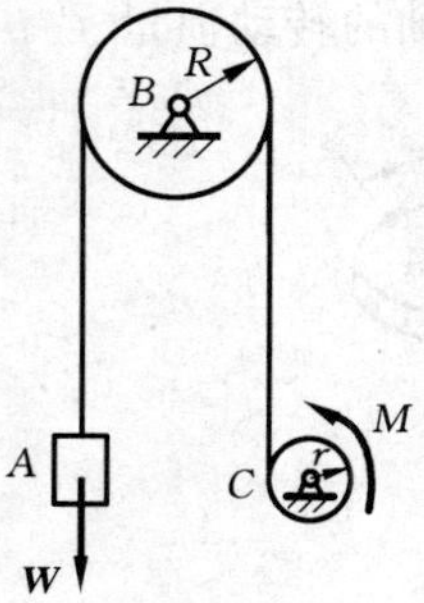

题 12-12图

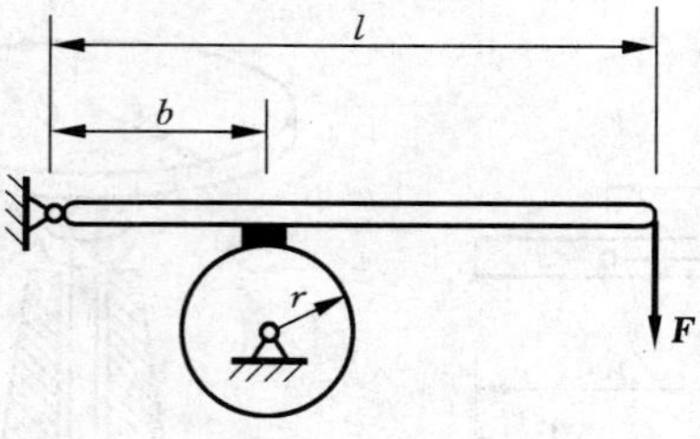

题 12-13图

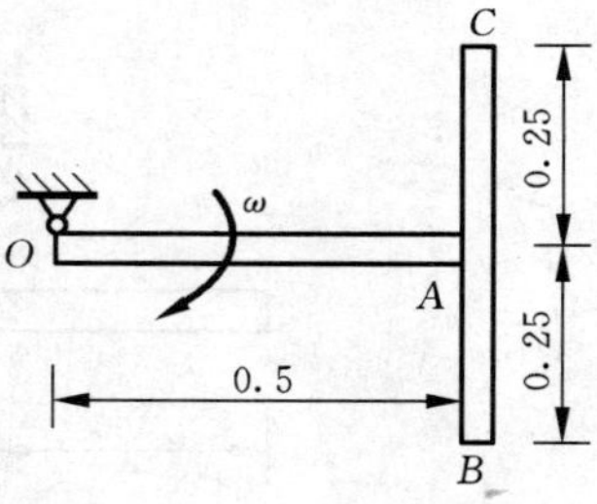

题 12-14图

12-13 如题 12-13 图所示，均质圆盘重 W，半径为 r，以角速度 ω 绕水平轴转动。今在闸杆的一端加一铅直力 F，以使圆盘停止转动。设杆与盘间的动摩擦因数为 f，问圆盘转动若干周后才停止转动？

12-14 如题 12-14 图所示，两根质量各为 8kg 的均质细杆固连成 T 形，可绕通过 O 点的水平轴转动，当 OA 处于水平位置时，T 形杆具有角速度 $\omega=4\text{rad/s}$。求该瞬时轴承 O 处的约束力。

12-15 如题 12-15 图所示，为了求得半径 $R=0.5\text{m}$ 的飞轮 A 对于通过其重心的轴的转动惯量，在飞轮上缠一细绳，绳的末端系一重 $W_1=80\text{N}$ 的重锤，重锤自高度 $h=2\text{m}$ 处落下，测得落下时间 $t_1=10\text{s}$。为了消去轴承的摩擦，再用重 $W_2=40\text{N}$ 的重锤作第二个试验。这一重锤自同一高度落下的时间是 $t_2=25\text{s}$。假定摩擦力矩是一常量，且与重锤的重量无关，试计算飞轮的转动惯量 J。

题 12-15图

12-16 如题 12-16 图所示，均质圆盘质量 $m_1=40\text{kg}$，半径 r

$=150$mm；均质杆质量 $m_2=10$kg，长 $l=300$mm。杆 OC 受常力矩 $M=20$N·m 作用，可绕 O 在水平面内运动。杆和圆盘有两种连接方式：①固接，不能相对运动；②用光滑销钉连接。试求杆 OC 转动的角加速度。

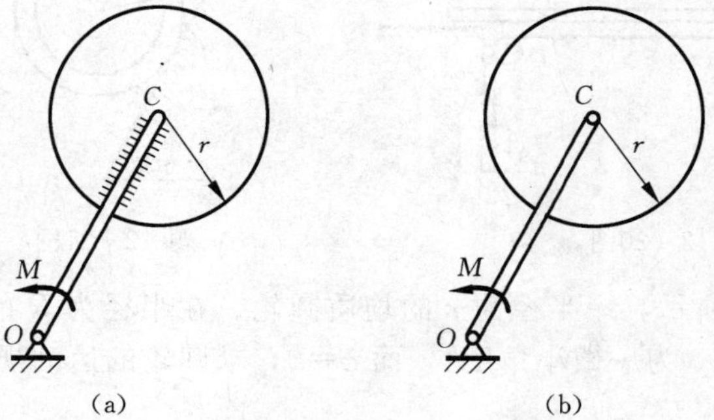

题 12 - 16图

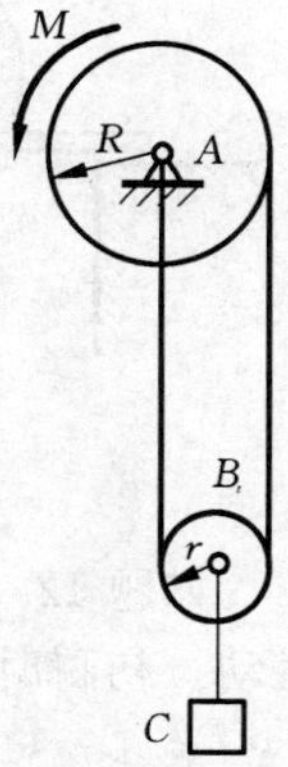

题 12 - 17 图

12 - 17　如题 12 - 17 图所示，滑轮 A、B 重量分别为 W_1、W_2，半径分别为 R、r，且 $R=2r$，物体 C 重 W_3，作用于 A 轮上的力矩 M 为一常量，试求 C 上升的加速度。设 A、B 轮为均质圆盘。

12 - 18　如题 12 - 18 图所示均质鼓轮，由绕在轮轴上的细绳拉动。已知轴的半径 $r=40$mm，轮的半径 $R=80$mm，总重 $W=98$N，对过轮心垂直于轮中心平面的轴的惯性半径 $\rho=60$mm，拉力 $F=5$N，轮与地面的摩擦因数 $f=0.2$。试分别求题 12 - 18 图（a）、（b）两种情况下圆轮的角加速度及轮心的加速度。

12 - 19　两小锤 M_1 与 M_2，质量分别为 $m_1=2$kg 与 $m_2=1$kg，用长 $l=0.6$m 的杆连结。初瞬时，杆在水平位置，M_2 不动，而 M_1 的速度 $v=0.6\pi$m/s，方向垂直向上。设杆质量及小锤尺寸都可忽略不计。试求：①两小锤在重力作用下的运动；②在 $t=2$s 时，两小锤与初始位置的距离；③$t=2$s 时，杆的内力。

题 12 - 18图

12 - 20　如题 12 - 20 图所示，一重为 P 的物块 A 下降时，借助于跨过滑轮 D 的绳子，使轮子 B 在水平轨道上只滚动而不滑动。已知轮 B 与轮 C 固结在一起，总重为 W，对通过轮心 O 的水平轴的惯性半径为 ρ，试求 A 的加速度。

12 - 21　如题 12 - 21 图所示，一鼓轮上绕有不可伸长的绳子，绳子一端固定。轮子的半径 $R=90$mm，轮轴的半径 $r=60$mm，对过轮心而垂直于轮中心平面的轴 C 的惯性半径为 $\rho=80$mm，轮与斜面的摩擦因数 $f=0.4$。求当轮子沿斜面向下运动时轮心的加速度。

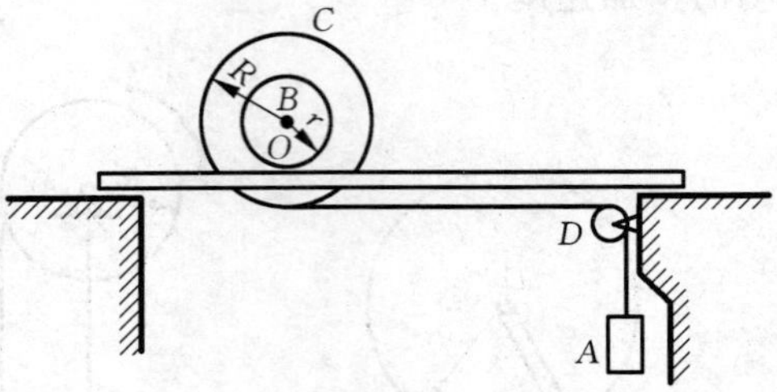

题 12-20图

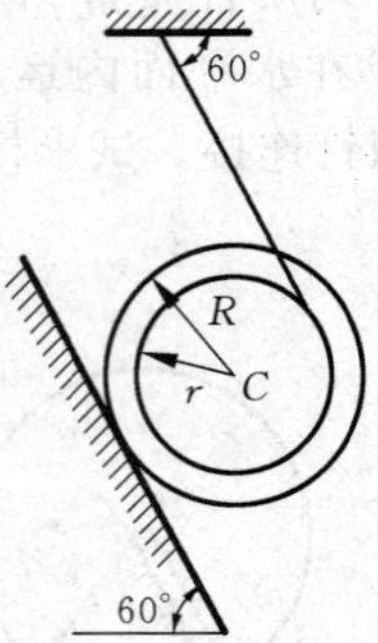

题 12-21图

12-22 如题 12-22 图所示，一半径为 r 的均质圆轮，在半径为 R 的圆弧上只滚动而不滑动。初瞬时 $\varphi=\varphi_0$（为一微小角度），而 $\dot{\varphi}=0$，求圆轮的运动规律。

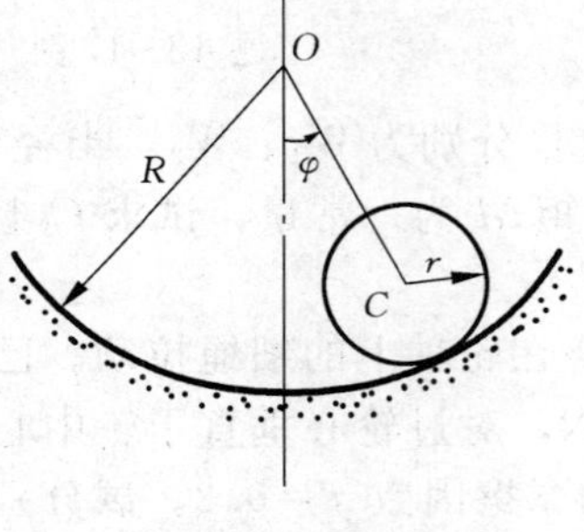

题 12-22图

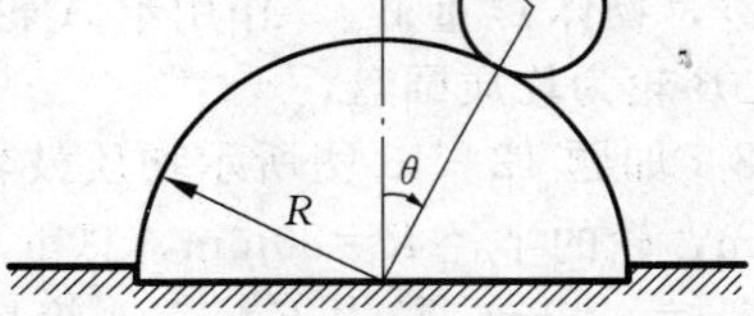

题 12-23图

12-23 如题 12-23 图所示，一半径为 r 的均质圆轮重 P，在半径为 R 的圆弧面上只滚不滑。初瞬时 $\theta=\theta_0$，而 $\dot{\theta}=0$。求圆弧面作用在圆轮上的法向约束力（表示为 θ 的函数）。

12-24 如题 12-24 图所示，均质杆 AB 重 W，长 l，A 端装有质量不计的小轮，小轮可沿斜面下滑。初瞬时，杆静止于铅直位置。求开始下滑时 A 点的加速度。

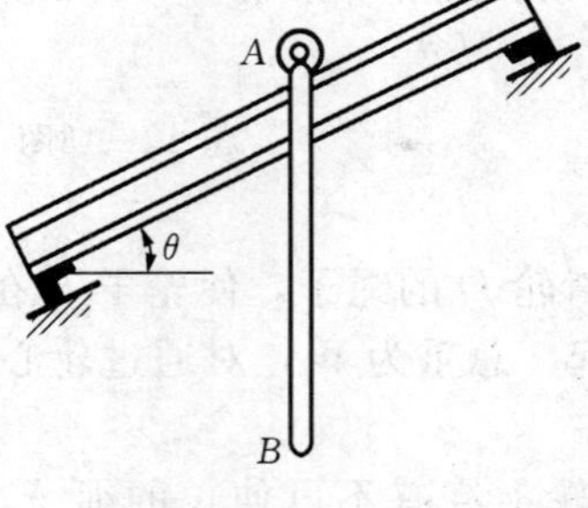

题 12-24图

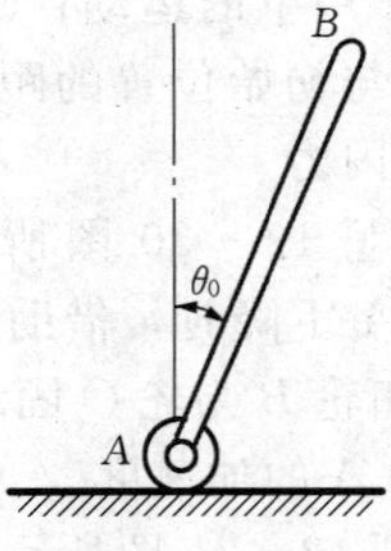

题 12-25图

12-25 均质细杆 AB 重 W，长 l，A 端装有质量不计的小轮。在题 12-25 图所示位置由静止开始倒下，求初瞬时地面作用于小轮的法向约束力。

12-26　均质圆柱体 A 和 B 的重量均为 W，半径均为 r。一绳绕于可绕固定轴 O 转动的圆柱 A 上，绳的另一端绕在圆柱 B 上，如题 12-26 图所示。不计摩擦，试求：①圆柱 B 下落时质心的加速度；②若圆柱 A 上作用一逆时针向的转矩 M，试问在什么条件下圆柱 B 的质心加速度将向上。

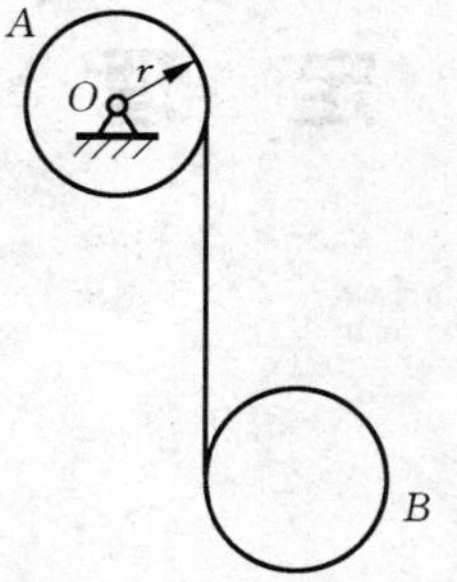

题 12-26图

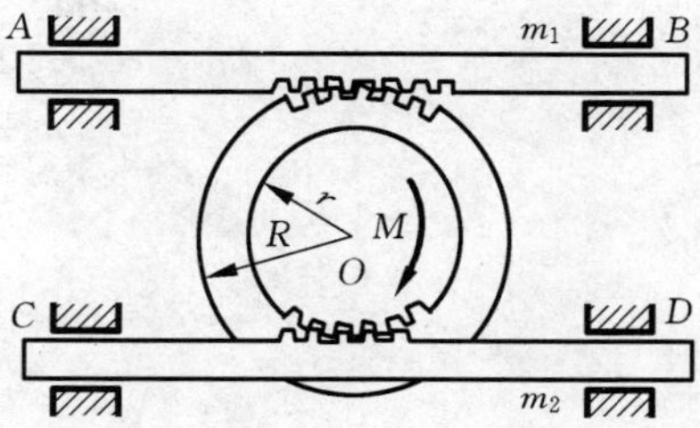

题 12-27图

12-27　如题 12-27 图所示，质量为 m、回转半径为 ρ 的塔轮上作用一转矩 M，带动质量分别为 m_1 与 m_2 的齿条 AB、CD 在水平滑槽内运动。试求塔轮中心 O 的加速度。摩擦不计。

第13章 动能定理

动量定理和动量矩定理表明质点系速度的变化，与作用于质点系的力及其作用时间的关系。但有时，我们需要知道的是经过多少路程，物体的速度大小改变了多少。例如，汽车或火车刹车时，需要知道经过多少距离可以停下来，以便在适当的地点开始刹车。由物理学知，表明这种关系的是动能定理。动能定理通过物体动能的变化与力的功的关系，反映出速度大小的改变与力及运动路程的关系。

本章给出功、动能和势能的概念，由牛顿第二定律导出动能定理，并对普遍定理进行综合应用。

13.1 功与功率

13.1.1 力的功

质点 M 在常力 $\boldsymbol{F}$ 作用下沿直线运动（图 13-1），设力 $\boldsymbol{F}$ 与位移 $\boldsymbol{s}$ 之间的夹角为 θ，则力 $\boldsymbol{F}$ 在路程 s 上作的**功**（work）W 为

$$W=F\cos\theta\cdot s=\boldsymbol{F}\cdot\boldsymbol{s} \tag{13-1}$$

功是代数量，数值可正可负，也可为零。功的量纲为 ML^2/T^2，单位为 J（焦耳），$1J=1N\cdot m=1kg\cdot m^2/s^2$。

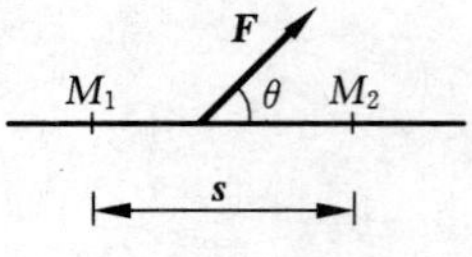

图 13-1

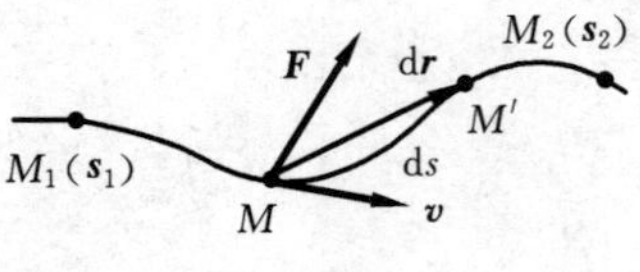

图 13-2

质点 M 在变力 $\boldsymbol{F}$ 的作用下沿曲线运动（图 13-2），将有限弧长 M_1M_2 分成无限多个微小弧段，微小弧段长 $MM'=ds$。当点 M 由 $M_1(s_1)$ 运动到 $M_2(s_2)$ 时，力 $\boldsymbol{F}$ 作的功可以看作是在无数微小路程 MM' 中所作的**元功**之总和。因 ds 非常微小，弧 MM' 可以看作与速度 $\boldsymbol{v}$ 亦即与轨迹曲线的切线（指向运动方向）同方向的直线段，而

力 $\boldsymbol{F}$ 可视为常力。用 δW[1] 代表力 $\boldsymbol{F}$ 在微小路程 ds 中作的元功，则有

$$\delta W = F\cos(\boldsymbol{F},\boldsymbol{v})ds = F_t ds \tag{13-2}$$

其中 $F_t = F\cos(\boldsymbol{F},\ \boldsymbol{v})$ 是力 $\boldsymbol{F}$ 在轨迹曲线的切线上的投影。由运动学知，动点的位移可用矢径的增量 $d\boldsymbol{r}$ 来表示，而当时间增量趋近于零时，$|d\boldsymbol{r}| = ds$，$d\boldsymbol{r}$ 的方向与 $\boldsymbol{v}$ 的方向一致。因此式（13-2）可写成

$$\delta W = \boldsymbol{F} \cdot d\boldsymbol{r} \tag{13-3}$$

力 $\boldsymbol{F}$ 在 $M_1(s_1)$ 至 $M_2(s_2)$ 一段路程中作的总功为

$$W = \int_{s_1}^{s_2} F\cos(\boldsymbol{F},\boldsymbol{v})ds = \int_{s_1}^{s_2} F_t ds \tag{13-4}$$

或

$$W = \int_{M_1}^{M_2} \boldsymbol{F} \cdot d\boldsymbol{r} \tag{13-5}$$

设质点同时受 n 个力 $\boldsymbol{F}_1$，$\boldsymbol{F}_2$，…，$\boldsymbol{F}_n$ 作用，设这 n 个力的合力为 $\boldsymbol{F}$，则 $\boldsymbol{F} = \sum \boldsymbol{F}_i$ 当质点由 M_1 运动到 M_2 时，合力 $\boldsymbol{F}$ 所作的功为

$$\begin{aligned} W &= \int_{M_1}^{M_2} \boldsymbol{F} \cdot d\boldsymbol{r} = \int_{M_1}^{M_2} \boldsymbol{F}_1 \cdot d\boldsymbol{r} + \int_{M_1}^{M_2} \boldsymbol{F}_2 \cdot d\boldsymbol{r} + \cdots + \int_{M_1}^{M_2} \boldsymbol{F}_n \cdot d\boldsymbol{r} \\ &= W_1 + W_2 + \cdots + W_n = \sum W_i \end{aligned} \tag{13-6}$$

即合力在任一段路程中作的功等于各分力在同一段路程中作的功之和。

取直角坐标系 $Oxyz$，设力 $\boldsymbol{F}$ 在坐标轴上的投影为 F_x、F_y、F_z，位移 $d\boldsymbol{r}$ 在坐标轴上的投影为 dx、dy、dz，则力 $\boldsymbol{F}$ 的元功又可表示为

$$\delta W = \boldsymbol{F} \cdot d\boldsymbol{r} = F_x dx + F_y dy + F_z dz \tag{13-7}$$

而在由 $M_1(x_1,\ y_1,\ z_1)$ 至 $M_2(x_2,\ y_2,\ z_2)$ 一段路程中力 $\boldsymbol{F}$ 的总功为

$$W = \int_{M_1}^{M_2} (F_x dx + F_y dy + F_z dz) \tag{13-8}$$

13.1.2　常见力的功

1. 重力的功

质点系在地面附近运动时，所受重力可看作是不变的。取直角坐标系 $Oxyz$，并使 z 轴铅直向上（图 13-3），则质点系中任一质点 M_i 所受的重力 $\boldsymbol{P}_i$ 在各坐标轴上的投影为 $F_{ix}=0$、$F_{iy}=0$、$F_{iz}=-P_i$，当质点系由第一位置运动到第二位置时，质点系重力 $\boldsymbol{P}$ 所作的功为

$$W = \sum -\int_{z_{i1}}^{z_{i2}} P_i dz_i = \sum P_i(z_{i1} - z_{i2}) = \sum P_i z_{i1} - \sum P_i z_{i2}$$

因 $\sum P_i z_i = P z_C$，其中 $P = \sum P_i$ 是整个质点系的重量，z_C 是质点系重心 C 的纵坐标。所以有

$$W = P(z_{C1} - z_{C2}) = \pm Ph \tag{13-9}$$

其中 $h = |z_{C1} - z_{C2}|$ 是质点系在两位置重心的高度差。

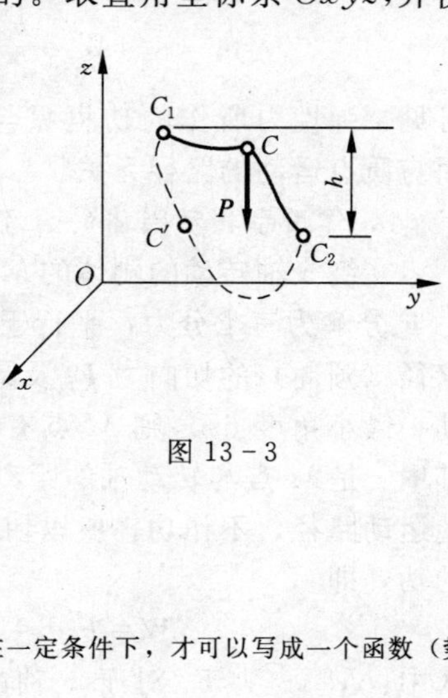

图 13-3

[1] 一般情况下，力的元功 δW 不能写成一个函数的全微分。只有在一定条件下，才可以写成一个函数（势函数）的全微分。

质点系所受重力的功，等于质点系的重量与其重心的高度差之乘积。正负号的选取原则：当质点系重心由高处运动到低处时，取"+"号，反之取"−"号。重力所作的功只与质点系重心的起始位置与终了位置之高度差有关，而与所经的路径无关。

2. 弹性力的功

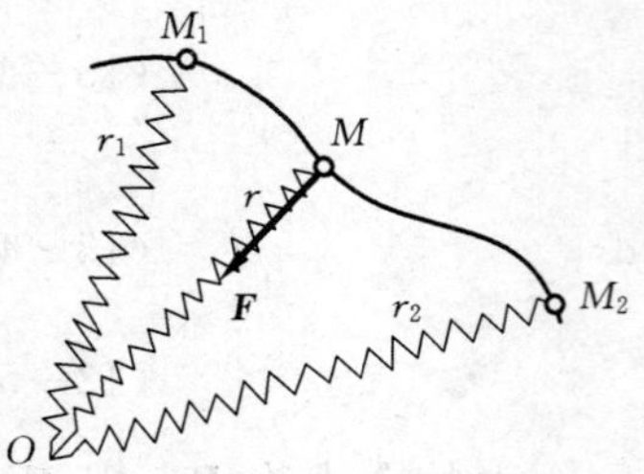

图 13-4

设有一弹簧，一端固定于 O 点，另一端系一质点 M（图 13-4）。质点运动时，弹簧将伸长或缩短，因而对质点作用一弹性力 $\boldsymbol{F}$。在弹性极限内，根据虎克定律，弹性力的大小是

$$F=k(r-l_0)$$

式中：k 为弹簧的刚度系数（或称弹簧常数），就是使弹簧伸长或缩短一单位长度所需的力；l_0 为弹簧的自然长度（即未伸长或缩短时的长度）。

弹簧伸长时，弹性力 $\boldsymbol{F}$ 指向固定点 O。以固定点为原点，取矢径 $\boldsymbol{r}$，则

$$\boldsymbol{F}=-k(r-l_0)\frac{\boldsymbol{r}}{r}$$

弹性力 $\boldsymbol{F}$ 的元功为

$$\delta W=\boldsymbol{F}\cdot \mathrm{d}\boldsymbol{r}=-k(r-l_0)\frac{\boldsymbol{r}\cdot \mathrm{d}\boldsymbol{r}}{r}$$

因为 $\boldsymbol{r}\cdot \mathrm{d}\boldsymbol{r}=\frac{1}{2}\mathrm{d}(\boldsymbol{r}\cdot\boldsymbol{r})=r\mathrm{d}r$，代入上式得

$$\delta W=-k(r-l_0)\mathrm{d}r$$

积分得，质点由 M_1 运动到 M_2 弹性力所作的功

$$W=\int_{r_1}^{r_2}-k(r-l_0)\mathrm{d}r=-\frac{k}{2}[(r_2-l_0)^2-(r_1-l_0)^2]$$

命 $\delta_1=r_1-l_0$ 及 $\delta_2=r_2-l_0$ 分别代表质点在第一位置及第二位置时弹簧的伸长（或缩短）量，则上式成为

$$W=\frac{k}{2}(\delta_1^2-\delta_2^2) \qquad (13-10)$$

可见，弹性力所作的功也只与质点的起始及终了位置有关，而与质点运动的路径无关。

3. 作用于转动刚体的力及力偶的功

在绕 z 轴转动的刚体的 M 点作用一力 $\boldsymbol{F}$（图 13-5），将力 $\boldsymbol{F}$ 分解为三个分力：平行于 z 轴的轴向力 $\boldsymbol{F}_z$、沿 M 点运动路径（圆周）的切向力 $\boldsymbol{F}_t$ 及圆周半径的径向力 $\boldsymbol{F}_r$。若刚体转动一微小角度 $\mathrm{d}\varphi$，则 M 点有一微小位移，大小为 $\mathrm{d}s=r\mathrm{d}\varphi$，其中 r 是 M 点与转动轴的距离。由于 $\boldsymbol{F}_z$ 及 $\boldsymbol{F}_r$ 都垂直于 M 点的运动路径，不作功，所以切向力 $\boldsymbol{F}_t$ 所作的功就是力 $\boldsymbol{F}$ 所作的功，即

$$\delta W=F_t\mathrm{d}s=F_t r\mathrm{d}\varphi=M_z\mathrm{d}\varphi$$

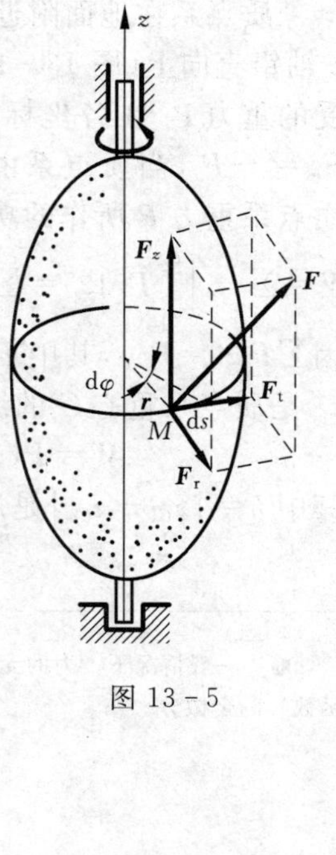

图 13-5

式中：M_z 为力 $\boldsymbol{F}_t$ 对于 z 轴的矩，亦即力 $\boldsymbol{F}$ 对于 z 轴的矩

(因 F_z 及 F_r 对于 z 轴的矩均等于零)。

积分得，力 $\boldsymbol{F}$ 在刚体从 φ_1 到 φ_2 的转动过程中所作的功

$$W=\int_{\varphi_1}^{\varphi_2} M_z \mathrm{d}\varphi \tag{13-11}$$

设有力偶矩为 m 的力偶作用于转动的刚体，而力偶作用面垂直于轴 z，则力偶对 z 轴的矩 $M_z=m$。当刚体转动一角度 $\varphi_2-\varphi_1$ 时，力偶所作的功为

$$W=\int_{\varphi_1}^{\varphi_2} m \mathrm{d}\varphi \tag{13-12}$$

请考虑：如力偶作用面与转动轴不垂直，应如何计算力偶的功?

当刚体作平面运动（如车轮滚动）时，作用于刚体的力偶所作的功，可同样计算。

4. 摩擦力的功

一般情况下，摩擦力总是起着阻碍运动的作用，即摩擦力方向与其作用点的运动方向相反，所以摩擦力作负功❶，大小等于摩擦力与滑动距离之乘积。如果摩擦力作用点没有位移，即 $\mathrm{d}\boldsymbol{r}=0$ 或 $\boldsymbol{v}=0$（如轮子在地面上只滚不滑的情形），则摩擦力不作功。滚动摩擦力偶的功，与一般力偶的功一样计算。

5. 理想约束力的功

对于固定铰支座、固定端等约束，因约束力的作用点没有位移，所以约束力不作功；对于光滑接触、一端固定的柔索、活动铰支座、轴承等约束，因约束力垂直于力作用点的位移，所以约束力也不作功。约束力不作功的约束称为**理想约束**（ideal constraint）。

13.1.3　功率

工程上，不仅要知道力所作的功，有时还要知道力作功的快慢程度。**力在单位时间内所作的功称为功率**（power），用 P 表示。

设力在 $\mathrm{d}t$ 时间内作的元功为 δW，则力的功率为

$$P=\frac{\delta W}{\mathrm{d}t}=\frac{\boldsymbol{F}\cdot\mathrm{d}\boldsymbol{r}}{\mathrm{d}t}=\boldsymbol{F}\cdot\frac{\mathrm{d}\boldsymbol{r}}{\mathrm{d}t}=\boldsymbol{F}\cdot\boldsymbol{v}=F_{\mathrm{t}}v \tag{13-13}$$

即功率等于力与速度的标积，亦即等于力在速度方向上的投影与速度之乘积。由此可见，P 一定时，F_{t} 越大，则 v 越小；反之，F_{t} 越小，则 v 越大。汽车速度所以有几"档"，就是因为汽车的功率是一定的，而在不同情况下，需要不同的牵引力，所以必须改变速度。在平地上，所需牵引力较小，速度可以大些；上坡时，所需牵引力随坡度增大而增大，所以必须"换档"，使速度相应减小。

如果作用在转动物体（如电机或水轮机的转子）上的力对转轴 z 的矩为 M_z，物体转动的角速度为 ω，则功率

$$P=\frac{\delta W}{\mathrm{d}t}=M_z\frac{\mathrm{d}\varphi}{\mathrm{d}t}=M_z\omega \tag{13-14}$$

❶　有时摩擦力对某物体起着阻力的作用，而对另一物体起着主动力的作用。当摩擦力起主动力作用时，力的方向与作用点运动方向相同，则作正功。

即作用在定轴转动刚体上的力的功率等于该力对转轴的矩与角速度的乘积。

功率的量纲为 ML^2/T^3，单位为 W（瓦特），$1W=1J/s=1kg\cdot m^2/s^3$。

机器工作时，必须输入功率。输入的功率中，一部分用于克服摩擦力之类的阻力而损耗掉，只有一部分输出成为用来作功的有效功率。输出功率与输入功率之比称为机器的**机械效率**，它是衡量机器质量的指标之一。用 η 表示机械效率，则

$$\eta=\text{输出功率}/\text{输入功率} \tag{13-15}$$

13.2 动 能

设质点系由 n 个质点组成，其中任一质点 M_i 的质量为 m_i，在某一位置的速度为 $\boldsymbol{v}_i$，则 M_i 点在该位置的动能为$\frac{1}{2}m_iv_i^2$，而质点系在该位置的动能即为质点系中各质点的动能之和。用 T 表示动能，则

$$T=\sum\frac{1}{2}m_iv_i^2 \tag{13-16}$$

动能是正标量，动能的量纲、单位与功的量纲、单位相同。

将质点系的运动看作随同其质心的平移与相对于质心的运动的组合，利用下述的柯尼希定理计算动能较为方便。

选固定坐标系 $Oxyz$，再以质点系质心 C 为原点选动坐标系 $Cx'y'z'$，动坐标系随质心 C 平移。设质心的速度为 $\boldsymbol{v}_C$，任一质点 M_i 相对于质心运动的速度为 $\boldsymbol{v}_{ri}$，则质点 M_i 的绝对速度为 $\boldsymbol{v}_i=\boldsymbol{v}_C+\boldsymbol{v}_{ri}$，而

$$\begin{aligned}v_i^2&=\boldsymbol{v}_i\cdot\boldsymbol{v}_i=(\boldsymbol{v}_C+\boldsymbol{v}_{ri})\cdot(\boldsymbol{v}_C+\boldsymbol{v}_{ri})\\&=\boldsymbol{v}_C\cdot\boldsymbol{v}_C+\boldsymbol{v}_{ri}\cdot\boldsymbol{v}_{ri}+2\boldsymbol{v}_C\cdot\boldsymbol{v}_{ri}=v_C^2+v_{ri}^2+2\boldsymbol{v}_C\cdot\boldsymbol{v}_{ri}\end{aligned}$$

代入式（13-16），得质点系的动能

$$T=\frac{1}{2}\sum m_iv_C^2+\frac{1}{2}\sum m_iv_{ri}^2+\sum m_i\boldsymbol{v}_C\cdot\boldsymbol{v}_{ri} \tag{a}$$

上式右边第一项$\sum m_iv_C^2=mv_C^2$，第三项$\sum m_i\boldsymbol{v}_C\cdot\boldsymbol{v}_{ri}=\boldsymbol{v}_C\cdot\sum m_i\boldsymbol{v}_{ri}=\boldsymbol{v}_C\cdot m\boldsymbol{v}_{rC}=0$（因 $\boldsymbol{v}_{rC}=0$），所以式（a）成为

$$T=\frac{mv_C^2}{2}+\frac{1}{2}\sum m_iv_{ri}^2 \tag{13-17}$$

即质点系的动能等于随同其质心平移的动能与相对于其质心运动的动能之和。这就是**柯尼希定理**（Koenig theorem）。

下面计算刚体运动时的动能。

1. 刚体作平移

刚体平移时，在同一瞬时，所有各点的速度都等于刚体平移的速度 $\boldsymbol{v}$，因此，平移刚体的动能为

$$T=\sum\frac{1}{2}m_iv_i^2=\sum\frac{1}{2}m_iv^2=\frac{v^2}{2}\sum m_i=\frac{mv^2}{2} \tag{13-18}$$

其中 $$m=\sum m_i$$

式中：m 为整个刚体的质量。

2. 刚体作定轴转动

设刚体绕固定轴 z 转动，角速度为 ω，则与 z 轴相距 ρ_i 的一点的速度为 $v_i=\rho_i\omega$，因此，定轴转动刚体的动能为

$$T=\sum\frac{1}{2}m_iv_i^2=\frac{1}{2}\sum m_i\rho_i^2\omega^2=\frac{\omega^2}{2}\sum m_i\rho_i^2=\frac{1}{2}J_z\omega^2 \tag{13-19}$$

其中 $$J_z=\sum m_i\rho_i^2$$

式中：J_z 为刚体对于 z 轴的转动惯量。

3. 刚体作平面运动

将刚体的平面运动看作随同质心 C 的平移与绕着通过质心且垂直于运动平面的 Cz' 轴的转动的合成，利用柯尼希定理求动能。设质心速度为 $\boldsymbol{v}_C$，刚体的角速度为 ω，则与 Cz' 轴相距 ρ_i' 的一点相对于质心运动的速度 $v_{ri}=\rho_i'\omega$，代入式（13－17），得平面运动刚体的动能

$$T=\frac{1}{2}mv_C^2+\frac{1}{2}J_C\omega^2 \tag{13-20}$$

式中：m 为刚体的质量；J_C 为刚体对于**通过质心**且垂直于运动平面的 Cz' 轴的转动惯量。

请考虑：如果选取质心以外的任一点 O 作基点，将平面运动看作随同 O 点的平移与绕着 O 点的转动的合成，动能是否可以写成 $T=\frac{1}{2}mv_O^2+\frac{1}{2}J_O\omega^2$？

设 I 为平面运动刚体的速度瞬心，则 $v_C=IC\cdot\omega$，代入式（13－20），并利用转动惯量的平行轴定理，得

$$T=\frac{1}{2}J_I\omega^2 \tag{13-21}$$

式中：J_I 为刚体对于通过速度瞬心且垂直于运动平面的 Iz' 轴的转动惯量。

13.3　动　能　定　理

13.3.1　质点系的动能定理

设质点系由 n 个质点组成，其中任一质点 M_i 的质量为 m_i，速度为 $\boldsymbol{v}_i$，作用于 M_i 的所有力的合力为 $\boldsymbol{F}_i$。由自然轴系形式的运动微分方程，得

$$m_i\frac{\mathrm{d}v_i}{\mathrm{d}t}=F_{ti}$$

式中：F_{ti} 为 $\boldsymbol{F}_i$ 在 M_i 点切线方向上的投影。

上式两边分别乘以 $v_i\mathrm{d}t=\mathrm{d}s_i$，得

$$m_iv_i\mathrm{d}v_i=F_{ti}\mathrm{d}s_i$$

即 $$\mathrm{d}\left(\frac{1}{2}m_iv_i^2\right)=\delta W_i$$

对每一质点写出这样一个方程，然后相加，得

$$\sum\mathrm{d}\left(\frac{m_iv_i^2}{2}\right)=\sum\delta W_i$$

其中$\sum \mathrm{d}\left(\frac{m_i v_i^2}{2}\right)=\mathrm{d}\sum\frac{m_i v_i^2}{2}=\mathrm{d}T$，是质点系动能的全微分，于是上式成为

$$\mathrm{d}T=\sum \delta W_i \tag{13-22}$$

这是质点系**动能定理的微分形式**。两边求积分，积分的上、下限对应于质点系的第二位置及第一位置，得

$$T_2-T_1=\sum W_i \tag{13-23}$$

即当质点系从第一位置运动到第二位置时，质点系动能的改变等于所有作用于质点系的力的功之和。这是质点系的**动能定理的积分形式**，即常说的**动能定理**（theorem of the kinetic energy of a system of particles）。

注意，在方程式（13-22）及方程式（13-23）中，力的功包括作用于质点系的**所有的力**的功。如果将作用于质点系的力分为主动力与约束力，则包括主动力与约束力的功。若质点系所受的约束都是理想约束，则对应的约束力不作功，方程中只包括主动力的功。

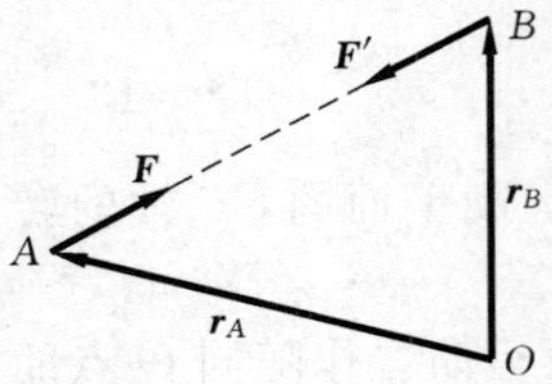

图 13-6

如果将作用于质点系的力分为外力与内力，则方程中包括所有外力与内力的功。内力虽然是成对出现的，但它们的功之和一般并不等于零。例如，蒸汽机车汽缸中的蒸汽压力，自行车刹车时闸块对钢圈作用的摩擦力，对机车或自行车来说，都是内力，它们的功之和都不等于零，所以才能使机车加速运动，使自行车减慢乃至停止运动。但是，也有一些内力的功之和等于零。下面就一般情况进行讨论。

在质点系中任取两质点A、B，其矢径分别为$\boldsymbol{r}_A$及$\boldsymbol{r}_B$（图 13-6）。设两质点相互作用的力（即内力）为$\boldsymbol{F}$及$\boldsymbol{F}'$，$\boldsymbol{F}'=-\boldsymbol{F}$。当质点$A$及$B$各发生位移$\mathrm{d}\boldsymbol{r}_A$及$\mathrm{d}\boldsymbol{r}_B$时，内力$\boldsymbol{F}$及$\boldsymbol{F}'$的功之和为

$$\begin{aligned}\boldsymbol{F}\cdot\mathrm{d}\boldsymbol{r}_A+\boldsymbol{F}'\cdot\mathrm{d}\boldsymbol{r}_B&=\boldsymbol{F}\cdot\mathrm{d}\boldsymbol{r}_A-\boldsymbol{F}\cdot\mathrm{d}\boldsymbol{r}_B=\boldsymbol{F}\cdot(\mathrm{d}\boldsymbol{r}_A-\mathrm{d}\boldsymbol{r}_B)\\&=\boldsymbol{F}\cdot\mathrm{d}(\boldsymbol{r}_A-\boldsymbol{r}_B)=\boldsymbol{F}\cdot\mathrm{d}(\boldsymbol{BA})\end{aligned}$$

其中$\mathrm{d}(\boldsymbol{BA})$是矢量$\boldsymbol{BA}$的改变，包括大小的改变和方向的改变。前一改变与$\boldsymbol{BA}$共线，数值可用$\mathrm{d}(BA)$表示；后一改变垂直于$\boldsymbol{BA}$。乘积$\boldsymbol{F}\cdot\mathrm{d}(\boldsymbol{BA})=\pm F\mathrm{d}(BA)$，一般不等于零，可见**内力的功之和一般不等于零**。但若$\mathrm{d}(BA)=0$，即A、B两点间的距离保持不变，则内力的功之和等于零。由此可知，**刚体内各质点相互作用的内力的功之和恒等于零**；不可伸长的绳索内的力的功之和、连接两刚体的光滑铰处的力的功之和、连接刚体的无重刚杆的约束力的功之和都等于零。在应用动能定理时，这些力的功都不需考虑。

例如，图 13-7（a）所示系统中，内壁上刻有螺纹槽的圆筒作定轴转动，质点M可沿光滑螺纹槽下滑，设质点与槽之间相互作用的约束力为$\boldsymbol{F}_{\mathrm{N}}$和$\boldsymbol{F}'_{\mathrm{N}}$（沿槽法线方向），则它们的功之和为$\delta W=\boldsymbol{F}_{\mathrm{N}}\cdot\mathrm{d}\boldsymbol{r}_M+\boldsymbol{F}'_{\mathrm{N}}\cdot\mathrm{d}\boldsymbol{r}'_M$，因$\boldsymbol{F}'_{\mathrm{N}}=-\boldsymbol{F}_{\mathrm{N}}$，$\mathrm{d}\boldsymbol{r}_M=\mathrm{d}\boldsymbol{r}_{\mathrm{e}}+\mathrm{d}\boldsymbol{r}_{\mathrm{r}}$，而$\mathrm{d}\boldsymbol{r}_{\mathrm{e}}=\mathrm{d}\boldsymbol{r}_{M'}$，所以$\delta W=\boldsymbol{F}_{\mathrm{N}}\cdot\mathrm{d}\boldsymbol{r}_{\mathrm{r}}=0$，即质点与槽之间的相互作用力的功之和为零。再如，图 13-8（a）所示系统中，物块A、B之间有摩擦力，当$v_A\neq v_B$时，不妨设$v_B>v_A$，摩擦力$\boldsymbol{F}$和$\boldsymbol{F}'$如图 13-8（b）、（c）所示，则它们的功之和为$W=Fs_A-F's_B=-F(s_B-s_A)=-Fs_{\mathrm{r}}$，$s_{\mathrm{r}}$为$A$、$B$两物块之间相对位移的大小。可见，两物体之间

有相对滑动时，摩擦力在其相对位移上作负功。

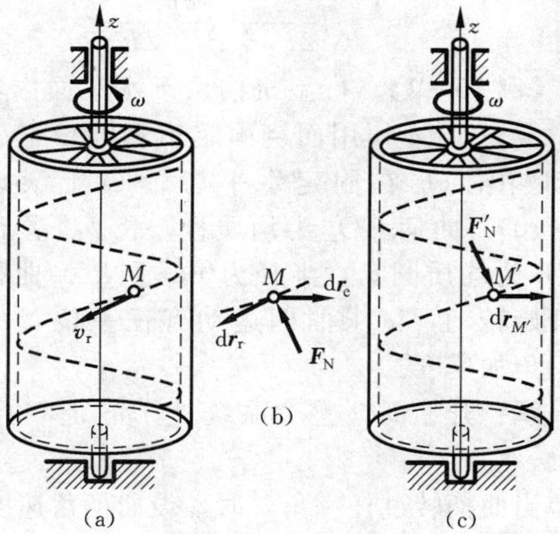

图 13－7

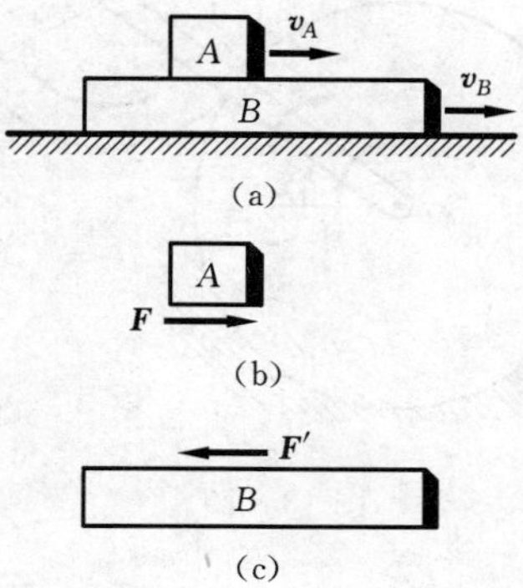

图 13－8

【例 13－1】 不可伸长的绳子，绕过半径为 r 的均质滑轮 B，一端悬挂物体 A，另一端连接于放在光滑水平面上的物块 C；物块 C 又与一端固定于墙壁的弹簧相连（图 13－9）。已知物体 A 重 P_1，滑轮 B 重 P_2，物块 C 重 P_3，弹簧刚度系数为 k，绳子与滑轮之间无滑动。设系统原来静止于平衡位置，现给 A 以向下的初速度 $\boldsymbol{v}_{A0}$，求 A 下降一段距离 h 时的速度。滑轮轴处的摩擦不计。

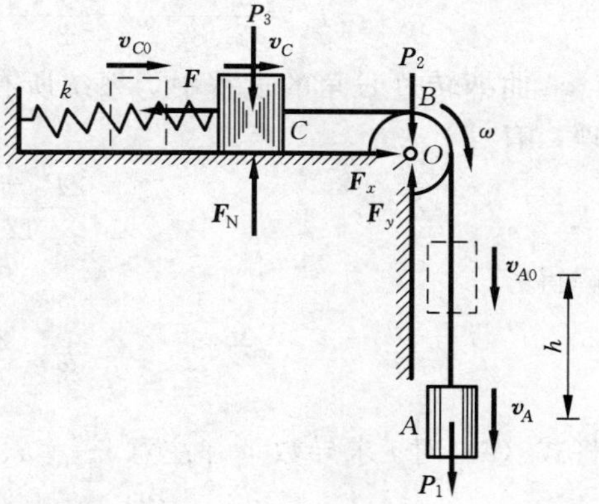

图 13－9

解： 求速度大小与位置之关系，选用动能定理求解。

系统在运动过程中受力如图，其中弹性力 $F=k(\delta_{st}+h)$，δ_{st} 是弹簧的静伸长，分析物块 C 在平衡位置的受力情况，得 $k\delta_{st}=P_1$。设物体 A 下降 h 时的速度为 $\boldsymbol{v}_A$，因绳子不可伸长、绳子与滑轮之间无滑动，所以滑轮 B 的角速度 $\omega=\dfrac{v_A}{r}$，物块 C 的速度 $v_C=v_A$。系统在 A 下降 h 时（第二位置）的动能为

$$T_2=\frac{P_1}{2g}v_A^2+\frac{1}{2}\cdot\frac{P_2r^2}{2g}\left(\frac{v_A}{r}\right)^2+\frac{P_3}{2g}v_A^2=\frac{v_A^2}{4g}(2P_1+P_2+2P_3)$$

同理，系统在初始位置（第一位置）的动能为

$$T_1=\frac{v_{A0}^2}{4g}(2P_1+P_2+2P_3)$$

系统从第一位置运动到第二位置所有的力所作的功之和为

$$\sum W_i=P_1h+\frac{k}{2}[\delta_{st}^2-(\delta_{st}+h)^2]=-\frac{k}{2}h^2$$

由动能定理 $T_2-T_1=\sum W_i$，解得

$$v_A=\sqrt{\frac{v_{A0}^2-2kgh^2}{2P_1+P_2+2P_3}}$$

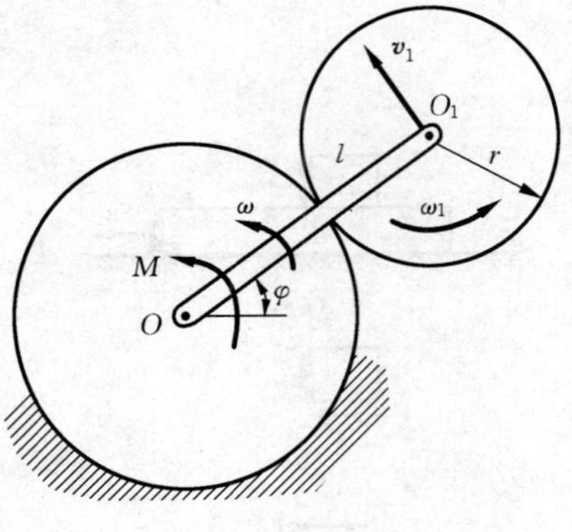

图 13-10

【例 13-2】 行星机构位于水平面内，曲柄 OO_1 受力矩 M 作用而绕固定铅直轴 O 转动，并带动齿轮 O_1 在固定水平齿轮 O 上滚动（图 13-10）。曲柄 OO_1 为均质杆，长 l，重 P_1；齿轮 O_1 为均质圆盘，半径为 r，重 P_2。曲柄由静止开始转动，试求曲柄运动到任一位置的角速度、角加速度。

解： 开始时，整个系统处于静止，所以 $T_1=0$。

当曲柄转过任一角 φ 时，设曲柄角速度为 ω，则动齿轮中心 O_1 的速度 $v_1=l\omega$，动齿轮转动的角速度 $\omega_1=\frac{v_1}{r}=\frac{l}{r}\omega$，此时系统的动能为

$$T_2=\frac{1}{2}\frac{P_1l^2}{3g}\omega^2+\frac{1}{2}\frac{P_2}{g}v_1^2+\frac{1}{2}\frac{P_2r^2}{2g}\omega_1^2=\frac{2P_1+9P_2}{12g}l^2\omega^2$$

曲柄转过 φ 角的过程中，系统所有的力所作的功之和为 $\sum W_i=M\varphi$。根据动能定理，有

$$\frac{2P_1+9P_2}{12g}l^2\omega^2=M\varphi \tag{a}$$

解得

$$\omega=\frac{2}{l}\sqrt{\frac{3gM\varphi}{2P_1+9P_2}}$$

将式（a）对 t 求导数，并注意 $\frac{d\omega}{dt}=\alpha$、$\frac{d\varphi}{dt}=\omega$，得

$$\alpha=\frac{6gM}{(2P_1+9P_2)l^2}$$

13.3.2 功率方程

将动能定理的微分形式即式（13-22）改写成

$$dT=\sum \boldsymbol{F}_i\cdot d\boldsymbol{r}_i=\sum \boldsymbol{F}_i\cdot \boldsymbol{v}_i dt$$

两边除以 dt，注意 $\boldsymbol{F}_i\cdot\boldsymbol{v}_i=P_i$ 是功率，得

$$\frac{dT}{dt}=\sum P_i \tag{13-24}$$

这就是**功率方程**（power equation）。

方程式（13-24）右边包括所有作用于质点系的力的功率。就机器而言，则包括：输入功率 $P_{入}$，即作用于机器的主动力（如电机的转矩）的功率；输出功率 $P_{出}$，即有用阻力（如机床加工时工件作用于机床的力）的功率；损耗功率 $P_{损}$，即无用阻力（如摩擦力）的功率。后两者显然应取负值，式（13-24）成为

$$\frac{dT}{dt}=P_{入}-P_{出}-P_{损} \tag{13-25}$$

这是机器的**功率方程**，它表明机器动能的变化与各种功率之关系。机器起动时，$\frac{dT}{dt}>0$，必须 $P_{入}>P_{出}+P_{损}$；平稳运转时，$\frac{dT}{dt}=0$，应有 $P_{入}=P_{出}+P_{损}$；停车时，$P_{入}=0$，如机器同时停止工作，则 $P_{出}=0$，$\frac{dT}{dt}<0$，表明机器受到无用阻力的作用而逐渐停止运转。

13.3.3　质点相对运动的动能定理

将质点相对运动动力学方程式（10-6）改写为

$$m\frac{\tilde{d}\boldsymbol{v}_r}{dt}=\boldsymbol{F}+\boldsymbol{F}_{Ie}+\boldsymbol{F}_{IC} \tag{a}$$

其中$\frac{\tilde{d}\boldsymbol{v}_r}{dt}$是 $\boldsymbol{v}_r$ 对 t 的相对导数。将上式的两边投影到相对轨迹的切线上，得自然轴系形式的相对运动微分方程

$$m\frac{\tilde{d}v_r}{dt}=F_t+F_{Ie}^t+F_{IC}^t \tag{b}$$

两边分别乘以 $v_r dt=ds'$（其中 s'是相对运动弧坐标），得

$$mv_r\tilde{d}v_r=F_t ds'+F_{Ie}^t ds'+F_{IC}^t ds' \tag{c}$$

式（c）左边 $mv_r\tilde{d}v_r=\tilde{d}\left(\frac{mv_r^2}{2}\right)$是质点在相对运动中的动能，而右边各项是作用于质点的力 $\boldsymbol{F}$ 及惯性力 $\boldsymbol{F}_{Ie}$和 $\boldsymbol{F}_{IC}$在相对运动中的元功。因 $\boldsymbol{a}_C\perp\boldsymbol{v}_r$，所以 $\boldsymbol{F}_{IC}\perp\boldsymbol{v}_r$，即 $\boldsymbol{F}_{IC}$与相对运动轨迹相垂直，因此 $\boldsymbol{F}_{IC}$的元功等于零，式（c）成为

$$\tilde{d}\left(\frac{mv_r^2}{2}\right)=\delta W+\delta W_e \tag{13-26}$$

沿相对轨迹积分，得

$$\frac{1}{2}mv_{r2}^2-\frac{1}{2}mv_{r1}^2=W+W_e \tag{13-27}$$

即质点在相对运动中的动能的改变，等于作用于质点的力及牵连惯性力在相对位移中的功之和。

【例 13-3】　光滑细管 AB 弯成半径为 R 的半圆形，以匀角速 ω 绕铅直轴 z 转动（图 13-11）。质量为 m 的质点 M 自初位置 M_0 开始，沿管向下运动，且 $v_{r0}=0$，求 v_r 随位置变化的规律。

解：用角 φ 表示质点相对管的位置，初瞬时 $\varphi=\varphi_0$。因求 v_r 与位置 φ 之关系，故用质点相对运动动能定理求解。

实际作用于质点的力有重力及管壁的约束力。管壁约束力始终与相对路径垂直，不作功，而重力的功为

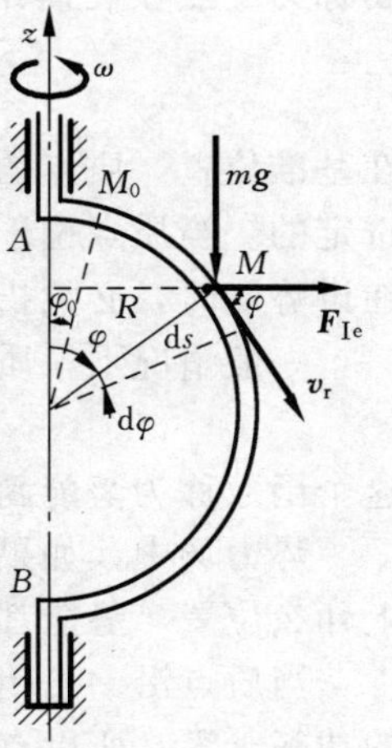

图 13-11

$$W=mg(R\cos\varphi_0-R\cos\varphi)$$

牵连惯性力的功为

$$W_e=\int F_{Ie}\cos\varphi ds=\int_{\varphi_0}^{\varphi} m(R\sin\varphi)\omega^2\cos\varphi\cdot R d\varphi=\frac{m}{2}R^2\omega^2(\sin^2\varphi-\sin^2\varphi_0)$$

由式（13－27）有

$$\frac{1}{2}mv_r^2=mgR(\cos\varphi_0-\cos\varphi)+\frac{m}{2}R^2\omega^2(\sin^2\varphi-\sin^2\varphi_0)$$

解得

$$v_r=\sqrt{2gR(\cos\varphi_0-\cos\varphi)+R^2\omega^2(\sin^2\varphi-\sin^2\varphi_0)}$$

13.4 势力场 势能 机械能守恒定理

13.4.1 势力场

设有一部分空间（有限大或无限大），当质点占据其中任一位置时，都受到一个大小和方向完全由所在位置确定的力作用，则这部分空间称为**力场**（force field）。例如，质点在地面附近受到重力作用，而重力的大小和方向完全由质点的位置确定，所以地面附近的空间称为重力场。用弹簧系住一质点，当质点运动时，就受到弹性力的作用，而弹性力的大小和方向也完全由质点的位置确定，所以在弹性极限内弹簧所能达到的空间称为弹性力场。

质点在力场中运动时，如果作用于质点的力所作的功只与质点的起始位置及终了位置有关，而与质点运动的路径无关，则该力场称为**势力场**（potential field）。质点在势力场中所受的力称为**有势力**（conservative force）。由13.1节知，重力、弹性力的功都与质点运动路径无关，所以重力、弹性力都是有势力，重力场、弹性力场都是势力场。

13.4.2 势能

在势力场中，当质点从某一位置 M 运动到任选的基准位置 M_0，有势力 $\boldsymbol{F}$ 所作的功称为质点在位置 M 相对于基准位置 M_0 的势能（potential energy）。用 V 表示为

$$V=\int_M^{M_0}\boldsymbol{F}\cdot d\boldsymbol{r}=\int_M^{M_0}(F_x dx+F_y dy+F_z dz) \tag{13-28}$$

在基准位置，质点的势能等于零，因此基准位置又称为**零位置**。注意，零位置是任意选定的。当质点位于某一确定位置时，选取不同的零位置，势能一般将不相同，所以在讲势能时，必须指明零位置才有意义。

一般情况下，质点的势能可表示为质点坐标的单值连续函数，即

$$V=V(x,y,z) \tag{13-29}$$

这个函数称为**势能函数**。

势力场中，如果 $V(x,y,z)$＝常量，则此方程代表一个曲面，不论质点位于该面上什么位置，势能都相等，这个面称为**等势面**（equipotential surfaces）。

当质点沿一条闭合的路径曲线运动一周（由 M 出发又回到 M）时，有势力所作的功等于零。所以有势力又称为**保守力**，势力场又称为**保守力场**。

如果一个质点系位于势力场中某一位置，则各质点的势能之总和就是质点系在该

位置的势能，它是各质点位置坐标的单值连续函数，即

$$V(x_1,y_1,z_1,\cdots,x_n,y_n,z_n)=\sum\int_{M_i}^{M_{0i}}(F_{ix}\,dx_i+F_{iy}\,dy_i+F_{iz}\,dz_i) \quad (13-30)$$

下面计算二种常见的势能。

1. 重力场

任取一坐标原点，z 轴铅直向上，由式（13－9）得质点系在任一位置的势能

$$V=P(z_C-z_{C0})=\pm Ph \quad (13-31)$$

其中 z_C 及 z_{C0} 分别为质点系在给定位置及零位置时重心的坐标，$h=|z_C-z_{C0}|$ 是在两位置时重心的高度差。正负号视给定位置重心在零位置重心之上或之下而定。由此可见，重力场中的等势面是水平面。

2. 弹性力场

以弹簧自然长度末端为零位置，质点在指定位置时弹簧的伸长（或缩短）为 δ，由式（13－10），令 $\delta_1=\delta$，$\delta_2=0$，得质点在指定位置的势能

$$V=\frac{k\delta^2}{2} \quad (13-32)$$

事实上，任何弹性体变形时都具有势能，且计算势能的公式都与式（13－32）相似。例如，设一弹性杆的扭转刚度（扭转一弧度所需的力矩）为 k（N·m/rad），则在扭转角为 φ（rad）时，该杆的势能（以扭转角 $\varphi=0$ 的位置为零位置）为 $V=\frac{k\varphi^2}{2}$。

质点系在势力场中运动时，有势力所作的功还可用势能来计算。设质点系由第一位置运动到第二位置时，质点 M_i 由 M_{i1} 运动到 M_{i2}。因有势力所作的功与其作用点运动的路径无关，所以 M_i 的运动可以看成：先从 M_{i1} 运动到势能零位置 M_{i0}，再运动到 M_{i2}。有势力所作的功为

$$\begin{aligned}W_{1\to2}&=\sum\int_{M_{i1}}^{M_{i2}}(F_{ix}\,dx_i+F_{iy}\,dy_i+F_{iz}\,dz_i)\\&=\sum\int_{M_{i1}}^{M_{i0}}(F_{ix}\,dx_i+F_{iy}\,dy_i+F_{iz}\,dz_i)+\sum\int_{M_{i0}}^{M_{i2}}(F_{ix}\,dx_i+F_{iy}\,dy_i+F_{iz}\,dz_i)\\&=\sum\int_{M_{i1}}^{M_{i0}}(F_{ix}\,dx_i+F_{iy}\,dy_i+F_{iz}\,dz_i)-\sum\int_{M_{i2}}^{M_{i0}}(F_{ix}\,dx_i+F_{iy}\,dy_i+F_{iz}\,dz_i)\\&=V_1-V_2\end{aligned} \quad (13-33)$$

即有势力所作的功等于质点系在运动过程中的起始位置与终了位置的势能的差。

13.4.3　机械能守恒定理

设质点系运动时只受到有势力的作用（或同时受到不做功的约束力的作用），当质点系从第一位置运动到第二位置时，根据动能定理应有

$$T_2-T_1=W$$

由式（13－33）知，$W=V_1-V_2$，代入上式得

$$T_1+V_1=T_2+V_2 \quad (13-34)$$

即质点系受有势力作用而运动时，在任意两位置的动能与势能之和相等。因为这关系对于任意两位置都成立，所以可写成

$$T+V=\text{常量} \quad (13-35)$$

即质点系在势力场中运动时，其动能与势能之和保持不变。质点系的动能与势能之和称为质点系的机械能，此结论称为**机械能守恒定理**（theorem of conservation of mechanical energy）。

根据这一定理，质点系在势力场中运动时，动能与势能可以互相转换。动能的减少（或增加），必然伴随着势能的增加（或减少），而且减少和增加的量相等，机械能保持不变，这样的系统称为**保守系统**（conservative system）。

机械能守恒定理是普遍的能量守恒定律的一个特殊情况。能量守恒定律表明，能量不会消失，也不能创造，而只能从一种形式转换为另一种形式。如运动着的物体由于受摩擦阻力的作用而减小速度，是动能转换成了热能；水流冲击水轮机带动发电机发电，是动能转换成了电能；电动机带动机器运转，则是电能转换成了机械能，等等。在这里，机械能改变了，但机械能与热能、电能等的总和则保持不变。

【例 13-4】 重量 $W=30\text{kN}$ 的物体悬于钢索下端，以匀速 $v_0=2\text{m/s}$ 下降，若卷筒突然刹车，求钢索的最大伸长。设钢索每伸长 10mm 需力 20kN。

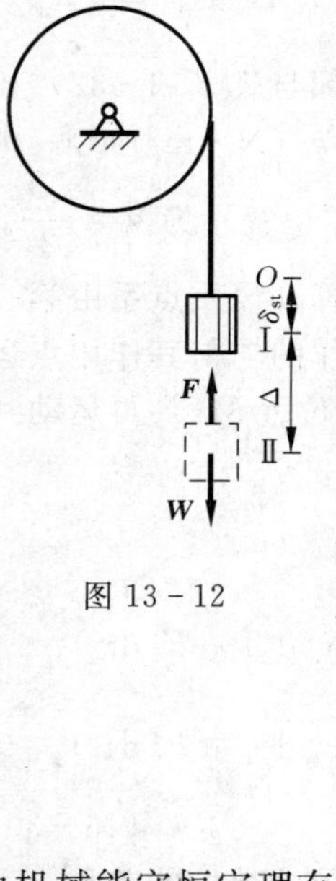

图 13-12

解：因为物体只受有势力（重力 $\boldsymbol{W}$、钢索的拉力 $\boldsymbol{F}$）作用，所以可用机械能守恒定理求解。

物体匀速下降时处于平衡状态，钢索已有静伸长 δ_{st}，钢索的刚度系数 $k=\dfrac{20\times10^3}{10\times10^{-3}}=2\times10^6\text{N/m}$。由平衡条件 $k\delta_{st}=W$，得 $\delta_{st}=\dfrac{W}{k}=0.015\text{m}$。卷筒刹车后，物体继续下降，钢索继续伸长，钢索的拉力增大，而物体的速度减小。当速度为零时，钢索的伸长量达到最大 δ_{max}。设钢索因卷筒刹车伸长 Δ（图 13-12）。

选Ⅰ位置为平衡位置（对应于卷筒刹车瞬时），Ⅱ位置为钢索伸长最大的位置。重力势能零位置选在Ⅰ位置，弹性势能零位置选在弹簧自然长度末端，则

$$T_1=\frac{1}{2}\frac{W}{g}v_0^2,V_1=\frac{k}{2}\delta_{st}^2$$

$$T_2=0,V_2=\frac{k}{2}(\delta_{st}+\Delta)^2-W\Delta$$

由机械能守恒定理有

$$\frac{1}{2}\frac{W}{g}v_0^2+\frac{k}{2}\delta_{st}^2=\frac{k}{2}(\delta_{st}+\Delta)^2-W\Delta$$

解得 $\Delta=v_0\sqrt{\dfrac{W}{kg}}=0.078\text{m}$（是 δ_{st} 的 5.2 倍），钢索的最大伸长 $\delta_{max}=\delta_{st}+\Delta=0.093\text{m}$。

*13.4.4 用势能对坐标的偏导数表示有势力

设质点由 $M(x, y, z)$ 运动到 $M'(x+\mathrm{d}x, y+\mathrm{d}y, z+\mathrm{d}z)$，则有势力所作的功为

$$\delta W=F_x\mathrm{d}x+F_y\mathrm{d}y+F_z\mathrm{d}z \tag{a}$$

由式（13－33）知，$\delta W=V(x,y,z)-V(x+\mathrm{d}x,y+\mathrm{d}y,z+\mathrm{d}z)=-\mathrm{d}V$，代入式（a）得

$$F_x\mathrm{d}x+F_y\mathrm{d}y+F_z\mathrm{d}z=-\mathrm{d}V \tag{b}$$

而由高等数学知，势能的全微分为

$$\mathrm{d}V=\frac{\partial V}{\partial x}\mathrm{d}x+\frac{\partial V}{\partial y}\mathrm{d}y+\frac{\partial V}{\partial z}\mathrm{d}z \tag{c}$$

比较式（b）与式（c），得

$$F_x=-\frac{\partial V}{\partial x},F_y=-\frac{\partial V}{\partial y},F_z=-\frac{\partial V}{\partial z} \tag{13-36}$$

即作用于质点的有势力在各坐标轴上的投影，等于势能对于相应坐标的偏导数冠以负号。

13.5 普遍定理的综合应用

从前面关于普遍定理的讨论可知，虽然各定理都是由质点运动微分方程导出的，研究的都是质点系运动的变化与所受的力之间的关系，但却各有特点。例如，动量定理和动量矩定理都反映了速度矢的变化，而动能定理只反映了速度大小的变化；动量定理和动量矩定理都只涉及外力（包括主动力和约束力），与内力无关，而动能定理则涉及所有作功的力，不论其为内力或外力、主动力或约束力。对于具体问题，有些可用其中一个定理求解，有些则要同时应用几个定理求解。通常，须要根据质点系的受力情况、约束情况、可能的运动、给定的条件及要求的未知量，结合各定理的特点，进行综合分析，才能确定用什么定理求解，或用什么定理求解较为简便。因此，我们必须首先对各定理有较透彻的了解，弄清楚什么样的问题宜用什么定理求解，再进一步掌握各定理的综合应用。

【例 13－5】 绕在鼓轮 C 上的绳子，分别连结物块 A 及 B（图 13－13）。已知 A、B、C 的质量分别为 m_1、m_2、m_3，鼓轮对转动轴的惯性半径为 ρ，绳子通过 B 的质心。所有的摩擦都不计。求物块 A 的加速度及轮轴 O 处的约束力。

解：（1）系统受力如图 13－13（a）所示，求 A 的加速度有以下三种方法：①用动能定理或机械能守恒定理求出 A 在任一位置的速度 v_1，对 t 求导数得加速度 a_1；②对 O 点用动量矩定理，由 v_1 对 t 的导数求 a_1；③将 A、B、C 三物体分开考虑，分别写出动力学方程，并找出各有关未知量之间的关系，联立求解。（请考虑，为什么不能用动量定理求 a_1?）下面采用第①种方法求解。

取整个系统为考察对象，选初始位置为第一位置，任一位置为第二位置。设物块 A 从第一位置运动到第二位置下降了 s，在第二位置速度为 $\boldsymbol{v}_1$、加速度为 $\boldsymbol{a}_1$，则鼓轮的角速度为 $\omega=\dfrac{v_1}{r_1}$，物块 B 的速度为 $v_2=\dfrac{v_1 r_2}{r_1}$。

系统在第一位置的动能为 $T_1=T_0$（为一定值），在第二位置的动能为

$$T_2=\frac{1}{2}m_1 v_1^2+\frac{1}{2}m_2 v_2^2+\frac{1}{2}J_O\omega^2=\frac{m_1 r_1^2+m_2 r_2^2+m_3\rho^2}{2r_1^2}v_1^2$$

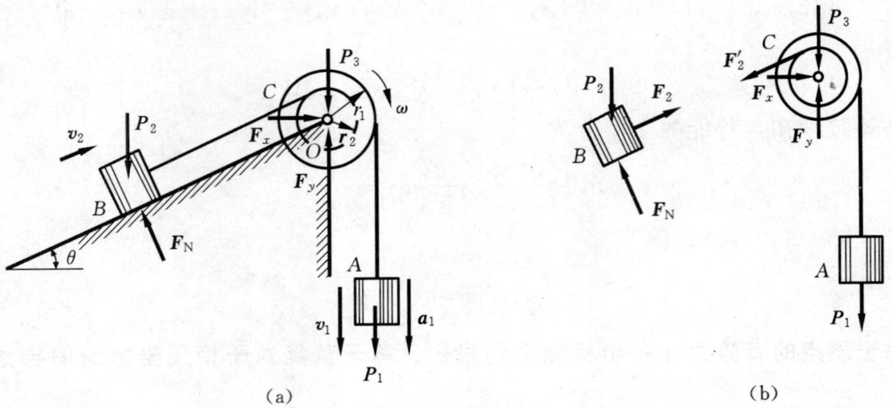

图 13-13

运动过程中只有重力 $\boldsymbol{P}_1$、$\boldsymbol{P}_2$ 作功，$\sum W=P_1 s-P_2\dfrac{sr_2}{r_1}\sin\theta=\dfrac{m_1 r_1-m_2 r_2\sin\theta}{r_1}gs$。

据动能定理，有

$$\frac{m_1 r_1^2+m_2 r_2^2+m_3\rho^2}{2r_1^2}v_1^2-T_0=\frac{m_1 r_1-m_2 r_2\sin\theta}{r_1}gs$$

将上式对时间求一阶导数，并注意$\dfrac{\mathrm{d}v_1}{\mathrm{d}t}=a_1$、$\dfrac{\mathrm{d}s}{\mathrm{d}t}=v_1$，得

$$a_1=\frac{(m_1 r_1-m_2 r_2\sin\theta)r_1}{m_1 r_1^2+m_2 r_2^2+m_3\rho^2}g$$

请读者自己完成其他两种方法，并将三种方法作一比较。

请考虑：如果物块 B 与斜面之间有摩擦，如何用第②种方法求解？

(2) 已知 a_1，可用以下三种方法求轮轴 O 处的约束力 F_x、F_y：①对整个系统应用质心运动定理（此时 $F_N=P_2\cos\theta$ 为已知量）；②分别以 B、A 和 C 为考察对象，应用质心运动定理；③分别写出三个物体的动力学方程，等等。下面采用第②种方法求解，其他方法请读者自己完成。

以 B 为考察对象［示力图见图 13-13 (b)］，有

$$m_2\frac{a_1}{r_1}r_2=F_2-P_2\sin\theta \tag{a}$$

以 A 和 C 为考察对象［示力图见图 13-13 (b)］，有

$$m_1\cdot 0+m_3\cdot 0=F_x-F'_2\cos\theta \tag{b}$$

$$-m_1 a_1+m_3\cdot 0=-P_1-P_3+F_y-F'_2\sin\theta \tag{c}$$

联立求解式 (a)、式 (b) 和式 (c)，得

$$F_x=m_2\left(g\sin\theta+\frac{r_2}{r_1}a_1\right)\cos\theta$$

$$F_y=m_1 g+m_3 g+m_2\left(g\sin\theta+\frac{r_2}{r_1}a_1\right)\sin\theta-m_1 a_1$$

【例 13-6】 在可绕铅直轴 z 转动的圆筒内壁上刻有螺纹槽，螺纹平均半径为 R，导角为 θ（图 13-14），令质量为 m 的质点 M 自 M_0 处无初速度地沿螺纹槽下滑。设

圆筒对转动轴的转动惯量为 J，所有摩擦都不计。求质点下降高度 h 时圆筒的角速度。设圆筒原来是静止的。

解：设质点下降 h 至 M 处时，沿螺纹槽滑动的相对速度为 $\boldsymbol{v}_r$，圆筒转动的角速度为 ω，方向如图所示。这里有 v_r、ω 两个未知量，需建立两个方程才能求解。

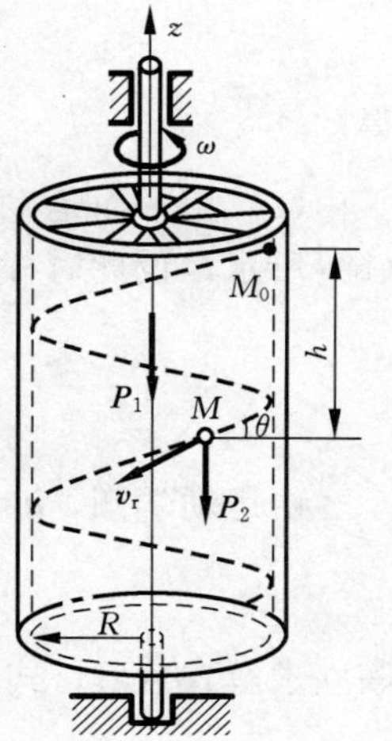

图 13-14

以圆筒和质点为考察对象。不计摩擦，则作用于质点系的外力有圆筒重力 $\boldsymbol{P}_1$、质点重力 $\boldsymbol{P}_2$ 及转动轴支承处的约束力（图 13-14 中未画）。因为重力 $\boldsymbol{P}_1$、$\boldsymbol{P}_2$ 都平行于 z 轴，支承处的约束力都与 z 轴相交，它们对 z 轴的矩都等于零，故质点系对 z 轴的动量矩应守恒。又因运动中只有有势力 $\boldsymbol{P}_2$ 作功，所以质点系的机械能应守恒。

初瞬时，质点系处于静止，对 z 轴的动量矩等于零。由动量矩守恒定理有

$$J\omega+m(R\omega-v_r\cos\theta)R=0 \qquad \text{(a)}$$

初瞬时，$T_1=0$；质点在 M 处时，$T_2=\frac{1}{2}J\omega^2+\frac{m}{2}[(R\omega-v_r\cos\theta)^2+(v_r\sin\theta)^2]$。以质点在 M_0 处时的位置为零位置，则 $V_1=0$，$V_2=-mgh$。由机械能守恒定理有

$$\frac{1}{2}J\omega^2+\frac{m}{2}(R^2\omega^2+v_r^2-2R\omega v_r\cos\theta)-mgh=0 \qquad \text{(b)}$$

联立求解式（a）与式（b），得

$$\omega=mR\cos\theta\sqrt{\frac{2gh}{(J+mR^2)(J+mR^2\sin^2\theta)}}$$

【例 13-7】 均质细长杆长为 l、质量为 m，静止直立于光滑的水平面上。当杆受微小干扰而倒下时，求杆刚刚达到地面时的角速度及地面约束力。

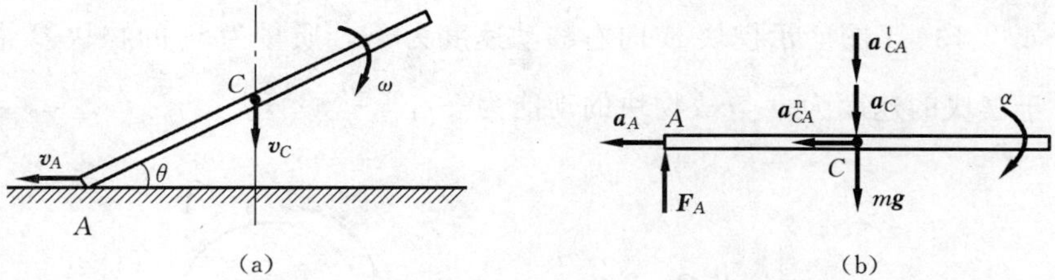

图 13-15

解：杆在倒下的过程中，因水平方向不受力，且初瞬时杆静止，故由质心运动定理知，杆质心在水平方向的位置保持不变，即杆质心铅直下落［图 13-15（a）］。

（1）用动能定理求角速度。设杆刚刚达到地面时质心的速度为 $\boldsymbol{v}_C$、角速度为 ω，由运动学知，此时杆的速度瞬心 I 与点 A 重合，$v_C=\frac{l}{2}\omega$。杆的动能为

$$T_2=\frac{1}{2}mv_C^2+\frac{1}{2}J_C\omega^2=\frac{1}{6}ml^2\omega^2$$

初瞬时 $T_1=0$，在杆倒下的过程中，只有重力作功 $W=mg\,\dfrac{l}{2}$，由动能定理

$$\frac{1}{6}ml^2\omega^2-0=mg\,\frac{l}{2}$$

得

$$\omega=\sqrt{\frac{3g}{l}}$$

（2）用平面运动微分方程求地面约束力。杆刚刚达到地面时受力如图 13-15（b）所示，设此时杆质心的加速度为 $\boldsymbol{a}_C$、角加速度为 α，由平面运动微分方程有

$$ma_C=mg-F_A \tag{a}$$

$$\frac{1}{12}ml^2\alpha=F_A\cdot\frac{l}{2} \tag{b}$$

由运动学知，$\boldsymbol{a}_C=\boldsymbol{a}_A+\boldsymbol{a}_{CA}^{n}+\boldsymbol{a}_{CA}^{t}$，在铅直方向投影，得

$$a_C=a_{CA}^{t}=\alpha\,\frac{l}{2} \tag{c}$$

联立求解式（a）、式（b）和式（c），得

$$F_A=\frac{1}{4}mg$$

思 考 题

13-1 分析下述论点是否正确：

（1）力的功总是等于 $Fs\cos(\boldsymbol{F},\boldsymbol{s})$。

（2）力偶的功的正负号决定于力偶的转向，逆时针转为正，顺时针转为负。

（3）弹性力的功总是等于 $-\dfrac{k}{2}\delta^2$，δ 是弹簧的伸长或缩短。

（4）元功 $\delta W=F_x\mathrm{d}x+F_y\mathrm{d}y+F_z\mathrm{d}z$，在直角坐标轴 x、y、z 上的投影分别为 $F_x\mathrm{d}x$、$F_y\mathrm{d}y$、$F_z\mathrm{d}z$。

（5）如思 13-1 图所示楔块 A 向右移动速度为 v_1，质量为 m 的物块 B 沿斜面下滑，相对于楔块的速度为 v_2，故物块的动能为 $\dfrac{m}{2}v_1^2+\dfrac{m}{2}v_2^2$。

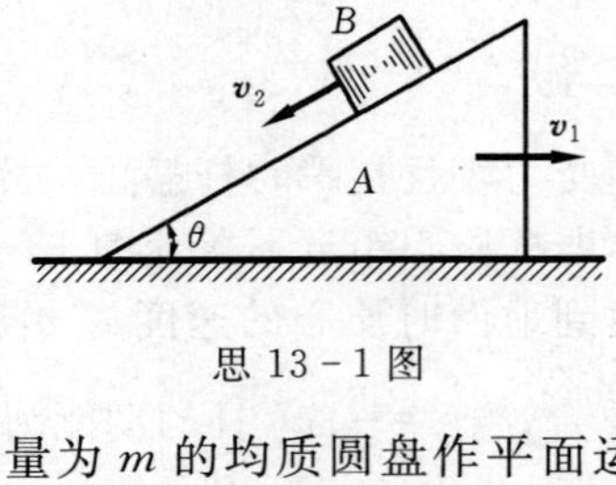

思 13-1 图

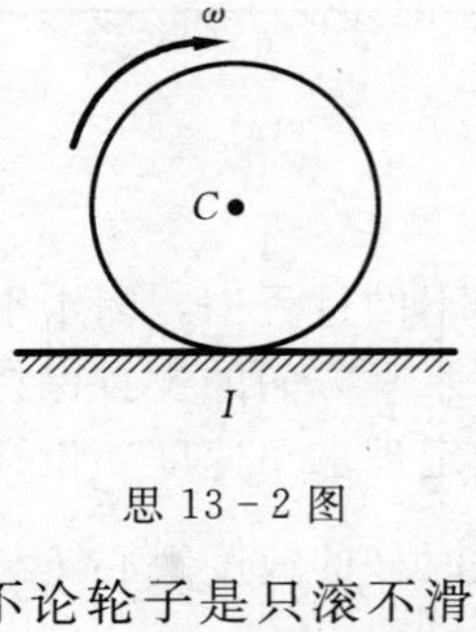

思 13-2 图

13-2 质量为 m 的均质圆盘作平面运动，不论轮子是只滚不滑还是又滚又滑，它的动能总是等于 $\dfrac{1}{2}J_I\omega^2$，对吗？（J_I 为圆盘对通过圆盘与地面接触点 I 而垂直于图

平面的轴的转动惯量）。

13 - 3　一人站在高塔顶上，以大小相同的初速度 v_0 分别沿水平、铅直向上 、铅直向下抛出小球，当这些小球落到地面时，其速度的大小是否相等？空气阻力不计。

13 - 4　设质点系所受外力的主矢量和主矩都等于零。试问该质点系的动量、动量矩、动能、质心的速度和位置会不会改变？质点系中各质点的速度和位置会不会改变？

13 - 5　如思 13 - 5 图所示，长为 l 的软绳和刚杆下端各悬一小球，分别给予初速度 $\boldsymbol{v}_{01}$ 、$\boldsymbol{v}_{02}$，如果要使小球能各自沿虚线所示的圆周运动，问 $\boldsymbol{v}_{01}$ 、$\boldsymbol{v}_{02}$ 最小应为多少？两者的大小是否相等？为什么？绳、杆的质量不计。

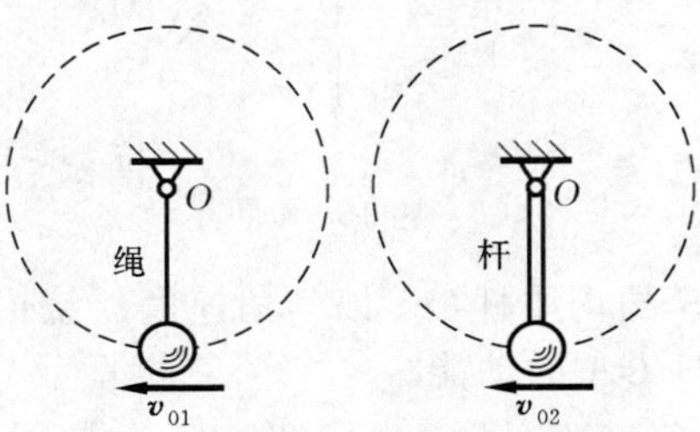

思 13 - 5 图

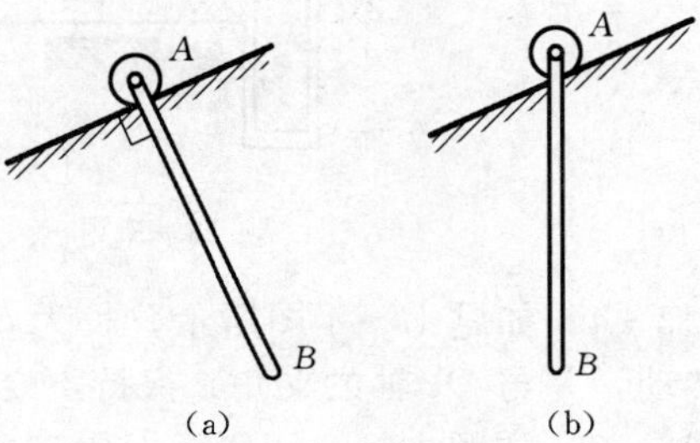

思 13 - 6 图

13 - 6　杆 AB 铰连于小滑轮中心，从图示位置自静止开始运动。试判断：在思 13 - 6 图（a)、(b）两种情况下，杆 AB 各做何种运动。小滑轮质量不计。

习　题

13 - 1　弹簧的自然长度为 OA，刚度系数为 k，使 O 端固定，A 端沿半径为 R 的圆弧运动，如题 13 - 1 图所示求在由 A 到 B 及由 B 到 D 的过程中弹性力所作的功。

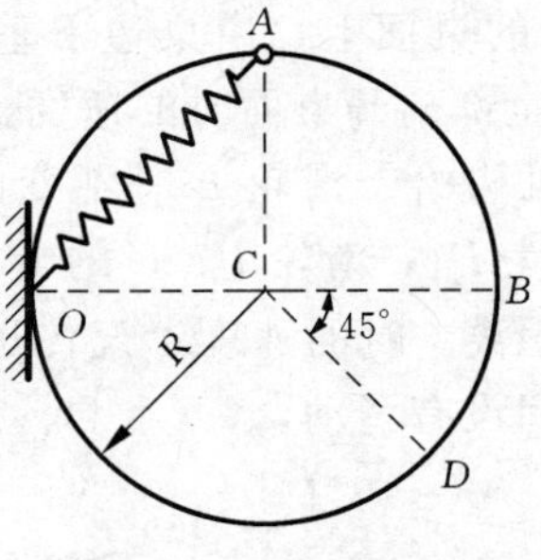

题 13 - 1 图

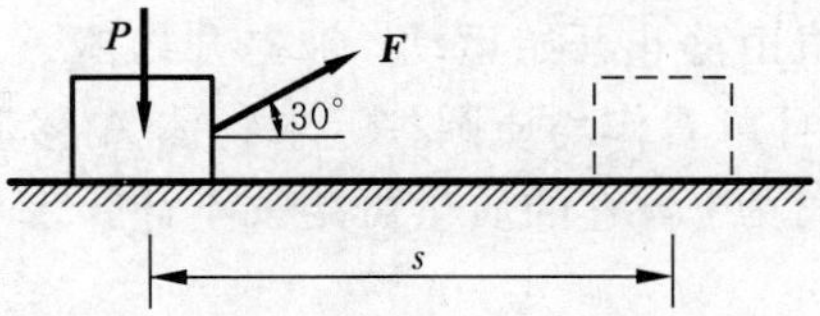

题 13 - 2 图

13 - 2　物块的质量 $m=20\text{kg}$，由力 $\boldsymbol{F}$ 拖曳沿一水平直线运动，如题 13 - 2 图所示。设力 $\boldsymbol{F}$ 为一常力，大小等于 98N，方向与水平线成角 30°，物块与水平面间的动摩擦因数 $f=0.2$。问当物块经过 $s=6\text{m}$ 时，力 $\boldsymbol{F}$、重力 $\boldsymbol{P}$ 及摩擦力所作的功各为若干？若 $\boldsymbol{F}$ 的方向不变，但其大小按 $F=4s$（F 以 N 计，s 以 m 计）的规律变化，它所作的功又为若干？

13-3 题13-3图所示滑道连杆机构中，曲柄 OA 长为 r，以匀角速 ω 绕 O 轴转动，曲柄对转轴的转动惯量为 J_O，滑道连杆的质量为 m，不计滑块 A 的质量，试求此机构的动能，并问 φ 为多大时，动能有最大值与最小值？

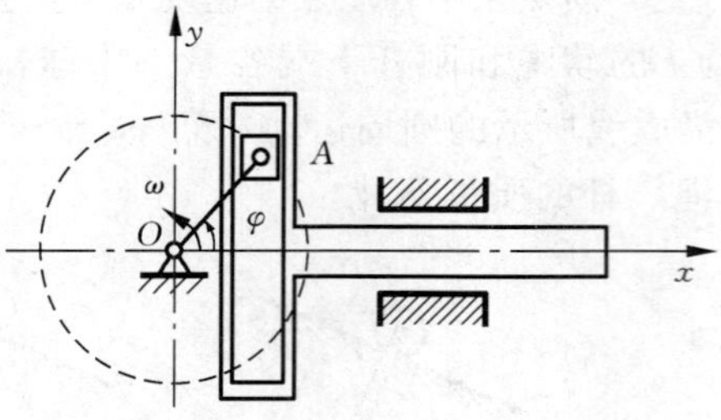

题13-3图

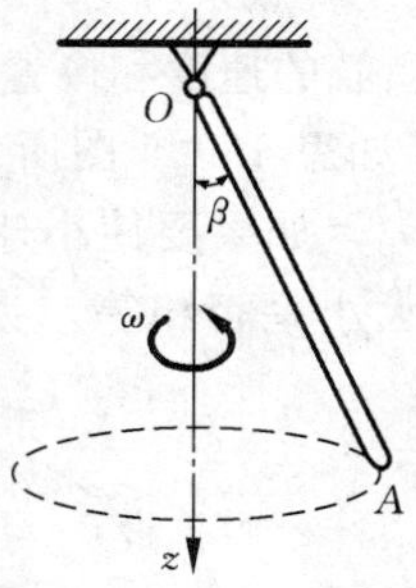

题13-4图

13-4 如题13-4图所示，长为 l、重为 P 的均质杆 OA 以匀角速度 ω 绕铅直轴 Oz 转动，并与 Oz 轴的夹角 β 保持不变，试求杆 OA 的动能。

13-5 如题13-5图所示，履带式推土机前进速度为 $\boldsymbol{v}$。已知车架总重 W_1，两条履带各重 W_2，四轮各重 W_3，半径为 R，其惯性半径为 ρ。试求整个系统的动能。

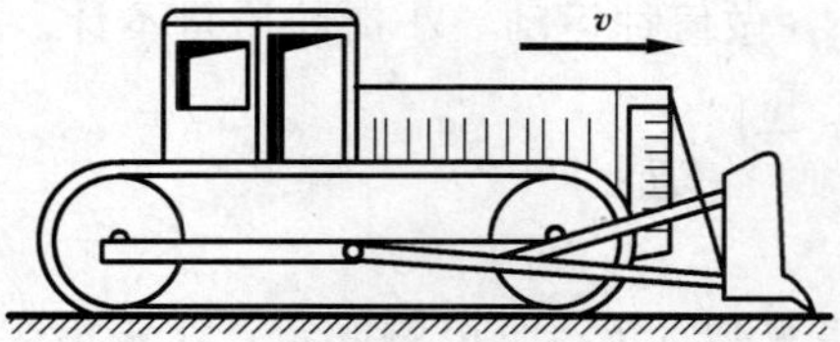

题13-5图

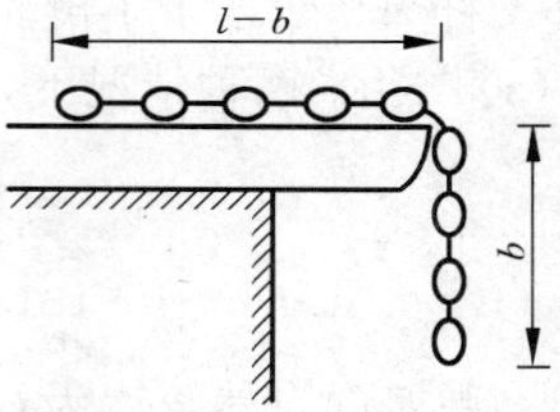

题13-6图

13-6 题13-6图所示铁链长为 l，放在光滑的桌面上，由桌边下垂一长度 b。由于下垂段的作用，铁链自静止开始运动，求铁链全部离开桌面时的速度。

13-7 如题13-7图所示，带传送机的联动机构给予滑轮 B 一不变的转矩 M，使带传送机由静止开始运动。被提升物体 A 的重量为 P_1；滑轮 B、C 的半径为 r，重量为 P_2，且可看作均质圆柱。求物体 A 移动一段距离 s 时的速度。设传送带与水平线所夹之角为 φ，它的质量可略去不计，带与滑轮间没有滑动。

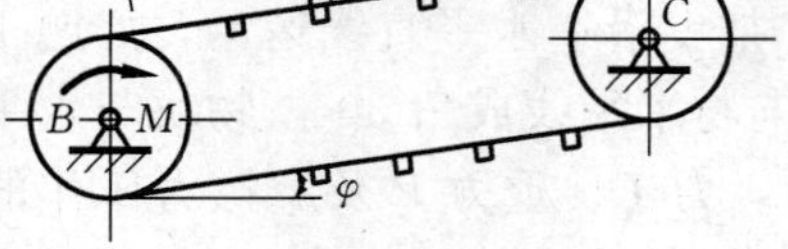

题13-7图

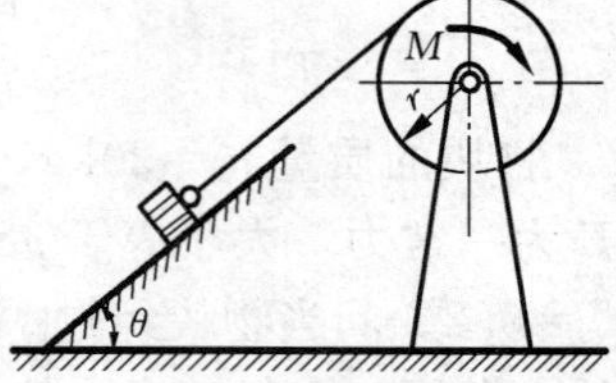

题13-8图

13-8 如题 13-8 图所示，一不变转矩 M 作用在绞车的鼓轮上，轮的半径为 r，重量为 P_1，绕在鼓轮上的吊索拉动重 P 的重物沿着与水平成 θ 角的斜面上升。求绞车的鼓轮在转过 φ 角后的角速度。重物与斜面间的滑动摩擦因数为 f，吊索的质量不计，且鼓轮可看成均质圆柱。开始时系统处于静止状态。

13-9 如题 13-9 图所示，一直角尺 ABC，$BC=2AB=2l$，在 B 处用铰固定。若在 $\theta=0$ 的位置无初速地释放，求运动时右肢 BC 与铅直线的夹角的最大值。

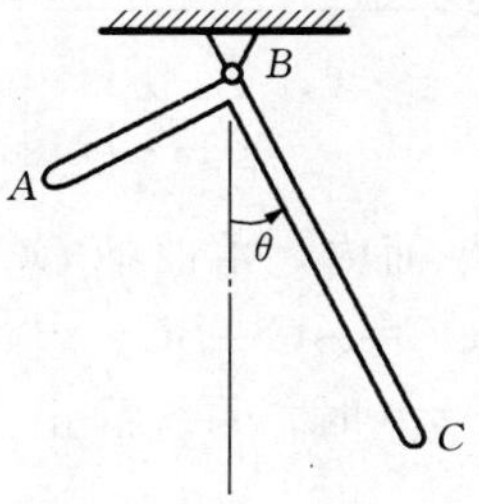

题 13-9 图

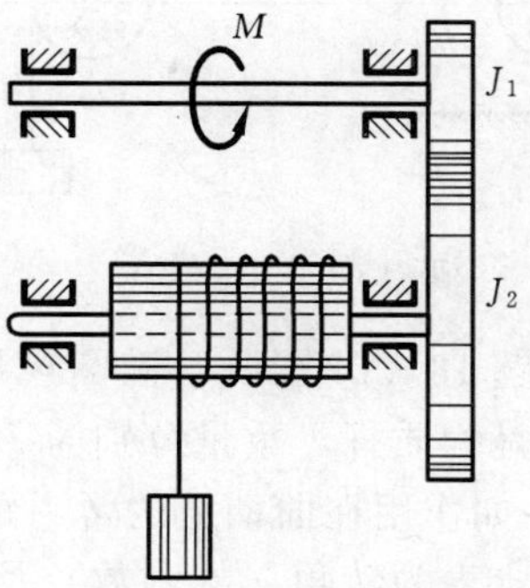

题 13-10 图

13-10 如题 13-10 图所示，在绞车的主动轴上作用一不变的力偶矩 M，以提升一重 P 的物体。已知主动轴及从动轴连同安装在两轴上的齿轮和其他附属零件的转动惯量分别为 J_1 及 J_2；传速比 $\omega_1:\omega_2=K$；吊索绕在半径为 R 的鼓轮上。设轴承的摩擦以及吊索的质量均略去不计，求重物的加速度。

13-11 题 13-11 图所示系统中，当 M 离地面 h 时，系统处于平衡。现给 M 以向下的初速度 $\boldsymbol{v}_0$，使其恰能到达地面，问 $\boldsymbol{v}_0$ 应为若干？已知物体 M 和滑轮 A、B 的重量均为 P，且滑轮可看成均质圆盘。弹簧的刚度系数为 k，绳重不计，绳与轮之间无滑动。

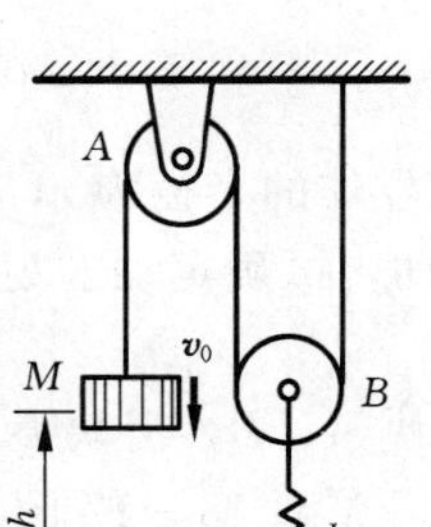

题 13-11 图

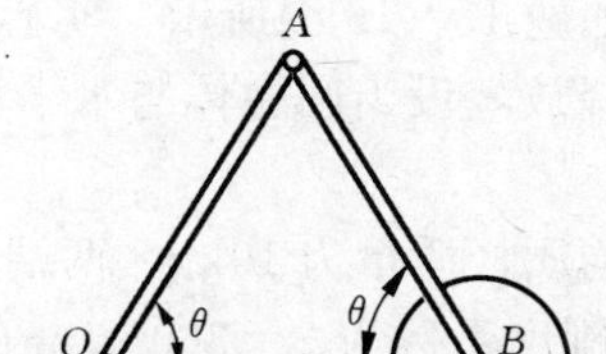

题 13-12 图

13-12 题 13-12 图所示系统中，均质杆 OA、AB 各长 l，质量均为 m_1；均质圆轮的半径为 r，质量为 m_2。当 $\theta=60°$时，系统由静止开始运动，求当 $\theta=30°$时轮心的速度。设轮在水平面上只滚不滑。

13-13 如题 13-13 图所示，重物 A 重 P，连在一根无重量的、不能伸长的绳子上，绳子绕过固定滑轮 D 并绕在鼓轮 B 上。由于重物下降，带动轮 C 沿水平轨道滚动而不滑动。鼓轮 B 的半径为 r，轮 C 的半径为 R，两者固连在一起，总重量为 W，对于水平轴 O 的惯性半径为 ρ。求重物 A 的加速度。轮 D 的质量不计。

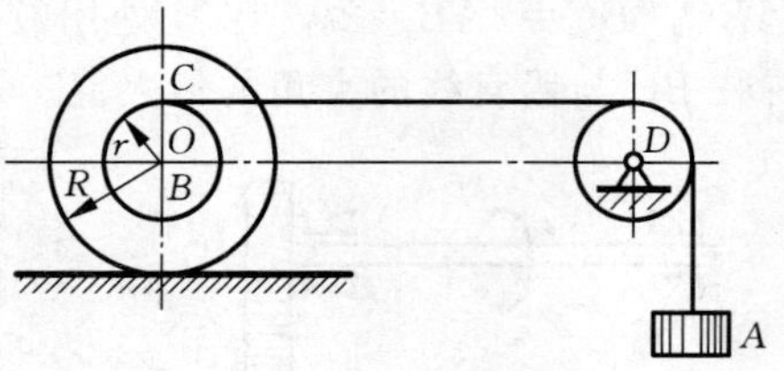

题 13-13 图

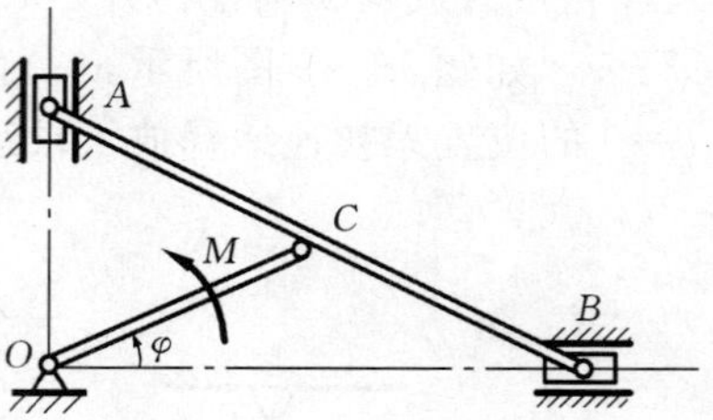

题 13-14 图

13-14　题 13-14 图所示椭圆规尺位于水平平面内，由曲柄 OC 带动。设曲柄与椭圆规尺都是均质杆，重量分别为 P 与 $2P$，且 $OC=AC=BC=l$，滑块 A 与 B 的重量均为 P_1。如作用在曲柄上的常力矩为 M，当 $\varphi=0$ 时，系统静止。不计摩擦，求曲柄的角速度（表为转角 φ 的函数）及角加速度。

13-15　题 13-15 图所示均质杆 AC 的质量为 m，长为 $2l$。开始时，$\theta=180°$，杆 AC 静止。设在 A 端作用一大小不变且始终垂直于杆的力 $\boldsymbol{F}$，试求 B 点到达 O 点时（即 $\theta=0$ 时）杆的角速度。杆 OC 和滑块 B 的质量不计，摩擦也不计。

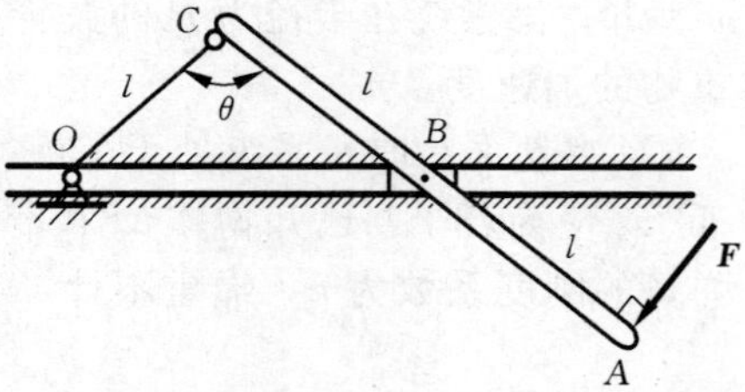

题 13-15 图

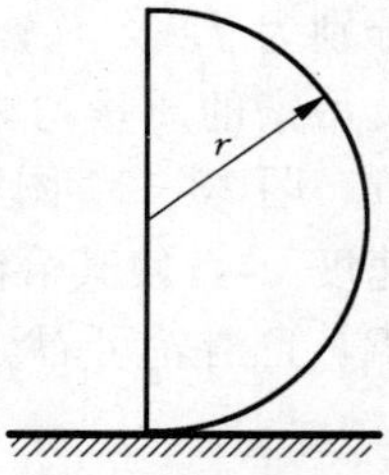

题 13-16 图

13-16　如题 13-16 图所示，实心的均质半圆柱体的半径为 r，在直径边位于铅直位置时将其释放，设半圆柱体与水平面之间无滑动，试确定动能为极大时圆柱体的角速度。

13-17　均质杆质量为 10kg，两端分别铰连滑块 A、B，滑块 B 可在铅直槽内滑动，滑块 A 用刚度系数为 $k=360\text{N/m}$ 的弹簧系住，在题 13-17 图所示位置，弹簧已伸长 200mm，由于弹性力作用，滑块 A 将向左运动。求杆通过垂直位置时的角速度。摩擦以及滑块 A、B 的质量不计。

13-18　如题 13-18 图所示，光滑直管 AB 长 l，在水平面内随铅直轴以匀角速 ω 转动。另有一小球在管内作相对运动，初瞬时，小球在 B 端，相对速度大小为 v_{r0}，指向 A，问 v_{r0} 应为多少，小球恰能到达 A 端？

13-19　如题 13-19 图所示，质量为 m、半径为 r 的均质圆柱，在其质心 C 位于与 O 同一高度时由静止开始滚动而不滑动。求滚至半径为 R 的圆弧 AB 上时，作用于圆柱上的法向约束力及摩擦力（表示为θ的函数）。

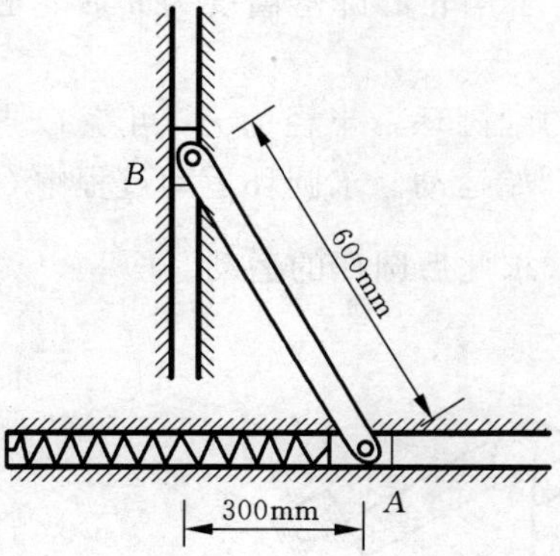

题 13－17 图

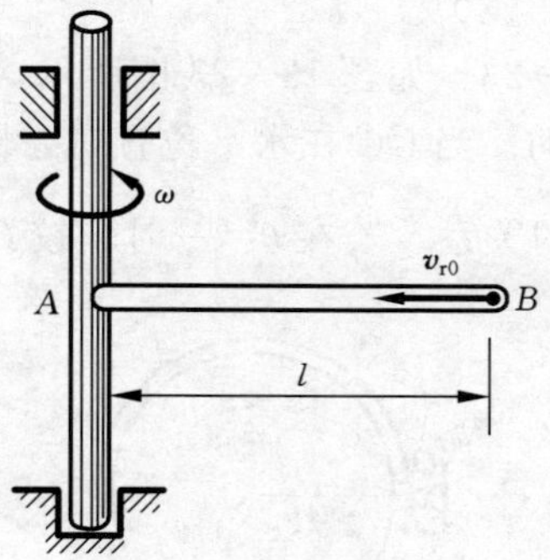

题 13－18 图

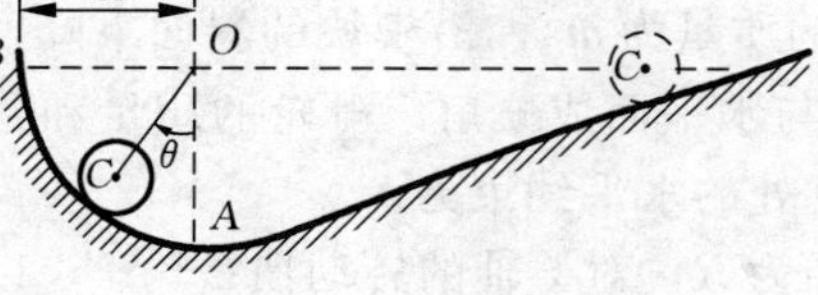

题 13－19 图

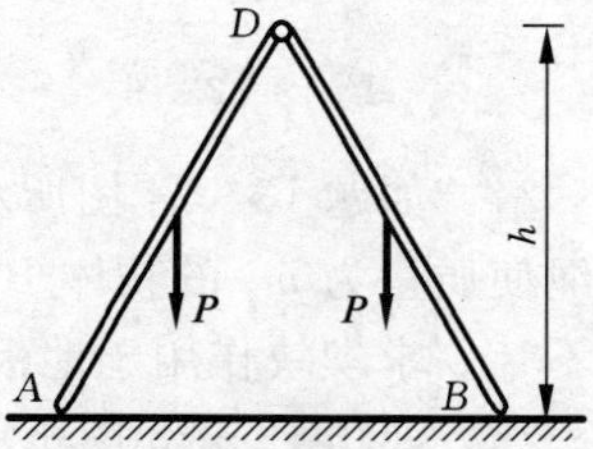

题 13－20 图

13－20　如题 13－20 图所示，两均质杆 AD 和 BD 各重 P，长均为 l，在 D 处用绞链连接，放在光滑的水平面上。设 D 点的初始高度为 h，两杆由静止开始下落，求绞链 D 到达地面时的速度。设两杆下落时，两杆轴线保持在铅直平面内。

13－21　均质杆 OC 质量为 m_1，长为 l，某瞬时以角速度 ω 绕 O 转动。均质圆盘质量为 m_2，半径为 R，初始角速度为零。设：①圆盘与杆固结不能相对运动，如题 13－21 图（a）所示；②圆盘与杆端 C 用光滑销钉连接，如题 13－21 图（b）所示。试求此瞬时①、②两种情况下系统的动量、动能及对 O 的动量矩。

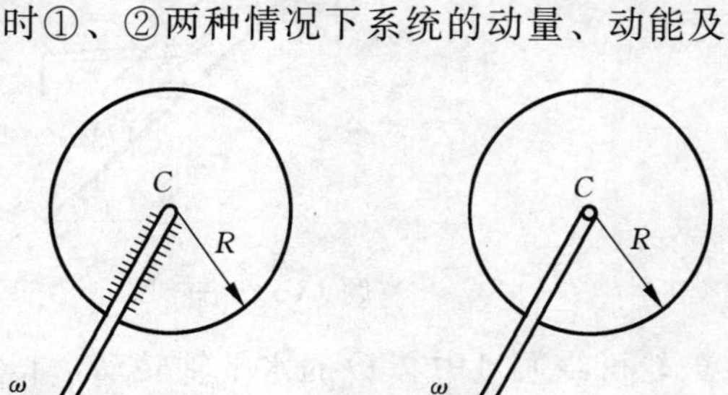

（a）　（b）

题 13－21 图

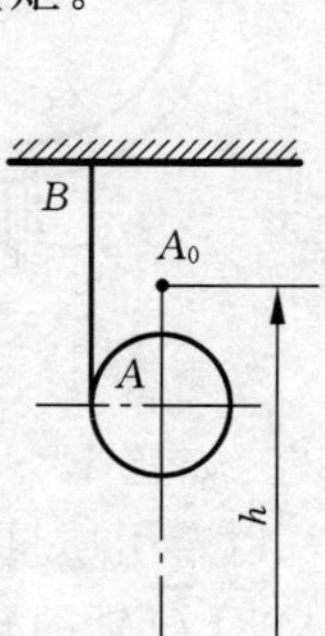

题 13－22 图

13－22 如题 13－22 图所示，圆轮 A 的质量为 m，轮上绕以细绳，绳的一端 B 固定不动。圆轮从初始位置 A_0 无初速地下降，求当轮心降落高度为 h 时轮心的速度和绳子的拉力。

13－23 如题 13－23 图所示，质量为 m 的细圆环，半径为 r，可绕 O 点在铅直面内转动。当 OC 在水平位置时，圆环从静止开始运动。求圆环运动过程中 O 处约束力与 θ 的关系。若在 $\theta=\frac{\pi}{4}$ 时，铰 O 突然破坏，求此后圆环的运动。

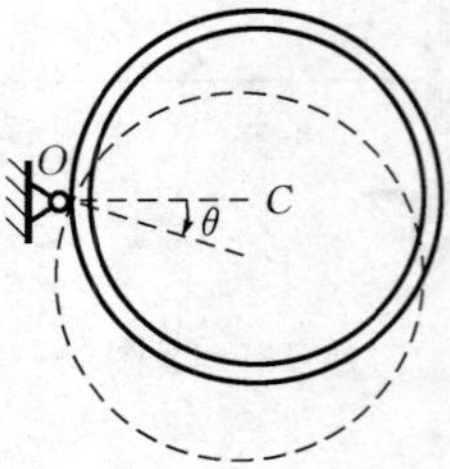

题 13－23 图

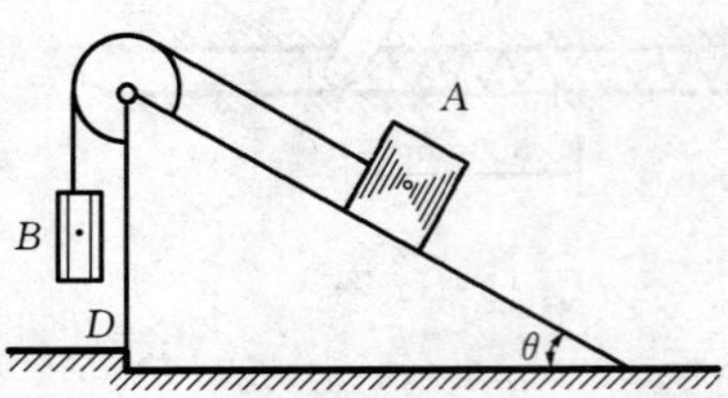

题 13－24 图

13－24 如题 13－24 图所示，物块 A 的质量为 m_1，沿楔块的斜面下降，借绕过滑轮的绳使质量为 m_2 的物体 B 上升。斜面与水平面成 θ 角，滑轮的质量和各处摩擦均略去不计。求楔块作用于地板凸出部分 D 处的水平约束力。

13－25 如题 13－25 图所示，圆管半径为 R，对 z 轴的转动惯量为 J，以初角速度 ω_0 绕铅直轴 z 转动。管内有质量为 m 的小球 S，由静止开始自 A 处下落，试求小球到达 B 处和 C 处时圆管的角速度和小球 S 的速度。摩擦不计。

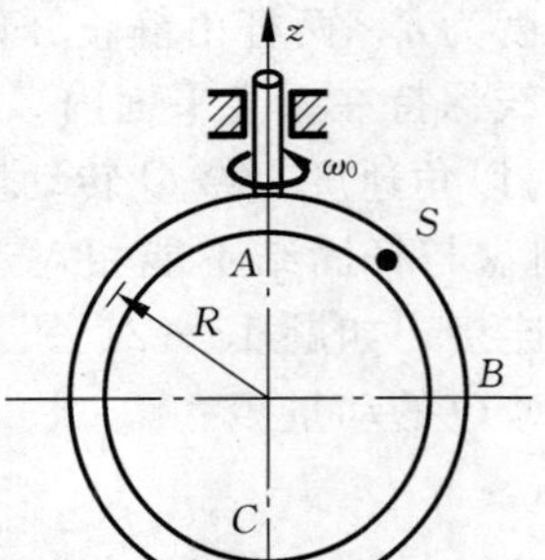

题 13－25 图

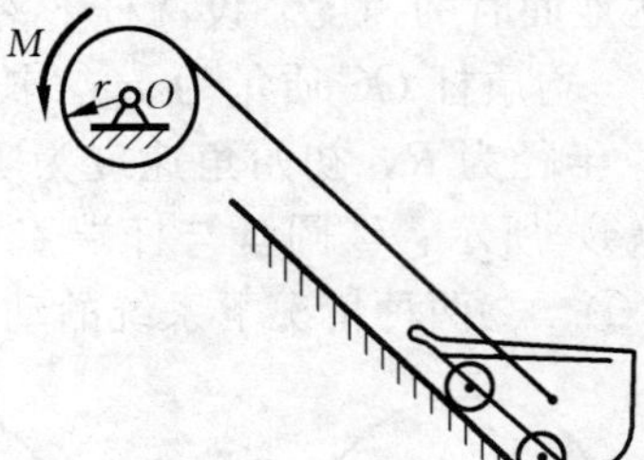

题 13－26 图

13－26 如题 13－26 图所示，鼓轮可绕通过中心 O 的水平轴转动，其上作用一常力矩 M，以牵引质量为 m_1 的料斗沿倾角为 θ 的斜坡上升。已知鼓轮的半径为 r，质量为 m_2，对 O 轴的转动惯量为 J。试求料斗的加速度和轴承 O 处的约束力，各处摩擦都略去不计。

13－27 如题 13－27 图所示，质量为 m_1 的物体上刻有半径为 r 的半圆槽，放在光滑水平面上，原处于静止状态。有一质量为 m 的小球自 A 处无初速地沿光滑半圆槽下滑。若 $m_1=3m$，求小球滑到 B 处时相对于物体的速度及槽对小球的法向约束力。

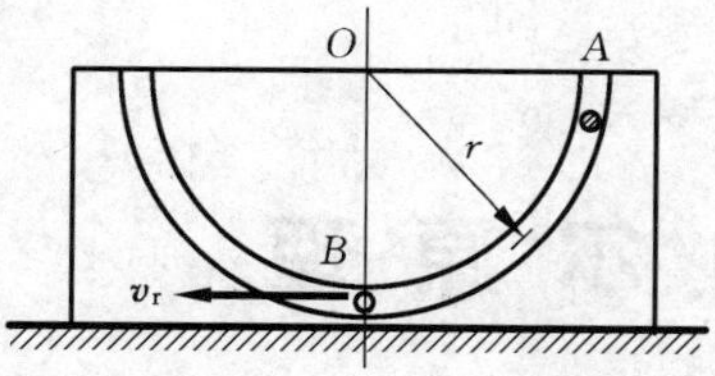

题 13-27 图

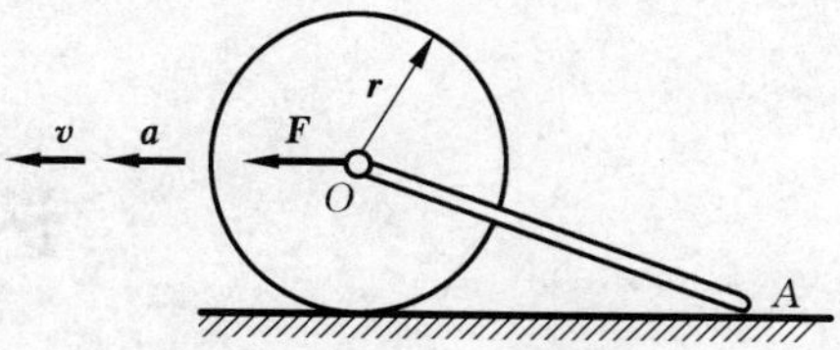

题 13-28 图

13-28　如题 13-28 图所示，均质圆轮重 $P_1=196\text{N}$，半径为 r，在力 $\boldsymbol{F}$ 作用下沿水平直线轨道滚动而不滑动，并带动重 $P_2=294\text{N}$ 的均质杆 OA 运动。设 A 处摩擦力为杆 OA 重量的 $\dfrac{1}{19.6}$，某瞬时轮心的速度 $v=10\text{m/s}$，加速度 $a=0.5\text{m/s}^2$，求此时力 $\boldsymbol{F}$ 的大小。如果力 $\boldsymbol{F}$ 是常力而初瞬时系统是静止的，试用动力学方法求在此之前经过了多少时间和路程。

13-29　题 13-29 图所示机构在铅直平面内，已知均质杆 AB 长 $2l$，重 P；曲柄 OA 长 l，其上作用一常力矩 M。开始时机构处于静止，且曲柄 OA 处于水平位置。不计摩擦，不计曲柄 OA 与滑块 C 的质量，求当杆 AB 运动到铅直位置时：①杆 AB 的角速度、角加速度；②导槽对滑块 C 的约束力和铰 A 处的约束力。

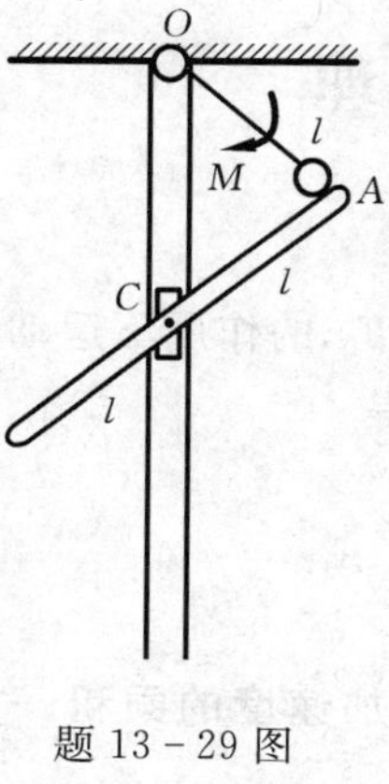

题 13-29 图

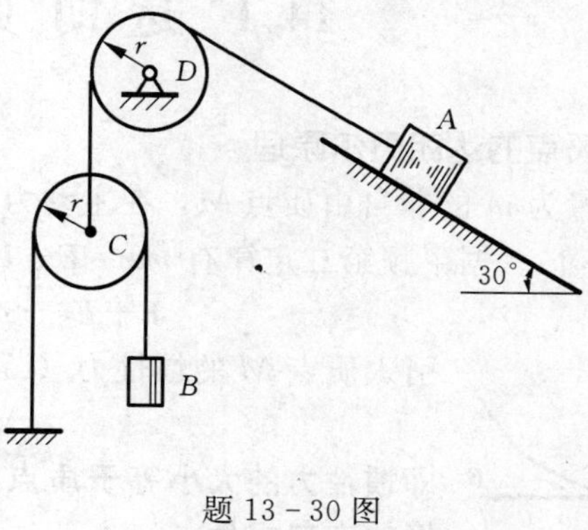

题 13-30 图

13-30　题 13-30 图所示系统中，已知物块 A、B 的质量分别为 $m_A=5\text{kg}$，$m_B=1\text{kg}$。均质滑轮 C、D 的半径均为 r，质量分别为 $m_C=1\text{kg}$，$m_D=2\text{kg}$。物块 A 与斜面间的摩擦因数 $f=0.1$，绳与轮之间无相对滑动，轴承处摩擦不计。试求物块 B 的加速度。

第14章 达朗贝尔原理

普遍定理在一定条件下为研究动力学问题提供了简捷而有效的方法，而达朗贝尔原理则为研究动力学问题提供了另一种新方法。通过引入惯性力，将动力学问题从形式上转化为静力学问题，根据平衡的理论来求解，这种方法称为**动静法**（kinetic-static method）。

本章由牛顿第二定律导出达朗贝尔原理，对质点系的惯性力系进行简化，用达朗贝尔原理求解动力学问题。

14.1 达朗贝尔原理

14.1.1 质点的达朗贝尔原理

设质量为 m 的非自由质点 M，在主动力 $\boldsymbol{F}$、约束力 $\boldsymbol{F}_N$ 的作用下运动，加速度为 $\boldsymbol{a}$（图 14-1）。据牛顿第二定律有 $m\boldsymbol{a}=\boldsymbol{F}+\boldsymbol{F}_N$，移项后得

$$\boldsymbol{F}+\boldsymbol{F}_N-m\boldsymbol{a}=0 \tag{a}$$

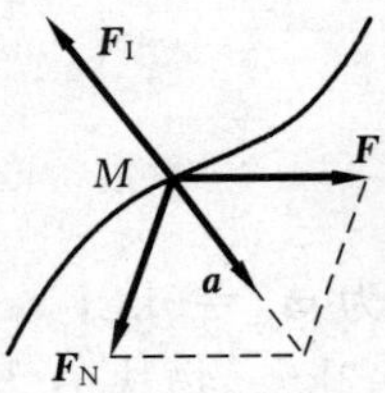

图 14-1

引入质点 M 的**惯性力**（inertial force）F_I

$$\boldsymbol{F}_I=-m\boldsymbol{a} \tag{14-1}$$

即惯性力的大小等于质点的质量与其加速度的乘积，方向与加速度的方向相反。

将式（14-1）代入式（a）得

$$\boldsymbol{F}+\boldsymbol{F}_N+\boldsymbol{F}_I=0 \tag{14-2}$$

即在质点运动的任一瞬时，作用于质点的主动力、约束力与加在质点上的惯性力成平衡。这就是**质点的达朗贝尔原理**（d'Alembert principle）。

必须注意，惯性力是虚拟的、人为地加于质点的，实际上质点并未受到惯性力的作用。加上惯性力，只是为了用较熟悉的平衡理论来解答动力学问题。而这里所说的“平衡”也只是就方程式（14-2）的数学形式来说的，实际上质点是加速运动着的，并非真正处于平衡状态。

14.1.2 质点系的达朗贝尔原理

设质点系有 n 个质点组成，其中任一质点 M_i 的质量为 m_i，加速度为 $\boldsymbol{a}_i$，作用于质点 M_i 的主动力和约束力的合力分别为 $\boldsymbol{F}_i$ 和 $\boldsymbol{F}_{Ni}$，根据质点的达朗贝尔原理，有

$$\boldsymbol{F}_i+\boldsymbol{F}_{Ni}+\boldsymbol{F}_{Ii}=0$$

其中

$$\boldsymbol{F}_{Ii}=-m_i\boldsymbol{a}_i$$

式中：$\boldsymbol{F}_{Ii}$为质点 M_i 的惯性力。

对每个质点，只需加上相应的惯性力，则作用于质点的主动力、约束力与质点的惯性力成平衡。将所有作用于质点的主动力、约束力以及所有质点的惯性力一起考虑，显然，这是一个平衡力系。于是可知，**在质点系中的每一质点上加上相应的惯性力，则作用于质点系的所有主动力、约束力与所有质点的惯性力成平衡**。这就是**质点系的达朗贝尔原理**。

作用于质点系的主动力、约束力与加上的惯性力一般将构成一个空间任意力系，其平衡条件是：力系的主矢为零、对任一点的主矩为零。即

$$\left.\begin{aligned}&\sum\boldsymbol{F}_i+\sum\boldsymbol{F}_{Ni}+\sum\boldsymbol{F}_{Ii}=0\\&\sum\boldsymbol{M}_O(\boldsymbol{F}_i)+\sum\boldsymbol{M}_O(\boldsymbol{F}_{Ni})+\sum\boldsymbol{M}_O(\boldsymbol{F}_{Ii})=0\end{aligned}\right\}\qquad(14-3)$$

实际应用时，同静力学中一样，仍然是用投影方程和力矩方程，并可选取不同的考察对象来建立平衡方程求解。

【例 14-1】 如图 14-2 所示，瓦特调速器以匀角速 ω 绕铅直轴 y 转动。飞球 A、B 各重 W_1；套筒 C 重 W_2，可沿 y 轴上下移动；各杆长均为 l，重量可略去不计。试求杆张开的角度 θ。

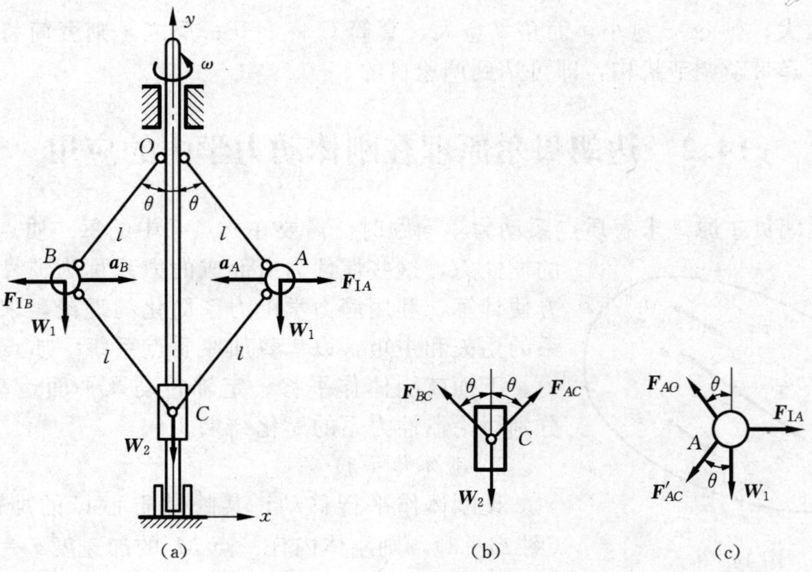

图 14-2

解：调速器受重力和轴承约束力（未画出）作用。当调速器以匀角速转动时，角θ将保持不变，飞球A、B在水平面内作匀速圆周运动，套筒C静止不动。飞球A、B的加速度为$a_A=a_B=\omega^2 l\sin\theta$（法向加速度），在飞球上加上惯性力

$$F_{IA}=F_{IB}=\frac{W_1}{g}\omega^2 l\sin\theta \tag{a}$$

由图14-2（a）知，整体考虑时，平衡方程中将包含约束力，而不包含θ，无法求θ，所以必须分开考虑。分别取套筒C、飞球A（因对称，只取一个）作为考察对象，受力图见图14-2（b）、（c）。

套筒C：

$$\sum F_{ix}=0,\quad F_{AC}\sin\theta-F_{BC}\sin\theta=0$$
$$\sum F_{iy}=0,\quad F_{AC}\cos\theta+F_{BC}\cos\theta-W_2=0$$

得

$$F_{AC}=F_{BC}=\frac{W_2}{2\cos\theta} \tag{b}$$

飞球A：

$$\sum F_{ix}=0,\quad F_{IA}-F_{AO}\sin\theta-F'_{AC}\sin\theta=0 \tag{c}$$
$$\sum F_{iy}=0,\quad F_{AO}\cos\theta-F'_{AC}\cos\theta-W_1=0 \tag{d}$$

将式（a）、式（b）代入式（c）和式（d），并注意$F'_{AC}=F_{AC}$，联立解得

$$\cos\theta=\frac{W_1+W_2}{W_1 l\omega^2}g$$

可见ω愈大，则$\cos\theta$愈小，而角θ愈大，套筒C将上升；反之，则套筒将下降。由套筒的升降带动调节机构，即可达到调速目的。

14.2 达朗贝尔原理在刚体动力学中的应用

用达朗贝尔原理求解质点系动力学问题时，需要在质点系中的每一质点上加相应的惯性力，这些惯性力所形成的力系称为惯性力系。为方便计算，利用静力学中力系简化的理论，求出惯性力系的主矢和主矩，以代替加在质点系每一质点上的惯性力。下面就刚体作平移、定轴转动及平面运动的情形，分别讨论惯性力系的简化结果。

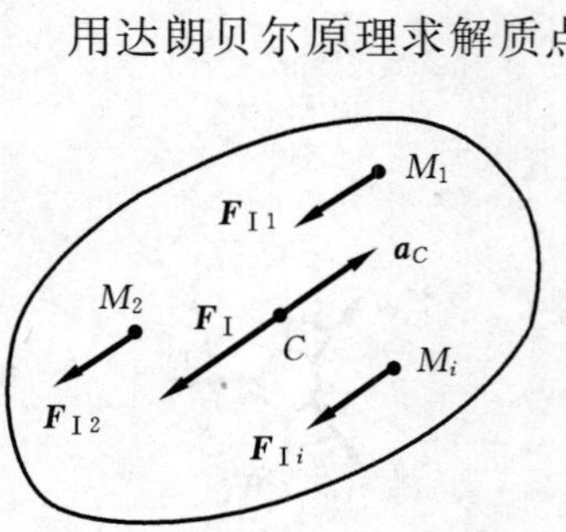

图14-3

1. 刚体作平移

设刚体作平行移动，某瞬时质心C的加速度为$\boldsymbol{a}_C$（图14-3），则刚体内任一点M_i的加速度$\boldsymbol{a}_i=\boldsymbol{a}_C$，而虚加的惯性力为$\boldsymbol{F}_{Ii}=-m_i\boldsymbol{a}_C$，显然，刚体的惯性力系是与重力相似的平行力系（与重力相比，只是以$-\boldsymbol{a}_C$代替$\boldsymbol{g}$），可以合成为一个通过刚体质心的合力

$$\boldsymbol{F}_{\mathrm{I}}=-m\boldsymbol{a}_{C} \tag{14-4}$$

式中：m 为刚体的质量。

2. 刚体作定轴转动

这里仅讨论刚体具有对称面、且转动轴垂直于对称面的情形，一般情形将在 14.3 节中讨论。

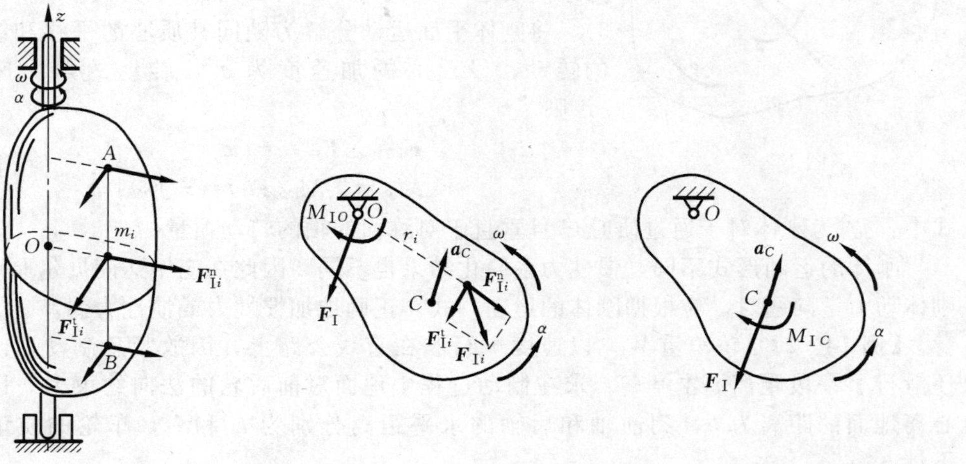

图 14－4

因为刚体具有垂直于转动轴的对称面，所以其惯性力系可由空间力系简化为平面力系。任选一垂直于对称面的直线 AB，因 AB 平行于刚体的转动轴，所以刚体转动时直线 AB 平移。由上面讨论知，该直线的惯性力是一个位于对称面内的力 $\boldsymbol{F}_{\mathrm{I}i}=-m_i\boldsymbol{a}_i=\boldsymbol{F}_{\mathrm{I}i}^{\mathrm{t}}+\boldsymbol{F}_{\mathrm{I}i}^{\mathrm{n}}$ [图 14－4（a）]，这里 m_i 是直线 AB 上所有各质点的质量之和，$\boldsymbol{F}_{\mathrm{I}i}^{\mathrm{t}}=-m_i\boldsymbol{a}_i^{\mathrm{t}}$、$\boldsymbol{F}_{\mathrm{I}i}^{\mathrm{n}}=-m_i\boldsymbol{a}_i^{\mathrm{n}}$ 分别是该直线的切向惯性力、法向惯性力。这样就将惯性力系简化成位于对称面内的平面力系。

若取转动轴与对称面的交点 O 为简化中心，则最后得到一个力 $\boldsymbol{F}_{\mathrm{I}}$ 和一个矩为 M_{IO}的力偶 [图 14－4（b）]。设刚体的质量为 m，某瞬时绕 z 轴转动的角速度为 ω、角加速度为 α，刚体质心的加速度为 $\boldsymbol{a}_C$，则

$$\left.\begin{aligned}&\boldsymbol{F}_{\mathrm{I}}=\sum\boldsymbol{F}_{\mathrm{I}i}=-\sum m_i\boldsymbol{a}_i=-m\boldsymbol{a}_C\\&M_{\mathrm{IO}}=\sum M_O(\boldsymbol{F}_{\mathrm{I}i})=\sum M_O(\boldsymbol{F}_{\mathrm{I}i}^{\mathrm{t}})=\sum -m_ir_i\alpha\cdot r_i=-\left(\sum m_ir_i^2\right)\alpha=-J_O\alpha\end{aligned}\right\} \tag{14-5}$$

即 $\boldsymbol{F}_{\mathrm{I}}$ 应加在转动轴与对称面的交点 O 上，方向与质心加速度的方向相反；M_{IO}应加在对称面内，转向与角加速度的转向相反。

若取质心 C 为简化中心，则最后得到一个力 $\boldsymbol{F}_{\mathrm{I}}$ 和一个矩为 M_{IC}的力偶 [图 14－4（c）]。利用力系简化理论可得（请读者自己证明）

$$\left.\begin{aligned}&\boldsymbol{F}_{\mathrm{I}}=-m\boldsymbol{a}_C\\&M_{\mathrm{IC}}=-J_C\alpha\end{aligned}\right\} \tag{14-6}$$

式中：J_C 为刚体对于通过质心而与转动轴 z 平行的轴的转动惯量。

3. 刚体作平面运动

这里只讨论刚体有一质量对称平面、且对称面在质心运动平面内的情形。

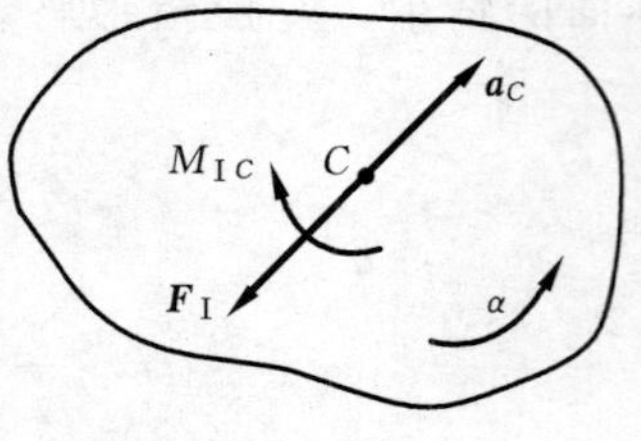

图 14-5

与刚体定轴转动情形相似，先将刚体的惯性力系由空间力系简化成位于对称面内的平面力系，再将此平面力系向质心 C 简化为一个力 $\boldsymbol{F}_I$ 和一个力偶 M_{IC}（图 14-5）。将刚体平面运动分解为随同其质心的平移和绕质心的转动，设质心的加速度为 $\boldsymbol{a}_C$，转动的角加速度为 α，则

$$\left.\begin{aligned}\boldsymbol{F}_I&=\sum\boldsymbol{F}_{Ii}=-m\boldsymbol{a}_C\\M_{IC}&=\sum M_C(\boldsymbol{F}_{Ii})=-J_C\alpha\end{aligned}\right\}\qquad(14-7)$$

式中：J_C 为刚体对于通过质心 C 且垂直于对称面的轴的转动惯量。

刚体的运动形式不同，惯性力系简化结果也不同。因此在应用达朗贝尔原理求解刚体动力学问题时，应根据刚体的运动形式，正确地加惯性力或惯性力偶。

【例 14-2】 轿车重 W，以速度 $\boldsymbol{v}$ 行驶在直线公路上，因故紧急制动，制动后还滑行了一段距离 s 才停车。求在制动过程中地面对前后轮的法向约束力。已知重心离地面的距离为 h，到前轴和后轴的水平距离分别为 l_1 和 l_2，车轮的质量忽略不计。

解： 以轿车为研究对象，其实际受到的外力有：重力 $\boldsymbol{W}$、法向约束力 $\boldsymbol{F}_{NA}$ 和 $\boldsymbol{F}_{NB}$、摩擦力 $\boldsymbol{F}_A$ 和 $\boldsymbol{F}_B$（因制动时车轮向前滑动，所以前后轮的摩擦力都向后），见图 14-6。

设轿车在制动过程中作匀减速直线平移，则质心加速度大小为

$$a=\left|\frac{v_t^2-v_0^2}{2s}\right|=\left|\frac{0-v^2}{2s}\right|=\frac{v^2}{2s}$$

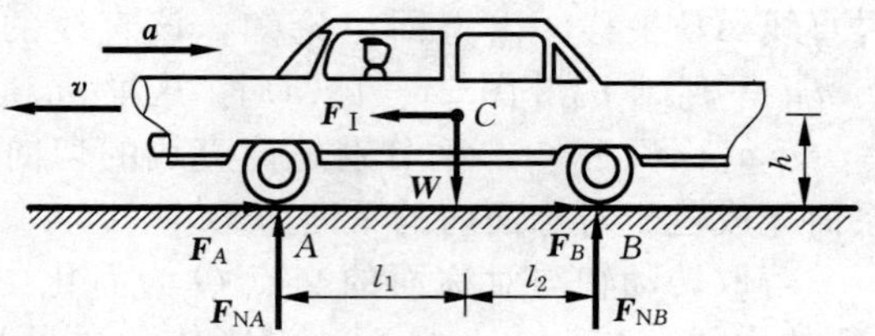

图 14-6

加速度的方向与速度方向相反，即指向车后方。

对于作平移的轿车，只需在质心 C 加一惯性力 $\boldsymbol{F}_I$，$F_I=\dfrac{W}{g}a$，指向车前方。由达朗贝尔原理知，轿车所受的主动力、约束力与加上的惯性力构成一平面平衡力系，列平衡方程：

由 $\sum M_{Bi}=0$，$F_{NA}\ (l_1+l_2)\ -Wl_2-F_Ih=0$，得 $F_{NA}=\dfrac{W}{l_1+l_2}\ (l_2+\dfrac{a}{g}h)$。

由 $\sum F_{iy}=0$，$F_{NA}+F_{NB}-W=0$，得 $F_{NB}=\dfrac{W}{l_1+l_2}\ (l_1-\dfrac{a}{g}h)$。

与轿车静止或作匀速直线平移时的法向约束力 $F_{NA}^0=\dfrac{l_2}{l_1+l_2}W$ 及 $F_{NB}^0=\dfrac{l_1}{l_1+l_2}W$ 相比较，可见在紧急制动时，前轮法向约束力增大，而后轮法向约束力减小。这表明前轮压紧而后轮放松，所以车头将有明显下倾的现象。

请考虑：在什么条件下轿车的后轮将会脱离地面？如果轿车在紧急启动或匀加速

直线平移时，地面对前后轮的法向约束力是多少？前轮在什么条件下脱离地面？

【例 14－3】　涡轮机的转轮具有对称面，并有偏心距 $e=0.5\text{mm}$，已知轮重 $W=2\text{kN}$，以 $n=6000\text{r/min}$ 的匀角速转动。设 $AB=h=1\text{m}$，$BD=\dfrac{h}{2}=0.5\text{m}$，转动轴垂直于对称面（图 14－7）。试求止推轴承 A 及环轴承 B 处的约束力。

解： 以涡轮机为研究对象，其实际受到的外力有：重力 $\boldsymbol{W}$、轴承约束力 $\boldsymbol{F}_{Ax}$、$\boldsymbol{F}_{Ay}$、$\boldsymbol{F}_{Az}$ 和 $\boldsymbol{F}_{Bx}$、$\boldsymbol{F}_{By}$（图 14－7）。

涡轮机的转轮作匀速转动，其质心 C 的加速度 $a_C=a_{Cn}=e\omega^2$，角加速度 $\alpha=0$，所以只需在质心 C 沿 DC 方向加惯性力 $\boldsymbol{F}_\text{I}$，其大小为

$$F_\text{I}=\frac{We\omega^2}{g}$$

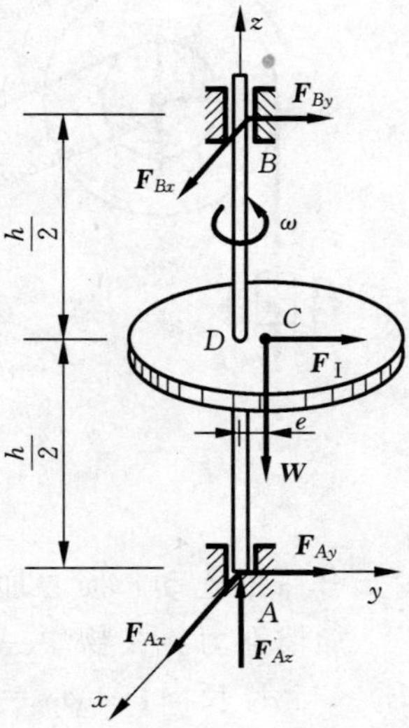

图 14－7

涡轮机所受的主动力、约束力与加上的惯性力构成一空间平衡力系。为简化计算，取质心 C 在 yz 平面内（即 $x_C=0$），列平衡方程：

由 $\sum F_{iz}=0$，$F_{Az}-W=0$，得 $F_{Az}=W=2\text{kN}$。

由 $\sum M_{iy}=0$，得 $F_{Bx}=0$。

由 $\sum F_{ix}=0$，$F_{Ax}+F_{Bx}=0$，得 $F_{Ax}=0$。

由 $\sum M_{ix}=0$，$-hF_{By}-eW-\dfrac{h}{2}F_\text{I}=0$，得 $F_{By}=-We\left(\dfrac{1}{h}+\dfrac{\omega^2}{2g}\right)=-20\text{kN}$。

由 $\sum F_{iy}=0$，$F_{Ay}+F_{By}+F_\text{I}=0$，得 $F_{Ay}=We\left(\dfrac{1}{h}-\dfrac{\omega^2}{2g}\right)=-20\text{kN}$。

在 F_{Ay} 及 F_{By} 的表达式中，$\dfrac{We}{2g}\omega^2$ 是由于转动而引起的，是动约束力。计算数值时，因 $\dfrac{1}{h}$ 远比 $\dfrac{\omega^2}{2h}$ 小而忽略，所以 F_{Ay} 及 F_{By} 几乎完全是由于转轮的动力作用而产生的。从计算结果可以看出，虽然只有 0.5mm 的偏心距，转速也不是太高，而动约束力却达到轮重的 10 倍。所以对于由高速旋转的物体而引起的动约束力，必须予以足够的重视。还须注意，上面是就质心 C 位于 yz 平面内这一特定位置进行讨论的。事实上，质心位置是随着时间改变的，因而轴承约束力的方向也随时间而变。

【例 14－4】　图 14－8（a）所示系统中，物块 A 的质量为 m_1；鼓轮 B 的半径为 R 与 $0.5R$，质量为 m_2，质心与中心 O 重合，转动轴通过中心 O，对转动轴的转动惯量为 J；均质轮 C 的半径为 $r=0.5R$，质量为 m_3，在倾角为 θ 的斜面上只滚不滑。不计转轴处的摩擦，绳索不可伸长，其质量不计。求物块 A 的加速度及绳①的约束力。

解： 以系统为研究对象，其实际受到的外力有：重力（$m_1\boldsymbol{g}$、$m_2\boldsymbol{g}$、$m_3\boldsymbol{g}$）、轴承约束力（$\boldsymbol{F}_x$、$\boldsymbol{F}_y$）和斜面的约束力（$\boldsymbol{F}$、$\boldsymbol{F}_\text{N}$）。

物块 A 作平移，设有向下的加速度 $\boldsymbol{a}$；鼓轮 B 作定轴转动，角加速度 $\alpha_B=a/R$；

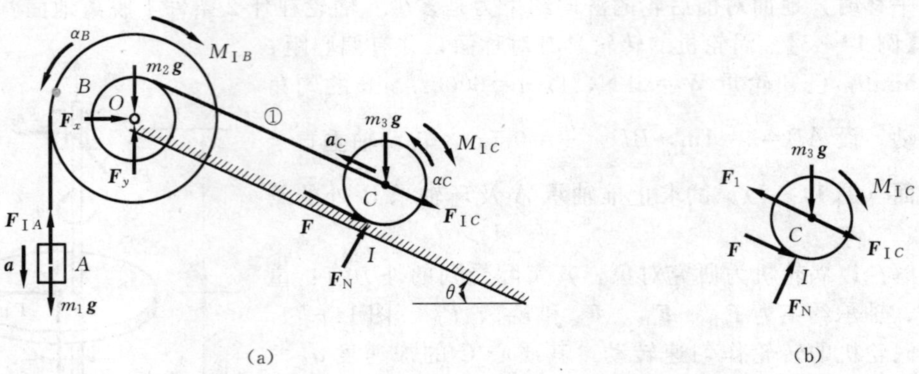

图 14-8

轮 C 作平面运动，质心加速度 $a_C=a/2$，角加速度 $\alpha_C=a_C/r=a/R$（轮只滚不滑）。

加惯性力：在物块 A 的质心上加 $\boldsymbol{F}_{IA}$（与 $\boldsymbol{a}$ 反向），$F_{IA}=m_1 a$；在鼓轮 B 上加 M_{IB}（与 α_B 反向），$M_{IB}=J\alpha_B=Ja/R$；在轮 C 的质心上加 $\boldsymbol{F}_{IC}$（与 $\boldsymbol{a}_C$ 反向）和 M_{IC}（与 α_C 反向），$F_{IC}=m_3 a_C=m_3 a/2$，$M_{IC}=J_C\alpha_C=(m_3 r^2/2)\cdot(a/R)=m_3 Ra/8$，见图 14-8（a）。

列平衡方程：由 $\sum M_{Oi}=0$，$(m_1 g-F_{IA})R-M_{IB}-(m_3 g\sin\theta+F_{IC})r-M_{IC}=0$，得

$$a=\frac{(8m_1-4m_3\sin\theta)R^2}{(8m_1+3m_3)R^2+8J}g$$

若 $2m_1-m_3\sin\theta>0$，$a>0$，则 $\boldsymbol{a}$ 的方向与图中假设一致；若 $2m_1-m_3\sin\theta<0$，$a<0$，则 $\boldsymbol{a}$ 的方向与图中假设相反。

以轮 C 为研究对象［图 14-8（b）］，由 $\sum M_{Ii}=0$，$(F_1-m_3 g\sin\theta-F_{IC})r-M_{IC}=0$，得 $F_1=\dfrac{(6+8\sin\theta)m_1 R^2+8J\sin\theta}{(8m_1+3m_3)R^2+8J}m_3 g$。

14.3 非对称转动刚体的轴承动约束力

机器或机械中转动的零部件，由于制造或安装不精确，或其他一些不可避免的因素，转动时出现的惯性力将在轴承处产生动压力，这种动压力不仅数值可能很大，而且方向在不断变化，会引起轴承振动，影响机器或机械的平稳运行和正常工作，甚至造成轴承的破坏。因此，如何消除动压力，或把它控制在一定范围内，有着重要的意义。

设刚体（如机器上的转动部件）在主动力 $\boldsymbol{F}_1$，$\boldsymbol{F}_2$，…，$\boldsymbol{F}_n$ 的作用下绕固定轴 z 转动，某瞬时有角速度 ω、角加速度 α（图 14-9），下面用达朗贝尔原理求轴承处的动约束力（其反作用力即为对轴承的动压力）。

以刚体为研究对象，其实际受到的外力有：主动力、约束力（$\boldsymbol{F}_{Ax}$、$\boldsymbol{F}_{Ay}$、$\boldsymbol{F}_{Az}$ 和 $\boldsymbol{F}_{Bx}$、$\boldsymbol{F}_{By}$）。刚体的惯性力系为空间力系，现将其向 A 点简化，求主矢和主矩。

取坐标系 $Axyz$。在刚体内任选一质点 M_i（x_i，y_i，z_i），其质量为 m_i，相对于

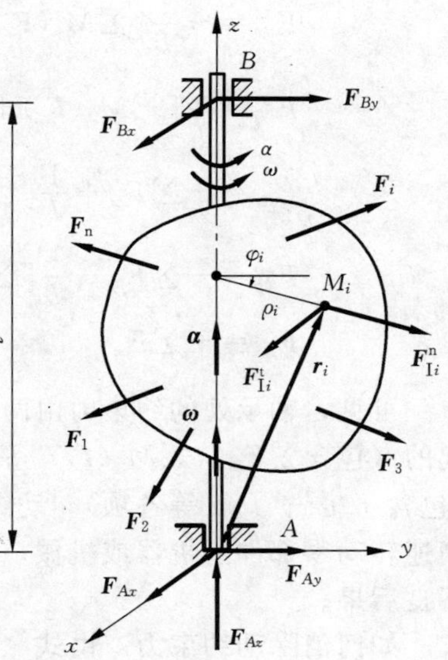

图 14-9

A 点的矢径为 $\boldsymbol{r}_i$。显然 $x_i=\rho_i\sin\varphi_i$，$y_i=\rho_i\cos\varphi_i$，而 M_i 的加速度 $a_i^n=\rho_i\omega^2$，$a_i^t=\rho_i\alpha$，惯性力 $F_{Ii}^n=m_i\rho_i\omega^2$，$F_{Ii}^t=m_i\rho_i\alpha$，$\boldsymbol{F}_{Ii}^n$、$\boldsymbol{F}_{Ii}^t$ 均位于垂直于转轴 z 的平面内。

惯性力系的主矢 $\boldsymbol{F}_I$ 在轴 x 上的投影为

$$\begin{aligned}F_{Ix}&=\sum F_{Iix}=\sum F_{Ii}^n\sin\varphi_i+\sum F_{Ii}^t\cos\varphi_i\\&=\sum m_i\rho_i\omega^2\sin\varphi_i+\sum m_i\rho_i\alpha\cos\varphi_i\\&=(\sum m_ix_i)\omega^2+(\sum m_iy_i)\alpha\\&=mx_C\omega^2+my_C\alpha\end{aligned}$$

同理可推导出 F_{Iy}、F_{Iz}（请读者自己完成），这样就得到惯性力系的主矢 $\boldsymbol{F}_I$ 在各坐标轴上的投影

$$F_{Ix}=my_C\alpha+mx_C\omega^2,\quad F_{Iy}=-mx_C\alpha+my_C\omega^2,\quad F_{Iz}=0 \tag{14-8}$$

惯性力系对 A 点的主矩 $\boldsymbol{M}_{IA}$ 在轴 x 上的投影为

$$\begin{aligned}M_{Ix}&=\sum M_x(\boldsymbol{F}_{Ii})=\sum M_x(\boldsymbol{F}_{Ii}^n)+\sum M_x(\boldsymbol{F}_{Ii}^t)=\sum-\boldsymbol{F}_{Ii}^n\cos\varphi_i\cdot z_i+\sum\boldsymbol{F}_{Ii}^t\sin\varphi_i\cdot z_i\\&=-\sum m_i\rho_i\omega^2z_i\cos\varphi_i+\sum m_i\rho_i\alpha z_i\sin\varphi_i\\&=-\sum m_iy_iz_i\omega^2+\sum m_ix_iz_i\alpha=-J_{yz}\omega^2+J_{xz}\alpha\end{aligned}$$

同理可推导出 M_{Iy}、M_{Iz}（请读者自己完成），这样就得到惯性力系的主矩 $\boldsymbol{M}_{IA}$ 在各坐标轴上的投影

$$M_{Ix}=J_{xz}\alpha-J_{yz}\omega^2,\quad M_{Iy}=J_{yz}\alpha+J_{xz}\omega^2,\quad M_{Iz}=-J_z\alpha \tag{14-9}$$

其中 $\quad J_{xz}=\sum m_ix_iz_i,\quad J_{yz}=\sum m_iy_iz_i,\quad J_z=\sum m_i(x_i^2+y_i^2)$

式中：J_{xz}、J_{yz} 分别为刚体对 x、z 轴及对 y、z 轴的惯性积，J_z 为刚体对 z 轴的转动惯量。

列平衡方程求轴承约束力。设轴承 A、B 间的距离为 l，主动力在各坐标轴上的投影之和为 $\sum F_{ix}$、$\sum F_{iy}$、$\sum F_{iz}$，对各坐标轴的矩之和为 $\sum M_x(\boldsymbol{F}_i)$、$\sum M_y(\boldsymbol{F}_i)$ 及 $\sum M_z(\boldsymbol{F}_i)$，则

$$\left.\begin{aligned}&\sum F_{ix}=0,\quad\sum F_{ix}+F_{Ax}+F_{Bx}+F_{Ix}=0\\&\sum F_{iy}=0,\quad\sum F_{iy}+F_{Ay}+F_{By}+F_{Iy}=0\\&\sum F_{iz}=0,\quad\sum F_{iz}+F_{Az}=0\\&\sum M_{ix}=0,\quad\sum M_x(\boldsymbol{F}_i)-F_{By}l+M_{Ix}=0\\&\sum M_{iy}=0,\quad\sum M_y(\boldsymbol{F}_i)+F_{Bx}l+M_{Iy}=0\\&\sum M_{iz}=0,\quad\sum M_z(\boldsymbol{F}_i)+M_{Iz}=0\end{aligned}\right\} \tag{14-10}$$

将式（14-8）及式（14-9）代入式（14-10），由第六式可得刚体定轴转动微分方程，由前五式可得轴承约束力

$$
\left.\begin{aligned}
F_{Bx}&=-\frac{1}{l}[\sum M_y(\boldsymbol{F}_i)+J_{yz}\alpha+J_{xz}\omega^2]\\
F_{By}&=\frac{1}{l}[\sum M_x(\boldsymbol{F}_i)+J_{xz}\alpha-J_{yz}\omega^2]\\
F_{Ax}&=-\sum F_{ix}+\frac{1}{l}[\sum M_y(\boldsymbol{F}_i)+J_{yz}\alpha+J_{xz}\omega^2]-my_C\alpha-mx_C\omega^2\\
F_{Ay}&=-\sum F_{iy}-\frac{1}{l}[\sum M_x(\boldsymbol{F}_i)+J_{xz}\alpha-J_{yz}\omega^2]+mx_C\alpha-my_C\omega^2\\
F_{Az}&=-\sum F_{iz}
\end{aligned}\right\}\quad(14-11)
$$

可见，轴承处的约束力由两部分组成：静约束力——直接由主动力的静力作用引起的（包含$\sum F_{ix}$、$\sum M_x(\boldsymbol{F}_i)$ 等各项)、动约束力——由刚体转动时的惯性力引起的(包含 $J_{yz}\omega^2$、$J_{xz}\alpha$ 等各项)。动约束力中与角速度有关的各项都与 ω^2 成正比，对于有高速转动零部件的机器或机械，动约束力可能很大，应设法减小直至消除，以免产生不良后果。

如何消除动约束力？由式（14-11）知，要使动约束力等于零，必须 $x_C=y_C=0$ 及 $J_{xz}=J_{yz}=0$。前一条件要求转动轴通过刚体的质心，后一条件则要求转动轴是刚体的惯性主轴。就是说，**欲使动约束力为零，转动轴必须是刚体的中心惯性主轴**。如果转动刚体的轴通过刚体质心（不一定是主轴)，当只有重力而无其他主动力时，不论刚体位置如何，总能平衡，这种情况称为**静平衡**（static equilibrium)。如果刚体的转动轴是中心惯性主轴，刚体转动时不会引起轴承的动约束力，这种情况称为**动平衡**(dynamic equilibrium)。显然，要满足动平衡条件，必须首先满足静平衡条件；而满足静平衡条件，却不一定能满足动平衡条件。由于材料不十分均匀，或者由于制造、安装不够精确，动平衡条件往往不易满足。对于某些高速转动的转子，为了达到动平衡目的，通常都在安装好之后，用动平衡机进行动平衡试验，并根据试验结果在转子的适当位置附加或挖去一小部分质量，以使转动轴成为中心惯性主轴。

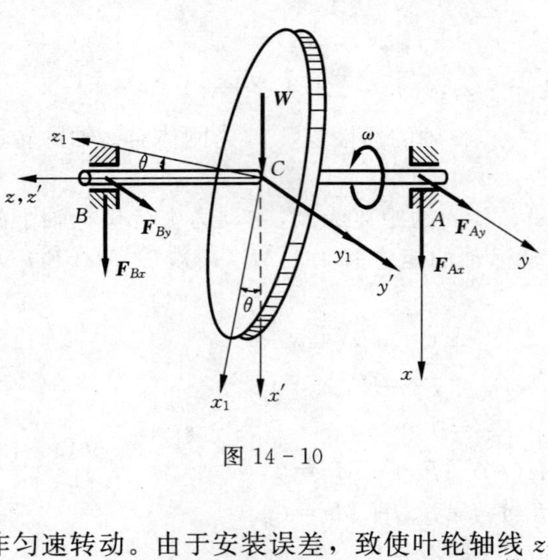

图 14-10

工程上也有利用动约束力的情形，如蛙式打夯机利用偏心块的运动来夯实基础。

【例 14-5】 涡轮机的叶轮可近似地简化为一均质圆盘（图 14-10)，设轮重 W，半径为 r，以转速 n（r/min）作匀速转动。由于安装误差，致使叶轮轴线 z_1 与转动轴 z 之间有一微小偏角 θ，试求轴承处的动约束力。已知两轴承间距离为 l，质心 C 与两轴承的距离相等。

解： 转动轴 z 虽然通过质心，但不是惯性主轴，所以将产生动约束力。过点 A 取直角坐标系 $Axyz$，按式（14-11）计算动约束力。$\omega=n\pi/30$，$\alpha=0$（匀速转动),

$x_C = y_C = 0$，须先计算 J_{xz} 和 J_{yz}。

过质心 C 取直角坐标系 $Cx'y'z'$，使 z' 与 z 重合，$x' /\!/ x$，$y' /\!/ y$，且 y' 为圆盘的对称轴，所以 $J_{y'z'}=0$。根据附录B中惯性积的平行轴定理即式（B-12），有

$$J_{yz}=J_{y'z'}+\frac{W}{g}\cdot y_C z_C=0,\quad J_{xz}=J_{x'z'}+\frac{W}{g}\cdot x_C z_C=J_{x'z'}$$

为计算 $J_{x'z'}$，过 C 再取直角坐标系 $Cx_1y_1z_1$，使 x_1、y_1 在圆盘平面内，y_1 与 y' 重合，而 z_1 垂直于圆盘平面。轴 x_1、y_1、z_1 都是对称轴，都是主轴。$J_{z_1}=\dfrac{Wr^2}{2g}$、$J_{x_1}=\dfrac{Wr^2}{4g}$、$J_{z_1x_1}=0$。根据附录B中相交轴系的惯性积之间的关系即式（B-10），有

$$J_{zx}=\frac{1}{2}(J_{z_1}-J_{x_1})\sin 2\theta+J_{z_1x_1}\cos 2\theta=\frac{Wr^2}{8g}\sin 2\theta=\frac{Wr^2}{4g}\theta$$

由式（14-11）得轴承处的动约束力

$$F'_{Bx}=-\frac{1}{l}J_{xz}\omega^2=-\frac{Wr^2\theta}{4gl}\left(\frac{n\pi}{30}\right)^2,\quad F'_{Ax}=\frac{1}{l}J_{xz}\omega^2=\frac{Wr^2\theta}{4gl}\left(\frac{n\pi}{30}\right)^2,\quad F'_{Ay}=F'_{By}=0$$

设 $\theta=0.015\text{rad}$，$W=10\text{kN}$，$r=0.5\text{m}$，$n=3000\text{r/min}$，$l=2\text{m}$，则

$$F'_{Ax}=-F'_{Bx}=\frac{10\times10^3\times0.5^2\times0.015\times(3000\pi)^2}{4\times9.8\times2\times30^2}=47.2\times10^3\text{N}=47.2\text{kN}$$

两轴承处的静约束力均为5kN，动约束力是静约束力的9.44倍。应当注意，动约束力的大小是与转速的平方成正比的，随着转速的增加，动约束力将迅速增大。例如，设 $n=6000\text{r/min}$，则动约束力是静约束力的37.76倍。有的涡轮机（燃气轮机）的转速以每分钟万转计，如果制造或安装不精确，哪怕误差很小，也将产生十分巨大的动约束力，对此必须特别注意。

思　考　题

14-1　设小球只受重力作用，试确定下列三种情况下小球的惯性力的大小和方向。①铅直下落时；②铅直上抛后；③水平抛出后。

14-2　如思14-2图所示，判断在下列系统上施加的惯性力是否正确。①$F_I=ma$；②$F_{It}=ma_{Ct}$，$F_{In}=ma_{Cn}$，$M_{IO}=J_O\alpha$；③$F_{It}=ma_{At}$，$F_{In}=ma_{An}$。

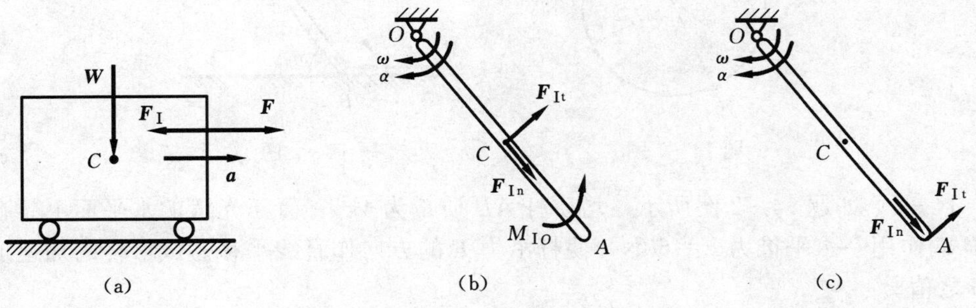

思14-2图

14-3 思14-3图所示平面机构中，$O_1A /\!/ O_2B$，$O_1A=O_2B=R$；均质杆 AB 质量为 m，长为 l；图示瞬时杆 O_1A 的角速度为 ω、角加速度为 α。试对 AB 杆加惯性力。

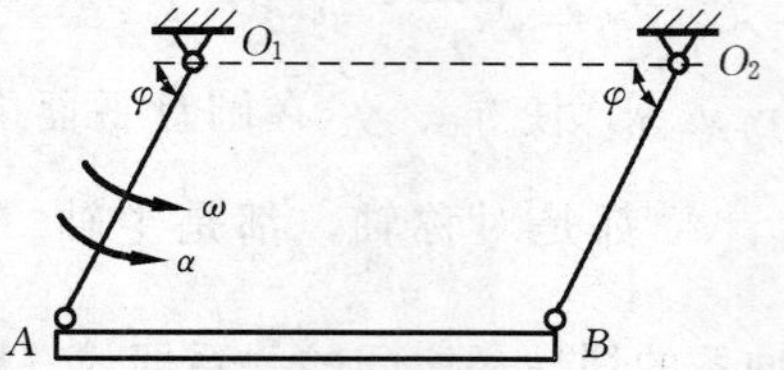

思14-3图

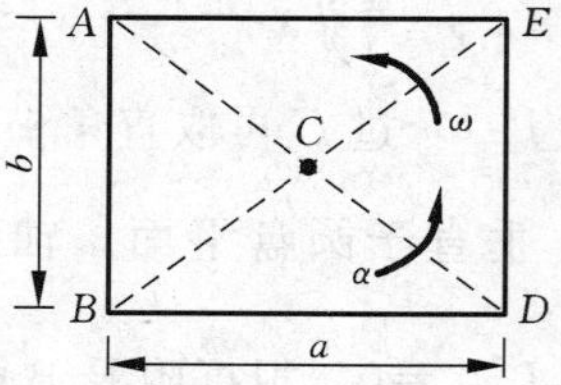

思14-4图

14-4 思14-4图所示均质矩形板重 W，长 a，宽 b，绕通过板的质心 C 并垂直于板面的 z 轴以角速度 ω、角加速度 α 转动，试加惯性力。如该板绕通过板上的 A 点并垂直于板面的 z' 轴以角速度 ω、角加速度 α 转动，试加惯性力。

14-5 火车在直线轨道上加速行驶时，哪一节车厢挂钩受力最大？为什么？匀速行驶时，各挂钩受力情况又如何？

14-6 本章的惯性力与第10章中的牵连惯性力、科氏惯性力有何异同？

14-7 试证明质点系惯性力系的主矢 $\boldsymbol{F}_{\rm I}$ 和对固定点 O 的主矩 $\boldsymbol{M}_{{\rm I}O}$ 满足下列关系式

$$\boldsymbol{F}_{\rm I}=-m\boldsymbol{a}_C=-\frac{\mathrm{d}\boldsymbol{p}}{\mathrm{d}t},\quad \boldsymbol{M}_{{\rm I}O}=-\frac{\mathrm{d}\boldsymbol{L}_O}{\mathrm{d}t}$$

习 题

14-1 均质圆盘 D 质量为 m，半径为 R，在题14-1图所示瞬时绕轴 O 转动的角速度为 ω、角加速度为 α。试求惯性力系向 C 点及向 A 点简化的结果。

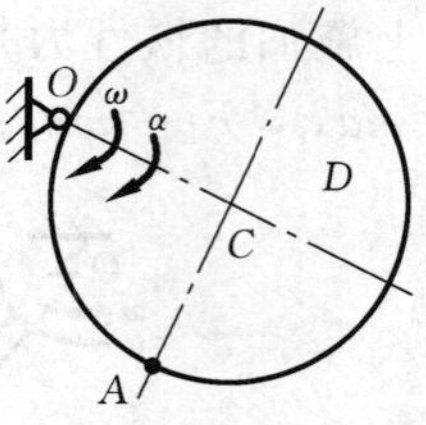

题14-1图

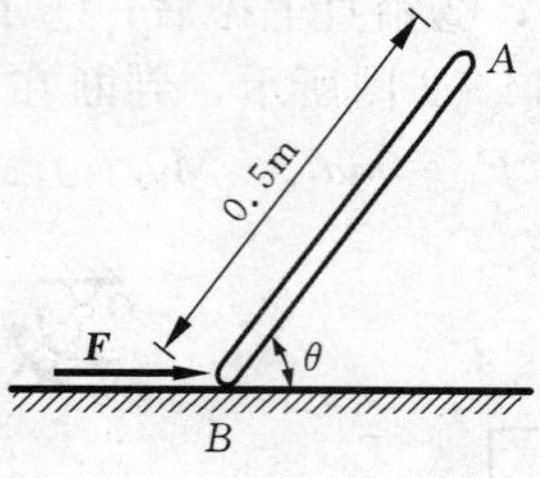

题14-2图

14-2 如题14-2图所示，均质杆 AB 质量为 4kg，置于光滑的水平面上。在杆的 B 端作用一水平推力 $F=60$N，使杆沿力 $\boldsymbol{F}$ 的方向作直线平移。试求杆的加速度和角 θ 之值。

14-3 某公路在转弯处的曲率半径为 R，路面水平。一汽车重 W，重心高出地面 h，左右两轮间的距离为 l。设路面与车轮间的摩擦因数为 f，试求汽车在转弯处行驶时：①不致侧向滑动的最大速度；②不致倾覆的最大速度。

14－4　题 14－4 图所示均质杆 AB 重 140N，用铰 A 和绳 BC 与水平杆 AD 连结，使其保持铅直。整个系统绕铅直轴转动，若绳子可以承受的最大拉力为 500N，求允许的最大转动角速度。图中尺寸单位为 mm。

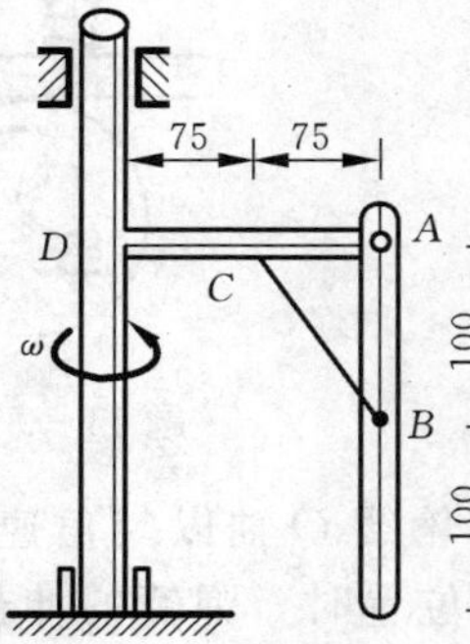

题 14－4 图

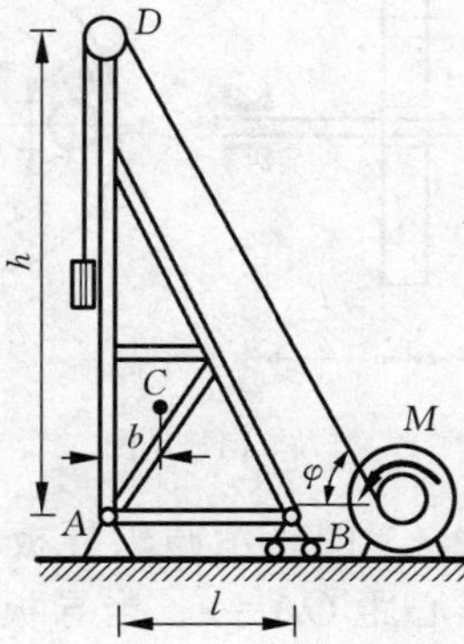

题 14－5 图

14－5　题 14－5 图所示一打桩装置，支架重 $W=20$kN，重心在 C 点，底宽 $l=4$m，高 $h=10$m，又 $b=1$m。打桩锤重 $W_1=7$kN，绞车转筒的半径 $r=0.2$m，重 $W_2=5$kN，惯性半径 $\rho=0.2$m，拉索与水平线夹角 $\varphi=60°$。今在绞车转筒上作用一转矩 $M=2$kN・m，求支座 A、B 的约束力。滑轮 D 的尺寸及质量均忽略不计。

14－6　如题 14－6 图所示，均质细杆长 l，重 W，从水平静止位置 OA 开始绕通过 O 端的水平轴转动。求杆转过 φ 角到达 OB 位置时的角速度、角加速度及 O 处的约束力。

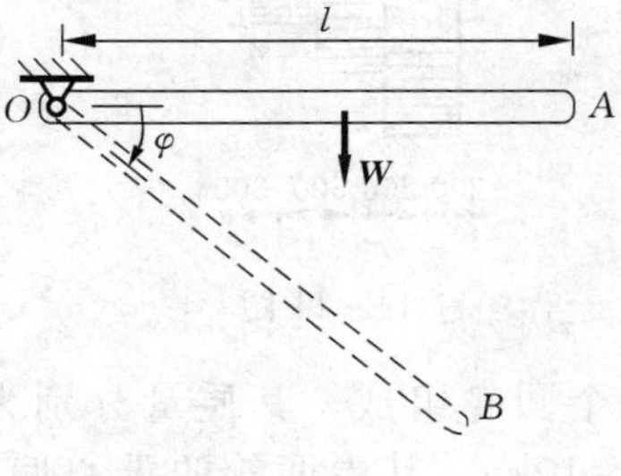

题 14－6 图

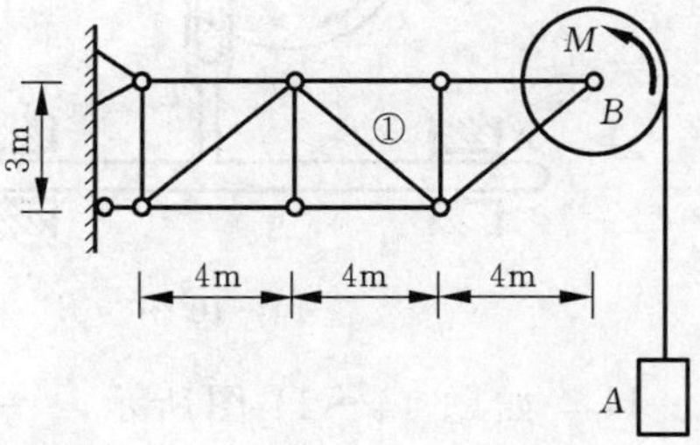

题 14－7 图

14－7　如题 14－7 图所示，均质轮质量为 m_1，半径为 r，用桁架支撑。在轮上作用一矩为 M 的力偶，借助细绳提升质量为 m_2 的物块 A，试求物块 A 的加速度及①杆的约束力。

14－8　一均质圆盘可绕通过圆心 O 而垂直于盘面的轴转动，在 $R=100$mm 的圆周上于 A、B 处钻有 $d=40$mm 的两孔，如题 14－8 图所示。设圆盘的密度为 $\rho=7.96\times10^3\ \text{kg/m}^3$，求当圆盘以匀角速度 $\omega=28\pi$rad/s 转动时，轴承 D、E 处的动约束力。为了消除动约束力，在 $R=100$mm 的圆周上再钻一孔，求此孔的直径及位置。

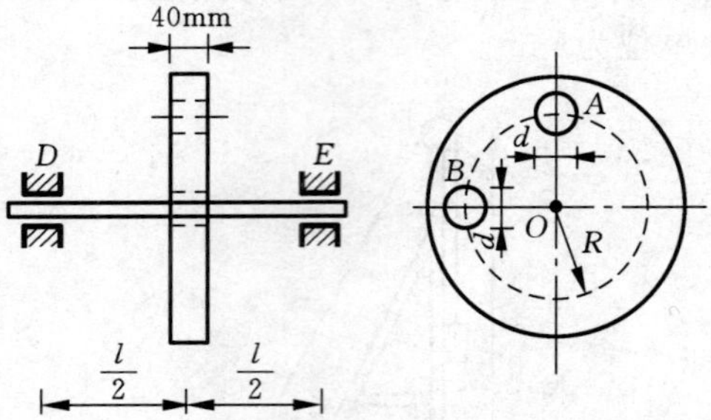

题 14－8 图

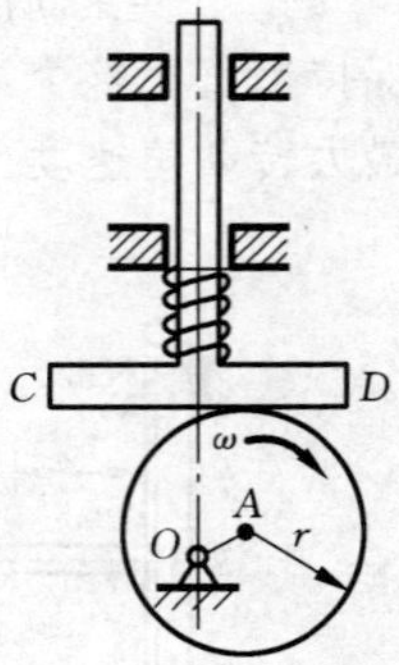

题 14－9 图

14－9 题 14－9 图所示凸轮导板机构，偏心轮绕 O 轴以匀角速 ω 转动。偏心轮的半径为 r，偏心距 $OA=e$。当导板 CD 在最低位置时，弹簧的伸长为 b。已知导板重为 W，弹簧的刚度系数为 k，试求导板在最低位置时，凸轮作用于导板的铅直力。

14－10 题 14－10 图所示曲柄滑道机构，已知圆轮的半径为 r，对转动轴的转动惯量为 J，轮上作用一转矩 M，M 为一常量。AB 杆的质量为 m，与滑道的摩擦因数为 f。销钉 C 与铅直滑槽 DE 的摩擦不计，试求圆轮的转动微分方程。

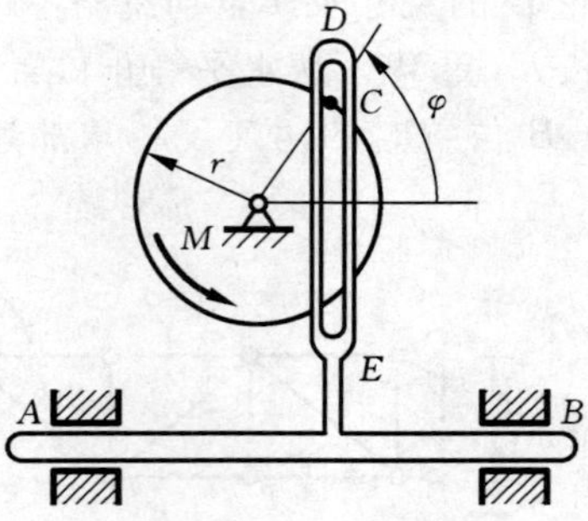

题 14－10 图

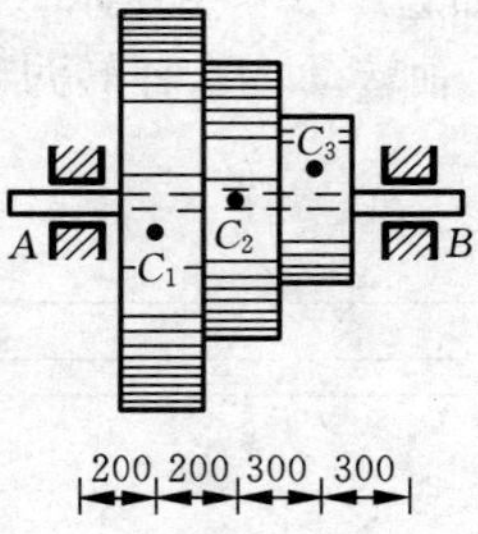

题 14－11 图

14－11 如题 14－11 图所示，一塔轮由三个圆轮组成，其质量分别为 $m_1=20\text{kg}$，$m_2=16\text{kg}$，$m_3=10\text{kg}$，其中两轮的重心偏离轴线的距离为：$e_1=1\text{mm}$，$e_3=1.2\text{mm}$，三轮重心 C_1、C_2、C_3 与转动轴均在同一平面内。塔轮转速为 $n=2400\text{r/min}$，求轴承 A、B 处的动约束力。图中尺寸单位为 mm。

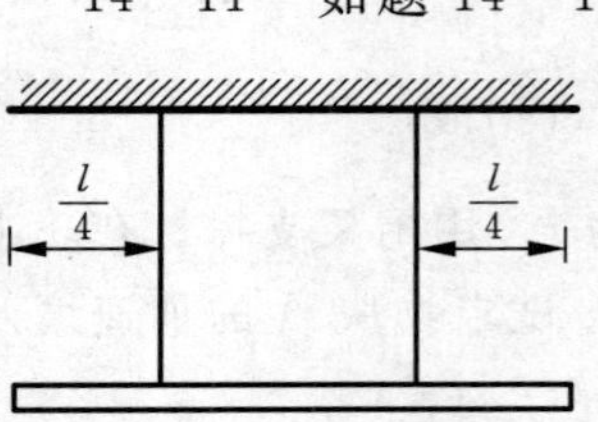

题 14－12 图

14－12 均质杆重 W，长 l，悬挂如题 14－12 图所示。求一绳突然断开时，杆质心的加速度及另一绳的拉力。

14－13 如题 14－13 图所示，一轮子半径为 R，重为 W，对其中心轴 O 的惯性半径为 ρ，置于水平面上。轮轴的半径为 r，轴上绕以绳索，并在绳端施加拉力 $\boldsymbol{F}_1$，

力 $\boldsymbol{F}_1$ 与水平线的夹角 φ 保持不变。设轮与水平面之间的摩擦因数为 f。试分别讨论轮与水平面接触点无滑动及有滑动两种情况下轴心 O 的加速度。

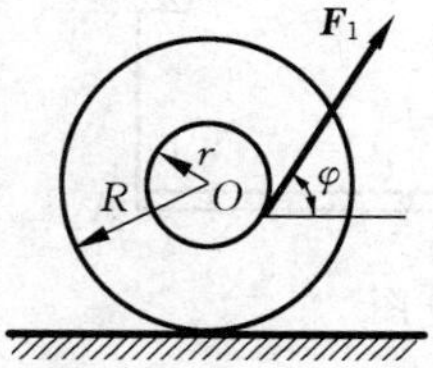

题 14－13 图

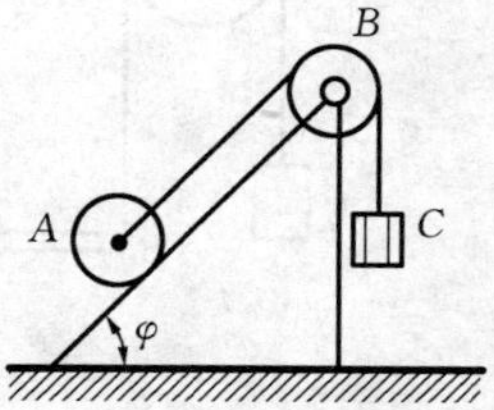

题 14－14 图

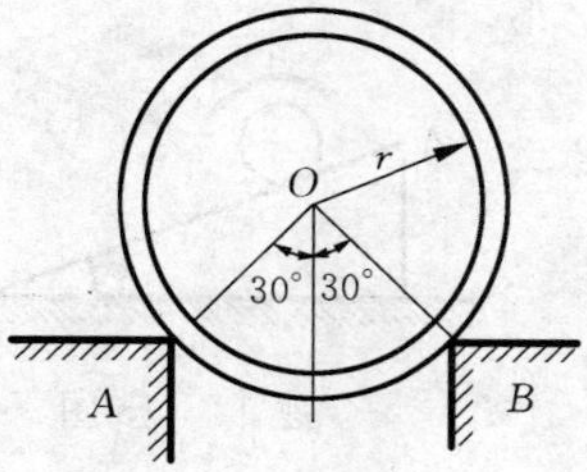

题 14－15 图

14－14　如题 14－14 图所示，滚子 A 重 W_1，沿倾角为 φ 的斜面滚动而不滑动。滑轮 B 与滚子 A 有相同的重量和半径，且均可看作均质圆盘。物体 C 重 W_2，求滚子中心的加速度。设绳子不可伸长，其重量可忽略不计，绳与滑轮 B 之间无滑动。

14－15　质量为 50kg、半径为 250mm 的管子放置如题 14－15 图所示。求：①支承 B 突然移去时，管子的角加速度；②此瞬时 A 处的约束力（假设该瞬时接触处不发生相对滑动）。

14－16　如题 14－16 图所示，铅直轴 AB 以匀角速 ω 转动，轴上刚连两杆。杆 OE 与轴成角 φ，杆 OD 垂直于轴 AB 与杆 OE 所成的平面。已知 $OE=OD=l$，$AB=2b$。在两杆端各连一球 D 与 E，球的质量各为 m。求轴承 A、B 处的动约束力。球 D 与 E 可视为质点，杆的质量不计。

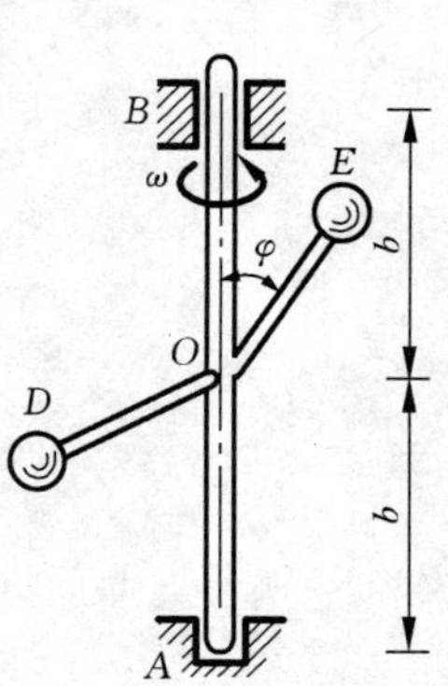

题 14－16 图

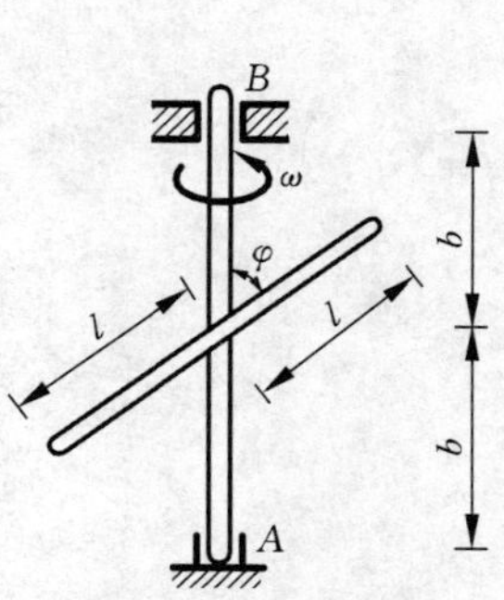

题 14－17 图

14－17　如题 14－17 图所示，均质杆长 $2l$，重 W，以匀角速 ω 绕铅直轴转动，杆与轴交角为 φ。求轴承处的动约束力。

14－18　如题 14－18 图所示，一重 W_1 的三棱柱放在光滑的水平面上，另有一重 W_2 的均质圆柱沿三棱柱斜面 AB 滚下而不滑动。求三棱柱的加速度。

14－19　题 14－9 图所示系统中，均质杆 AB 长 l，质量为 m_1；均质圆轮 D 的半径为 r，质量为 m_2；物体 E 的质量为 m_3。系统原处于静止，杆 AB 处于水平位置。某瞬时，A 端的绳子突然断开，求该瞬时物体 E 和杆的质心 C 的加速度，以及 O 处的约束力。设绳与轮之间无相对滑动，O 处摩擦不计。

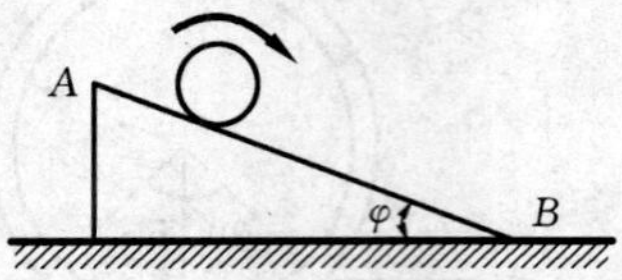

题 14 - 18 图

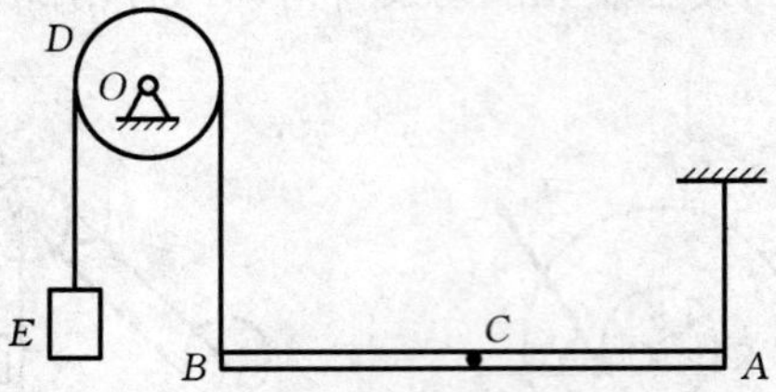

题 14 - 19 图

第 15 章

分析力学基础（一）

用矢量分析的方法研究力学问题，称为**矢量力学**（vectorial mechanics），如第 1 篇的静力学即为矢量静力学，第 3 篇动力学中的牛顿定律、普遍定理、达朗贝尔原理即为矢量动力学。用数学分析的方法研究力学问题，称为**分析力学**（analytical mechanics）。本章将主要介绍虚位移原理（分析静力学）。

矢量静力学从平行四边形法则等基本原理出发，通过力系的简化，得出刚体的平衡条件，用于研究刚体和刚体系统的平衡问题。而虚位移原理从位移和功的概念出发，得出任意质点系的平衡条件，用于研究任意质点系的平衡问题。虚位移原理是力学中的一个重要原理，应用很广。它不仅是研究平衡问题的最一般原理，还可与达朗贝尔原理结合，得出动力学普遍方程，用于研究动力学问题。

15.1 约束与约束方程

一个质点系，当它的运动受到某些限制时，是非自由的。在 1.6 节中，曾将对非自由体的位移起限制作用的物体称为约束，反映了矢量力学侧重约束以力的形式呈现。这里，将限制质点系运动的条件称为**约束**，反映了分析力学侧重约束限制质点系的运动。表示这种限制条件的数学方程称为**约束方程**（equations of constraint）。

例如，图 15-1 中的小球 B 受刚杆 AB 的约束，被限制在铅直平面内绕固定点 A 沿圆弧运动，圆弧的半径为 l，其约束方程为

$$x^2+y^2=l^2 \tag{a}$$

又如，曲柄连杆机构（图 15-2）的曲柄销 A 只能作圆周运动，连杆 AB 长度不变，滑块 B 只能沿滑槽运动。这些限制条件可用约束方程表示为

$$\left.\begin{aligned}&x_1^2+y_1^2=r^2\\&(x_2-x_1)^2+(y_2-y_1)^2=l^2\\&y_2=0\end{aligned}\right\} \tag{b}$$

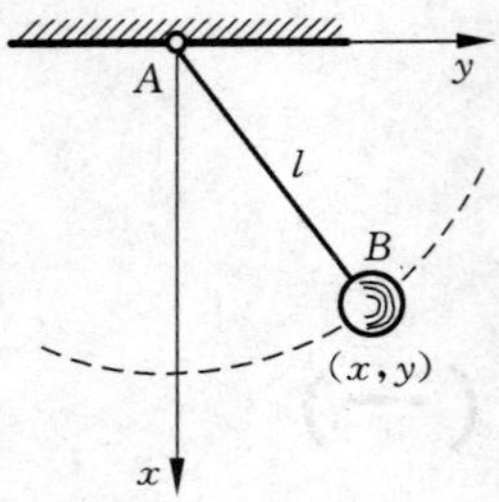

图 15-1

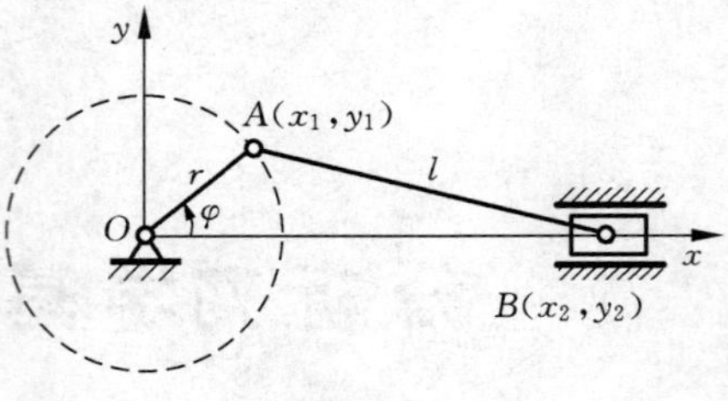

图 15-2

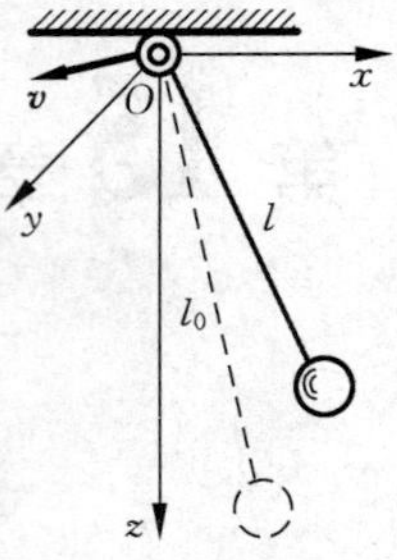

图 15-3

再如，将绳子的上端穿过小环O，下端系一小球（图 15-3）。设初瞬时小球与小环O的距离为l_0，今以匀速率v拉动绳子，则在任一瞬时t，小球与小环的距离为$l=l_0-vt$，约束方程为

$$x^2+y^2+z^2=(l_0-vt)^2 \tag{c}$$

根据约束的不同形式，分类如下。

1. 几何约束与运动约束

如约束只限制质点系的几何位置，则称为**几何约束**（geometric constraint），此时约束方程是各质点位置坐标的函数。如约束限制质点系中各质点的速度，则称为**运动约束**（kinetic constraint）。上述三例中的约束均为几何约束。

2. 定常约束与非定常约束

如约束不随时间而变，则称为**定常约束**（steady constraint），此时约束方程中不显含时间t。如约束随时间而变，则称为**非定常约束**（unsteady constraint），此时约束方程中显含时间t。上述前两例约束为定常约束，后一例约束为非定常约束。

3. 双面约束与单面约束

如约束既能限制质点沿某一方向的运动，又能限制沿相反方向的运动，则称为**双面约束**（bilateral constraint），约束方程为等式。如约束只能限制质点某一方向的运动，而不能限制相反方向的运动，则称为**单面约束**（unbilateral constraint），约束方程为不等式。图 15-1 中小球B所受的刚杆约束是双面约束，若将刚杆改为绳子，因绳子不能限制小球沿着使绳子松弛的方向运动，所以为单面约束，约束方程为

$$x^2+y^2\leqslant l^2 \tag{d}$$

本书只考虑双面约束的情形，如遇到单面约束，只要约束不致消失或松弛，即可当作双面约束对待。

4. 完整约束与非完整约束

几何约束和可积分的运动约束称为**完整约束**（holonomic constraint）。不可积分的运动约束称为**非完整约束**（nonholonomic constraint）。

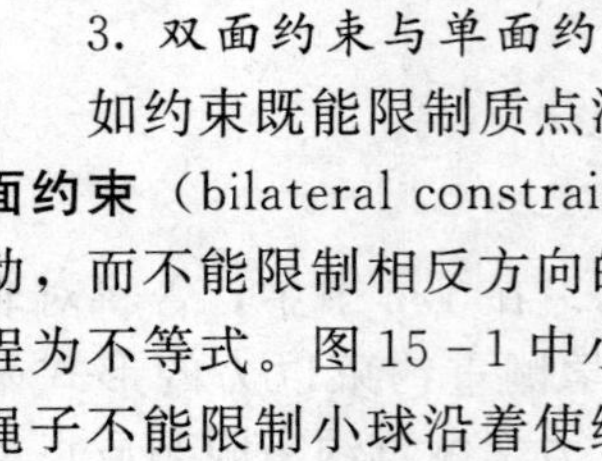

图 15-4

例如，轮子在水平面上沿直线滚动而不滑动（图 15-4），轮子除受到几何约束$y_C=r$外，还受到运动约束$v_I=0$，此运动约束可用方程表示为

$$\dot{x}_C-r\dot{\varphi}=0 \tag{e}$$

式中：$\dot{x}_C$ 为轮心的速度；$\dot{\varphi}$为轮子的角速度；r 为轮子的半径。

约束方程式 (e) 可以积分成为（假设积分常数为零）

$$x_C - r\varphi = 0$$

可见地面对轮子的约束仍是完整约束。

本章只讨论完整、定常、双面约束，其约束方程的一般形式为

$$f_j(x_1, y_1, z_1, \cdots, x_n, y_n, z_n) = 0 \quad (j = 1, 2, \cdots, s) \tag{15-1}$$

式中：n 为质点系中质点的数目；x_i、y_i、z_i 为第 i 个质点的坐标；s 为约束方程的数目。

15.2　自由度和广义坐标

一个自由质点在空间的位置，须用 3 个独立坐标来确定。由 n 个质点组成的质点系，如其中每个质点都是自由的，则确定该质点系全部质点的位置有 $3n$ 个独立坐标，这 $3n$ 个坐标的集合称为该质点系的**位形**（configuration）。位形概念是质点位置概念在质点系中的扩展。

对于非自由质点系，由于受到约束，质点系中各质点的位置坐标因须满足完整约束条件，故不是完全独立的。

例如图 15-2 中，确定曲柄连杆机构位形的 4 个坐标 x_1、y_1、x_2、y_2 须满足 3 个约束方程［15.1 节的式 (b)］，所以只有 1 个坐标是独立的。

又如图 15-5 中的双锤摆，设只在铅直面内摆动，则确定该系统的位形需 4 个坐标 x_1、y_1、x_2、y_2，但各坐标须满足约束方程

$$x_1^2 + y_1^2 = a^2$$
$$(x_2 - x_1)^2 + (y_2 - y_1)^2 = b^2$$

因此只有两个坐标是独立的。

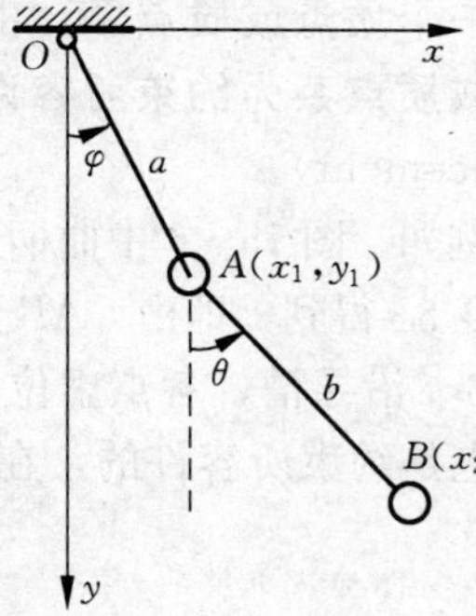

图 15-5

一般情况，由 n 个质点组成的质点系受到 s（$<3n$）个完整约束，则确定该质点系位形的 $3n$ 个坐标中，只有 $k=3n-s$ 个是独立的，即给定 k 个坐标，质点系的位形就可完全确定，其余 s 个坐标则可通过约束方程表示为给定坐标的函数。

确定一个受完整约束的质点系的位形所需的独立坐标的数目，称为该质点系自由度的数目，简称为**自由度**❶（degree of freedom）。由此定义知，曲柄连杆机构有一个自由度，双锤摆有两个自由度。受 s 个完整约束、由 n 个质点组成的质点系，其自由度为 $k=3n-s$。

通常质点系的质点和约束条件都很多，而自由度的数目很少，即 n 与 s 很大而 k 很小。为了确定质点系的位形，用适当选择的 k 个独立参数，要比用 $3n$ 个直角坐标和 s 个约束方程方便得多。用来确定质点系位形的独立参数，称为**广义坐标**（gener-

❶　自由度的这一定义不适用于受非完整约束的质点系。

alized coordinates）。在完整约束下，广义坐标的数目等于自由度的数目。例如，图15-2中的曲柄连杆机构有一个自由度，可用一个广义坐标 φ（曲柄 OA 与 x 轴的角坐标）来确定其位形。图15-5中的双锤摆有两个自由度，可用两个广义坐标 φ 与 θ 来确定其位形。

当质点系的广义坐标选定后，质点系中每一质点的直角坐标都可以表示为广义坐标的函数。如双锤摆的摆锤 A 及 B 的直角坐标可用广义坐标 φ 及 θ 表示为

$$\left.\begin{aligned} x_1 &= a\sin\varphi, \quad y_1 = a\cos\varphi \\ x_2 &= a\sin\varphi + b\sin\theta, \quad y_2 = a\cos\varphi + b\cos\theta \end{aligned}\right\} \tag{a}$$

一般地，由 n 个质点组成的质点系，具有 k 个自由度，取 q_1，q_2，…，q_k 为其广义坐标，当受到定常约束时，质点系内任一质点 M_i 的直角坐标及矢径可表示为广义坐标的函数

$$\left.\begin{aligned} x_i &= x_i(q_1, q_2, \cdots q_k) \\ y_i &= y_i(q_1, q_2, \cdots q_k) \\ z_i &= z_i(q_1, q_2, \cdots q_k) \end{aligned}\right\} \tag{15-2}$$

$$\boldsymbol{r}_i = \boldsymbol{r}_i(q_1, q_2, \cdots q_k) \quad (i = 1, 2, \cdots, n) \tag{15-3}$$

15.3　虚位移　理想约束

15.3.1　虚位移

一个质点或质点系，由于受到约束，其位移必须是约束所容许的。**在给定瞬时，质点或质点系为约束所容许的任何微小位移，称为该质点或质点系的虚位移**（virtual displacement）。

例如，图15-6中曲柄连杆机构在给定瞬时的虚位移，可由曲柄 OA 绕 O 点转过一微小角度 $\delta\varphi$ 得到，即由 OAB 到 $OA'B'$。曲柄上点 A 的虚位移 $\delta\boldsymbol{r}_A$ 垂直于 OA，滑块 B 的虚位移 $\delta\boldsymbol{r}_B$ 沿导槽，各点虚位移的方向见图15-6。如曲柄 OA 向相反方向转动一微小角度，也是约束所容许的，在此情况下，整个系统及其中各点将有相反方向的虚位移。

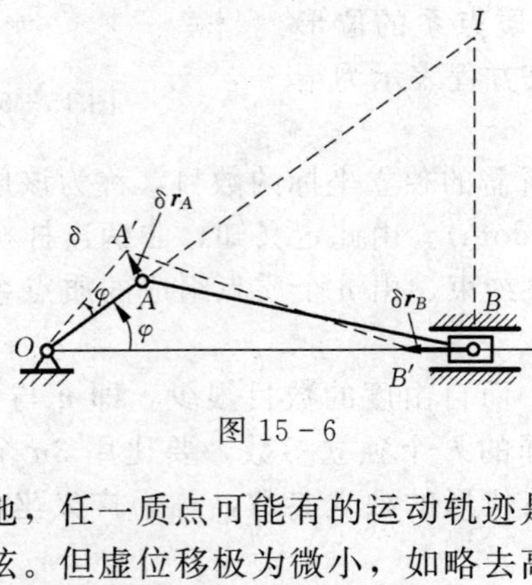

图15-6

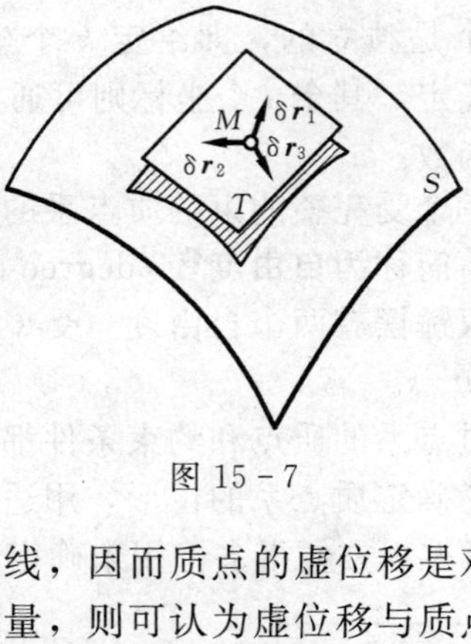

图15-7

一般地，任一质点可能有的运动轨迹是一曲线，因而质点的虚位移是对应于一极短弧线的弦。但虚位移极为微小，如略去高阶微量，则可认为虚位移与质点可能有的运动轨迹相切。设质点 M 限制在曲面 S 上（图15-7），则在质点所在处，在曲面的

切面 T 内的任何微小位移，如 $\delta\boldsymbol{r}_1$、$\delta\boldsymbol{r}_2$ 或 $\delta\boldsymbol{r}_3$ 都是质点的虚位移。

虚位移与真正运动时发生的实位移是有区别的。实位移是在一定力的作用下和给定的初始条件下运动而实际发生的；虚位移则是在约束容许的条件下可能发生的。一个静止的质点或质点系不会发生实位移，但可以使其有虚位移。实位移具有确定的方向，可能是微小值，也可能是有限值；虚位移则是微小位移，视约束情况可能有几种不同的方向（如图 15－6 中滑块 B 的虚位移 $\delta\boldsymbol{r}_B$ 可以向左，也可以向右）。实位移是在一定的时间内发生的；虚位移只是纯几何的概念，完全与时间无关。为了区别，微小的实位移用微分符号 d 表示，如 $\mathrm{d}\varphi$、$\mathrm{d}x$、$\mathrm{d}\boldsymbol{r}$ 等；而虚位移用变分符号 δ 表示，如 $\delta\varphi$、δx、$\delta\boldsymbol{r}$ 等。

应当指出，在完整、定常约束下，微小的实位移必然是虚位移之一。因为，只有约束所容许的位移才是实际上可能发生的，而约束所容许的任何微小位移都是虚位移。

在完整、非定常约束下，**某瞬时的虚位移是将时间固定后，约束所容许的任何微小位移**。因实位移不能固定时间，所以微小的实位移不再是虚位移之一。例如，图 15－8 中的质点 M 被限制在转动着的直槽内，在瞬时 t，不考虑直槽的运动，M 的虚位移 $\delta\boldsymbol{r}$ 沿着直槽；而因受槽运动的影响，M 在 Δt 时间内的实位移 $\mathrm{d}\boldsymbol{r}$ 应如图中虚线所示，不同于虚位移。

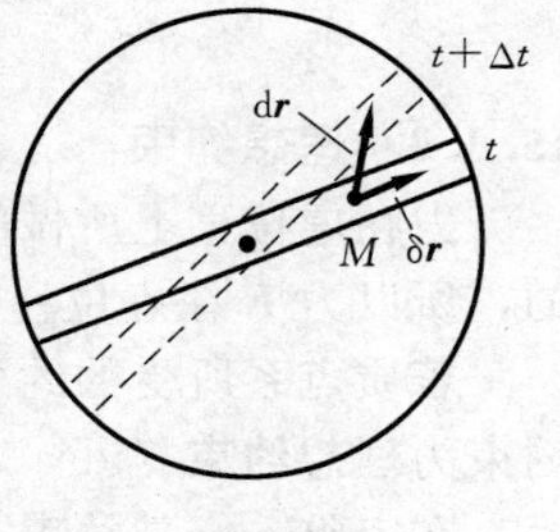

图 15－8

质点系中各质点的虚位移，必须满足约束条件，因而它们之间存在一定的关系。下面介绍求各点虚位移之间关系的方法。

1. 几何法

对于刚体和刚体系统，可用几何学或运动学来求得各点虚位移之间的关系。例如，在图 15－6 中，I 点为连杆 AB 的速度瞬心，设连杆 AB 绕 I 点转过微小角度 $\delta\theta$，则

$$\frac{|\delta\boldsymbol{r}_A|}{|\delta\boldsymbol{r}_B|}=\frac{AI\cdot\delta\theta}{BI\cdot\delta\theta}=\frac{AI}{BI}$$

或者利用 $\delta\boldsymbol{r}_A$、$\delta\boldsymbol{r}_B$ 在 AB 上投影相等的条件，也可求出 $|\delta\boldsymbol{r}_A|$ 与 $|\delta\boldsymbol{r}_B|$ 之间的关系。

2. 解析法

设由 n 个质点组成的质点系有 k 个自由度，以 q_1，q_2，…，q_k 为广义坐标。使任一广义坐标 q_j 有一微小改变 δq_j——称为 q_j 的变分，则系统有一与之对应的虚位移。因广义坐标是彼此独立的，如使 k 个广义坐标分别有变分 δq_1，δq_2，…，δq_k，则可得到系统 k 组独立的虚位移，即独立虚位移的数目等于系统自由度的数目。

如质点系受定常约束，质点系中各质点的直角坐标可按式（15－2）表示为广义坐标的函数，而任一质点 M_i 的虚位移 $\delta\boldsymbol{r}_i$ 及其在 x、y、z 轴上的投影（即坐标 x_i、y_i、z_i 的变分），可用类似求微分的方法求得

$$\delta \boldsymbol{r}_i=\frac{\partial \boldsymbol{r}_i}{\partial q_1}\delta q_1+\frac{\partial \boldsymbol{r}_i}{\partial q_2}\delta q_2+\cdots+\frac{\partial \boldsymbol{r}_i}{\partial q_k}\delta q_k \tag{15-4}$$

$$\left.\begin{aligned}\delta x_i&=\frac{\partial x_i}{\partial q_1}\delta q_1+\frac{\partial x_i}{\partial q_2}\delta q_2+\cdots+\frac{\partial x_i}{\partial q_k}\delta q_k\\ \delta y_i&=\frac{\partial y_i}{\partial q_1}\delta q_1+\frac{\partial y_i}{\partial q_2}\delta q_2+\cdots+\frac{\partial y_i}{\partial q_k}\delta q_k\\ \delta z_i&=\frac{\partial z_i}{\partial q_1}\delta q_1+\frac{\partial z_i}{\partial q_2}\delta q_2+\cdots+\frac{\partial z_i}{\partial q_k}\delta q_k\end{aligned}\right\} \tag{15-5}$$

$$(i=1,2,\cdots,n)$$

例如，图 15-5 中的双锤摆，对直角坐标［15.2 节的式（a）］求变分，得 A、B 点虚位移在 x、y 轴上的投影：

$$\delta x_1=a\cos\varphi\delta\varphi,\quad \delta y_1=-a\sin\varphi\delta\varphi$$
$$\delta x_2=a\cos\varphi\delta\varphi+b\cos\theta\delta\theta,\quad \delta y_2=-a\sin\varphi\delta\varphi-b\sin\theta\delta\theta$$

15.3.2　理想约束

力在虚位移上所做的功称为**虚功**（virtual work），用 δW 表示。因虚位移是微小的，所以力 $\boldsymbol{F}$ 在虚位移 $\delta\boldsymbol{r}$ 上所做的虚功 $\delta W=\boldsymbol{F}\cdot\delta\boldsymbol{r}$。

若质点系所受的约束力在任何虚位移上所做的虚功之和为零，则称该质点系所受约束为**理想约束**（ideal constraint）。

在完整、定常约束下，微小的实位移必然是虚位移之一。所以动能定理中列举的不可伸长的绳索、光滑接触、固定铰支座、活动铰支座、连杆、固定端，连接两刚体的光滑铰链、轴承等约束均属于理想约束。

15.4　虚位移原理

虚位移原理（virtual displacement principle）：**受理想、双面、定常约束的质点系在某一位置保持平衡**[1]**的必要与充分条件是：作用于质点系的所有主动力在任何虚位移中的虚功之和等于零**。用数学公式表示为

$$\sum \boldsymbol{F}_i\cdot\delta\boldsymbol{r}_i=0 \tag{15-6}$$

式中：$\boldsymbol{F}_i$ 为作用于任一质点 M_i 的主动力的合力；$\delta\boldsymbol{r}_i$ 为该点的虚位移；式（15-6）称为虚功方程。

虚位移原理是静力学的基本原理，其正确性无须证明，因为由它所推导出的一系列结论已由实践检验为正确。但为了便于理解与记忆，现证明如下。

先证明必要性，即证明质点系平衡时，式（15-6）成立。

当质点系平衡时，质点系中任一质点 M_i 都保持平衡。因此作用于 M_i 的主动力的合力 $\boldsymbol{F}_i$ 与约束力的合力 $\boldsymbol{F}_{Ni}$ 之和必为零，即 $\boldsymbol{F}_i+\boldsymbol{F}_{Ni}=0$

设 M_i 有虚位移 $\delta\boldsymbol{r}_i$，则 $\boldsymbol{F}_i$ 与 $\boldsymbol{F}_{Ni}$ 的虚功之和为

---

[1] 这里的平衡是指静止。

$$\boldsymbol{F}_i \cdot \delta\boldsymbol{r}_i + \boldsymbol{F}_{Ni} \cdot \delta\boldsymbol{r}_i = (\boldsymbol{F}_i + \boldsymbol{F}_{Ni}) \cdot \delta\boldsymbol{r}_i = 0$$

对质点系中每一个质点都能写出这样一个等式，将这些等式相加，得

$$\sum \boldsymbol{F}_i \cdot \delta\boldsymbol{r}_i + \sum \boldsymbol{F}_{Ni} \cdot \delta\boldsymbol{r}_i = 0$$

因质点系受理想约束，所以约束力的虚功之和等于零，即$\sum \boldsymbol{F}_{Ni} \cdot \delta\boldsymbol{r}_i = 0$，于是式（15-6）成立。

后证明充分性，即证明式（15-6）成立时，质点系必成平衡。

采用反证法。假设式（15-6）成立，但质点系不平衡，则至少有一个质点 M_i 在力 $\boldsymbol{F}_{Ri} = \boldsymbol{F}_i + \boldsymbol{F}_{Ni}$ 的作用下由静止开始运动（图 15-9）。M_i 的微小实位移 $\mathrm{d}\boldsymbol{r}_i$ 必与 $\boldsymbol{F}_{Ri}$ 同向，所以 $\boldsymbol{F}_{Ri} \cdot \mathrm{d}\boldsymbol{r}_i > 0$。

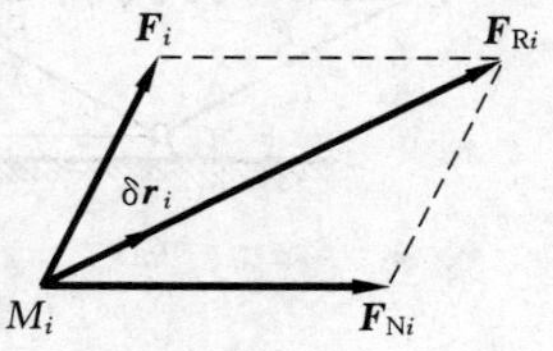

图 15-9

在定常约束下，取 $\delta\boldsymbol{r}_i = \mathrm{d}\boldsymbol{r}_i$，则 $\boldsymbol{F}_{Ri} \cdot \delta\boldsymbol{r}_i > 0$，即

$$\boldsymbol{F}_i \cdot \delta\boldsymbol{r}_i + \boldsymbol{F}_{Ni} \cdot \delta\boldsymbol{r}_i > 0$$

对每一个运动的质点都可以写出这样一个不等式，而对仍保持静止的质点，有等式

$$\boldsymbol{F}_i \cdot \delta\boldsymbol{r}_i + \boldsymbol{F}_{Ni} \cdot \delta\boldsymbol{r}_i = 0$$

将质点系中所有质点的主动力与约束力的虚功加起来，有

$$\sum \boldsymbol{F}_i \cdot \delta\boldsymbol{r}_i + \sum \boldsymbol{F}_{Ni} \cdot \delta\boldsymbol{r}_i > 0$$

因理想约束，$\sum \boldsymbol{F}_{Ni} \cdot \delta\boldsymbol{r}_i = 0$，所以

$$\sum \boldsymbol{F}_i \cdot \delta\boldsymbol{r}_i > 0$$

这一结果与假设的条件相矛盾。所以，质点系中没有任何质点能进入运动，质点系必定成平衡。

虚功方程式（15-6）也可写成

$$\sum F_i \left| \delta\boldsymbol{r}_i \right| \cos(\boldsymbol{F}_i, \delta\boldsymbol{r}_i) = 0 \tag{15-7}$$

还可表示为解析式

$$\sum (F_{ix}\delta x_i + F_{iy}\delta y_i + F_{iz}\delta z_i) = 0 \tag{15-8}$$

式中：F_{ix}、F_{iy}、F_{iz} 和 δx_i、δy_i、δz_i 分别为主动力 $\boldsymbol{F}_i$ 和虚位移 $\delta\boldsymbol{r}_i$ 在轴 x、y、z 上的投影。实际应用时都用式（15-7）或式（15-8）。

在 15.3 节中已经说明，具有 k 个自由度的质点系，可以有 k 组独立的虚位移。若该系统成平衡，对应于每一组独立的虚位移，都可用虚位移原理建立一个独立的平衡方程。则对于具有 k 个自由度的平衡系统来说，可建立 k 个独立的平衡方程，即**独立平衡方程的数目与系统的自由度的数目相等**。

虚位移原理是解答平衡问题的最一般的原理，对任何质点系都适用。对于受理想约束的复杂系统的平衡问题，应用虚位移原理求解比用静力学方法求解更为方便。这是因为不必考虑约束力，从而可以避免解联立方程，使计算过程大为简化。

【例 15-1】 图 15-10（a）所示平面机构中，已知各杆与弹簧原长均为 l，重量均可略去不计，弹簧常数为 k，铅直导槽是光滑的。求平衡时 $\boldsymbol{F}_1$ 的大小与角度 θ 之

间的关系。

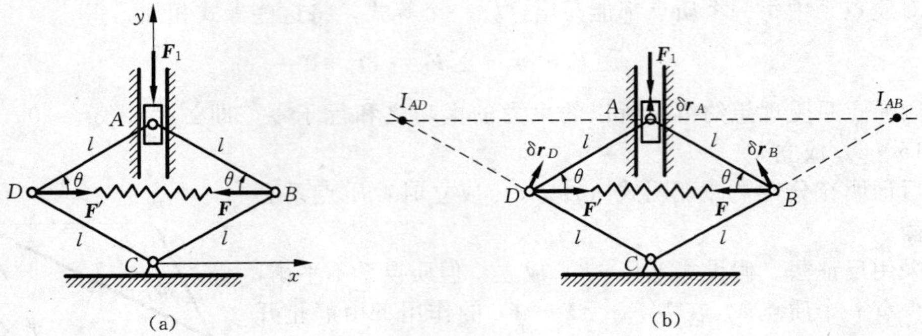

图 15-10

解： 系统自由度 $k=1$，取 θ（从水平位置量起）为广义坐标。

机构中的弹簧为非理想约束，解除弹簧约束，代之以弹性力 $\boldsymbol{F}$ 和 $\boldsymbol{F}'$。在图 15-10（a）所示的位置，弹簧的伸长为 $\Delta=2l\cos\theta-l=l(2\cos\theta-1)$，弹性力为 $F=F'=k\Delta=kl(2\cos\theta-1)$。

解法一（解析法）：

以 C 为坐标原点，建立直角坐标系 Cxy［图 15-10（a）］，列虚功方程

$$-F_1\delta y_A-F\delta x_B+F'\delta x_D=0$$

力的作用点的坐标 $y_A=2l\sin\theta$，$x_B=l\cos\theta$，$x_D=-l\cos\theta$，其变分为 $\delta y_A=2l\cos\theta\delta\theta$，$\delta x_B=-l\sin\theta\delta\theta$，$\delta x_D=l\sin\theta\delta\theta$，代入虚功方程，得

$$[-F_1\cdot 2l\cos\theta-kl(2\cos\theta-1)(-l\sin\theta)+kl(2\cos\theta-1)\cdot l\sin\theta]\delta\theta=0$$

因 $\delta\theta$ 是任意的，所以上式中 $\delta\theta$ 前的系数应为零，即

$$-F_1\cdot 2l\cos\theta-kl(2\cos\theta-1)(-l\sin\theta)+kl(2\cos\theta-1)\cdot l\sin\theta=0$$

整理得

$$F_1=kl(2\sin\theta-\tan\theta)$$

解法二（几何法）：

设给滑块 A 一向上的虚位移 $\delta\boldsymbol{r}_A$，则点 B 和 D 的虚位移分别为 $\delta\boldsymbol{r}_B$ 和 $\delta\boldsymbol{r}_D$［图 15-10（b）］，列虚功方程

$$-F_1|\delta\boldsymbol{r}_A|+F|\delta\boldsymbol{r}_B|\cos(90°-\theta)+F'|\delta\boldsymbol{r}_D|\cos(90°-\theta)=0$$

解得

$$F_1=F\sin\theta\frac{|\delta\boldsymbol{r}_B|}{|\delta\boldsymbol{r}_A|}+F'\sin\theta\frac{|\delta\boldsymbol{r}_D|}{|\delta\boldsymbol{r}_A|}$$

因 $\dfrac{|\delta\boldsymbol{r}_B|}{|\delta\boldsymbol{r}_A|}=\dfrac{BI_{AB}}{AI_{AB}}=\dfrac{l}{2l\cos\theta}=\dfrac{1}{2\cos\theta}$，$\dfrac{|\delta\boldsymbol{r}_D|}{|\delta\boldsymbol{r}_A|}=\dfrac{DI_{AD}}{AI_{AD}}=\dfrac{l}{2l\cos\theta}=\dfrac{1}{2\cos\theta}$，所以有

$$F_1=kl(2\sin\theta-\tan\theta)$$

【例 15-2】 均质杆 OA 及 AB 在点 A 用铰连接，并在点 O 用铰支承［图 15-11（a）］。两杆各长 $2a$ 及 $2b$，各重 W_1 及 W_2。设在点 B 加水平力 $\boldsymbol{F}$ 以维持平衡，求两

杆与铅直线所成的角 φ 及 θ。

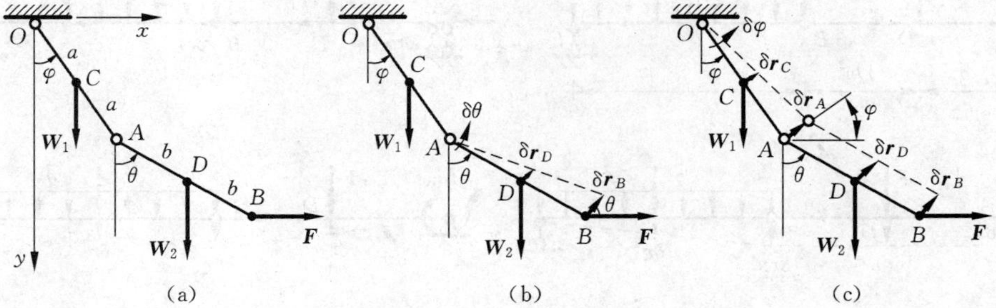

图 15-11

解：系统自由度 $k=2$，取 φ 及 θ（均从铅直位置量起）为广义坐标。下面用两种方法求解。

解法一（解析法）：以 O 为坐标原点，建立直角坐标系 Oxy，列虚功方程

$$W_1\delta y_C+W_2\delta y_D+F\delta x_B=0$$

力的作用点的坐标 $y_C=a\cos\varphi$，$y_D=2a\cos\varphi+b\cos\theta$，$x_B=2a\sin\varphi+2b\sin\theta$，其变分为 $\delta y_C=-a\sin\varphi\delta\varphi$，$\delta y_D=-2a\sin\varphi\delta\varphi-b\sin\theta\delta\theta$，$\delta x_B=2a\cos\varphi\delta\varphi+2b\cos\theta\delta\theta$，代入虚功方程，得

$$(-W_1\cdot a\sin\varphi-W_2\cdot 2a\sin\varphi+F\cdot 2a\cos\varphi)\delta\varphi+(-W_2 b\sin\theta+F\cdot 2b\cos\theta)\delta\theta=0$$

因 $\delta\varphi$ 与 $\delta\theta$ 是任意的、彼此独立的，所以，要使上式成立，必须 $\delta\varphi$ 与 $\delta\theta$ 前的系数都等于零，即

$$-W_1\cdot a\sin\varphi-W_2\cdot 2a\sin\varphi+F\cdot 2a\cos\varphi=0$$
$$-W_2\cdot b\sin\theta+F\cdot 2b\cos\theta=0$$

解得

$$\tan\varphi=\frac{2F}{W_1+2W_2},\tan\theta=\frac{2F}{W_2}$$

解法二（几何法）：先使 φ 保持不变，而使 θ 获得变分 $\delta\theta$，即令 $\delta\varphi=0$、$\delta\theta\neq0$，系统的虚位移见图 15-11（b）。列虚功方程

$$-W_2|\delta\boldsymbol{r}_D|\sin\theta+F|\delta\boldsymbol{r}_B|\cos\theta=0$$

因 $|\delta\boldsymbol{r}_D|=b\delta\theta$，$|\delta\boldsymbol{r}_B|=2b\delta\theta$，代入上式，得

$$\tan\theta=\frac{2F}{W_2}$$

再使 θ 保持不变，而使 φ 获得变分 $\delta\varphi$，即令 $\delta\varphi\neq0$、$\delta\theta=0$，系统的虚位移见图 15-11（c）。列虚功方程

$$-W_1|\delta\boldsymbol{r}_C|\sin\varphi-W_2|\delta\boldsymbol{r}_D|\sin\varphi+F|\delta\boldsymbol{r}_B|\cos\varphi=0$$

因 $|\delta\boldsymbol{r}_C|=a\delta\varphi$，$|\delta\boldsymbol{r}_A|=|\delta\boldsymbol{r}_D|=|\delta\boldsymbol{r}_B|=2a\delta\varphi$，代入上式，得

$$\tan\varphi=\frac{2F}{W_1+2W_2}$$

【例 15-3】 组合梁受力如图 15-12（a）所示，已知 q、F、l，试求固定端 A 的约束力。

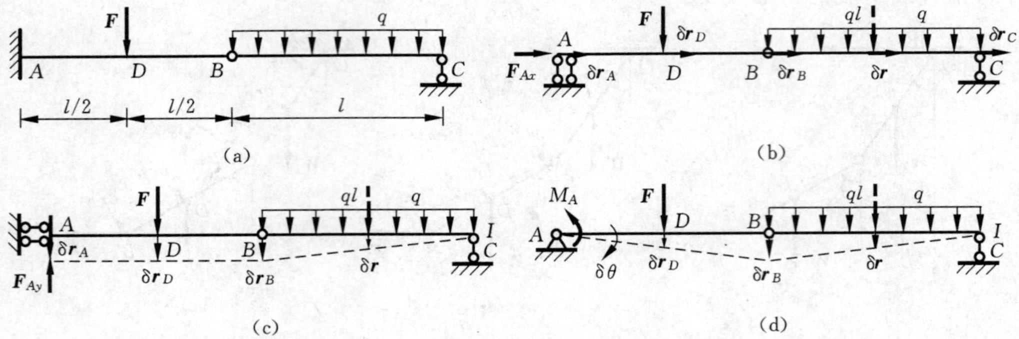

图 15-12

解：系统自由度 $k=0$，为静定结构，各点的虚位移均为零。为了应用虚位移原理求约束力，必须解除约束，使系统的 $k\neq0$。解除约束的原则是：求某处约束力，就解除某处约束，代以相应的约束力，并将该约束力作为主动力看待。为解题方便，常使解除约束后的系统 $k=1$。

1. 求 $\boldsymbol{F}_{Ax}$

解除 A 处水平方向约束，代以约束力 $\boldsymbol{F}_{Ax}$。系统 $k=1$，杆 AB 水平方向平移，杆 BC 瞬时平移。给虚位移如图 15-12（b）所示。列虚功方程

$$F_{Ax}|\delta\boldsymbol{r}_A|=0$$

因 $|\delta\boldsymbol{r}_A|$ 是任意的，所以

$$F_{Ax}=0$$

2. 求 $\boldsymbol{F}_{Ay}$

解除 A 处铅直方向约束，代以约束力 $\boldsymbol{F}_{Ay}$。系统 $k=1$，杆 AB 铅直方向平移，杆 BC 平面运动，速度瞬心 I 与点 C 重合。给虚位移如图 15-12（c）所示。列虚功方程

$$-F_{Ay}|\delta\boldsymbol{r}_A|+F|\delta\boldsymbol{r}_D|+ql|\delta\boldsymbol{r}|=0$$

因 $|\delta\boldsymbol{r}_A|=|\delta\boldsymbol{r}_D|=|\delta\boldsymbol{r}_B|=2|\delta\boldsymbol{r}|$，所以

$$F_{Ay}=F+\frac{1}{2}ql$$

3. 求 M_A

解除 A 处转动约束，代以约束力偶 M_A。系统 $k=1$，杆 AB 绕 A 定轴转动，杆 BC 平面运动，速度瞬心 I 与点 C 重合。给虚位移如图 15-12（d）所示。列虚功方程

$$-M_A\delta\theta+F|\delta\boldsymbol{r}_D|+ql|\delta\boldsymbol{r}|=0$$

因 $|\delta\boldsymbol{r}_D|=\frac{l}{2}\delta\theta$，$|\delta\boldsymbol{r}|=\frac{1}{2}|\delta\boldsymbol{r}_B|=\frac{1}{2}l\delta\theta$，所以

$$M_A=\frac{1}{2}(F+ql)l$$

【例 15-4】 刚架受力如图 15-13（a）所示，求支座 D 处的约束力及 B 处的水平约束力。

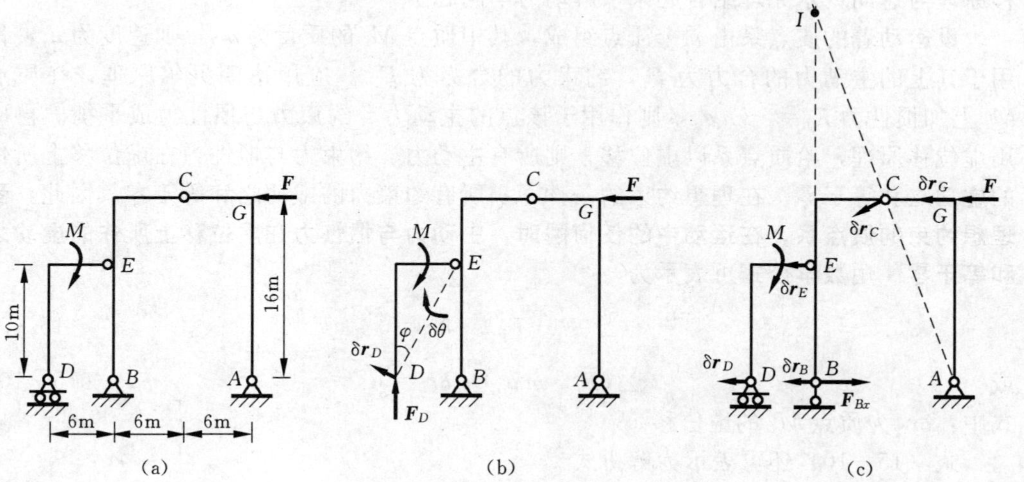

图 15-13

解： 系统自由度 $k=0$，为静定结构。

1. 求 $\boldsymbol{F}_D$

解除 D 处约束，代以约束力 $\boldsymbol{F}_D$。系统自由度 $k=1$，ABC 部分静止不动，DE 绕点 E 转动。给虚位移如图 15-13（b）所示。列虚功方程

$$F_D\,|\delta \boldsymbol{r}_D|\sin\varphi+M\delta\theta=0$$

因 $|\delta \boldsymbol{r}_D|\sin\varphi=DE\delta\theta\sin\varphi=6\delta\theta$，所以

$$F_D=-\frac{M}{6}$$

负号表示 $\boldsymbol{F}_D$ 的实际方向与图示相反。

2. 求 $\boldsymbol{F}_{Bx}$

解除 B 处水平约束，代以约束力 $\boldsymbol{F}_{Bx}$。系统自由度 $k=1$，AC 绕点 A 转动，BC 平面运动，速度瞬心为 I，DE 瞬时平移。给虚位移如图 15-13（c）所示。列虚功方程

$$-F_{Bx}\,|\delta \boldsymbol{r}_B|+F\,|\delta \boldsymbol{r}_G|=0$$

因 $\dfrac{|\delta \boldsymbol{r}_G|}{|\delta \boldsymbol{r}_B|}=\dfrac{|\delta \boldsymbol{r}_G|}{|\delta \boldsymbol{r}_C|}\cdot\dfrac{|\delta \boldsymbol{r}_C|}{|\delta \boldsymbol{r}_B|}=\dfrac{AG}{AB}\cdot\dfrac{IC}{IA}=\dfrac{16}{\sqrt{6^2+16^2}}\cdot\dfrac{\sqrt{6^2+16^2}}{32}=\dfrac{1}{2}$，所以

$$F_{Bx}=\frac{F}{2}$$

15.5　动力学普遍方程

在上一章曾讲过，应用达朗贝尔原理，可用求解静力学平衡问题的方法来求解动力学问题，而虚位移原理是求解静力学平衡问题的最一般的原理，因此，可以将虚位

移原理与达朗贝尔原理结合起来求解动力学问题。

设运动着的质点系由 n 个质点组成，其中质点 M_i 的质量为 m_i，加速度为 $\boldsymbol{a}_i$，作用于其上的主动力的合力为 $\boldsymbol{F}_i$，约束力的合力为 $\boldsymbol{F}_{Ni}$。应用达朗贝尔原理，在质点 M_i 上加惯性力 $\boldsymbol{F}_{Ii}=-m_i\boldsymbol{a}_i$，则作用于该点的主动力、约束力与惯性力成平衡。再应用虚位移原理，给质点系以虚位移，则所有主动力、约束力与惯性力在虚位移上所作的虚功之和等于零。在理想约束的条件下，所有约束力的虚功之和等于零。因此，**受理想约束的质点系，在运动中的任何瞬时，主动力与惯性力在虚位移上所作的虚功之和等于零**。用数学公式可表示为

$$\sum(\boldsymbol{F}_i+\boldsymbol{F}_{Ii})\cdot\delta\boldsymbol{r}_i=0 \qquad (15-9)$$

或

$$\sum(\boldsymbol{F}_i-m_i\boldsymbol{a}_i)\cdot\delta\boldsymbol{r}_i=0 \qquad (15-10)$$

式中：$\delta\boldsymbol{r}_i$ 为质点 M_i 的虚位移。

式（15-10）还可表示为解析式

$$\sum[(F_{ix}-m_i\ddot{x}_i)\delta x_i+(F_{iy}-m_i\ddot{y}_i)\delta y_i+(F_{iz}-m_i\ddot{z}_i)\delta z_i]=0 \qquad (15-11)$$

式中：F_{ix}、F_{iy}、F_{iz}，$\ddot{x}_i$、$\ddot{y}_i$、$\ddot{z}_i$ 及 δx_i、δy_i、δz_i 分别为主动力 $\boldsymbol{F}_i$、加速度 $\boldsymbol{a}_i$ 及虚位移 $\delta\boldsymbol{r}_i$ 在直角坐标轴 x、y、z 上的投影。

式（15-9）～式（15-11）都称为**动力学普遍方程**（general equation of dynamics）。

应用动力学普遍方程求解动力学问题，方法与用虚位移原理求解静力学问题相似，只要在系统上加相应的惯性力系，并将惯性力作为主动力看待即可。对于刚体，可利用刚体惯性力系的简化结果。

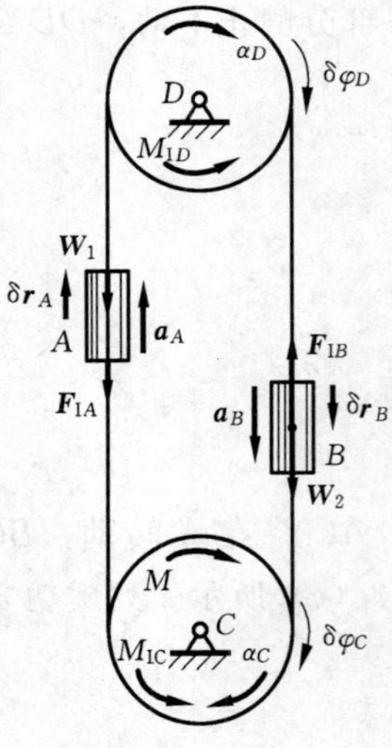

图 15-14

【例 15-5】 图 15-14 所示升降机中，被提升的物体 A 重 W_1，平衡锤 B 重 W_2，带轮 C 及 D 的半径均为 r，均重 W_3，可看作均质圆柱，带的重量忽略不计。设电动机作用于带轮 C 上的转矩为 M，试求 A 的加速度。

解： 取整个系统研究，系统自由度 $k=1$。设 A 有向上的加速度 $\boldsymbol{a}_A$，则 B 有向下的加速度 $\boldsymbol{a}_B$，且 $a_B=a_A$；轮 C 及 D 有顺时针转向的角加速度 α_C 及 α_D，且 $\alpha_C=\alpha_D=a_A/r$。在 A、B、C、D 上分别加惯性力（图 15-14），其中

$$F_{IA}=\frac{W_1}{g}a_A,\quad F_{IB}=\frac{W_2}{g}a_B,\quad M_{IC}=M_{ID}=\frac{W_3r^2}{2g}\cdot\frac{a_A}{r}=\frac{W_3r}{2g}a_A$$

给虚位移，设 A 有向上的虚位移 $\delta\boldsymbol{r}_A$，则 B 有向下的虚位移 $\delta\boldsymbol{r}_B$，且 $|\delta\boldsymbol{r}_B|=|\delta\boldsymbol{r}_A|$；轮 C 及 D 有顺时针转向的虚位移 $\delta\varphi_C=\delta\varphi_D=\dfrac{|\delta\boldsymbol{r}_A|}{r}$。列虚功方程

$$-(W_1+F_{IA})|\delta\boldsymbol{r}_A|+(W_2-F_{IB})|\delta\boldsymbol{r}_B|+(M-M_{IC})\delta\varphi_C-M_{ID}\delta\varphi_D=0$$

即

$$\left[-W_1-\frac{W_1}{g}a_A+W_2-\frac{W_2}{g}a_A+(M-2\times\frac{W_3r}{2g}a_A)\frac{1}{r}\right]|\delta\boldsymbol{r}_A|=0$$

因$|\delta \boldsymbol{r}_A|$是任意的，所以有

$$a_A=\frac{M+(W_2-W_1)r}{(W_1+W_2+W_3)r}g$$

思 考 题

15-1 试确定思15-1图所示各系统的自由度，并给出一组能描述系统位形的广义坐标：

(1) 平面机构各杆铰连如图，滑块D可在水平槽内运动。

(2) 圆柱可绕固定铅直轴转动，小物块M在圆柱表面的槽内滑动。

(3) 楔块A可在水平面上沿直线滑动，圆柱B沿斜面①只滚不滑；②又滚又滑。

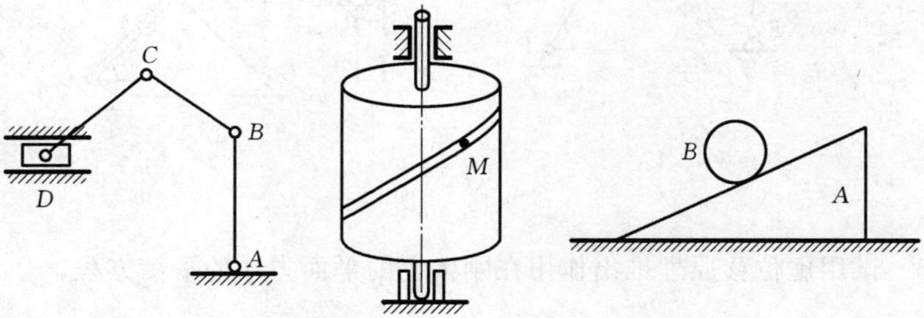

(a) (b) (c)

思15-1图

15-2 试判断思15-2图中的虚位移有无错误。

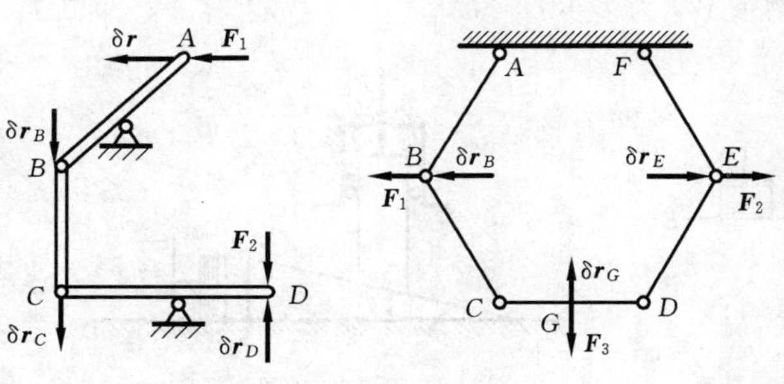

(a) (b)

思15-2图

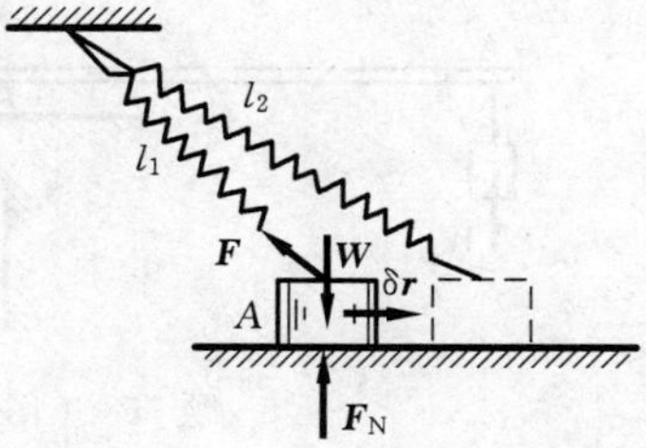

思15-3图

15-3 如思15-3图所示，物块A在重力、摩擦力和弹性力作用下平衡。设给A一个水平向右的虚位移$\delta \boldsymbol{r}$，问：弹性力的虚功是否等于$\frac{k}{2}[(l_1-l_0)^2-(l_2-l_0)^2]$？为什么？摩擦力的虚功是正还是负？

15-4 给下列各系统以虚位移，画出思15-4图所示位置B、C、D各点的虚位移，并找出B、C、D三点的虚位移与点A虚位移之间的关系。

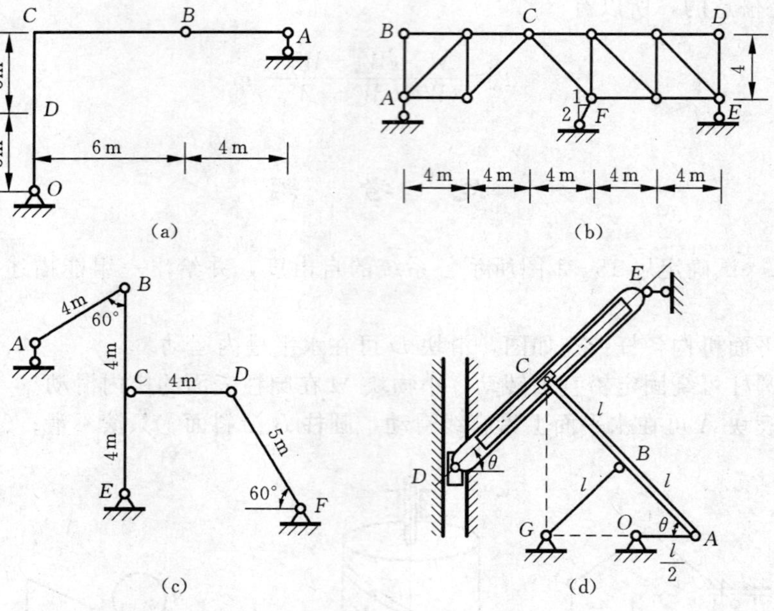

思 15-4 图

15-5　试用虚位移原理推出作用在刚体上的平面力系的平衡方程。

习　　题

15-1　在题 15-1 图所示台秤中，已知 $BC /\!/ OD$，且 $BC=OD$，$BC=AB/10$。设秤锤重 $W_1=1\text{kN}$，问秤台上的物重 W_2 为多少？

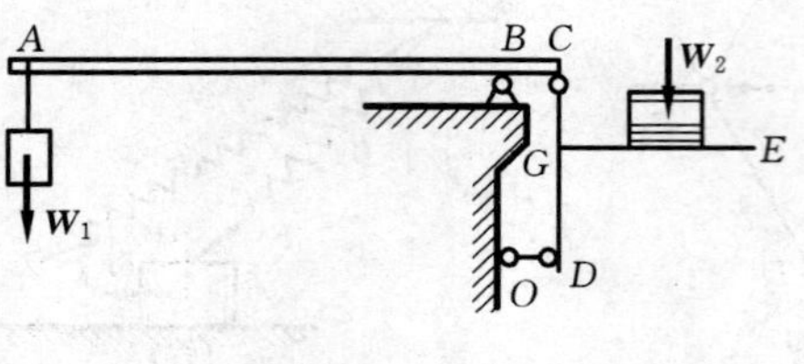

题 15-1 图

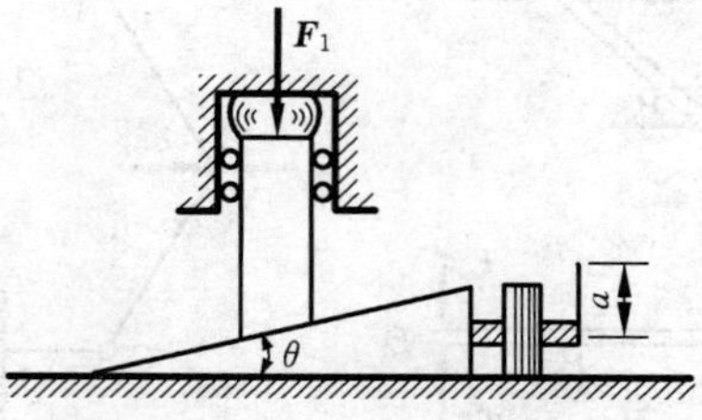

题 15-2 图

15-2　在题 15-2 图所示楔式压榨机中，设有一力 $\boldsymbol{F}$ 作用在手柄端点并垂直于纸面向里，已知手柄长为 a，螺距为 h，楔块的顶角为 θ，试求力 F 与 F_1 之间的关系。

15-3　题 15-3 图所示千斤顶机构中，当长为 R 的手柄转动时，齿轮 1、2、3、4 与 5 也随之转动，并带动千斤顶的齿条 BC 运动。问在手柄的 A 端并沿垂直于手柄的方向作用多大的力时，才能使千斤顶的台子产生 4.8kN 的压力？设齿轮的半径分别为 $r_1=30\text{mm}$，$r_2=120\text{mm}$，$r_3=40\text{mm}$，$r_4=160\text{mm}$，$r_5=30\text{mm}$，手柄的半径 $R=180\text{mm}$。

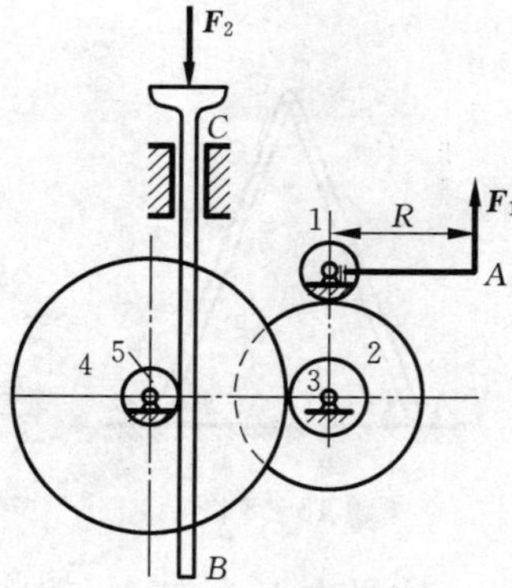

题 15-3 图

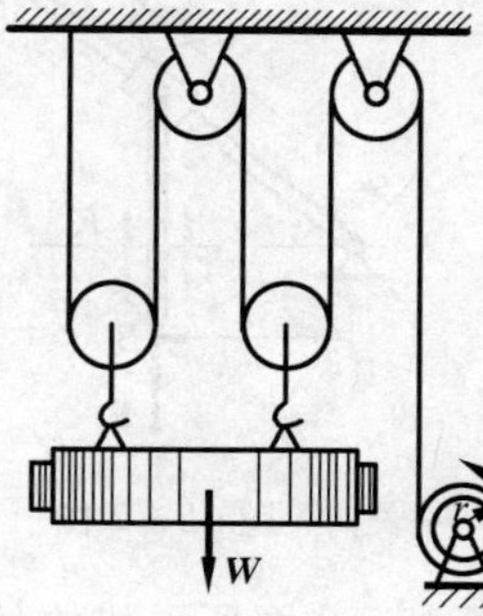

题 15-4 图

15-4　题 15-4 图所示滑轮组用来提升重为 W 的物体。设卷扬机鼓轮半径 r，各滑轮的质量不计，试求提升重物 W 所需的力矩 M。

15-5　在螺旋压榨机手轮上作用一矩为 M 的力偶，手轮装在螺杆上，螺杆两端刻有螺距为 h 的相反螺纹，螺杆上套有两螺母，螺母与菱形杆框连接如题 15-5 图所示。求当菱形的顶角为 2θ 时，压榨机对物体的压力。

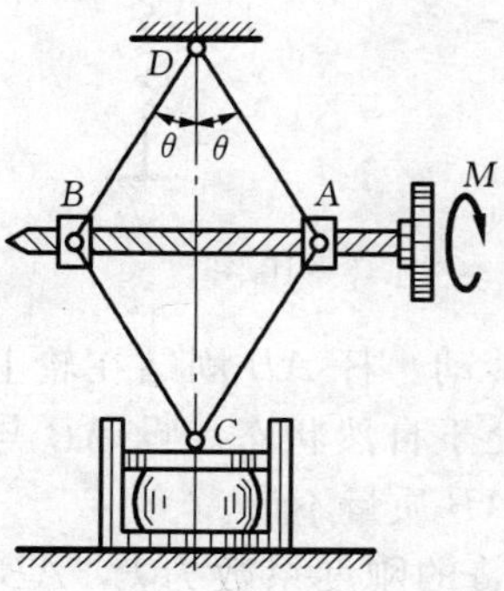

题 15-5 图

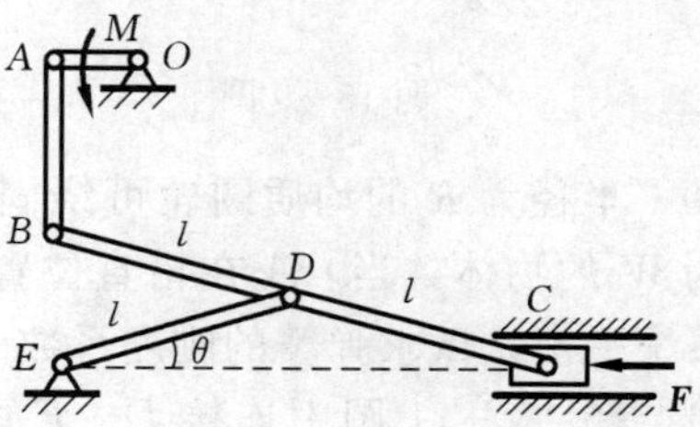

题 15-6 图

15-6　如题 15-6 图所示，在压榨机构的曲柄 OA 上作用一力偶，其矩 $M=50\text{N}\cdot\text{m}$。若 $OA=r=0.1\text{m}$，$BD=DC=DE=l=0.3\text{m}$，$\angle OAB=90°$，$\theta=15°$，各杆自重不计，求压榨力 $\boldsymbol{F}$ 的大小。

15-7　在题 15-7 图所示机构中，当曲柄 OC 绕水平轴 O 摆动时，滑块 A 可沿曲柄 OC 滑动，并带动一沿铅垂导槽 K 运动的杆子 AB。已知 $OC=R$，$OK=l$，问在 C 点沿垂直于曲柄 OC 的方向应作用多大的力 $\boldsymbol{F}_1$，才能平衡沿杆 AB 作用并朝上的力 $\boldsymbol{F}$？

15-8　如题 15-8 图所示，一折梯放在粗糙水平地面上，设梯子与地面之间的滑动摩擦因数为 f_s，求平衡时梯子与水平面所成的最小的角度 φ（设杆 AC 与 BC 为完全相同的两均质杆）。

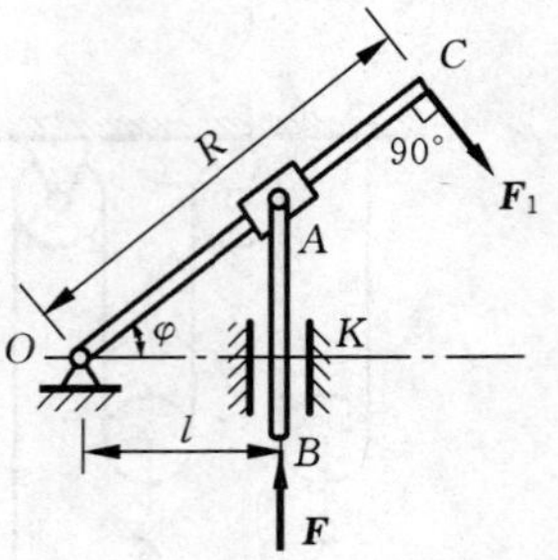

题 15－7 图

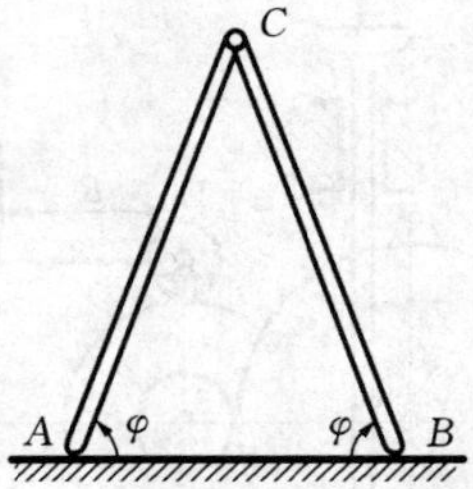

题 15－8 图

15－9　在题 15－9 图所示机构的 G 点作用上一水平力 $\boldsymbol{F}_1$，在 A 点作用上一铅直力 $\boldsymbol{F}_2$ 以维持机构的平衡，试求 $\boldsymbol{F}_2$ 之值。设 $AC=BC=EC=DC=GE=GD=l$，杆重不计。

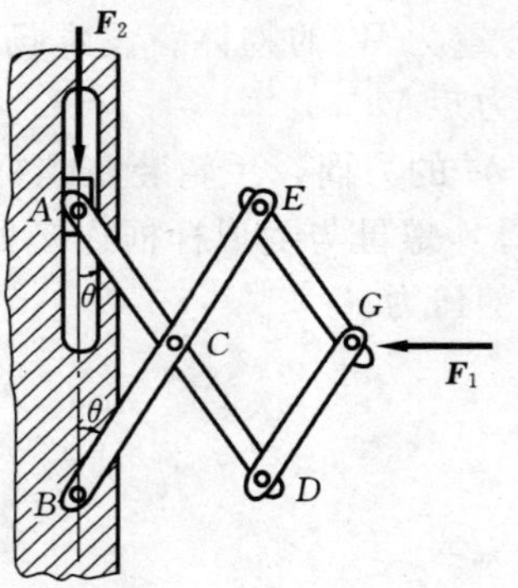

题 15－9 图

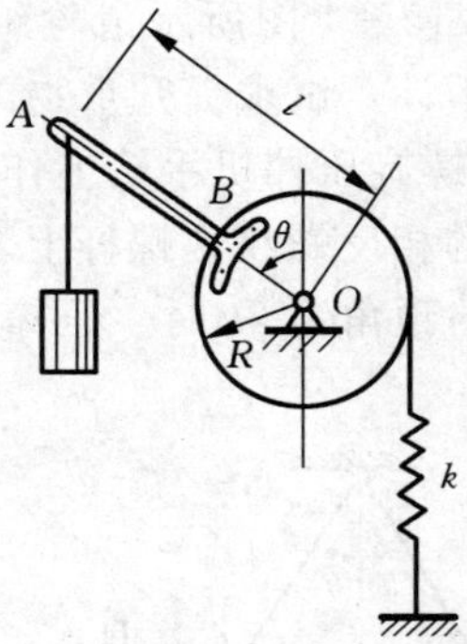

题 15－10 图

15－10　半径为 R 的均质圆轮可绕固定轴 O 转动。杆 AB 固结在轮上，杆端 A 悬挂一重为 W 的物体，当 OA 在铅直位置时弹簧处于自然状态。设 AB 与铅直线的角为 θ 时系统平衡，试求弹簧的刚度系数 k。设杆 AB 质量不计。

15－11　题 15－11 图中连接 D、E 两点的弹簧的刚度系数为 k，$AB=BC=l$，$BD=BE=b$。当 $AC=a$ 时，弹簧拉力为零。设在 C 处作用一水平力 $\boldsymbol{F}$，使系统处于平衡，求 A、C 间的距离 x（杆 AB、BC 的质量不计，摩擦不计）。

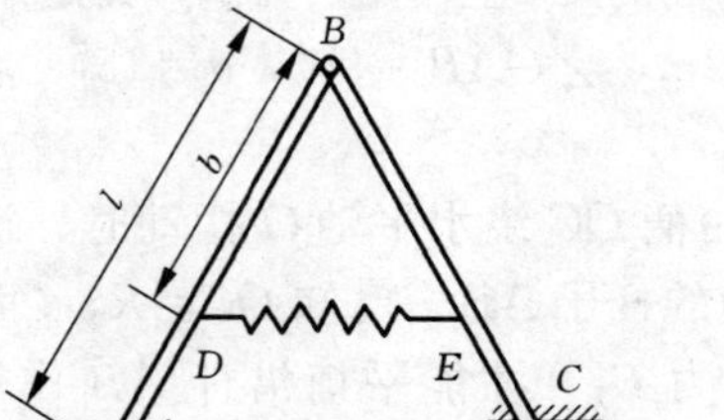

题 15－11 图

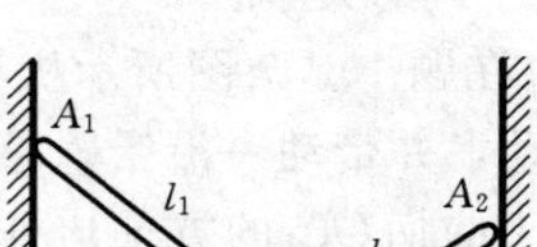

题 15－12 图

15-12　如题 15-12 图所示，两均质杆 A_1B_1 与 A_2B_2，各长 l_1、l_2，分别重 W_1、W_2，两杆的一端 A_1、A_2 分别靠在光滑铅直墙上，另一端 B_1、B_2 搁在光滑水平地面的同一处。求平衡时，两杆与水平面所成夹角 φ_1 与 φ_2 之间的关系。

15-13　由 AB 和 BC 在 B 点铰联而成的梁，用铰支座 A 及杆 EH 和 CG 支承，受力 $\boldsymbol{F}$ 及力偶 M 作用，如题 15-13 图所示。已知 $F=1\text{kN}$，$M=4\text{kN}\cdot\text{m}$，梁的重量不计，求杆 EH 和 CG 的约束力。

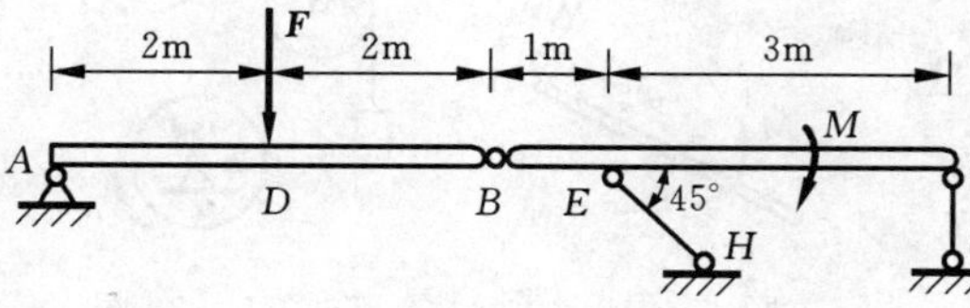

题 15-13 图

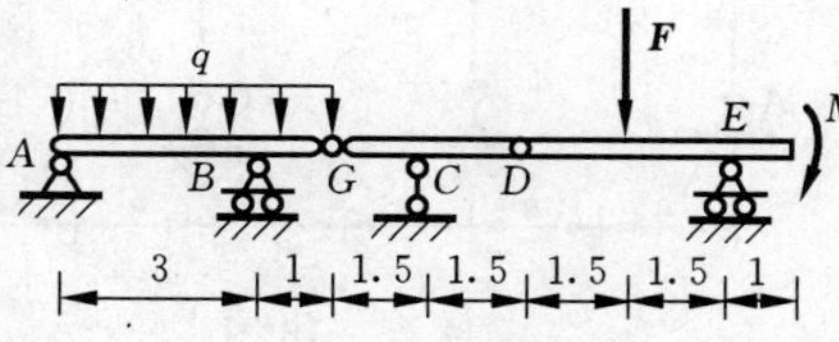

题 15-14 图

15-14　如题 15-14 图所示，静定联合梁由 AG、GD、DE 组成，已知 $q=1.5\text{kN/m}$，$F=4\text{kN}$，$M=2\text{kN}\cdot\text{m}$，求 A、B、C、E 四处的约束力（图中尺寸单位为 m）。

15-15　三铰拱受水平力 $\boldsymbol{F}$ 作用，如题 15-15 图所示，求支座 A、B 两处的约束力。拱的重量不计。

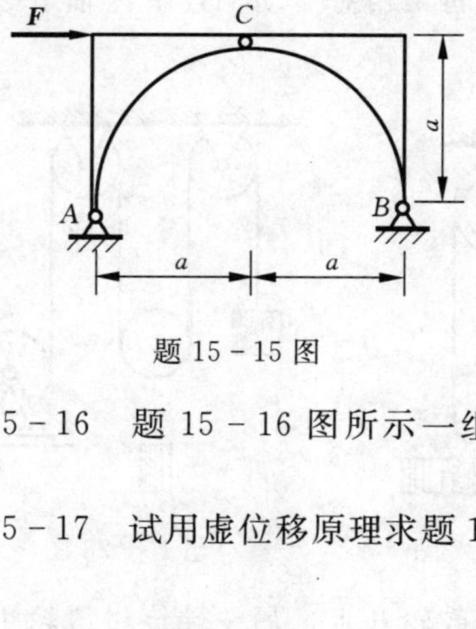

题 15-15 图

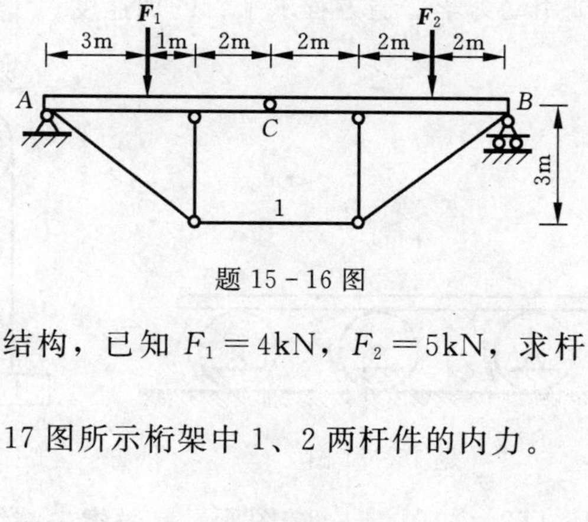

题 15-16 图

15-16　题 15-16 图所示一组合结构，已知 $F_1=4\text{kN}$，$F_2=5\text{kN}$，求杆 1 的内力。

15-17　试用虚位移原理求题 15-17 图所示桁架中 1、2 两杆件的内力。

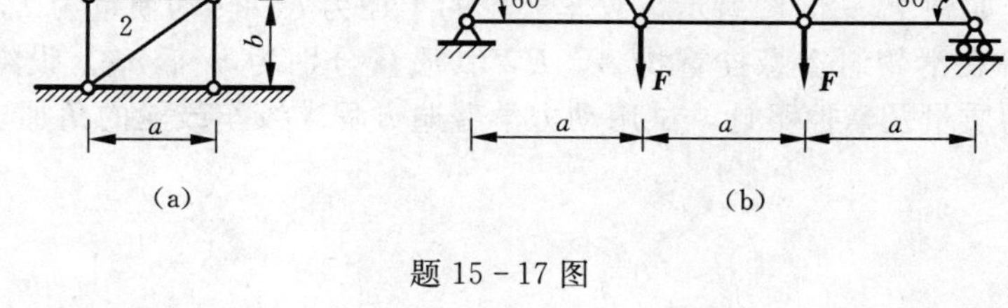

(a)　(b)

题 15-17 图

15－18 静定刚架由 AE、EBH、HCG 及 GD 四部分组成，尺寸及荷载如题 15－18 图所示。试用虚位移原理求 A、B 两支座的约束力。

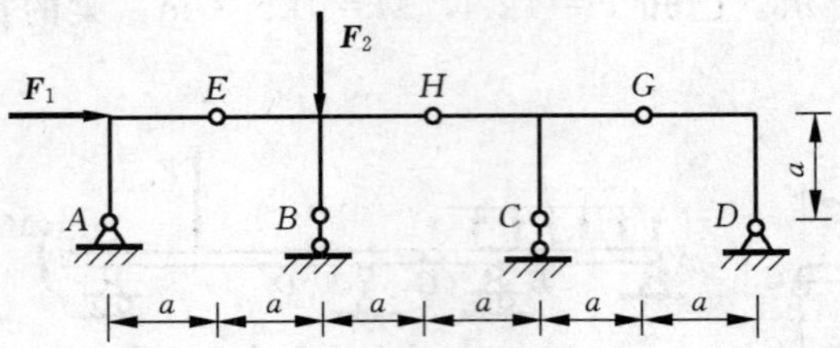

题 15－18 图

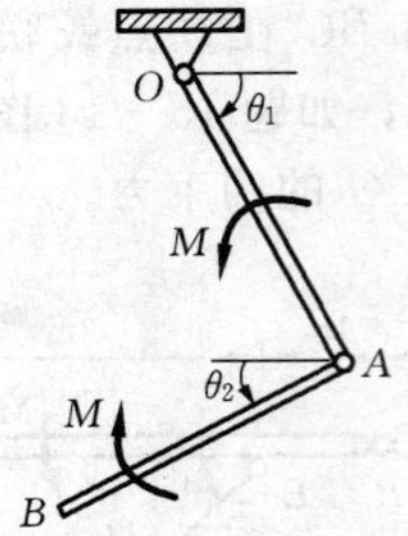

题 15－19 图

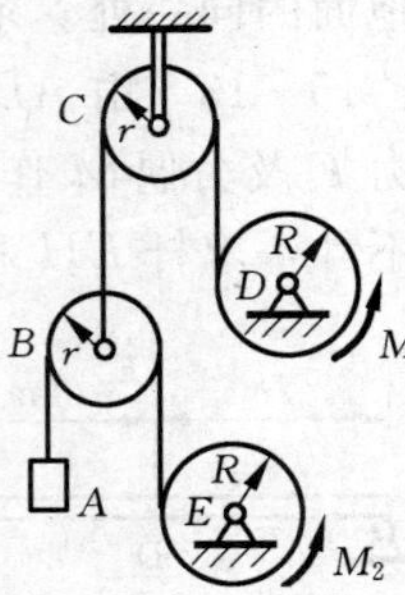

题 15－20 图

15－19 如题 15－19 图所示，两相同的均质杆位于铅直平面内，长度均为 l，重各为 W，其上各作用矩为 M 的力偶。试求平衡时杆与水平线之夹角 θ_1、θ_2。

15－20 题 15－20 图所示系统中，轮 D、E 及滑轮 B、C 均为匀质，半径各为 R 及 r。物体 A 的质量为 m_1，动滑轮 B 的质量为 m_2。求平衡时力矩 M_1 和 M_2 的大小。

15－21 如题 15－21 图所示，半径为 r、重为 P 的三个均质圆轮上各作用一力矩 M，以带动重为 W 的平台运动。如轮与平台之间无相对滑动，且不计轴承处的摩擦，试用动力学普遍方程求平台的加速度。

题 15－21 图

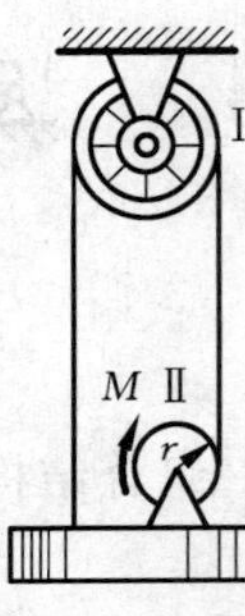

题 15－22 图

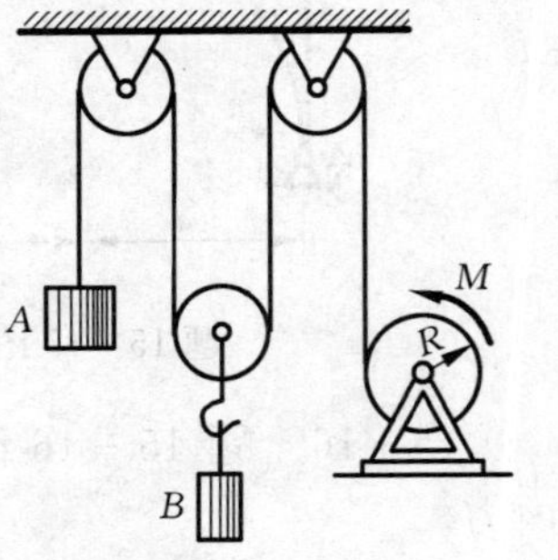

题 15－23 图

15－22 如题 15－22 图所示，吊索一端绕在鼓轮Ⅱ上，另一端绕过滑轮Ⅰ系于重 P 的平台上，鼓轮半径为 r，重为 W，电动机给鼓轮Ⅱ的转矩为 M，试用动力学普遍方程求平台上升的加速度。设鼓轮Ⅱ可看作为均质圆盘，滑轮Ⅰ的质量可以不计。

15－23 如题 15－23 图所示，绞车鼓轮的半径为 R，转动惯量为 J，其上作用一转动力矩 M。在滑轮组上悬挂重物 A、B，其质量分别为 m_1、m_2。设绳与轮之间无滑动，滑轮的质量及摩擦不计，试用动力学普遍方程求绞车鼓轮的角加速度。

*第 16 章

分析力学基础（二）

本章将介绍广义力的概念以及分析动力学的基本内容。

16.1 广义力 以广义力表示的质点系平衡条件

16.1.1 广义力

设质点系由 n 个质点组成，其中第 i 个质点 M_i 对坐标原点的矢径为 $\boldsymbol{r}_i$，所受的主动力的合力为 $\boldsymbol{F}_i$。设该质点系自由度为 k，取广义坐标 q_1，q_2，…，q_k，并设系统所受的约束为非定常约束，则 $\boldsymbol{r}_i=\boldsymbol{r}_i$（$q_1$，$q_2$，…，$q_k$，$t$）。给虚位移，即令 q_j 改变 δq_j，则 M_i 的虚位移为

$$\delta\boldsymbol{r}_i=\frac{\partial\boldsymbol{r}_i}{\partial q_1}\delta q_1+\frac{\partial\boldsymbol{r}_i}{\partial q_2}\delta q_2+\cdots+\frac{\partial\boldsymbol{r}_i}{\partial q_k}\delta q_k=\sum_{j=1}^{k}\frac{\partial\boldsymbol{r}_i}{\partial q_j}\delta q_j$$

作用于质点系的所有主动力在该虚位移中的元功之和为

$$\delta W=\sum_{i=1}^{n}\boldsymbol{F}_i\cdot\delta\boldsymbol{r}_i=\sum_{i=1}^{n}\boldsymbol{F}_i\cdot\sum_{j=1}^{k}\frac{\partial\boldsymbol{r}_i}{\partial q_j}\delta q_j=\sum_{j=1}^{k}\left(\sum_{i=1}^{n}\boldsymbol{F}_i\cdot\frac{\partial\boldsymbol{r}_i}{\partial q_j}\right)\delta q_j\tag{16-1}$$

令
$$F_{Qj}=\sum_{i=1}^{n}\boldsymbol{F}_i\cdot\frac{\partial\boldsymbol{r}_i}{\partial q_j}\tag{16-2}$$

则
$$\delta dW=\sum_{i=1}^{n}\boldsymbol{F}_i\cdot\delta\boldsymbol{r}_i=\sum_{j=1}^{k}F_{Qj}\delta q_j\tag{16-3}$$

由式（16－2）所定义的 F_{Qj} 称为对应于广义坐标 $\boldsymbol{q}_j$ 的**广义力**（generalized forces）。由此知，广义力的数目与广义坐标的数目相等。

由式（16－3）知，广义力的量纲随广义坐标而变。因 $F_{Qj}\delta q_j$ 具有功的量纲，如 q_j 为长度，则 F_{Qj} 为力的量纲；如 q_j 为角度，则 F_{Qj} 为力矩的量纲。

16.1.2 广义力的计算

取直角坐标系，则 $\boldsymbol{F}_i=F_{ix}\boldsymbol{i}+F_{iy}\boldsymbol{j}+F_{iz}\boldsymbol{k}$，$M_i$ 的坐标 x_i、y_i、z_i 可表示为广义坐标的函数

$$\begin{cases} x_i = x_i(q_1, q_2, \cdots, q_k, t) \\ y_i = y_i(q_1, q_2, \cdots, q_k, t) \\ z_i = z_i(q_1, q_2, \cdots, q_k, t) \end{cases}$$

因 $\boldsymbol{r}_i = x_i\boldsymbol{i} + y_i\boldsymbol{j} + z_i\boldsymbol{k}$，所以

$$\frac{\partial \boldsymbol{r}_i}{\partial q_j} = \frac{\partial x_i}{\partial q_j}\boldsymbol{i} + \frac{\partial y_i}{\partial q_j}\boldsymbol{j} + \frac{\partial z_i}{\partial q_j}\boldsymbol{k}$$

广义力 F_{Qj} 的表达式（16-2）可写成解析式

$$F_{Qj} = \sum_{i=1}^{n}\left(F_{ix}\frac{\partial x_i}{\partial q_j} + F_{iy}\frac{\partial y_i}{\partial q_j} + F_{iz}\frac{\partial z_i}{\partial q_j}\right) \tag{16-4}$$

如作用于质点系的力是有势力，质点系在任一位置的势能为 V，由式（13-36）得

$$F_{ix} = -\frac{\partial V}{\partial x_i},\quad F_{iy} = -\frac{\partial V}{\partial y_i},\quad F_{iz} = -\frac{\partial V}{\partial z_i}$$

代入式（16-4），得

$$F_{Qj} = -\sum_{i=1}^{n}\left(\frac{\partial V}{\partial x_i}\frac{\partial x_i}{\partial q_j} + \frac{\partial V}{\partial y_i}\frac{\partial y_i}{\partial q_j} + \frac{\partial V}{\partial z_i}\frac{\partial z_i}{\partial q_j}\right) = -\frac{\partial V}{\partial q_j} \tag{16-5}$$

若将质点系的势能表示为广义坐标的函数，即 $V = V$（q_1，q_2，…，q_k），**则对应于某一广义坐标的广义力，等于势能对该广义坐标的偏导数冠以负号。**

式（16-2）中，$\frac{\partial \boldsymbol{r}_i}{\partial q_j}$表示 $\boldsymbol{r}_i$ 对于 q_j 的改变率，而式（16-1）中的$\frac{\partial \boldsymbol{r}_i}{\partial q_j}\delta q_j$ 则表示因 q_j 改变 δq_j（其他广义坐标不变）而有的虚位移 $\delta \boldsymbol{r}_i^{(j)}$，$\sum_{i=1}^{n}\boldsymbol{F}_i \cdot \frac{\partial \boldsymbol{r}_i}{\partial q_j}\delta q_j$ 表示主动力在该虚位移中的元功之和。因此，求对应于某一广义坐标 q_j 的广义力 F_{Qj}，可令 q_j 改变 δq_j，而其他广义坐标不变，找出各点相应的虚位移 $\delta \boldsymbol{r}_i^{(j)}$，据此求出各主动力的元功之和 $\delta W^{(j)}$，然后除以 δq_j 即可。也就是

$$F_{Qj} = \frac{\delta W^{(j)}}{\delta q_j} \tag{16-6}$$

实际计算广义力有两种方法：解析法采用式（16-4）或式（16-5），几何法采用式（16-6）。

16.1.3 以广义力表示的质点系平衡条件

根据虚位移原理，受理想、双面、定常约束的质点系的平衡条件是 $\delta W = 0$，由式（16-3）得

$$\sum_{j=1}^{k}F_{Qj}\delta q_j = 0$$

由于各 δq_j 是任意的、彼此独立的，要使上式成立，必须

$$F_{Qj} = 0 \quad (j = 1, 2, \cdots, k) \tag{16-7}$$

受理想、双面、定常约束的质点系平衡的必要与充分条件是所有的广义力都等于零，这就是用广义力表示的质点系平衡条件。

如果作用于质点系的力都是有势力，则由式（16-5）及式（16-7）知，平衡条件成为

$$\frac{\partial V}{\partial q_j}=0 \quad (j=1,2,\cdots,k) \qquad (16-8)$$

【例 16-1】 伸缩仪上作用着两个力 $\boldsymbol{F}_1$、$\boldsymbol{F}_2$（图 16-1），求平衡时两力大小之关系。

解： 系统自由度 $k=1$，取 x_C 为广义坐标。

$x_A=5x_C$，$\dfrac{\partial x_A}{\partial x_C}=5$。由式（16-4），得广义力

$$F_Q=F_1\frac{\partial x_A}{\partial x_C}-F_2\frac{\partial x_C}{\partial x_C}=5F_1-F_2$$

令 $F_Q=0$，得两力大小之关系为

$$F_2=5F_1$$

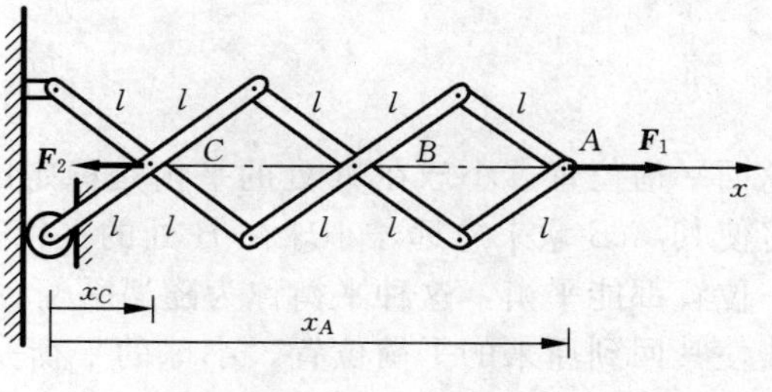

图 16-1

【例 16-2】 根据广义力等于零的条件，求解例 15-2。

解： 系统自由度 $k=2$，取广义坐标 $q_1=\varphi$、$q_2=\theta$。

(1) 令 $\delta q_1=\delta\varphi\neq 0$，$\delta q_2=\delta\theta=0$。此时系统的虚位移见图 15-11（c），$|\delta\boldsymbol{r}_C|=a\delta\varphi$，$|\delta\boldsymbol{r}_A|=|\delta\boldsymbol{r}_D|=|\delta\boldsymbol{r}_B|=2a\delta\varphi$，主动力的虚功为

$$\begin{aligned}\delta W^{(1)}&=-W_1|\delta\boldsymbol{r}_C|\sin\varphi-W_2|\delta\boldsymbol{r}_D|\sin\varphi+F|\delta\boldsymbol{r}_B|\cos\varphi\\&=(2F\cos\varphi-W_1\sin\varphi-2W_2\sin\varphi)a\delta\varphi\end{aligned}$$

广义力

$$F_{Q1}=\frac{\delta W^{(1)}}{\delta q_1}=(2F\cos\varphi-W_1\sin\varphi-2W_2\sin\varphi)a$$

(2) 令 $\delta q_1=\delta\varphi=0$，$\delta q_2=\delta\theta\neq 0$。此时系统的虚位移见图 15-11（b），$|\delta\boldsymbol{r}_D|=b\delta\theta$，$|\delta\boldsymbol{r}_B|=2b\delta\theta$，主动力的虚功为

$$\delta W^{(2)}=-W_2|\delta\boldsymbol{r}_D|\sin\theta+F|\delta\boldsymbol{r}_B|\cos\theta=(2F\cos\theta-W_2\sin\theta)b\delta\theta$$

广义力

$$F_{Q2}=\frac{\delta W^{(2)}}{\delta q_2}=(2F\cos\theta-W_2\sin\theta)b$$

令 $F_{Q1}=0$、$F_{Q2}=0$，得

$$\tan\varphi=\frac{2F}{W_1+2W_2},\quad \tan\theta=\frac{2F}{W_2}$$

与例 15-2 所得结果一致。

16.2 保守系统平衡的稳定性

一质点系原处于平衡状态，因受轻微扰动而偏离平衡位置。若此后质点系只在其平衡位置附近运动，则其平衡是稳定的；若此后逐渐远离平衡位置，则其平衡是不稳定的。

图 16-2 所示小球在铅直平面内三个不同的位置处于平衡状态，假设小球所受的主动力仅为重力，且接触面是光滑的。当小球稍稍偏离平衡位置 A 后，重力将使其

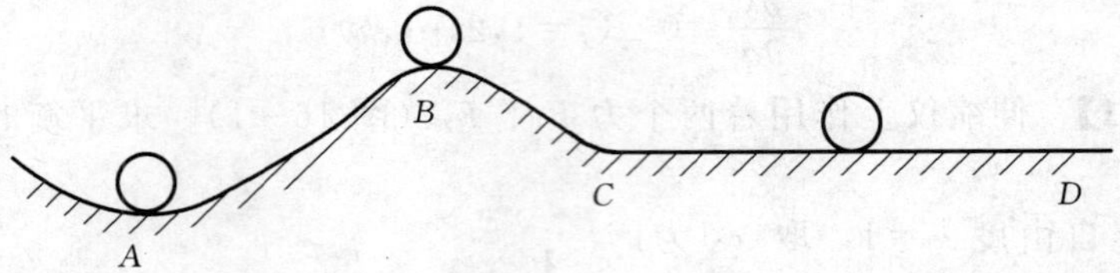

图 16-2

返回平衡位置，小球在 A 处的平衡是稳定的；当小球稍稍偏离平衡位置 B 后，重力将使其离 B 愈来愈远，小球在 B 处的平衡是不稳定的；当小球位于 CD 段时，在任一位置都能平衡，这种平衡称为随遇平衡，一旦受到扰动（如给以初速度），重力无法使其回到原来的平衡位置，小球的平衡是不稳定的。可以看出，小球在 A 处的势能具有极小值，在 B 处的势能具有极大值，在 CD 段各处的势能都相同，即势能为常量。因此，**若保守系统在平衡位置的势能为极小值，则其平衡是稳定的；若势能非极小值，则其平衡是不稳定的**。

对于单自由系统，以 q 为广义坐标，则势能 $V=V(q)$。在平衡位置有

$$\frac{\mathrm{d}V}{\mathrm{d}q}=0$$

若 $\frac{\mathrm{d}^2V}{\mathrm{d}q^2}>0$，势能将具有极小值，平衡是稳定的。

若 $\frac{\mathrm{d}^2V}{\mathrm{d}q^2}<0$，则势能具有极大值，平衡是不稳定的。

若 $\frac{\mathrm{d}^2V}{\mathrm{d}q^2}=0$，则要根据更高阶的导数来判断是否稳定。如果所有各阶导数均为零，则势能为常量，平衡是随遇的。如果在各阶导数中，第一个非零导数是偶数阶的，且该非零导数的值是正的，则势能为极小，平衡是稳定的；若该非零导数的值是负的，则势能为极大，平衡是不稳定的。

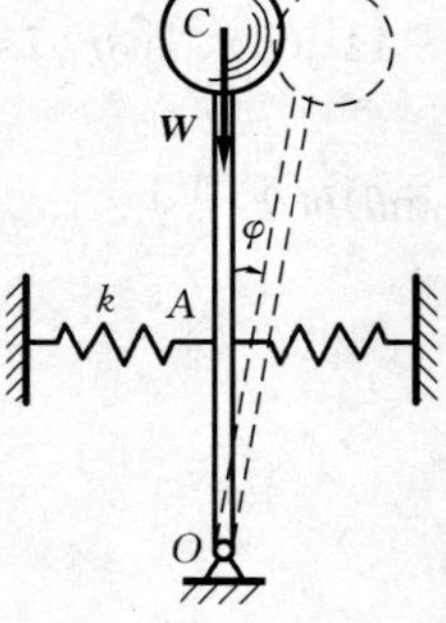

图 16-3

【例 16-3】 图 16-3 所示倒摆系统中，摆锤重 W，重心为 C，两水平弹簧的刚度系数为 k，且杆铅直时弹簧未变形。设杆只能在弹簧所在的铅直面内作微振动，杆质量不计，$OC=l$，$OA=a$。试求使系统在铅直倒立的平衡位置成为稳定平衡所需的 k 值。

解： 系统自由度 $k=1$，选摆角 φ 为广义坐标。以点 O 为重力势能零位置，以弹簧自然长度末端为弹性势能零位置。系统在任一位置的势能为

$$V=Wl\cos\varphi+\frac{k}{2}(a\sin\varphi)^2+\frac{k}{2}(-a\sin\varphi)^2=Wl\cos\varphi+ka^2\sin^2\varphi$$

$$\frac{\mathrm{d}V}{\mathrm{d}\varphi}=-Wl\sin\varphi+2ka^2\sin\varphi\cos\varphi$$

显然，$\varphi=0$ 时，$\left.\frac{\mathrm{d}V}{\mathrm{d}\varphi}\right|_{\varphi=0}=0$，即铅直倒立的位置是平衡位置。

$$\frac{d^2V}{d\varphi^2}=-Wl\cos\varphi+2ka^2(\cos^2\varphi-\sin^2\varphi)$$

若 $\varphi=0$ 是稳定平衡位置，则必须有 $\left.\frac{d^2V}{d\varphi^2}\right|_{\varphi=0}=2ka^2-Wl>0$，即 $k>\frac{Wl}{2a^2}$。

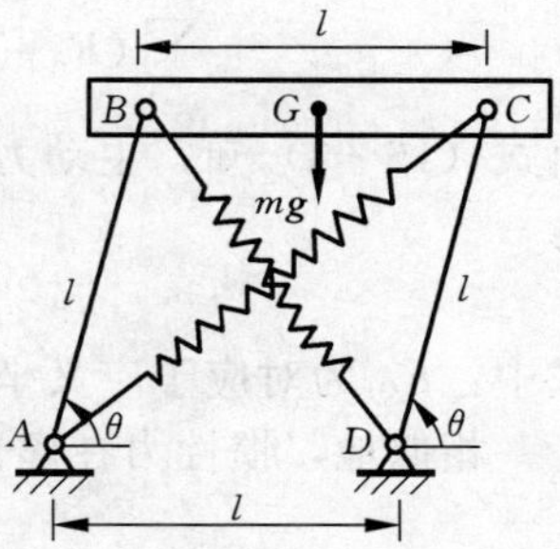

图 16-4

【例 16-4】 质量为 m 的刚性平台，在正视图上可以看成是用两根很轻的杆 AB、CD 及两根刚度系数为 k 的弹簧支承（图 16-4）。设弹簧原长为 l，$k=2mg/l$，试讨论当 AB、CD 处于铅直位置时，平台平衡的稳定性。

解： 系统自由度 $k=1$，选 θ 为广义坐标。以水平线 AD 为重力势能零位置，以弹簧自然长度末端为弹性势能零位置。利用等腰三角形 ABC、BCD，求弹簧的伸长量，系统在任一位置的势能为

$$V=mgl\sin\theta+\frac{k}{2}\left(2l\cos\frac{\theta}{2}-l\right)^2+\frac{k}{2}\left(2l\cos\frac{\pi-\theta}{2}-l\right)^2$$

$$=mgl\sin\theta+\frac{1}{2}kl^2\left(2\cos\frac{\theta}{2}-1\right)^2+\frac{1}{2}kl^2\left(2\sin\frac{\theta}{2}-1\right)^2$$

$$\frac{dV}{d\theta}=mgl\cos\theta+kl^2\left(2\cos\frac{\theta}{2}-1\right)\left(-\sin\frac{\theta}{2}\right)+kl^2\left(2\sin\frac{\theta}{2}-1\right)\left(\cos\frac{\theta}{2}\right)$$

$$=mgl\cos\theta+kl^2\left(\sin\frac{\theta}{2}-\cos\frac{\theta}{2}\right)$$

令 $\frac{dV}{d\theta}=0$，得

$$mgl\cos\theta+kl^2\left(\sin\frac{\theta}{2}-\cos\frac{\theta}{2}\right)=0$$

显然，$\theta=90°$ 为其一个解，对应于 AB、CD 为铅直时的平衡位置，下面判别该平衡位置的稳定性。

$$\frac{d^2V}{d\theta^2}=-mgl\sin\theta+\frac{1}{2}kl^2\left(\cos\frac{\theta}{2}+\sin\frac{\theta}{2}\right)$$

当 $\theta=90°$ 时，$\frac{d^2V}{d\theta^2}=\frac{\sqrt{2}}{2}kl^2-mgl$，由已知条件 $k=\frac{2mg}{l}$，知 $\frac{d^2V}{d\theta^2}=(\sqrt{2}-1)mgl>0$，所以 $\theta=90°$ 时的平衡是稳定的。

16.3　拉格朗日方程[1]

设质点系由 n 个质点组成，受非定常、完整、理想约束，具有 k 个自由度，取广义坐标 q_1，q_2，…，q_k，质点系中各质点的矢径 $\boldsymbol{r}_i$ 可表示为广义坐标与时间的函数

$$\boldsymbol{r}_i=\boldsymbol{r}_i(q_1,q_2,\cdots,q_k,t)\quad(i=1,2,\cdots,n) \tag{a}$$

由动力学普遍方程式（15-9），有

[1] 这里指的是第二类拉格朗日方程。

$$\sum_{i=1}^{n}(\boldsymbol{F}_i+\boldsymbol{F}_{\text{I}i})\cdot\delta\boldsymbol{r}_i=\sum_{i=1}^{n}\boldsymbol{F}_i\cdot\delta\boldsymbol{r}_i+\sum_{i=1}^{n}\boldsymbol{F}_{\text{I}i}\cdot\delta\boldsymbol{r}_i=0 \tag{b}$$

由式（16－3）知，主动力在虚位移中的元功之和为

$$\sum_{i=1}^{n}\boldsymbol{F}_i\cdot\delta\boldsymbol{r}_i=\sum_{j=1}^{k}F_{\text{Q}j}\delta q_j \tag{c}$$

式中：$F_{\text{Q}j}$为对应于广义坐标 q_j 的广义力。

相似地，惯性力在虚位移中的元功之和可写成

$$\sum_{i=1}^{n}\boldsymbol{F}_{\text{I}i}\cdot\delta\boldsymbol{r}_i=\sum_{j=1}^{k}F_{\text{IQ}j}\delta q_j \tag{d}$$

其中

$$F_{\text{IQ}j}=\sum_{i=1}^{n}\boldsymbol{F}_{\text{I}i}\cdot\frac{\partial\boldsymbol{r}_i}{\partial q_j}=\sum_{i=1}^{n}\left(F_{\text{I}ix}\frac{\partial x_i}{\partial q_j}+F_{\text{I}iy}\frac{\partial y_i}{\partial q_j}+F_{\text{I}iz}\frac{\partial z_i}{\partial q_j}\right) \tag{16-9}$$

称为对应于广义坐标 q_j 的**广义惯性力**（generalized inertial force）。

将式（c）、式（d）代入式（b），得

$$\sum_{j=1}^{k}(F_{\text{Q}j}+F_{\text{IQ}j})\cdot\delta q_j=0$$

由于 δq_1，δq_2，…，δq_k 是任意的、彼此独立的，要使上式成立，必须

$$F_{\text{Q}j}+F_{\text{IQ}j}=0\quad(j=1,2,\cdots,k) \tag{e}$$

即受完整、理想约束的质点系运动的任一瞬时，广义力与广义惯性力相平衡。

为了用质点系的动能表示广义惯性力 $F_{\text{IQ}j}$，须用到两个恒等式

$$\frac{\partial\boldsymbol{r}_i}{\partial q_j}=\frac{\partial\boldsymbol{v}_i}{\partial\dot{q}_j} \tag{f}$$

$$\frac{\mathrm{d}}{\mathrm{d}t}\frac{\partial\boldsymbol{r}_i}{\partial q_j}=\frac{\partial\boldsymbol{v}_i}{\partial q_j} \tag{g}$$

下面推导这两个恒等式。将式（a）两边对时间 t 求导数，有

$$\boldsymbol{v}_i=\frac{\mathrm{d}\boldsymbol{r}_i}{\mathrm{d}t}=\sum_{j=1}^{k}\frac{\partial\boldsymbol{r}_i}{\partial q_j}\dot{q}_j+\frac{\partial\boldsymbol{r}_i}{\partial t} \tag{h}$$

其中$\dot{q}_j=\dfrac{\mathrm{d}q_j}{\mathrm{d}t}$称为**广义速度**（generalized velocity），$\dfrac{\partial\boldsymbol{r}_i}{\partial q_j}$、$\dfrac{\partial\boldsymbol{r}_i}{\partial t}$都是，也仅仅是广义坐标及时间的函数，与广义速度无关。所以速度 $\boldsymbol{v}_i$ 是广义速度的线性函数。

将式（h）两边对$\dot{q}_j$ 求偏导数，便得到式（f）。

再将式（h）对任一广义坐标 q_l 求偏导数，有

$$\frac{\partial\boldsymbol{v}_i}{\partial q_l}=\sum_{j=1}^{k}\frac{\partial^2\boldsymbol{r}_i}{\partial q_j\partial q_l}\dot{q}_j+\frac{\partial^2\boldsymbol{r}_i}{\partial t\partial q_l} \tag{i}$$

而将式（a）两边先对 q_l 求偏导数，再对 t 求导数，得

$$\frac{\mathrm{d}}{\mathrm{d}t}\left(\frac{\partial\boldsymbol{r}_i}{\partial q_l}\right)=\sum_{j=1}^{k}\frac{\partial^2\boldsymbol{r}_i}{\partial q_l\partial q_j}\dot{q}_j+\frac{\partial^2\boldsymbol{r}_i}{\partial q_l\partial t} \tag{j}$$

比较式（i）和式（j），得

$$\frac{\mathrm{d}}{\mathrm{d}t}\frac{\partial\boldsymbol{r}_i}{\partial q_l}=\frac{\partial\boldsymbol{v}_i}{\partial q_l}$$

将下标 l 换成 j 后，就是式（g）。

据式（16－9），广义惯性力

$$F_{IQj}=\sum_{i=1}^{n}\boldsymbol{F}_{Ii}\cdot\frac{\partial\boldsymbol{r}_i}{\partial q_j}=-\sum_{i=1}^{n}m_i\dot{\boldsymbol{v}}_i\cdot\frac{\partial\boldsymbol{r}_i}{\partial q_j}\tag{k}$$

而

$$m_i\dot{\boldsymbol{v}}_i\cdot\frac{\partial\boldsymbol{r}_i}{\partial q_j}=\frac{\mathrm{d}}{\mathrm{d}t}\left(m_i\boldsymbol{v}_i\cdot\frac{\partial\boldsymbol{r}_i}{\partial q_j}\right)-m_i\boldsymbol{v}_i\cdot\frac{\mathrm{d}}{\mathrm{d}t}\frac{\partial\boldsymbol{r}_i}{\partial q_j}$$

引用式（f）、式（g），上式成为

$$m_i\dot{\boldsymbol{v}}_i\cdot\frac{\partial\boldsymbol{r}_i}{\partial q_j}=\frac{\mathrm{d}}{\mathrm{d}t}\left(m_i\boldsymbol{v}_i\cdot\frac{\partial\boldsymbol{v}_i}{\partial\dot{q}_j}\right)-m_i\boldsymbol{v}_i\cdot\frac{\partial\boldsymbol{v}_i}{\partial q_j}=\frac{\mathrm{d}}{\mathrm{d}t}\frac{\partial\left(\frac{1}{2}m_i v_i^{\,2}\right)}{\partial\dot{q}_j}-\frac{\partial}{\partial q_j}\left(\frac{1}{2}m_i v_i^2\right)$$

将上式代入式（k），并注意质点系的动能 $T=\sum\limits_{i=1}^{n}\frac{1}{2}m_i v_i^2$，得

$$F_{IQj}=-\frac{\mathrm{d}}{\mathrm{d}t}\frac{\partial T}{\partial\dot{q}_j}+\frac{\partial T}{\partial q_j}\tag{16-10}$$

由式（e），得

$$\frac{\mathrm{d}}{\mathrm{d}t}\frac{\partial T}{\partial\dot{q}_j}-\frac{\partial T}{\partial q_j}=F_{Qj}\quad(j=1,2,\cdots,k)\tag{16-11}$$

这组方程就是广义坐标形式的质点系运动微分方程，即**拉格朗日方程**（Lagrangian equation），简称**拉氏方程**。由式（h）知，速度 $\boldsymbol{v}_i$ 是广义速度的线性函数，各广义速度前的系数只与广义坐标有关，故动能 T 是广义速度的二次函数，T 中各项系数也与广义坐标有关。可见，拉格朗日方程左边包含着广义坐标对时间的一阶和二阶导数，所以，拉格朗日方程是一组 k 个二阶常微分方程。

如果作用于质点系的力是有势力，则 $F_{Qj}=-\frac{\partial V}{\partial q_j}$，拉氏方程成为

$$\frac{\mathrm{d}}{\mathrm{d}t}\frac{\partial T}{\partial\dot{q}_j}-\frac{\partial T}{\partial q_j}=-\frac{\partial V}{\partial q_j}\quad(j=1,2,\cdots,k)\tag{16-12}$$

将动能 T 与势能 V 之差用 L 表示，即令

$$L=T-V\tag{16-13}$$

L 称为**拉格朗日函数**（Lagrangian function）。因势能 V 是广义坐标的函数，不包含广义速度，所以 $\frac{\partial V}{\partial\dot{q}_j}=0$，式（16－12）可写成

$$\frac{\mathrm{d}}{\mathrm{d}t}\frac{\partial(T-V)}{\partial\dot{q}_j}-\frac{\partial(T-V)}{\partial q_j}=0\quad(j=1,2,\cdots,k)$$

即

$$\frac{\mathrm{d}}{\mathrm{d}t}\frac{\partial L}{\partial\dot{q}_j}-\frac{\partial L}{\partial q_j}=0\quad(j=1,2,\cdots,k)\tag{16-14}$$

如果系统所受的力中既有有势力，又有非有势力，令 V 为系统对应于有势力的势能，F'_{Qj} 为与非有势力相应的广义力，则拉氏方程可写成

$$\frac{\mathrm{d}}{\mathrm{d}t}\frac{\partial T}{\partial\dot{q}_j}-\frac{\partial T}{\partial q_j}=-\frac{\partial V}{\partial q_j}+F'_{Qj}\quad(j=1,2,\cdots,k)\tag{16-15}$$

拉氏方程的数目等于广义坐标的数目，也等于质点系自由度的数目。对于约束多而自由度少的复杂系统的动力学问题，应用拉氏方程求解要比用其他方法方便得多。拉氏方程中不包含约束力（设约束为理想约束），拉氏方程的形式不随坐标的选择而

改变，这都是它的优点。

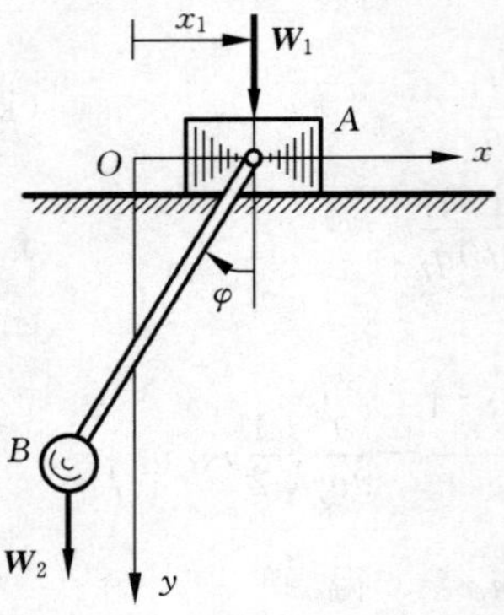

图 16-5

应用拉氏方程解题时，可按以下步骤进行：

(1) 判定质点系的自由度 k，选取适当的广义坐标。

(2) 计算质点系的动能 T，表示为广义速度和广义坐标的函数。

(3) 计算广义力 F_{Qj} ($j=1, 2, \cdots, k$)。

(4) 建立拉氏方程，整理得出 k 个二阶常微分方程。

【例 16-5】 图 16-5 所示椭圆摆由物块 A 和摆锤 B 用直杆铰连而成。A 可沿光滑水平面滑动，摆杆可在铅直面内摆动。设 A、B 的质量分别为 m_1、m_2，杆长为 l，质量不计。试建立系统的运动微分方程。

解：系统自由度 $k=2$，取广义坐标 $q_1=x_1$、$q_2=\varphi$。摆锤的坐标

$$x_2=x_1-l\sin\varphi,\quad y_2=l\cos\varphi \tag{a}$$

其导数为 $\dot{x}_2=\dot{x}_1-l\dot{\varphi}\cos\varphi$，$\dot{y}_2=-l\dot{\varphi}\sin\varphi$。

$$T=\frac{m_1}{2}\dot{x}_1^2+\frac{m_2}{2}(\dot{x}_2^2+\dot{y}_2^2)=\frac{1}{2}(m_1+m_2)\dot{x}_1^2+\frac{1}{2}m_2l^2\dot{\varphi}^2-m_2l\dot{x}_1\dot{\varphi}\cos\varphi$$

主动力只有重力，以 O 处为重力势能零位置，系统的势能 $V=-m_2gl\cos\varphi$。将动能 T、势能 V 代入拉氏方程式 (16-12)，得

$$\frac{\mathrm{d}}{\mathrm{d}t}[(m_1+m_2)\dot{x}_1-m_2l\dot{\varphi}\cos\varphi]-0=0 \tag{b}$$

$$\frac{\mathrm{d}}{\mathrm{d}t}(m_1l^2\dot{\varphi}-m_2l\dot{x}_1\cos\varphi)-m_2l\dot{x}_1\dot{\varphi}\sin\varphi=-m_2gl\sin\varphi \tag{c}$$

即

$$\begin{cases}(m_1+m_2)\ddot{x}_1-m_2l\ddot{\varphi}\cos\varphi+m_2l\dot{\varphi}^2\sin\varphi=0\\ l\ddot{\varphi}-\ddot{x}_1\cos\varphi+g\sin\varphi=0\end{cases}$$

这就是系统的运动微分方程。

方程式 (b) 表示系统在 x 方向的动量守恒，将式 (b) 积分两次，并设 $\dot{x}_{10}=\dot{\varphi}_0=0$，得

$$(m_1+m_2)x_1-m_2l\sin\varphi=m_1x_1+m_2x_2=C \tag{d}$$

这表示系统质心的坐标 x_C 不变。以上结果是必然的，因系统在 x 方向不受力，且初始时静止。设 $x_{C0}=0$，则积分常数 $C=0$。由式 (d) 得 $x_1=\dfrac{m_2l\sin\varphi}{m_1+m_2}$，代入式 (a) 得

$$x_2=-\frac{m_1}{m_1+m_2}l\sin\varphi \tag{e}$$

由式 (a)、式 (e) 消去 φ，得 B 的轨迹方程

$$\frac{x_2^2}{\left(\dfrac{m_1l}{m_1+m_2}\right)^2}+\frac{y_2^2}{l^2}=1$$

这是椭圆方程，也是椭圆摆名称的由来。

【例 16－6】 矩形板在铅直面内以匀角速 ω 绕铅直轴 z 转动，质量为 m 的小球 M（作为质点）沿板上的直槽运动，不计摩擦，试建立小球沿直槽运动的微分方程，以及维持板匀速转动所需的转矩 M_z。

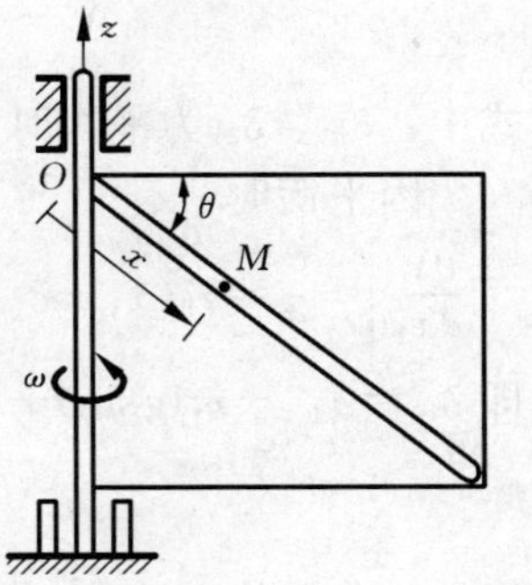

图 16－6

解： 板作定轴转动，若将 ω 作为变量，则板的位置可用转角 φ 确定。小球受直槽约束，在槽内的位置可用坐标 x 确定。系统自由度 $k=2$，选广义坐标 $q_1=\varphi$、$q_2=x$。

设板对轴 z 的转动惯量为 J，则系统的动能

$$T=\frac{1}{2}m(\dot{\varphi}^2x^2\cos^2\theta+\dot{x}^2)+\frac{1}{2}J\dot{\varphi}^2$$

广义力

$$F_{Q1}=\frac{M_z\delta\varphi}{\delta\varphi}=M_z,\quad F_{Q2}=\frac{mg\sin\theta\delta x}{\delta x}=mg\sin\theta$$

根据拉氏方程式（16－11），整理得系统运动的微分方程

$$(mx^2\cos^2\theta+J)\ddot{\varphi}+2mx\dot{x}\dot{\varphi}\cos^2\theta=M_z \tag{a}$$

$$\ddot{x}-x\dot{\varphi}^2\cos^2\theta=g\sin\theta \tag{b}$$

因板匀速转动，所以 $\dot{\varphi}=\omega$，$\ddot{\varphi}=0$。由式（b）得小球沿直槽运动的微分方程

$$\ddot{x}-x\omega^2\cos^2\theta-g\sin\theta=0$$

由式（a）得维持板匀速转动所需的转矩

$$M_z=2mx\dot{x}\omega\cos^2\theta$$

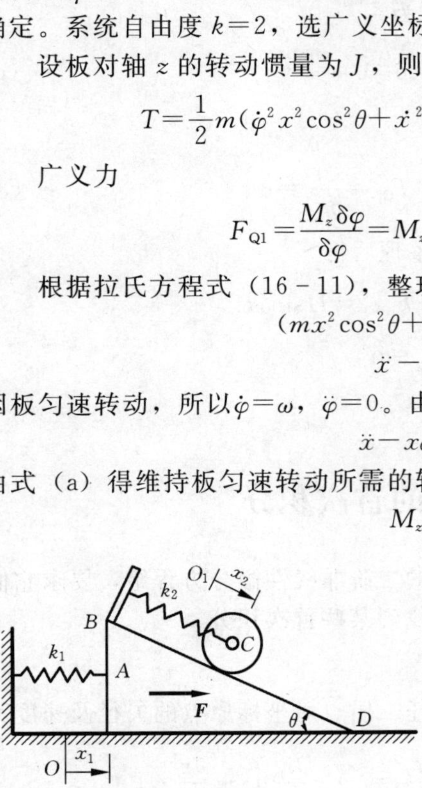

图 16－7

本例表明，拉格朗日方程把相对运动动力学问题与绝对运动动力学问题的求解统一起来了。对于相对运动动力学问题，只需取相对坐标为广义坐标，但动能的计算必须用绝对速度。

请读者按质点相对运动理论求解，作为校核。

【例 16－7】 试建立图 16－7 所示系统的运动微分方程。已知物块 A 质量为 m_1，可沿光滑水平面作直线平移；均质轮 C 质量为 m_2，可沿直线 BD 滚动而不滑动；力 $\boldsymbol{F}$ 按 $F=H\sin\omega t$ 的规律变化（H 和 ω 都是常量）。

解： 系统自由度 $k=2$，取广义坐标 $q_1=x_1$、$q_2=x_2$（均以静平衡位置为原点）。

物块 A 作平移，其速度为 $\dot{x}_1$。轮 C 作平面运动，若轮半径为 r，则角速度 $\omega=\dot{x}_2/r$，质心速度之平方 $v_C^2=\dot{x}_1^2+\dot{x}_2^2+2\dot{x}_1\dot{x}_2\cos\theta$。系统动能为

$$T=\frac{1}{2}m_1\dot{x}_1^2+\frac{1}{2}m_2(\dot{x}_1^2+\dot{x}_2+2\dot{x}_1\dot{x}_2\cos\theta)+\frac{1}{2}\cdot\frac{1}{2}m_2r^2(\frac{\dot{x}_2}{r})^2$$

$$=\frac{1}{2}(m_1+m_2)\dot{x}_1^2+\frac{3}{4}m_2\dot{x}_2^2+m_2\dot{x}_1\dot{x}_2\cos\theta \tag{a}$$

系统所受的力中，重力、弹性力为有势力。以平衡位置为重力势能零位置，以弹

簧自然长度末端为弹性势能零位置，则势能为

$$V=-m_2gx_2\sin\theta+\frac{k_1}{2}(x_1+\delta_{10})^2+\frac{k_2}{2}(x_2+\delta_{20})^2 \tag{b}$$

式中：δ_{10}、δ_{20}为平衡时两弹簧的静伸长。

因平衡时，有

$$\left.\frac{\partial V}{\partial x_1}\right|_{\substack{x_1=0\\x_2=0}}=k_1(x_1+\delta_{10})|_{\substack{x_1=0\\x_2=0}}=0,\quad \left.\frac{\partial V}{\partial x_2}\right|_{\substack{x_1=0\\x_2=0}}=[-m_2g\sin\theta+k_2(x_2+\delta_{20})]_{\substack{x_1=0\\x_2=0}}=0$$

即 $\delta_{10}=0$，$-m_2g\sin\theta+k_2\delta_{20}=0$，所以式（b）成为

$$V=\frac{k_1}{2}x_1^2+\frac{k_2}{2}(x_2^2+\delta_{20}^2) \tag{c}$$

与非有势力 $\boldsymbol{F}$ 相对应的广义力为

$$F'_{Q1}=\frac{F\delta x_1}{\delta x_1}=F=H\sin\omega t,\quad F'_{Q2}=\frac{0}{\delta x_2}=0 \tag{d}$$

将式（a）、（c）、（d）代入拉氏方程（16－15），整理后得

$$\begin{cases}(m_1+m_2)\ddot{x}_1+m_2\ddot{x}_2\cos\theta+k_1x_1=H\sin\omega t\\ m_2\ddot{x}_1\cos\theta+\frac{3}{2}m_2\ddot{x}_2+k_2x_2=0\end{cases}$$

这就是系统的运动微分方程。

16.4 拉格朗日方程的首次积分

一般情况下，拉格朗日方程是关于广义坐标的二阶非线性微分方程组，要求它们的积分是很困难的。但在特殊情况下，可方便地找到某些首次积分。

16.4.1 能量积分

设质点系受非定常、完整、理想约束，其中任一质点对坐标原点的矢径及速度为

$$\boldsymbol{r}_i=\boldsymbol{r}_i(q_1,q_2,\cdots,q_k,t),\quad \boldsymbol{v}_i=\frac{\mathrm{d}\boldsymbol{r}_i}{\mathrm{d}t}=\sum_{j=1}^{k}\frac{\partial\boldsymbol{r}_i}{\partial q_j}\dot{q}_j+\frac{\partial\boldsymbol{r}_i}{\partial t}$$

因

$$v_i^2=\boldsymbol{v}_i\cdot\boldsymbol{v}_i=\left(\sum_{j=1}^{k}\frac{\partial\boldsymbol{r}_i}{\partial q_j}\dot{q}_j+\frac{\partial\boldsymbol{r}_i}{\partial t}\right)\cdot\left(\sum_{l=1}^{k}\frac{\partial\boldsymbol{r}_i}{\partial q_l}\dot{q}_l+\frac{\partial\boldsymbol{r}_i}{\partial t}\right)$$

$$=\sum_{j=1}^{k}\sum_{l=1}^{k}\frac{\partial\boldsymbol{r}_i}{\partial q_j}\cdot\frac{\partial\boldsymbol{r}_i}{\partial q_l}\dot{q}_j\dot{q}_l+2\sum_{j=1}^{k}\frac{\partial\boldsymbol{r}_i}{\partial q_j}\cdot\frac{\partial\boldsymbol{r}_i}{\partial t}\dot{q}_j+\frac{\partial\boldsymbol{r}_i}{\partial t}\cdot\frac{\partial\boldsymbol{r}_i}{\partial t}$$

所以

$$T=\frac{1}{2}\sum_{i=1}^{n}m\boldsymbol{v}_i^2=\frac{1}{2}\sum_{j=1}^{k}\sum_{l=1}^{k}\left(\sum_{i=1}^{n}m_i\frac{\partial\boldsymbol{r}_i}{\partial q_j}\cdot\frac{\partial\boldsymbol{r}_i}{\partial q_l}\right)\dot{q}_j\dot{q}_l$$

$$+\sum_{j=1}^{k}\left(\sum_{i=1}^{n}m_i\frac{\partial\boldsymbol{r}_i}{\partial q_j}\cdot\frac{\partial\boldsymbol{r}_i}{\partial t}\right)\dot{q}_j+\frac{1}{2}\sum_{i=1}^{n}m_i\frac{\partial\boldsymbol{r}_i}{\partial t}\cdot\frac{\partial\boldsymbol{r}_i}{\partial t}$$

显然，$\frac{\partial \boldsymbol{r}_i}{\partial q_j}$、$\frac{\partial \boldsymbol{r}_i}{\partial t}$都是广义坐标及时间的函数。为简化写法，令

$$\left.\begin{aligned}A_{jl}(q_1,q_2,\cdots,q_k,t) &= \sum_{i=1}^{n} m_i \frac{\partial \boldsymbol{r}_i}{\partial q_j}\cdot\frac{\partial \boldsymbol{r}_i}{\partial q_l}\\ B_j(q_1,q_2,\cdots,q_k,t) &= \sum_{i=1}^{n} m_i \frac{\partial \boldsymbol{r}_i}{\partial q_j}\cdot\frac{\partial \boldsymbol{r}_i}{\partial t}\\ C(q_1,q_2,\cdots,q_k,t) &= \frac{1}{2}\sum_{i=1}^{n} m_i \frac{\partial \boldsymbol{r}_i}{\partial t}\cdot\frac{\partial \boldsymbol{r}_i}{\partial t}\end{aligned}\right\} \tag{16-16}$$

则动能成为

$$T = \frac{1}{2}\sum_{j=1}^{k}\sum_{l=1}^{k} A_{jl}\,\dot{q}_j\,\dot{q}_l + \sum_{j=1}^{k} B_j\,\dot{q}_j + C \tag{16-17}$$

或写成

$$T = T_2 + T_1 + T_0 \tag{16-18}$$

其中

$$T_2 = \frac{1}{2}\sum_{j=1}^{k}\sum_{l=1}^{k} A_{jl}\,\dot{q}_j\,\dot{q}_l,\quad T_1 = \sum_{j=1}^{k} B_j\,\dot{q}_j,\ T_0 = C \tag{16-19}$$

因 A_{jl}、B_j 及 C 只是广义坐标和时间的函数，所以 T_2 是广义速度的齐二次式，T_1 是广义速度的齐一次式，T_0 不含广义速度。

对于保守系统，当拉格朗日函数 L 不显含时间 t，即$\frac{\partial L}{\partial t}=0$ 时，

$$\frac{\mathrm{d}L}{\mathrm{d}t} = \sum_{j=1}^{k}\left(\frac{\partial L}{\partial \dot{q}_j}\ddot{q}_j + \frac{\partial L}{\partial q_j}\dot{q}_j\right) \tag{a}$$

将拉氏方程式（16－14）中的每一个方程分别乘以相应的$\dot{q}_j$，然后相加得

$$\sum_{j=1}^{k}\left[\dot{q}_j\frac{\mathrm{d}}{\mathrm{d}t}\left(\frac{\partial L}{\partial \dot{q}_j}\right) - \frac{\partial L}{\partial q_j}\dot{q}_j\right] = 0 \tag{b}$$

比较式（a）和式（b）得

$$\frac{\mathrm{d}L}{\mathrm{d}t} = \sum_{j=1}^{k}\left[\frac{\partial L}{\partial \dot{q}_j}\ddot{q}_j + \dot{q}_j\frac{\mathrm{d}}{\mathrm{d}t}\left(\frac{\partial L}{\partial \dot{q}_j}\right)\right] = \sum_{j=1}^{k}\frac{\mathrm{d}}{\mathrm{d}t}\left(\frac{\partial L}{\partial \dot{q}_j}\dot{q}_j\right)$$

交换上式右端求导与求和次序，移项得

$$\frac{\mathrm{d}}{\mathrm{d}t}\left(\sum_{j=1}^{k}\frac{\partial L}{\partial \dot{q}_j}\dot{q}_j - L\right) = 0$$

即

$$\sum_{j=1}^{k}\frac{\partial L}{\partial \dot{q}_j}\dot{q}_j - L = \mathrm{const} \tag{16-20}$$

注意 $L=T-V=T_2+T_1+T_0-V$，而 T_2、T_1 分别是广义速度的齐二次式、齐一次式，T_0 和 V 不含广义速度（或者说是广义速度的齐零次式）。由欧拉齐次函数

定理[1]

$$\sum_{j=1}^{k}\frac{\partial T_2}{\partial \dot{q}_j}\dot{q}_j = 2T_2,\quad \sum_{j=1}^{k}\frac{\partial T_1}{\partial \dot{q}_j}\dot{q}_j = T_1,\quad \sum_{j=1}^{k}\frac{\partial T_0}{\partial \dot{q}_j}\dot{q}_j = 0,\quad \sum_{j=1}^{k}\frac{\partial V}{\partial \dot{q}_j}\dot{q}_j = 0$$

即

$$\sum_{j=1}^{k}\frac{\partial L}{\partial \dot{q}_j}\dot{q}_j = 2T_2 + T_1$$

式（16-20）成为

$$2T_2+T_1-(T_2+T_1+T_0-V)=\text{const}$$

即

$$T_2-T_0+V=\text{const} \tag{16-21}$$

该结果称为**广义能量积分**（interal of generalized energy）。

如果质点系**所受的力是有势力，而约束是定常的**，则式（16-18）中，$T_1=T_0=0$，而 $T=T_2$，即

$$T=\frac{1}{2}\sum_{j=1}^{k}\sum_{l=1}^{k}A_{jl}\dot{q}_j\dot{q}_l,\quad A_{jl}=A_{lj} \tag{16-22}$$

此时，A_{jl} 只是广义坐标的函数，式（16-21）成为

$$T+V=\text{const} \tag{16-23}$$

这就是保守系统的**机械能守恒定理**，也称为**能量积分**（energy integral）。

16.4.2 循环积分

对于保守系统，当拉格朗日函数 L 不显含某个广义坐标 q_r，即 $\frac{\partial L}{\partial q_r}=0$ 时，拉氏方程式（16-14）成为

$$\frac{\mathrm{d}}{\mathrm{d}t}\frac{\partial L}{\partial \dot{q}_r}=0$$

即

$$\frac{\partial L}{\partial \dot{q}_r}=\text{const} \tag{16-24}$$

式（16-24）称为**循环积分**（cyclic integral），广义坐标 q_r 称为**循环坐标**（cyclic coordinate）。因 V 不含 $\dot{q}_r$，所以式（16-24）可写成

$$\frac{\partial L}{\partial \dot{q}_r}=\frac{\partial T}{\partial \dot{q}_r}=p_r=\text{const} \tag{16-25}$$

p_r 称为**广义动量**（generalized mementum）。

有时，广义动量表示的是系统的动量或动量矩，而循环积分则表示动量守恒或动量矩守恒。例如，例 16-5 中的 L 不显含 x_1，故 x_1 为循环坐标，并有对应的循环积分。广义动量 $p_{x1}=\frac{\partial T}{\partial \dot{x}_1}=(m_1+m_2)\dot{x}_1-m_2 l\dot{\varphi}\cos\varphi$ 是椭圆摆的动量在 x 方向上的投影，而 $p_{x1}=\text{const}$ 则表示在 x 方向动量守恒。但是，只是在一些特殊情况下才具

[1] 该定理是：齐次函数对各变量的偏导数乘以对应的变量，相加起来，就等于该函数乘以它的次数。

有这种明显的物理意义，而并非总是如此。

一个系统的能量积分只可能有一个；而循环积分可能不止一个，有几个循环坐标，便有几个相应的循环积分。

能量积分和循环积分都是由原来的二阶微分方程积分一次得到的，它们都是一阶微分方程。应用拉氏方程解题时，应注意分析有无能量积分和循环积分存在。若有，可以直接写出，这样可以减少一些求二阶微分方程的积分，使求解过程简化。

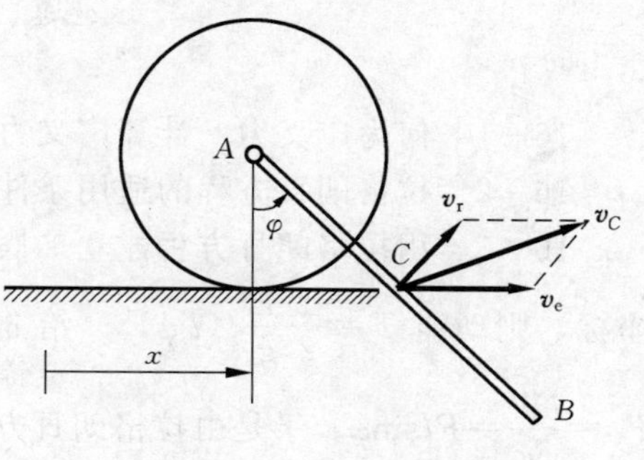

图 16-8

【例 16-8】 均质轮质量为 m_1，半径为 r，在水平面上只滚不滑。均质杆质量为 m_2，长为 l，杆端与轮心用光滑铰链连接，如图 16-8 所示。求系统的运动微分方程及首次积分。

解： 系统自由度 $k=2$，取广义坐标 $q_1=x$、$q_2=\varphi$。

轮与杆均作平面运动，若轮心速度为 $\dot{x}$，则轮角速度 $\omega=\dot{x}/r$，杆质心速度之平方为 $v_C^2=\left(\dot{x}+\dot{\varphi}\dfrac{l}{2}\cos\varphi\right)^2+\left(\dot{\varphi}\dfrac{l}{2}\sin\varphi\right)^2=\dot{x}^2+\dfrac{1}{4}\dot{\varphi}^2l^2+\dot{x}\dot{\varphi}l\cos\varphi$。系统动能

$$T=\frac{1}{2}m_1\dot{x}^2+\frac{1}{2}\cdot\frac{1}{2}m_1r^2\omega^2+\frac{1}{2}m_2v_C^2+\frac{1}{2}\cdot\frac{1}{12}m_2l^2\dot{\varphi}^2$$

$$=\frac{1}{4}(3m_1+2m_2)\dot{x}^2+\frac{1}{6}m_2l^2\dot{\varphi}^2+\frac{1}{2}m_2l\dot{x}\dot{\varphi}\cos\varphi$$

以 A 为重力势能零位置，则势能 $V=-m_2g\dfrac{l}{2}\cos\varphi$。拉格朗日函数 L 为

$$L=T-V=\frac{1}{4}(3m_1+2m_2)\dot{x}^2+\frac{1}{6}m_2l^2\dot{\varphi}^2+\frac{1}{2}m_2l\dot{x}\dot{\varphi}\cos\varphi+m_2g\frac{l}{2}\cos\varphi$$

代入拉氏方程式 (16-14)，整理得系统的运动微分方程

$$\begin{cases}(3m_1+2m_2)\ddot{x}+m_2l\ddot{\varphi}\cos\varphi-m_2l\dot{\varphi}^2\sin\varphi=0\\3\ddot{x}\cos\varphi+2l\ddot{\varphi}+3g\sin\varphi=0\end{cases}$$

系统是保守系统，且受定常约束，因此有能量积分，即系统的机械能守恒。

$$T+V=\frac{1}{4}(3m_1+2m_2)\dot{x}^2+\frac{1}{6}m_2l^2\dot{\varphi}^2+\frac{1}{2}m_2l\dot{x}\dot{\varphi}\cos\varphi-m_2g\frac{l}{2}\cos\varphi=\text{const}$$

因拉格朗日函数 L 中不显含 x，所以 x 是循环坐标，对应有循环积分

$$p_1=\frac{\partial L}{\partial\dot{x}}=\frac{\partial T}{\partial\dot{x}}=\left(\frac{3}{2}m_1+m_2\right)\dot{x}+\frac{1}{2}m_2l\dot{\varphi}\cos\varphi=\text{const}$$

注意，本题循环积分并不代表系统水平方向动量守恒。由于水平摩擦力的存在，系统的动量在水平方向的分量 p_x 不是常量。

$$p_x=m_1\dot{x}+m_2\left(\dot{x}+\frac{1}{2}l\dot{\varphi}\cos\varphi\right)=p_1-\frac{1}{2}m_1\dot{x}\neq\text{const}$$

思 考 题

16-1 何为广义力？计算广义力有哪些方法？

16-2 拉格朗日方程的适用条件是什么？

16-3 用拉格朗日方程建立单摆的运动微分方程时，取 φ 为广义坐标，则动能 $T=\frac{1}{2}\frac{P}{g}(l\dot{\varphi})^2$。给 $\delta\varphi$ 如思 16-3 图所示，则广义力 $F_Q=\frac{\delta W}{\delta\varphi}=Pl\sin\varphi$。于是由拉格朗日方程得 $\ddot{\varphi}-\frac{g}{l}\sin\varphi=0$，这与由动量矩定理所得的 $\ddot{\varphi}+\frac{g}{l}\sin\varphi=0$ 不一样，试问错在哪里？

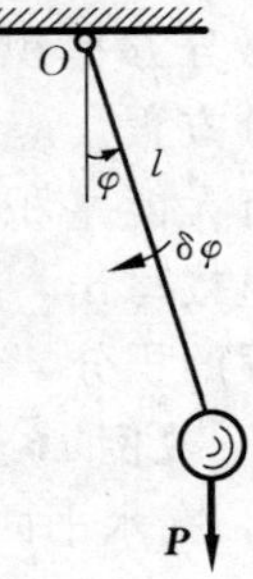

思 16-3 图

16-4 试用拉格朗日方程推导自由质点的运动微分方程。

16-5 试用拉格朗日方程推导定轴转动刚体的运动微分方程。

16-6 试用拉格朗日方程推导平面运动刚体的运动微分方程。

16-7 拉格朗日方程在什么情况下存在能量积分？在什么情况下存在循环积分？

习 题

16-1 如题 16-1 图所示，5 根长为 l 的均质杆 AG、GE、ED、DC、CB 与固定边 AB 形成正六边形，各杆重 P，在 ED 中点作用一铅直向上的力 $\boldsymbol{F}$。试求对应于广义坐标 φ 的广义力。

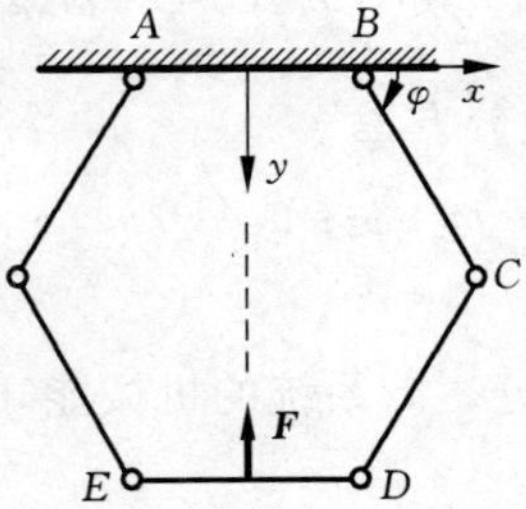

题 16-1 图

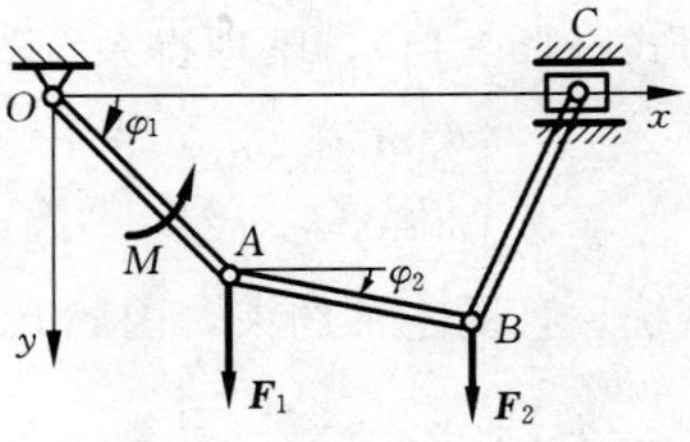

题 16-2 图

16-2 3 根长为 l 的无重杆 OA、AB、BC 连接如题 16-2 图所示，杆 OA 上作用一力矩 M，在 A、B 两点分别作用一向下的力 $\boldsymbol{F}_1$、$\boldsymbol{F}_2$，试求对应于广义坐标 φ_1、φ_2 的广义力。

16-3 如题 16-3 图所示，两物块 A、B 重量分别为 P_1、P_2，用绳相连，绳跨过两定滑轮与一动滑轮相连，斜面倾角为 θ，滑轮质量不计。动滑轮上挂有重物 C，其重量为 P_3。物块 A 上作用一与水平线成 φ 角的力 $\boldsymbol{F}$，试求系统的广义力。

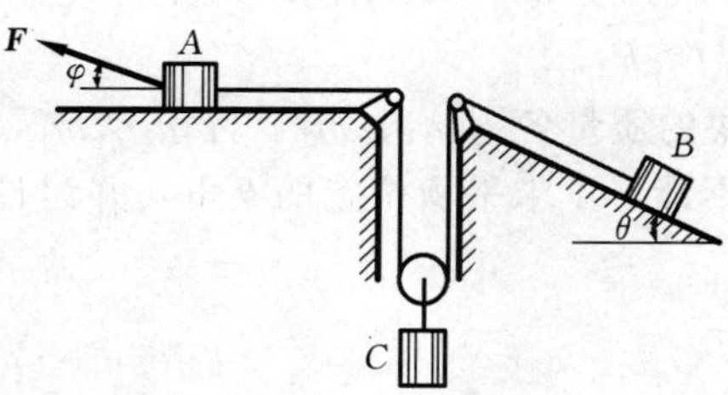

题 16-3 图

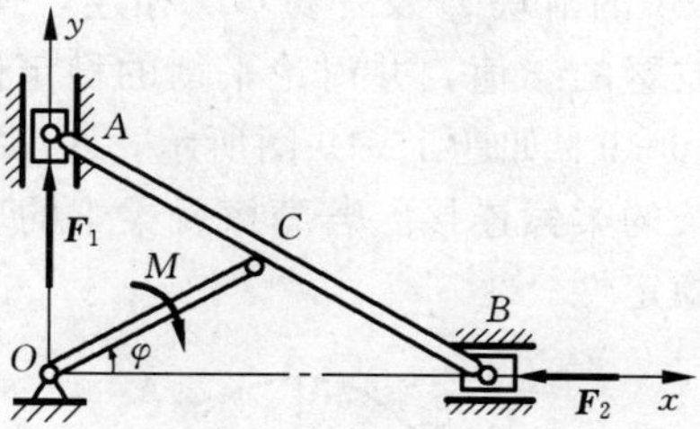

题 16-4 图

16-4　在题 16-4 图所示机构中，$OC=AC=BC=l$，各杆质量不计。在滑块 A、B 上作用力 $\boldsymbol{F}_1$、$\boldsymbol{F}_2$，欲使机构在图示位置平衡，求应施加于曲柄 OC 上的力矩 M。

16-5　如题 16-5 图所示，均质杆 AB、AC 各长 l，重 P_1，A 端用铰相连，B、C 两端各连一滑块。两滑块间用一原长为 $2l$ 的弹簧相连。当 A 处悬挂一重为 P_2 的物块而成平衡时，杆与水平线成角 φ。试求弹簧的刚度系数 k。

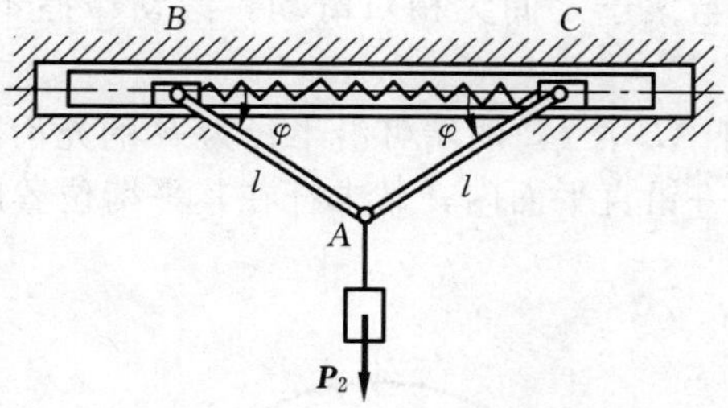

题 16-5 图

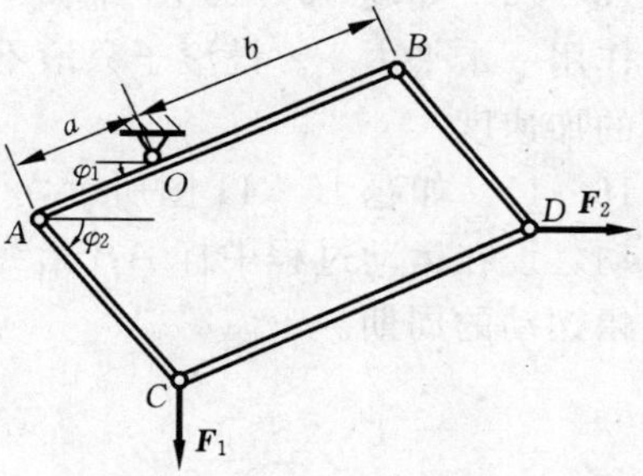

题 16-6 图

16-6　题 16-6 图所示机构位于铅直面内，$AB=CD$，$AC=BD$。在 C 点作用一铅直力 $\boldsymbol{F}_1$，在 D 点作用一水平力 $\boldsymbol{F}_2$ 使机构平衡，各杆质量不计。试求杆 AB、AC 与水平线的夹角 φ_1、φ_2。

16-7　题 16-7 图所示均质板，重心至水平面距离为 h，圆弧半径为 R，设板只滚不滑，试讨论图示平衡位置的稳定性。

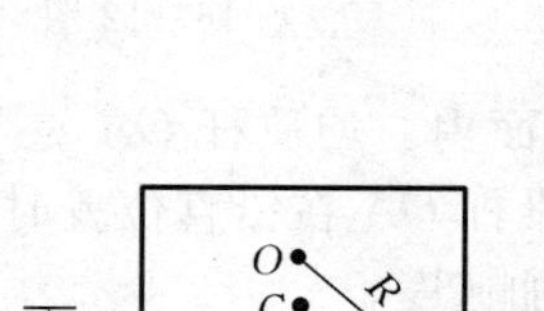

题 16-7 图

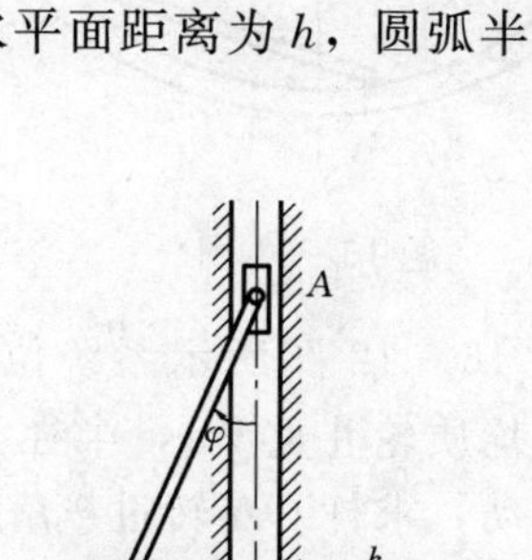

题 16-8 图

16-8　如题 16-8 图所示，无重杆 AB 长 l，一端铰连重为 P_1 的滑块 A，一端

与重 P_2 的滑块 B 及弹簧 OB 相连，弹簧的自然长度 $l_0=OC$，刚度系数为 k。求系统平衡位置的 φ 值，并讨论平衡的稳定性，设 $kl>P_1$。

16-9 如题 16-9 图所示，A、B 两物块的质量各为 m_1、m_2，且 $m_2<m_1$，用不可伸长的柔索连接。若摩擦及柔索的质量都不计，试求平衡位置的 θ 角，并讨论其平衡的稳定性。

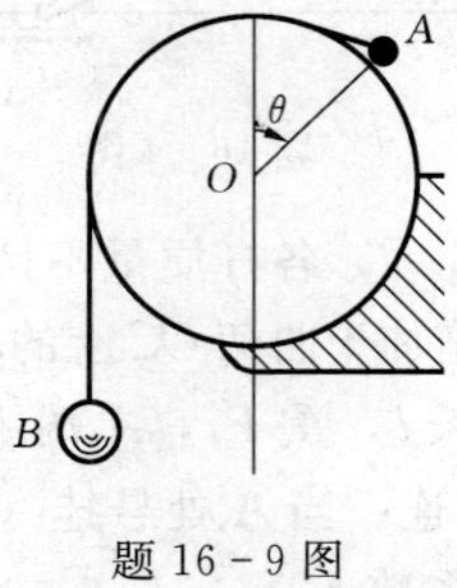

题 16-9 图

题 16-10 图

16-10 如题 16-10 图所示，一重 P_1 的板搁置在三个各重 P_2 的均质滚子上，板上作用一水平力 $\boldsymbol{F}$。设滚子只滚不滑，板与滚子之间无相对滑动，滚动摩擦不计，求板的加速度。

16-11 如题 16-11 图所示，一均质杆 AB 长 l，两端可沿半径为 R 的光滑圆弧面滑动。设在运动过程中杆 AB 始终保持在一铅直平面内，试求杆在其平衡位置附近作微幅摆动的周期。

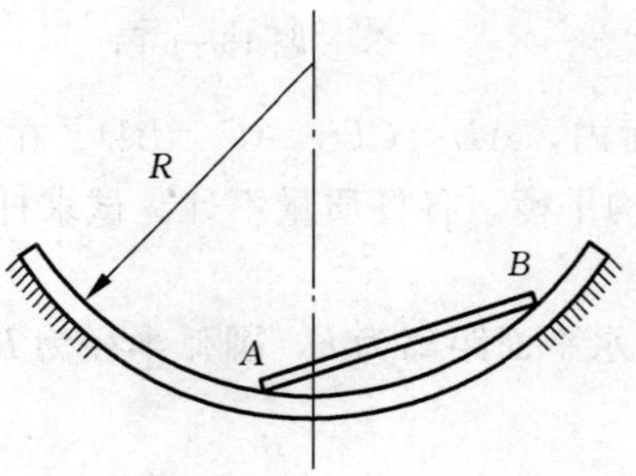

题 16-11 图

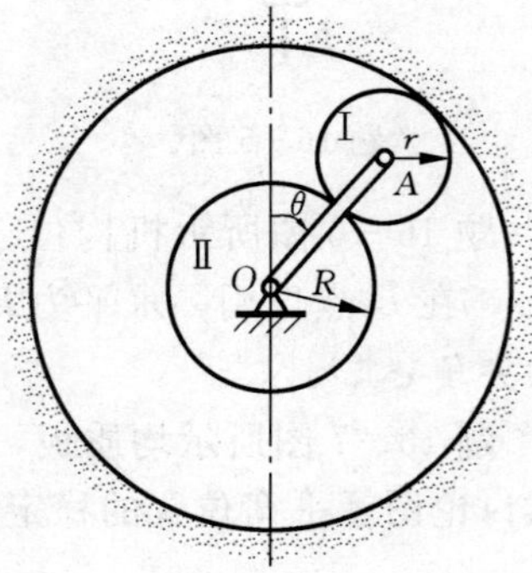

题 16-12 图

16-12 题 16-12 图所示系统位于铅直面内。均质杆 OA 重 W；均质轮Ⅰ重 W_1，半径为 r；均质轮Ⅱ重 W_2，半径为 R。设杆 OA 在铅直位置时，系统受微扰动而自静止开始运动，求杆 OA 转过 θ 角时的角加速度。

16-13 如题 16-13 图所示，质量为 m 的小球在半径为 r 的圆管内运动，此圆管以匀角速 ω 绕铅直轴 AB 转动。不计圆管的质量。求质点的运动微分方程，以及使圆管匀速转动的转矩 M。

16-14 如题 16-14 图所示，均质杆 OA 长 l，重 P，绕通过 O 点的水平轴转动，其上绕一刚度系数为 k 的弹簧，弹簧一端固定于 O，另一端连接一套于杆上的小

环 M，小环重 W，弹簧自然长度为 l_0。试求系统的运动微分方程。

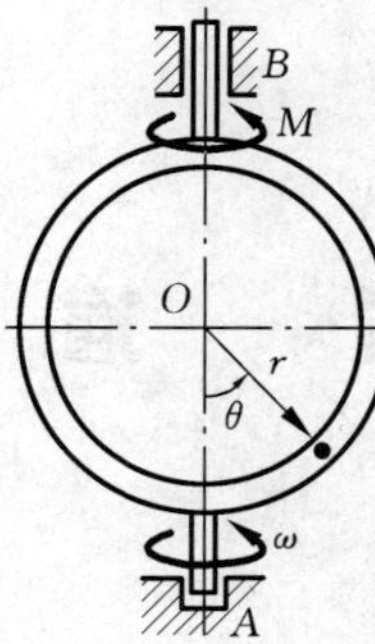

题 16 - 13 图

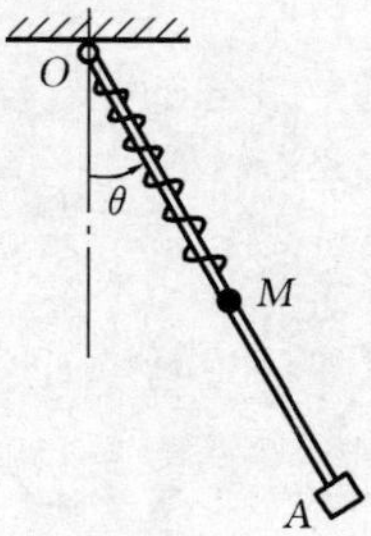

题 16 - 14 图

16 - 15　如题 16 - 15 图所示，质量为 m、半径为 r 的均质圆柱，可在半径为 R 的圆柱面上纯滚动，圆柱中心悬挂质量为 $\frac{m}{2}$、长为 $l=(R-r)$ 的单摆。求系统偏离平衡位置后的运动微分方程，并求其首次积分。

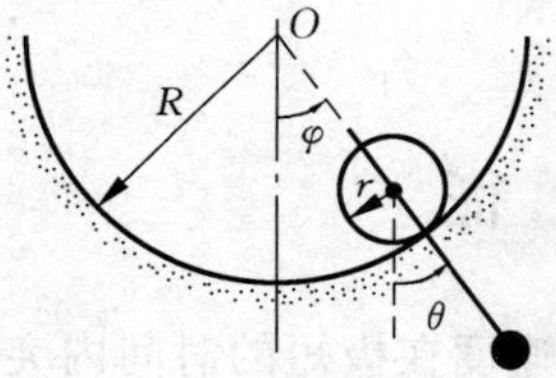

题 16 - 15 图

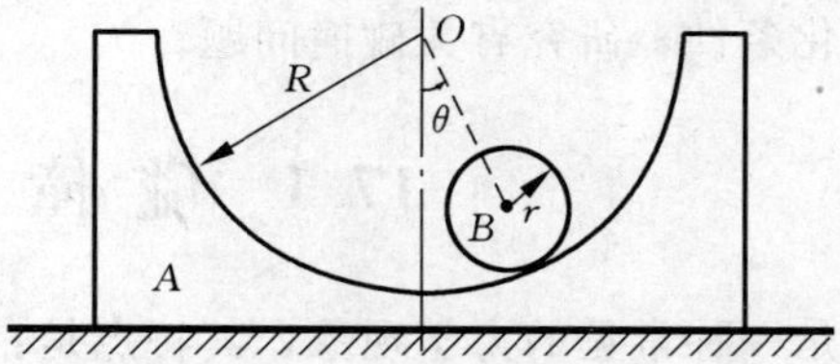

题 16 - 16 图

16 - 16　如题 16 - 16 图所示，质量为 m_1、半径为 R 的半圆槽放置在光滑的水平面上。半径为 r、质量为 m_2 的均质圆柱在半圆槽内只滚不滑，且滚动时其中心 B 与半圆槽中心 O 的连线偏离铅直线的夹角 θ 很小。试求系统的运动微分方程，并求其首次积分。

*第 17 章 碰 撞

前面研究的问题中，物体在力的作用下，运动速度都是连续的、逐渐改变的。本章将研究另一种情形：物体因受到冲击，或者由于运动受到障碍，以致在极短的时间内，速度突然发生有限的改变，这种现象称为**碰撞**（collision)。本章将介绍碰撞的特征、简化条件，研究有关碰撞问题。

17.1 碰 撞 的 特 征

碰撞是一种常见的力学现象，其特点是：物体的速度在极短的时间内突然发生改变。例如，球的弹射与回跳、打桩、飞机着陆等。

碰撞的时间非常短促，通常用千分之一秒甚至万分之一秒来量度。在这样短促的时间内，物体速度的改变达到有限值，可见物体的加速度非常大，因此作用于物体的力的数值也必然很大。这种在碰撞中出现的数值很大的力，称为**碰撞力**（force of collision)，因其作用时间非常短，也称为**瞬时力**。

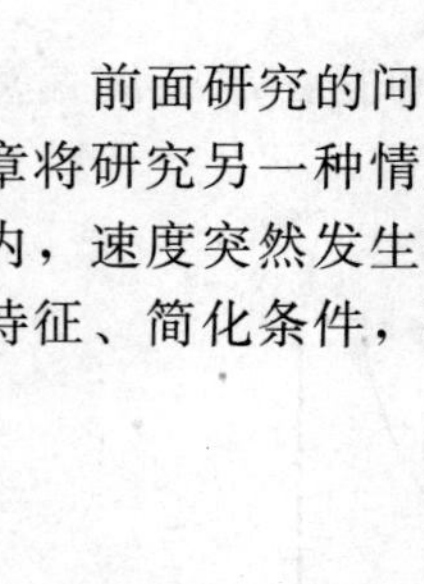

图 17-1

以锄头打铁为例，设锄头重 10N，以 $v_1=6$m/s 的速度撞击铁块，碰撞时间为 0.001s，碰撞后锄头以 $v_2=1.5$m/s 的速度回跳。根据动量定理，求出锄头打击铁块的平均打击力为 7650N，碰撞力是锄头重量的 765 倍。此碰撞力为平均值，若测其最大峰值，则会更大。本例中锄头原有的速度并不大，而碰撞力的平均值已是重力的 765 倍。不难想到，如果碰撞物体的速度很大，碰撞力可能达到惊人的程度。据有关资料介绍，一只重 17.8 N 的飞鸟与以中等速度（800km/h）飞行的飞机相撞，碰撞力可高达 3.56×10^5N，为鸟重的 2 万倍！这是航空上所谓“鸟祸”的原因之一。

碰撞力的数值不仅很大，而且随时间变化——两物体开始接触时是零，随即迅速增大到最大值，然后又很快减小，到碰撞结束时又成为零，通常，变化情况大致如图 17-1 所示。碰撞力在碰撞期间的冲量称为**碰撞冲量**（impulse of collision)。显然，

图 17-1 中阴影面积就等于碰撞冲量之值。由于碰撞力变化规律复杂，很难精确测定，而且在碰撞过程中，物体的动量改变只取决于碰撞冲量。因此，在研究碰撞问题时，一般不考虑碰撞力本身，而只考虑它的冲量及其产生的效果。

17.2　基本假设与基本理论

根据碰撞的特点——碰撞力很大而碰撞时间很短，在研究碰撞问题时，总是认为：

（1）由于碰撞力比平常力（包括所有的非碰撞力，如重力等）大得多，碰撞力的冲量也比平常力的冲量大得多。所以，在碰撞过程中，平常力的冲量可以忽略不计。

（2）由于碰撞时间非常短促，而速度是有限量，所以两者的乘积（即物体在碰撞时间内的位移）非常小，可以忽略不计，也就是说，可以认为物体在碰撞开始时与结束时处于同一位置。

利用上述两个基本假设，可使碰撞问题的研究得以简化。碰撞问题实际上是相当复杂的。两个物体碰撞，一般将发生变形，并伴随有运动形式的转化，如发热以至发光等。但在理论力学里，我们主要研究：由于受到碰撞冲量的作用，物体在运动前后速度的改变（包括大小和方向的改变）。所以，动量定理和动量矩定理成为研究碰撞问题的基本理论。

请考虑：为什么不用运动微分方程及动能定理？

动量定理采用积分形式（即冲量定理），只计碰撞冲量，不考虑平常力的冲量。对于质点，有

$$m\boldsymbol{v}'-m\boldsymbol{v}=\boldsymbol{I} \tag{17-1}$$

式中：$\boldsymbol{v}$ 及 $\boldsymbol{v}'$ 为碰撞开始及碰撞结束时（以后简称为碰撞前后）质点的速度；$\boldsymbol{I}$ 为碰撞冲量。

对于质点系，有

$$\boldsymbol{p}_2-\boldsymbol{p}_1=\sum m_i\boldsymbol{v}'_i-\sum m_i\boldsymbol{v}_i=m\boldsymbol{v}'_C-m\boldsymbol{v}_C=\sum \boldsymbol{I}_i^{(e)} \tag{17-2}$$

这里只计外碰撞冲量 $\boldsymbol{I}_i^{(e)}$，因为质点系内各质点相互碰撞（内碰撞）时，内碰撞力成对出现，所以它们的冲量之和等于零。

动量矩定理的形式与前面讲的有所不同。对于质点，考虑到第二个假设，令碰撞前后质点对某固定点 O 的矢径为 $\boldsymbol{r}$，由式（17-1）有

$$\boldsymbol{r}\times m\boldsymbol{v}'-\boldsymbol{r}\times m\boldsymbol{v}=\boldsymbol{r}\times\boldsymbol{I} \tag{a}$$

而 $\boldsymbol{r}\times m\boldsymbol{v}=\boldsymbol{l}_O$ 及 $\boldsymbol{r}\times m\boldsymbol{v}'=\boldsymbol{l}'_O$ 分别是碰撞前后质点对 O 点的动量矩，$\boldsymbol{r}\times\boldsymbol{I}=\boldsymbol{M}_O(\boldsymbol{I})$ 是碰撞冲量对 O 点的矩，于是式（a）成为

$$\boldsymbol{l}'_O-\boldsymbol{l}_O=\boldsymbol{M}_O(\boldsymbol{I}) \tag{17-3}$$

即在碰撞前后，质点对任一固定点的动量矩的改变，等于作用于该质点的碰撞冲量对同一点的矩。

类似地，对于质点系，有

$$\boldsymbol{L}'_O-\boldsymbol{L}_O=\sum\boldsymbol{M}_O(\boldsymbol{I}_i^{(e)}) \tag{17-4}$$

这里也不考虑内碰撞冲量的矩，因为它们的和等于零。式（17-4）表明，**在碰撞前**

后，质点系对任一固定点的动量矩的改变，等于作用于质点系的外碰撞冲量对同一点的矩的矢量和。

将方程式（17-4）投影到通过 O 点的任一轴 z 上，得到

$$L'_z - L_z = \sum M_z(\boldsymbol{I}_i^{(e)}) \tag{17-5}$$

即在碰撞前后，质点系对任一轴的动量矩的改变，等于作用于质点系的外碰撞冲量对同一轴的矩。

对于质心 C，式（17-4）、式（17-5）也成立。

17.3 两物体的对心碰撞

两物体碰撞时，过接触点作两物体表面的公法线，如果两质心都位于该直线上，则称为**对心碰撞**（central collision），否则称为**偏心碰撞**（eccentric impact），如果碰撞前两质心的速度都沿着该直线，则称为**正碰撞**（direct central impact），否则称为**斜碰撞**（oblique impact）。

17.3.1 对心斜碰撞

设 A、B 两物体发生碰撞。以通过接触点的表面法线为 x 轴（图17-2）。图17-2（a）表示碰撞开始，图17-2（b）表示碰撞过程中，图17-2（c）表示碰撞结束。这三张图应位于同一位置，将它们分开画，是为了清楚起见。假设沿切线方向（即 y 方向）无摩擦作用。整个碰撞过程可分为两个阶段：

第一阶段是**变形阶段**。两物体从开始接触起，沿 x 轴相互挤压，产生局部变形，它们之间相互作用的碰撞冲量，使得沿着 x 轴方向，物体 B 的速度增大，物体 A 的速度减小，到两物体沿 x 轴的速度相等时，第一阶段结束，第二阶段开始。

第二阶段是**恢复阶段**。由于弹性作用，两物体逐渐恢复其形状（并不一定能完全恢复），沿 x 轴方向，物体的 B 的速度继续增大，物体 A 的速度继续减小，直到彼此分离，碰撞结束。

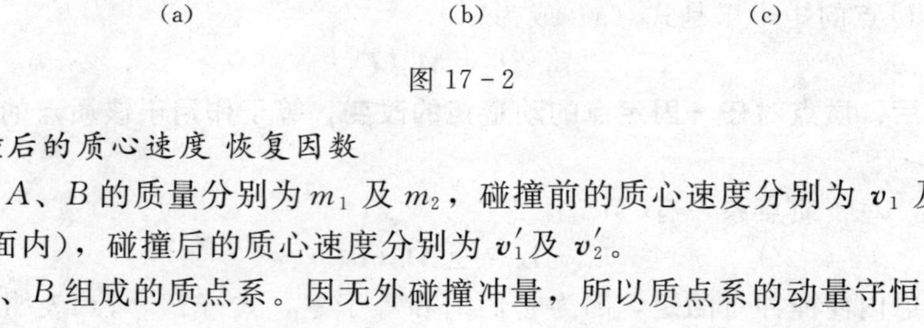

图17-2

1. 碰撞后的质心速度 恢复因数

设物体 A、B 的质量分别为 m_1 及 m_2，碰撞前的质心速度分别为 $\boldsymbol{v}_1$ 及 $\boldsymbol{v}_2$（假设都在 xy 平面内），碰撞后的质心速度分别为 $\boldsymbol{v}'_1$ 及 $\boldsymbol{v}'_2$。

考察 A、B 组成的质点系。因无外碰撞冲量，所以质点系的动量守恒。即

$$m_1\boldsymbol{v}_1'+m_2\boldsymbol{v}_2'=m_1\boldsymbol{v}_1+m_2\boldsymbol{v}_2 \tag{a}$$

将式（a）在 x 轴上投影，得

$$m_1 v_{1x}'+m_2 v_{2x}'=m_1 v_{1x}+m_2 v_{2x} \tag{b}$$

分别考察 A、B。因碰撞冲量 $\boldsymbol{I}$ 及 $-\boldsymbol{I}$ 沿 x 轴作用，A、B 两物体在 y 方向都不受碰撞力，它们各自的动量在 y 方向的投影应分别守恒，所以有

$$v_{1y}'=v_{1y},\quad v_{2y}'=v_{2y} \tag{17-6}$$

式（b）中有两个未知量 v_{1x}'、v_{2x}'，不能求解，但根据实验可补充如下关系式

$$e=\frac{v_{2x}'-v_{1x}'}{v_{1x}-v_{2x}}\text{❶} \tag{17-7}$$

式中：e 为相对分离速度与相对接近速度之比，是一个与碰撞物体的材料、形状等有关的因数，称为**恢复因数**（factor of restitution）。

恢复因数介于 0 与 1 之间，由试验测定。几种材料的恢复因数见表 17-1。

表 17-1　　几种材料的恢复因数

碰撞物体的材料	铅球对铅球	钢球对钢球	玻璃球对玻璃球
恢复因数	0.20	0.56	0.94

当 $0<e<1$ 时，两物体的碰撞称为**弹性碰撞**（elastic collision）；如 $e=1$，则称为**完全弹性碰撞**（perfectly elastic collision）；如 $e=0$，则称为**塑性碰撞**（plastic impact）或**非弹性碰撞**。对于弹性碰撞，将式（17-7）与式（b）联立求解，得

$$\left.\begin{aligned} v_{1x}'&=\frac{m_1 v_{1x}+m_2 v_{2x}-em_2(v_{1x}-v_{2x})}{m_1+m_2}\\ v_{2x}'&=\frac{m_1 v_{1x}+m_2 v_{2x}+em_1(v_{1x}-v_{2x})}{m_1+m_2}\end{aligned}\right\} \tag{17-8}$$

由式（17-6）、式（17-8）求出 v_{1x}'、v_{1y}'、v_{2x}'、v_{2y}'，可得碰撞后两物体的质心速度

$$\boldsymbol{v}_1'=v_{1x}'\boldsymbol{i}+v_{1y}'\boldsymbol{j},\quad \boldsymbol{v}_2'=v_{2x}'\boldsymbol{i}+v_{2y}'\boldsymbol{j}$$

2. 碰撞前后动能的变化

设 T_0 及 T 为碰撞前后 A、B 两物体的总动能，则

$$T_0=\frac{1}{2}m_1 v_1^2+\frac{1}{2}m_2 v_2^2=\frac{1}{2}m_1(v_{1x}^2+v_{1y}^2)+\frac{1}{2}m_2(v_{2x}^2+v_{2y}^2)$$

$$T=\frac{1}{2}m_1 v_1'^2+\frac{1}{2}m_2 v_2'^2=\frac{1}{2}m_1(v_{1x}'^2+v_{1y}'^2)+\frac{1}{2}m_2(v_{2x}'^2+v_{2y}'^2)$$

考虑式（17-6），有

$$T_0-T=\frac{1}{2}m_1(v_{1x}^2-v_{1x}'^2)+\frac{1}{2}m_2(v_{2x}^2-v_{2x}'^2)$$

❶ 有时也将 e 定义为碰撞第二阶段的冲量 I_2 与第一阶段的冲量 I_1 之比，即 $I_2=eI_1$。对 A、B 两物体各自分别写出在两个阶段的动量变化与冲量的关系，并令 $I_2=eI_1$，也可推出式（17-7）。

将式（17-8）代入，整理得

$$T_0-T=(1-e^2)\frac{m_1m_2}{2(m_1+m_2)}(v_{1x}-v_{2x})^2 \tag{17-9}$$

差值 T_0-T 永远是正值，说明碰撞时动能有损失。这正是前面所说的碰撞时伴随有运动形式的转化这一论断的印证。

3. 讨论

在式（17-8）及式（17-9）中令 $e=1$ 或 $e=0$，就得到适用于完全弹性碰撞或塑性碰撞的公式。

对于完全弹性碰撞（$e=1$），有

$$v'_{1x}=\frac{(m_1-m_2)v_{1x}+2m_2v_{2x}}{m_1+m_2},\quad v'_{2x}=\frac{2m_1v_{1x}-(m_1-m_2)v_{2x}}{m_1+m_2} \tag{17-10}$$

$$T_0=T$$

这表明：在变形阶段，虽然一部分动能转变成变形能，但在恢复阶段，变形能又全部转变成动能，所以碰撞后动能无损失。因此，对于完全弹性碰撞问题，可利用动量守恒、机械能守恒两个定理求碰撞后的速度［式（17-10）］。请读者自行推导。

对于塑性碰撞（$e=0$），有

$$v'_{1x}=v'_{2x}=\frac{m_1v_{1x}+m_2v_{2x}}{m_1+m_2} \tag{17-11}$$

$$T_0-T=\frac{m_1m_2}{2(m_1+m_2)}(v_{1x}-v_{2x})^2 \tag{17-12}$$

这表明：塑性碰撞只有变形阶段，没有恢复阶段，到质心沿 x 方向的速度成为相同时，碰撞即告结束，一部分动能转变成变形能后，再也不能恢复。

17.3.2 对心正碰撞

若仍取通过接触点的表面法线为 x 轴，则 $v_{1y}=v_{2y}=v'_{1y}=v'_{2y}=0$，式（17-7）～式（17-12）都适用。例如，塑性碰撞时，如果两个碰撞的物体中有一个物体初始不动，即 $v_2=0$，则根据式（17-12），有

$$T_0-T=\frac{m_1m_2}{2(m_1+m_2)}v_1^2=\frac{m_2}{m_1+m_2}T_0=\frac{1}{1+\dfrac{m_1}{m_2}}T_0 \tag{17-13}$$

在机械中的锻造、工程中的打桩问题中，可用式（17-13）来提高效率。锻造和打桩都可近似看作塑性碰撞，即碰撞后两个物体不分开，而作为一个整体一起运动。锻造中，锻锤是一个物体，锻件、铁砧和基础的组合体是另一个物体［图 17-3（a）］，锻造使得基础振动，为了提高效率，要尽量减小基础振动，使较多的能量消耗在锻件的变形之中，即动能损失越多越好，根据式（17-13），这就要求 $m_1\ll m_2$，即小锤打大砧。打桩中，锤是一个物体，桩为另一个物体［图 17-3（b）］，打桩使得桩深入土中，为了提高效率，要尽量使碰撞后的系统具有较多的动能，以克服土的阻力，使桩能较多地深入土中，而消耗在桩的变形中的能量要尽量减小，即动能损失越少越好，根据式（17-13），这就要求 $m_1\gg m_2$，即大锤打小桩。

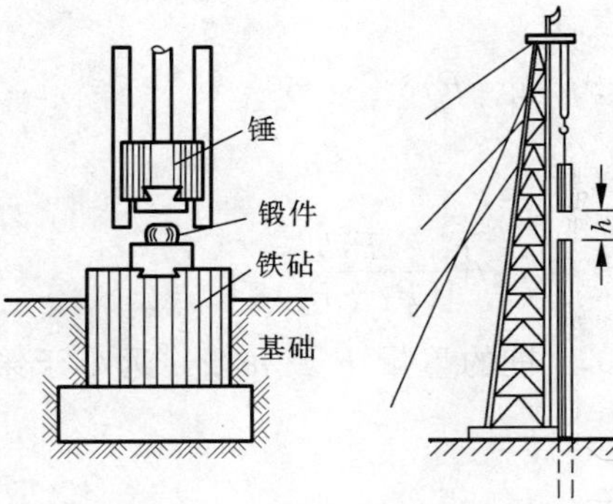

(a)　(b)

图 17-3

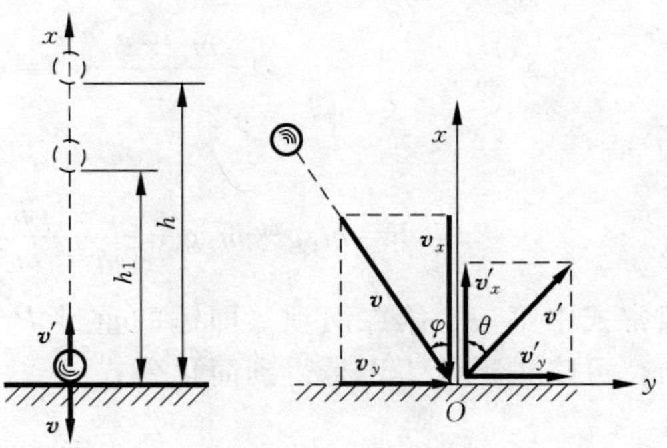

(a)　(b)

图 17-4

【例 17-1】 试由小球对固定面的碰撞测定恢复因数。假设：①对心正碰撞；②对心斜碰撞。

解：（1）对心正碰撞。设小球从高 h 处自由降落与固定面碰撞，碰撞后回跳高度为 h_1 ［图 17-4（a）］，设小球碰撞前后的速度为 $\boldsymbol{v}$ 及 $\boldsymbol{v}'$，以过接触点的表面法线为 x 轴。

小球运动分三个阶段：碰撞前阶段、碰撞阶段、碰撞后阶段。碰撞前阶段，小球匀加速直线运动，$v=\sqrt{2gh}$；碰撞后阶段，小球匀减速直线运动，$v'=\sqrt{2gh_1}$。

在式（17-7）中，令 $v_{1x}=-v=-\sqrt{2gh}$，$v'_{1x}=v'=\sqrt{2gh_1}$，$v_{2x}=v'_{2x}=0$，得

$$e=\frac{v'}{v}=\sqrt{\frac{h_1}{h}}$$

（2）对心斜碰撞。设小球以速度 $\boldsymbol{v}$ 与光滑固定平面碰撞，入射角为 φ，碰撞结束时小球速度为 $\boldsymbol{v}'$，反射角为 θ ［图 17-4（b）］。

取坐标系如图 17-4（b）所示。因固定面是光滑的，碰撞冲量沿 x 轴作用，小球的动量在 y 方向的投影应守恒，所以有

$$v'_y=v_y,\quad 即\ v'\sin\theta=v\sin\varphi \tag{a}$$

在式（17-7）中，令 $v_{1x}=-v\cos\varphi$，$v'_{1x}=v'\cos\theta$，$v_{2x}=v'_{2x}=0$，并利用式（a），得

$$e=\tan\varphi/\tan\theta$$

【例 17-2】 质量为 m_2 的木桩下部已打入泥土。质量为 m_1 的铁锤，从桩顶铅直上方高 h 处自由落下打桩［图 17-3（b）］。已知锤在某次下落打桩时，使桩下沉 δ。试求泥土对木桩的平均阻力的大小 F。假设锤与桩的碰撞是塑性的。

解：锤与桩的运动分三个阶段：碰撞前阶段、碰撞阶段、碰撞后阶段。

碰撞前阶段，锤自由落体，$v_1=\sqrt{2gh}$；桩静止，$v_2=0$。

碰撞阶段，泥土对桩的作用类似弹簧，桩没有位移，则泥土对桩不产生碰撞力，即无外碰撞冲量。由式（17-11）得碰撞后锤与桩的共同速度

$$v'_1=v'_2=v'=\frac{m_1}{m_1+m_2}\sqrt{2gh}$$

碰撞后阶段，锤与桩一起下降，直至停止。此运动过程中，只有重力和阻力作

功。根据动能定理，有

$$0-\frac{m_1+m_2}{2}v'^2=(m_1g+m_2g-F)\delta$$

即

$$F=m_1g+m_2g+\frac{m_1^2gh}{(m_1+m_2)\delta}=P_1+P_2+\frac{P_1^2h}{(P_1+P_2)\delta}$$

通常式中第一、第二两项（即锤的重量 $P_1=m_1g$、桩的重量 $P_2=m_2g$）远小于第三项，可略去不计。于是得到简化公式

$$F=\frac{P_1^2h}{(P_1+P_2)\delta}$$

设 $P_1=2\text{kN}$，$P_2=1\text{kN}$，$h=2\text{m}$，$\delta=15\text{mm}$，则 $F=\frac{2^2\times2}{(2+1)\times0.015}=177.8\text{kN}$。若计及锤与桩的重量，则 $F=180.8\text{kN}$。可见，略去锤与桩的重量，阻力的误差尚不及2%。

17.4 碰撞对定轴转动刚体及平面运动刚体的作用

17.4.1 碰撞对定轴转动刚体的作用

实践中有不少转动刚体的碰撞问题，如用撞击机作材料试验，用冲击摆测定枪弹速度等。当转动刚体受到碰撞时，其角速度将发生急剧变化，在轴承处会产生碰撞力。为了防止碰撞对轴承的破坏，应尽量消除轴承处的碰撞冲量。

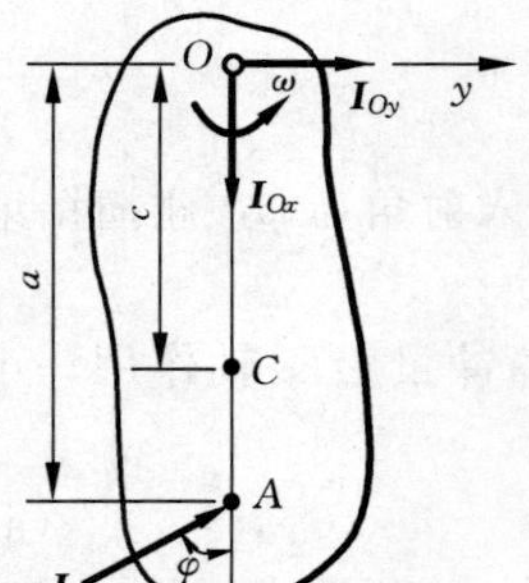

图 17-5

1. 刚体角速度的变化

设刚体可绕固定轴 z 转动，受到碰撞冲量作用。若刚体在碰撞前后的角速度分别为 ω_0 及 ω，则碰撞前后对 z 轴的动量矩分别为 $L_z=J_z\omega_0$ 及 $L'_z=J_z\omega$。根据动量矩定理，由式(17-5)得

$$J_z\omega-J_z\omega_0=\sum M_z(\boldsymbol{I}_i^{(e)})$$

角速度的变化为

$$\omega-\omega_0=\frac{\sum M_z(\boldsymbol{I}_i^{(e)})}{J_z} \tag{17-14}$$

2. 轴承处的碰撞冲量 撞击中心

设刚体具有对称面，且转轴 z 垂直于对称面，外碰撞冲量 $\boldsymbol{I}$ 在对称面内（实际上大多如此），不计轴承处摩擦（图 17-5）。

在对称面内取坐标系 Oxy 如图。设轴承处的碰撞冲量为 $\boldsymbol{I}_{Ox}$、$\boldsymbol{I}_{Oy}$，刚体质量为 m，其质心 C 至转轴的距离 $OC=c$，碰撞冲量 $\boldsymbol{I}$ 的作用点 A 与转轴的距离 $OA=a$，则

$$\sum M_z(\boldsymbol{I}_i^{(e)})=I\sin\varphi\cdot a$$

由式（17－14）求得碰撞后的角速度

$$\omega=\omega_0+\frac{Ia\sin\varphi}{J_z}$$

碰撞前后质心的速度在 x、y 轴上的投影为

$$\left.\begin{array}{l} v_{Cx}=0, \quad v_{Cy}=c\omega_0 \\ v'_{Cx}=0, \quad v'_{Cy}=c\left(\omega_0+\dfrac{Ia\sin\varphi}{J_z}\right) \end{array}\right\} \tag{a}$$

根据动量定理，由式（17－2）有

$$\left.\begin{array}{l} m(v'_{Cx}-v_{Cx})=I_{Ox}-I\cos\varphi \\ m(v'_{Cy}-v_{Cy})=I_{Oy}+I\sin\varphi \end{array}\right\} \tag{b}$$

由式（a）、式（b），得

$$I_{Ox}=I\cos\varphi, \quad I_{Oy}=I\left(\frac{mac}{J_z}-1\right)\sin\varphi \tag{17-15}$$

可见，欲使轴承处不致因碰撞而引起碰撞力，即欲使 $I_{Ox}=0$，$I_{Oy}=0$，必须

$$\cos\varphi=0, \quad 即\ \varphi=\pi/2 \tag{17-16}$$

$$mac=J_z, \quad 即\ a=J_z/mc \tag{17-17}$$

由式（17－17）决定的一点称为**撞击中心**（center of collision）。以上两式表明，欲使轴承处的碰撞力等于零，必须使外碰撞冲量 $\boldsymbol{I}$ 垂直于 O 与质心 C 的连线（即 x 轴）并作用于撞击中心。

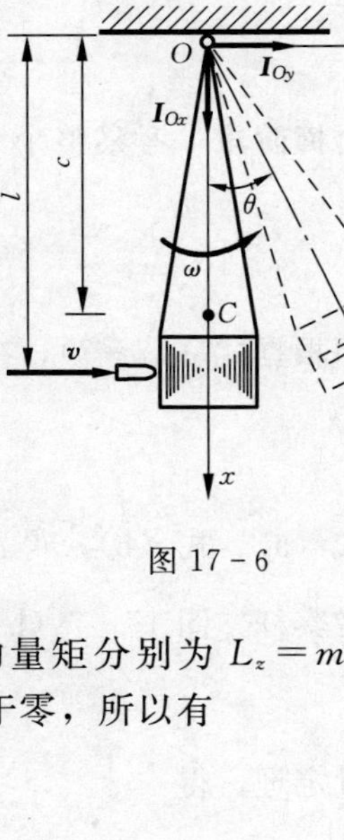

图 17－6

【例 17－3】 冲击摆质量为 m_2，质心 C 与转轴距离为 c，对转轴的转动惯量为 J_z，质量为 m_1 的枪弹射入冲击摆后，摆偏离铅直线的最大角度为 θ（图 17－6）。设枪弹射入冲击摆时与转轴的距离为 l，不计摩擦，求枪弹速度 v。

解： 冲击摆的运动分两个阶段：碰撞阶段（枪弹射入冲击摆）、碰撞后阶段（冲击摆在平常力作用下运动）。

碰撞阶段，考察冲击摆、枪弹组成的质点系，设碰撞后冲击摆的角速度为 ω，则碰撞前后质点系对转轴的动量矩分别为 $L_z=m_1vl$ 及 $L'_z=J_z\omega+m_1\omega l^2$，因不计摩擦，外碰撞冲量对 z 轴的矩等于零，所以有

$$J_z\omega+m_1\omega l^2=m_1vl$$

求得

$$\omega=\frac{m_1vl}{J_z+m_1l^2}$$

碰撞后阶段，已知摆和枪弹在两个位置的速度，用动能定理求解。

$$T_1=\frac{1}{2}J_z\omega^2+\frac{1}{2}m_1(\omega l)^2=\frac{m_1^2l^2v^2}{2(J_z+m_1l^2)}, \quad T_2=0$$

$$\sum W_i=-m_1gl(1-\cos\theta)-m_2gc(1-\cos\theta)$$

由动能定理，得

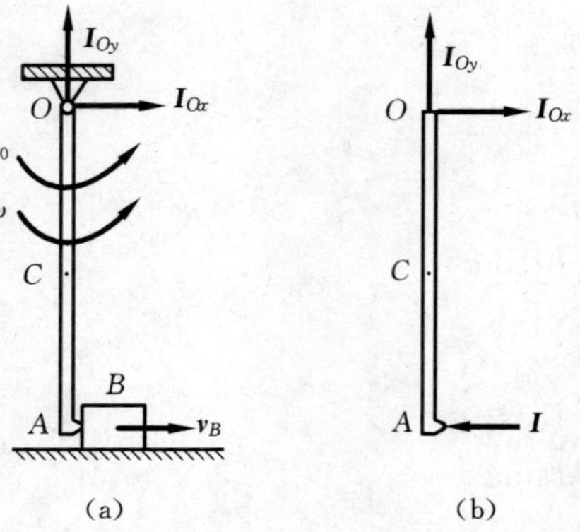

图 17-7

$$v=\frac{\sqrt{2(J_z+m_1l^2)(m_1l+m_2c)(1-\cos\theta)g}}{m_1l}$$

一般 $m_1\ll m_2$，上式分子中的 m_1l^2 及 m_1l 可以略去，这样就得到近似公式

$$v=\frac{\sqrt{2J_zm_2c(1-\cos\theta)g}}{m_1l}$$

【例 17-4】 均质杆 OA 质量为 m_1，长为 l，其上端由铰支座固定［图 17-7（a）］。杆从水平位置无初速地落下，到垂直位置与质量为 m_2 的物块 B 碰撞。设杆与物块间的恢复因数为 e，求碰撞后杆的角速度、物块的速度及轴承处的碰撞冲量。

解： 杆的运动分两个阶段：碰撞前阶段、碰撞阶段。设碰撞前后杆的角速度分别为 ω_0 及 ω，碰撞后物块 B 的速度为 $\boldsymbol{v}_B$。

碰撞前阶段，杆在平常力作用下从水平位置无初速地落到垂直位置，根据动能定理，有

$$\frac{1}{2}\cdot\frac{1}{3}m_1l^2\cdot\omega_0^2-0=m_1g\frac{l}{2},\quad 即\ \omega_0=\sqrt{\frac{3g}{l}}$$

碰撞阶段，考察整个系统［图 17-7（a）］，因外碰撞冲量对 O 点的矩等于零，所以有

$$\frac{1}{3}m_1l^2\omega+m_2v_Bl=\frac{1}{3}m_1l^2\omega_0 \tag{a}$$

而根据式（17-7），有

$$e=\frac{v_B-l\omega}{l\omega_0-0} \tag{b}$$

联立式（a）、式（b），得 $\omega=\dfrac{m_1-3em_2}{m_1+3m_2}\sqrt{\dfrac{3g}{l}}$，$v_B=\dfrac{(1+e)\ m_1}{m_1+3m_2}\sqrt{3gl}$。

考察杆［图 17-7（b）］，由动量矩定理，得

$$\frac{1}{3}m_1l^2(\omega-\omega_0)=-Il \tag{c}$$

由动量定理，得

$$m_1\left(\omega\frac{l}{2}-\omega_0\frac{l}{2}\right)=I_{Ox}-I \tag{d}$$

$$I_{Oy}=0 \tag{e}$$

联立求解式（c）、式（d）、式（e），得 $I_{Ox}=-\dfrac{(1+e)\ m_1m_2}{2\ (m_1+3m_2)}\sqrt{3gl}$，$I_{Oy}=0$。

17.4.2 碰撞对平面运动刚体的作用

设作平面运动的刚体受到外碰撞冲量作用，在碰撞后仍保持平面运动。在质心运动平面内取直角坐标系 xy。设刚体的质量为 m，质心在碰撞前后的速度分别为 $\boldsymbol{v}_C$ 及

$\boldsymbol{v}'_C$，根据动量定理，由式（17-2）得投影方程

$$\left.\begin{aligned} mv'_{Cx}-mv_{Cx}&=\sum I_{ix}^{(e)} \\ mv'_{Cy}-mv_{Cy}&=\sum I_{iy}^{(e)} \end{aligned}\right\} \tag{17-18}$$

设刚体对于通过质心且垂直于运动平面的轴 z' 的转动惯量为 $J_{z'}$，刚体在碰撞前后的角速度分别为 ω_0 及 ω，根据对质心的动量矩定理，由式（17-5）得

$$J_{z'}(\omega-\omega_0)=\sum M_{z'}(\boldsymbol{I}_i^{(e)}) \tag{17-19}$$

除式（17-18）、式（17-19）外，还要补充一个关系式。设物体 A 与物体 B 相碰撞（图 17-8），物体 A 的 D 点与物体 B 的 E 点接触，仍以过接触点的表面公法线为 x 轴，则根据实验，有

$$e=\frac{v'_{Ex}-v'_{Dx}}{v_{Dx}-v_{Ex}} \tag{17-20}$$

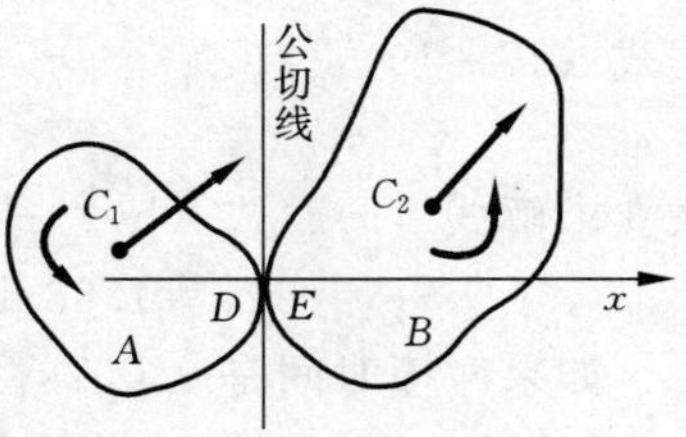

图 17-8

式中：v_{Dx}、v_{Ex} 及 v'_{Dx}、v'_{Ex} 分别为碰撞前后 D、E 两点的速度 $\boldsymbol{v}_D$、$\boldsymbol{v}_E$ 及 $\boldsymbol{v}'_D$、$\boldsymbol{v}'_E$ 在 x 轴上的投影；e 仍称为恢复因数，而 D、E 两点的速度，可据刚体平面运动的理论，用质心速度及刚体转动角速度来表示。

【例 17-5】 用降落伞投下的箱子落地时，一边首先触及地面［图 17-9（a）］。已知箱子质量 $m=200$kg，在图平面内的截面是 1m×1m 的正方形，对于通过质心而垂直于图平面的轴的惯性半径 $\rho=0.4$m；箱子触地时的运动是瞬时平移，速度 $v_C=5$m/s，铅直向下；箱子的 BD 边与地面成 15°角。设恢复因数 $e=0.2$，水平方向无碰撞冲量作用，求碰撞结束时箱子的质心速度 v'_C、角速度 ω 及碰撞冲量。

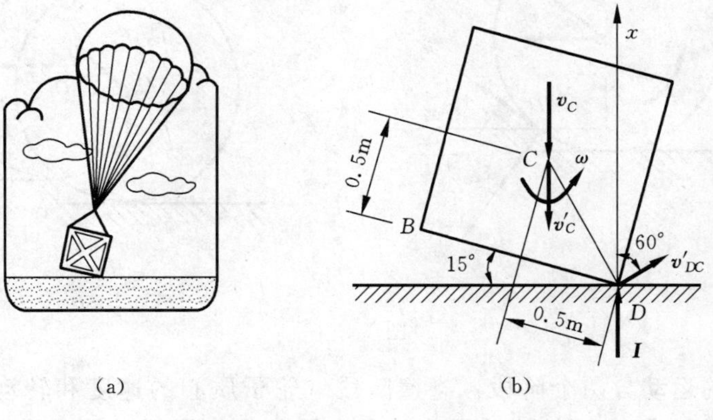

图 17-9

解： 箱子只在 D 点受铅直的碰撞冲量 $\boldsymbol{I}$ 作用［图 17-9（b）］，由动量定理知质心速度将保持铅直方向。取 x 轴向上，箱子触地时作瞬时平移，因此碰撞前 D 点的速度 $\boldsymbol{v}_D=\boldsymbol{v}_C$，而 $v_{Dx}=-v_C$。设碰撞后质心速度为 $\boldsymbol{v}'_C$、箱子转动的速度为 ω，由基点法知 D 点速度为 $\boldsymbol{v}'_D=\boldsymbol{v}'_C+\boldsymbol{v}'_{DC}$，其中 $v'_{DC}=\omega\cdot CD$，而 $\boldsymbol{v}'_{DC}\perp CD$。$\boldsymbol{v}'_D$ 在 x 轴上的投影为

$$v'_{Dx}=v'_{Cx}+v'_{DCx}=-v'_C+v'_{DC}\cos60°=\frac{\sqrt{2}}{4}\omega-v'_C$$

在式（17－20）中，令 $v_{Ex}=v'_{Ex}=0$，得

$$e=\frac{0-\left(\frac{\sqrt{2}}{4}\omega-v'_C\right)}{-v_C-0} \tag{a}$$

据式（17－18），有

$$m(-v'_C)-m(-v_C)=I \tag{b}$$

据式（17－19），有

$$m\rho^2(\omega-0)=I\cdot CD\sin30° \tag{c}$$

联立求解式（a）、式（b）、式（c），得

$$v'_C=1.63\text{m/s},\quad \omega=7.44\text{rad/s},\quad I=673.7\text{N}\cdot\text{s}$$

如果碰撞时间是0.002s，则平均碰撞力将达到336.9kN，是箱子重量（$P=mg=1.96$kN）的172倍！为了安全，应使箱子触地时的速度 v_C 尽可能地小，并选择土质较软的地方着陆，以减小碰撞的恢复因数，延长碰撞时间。

【例17－6】 为了使轮子滚上高度为 h 的障碍物（图17－10），试求轮子与障碍物碰撞前应具有的速度。已知轮子的质量为 m，半径为 R，轮子对称于图平面，质心就是几何中心，对通过质心 C 且垂直于图平面的轴的惯性半径为 ρ。碰撞前，轮子只滚不滑。假设接触点处障碍物表面很粗糙，从碰撞开始直到轮子滚到障碍物，接触点的速度都保持为零。

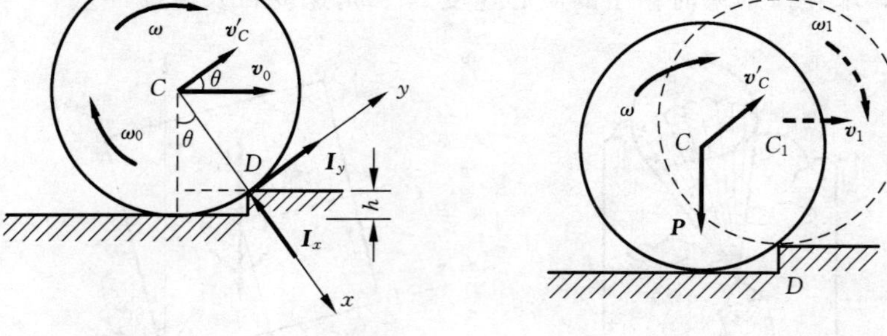

图17－10

解： 轮子的运动分两个阶段：碰撞阶段（轮子质心的速度和转动角速度发生改变，但轮子位置不变）、碰撞后阶段（轮子在平常力作用下运动，质心速度、转动角速度和位置都发生改变）。

碰撞阶段，将碰撞后的质心速度、角速度用碰撞前的质心速度表示。过 D 点取直角坐标系 xy，使 x 轴沿接触点表面法线（即沿轮子半径）。设碰撞前后轮子质心速度分别为 $\boldsymbol{v}_0$ 及 $\boldsymbol{v}'_C$，角速度分别为 ω_0 及 ω。因碰撞前轮子只滚不滑，所以 $v_0=R\omega_0$。由于接触面很粗糙，所以障碍物对轮子的碰撞冲量为 $\boldsymbol{I}_x$、$\boldsymbol{I}_y$［图17－10（a）］。

碰撞后接触点 D 的速度为零，即点 D 是轮子的速度瞬心，所以

$$v_C'=R\omega \tag{a}$$

据式（17-18），有

$$mv_C'-mv_0\frac{R-h}{R}=I_y \tag{b}$$

据式（17-19），有

$$m\rho^2(\omega-\omega_0)=-I_yR \tag{c}$$

联立求解式（a）、式（b）、式（c），得

$$\omega=\left(1-\frac{Rh}{R^2+\rho^2}\right)\frac{v_0}{R},v_C'=\left(1-\frac{Rh}{R^2+\rho^2}\right)v_0 \tag{d}$$

碰撞后阶段，考虑碰撞后的角速度应为多大，轮子才能滚上障碍物，从而求出 v_0。从碰撞结束到轮子滚上障碍物，D 点始终不动，相当于轮子作定轴转动［图 17-10（b）］，据动能定理，有

$$\frac{1}{2}J_D\omega_1^2-\frac{1}{2}J_D\omega^2=-mgh$$

其中 $J_D=J_C+mR^2=m(\rho^2+R^2)$ 是轮子对于通过 D 点而垂直于图平面的轴的转动惯量，ω_1 是轮子滚上障碍物时的角速度。由此得

$$\omega_1=\sqrt{\omega^2-\frac{2gh}{R^2+\rho^2}}$$

为使轮子滚上障碍物，必须 $\omega_1>0$，即 $\omega>\sqrt{\frac{2gh}{R^2+\rho^2}}$，将式（d）代入，得

$$v_0>\frac{R\sqrt{2gh(R^2+\rho^2)}}{R^2+\rho^2-Rh}$$

如果 v_0 小于上述的值，就必须有外力作功才能使轮子滚上障碍物。设外力的功为 W，据动能定理，有

$$\frac{1}{2}J_D\omega_1^2-\frac{1}{2}J_D\omega^2=W-mgh$$

欲使 $\omega_1>0$，必须

$$\frac{1}{2}J_D\omega^2+W>mgh$$

可见，ω 愈大，即 v_0 愈大，所需外力功 W 愈小。且 W 随 ω 的平方即随 v_0 的平方而减小。所以，为使轮子滚上障碍物，增加轮子的速度比在超越障碍时增加作用于轮子的力有效得多。人们在生产实践中早就懂得了这一结论。例如，为使轮子或车子超过障碍物，总是尽可能增大其速度 v_0，一下子冲上障碍物，不然就要费很大力气才上得去。

思　考　题

17-1　在碰撞问题中，为了简化作了哪些假设？为什么能这样假设？

17－2　碰撞问题为什么不宜从力的角度来研究？

17－3　请列举工程实际和生活实际中的碰撞现象。

17－4　质量为 m_1、m_2 的两小球各以速度 $\boldsymbol{v}_1$、$\boldsymbol{v}_2$（$v_1 > v_2$）在光滑平面上同向运动，设相碰后以共同速度 $\boldsymbol{v}'$一同前进，根据动量守恒定理得

$$m_1 v_1 + m_2 v_2 = (m_1 + m_2) v'$$

即

$$v' = \frac{m_1 v_1 + m_2 v_2}{m_1 + m_2}$$

又有人根据机械能守恒定理得

$$\frac{1}{2} m_1 v_1^2 + \frac{1}{2} m_2 v_2^2 = \frac{1}{2} (m_1 + m_2) v'^2$$

即

$$v' = \sqrt{\frac{m_1 v_1^2 + m_2 v_2^2}{m_1 + m_2}}$$

以上两个 v'的值不相同，问题出在哪儿？

17－5　复摆的悬挂轴通过其质心，试问还有没有撞击中心？

习　题

17－1　质量 $m=2\text{kg}$ 的小球，从高 $h=19.6\text{m}$ 处下落至地面后，又以速度 $v'=10\text{m/s}$ 铅直回跳，求：①恢复因数；②地面对小球的冲量；③地面作用于小球的力的平均值，如球与地面接触时间为 0.001s。

17－2　如题 17－2 图所示，球 A 原在 $\varphi=45°$位置，自静止开始向右摆动；至铅直位置，撞及静止的球 B。使球 B 摆动至 $\theta=30°$的位置。设两球的重量相等，试求恢复因数。

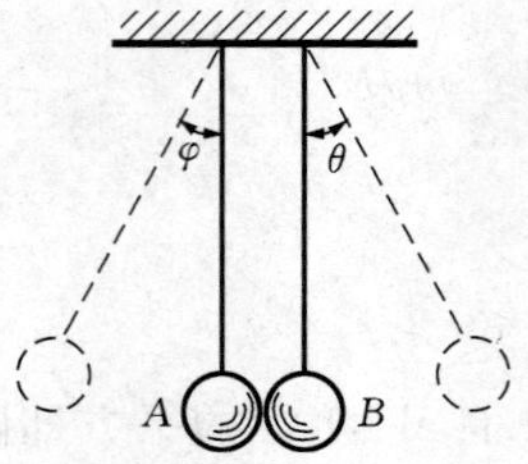

题 17－2 图

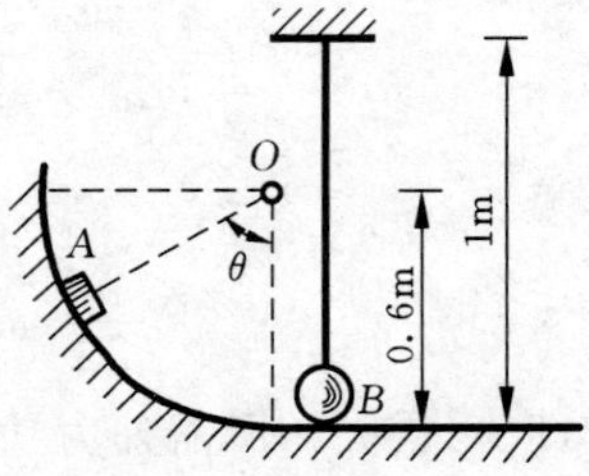

题 17－3 图

17－3　如题 17－3 图所示，质量 $m=1\text{kg}$ 的物块 A 沿圆弧槽从 $\theta=90°$处下滑，撞击质量也为 1kg 的球 B。已知恢复因数 $e=0.7$，求：①碰撞后球 B 的速度；②绳的最大张力；③球 B 上升的最大高度。物块和小球的大小都忽略不计。

17－4　如题 17－4 图所示，物块 A 自高 h 处落下，打在用弹簧支承的板 B 上。弹簧的刚度系数为 k，A 重 P，B 重 W。如碰撞后，物块 A 和板 B 一起运动，试求弹簧的最大压缩。

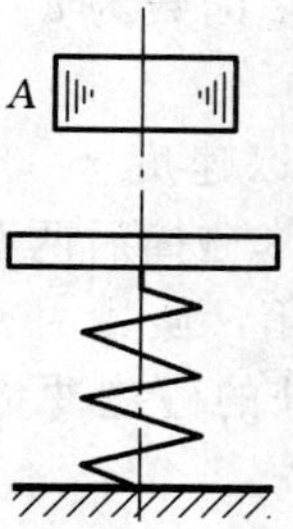

题 17-4 图

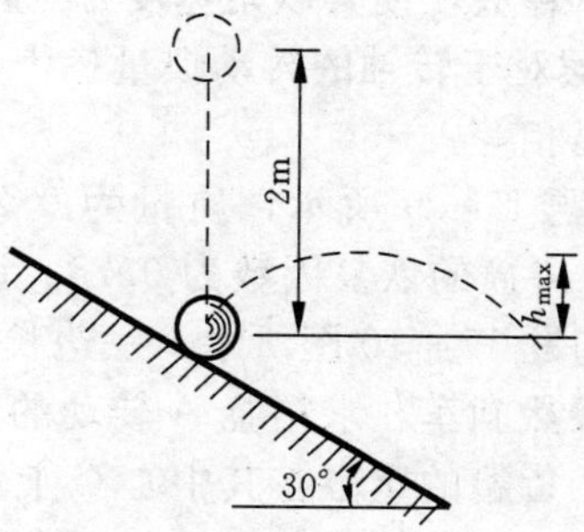

题 17-5 图

17-5 如题 17-5 图所示，一钢球从高 2m 处下落到一光滑的钢板上。钢板的倾角为 30°，碰撞的恢复因数为 0.7，求小球回跳的最大高度 h_{max}。

17-6 如题 17-6 图所示，小球与台边缘 AB 上的 D 处碰前的速度为 $v=2\text{m/s}$；$BD=600\text{mm}$，碰撞的恢复因数为 0.6。设摩擦不计，求第二次碰撞后的速度及其碰撞的位置 E。

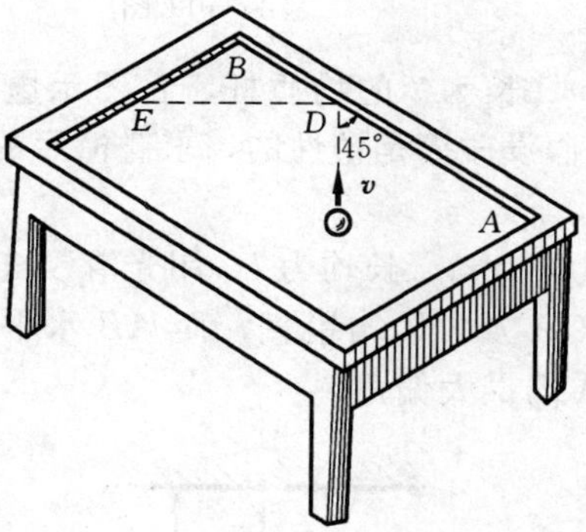

题 17-6 图

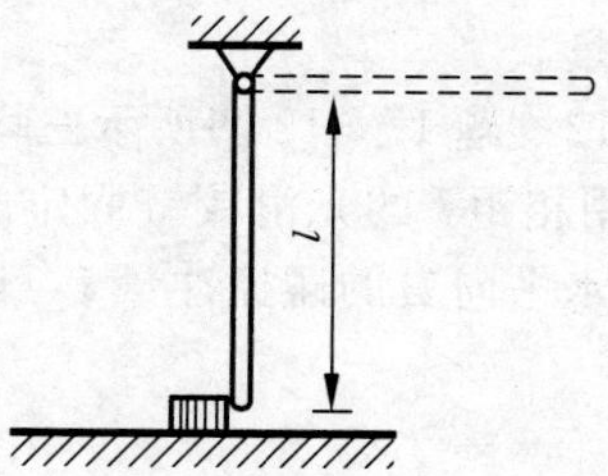

题 17-7 图

17-7 如题 17-7 图所示，一均质杆质量为 m_1，长为 l，其上端用铰链固定。设杆从水平位置无初速地落下，到铅直位置时撞击一质量为 m_2 的物体，使其沿水平面滑动。已知恢复因数为 e，动摩擦因数为 f，试求物体停止运动前滑行的距离。

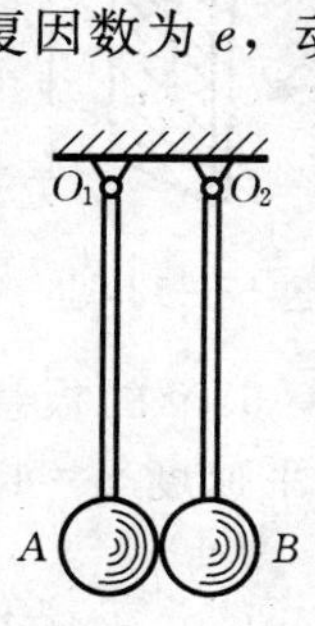

题 17-8 图

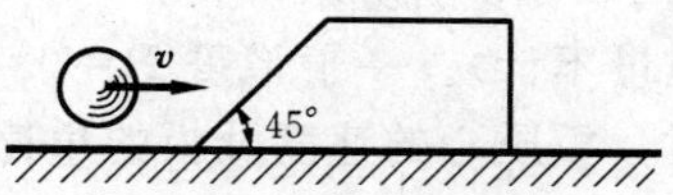

题 17-9 图

17-8 如题 17-8 图所示，两复摆可分别绕水平轴 O_1 及 O_2 转动。设将摆 A 拉至某一位置然后释放，使其以角速度 ω_0 撞击静止的摆 B，求碰撞后两摆的角速度 ω_1 及 ω_2。已知两摆对于转轴的转动惯量各为 J_1 及 J_2，恢复因数为 e。转轴 O_1 及 O_2 至碰撞直线的距离相等。

17－9　如题 17－9 所示，质量为 0.2kg 的小球，以速度 $v=8\text{m/s}$ 撞在质量为 2kg 的滑块上，碰撞的恢复因数为 0.75。设摩擦不计，求碰撞后两者的速度。

17－10　如题 17－10 图所示，一边长为 $a\times b$ 的货箱，质量为 m，装在速度为 $\boldsymbol{v}$ 的汽车上。今骤然刹车，求箱绕 A 转动的角速度及 A 处的碰撞冲量。假设碰撞时接触点保持不动；货箱的重心在其中心 C 上。

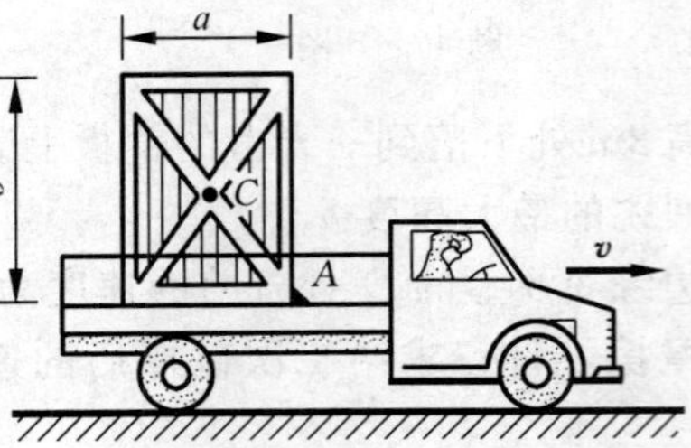

题 17－10 图

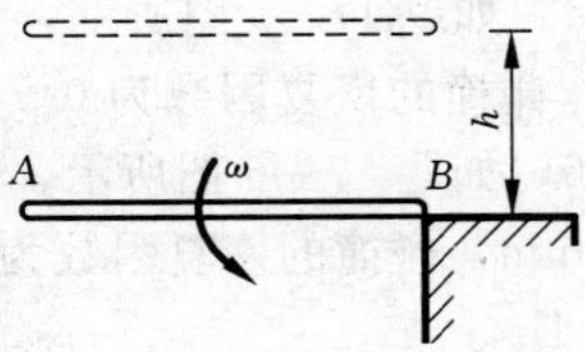

题 17－11 图

17－11　如题 17－11 图所示，质量为 m、长为 l 的均质杆，自图示虚线位置下落一段距离 h 后，其 B 端与固定物体相碰。假设碰撞是塑性的，求碰撞后的角速度 ω 及碰撞冲量。

17－12　题 17－12 图所示三均质杆质量均为 m、长均为 l，用光滑铰链相连，在 O、D 处用相距 l 的光滑铰链固定。静止时 OA 及 DB 均铅直，而 AB 水平。今在 A 处作用一水平向右的碰撞冲量 $\boldsymbol{I}$，试求杆 OA 的最大偏角。

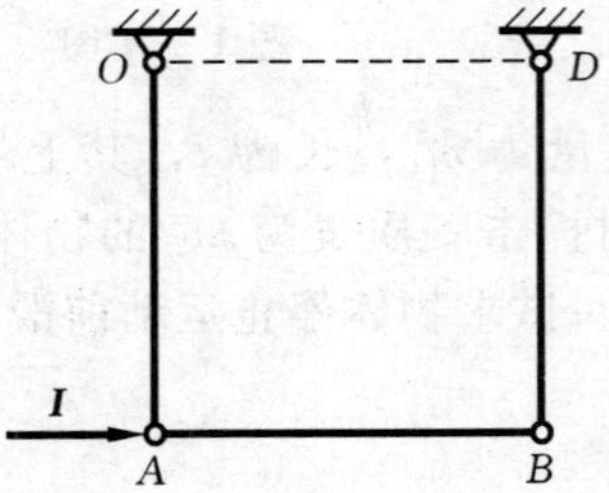

题 17－12 图

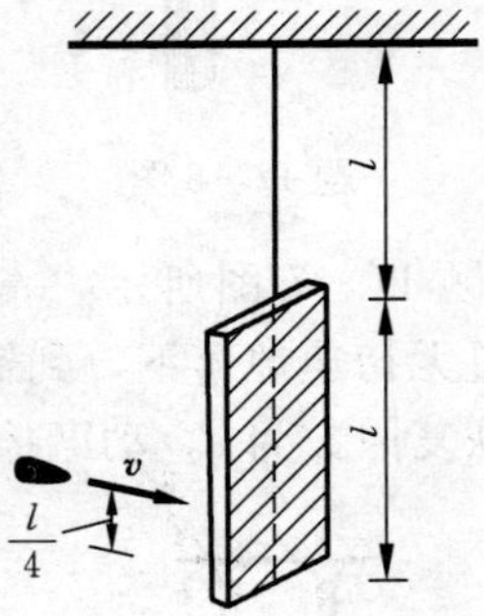

题 17－13 图

17－13　如题 17－13 图所示，长 $l=0.6\text{m}$、重 $W=65\text{N}$ 的板悬挂在长 $l=0.6\text{m}$ 的绳索上（绳索质量不计）。一子弹重 $P=0.4\text{N}$，以水平速度 $v=450\text{m/s}$ 射入板中。求子弹打进板内时，板质心的速度及板的角速度。

17－14　如题 17－14 图所示，均质圆柱质量 $m=200\text{kg}$，半径 $R=250\text{mm}$，沿水平面以速度 $v_0=10\text{m/s}$ 滚动而不滑动，撞击高 $h=50\text{mm}$ 的台阶，台阶边缘稍圆，在沿接触点的公切线方向，圆柱可以自由滑动。设：①碰撞是塑性的；②$e=0.75$。求

碰撞后圆柱中心 C 的速度及圆柱的角速度。

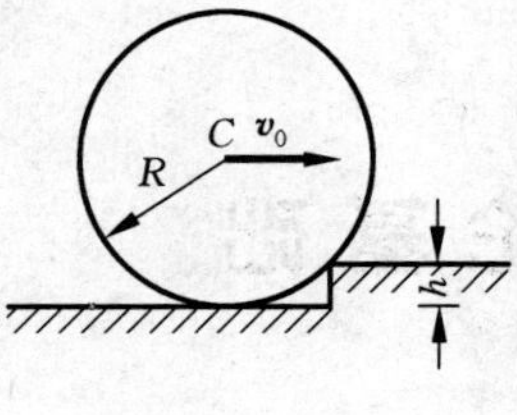

题 17－14 图

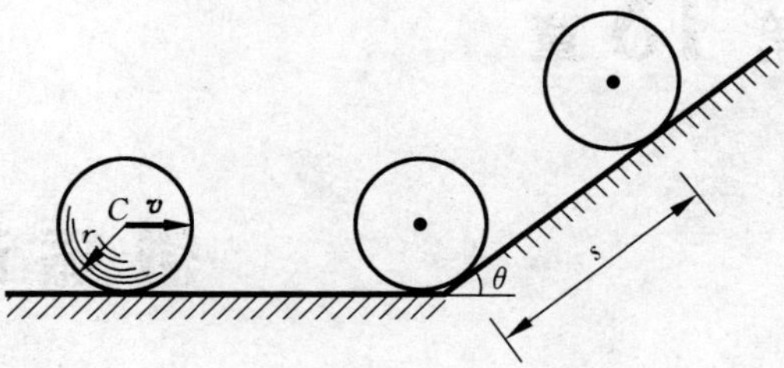

题 17－15 图

17－15　如题 17－15 图所示，一质量为 m、半径为 r 的均质圆球，以速度 v 向右滚动，撞击倾角为 θ 的斜面后继续沿斜面向上滚动。设圆球只滚不滑，碰撞是塑性的，求圆球滚上斜面的最大距离 s。

*第 18 章 微振动理论基础

振动是自然界、工程上和日常生活中常见的现象之一。车辆、机器、房屋、桥梁、水闸、大坝等具有弹性的系统，受到扰动后，都会在平衡位置附近振动。振动会产生噪音，缩短结构的寿命，降低仪表的精确度，加剧构件的疲劳和磨损，这是振动有害的一面；但振动也有有利的一面，如工程中的振动打桩、振动筛选等。研究振动理论对指导生产实践有着重要的意义。

根据系统受力情况，当系统偏离稳定的平衡位置时，如果只受线性恢复力作用，则系统作**自由振动**（free vibration）；如果除线性恢复力外，还有阻尼力作用，则系统作**衰减振动**（damped vibration）；如果还有激振力作用，则系统作**强迫振动**（forced vibration）。根据振动系统自由度的多少，振动问题可分为单自由度系统的振动、多自由度系统的振动和无限多自由度系统（如弹性体）的振动。根据系统运动微分方程是否为线性微分方程，振动问题可分为线性振动和非线性振动。对于某些系统，当振动的幅度很小时，在运动微分方程中可略去二阶以上的高阶微量，运动微分方程将线性化，所以微振动（微幅振动）是线性振动。

本章将主要介绍单自由度系统的微幅振动，对两个自由度系统的微幅振动将作简要介绍。

18.1 单自由度系统的自由振动

许多实际问题都可近似地简化为单自由度系统的问题来研究。如混凝土振捣器[图 18-1 (a)]，由于偏心块的运动，振捣器将产生铅直方向的振动。振捣器可简化成质点 M，未凝固的混凝土与土壤具有一定的弹性，可简化成弹簧。由于振动中横向摆动很小，可忽略不计，所以该系统可简化为质量－弹簧系统 [图 18-1 (b)]。质点 M 的位置只需用一个坐标 x 来确定，所以这是一个单自由度的振动系统。再如重物置于梁上 [图 18-1 (c)]，梁的作用相当于一个弹簧，若梁的质量比重物的质量小很多，则该系统也可简化为质量－弹簧系统。

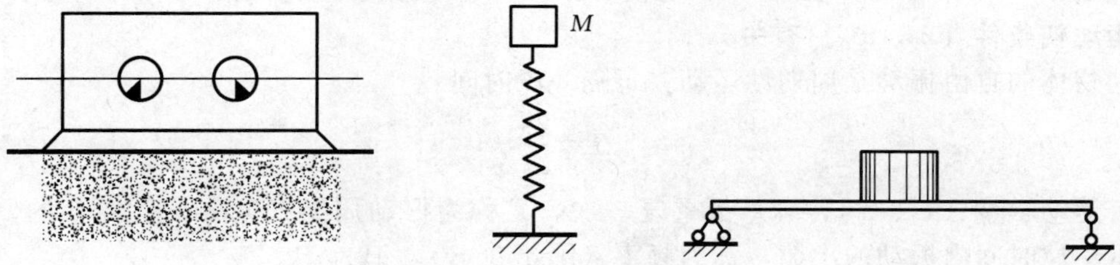

(a) (b) (c)

图 18-1

18.1.1 振动微分方程

图 18-2 所示质量－弹簧系统中，设物块的质量为 m，弹簧的刚度系数为 k，弹簧原长为 l_0，静伸长为 δ_{st}。

在平衡位置，弹簧的弹性力与物块的重力成平衡，即

$$k\delta_{st}=mg$$

以平衡位置为坐标原点 O，坐标轴 x 向下为正。当物块在任一位置 x 时，弹性力 $F=k(\delta_{st}+x)$，物块运动微分方程为

$$m\ddot{x}=mg-k(\delta_{st}+x)$$

由 $k\delta_{st}=mg$，得

$$m\ddot{x}=-kx$$

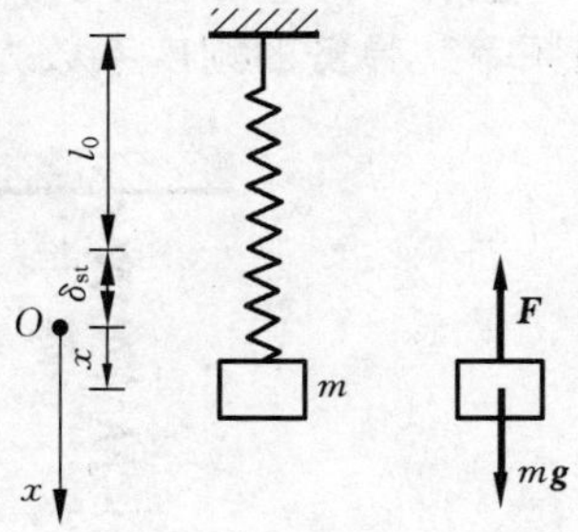

图 18-2

令

$$\omega_0^2=\frac{k}{m} \tag{18-1}$$

得自由振动微分方程的标准形式

$$\ddot{x}+\omega_0^2x=0 \tag{18-2}$$

这是一个二阶常系数齐次线性微分方程，它的解是

$$x=A\sin(\omega_0t+\theta) \tag{18-3}$$

式中：A 和 θ 为两个积分常数。

式（18-3）表明，自由振动是**简谐运动**（simple harmonic motion）。常数 A 称为**振幅**（amplitude），（$\omega_0t+\theta$）称为**相位**（phase）或**相角**，θ 称为**初相角**（initial phase angel）。

18.1.2 自由振动的特性

振幅 A 和初相位 θ 由运动初条件确定。设 $t=0$ 时，$x=x_0$，$\dot{x}=\dot{x}_0$，则

$$x_0=A\sin\theta,\quad \dot{x}_0=A\omega_0\cos\theta$$

得

$$A=\sqrt{x_0^2+\frac{\dot{x}_0^2}{\omega_0^2}},\quad \theta=\arctan\frac{\omega_0x_0}{\dot{x}_0} \tag{18-4}$$

由式（18-4）知，**振幅 A 和初相位 θ 不仅与系统的物理参数（m、k）有关，还与运动初条件（x_0、$\dot{x}_0$）有关。**

物体的自由振动是周期性运动，每隔一段时间

$$T=\frac{2\pi}{\omega_0} \tag{18-5}$$

所有运动学量（x_0、$\dot{x}_0$、$\ddot{x}_0$）都重复一次，T 称为振动**周期**（period）。周期的倒数表示单位时间内振动的次数，称为**频率**（frequency），记为 f，则

$$f=\frac{1}{T}=\frac{\omega_0}{2\pi} \tag{18-6}$$

频率的单位是 Hz（赫兹），1Hz 表示每秒振动 1 次。由上式知 $\omega_0=2\pi f$，即 ω_0 表示 2π 时间内振动的次数，ω_0 称为**圆频率**（circular frequency）。因 ω_0 只与系统的物理参数有关，故亦称为**固有频率**（natural frequency）。

由上可知，**周期和频率与运动初条件无关，只决定于系统的物理参数**。

【例 18-1】 用两个串联着的弹簧悬挂一重物［图 18-3（a）］，试求系统振动的圆频率。弹簧的刚度系数为 k_1 及 k_2，重物的质量为 m，弹簧的质量不计。

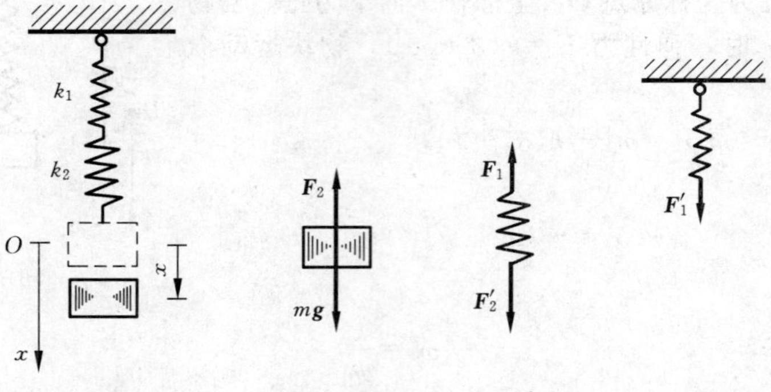

图 18-3

解：以平衡位置为坐标原点 O，取坐标轴 x 如图。分析重物和弹簧的受力情况［如图 18-3（b）、（c）、（d）所示］。因不计弹簧质量，故 $F_1=F_2$。

设弹簧 1、2 的静伸长分别为 δ_{st1}、δ_{st2}，在平衡位置，有

$$k_1\delta_{st1}=k_2\delta_{st2}=mg \tag{a}$$

重物在任一位置时，设弹簧 1、2 分别再伸长 x_1、x_2，则

$$x=x_1+x_2 \tag{b}$$

由 $F_1=F_2$，得 $k_1(\delta_{st1}+x_1)=k_2(\delta_{st2}+x_2)$，即

$$k_1x_1=k_2x_2 \tag{c}$$

由式（b）及式（c），得

$$x_2=\frac{k_1}{k_1+k_2}x \tag{d}$$

根据质点运动微分方程，有

$$m\ddot{x}=mg-k_2(\delta_{st2}+x_2)$$

将式（a）及式（d）代入上式，整理得

$$\ddot{x}+\frac{k_1k_2}{m(k_1+k_2)}x=0$$

系统振动的圆频率为

$$\omega_0=\sqrt{\frac{k_1k_2}{m(k_1+k_2)}} \tag{e}$$

串联弹簧组的频率比单独用两个弹簧中的任一个悬挂重物时的频率低，这给我们提供了一种降低系统固有频率的途径。

如将串联弹簧组用一个等效弹簧来代替，比较式（e）和式（18-1），得等效弹簧的刚度系数 k 为

$$k=\frac{k_1k_2}{k_1+k_2}$$

即

$$\frac{1}{k}=\frac{1}{k_1}+\frac{1}{k_2}$$

可见，当两个弹簧串联时，其等效弹簧刚度系数的倒数等于两个弹簧刚度系数的倒数之和。

【例 18-2】 用两个并联着的弹簧悬挂一重物［图 18-4（a）］，试求系统振动的固有频率。弹簧的刚度系数为 k_1 及 k_2，重物的质量为 m，弹簧的质量不计。

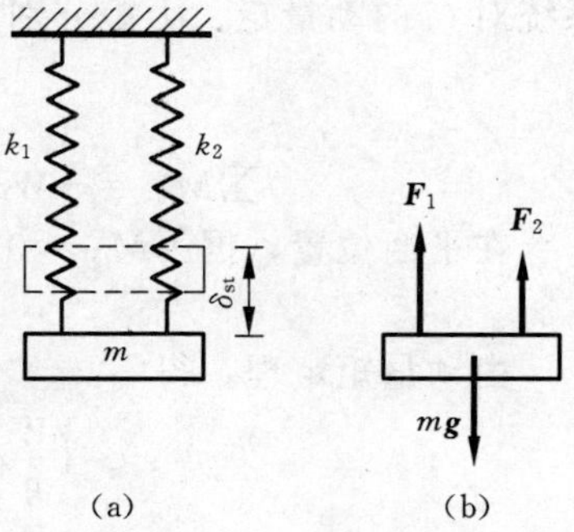

图 18-4

解： 设重物作平移，弹簧的静伸长均为 δ_{st}。在平衡位置，重物受力如图 18-4（b），$F_1=k_1\delta_{st}$，$F_2=k_2\delta_{st}$，且

$$mg=k_1\delta_{st}+k_2\delta_{st}=(k_1+k_2)\delta_{st}$$

所以等效弹簧的刚度系数 k 为

$$k=k_1+k_2$$

可见，当两个弹簧并联时，其等效弹簧刚度系数等于两个弹簧刚度系数之和。系统振动的固有频率为

$$\omega_0=\sqrt{\frac{k}{m}}=\sqrt{\frac{k_1+k_2}{m}}$$

【例 18-3】 图 18-5（a）为一种振动仪的简图。已知振子 M 重 W；曲杠杆 AOB 重 P（设 $\boldsymbol{P}$ 的作用点非常接近 AO 的中心线），对 O 的转动惯量为 J；弹簧 1 及 2 的刚度系数分别为 k_1 及 k_2。系统平衡时 OA 处于水平位置。试写出系统微振动微分方程，并求其固有频率。弹簧的质量不计。

解： 设系统平衡时弹簧 1、2 有静压缩，分别为 δ_{st1}、δ_{st2}。

以振子和曲杠杆为研究对象，示力图见图 18-5（b）。以任一瞬时 OA 与水平线的夹角 φ 为广义坐标，因是微振动，各力作用线到 O 点的距离的改变是高阶微量，可以不计。所以 $F_1=k_1(a\varphi-\delta_{st1})$，$F_2=k_2(b\varphi-\delta_{st2})$。

根据受力情况、运动情况分析，本题以动量矩定理建立运动微分方程较为方便。

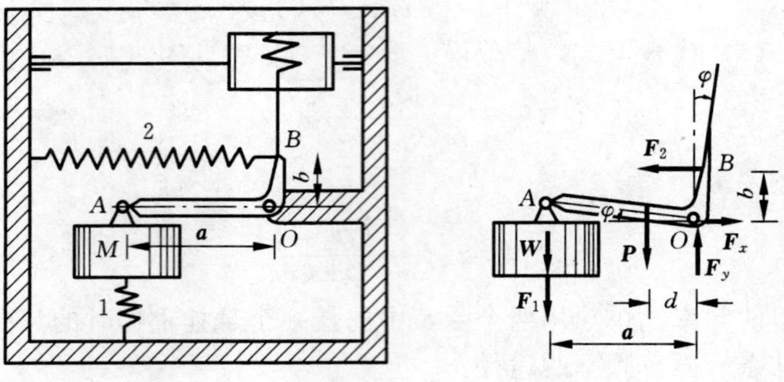

(a) (b)

图 18-5

系统对 O 的动量矩、力矩分别为

$$L_O=\frac{W}{g}a^2\dot{\varphi}+J\dot{\varphi}$$

$$\sum M_{Oi}^{e}=-Wa-Pd-k_1(a\varphi-\delta_{st1})a-k_2(b\varphi-\delta_{st2})b$$

在平衡位置，据 $\sum M_{Oi}=0$，有 $-Wa-Pd+k_1\delta_{st1}a+k_2\delta_{st2}b=0$，代入上式得

$$\sum M_{Oi}^{e}=-(k_1a^2+k_2b^2)\varphi$$

由动量矩定理，得

$$\left(\frac{W}{g}a^2+J\right)\ddot{\varphi}=-(k_1a^2+k_2b^2)\varphi$$

即

$$\ddot{\varphi}+\frac{k_1a^2+k_2b^2}{Wa^2/g+J}\varphi=0$$

令 $\omega_0^2=\dfrac{k_1a^2+k_2b^2}{Wa^2/g+J}$，得到系统微振动的微分方程

$$\ddot{\varphi}+\omega_0^2\varphi=0$$

而系统固有频率为

$$\omega_0=\sqrt{\frac{k_1a^2+k_2b^2}{Wa^2/g+J}}$$

18.1.3 计算固有频率的能量法

对于图 18-2 所示单自由系统，其微幅自由振动的运动方程为 $x=A\sin(\omega_0t+\theta)$，任一瞬时系统的动能为

$$T=\frac{1}{2}m\dot{x}^2=\frac{1}{2}m\omega_0^2A^2\cos^2(\omega_0t+\theta)$$

若以平衡位置为势能零位置，则势能为

$$V=\frac{1}{2}k[(\delta_{st}+x)^2-\delta_{st}{}^2]-mgx=\frac{1}{2}kx^2=\frac{1}{2}kA^2\sin^2(\omega_0t+\theta)$$

$T_{max}=\dfrac{1}{2}m\omega_0^2A^2$，$V_{max}=\dfrac{1}{2}kA^2$，由机械能守恒定理 $T_{max}=V_{max}$，得固有频率 $\omega_0=\sqrt{\dfrac{k}{m}}$。

以 q 为广义坐标，将单自由度系统的动能、势能表示为 $T=\frac{1}{2}a\dot{q}^2$（a 称为等效质量）、$V=\frac{1}{2}cq^2$（c 称为等效刚度），直接由 $\dot{q}^2$ 及 q^2 的系数之比求系统的固有频率，即

$$\omega_0=\sqrt{\frac{c}{a}} \tag{18-7}$$

这种计算固有频率的方法称为**能量法**。

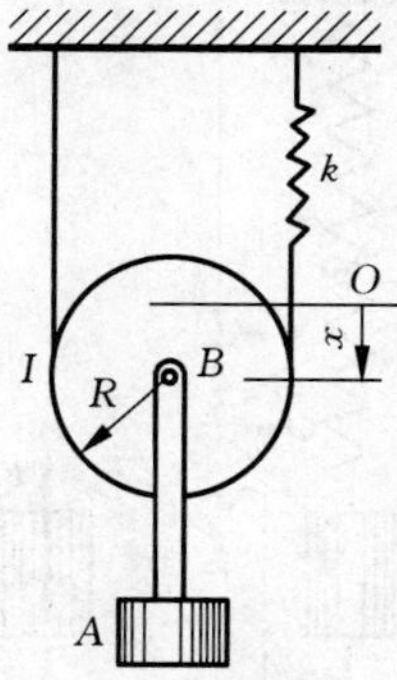

图 18-6

【例 18-4】 图 18-6 所示系统中，物块 A 质量为 m_1；均质轮 B 半径为 R，质量为 m_2；弹簧刚度系数为 k。设轮无侧向摆动，且轮与绳之间无滑动，不计绳与弹簧的质量，求系统的固有频率。

解： 以平衡位置 O 为坐标原点，以 x 为广义坐标。物块 A 作平移，轮 B 作平面运动，速度瞬心为 I。系统的动能为

$$T=\frac{1}{2}m_1\dot{x}^2+\frac{1}{2}m_2\dot{x}^2+\frac{1}{2}\frac{m_2R^2}{2}\left(\frac{\dot{x}}{R}\right)^2=\frac{1}{2}\left(m_1+\frac{3}{2}m_2\right)\dot{x}^2 \tag{a}$$

以平衡位置为势能零位置，并注意轮心下移 x 时，弹簧伸长 $2x$。系统的势能为

$$V=\frac{1}{2}k[(\delta_{st}+2x)^2-\delta_{st}^2]-m_1gx-m_2gx=2kx^2+2k\delta_{st}x-(m_1g+m_2g)x$$

在平衡位置，据 $\sum M_{Ii}=0$，有 $k\delta_{st}2R-(m_1g+m_2g)R=0$，即 $2k\delta_{st}=m_1g+m_2g$，代入上式，得

$$V=\frac{1}{2}4kx^2 \tag{b}$$

由式（a）及式（b），得系统的固有频率

$$\omega_0=\sqrt{\frac{c}{a}}=\sqrt{\frac{4k}{m_1+\frac{3}{2}m_2}}=\sqrt{\frac{8k}{2m_1+3m_2}}$$

18.2　单自由度系统的衰减振动

单自由度系统的自由振动是简谐运动，其振幅不随时间而变，振动可无限地持续下去。但实际观察到的振动的振幅几乎都是随时间逐渐减小，而趋于停止。这是因为振动系统实际上受有阻尼的作用，使其机械能逐渐转化为其他能量，因而振动不断衰减，以至停止。本节将讨论阻尼对自由振动的影响。

阻尼有各种不同的类型，常见的有流体（如空气、水、油等）介质、干摩阻、湿摩阻、非完全弹性材料的内阻等。阻尼力与速度的一次方成正比的阻尼常称为**粘滞阻尼**（viscous damping）或**线性阻尼**，我们将只讨论这种情况。

18.2.1　振动微分方程

设质量一弹簧系统受到粘滞阻尼作用，图 18-7（a）中的 C 为粘滞阻尼器的简化模型。

因阻尼力与物体的速度方向相反，所以阻尼器作用于物体的阻力 $\boldsymbol{F}_d$ 为

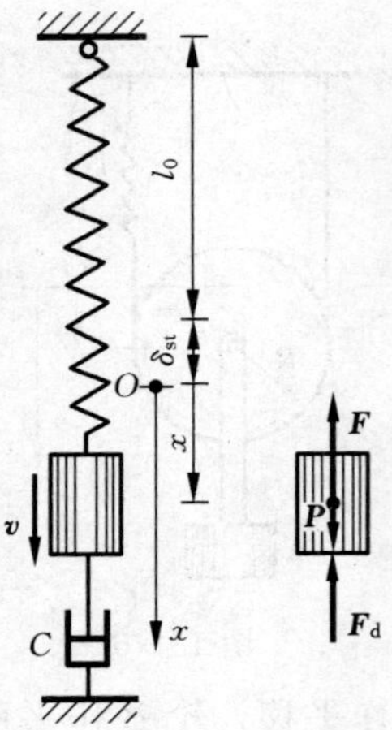

(a)　　　　(b)

图 18-7

$$\boldsymbol{F}_d=-c\boldsymbol{v}$$

其中比例常数 c 称为**粘滞阻尼系数**（coefficient of viscous damping），它的量纲为 M/T，它的值与介质的密度、粘性以及运动物体的形状有关，需由实验确定。

以平衡位置 O 为坐标原点，选 x 轴铅直向下。物体的受力情况见图 18-7（b），其运动微分方程为

$$m\ddot{x}=P-F-F_d=mg-k(\delta_{st}+x)-c\dot{x}=-kx-c\dot{x} \tag{a}$$

令

$$\omega_0^2=\frac{k}{m},\quad \delta=\frac{c}{2m} \tag{18-8}$$

式中：ω_0 为固有频率；δ 称为**阻尼系数**（coefficient of damping）。

整理式（a）得

$$\ddot{x}+2\delta\dot{x}+\omega_0^2x=0 \tag{18-9}$$

这是**有阻尼自由振动微分方程的标准形式**。

18.2.2　衰减振动的特性

有阻尼自由振动的微分方程是一个二阶常系数齐次线性微分方程，它的解可取为 e^{rt}，代入式（18-9），得特征方程

$$r^2+2\delta r+\omega_0^2=0 \tag{b}$$

该方程的两个根是

$$r_1=-\delta+\sqrt{\delta^2-\omega_0^2},\quad r_2=-\delta-\sqrt{\delta^2-\omega_0^2} \tag{c}$$

随着 δ 与 ω_0 的相对值不同，方程式（18-9）有不同的解，下面分别讨论。

1. 小阻尼（$\delta<\omega_0$）情况

当 $\delta<\omega_0$ 时，$c<2\sqrt{km}$。特征方程式（b）的两个根是一对共轭复根，即

$$r_1=-\delta+i\sqrt{\omega_0^2-\delta^2},\quad r_2=-\delta-i\sqrt{\omega_0^2-\delta^2}$$

方程式（18-9）的解为

$$x=e^{-\delta t}(C_1\cos\omega_d t+C_2\sin\omega_d t)$$

其中 $\omega_d=\sqrt{\omega_0^2-\delta^2}$，而 C_1、C_2 是积分常数，由运动初条件确定。

设 $t=0$ 时，$x=x_0$，$\dot{x}=\dot{x}_0$，则

$$C_1=x_0,\quad C_2=\frac{\dot{x}_0+\delta x_0}{\omega_d}$$

所以

$$x=e^{-\delta t}\left(x_0\cos\omega_d t+\frac{\dot{x}_0+\delta x_0}{\omega_d}\sin\omega_d t\right) \tag{18-10}$$

经三角变换，式（18-10）也可写成

$$x=Ae^{-\delta t}\sin(\omega_d t+\theta) \tag{18-11}$$

其中

$$A=\sqrt{x_0^2+\frac{(\dot{x}_0+\delta x_0)^2}{\omega_d^2}},\quad \theta=\arctan\frac{\omega_d x_0}{\dot{x}_0+\delta x_0} \tag{18-12}$$

方程式（18-11）表明，物体在其平衡位置附近作往复运动，但因 $e^{-\delta t}$ 的值随时间增加而迅速减小，所以物体偏离其平衡位置的距离也迅速减小。有阻尼自由振动是**衰减振动**，其位移—时间曲线如图18-8所示。由图可见，物体偏离其平衡位置的距离被限制在 $x=Ae^{-\delta t}$ 及 $x=-Ae^{-\delta t}$ 两曲线之间。

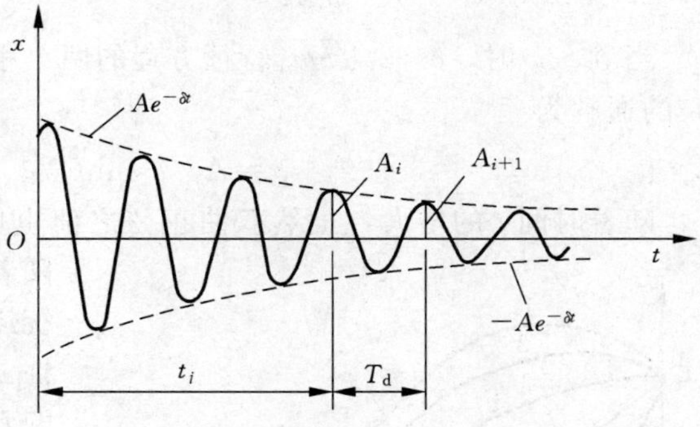

图18-8

（1）阻尼对周期的影响。由方程式（18-11）知，衰减振动不是周期性运动，但这种振动仍然是在平衡位置附近往复运动，仍具有振动的特点。将方程式（18-11）对时间 t 求一次导数，得速度方程

$$\dot{x}=Ae^{-\delta t}[\omega_d\cos(\omega_d t+\theta)-\delta\sin(\omega_d t+\theta)] \tag{18-13}$$

从方程式（18-11）、方程式（18-13）及图18-8可见，设在某一瞬时 t_i，物体的速度 $v=0$，物体在平衡位置某一侧的最远处。经过时间 $T_d=\dfrac{2\pi}{\omega_d}$，即在 t_i+T_d 瞬时，物体的速度又等于零，物体又处在同一侧的最远处。这一段时间 T_d 称为衰减振动的周期，即

$$T_d=\frac{2\pi}{\omega_d}=\frac{2\pi}{\sqrt{\omega_0^2-\delta^2}} \tag{18-14}$$

与无阻尼自由振动的周期 $T=2\pi/\omega_0$ 相比，当 ω_0 相同时，衰减振动的周期 T_d 比 T 略长。但当阻尼很小时，周期的增长不显著。例如，当 $\delta=0.05\omega_0$ 时，$T_d=1.00125T$，即 T_d 只比 T 大0.125%。因此，在阻尼很小的情况下，衰减振动的周期可以近似地认为与无阻尼自由振动的周期相等。

（2）阻尼对振幅的影响。由方程式（18-11）可知，$Ae^{-\delta t}$ 相当于衰减振动的振幅，即在每次振动中偏离平衡位置的最远距离，它是随时间而变的。设在某一瞬时 t_i，物体在平衡位置某一侧的最远处，振幅为

$$A_i=|Ae^{-\delta t_i}\sin(\omega_d t_i+\theta)|$$

经过一周期 T_d，即在 t_i+T_d 瞬时，物体的振幅为

$$A_{i+1}=|Ae^{-\delta(t_i+T_d)}\sin(\omega_d t_i+2\pi+\theta)|=e^{-\delta T_d}A_i$$

相邻两振幅之比为

$$\frac{A_{i+1}}{A_i}=e^{-\delta T_d} \tag{18-15}$$

对于一定的系统来说，δ、T_d 都有确定的值，$e^{-\delta T_d}$ 为一常量。可见，在衰减振动中，振幅按几何级数递减，其公比为 $e^{-\delta T_d}$。比值 $e^{-\delta T_d}$ 称为**减缩因数**（decrement factor），用 η 表示，即 $\eta=e^{-\delta T_d}$，其自然对数的绝对值 $\Lambda=|\ln\eta|=\delta T_d$ 称为**对数减缩**（logarithmic decrement）。设 $\delta=0.05\omega_0$，则 $\eta=0.73$。即每经过一个周期，振幅减小27%，在经过10个周期后，振幅只有原振幅的4.3%。可见，即使阻尼力很小，振

幅的衰减也很迅速。

2. 大阻尼（$\delta>\omega_0$）情况

当 $\delta>\omega_0$ 时，$c>2\sqrt{km}$。特征方程的两个根是两个不相等的实数，方程式（18-9）的通解为

$$x=Ae^{-\delta t}\sinh(\sqrt{\delta^2-\omega_0^2}\,t+\theta) \tag{18-16}$$

随着时间 t 的增大，虽然双曲正弦之值也增大，但 $e^{-\delta t}$ 减小得更为迅速，所以，随着时间的增大，x 逐渐趋近于零，即系统逐渐趋近于平衡位置，不具有振动特性。图 18-9 是在相同的 x_0 和几个不同的 $\dot{x}_0$ 情况下的位移一时间曲线。

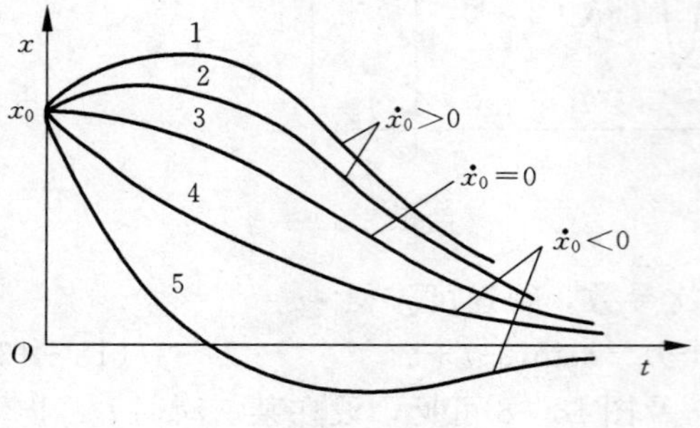

图 18-9

3. 临界阻尼（$\delta=\omega_0$）情况

当 $\delta=\omega_0$ 时，$c=2\sqrt{km}$。特征方程有相等的实根 $r_1=r_2=-\delta$，方程式（18-9）的通解为

$$x=e^{-\delta t}(C_1+C_2t)$$

式中：C_1 及 C_2 为积分常数，可由运动初条件决定，即

$$C_1=x_0,\quad C_2=\dot{x}_0+\delta x_0$$

所以通解为

$$x=e^{-\delta t}[x_0+(\dot{x}_0+\delta x_0)t] \tag{18-17}$$

位移一时间曲线与图 18-9 相似。可见，当 $\delta=\omega_0$ 时，系统的运动即开始失去振动特性，此时的粘滞阻尼系数 $c=2\sqrt{km}$ 称为**临界阻尼系数**。

综上讨论可知：**物体受有粘滞阻尼力的作用时，只有在 $\delta<\omega_0$ 的情况下才发生振动，振动的周期较无阻尼的自由振动周期略长，而振幅按几何级数递减。**

【例 18-5】 库伦曾用下述方法来测定液体的粘滞系数 η：在弹簧上悬挂一薄板 A［图 18-10（a）］，先测出薄板在空气中的振动周期 T_1，然后测出薄板在粘滞系数待测的液体中的振动周期 T_2。设液体对薄板的阻力等于 $F_d=2S\eta v$，其中 $2S$ 为薄板的表面面积，v 为薄板的速度。如薄板重 P，试由测得的数据 T_1 及 T_2 求出粘滞系数 η。空气对薄板的阻力不计。

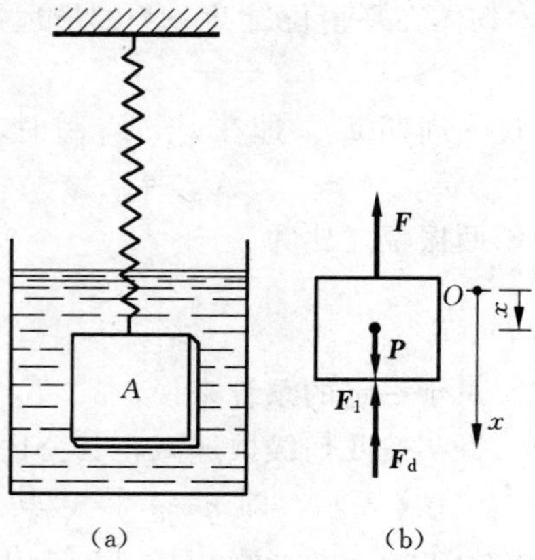

图 18-10

解：(1) 板在空气中振动：设弹簧的刚度系数为 k，则板自由振动的周期

$$T_1=\frac{2\pi}{\omega_0}=2\pi\sqrt{\frac{P}{kg}} \tag{a}$$

(2) 板在液体中振动：以平衡位置 O 为坐标原点，x 轴铅直向下。板在任一位置受到重力 $\boldsymbol{P}$、弹性力 $\boldsymbol{F}$、液体浮力 $\boldsymbol{F}_1$ 和液体阻力 $\boldsymbol{F}_d$ 作用，见图 18-10（b）。设弹簧的静伸长为 δ_{st}。

在平衡位置，由 $\sum F_{ix}=0$，得

$$P-k\delta_{st}-F_1=0 \tag{b}$$

在任一位置，设板在振动过程中始终不出液面，则液体浮力保持不变。由质心运动定理，有

$$\frac{P}{g}\ddot{x}=P-k(\delta_{st}+x)-F_1-2S\eta\dot{x}$$

由式（b），整理得

$$\frac{P}{g}\ddot{x}=-kx-2S\eta\dot{x}$$

令

$$\omega_0^2=\frac{kg}{P},\quad \delta=\frac{S\eta g}{P} \tag{c}$$

得

$$\ddot{x}+2\delta\dot{x}+\omega_0^2x=0$$

可见薄板作衰减振动。由式（18-14）得板衰减振动的周期为

$$T_2=\frac{2\pi}{\sqrt{\omega_0^2-\delta^2}} \tag{d}$$

由式（a）、式（c）和式（d），解得

$$\eta=\frac{2\pi P}{SgT_1T_2}\sqrt{T_2^2-T_1^2}$$

【例 18-6】 试分析图 18-11（a）所示系统受到轻微扰动时的运动。已知 OA 为均质刚杆，质量为 m_1；质点 M 的质量为 m_2；弹簧的刚度系数为 k；阻尼器的粘滞阻尼系数为 c；系统平衡时 OA 杆位于水平位置。

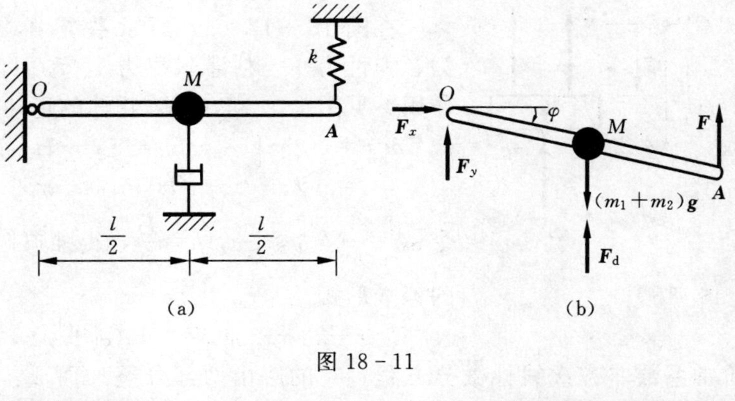

图 18-11

解： 设弹簧的静伸长为 δ_{st}。以 φ 为广义坐标，系统的示力图见图 18-11（b）。对点 O 用动量矩定理建立系统的运动微分方程。

$$L_O=\frac{1}{3}m_1l^2\dot{\varphi}+m_2\left(\frac{l}{2}\right)^2\dot{\varphi}=\frac{1}{12}(4m_1+3m_2)l^2\dot{\varphi}$$

$$\sum M_{Oi}^e=(m_1+m_2)g\frac{l}{2}-F_d\frac{l}{2}-Fl=(m_1+m_2)g\frac{l}{2}-c\frac{l\dot{\varphi}}{2}\frac{l}{2}-k(\delta_{st}+l\varphi)l$$

在平衡位置，有 $\sum M_{Oi}=(m_1+m_2)g\dfrac{l}{2}-k\delta_{st}l=0$，代入上式得

$$\sum M_{Oi}^{e}=-\frac{1}{4}cl^2\dot{\varphi}-kl^2\varphi$$

由动量矩定理得

$$\frac{1}{12}(4m_1+3m_2)l^2\ddot{\varphi}=-\frac{1}{4}cl^2\dot{\varphi}-kl^2\varphi$$

令 $\omega_0^2=\frac{12k}{4m_1+3m_2}$，$\delta=\frac{3c}{2(4m_1+3m_2)}$，得

$$\ddot{\varphi}+2\delta\dot{\varphi}+\omega_0^2\varphi=0$$

当 $\delta<\omega_0$，即 $3c<4\sqrt{3k(4m_1+3m_2)}$ 时，系统作衰减振动。

18.3　单自由度系统的强迫振动

由于阻尼的存在，自由振动会逐渐衰减，直至停止。但如果有**激振力**（distrubing forces）作用，不断从外界给系统补充能量，则振动会持续进行。这种在外界激振力作用下的振动就是强迫振动。

激振力一般都是随时间变化的，且有各种不同的变化规律。简谐激振力是一种典型的周期性变化的激振力，可表示为

$$F_H=H\sin(\omega t+\gamma) \tag{18-18}$$

式中：H 为激振力的**力幅**；ω 为激振力的圆频率；γ 为激振力的初相角。

本节只讨论简谐激振力引起的强迫振动。

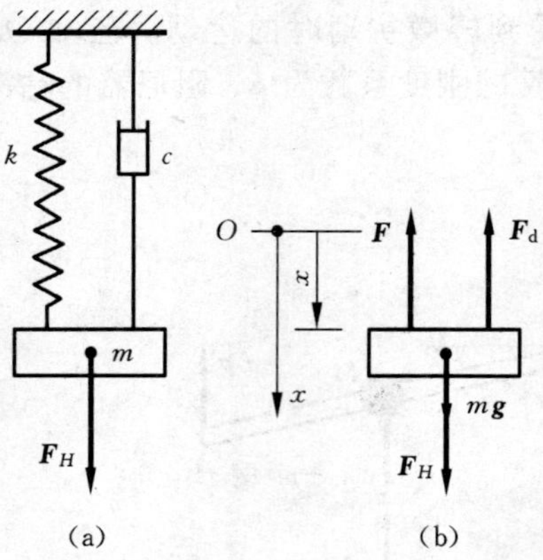

图 18-12

18.3.1　有阻尼情形

在图 18-12（a）所示系统中，物体受到重力、弹性力 $\boldsymbol{F}$、粘滞阻尼力 $\boldsymbol{F}_d$ 和简谐激振力 $\boldsymbol{F}_H$ 作用，见图 18-12（b）。物体的运动微分方程为

$$\begin{aligned}m\ddot{x}&=mg-k(\delta_{st}+x)-c\dot{x}+H(\sin\omega t+\gamma)\\&=-kx-c\dot{x}+H\sin(\omega t+\gamma)\end{aligned}$$

令 $\omega_0^2=\frac{k}{m}$，$\delta=\frac{c}{2m}$，$h=\frac{H}{m}$，得强迫振动微分方程的标准形式

$$\ddot{x}+2\delta\dot{x}+\omega_0^2x=h\sin(\omega t+\gamma) \tag{18-19}$$

这是一个二阶常系数非齐次线性微分方程。它的解由两部分叠加而成：一部分是式（18-19）中的齐次方程

$$\ddot{x}+2\delta\dot{x}+\omega_0^2x=0 \tag{a}$$

的解 $x_1(t)$，另一部分是式（18-19）的特解 $x_2(t)$。

由 18.2 节知，齐次方程式（a）的解为：$\delta<\omega_0$ 时，$x_1=Ae^{-\delta t}\sin(\sqrt{\omega_0^2-\delta^2}t+\theta)$；$\delta=\omega_0$ 时，$x_1=e^{-\delta t}(C_1+C_2t)$；$\delta>\omega_0$ 时，$x_1=Ae^{-\delta t}\sinh(\sqrt{\delta^2-\omega_0^2}t+\theta)$。

设特解为

$$x_2=B\sin(\omega t+\gamma-\varphi)$$

式中：φ 为强迫振动的相位角落后于激振力的相位角。

将上式代入方程式（18-19），得

$$-B\omega^2\sin(\omega t+\gamma-\varphi)+2\delta B\omega\cos(\omega t+\gamma-\varphi)+\omega_0^2 B\sin(\omega t+\gamma-\varphi)=h\sin(\omega t+\gamma)$$

因 $\sin(\omega t+\gamma)=\sin(\omega t+\gamma-\varphi+\varphi)=\cos\varphi\sin(\omega t+\gamma-\varphi)+\sin\varphi\cos(\omega t+\gamma-\varphi)$，代入上式，得

$$\begin{aligned}&B(\omega_0^2-\omega^2)\sin(\omega t+\gamma-\varphi)+2\delta B\omega\cos(\omega t+\gamma-\varphi)\\&=h\cos\varphi\sin(\omega t+\gamma-\varphi)+h\sin\varphi\cos(\omega t+\gamma-\varphi)\end{aligned}$$

这是一个恒等式，在任何瞬时都成立，因此，等号两边对应项必须相等，故

$$B(\omega_0^2-\omega^2)=h\cos\varphi,\quad 2\delta B\omega=h\sin\varphi$$

由此求得

$$B=\frac{h}{\sqrt{(\omega_0^2-\omega^2)^2+4\delta^2\omega^2}} \tag{18-20}$$

$$\tan\varphi=\frac{2\delta\omega}{\omega_0^2-\omega^2} \tag{18-21}$$

方程式（18-19）的通解为：

（1）$\delta<\omega_0$ 时

$$x=Ae^{-\delta t}\sin(\sqrt{\omega_0^2-\delta^2}\,t+\theta)+B\sin(\omega t+\gamma-\varphi) \tag{18-22}$$

（2）$\delta=\omega_0$ 时

$$x=e^{-\delta t}(C_1+C_2 t)+B\sin(\omega t+\gamma-\varphi) \tag{18-23}$$

（3）$\delta>\omega_0$ 时

$$x=Ae^{-\delta t}\sinh(\sqrt{\delta^2-\omega_0^2}\,t+\theta)+B\sin(\omega t+\gamma-\varphi) \tag{18-24}$$

式中：A、θ、C_1、C_2 均为积分常数，由运动初条件决定。

式（18-22）右边的第一部分为衰减运动，它随时间增加迅速衰减、消失；式（18-23）及（18-24）右边的第一部分是非周期运动，它们都随时间增加而迅速消失。第一部分消失以前的运动称为**瞬态响应**（transient response），第一部分消失以后的运动称为**稳态响应**（steady-state response）。通常所说的强迫振动是指稳态响应

$$x_2=B\sin(\omega t+\gamma-\varphi) \tag{18-25}$$

可见，**有线性阻尼时，在简谐激振力作用下的强迫振动是简谐振动，不因有阻尼力而随时间衰减，且与运动初条件无关。振动频率与激振力的频率相同，不受阻尼力的影响。**

18.3.2 无阻尼情形

如果系统不受阻尼，即 $\delta=0$，则运动微分方程为

$$\ddot{x}+\omega_0^2 x=h\sin(\omega t+\gamma) \tag{18-26}$$

它的解仍然是由齐次方程的解 x_1 与特解 x_2 叠加而成。

$$x_1=A\sin(\omega_0 t+\theta)$$

在式（18-20）、式（18-21）中令 $\delta=0$，得

$$B=\frac{h}{\omega_0^2-\omega^2},\quad \varphi=0 \tag{18-27}$$

所以特解 x_2 为

$$x_2 = B\sin(\omega t + \gamma) \tag{18-28}$$

可见，无阻尼时，强迫振动是简谐振动，且与激振力同相位。

方程式（18-26）的通解为

$$x = A\sin(\omega_0 t + \theta) + B\sin(\omega t + \gamma) \tag{18-29}$$

18.3.3　幅频曲线与相频曲线 共振现象

由式（18-20）、式（18-21）及式（18-27）可知，δ、ω_0、ω 变化时，强迫振动的振幅 B 及其与激振力的相位差 φ 也随之改变。

1. 振幅 B 随 δ、ω_0、ω 变化的规律

将式（18-20）改写成

$$B = \frac{h}{\omega_0^2} \cdot \frac{1}{\sqrt{\left[1-\left(\frac{\omega}{\omega_0}\right)^2\right]^2 + 4\left(\frac{\delta}{\omega_0}\right)^2\left(\frac{\omega}{\omega_0}\right)^2}} \tag{a}$$

令

$$\lambda = \frac{\omega}{\omega_0}, \quad \zeta = \frac{\delta}{\omega_0}, \quad B_0 = \frac{h}{\omega_0^2} = \frac{H}{k} \tag{18-30}$$

其中 λ 称为**频率比**（frequency ratio），ζ 称为**阻尼比**（damping ratio），B_0 是在激振力的最大值 H 的静力作用下物体偏离平衡位置的距离，称为物体的静力偏移。由式（a）可得

$$\beta = \frac{B}{B_0} = \frac{1}{\sqrt{(1-\lambda^2)^2 + 4\zeta^2\lambda^2}} \tag{18-31}$$

其中 β 表示强迫振动的振幅 B 与物体静力偏移 B_0 之比，称为**放大因数**（magnification factor）。在式（18-31）中令 $\delta=0$，可得到无阻尼情况下的放大因数。

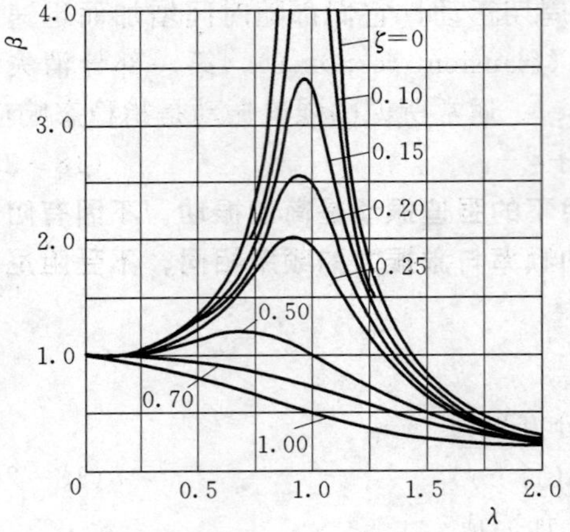

图 18-13

对于不同的阻尼比 ζ，由式（18-31）可绘出放大因数 β 随频率比 λ 变化的曲线（图 18-13），这种曲线称为**振幅频率特性曲线**，简称为**幅频曲线**，它是反映强迫振动特征的非常重要的曲线。从幅频曲线中可以看出：

（1）当激振力的频率很低，即 $\lambda = \frac{\omega}{\omega_0} \to 0$ 时，不论 ζ 为何值，即不论阻尼的大小，$\beta \approx 1$，强迫振动的振幅 B 与静力偏移 B_0 很接近。

（2）当激振力的频率远大于系统的固有频率，即 $\lambda = \frac{\omega}{\omega_0} \gg 1$ 时，不论 ζ 为何值，即不论阻尼的大小，都有 $\beta \to 0$，从而 $B \to 0$。这说明，当激振力频率很高时，物体将保持静止不动。

(3) 当 $\zeta \ll 0.707$，而激振力的频率 ω 与系统的固有频率 ω_0 很接近时，β 的值急剧增长。在 $\lambda=1$ 的附近，β 有一极大值，这时，振幅 B 具有很大的峰值。这一现象称为**共振**（resonance），而 $\lambda=1$ 附近称为共振区。

在有阻尼情况下，利用式（18-31）可以证明，当

$$\omega=\sqrt{\omega_0^2-2\delta^2} \tag{b}$$

时，β 的值为最大，亦即 B 到达极大值。该极大值为

$$B_{\max}=\frac{B_0}{2\zeta\sqrt{1-\zeta^2}} \tag{c}$$

在许多实际问题中，阻尼比很小，即 $\zeta \ll 1$，由式（b）知 $\omega \approx \omega_0$。例如，当 $\zeta=0.05$ 时，$\omega=0.997\omega_0$。因此，可以认为在 $\omega=\omega_0$ 时振幅为极大，其极大值为

$$B_{\max}\approx\frac{B_0}{2\zeta}=\frac{\omega_0 B_0}{2\delta} \tag{d}$$

式（d）表明，$B_{\max}$ 与 δ 成反比，增大阻尼，可以减小共振时的振幅。例如，当 $\zeta=0.01$ 时，$B_{\max}=50B_0$；而当 $\zeta=0.1$ 时，$B_{\max}=5B_0$，仅为前者的 1/10。

由图 18-13 还可以看出，当 $\zeta>0.707$ 时，β 将随 λ 增大而单调下降，振幅 B 不再有峰值，也就不会发生共振。

如果 $\delta=0$，由式（b）及式（c）可知，共振时 $\omega=\omega_0$，而 $B_{\max}=\infty$。但应当注意，并非一开始就有 $B=\infty$，而是随着时间逐渐增大的。因为，当 $\omega=\omega_0$ 时，微分方程式（18-26）的特解不再是式（18-28），而具有如下的形式

$$x_2=Bt\cos(\omega_0 t+\gamma) \tag{e}$$

代入式（18-26），得 $B=-\dfrac{h}{2\omega_0}$，于是

$$x_2=-\frac{h}{2\omega_0}t\cos(\omega_0 t+\gamma)=\frac{h}{2\omega_0}t\sin\left(\omega_0 t+\gamma-\frac{\pi}{2}\right) \tag{18-32}$$

可见此时强迫振动相位较激振力相位滞后 $\dfrac{\pi}{2}$，而振幅则随时间 t 的增大而无限增大。但实际上，当振幅增大之后，振动已不是微幅的，不能使微分方程线性化，系统的振动成为非线性的，上述按线性振动理论得出的结论已不适用。

共振是振动中一个必须特别重视的现象。有时我们需要避免共振，如设计厂房时，应使其固有频率与厂房机器的转速不相近，以免厂房建筑因共振而发生强烈振动。有时我们又要利用共振。例如，为了测桥梁（或其他结构物）的固有频率，可以在桥梁上安置一激振器。激振器有两个对称的有偏心的转盘（图 18-14），使两转盘按相反方向以相同的角速度 ω 转动，将在铅直方向产生频率为 ω 的激振力。改变转速 ω，到桥梁发生剧烈振动时，表明发生了共振，这时的 ω 就等于

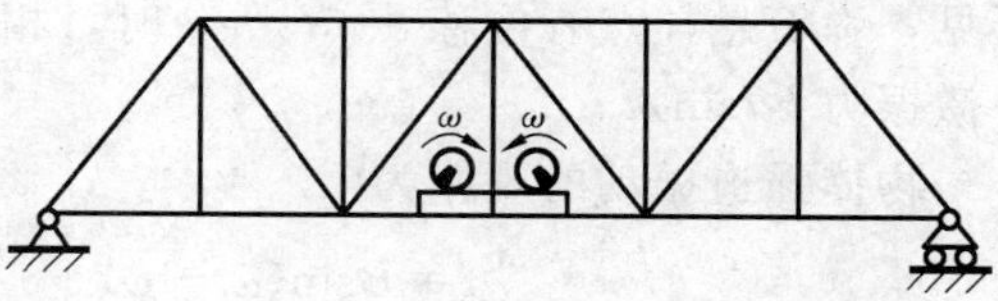

图 18-14

桥梁的固有频率ω_0。

2. 相位差φ随δ、ω_0、ω变化的规律

将式（18-21）改写成

$$\varphi=\arctan\frac{2\left(\frac{\delta}{\omega_0}\right)\left(\frac{\omega}{\omega_0}\right)}{1-\left(\frac{\omega}{\omega_0}\right)^2}=\arctan\frac{2\zeta\lambda}{1-\lambda^2}$$

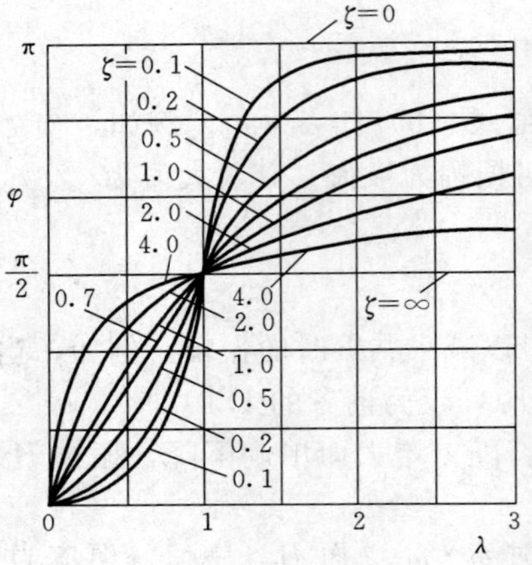

图 18-15

对于不同的ζ值，绘出φ随$\lambda=\frac{\omega}{\omega_0}$变化的曲线（图 18-15），这种曲线称为**相频曲线**。由相频曲线知相位差φ的变化范围为0到π。当$\lambda\to0$时，$\varphi\to0$，即强迫振动与激振力基本上是同相位的。随着λ的增大，φ也增大。在$\lambda\approx1$附近，φ的变化非常剧烈。当$\lambda=1$时，不论ζ之值如何，$\varphi=\pi/2$，表明激振力的相位比强迫振动的相位超前$\pi/2$。λ继续增大时，$\varphi\to\pi$，即强迫振动与激振力趋于反相。

以上讨论中，假设振动系统只受到一个简谐激振力。如系统同时受到几个激振力，根据微分方程理论，可分别求出对应于每个激振力的解，再迭加求全解。假设激振力虽不是简谐的，但却是周期性的，并满足狄利克雷条件，则可将其展开为傅里叶级数后求解。

【例 18-7】 质量为m的物体挂在刚度系数为k的弹簧的一端，弹簧的另一端A沿铅直线按规律$\xi=d\sin\omega t$作简谐运动，如图 18-16 所示。设物体还受到粘滞阻尼力作用，不计弹簧质量，试求物体的运动规律。

解： 取$\xi=0$时物体的平衡位置O为坐标原点，x轴铅直向下。

在任一位置，物体受到重力$\boldsymbol{P}$、弹性力$\boldsymbol{F}$和阻尼力$\boldsymbol{F}_d$作用，其中$P=mg$，$F=k(\delta_{st}+x-\xi)$，$F_d=c\dot{x}$。

物体的运动微分方程为

$$m\ddot{x}=mg-k(\delta_{st}+x-\xi)-c\dot{x}=-kx+k\xi-c\dot{x}$$

令$\omega_0^2=\frac{k}{m}$，$\delta=\frac{c}{2m}$，$h=\frac{kd}{m}$，得

$$\ddot{x}+2\delta\dot{x}+\omega_0^2x=h\sin\omega t \tag{a}$$

可见，弹簧悬挂点有位移$\xi=d\sin\omega t$时，相当于在物体上施加一激振力$kd\sin\omega t$。

物体强迫振动的规律为

$$x=B\sin(\omega t-\varphi)$$

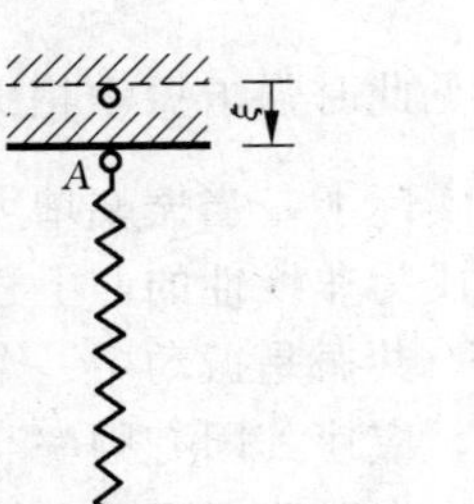

图 18-16

其中

$$B=\frac{h}{\sqrt{(\omega_0^2-\omega^2)^2+4\delta^2\omega^2}}=\frac{d}{\sqrt{\left[1-\left(\frac{\omega}{\omega_0}\right)^2\right]^2+4\left(\frac{\delta}{\omega_0}\right)^2\left(\frac{\omega}{\omega_0}\right)^2}},\quad \varphi=\arctan\frac{2\delta\omega}{\omega_0^2-\omega^2}$$

当物体较重，且弹簧刚度系数 k 很小，而弹簧悬挂点 A 振动的频率 ω 很高，以致 $\omega\gg\omega_0$，则物体的振幅 $B\to0$，即物体趋于静止。

在精密仪器与其支座之间装以刚度系数很低的柔软弹簧，当支座发生强烈振动时，弹簧的一端将随同支座一起振动，与图 18－16 所示情况相同。若仪器一弹簧系统的固有频率比支座振动的频率低得多，即 $\omega_0\ll\omega$，仪器将近乎静止而不致损坏。在装运仪表或易碎物品时，在箱的四周垫以稻草或其他柔性材料，就是这个道理。

地震记录仪的构造也是根据同样的道理。图 18－17 为地震仪简图。使振子 M 较重而弹簧刚度系数 k 很小，因而 ω_0 很小。当发生铅直地震时，由于地震频率 ω 比较高，于是 $\omega\gg\omega_0$。这时，弹簧的悬挂点 A 及转筒 B 随同支架与地面一起振动，而振子 M 却近乎静止，因而附在振子上的笔尖 E 在记录纸上画出的曲线非常接近于地震的实际情况。

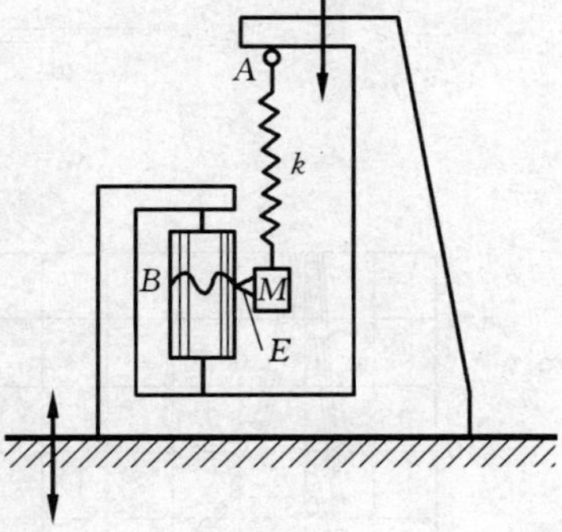

图 18－17

【例 18－8】 重 W 的电动机安装在简支梁的中央［图 18－18（a）］。由于转子不均衡，相当于在距转动轴 r 处有一重 P 的偏心物块 A。设转子以匀角速度 ω 转动，试求电动机的运动。梁的作用相当于弹簧，其刚度系数 k 可由在 $\boldsymbol{W}$ 作用下的静挠度 δ_{st}，求得为 $k=W/\delta_{st}$。设阻尼力 $\boldsymbol{F}_d$ 与速度一次方成正比，梁本身重量略而不计。

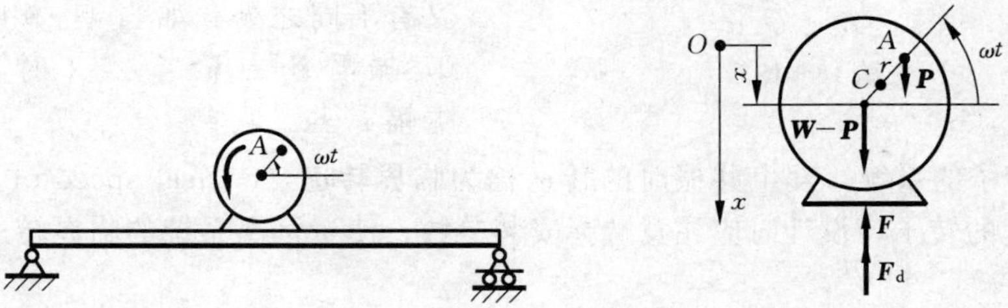

图 18－18

解： 取电动机为考察对象，以电动机在平衡位置时的中心轴为坐标原点 O，x 轴铅直向下，示力图见图 18－18（b）。

在任一瞬时，电动机中心轴的位置坐标为 x，而电动机质心 C 的坐标为

$$x_C=\frac{(W-P)x+P(x-r\sin\omega t)}{W} \tag{a}$$

根据质心运动定理，有

$$\frac{W}{g}\ddot{x}_C=W-k(\delta_{st}+x)-c\dot{x}=-kx-c\dot{x}$$

将式（a）求二阶导数，代入上式，整理得

$$\ddot{x}+\frac{cg}{W}\dot{x}+\frac{g}{\delta_{st}}x=-\frac{P}{W}\omega^2 r\sin\omega t \tag{b}$$

令 $\omega_0^2=\frac{g}{\delta_{st}}$，$\delta=\frac{cg}{2W}$，$e=\frac{P}{W}r$（电动机质心 C 到中心轴的距离），得

$$\ddot{x}+2\delta\dot{x}+\omega_0^2 x=e\omega^2\sin(\omega t+\pi) \tag{c}$$

式（c）中的 $e\omega^2$ 相当于式（18-19）中的 h。可见电动机作强迫振动，其运动方程为

$$x_2=B\sin(\omega t+\pi-\varphi)$$

其中

$$B=\frac{e\omega^2}{\sqrt{(\omega_0^2-\omega^2)^2+4\delta^2\omega^2}}=\frac{e\lambda^2}{\sqrt{(1-\lambda^2)^2+4\zeta^2\lambda^2}} \tag{d}$$

$$\varphi=\arctan\frac{2\delta\omega}{\omega_0^2-\omega^2}=\arctan\frac{2\zeta\lambda}{1-\lambda^2} \tag{e}$$

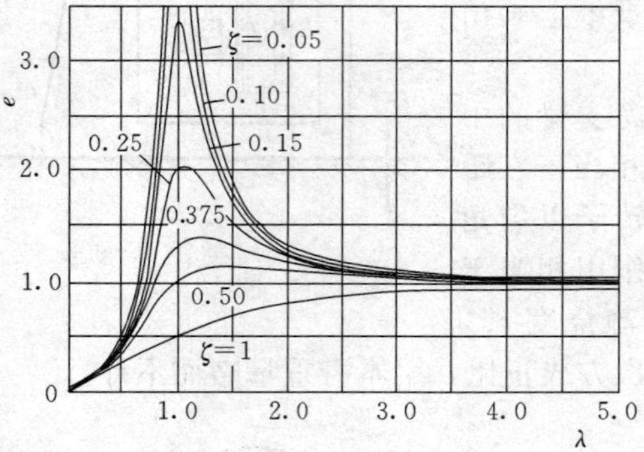

图 18-19

根据式（d）绘出 B/e 随 λ 变化的曲线，即幅频曲线（图 18-19）。由图可见，当阻尼比 ζ 较小时，在 $\lambda=1$ 附近，B/e 的值急剧增大，振幅出现很大的峰值，即发生共振，这一点与图 18-13 所示情况相同。但本题中，由于激振力的最大值 $\frac{P}{g}r\omega^2$ 与 ω^2 成正比，随 ω 而变，不再是常量，因此与图 18-13 又有不同之处。如当 $\lambda\to0$ 时，$B/e\approx0$，振幅 $B\to0$；当 $\lambda\gg1$ 时，$B/e\to1$，振幅 $B\to e$。

凡有转子的系统，发生共振时的转速称为**临界转速**（critical speed of rotation）。对于 ω 一定的转子，设计时应注意选择安装参数，使 ω 远离系统的临界转速。

18.4 减振与隔振

对于工程中不可避免的振动现象，可采用减振或隔振的方法，减少振动带来的不利影响。使振动物体的振动减弱的措施称为**减振**（vibration reduction）。将振源与需要防振的物体之间用弹性元件（k）和阻尼元件（c）进行隔离，这种措施称为**隔振**（vibration isolation）。

18.4.1 减振

设法减小激振力或强迫振动的振幅，方法有：

（1）找出产生振动的振源，并设法使其消除或减弱。如机器中转动部件（电动机、发电机、水轮机等的转子）的不均衡，往往是引起振动的主要因素，可通过动平

衡试验来消除或减弱。

（2）远离振源。如建造房屋时，尽可能远离运输繁忙的铁路、公路或有大型振动设备（大型冲压机、空气压缩机）的工厂。

（3）避免共振。如设计房屋或机器零件时，应使其固有频率与振源的频率相差较大，不致发生共振。

（4）采用动力消振器（见 18.6 节）。

18.4.2　隔振

隔振分为两种。一种是将振源隔离起来，不使其产生的振动向周围传播，这种隔振称为**主动隔振**（active vibration isolation）。如在大型锻压机床的基础与地基之间垫以隔振材料（图 18-20），以减小通过地基传到其他地方的振动。另一种是将须要防振的物体用隔振材料保护起来，使其不受外界振动的影响，这种隔振称为**被动隔振**（passive vibration isolation）。如将精密仪器用较软的弹簧挂起来（图 18-21），在精密车床下加弹性支座（图 18-22）。

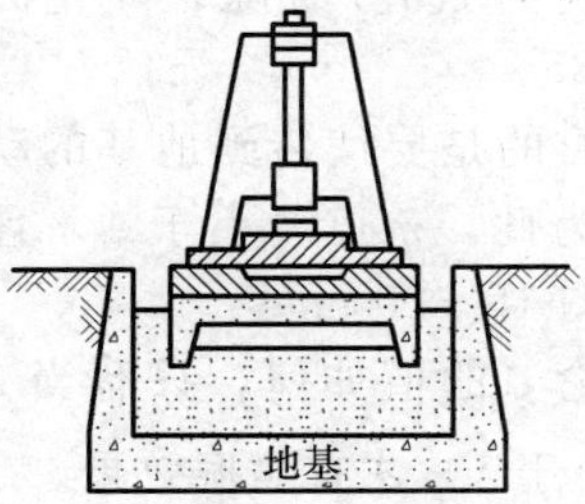

图 18-20

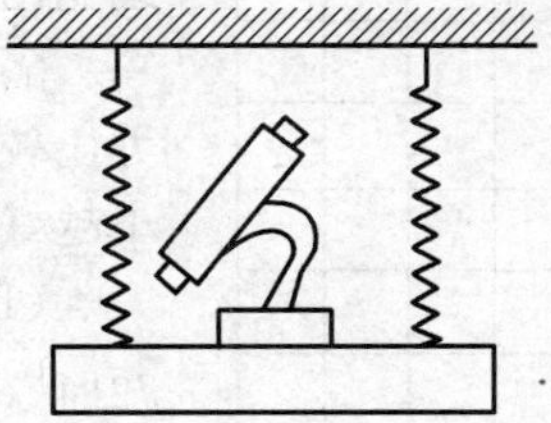

图 18-21

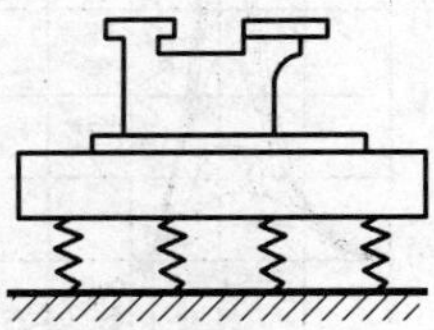

图 18-22

下面简要介绍主动隔振的基本理论及相关结论。

机器固定在基础上（图 18-23），它们与地基之间装有隔振器（由金属弹簧或橡皮或软木做成）。设机器连同基础的质量为 m，由于不均衡所产生的铅直激振力为 $F_H = H\sin\omega t$，隔振器的弹簧常数为 k，阻尼系数为 c。

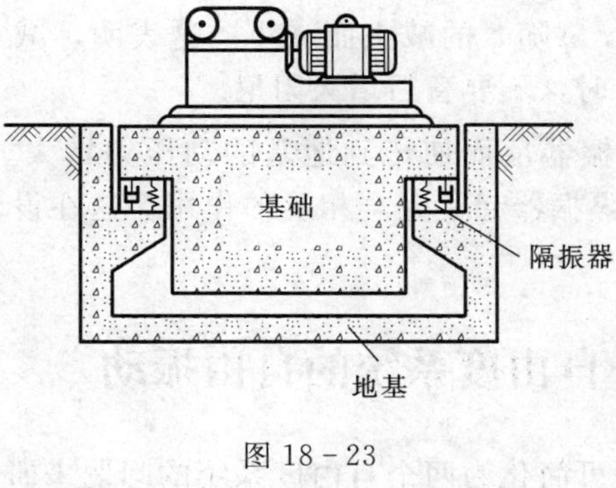

图 18-23

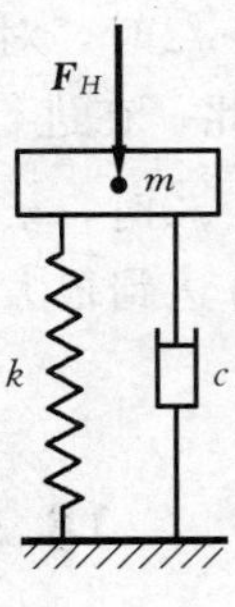

图 18-24

此系统可简化为图 18-12 所示情况。其强迫振动方程为

$$x = B\sin(\omega t - \varphi)$$

振幅

$$B=\frac{h}{\sqrt{(\omega_0^2-\omega^2)^2+4\delta^2\omega^2}}=\frac{B_0}{\sqrt{(1-\lambda^2)^2+4\zeta^2\lambda^2}}$$

机器通过隔振器作用于地基上的动压力为

$$F_N=F+F_d-mg=kx+c\dot{x}=kB\sin(\omega t-\varphi)+cB\omega\cos(\omega t-\varphi)=A\sin(\omega t-\varphi+\theta)$$

其中

$$A=\sqrt{(kB)^2+(cB\omega)^2},\quad \theta=\arctan\frac{c\omega}{k}$$

动压力的最大值为

$$F_{N\max}=\sqrt{(kB)^2+(cB\omega)^2}=B\sqrt{k^2+(c\omega)^2}$$

如果没有隔振器，机器直接安装在地基上，则动压力的最大值等于激振力 F_H 的最大值 H。$F_{N\max}$ 与 H 之比称为**隔振因数**（vibration isolation factor），用 η 表示，则

$$\eta=\frac{F_{N\max}}{H}=\frac{\sqrt{1+4\zeta^2\lambda^2}}{\sqrt{(1-\lambda^2)^2+4\zeta^2\lambda^2}}$$

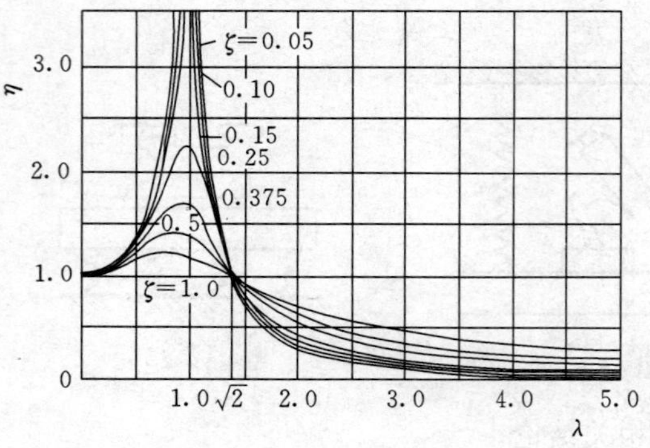

图 18-25

对于不同的 ζ 值，η 随 λ 变化的曲线见图 18-25。

隔振的目的是要使传到地基的动压力比较小。为此，η 必须小于 1，且越小越好。由图 18-25 可见：

（1）不论 ζ 的值如何，只有当 $\lambda>\sqrt{2}$ 时，η 才小于 1，才有隔振效果。λ 的值越大，即 $\omega_0=\sqrt{k/m}$ 的值越小，效果越好。所以应选用刚度系数较低的隔振器或适当加大机器的基础以增加质量。

从图 18-25 中可以看出，当 $\lambda>5$ 以后，η 值递减很慢，进一步减小 k 或增大 m 对隔振效果的改善不大。因此，实用上常采用 $\lambda=2.5\sim5$。

（2）当 $\lambda>\sqrt{2}$ 时，对同一 λ 值，η 随 ζ 的减小而减小。这表明，减小阻尼对隔振是有利的。因此，在进行隔振设计时，不要盲目增大阻尼。

（3）当 $\lambda<\sqrt{2}$ 时，$\eta>1$，即隔振器反而使传到地基的动压力增大。特别是 $\lambda\approx1$ 而 ζ 较小时，η 达到很大的峰值，隔振器起了完全相反的作用。这在设计时必须特别注意。

18.5 两个自由度系统的自由振动

工程中有许多系统的振动问题可简化为两个自由度系统的问题来研究。如图 18-26（a）中具有两个集中质量的梁，可简化为图 18-26（b）所示的两个自由度的系统；图 18-27（a）中的双层刚架，如横梁刚度很大，也可简化为图 18-27（b）所示的两个自由度的系统。

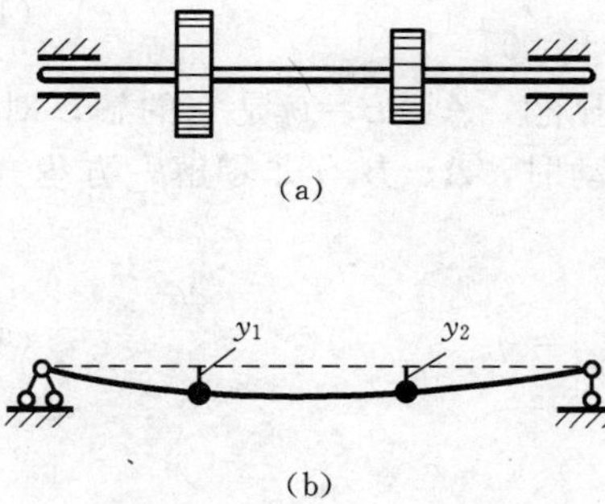

图 18-26

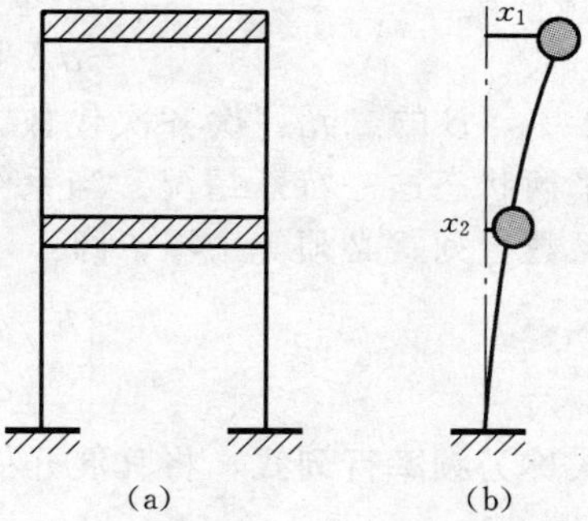

图 18-27

18.5.1　振动微分方程

研究图 18-28（a）所示的简化系统，先建立该系统的运动微分方程。设物体 M_1、M_2 质量分别为 m_1、m_2，弹簧的刚度系数分别为 k_1、k_2。选 x 轴铅直向下，分别以两物体的平衡位置 O_1、O_2 为原点，两物体在任意瞬时的位置可由坐标 x_1、x_2 来确定，如图 18-28（b）所示。

设弹簧的静伸长分别为 δ_{st1}、δ_{st2}，在平衡位置有

$$k_1\delta_{st1}=m_1g+k_2\delta_{st2}$$
$$k_2\delta_{st2}=m_2g$$

在任一位置，弹性力为 $F_1=k_1(\delta_{st1}+x_1)$，$F_2=F'_2=k_2(\delta_{st2}+x_2-x_1)$，两物体的运动微分方程为

$$m_1\ddot{x}_1=m_1g+F_2-F_1=m_1g+k_2(\delta_{st2}+x_2-x_1)-k_1(\delta_{st1}+x_1)$$
$$m_2\ddot{x}_2=m_2g-F'_2=m_2g-k_2(\delta_{st2}+x_2-x_1)$$

利用平衡条件，整理得

$$\left.\begin{aligned}m_1\ddot{x}_1+(k_1+k_2)x_1-k_2x_2=0\\ m_2\ddot{x}_2-k_2x_1+k_2x_2=0\end{aligned}\right\}\tag{18-33}$$

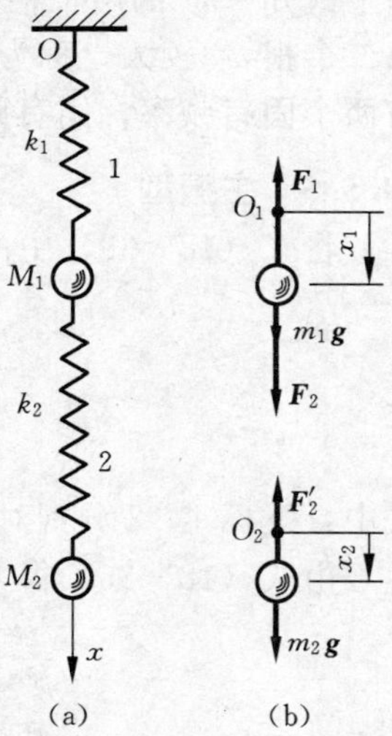

图 18-28

这就是图 18-28（a）所示系统的自由振动的微分方程，是一个二阶常系数齐次线性微分方程组。

令 $b=\dfrac{k_1+k_2}{m_1}$，$c=\dfrac{k_2}{m_1}$，$d=\dfrac{k_2}{m_2}$，则式（18-33）可简化为

$$\left.\begin{aligned}\ddot{x}_1+bx_1-cx_2=0\\ \ddot{x}_2-dx_1+dx_2=0\end{aligned}\right\}\tag{18-34}$$

18.5.2　固有频率

根据微分方程理论，方程式（18-34）的特解可设为

$$\left.\begin{aligned}x_1=A\sin(\omega t+\theta)\\ x_2=B\sin(\omega t+\theta)\end{aligned}\right\}\tag{18-35}$$

式中：A、B 为振幅；ω 为固有频率；θ 为初相角，都是待定常数。

将式（18-35）代入方程式（18-34），整理得 A、B 与 ω 所应满足的方程

$$\left.\begin{aligned}(b-\omega^2)A-cB=0\\-dA+(d-\omega^2)B=0\end{aligned}\right\}\tag{18-36}$$

这是关于 A、B 的二元一次齐次代数方程组。显然，$A=B=0$ 是它的解，对应于系统处于平衡状态这一特殊情况。当系统发生振动时，A、B 有非零解，方程式（18-36）的系数行列式必须等于零，即

$$\begin{vmatrix}b-\omega^2 & -c\\-d & d-\omega^2\end{vmatrix}=0\tag{18-37}$$

此行列式称为**频率行列式**，将其展开得

$$\omega^4-(b+d)\omega^2+d(b-c)=0\tag{18-38}$$

此方程称为**频率方程**（frequency equation）。解上述方程可得系统的两个固有频率

$$\omega_{1,2}^2=\frac{b+d}{2}\mp\sqrt{\left(\frac{b-d}{2}\right)^2+cd}\tag{18-39}$$

由上式知，ω^2 的两个根都是正实数。其中第一个根 ω_1^2 较小，称为第一阶固有频率；第二个根 ω_2^2 较大，称为第二阶固有频率。由此得出：**两个自由度系统作自由振动时，有两个固有频率，固有频率只决定于系统的物理特性，与运动初条件无关**。

18.5.3 主振型

将式（18-39）中的 ω_1^2、ω_2^2 分别代入方程式（18-36），可得

$$\frac{A_1}{B_1}=\frac{c}{b-\omega_1^2}=\frac{d-\omega_1^2}{d}=\frac{1}{\gamma_1}\tag{18-40}$$

$$\frac{A_2}{B_2}=\frac{c}{b-\omega_2^2}=\frac{d-\omega_2^2}{d}=\frac{1}{\gamma_2}\tag{18-41}$$

式中：下标1、2分别对应第一、第二阶固有频率的值。

由式（18-35）得方程式（18-34）的两组特解

$$x_1^{(1)}=A_1\sin(\omega_1 t+\theta_1),\quad x_2^{(1)}=\gamma_1 A_1\sin(\omega_1 t+\theta_1)\tag{18-42}$$

$$x_1^{(2)}=A_2\sin(\omega_2 t+\theta_2),x_2^{(2)}=\gamma_2 A_2\sin(\omega_2 t+\theta_2)\tag{18-43}$$

其中上标（1）、（2）分别对应第一、第二阶固有频率的值。每一组特解代表一个简谐振动，称为系统的**主振动**（principal vibration），式（18-42）对应第一主振动，式（18-43）对应第二主振动。方程式（18-34）的通解（即系统的运动方程）是两个特解之和，即

$$\left.\begin{aligned}x_1=A_1\sin(\omega_1 t+\theta_1)+A_2\sin(\omega_2 t+\theta_2)\\x_2=\gamma_1 A_1\sin(\omega_1 t+\theta_1)+\gamma_2 A_2\sin(\omega_2 t+\theta_2)\end{aligned}\right\}\tag{18-44}$$

式中：A_1、A_2、θ_1、θ_2 均为积分常数，由运动初条件（x_{10}、x_{20}、$\dot{x}_{10}$、$\dot{x}_{20}$）确定。

式（18-44）所表示的运动，一般是非周期性的。只有当 ω_1 与 ω_2 之比等于有理数（即两个不可通约的整数）时，才具有周期性，但仍非简谐运动。

式（18-40）、式（18-41）中的 γ_1 及 γ_2 是分别对应于每一主振动的振幅比。对于一定的系统，**振幅比是常数，与运动初条件无关**。由式（18-42）、式（18-43）有 $x_2^{(1)}/x_1^{(1)}=\gamma_1$、$x_2^{(2)}/x_1^{(2)}=\gamma_2$。可见，求得振幅比，即可确定两个坐标在任一瞬时的比值，也就确定了系统进行某一主振动时的形态。该形态称为系统的**主振型**

(principal modes of vibration)，对应第一主振动的形态称为第一主振型，对应第二主振动的形态称为第二主振型。

综上所述，**对于两个自由度系统中的每一固有频率，系统进行一种主振动；主振动是简谐振动；系统的一般运动是两个主振动迭加的结果；在主振动中，两个坐标的变化是同步的，即有相同的频率和相角**。

将式 (18-39) 代入式 (18-40)、式 (18-41)，得

$$\gamma_1=\frac{B_1}{A_1}=\frac{b-\omega_1^2}{c}=\frac{1}{c}\left[\frac{b-d}{2}+\sqrt{\left(\frac{b-d}{2}\right)^2+cd}\right]>0$$

$$\gamma_2=\frac{B_2}{A_2}=\frac{b-\omega_2^2}{c}=\frac{1}{c}\left[\frac{b-d}{2}-\sqrt{\left(\frac{b-d}{2}\right)^2+cd}\right]<0$$

可见，当系统作第一主振动时，振幅比 γ_1 为正，物体 M_1、M_2 的运动总是同相位，即两物体作同方向的振动，第一主振型见图 18-29 (b)；当系统作第二主振动时，振幅比 γ_2 为负，物体 M_1、M_2 的运动总是反相位，即两物体作反方向的振动，第二主振型见图 18-29 (c)。

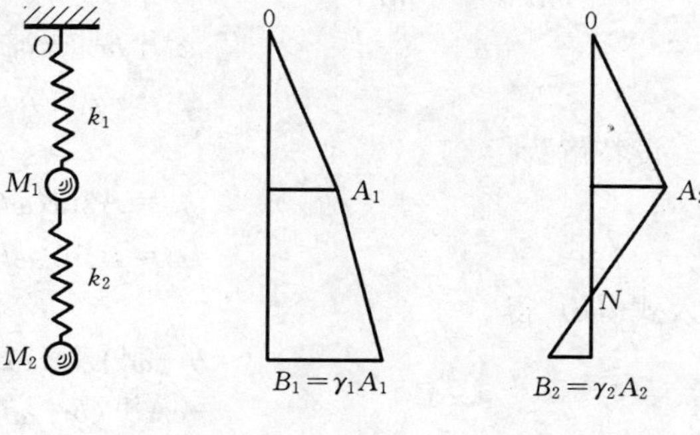

(a)　(b)　(c)

图 18-29

在第二主振型中，有一点 N 的位置为零，该点称为**节点**，表示弹簧上的对应点在第二主振动中保持不动。第一主振型没有节点。用试验方法测定振型时，根据是否有节点，可判定测得的是哪一阶振型。

【例 18-9】　两个相同的摆用弹簧连接 [图 18-30 (a)]，可在同一平面内摆动。今使其中左边一个摆离开图中虚线表示的平衡位置，而有一微小偏角 φ_0，两个摆的初角速度均为零。求这两个摆的微振动规律。已知每一个摆的长度为 l，摆锤的质量

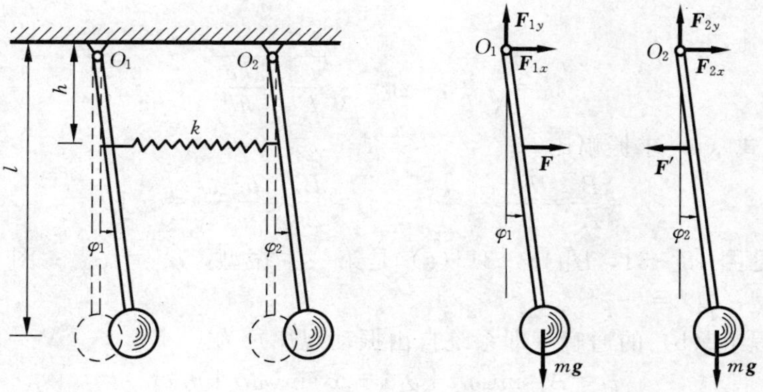

(a)　(b)

图 18-30

为 m，弹簧在平衡位置无伸缩，弹簧刚度系数为 k，摆柄与弹簧的质量均不计。

解：整个系统的位置可由两个摆柄的中心线与铅直线的夹角 φ_1 及 φ_2 来确定，所以这是两个自由度系统。两个摆的示力图见图 18 - 30（b）。由刚体定轴转动微分方程得

$$\left.\begin{aligned} ml^2\ddot{\varphi}_1 &= Fh\cos\varphi_1 - mgl\sin\varphi_1 \\ ml^2\ddot{\varphi}_2 &= -F'h\cos\varphi_2 - mgl\sin\varphi_2 \end{aligned}\right\} \tag{a}$$

因为是微振动，φ_1、φ_2 都很微小，所以 $\cos\varphi_1\approx1$，$\cos\varphi_2\approx1$，$\sin\varphi_1\approx\varphi_1$，$\sin\varphi_2\approx\varphi_2$，而 $F=F'=k(h\sin\varphi_2-h\sin\varphi_1)\approx kh(\varphi_2-\varphi_1)$，整理式（a）得系统运动微分方程

$$\left.\begin{aligned} ml^2\ddot{\varphi}_1+(mgl+kh^2)\varphi_1-kh^2\varphi_2=0 \\ ml^2\ddot{\varphi}_2-kh^2\varphi_1+(mgl+kh^2)\varphi_2=0 \end{aligned}\right\} \tag{b}$$

令 $b=\dfrac{g}{l}+\dfrac{kh^2}{ml^2}$，$c=\dfrac{kh^2}{ml^2}$，则式（a）可写成

$$\left.\begin{aligned} \ddot{\varphi}_1+b\varphi_1-c\varphi_2=0 \\ \ddot{\varphi}_2-c\varphi_1+b\varphi_2=0 \end{aligned}\right\} \tag{c}$$

设特解为

$$\left.\begin{aligned} \varphi_1=A\sin(\omega t+\theta) \\ \varphi_2=B\sin(\omega t+\theta) \end{aligned}\right\}$$

代入式（c）得

$$\left.\begin{aligned} (b-\omega^2)A-cB=0 \\ -cA+(b-\omega^2)B=0 \end{aligned}\right\} \tag{d}$$

使式（d）的系数行列式等于零，即

$$\begin{vmatrix} b-\omega^2 & -c \\ -c & b-\omega^2 \end{vmatrix}=0$$

得频率方程

$$(b-\omega^2)^2-c^2=0$$

求出两个固有频率

$$\omega_1^2=b-c,\quad \omega_2^2=b+c \tag{e}$$

即

$$\omega_1=\sqrt{\frac{g}{l}},\quad \omega_2=\sqrt{\frac{g}{l}+\frac{2kh^2}{ml^2}} \tag{f}$$

由式（d）及式（e）求振幅比

$$\gamma_1=\frac{B_1}{A_1}=\frac{b-\omega_1^2}{c}=1,\quad \gamma_2=\frac{B_2}{A_2}=\frac{b-\omega_2^2}{c}=-1$$

主振型见图 18 - 31，图 18 - 31（a）是第一主振型，$\varphi_1^{(1)}=\varphi_2^{(1)}$；图 18 - 31（b）是第二主振型，$\varphi_1^{(2)}=-\varphi_2^{(2)}$。

微分方程组（b）的通解（即系统自由振动规律）为

$$\left.\begin{aligned} \varphi_1=A_1\sin(\omega_1 t+\theta_1)+A_2\sin(\omega_2 t+\theta_2) \\ \varphi_2=A_1\sin(\omega_1 t+\theta_1)-A_2\sin(\omega_2 t+\theta_2) \end{aligned}\right\}$$

由初条件：$t=0$ 时，$\varphi_1=\varphi_0$，$\varphi_2=0$，$\dot{\varphi}_1=\dot{\varphi}_2=0$，求得

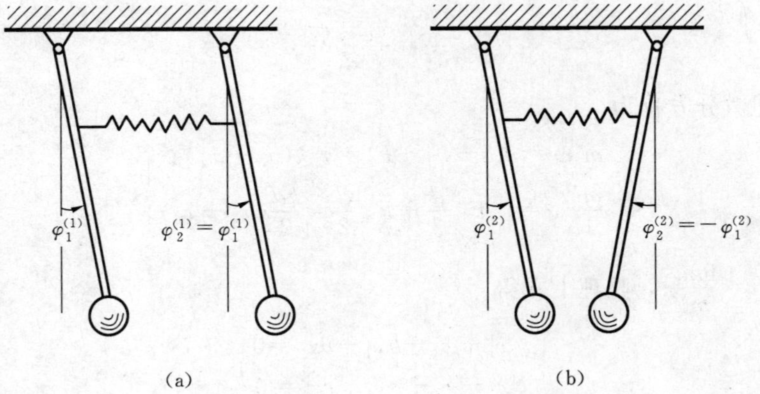

图 18-31

$$\theta_1=\theta_2=\frac{\pi}{2},\quad A_1=A_2=\frac{\varphi_0}{2}$$

系统的运动方程是

$$\varphi_1=\frac{\varphi_0}{2}(\cos\omega_1 t+\cos\omega_2 t),\quad \varphi_2=\frac{\varphi_0}{2}(\cos\omega_1 t-\cos\omega_2 t)$$

【例 18-10】 均质细杆质量为 m，长为 l，用两根刚度系数均为 k、相距为 d 的弹簧对称支承，如图 18-32（a）所示。不计弹簧质量，求系统的固有频率和主振型。

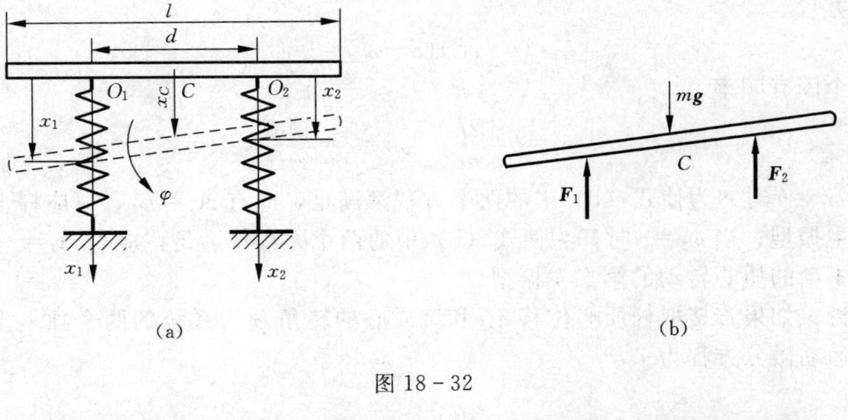

图 18-32

解： 以平衡位置为坐标原点，只考虑铅垂方向的位移，分别以弹簧的两个上支点的铅垂位移 x_1、x_2 为系统的两个坐标，见图 18-32（a）。设弹簧的静伸长（实际上是压缩）为 δ_{st1}、δ_{st2}，显然 $\delta_{st1}=\delta_{st2}=\delta_{st}$。在平衡位置，有平衡条件

$$mg=2k\delta_{st}$$

在任一位置，杆的示力图见图 18-32（b）。$F_1=k(\delta_{st}+x_1)$，$F_2=k(\delta_{st}+x_2)$，杆质心坐标为

$$x_C=\frac{x_1+x_2}{2}$$

杆绕质心转动的微小转角为

$$\varphi=\frac{x_1-x_2}{d}$$

杆平面运动微分方程为

$$\left.\begin{aligned}m\ddot{x}_C&=mg-F_1-F_2=-k(x_1+x_2)\\\frac{ml^2}{12}\ddot{\varphi}&=-F_1\frac{d}{2}+F_2\frac{d}{2}=\frac{kd}{2}(x_2-x_1)\end{aligned}\right\}$$

令 $b=\frac{2k}{m}$，$c=\frac{6kd^2}{ml^2}$，整理上式得

$$\left.\begin{aligned}\ddot{x}_1+\ddot{x}_2+bx_1+bx_2=0\\\ddot{x}_1-\ddot{x}_2+cx_1-cx_2=0\end{aligned}\right\}\tag{a}$$

设特解为

$$\left.\begin{aligned}x_1=A\sin(\omega t+\theta)\\x_2=B\sin(\omega t+\theta)\end{aligned}\right\}$$

代入式（a）得

$$\left.\begin{aligned}(b-\omega^2)(A+B)=0\\(c-\omega^2)(A-B)=0\end{aligned}\right\}\tag{b}$$

要使式（b）中的 A、B 有非零解，必须

$$\begin{vmatrix}b-\omega^2 & b-\omega^2\\c-\omega^2 & -(c-\omega^2)\end{vmatrix}=0$$

得频率方程

$$(b-\omega^2)(c-\omega^2)=0$$

求出两个固有频率

$$\omega_1^2=b=\frac{2k}{m},\quad \omega_2^2=c=\frac{6kd^2}{ml^2}\tag{c}$$

当 $\omega_1^2=b$ 时，为使式（b）中的两个方程都满足，应有 $A_1=B_1$，对应杆上下平移的第一主振型；当 $\omega_2^2=c$ 时，为使式（b）中的两个方程都满足，应有 $A_2=-B_2$，对应杆绕不动的质心转动的第二主振型。

讨论： 如果直接取杆质心位移 x_C 和绕质心的转角 φ 为系统的两个独立坐标，则杆平面运动微分方程为

$$\left.\begin{aligned}m\ddot{x}_C&=mg-k\left(\delta_{st}+x_C+\varphi\frac{d}{2}\right)-k\left(\delta_{st}+x_C-\varphi\frac{d}{2}\right)=-2kx_C\\\frac{ml^2}{12}\ddot{\varphi}&=-k\left(\delta_{st}+x_C+\varphi\frac{d}{2}\right)\frac{d}{2}+k\left(\delta_{st}+x_C-\varphi\frac{d}{2}\right)\frac{d}{2}=-\frac{kd^2}{2}\varphi\end{aligned}\right\}$$

即

$$\ddot{x}_C+\frac{2k}{m}x_C=0,\quad \ddot{\varphi}+\frac{6kd^2}{ml^2}\varphi=0\tag{d}$$

式（d）是关于 x_C 和 φ 相互独立的两个微分方程。由式（d）很容易得到与式（c）相同的两个固有频率 ω_1、ω_2，而随同质心平移的位移 x_C 和绕质心转动的转角 φ 就是此

系统的两个主振型。x_C 和 φ 称为此系统的两个**主坐标**[1]（principal coordinates），对于任意两个自由度的振动系统，都可以找出两个主坐标，使系统的运动微分方程写成互不相关的两个方程。但一般情况下，系统的主坐标并不是显而易见的。

18.6　两个自由度系统的强迫振动

设图 18-28 中的物体 M_1 受简谐激振力 $F_H=H\sin(\omega t+\gamma)$ 作用，见图 18-33。则系统的运动微分方程为

$$\left.\begin{aligned}m_1\ddot{x}_1&=k_2(x_2-x_1)-k_1x_1+H\sin(\omega t+\gamma)\\ m_2\ddot{x}_2&=-k_2(x_2-x_1)\end{aligned}\right\}$$

令 $b=\dfrac{k_1+k_2}{m_1}$，$c=\dfrac{k_2}{m_1}$，$d=\dfrac{k_2}{m_2}$，$h=\dfrac{H}{m_1}$，则上式可简化为

$$\left.\begin{aligned}\ddot{x}_1+bx_1-cx_2&=h\sin(\omega t+\gamma)\\ \ddot{x}_2-dx_1+dx_2&=0\end{aligned}\right\}\qquad(18-45)$$

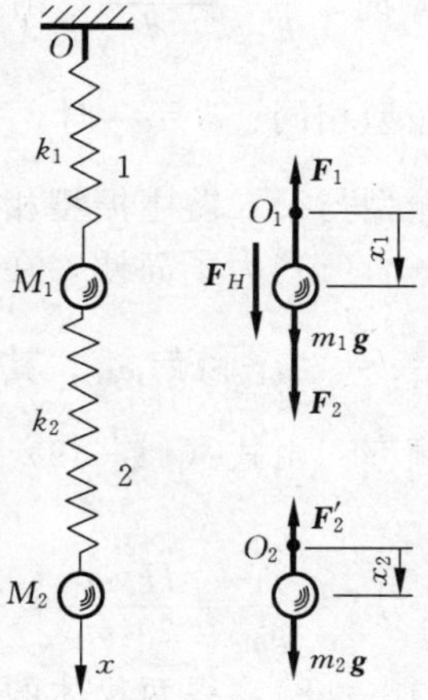

图 18-33

与单自由度系统的强迫振动相似，上述方程的解由对应齐次方程的解与特解迭加而得到。齐次方程的解代表自由振动，上一节已研究，且在阻尼的作用下将很快衰减掉；特解代表强迫振动，是由激振力引起的简谐运动。设方程式（18-45）的特解为

$$\left.\begin{aligned}x_1&=A\sin(\omega t+\gamma)\\ x_2&=B\sin(\omega t+\gamma)\end{aligned}\right\}\qquad(18-46)$$

式中：A、B 是物体 M_1、M_2 的振幅，为待定常数。

将式（18-46）代入式（18-45），得

$$\left.\begin{aligned}(b-\omega^2)A-cB&=h\\ -dA+(d-\omega^2)B&=0\end{aligned}\right\}\qquad(18-47)$$

解得

$$\left.\begin{aligned}A&=\frac{(d-\omega^2)h}{(b-\omega^2)(d-\omega^2)-cd}\\ B&=\frac{dh}{(b-\omega^2)(d-\omega^2)-cd}\end{aligned}\right\}\qquad(18-48)$$

由式（18-46）及式（18-48）知，此系统中**两个物体的强迫振动的频率都等于激振力的频率；强迫振动的振幅与激振力的大小、激振力的频率以及系统的物理参数有关。**

下面介绍两个自由度系统强迫振动的特征：

（1）系统自由振动的频率方程为

[1] 在所取坐标下，得到的系统的运动微分方程是无耦合的独立方程，这样的坐标称为主坐标。

$$\begin{vmatrix} b-\omega^2 & -c \\ -d & d-\omega^2 \end{vmatrix} = (b-\omega^2)(d-\omega^2)-cd=0 \tag{18-49}$$

可解得系统的固有频率 ω_1、ω_2。因式（18-48）的分母与上式左端形式相同，所以当激振力的频率 $\omega=\omega_1$ 或 $\omega=\omega_2$ 时，振幅 A 或 B 成为无穷大，系统发生共振。当 $\omega=\omega_1$ 时，称为第一阶共振；当 $\omega=\omega_2$ 时，称为第二阶共振。可见**两个自由度系统有两个共振频率**。由于实际上有阻尼存在，振幅不会无穷大，而只是有一较大值。

（2）由式（18-48）得强迫振动的振幅比 $\frac{A}{B}=\frac{d-\omega^2}{d}$。当系统发生共振时，$\omega=\omega_1$ 时，$\frac{A}{B}=\frac{d-\omega_1^2}{d}$，由式（18-40）知，第一阶共振时，强迫振动的振型与第一阶主振型相同；$\omega=\omega_2$ 时，$\frac{A}{B}=\frac{d-\omega_2^2}{d}$，由式（18-41）知，第二阶共振时，强迫振动的振型与第二阶主振型相同。可见，通过共振的方法，能够观察到主振型。

（3）为了简便，在图 18-33 所示系统中，设 $m_1=2m$，$m_2=m$，$k_1=k_2=k$，则 $b=d=2\omega_{01}^2$，$c=\omega_{01}^2$。其中 $\omega_{01}=\sqrt{\frac{k_1}{m_1}}=\sqrt{\frac{k}{2m}}$，是物体 M_1 与弹簧 1 组成的系统的固有频率。由式（18-49）求系统的两个固有频率

$$\omega_1^2=0.586\omega_{01}^2,\quad \omega_2^2=3.414\omega_{01}^2$$

令 $B_0=\frac{h}{\omega_{01}^2}=\frac{H/m_1}{k_1/m_1}=\frac{H}{k}$（为弹簧 1 在激振力的最大值 H 作用下的静伸长），由式（18-48），得两物体的振幅比

$$\alpha=\frac{A}{B_0}=\frac{1-\frac{1}{2}\left(\frac{\omega}{\omega_{01}}\right)^2}{2\left[1-\frac{1}{2}\left(\frac{\omega}{\omega_{01}}\right)^2\right]^2-1},\quad \beta=\frac{B}{B_0}=\frac{1}{2\left[1-\frac{1}{2}\left(\frac{\omega}{\omega_{01}}\right)^2\right]^2-1}$$

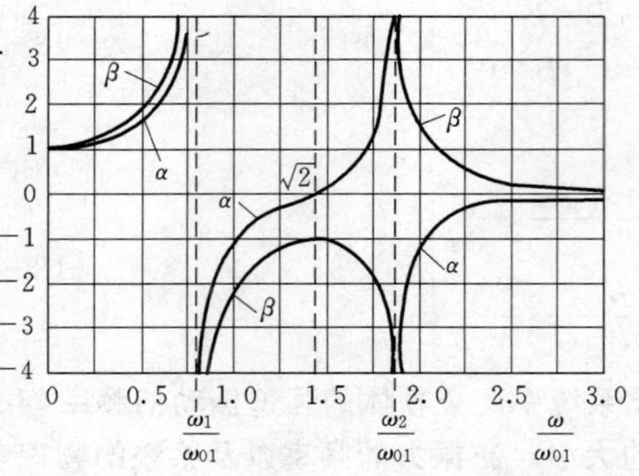

图 18-34

图 18-34 是 α 及 β 随 ω/ω_{01} 变化的曲线，即幅频曲线。由图知，当 $\omega/\omega_{01}\rightarrow 0$ 时，$\alpha=\beta\rightarrow 1$，即激振力频率很低时，振幅 A 与 B 相等，都趋近于 B_0。当 ω/ω_{01} 很大时，$\alpha=\beta\rightarrow 0$，即激振力频率很高时，$A$、$B$ 两物体趋于静止。当 $\omega\rightarrow\omega_1$ 或 $\omega\rightarrow\omega_2$ 时，α 及 β（即 A 及 B）都趋近于无穷大，即发生共振。

特别是，当 $\omega/\omega_{01}=\sqrt{2}$，即 $\omega=\sqrt{2}\omega_{01}=\sqrt{k/m}$ 时，$\alpha=0$。这表明，当激振力的频率等于物体 M_2 与弹簧 2 组成的系统的固有频率时，物体 M_1 保持不动。此时，$\beta=-1$，弹簧 2 中的力

$$F_2=k_2x_2=k_2B\sin(\omega t+\gamma)=k\beta B_0\sin(\omega t+\gamma)=-H\sin(\omega t+\gamma)$$

与激振力 $H\sin(\omega t+\gamma)$ 正好抵消。这一特性是无阻尼动力消振器的理论基础。

如用梁支承一机器［图 18-35（a）］。设机器的质量为 m_1，梁的质量不计，梁相

当于刚度系数为 k_1 的弹簧。由于机器中的转动部件不均衡，将产生频率为 ω 的铅直激振力，从而发生强迫振动。为消除强迫振动所引起的不利影响，可在机器上用刚度系数为 k_2 的弹簧悬挂一质量为 m_2 的物块［图 18－35（b)］。这样原来的单自由系统变成了具有两个自由度的系统。若适当选择 k_2 和 m_2，使 $\sqrt{\frac{k_2}{m_2}}=\omega$，则由上一段的理论可知，机器强迫振动的振幅为零，即振动消失。由物块 m_2 与弹簧 k_2 组成的附加系统就是一个无阻尼的**动力减振器**（dynamic vibration absorber)。注意，这种减振器本身的固有频率只有一个固定的值 $\sqrt{\frac{k_2}{m_2}}$，因此只能消除频率与它相等的激振力所产生的振动。当机器的转速 ω 改变时，相应的激振力频率也发生了变化，这种减振器将不能再消振了。对于频率可变的激振力所产生的强迫振动，可采用其他形式的（如有阻尼的）减振器来消振。

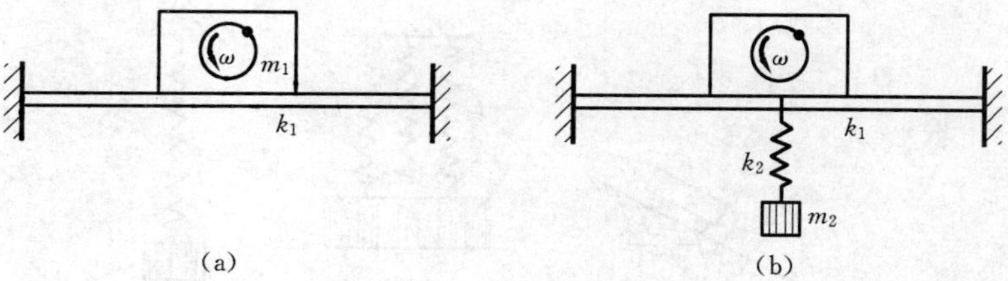

图 18－35

思 考 题

18－1 单自由度系统的无阻尼自由振动是简谐运动，其固有频率与哪些因素有关？其振幅和初相角与哪些因素有关？

18－2 如思 18－2 图所示，已知物块 A 的质量为 m，弹簧刚度系数分别为 k_1 和 k_2，当物块发生自由振动时，试写出下列不同情况的固有频率。设物块作直线平移，不计摩擦。

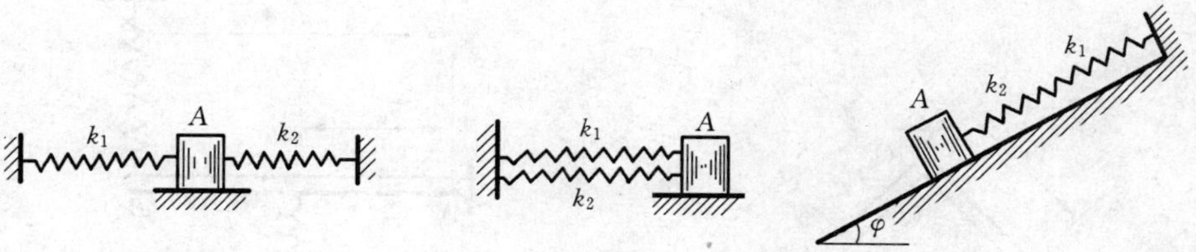

思 18－2 图

18－3 试确定下列两问题中物体的平衡位置、运动初条件、周期和振幅。

（1）弹簧下端悬挂一重量为 100N 的物体，弹簧刚度系数为 5N/mm，在开始时弹簧总的伸长为 40mm，并有一向上的速度 200mm/s。

(2) 弹簧下端悬挂一重量为10N的物体，弹簧刚度系数为2N/mm，原来弹簧与物体一起以匀速 $v=400\text{mm/s}$ 下降，后来弹簧上端突然停止，从该时起物体发生振动。

18-4　同一个单摆在空中和水中振动的周期是否相同？设单摆在水中振动时，只计水的浮力，不计水的阻力。

18-5　什么是主振动？什么是主振型？什么是主坐标？

习　题

18-1　如题18-1图所示，小车 M 重 P，在斜面上自高度 h 处滑下，与缓冲器相碰。缓冲器的弹簧的刚度系数为 k，斜面倾为 θ。求小车碰着缓冲器后作自由振动的周期与振幅。

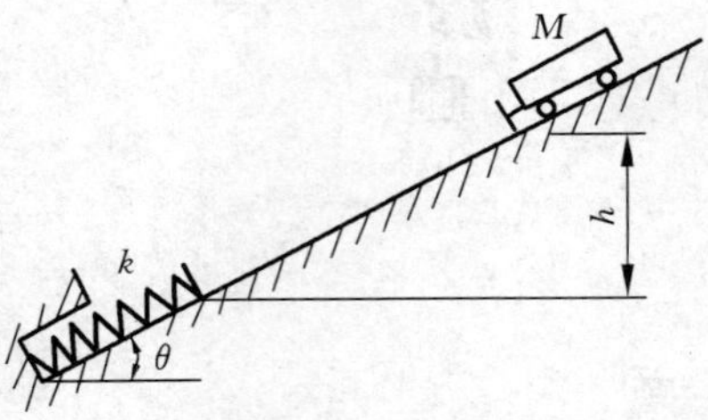

题18-1图

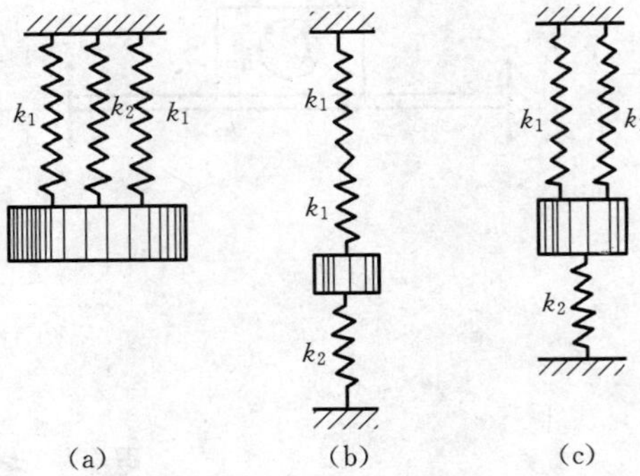

题18-2图

18-2　三个弹簧与重 P 的物体按题18-2图所示方式连接。设物体只沿铅直线作平移，弹簧的刚度系数分别为 k_1 与 k_2，求各自的自由振动周期。

18-3　如题18-3图所示，一角尺由长度各为 l 与 $2l$ 的两均质杆构成，两杆夹角90°，此角尺可绕水平轴 O 转动。求角尺在其平衡位置附近作微小摆动的周期。

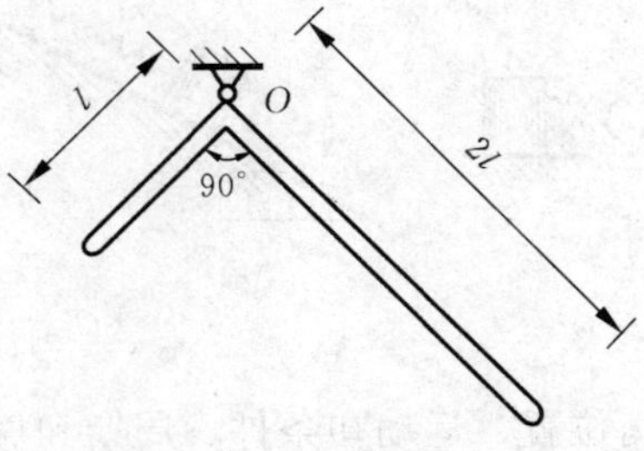

题18-3图

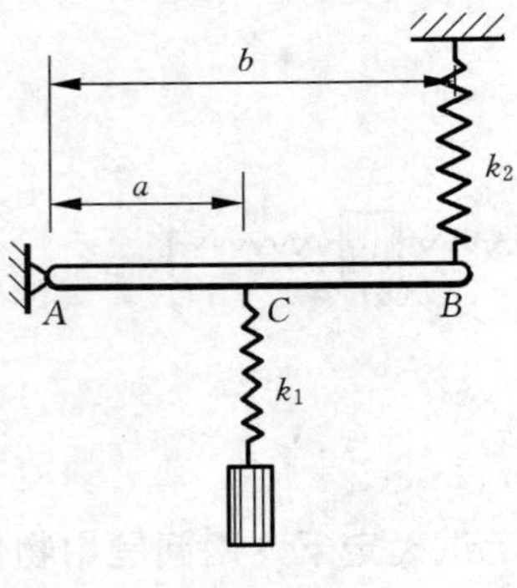

题18-4图

18-4　重为 P 的物体悬挂如题18-4图所示。若杆 AB 的重量不计，两个弹簧

的刚度系数分别为 k_1 和 k_2，又 $AC=a$，$AB=b$。求物体自由振动的频率。

18－5　如题 18－5 图所示，双线悬挂的水平均质杆 AB，长为 $2a$。两根铅直的绳长为 l，相距 $2b$。假设杆绕铅直中心轴作微小扭转时保持水平，试求杆作扭振的周期。

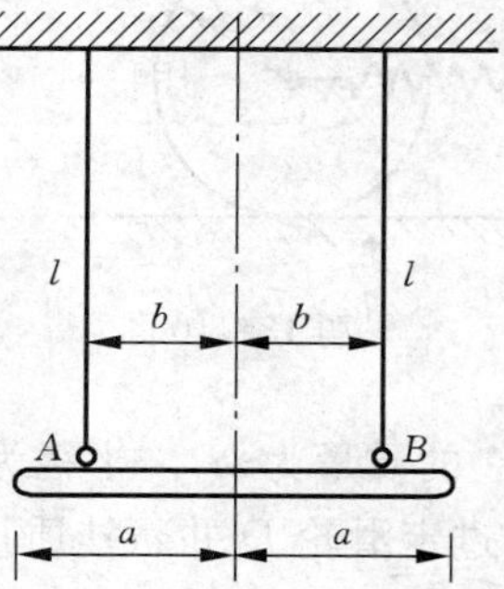

题 18－5 图

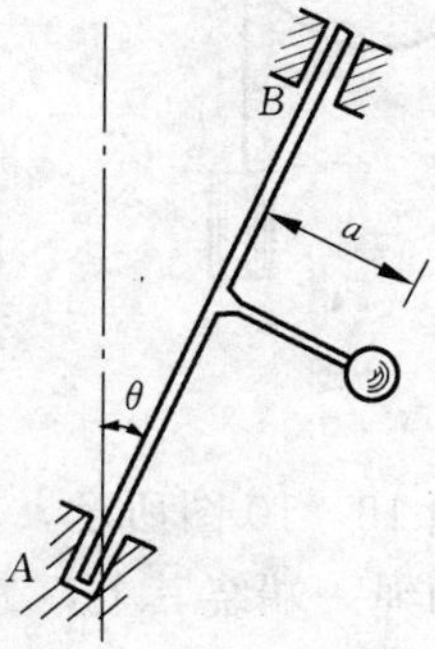

题 18－6 图

18－6　如题 18－6 图所示，在记录地震的仪器中，装有一物理摆，其悬挂轴与铅直线成 θ 角，悬挂轴与摆的重心的距离为 a，摆对于 AB 轴的转动惯量为 J，摆重为 P。试求此物理摆作微幅振动的周期。

18－7　如题 18－7 图所示，水平圆盘绕过盘心 O 的铅直轴以匀角速度 ω 转动，圆心至槽的距离为 h。质量为 m 的物块 M 用刚度系数为 k 的两弹簧连接。求物块 M 在盘内的运动微分方程。设物块在 AB 中点时，两弹簧处于自然状态，摩擦不计，且 $k>\frac{1}{2}m\omega^2$。

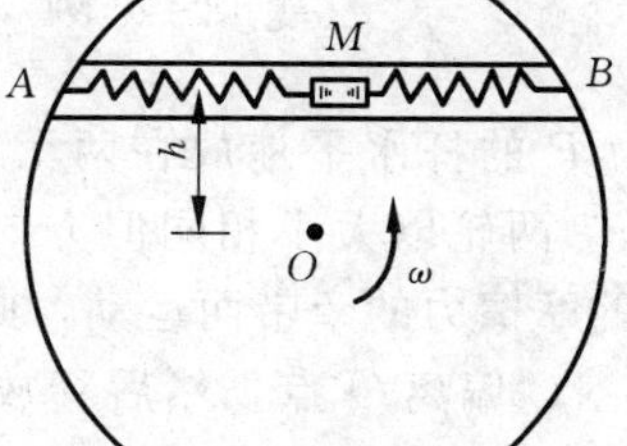

题 18－7 图

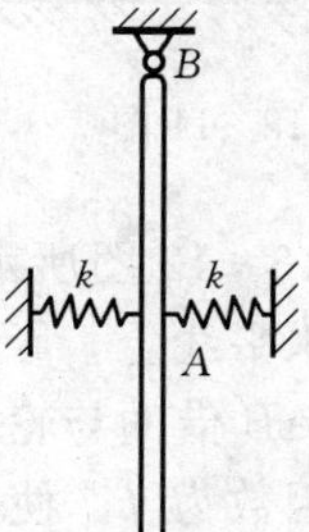

题 18－8 图

18－8　如题 18－8 图所示，均质杆长 l，重 P，一端刚连一重 W 的小球，另一端用铰支承于 B。在杆的中点 A 的两边各连接一刚度系数为 k 的弹簧。不计小球的大小，求系统的频率。

18－9　题 18－9 图所示系统中，均质圆轮质量为 m_1，半径为 r，其上绕一不可伸长的绳子，绳一端挂重物 A，其质量为 m_2。一刚度系数为 k 的弹簧一端连于轮的 E 点，一端固定于墙上，处于水平位置，$OE=e$。图示位置是系统的平衡位置。试求系统微幅振动的周期。

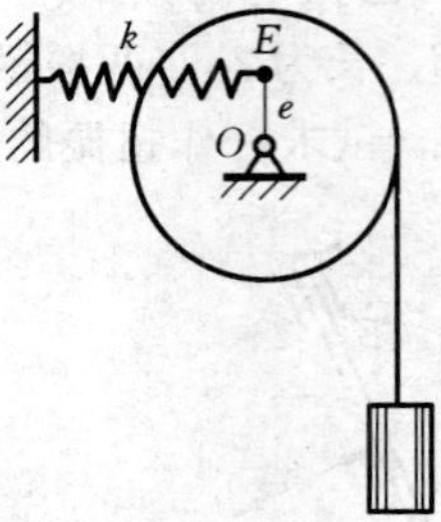

题 18-9 图

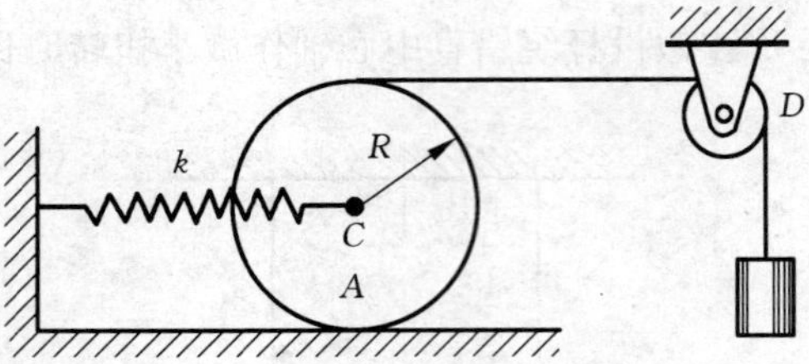

题 18-10 图

18-10 如题 18-10 图所示，均质轮 A 的质量为 m_1，半径为 R，放置在水平面上。一不能伸长的绳一端绕其上，另一端跨过定滑轮 D 并悬挂质量为 m_2 的物块。轮心 C 与墙之间以一刚度系数为 k 的弹簧相连。设轮 A 只滚不滑，滑轮 D 的质量及轴承处摩擦不计，求系统的固有频率。

18-11 如题 18-11 图所示，半径为 r 的半圆柱体在水平面上只滚不滑，已知该柱体对通过质心 C 且平行于半圆柱体母线的轴的回转半径为 ρ，又 $OC=a$，求该柱体作微小摆动的频率。

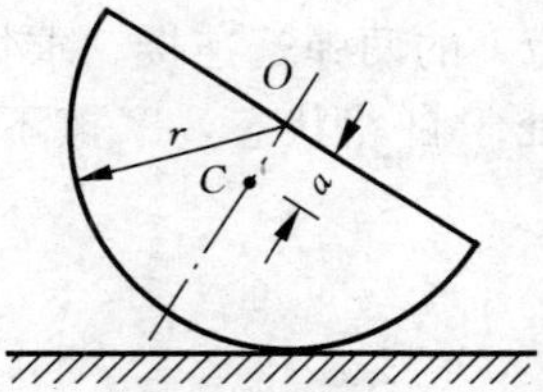

题 18-11 图

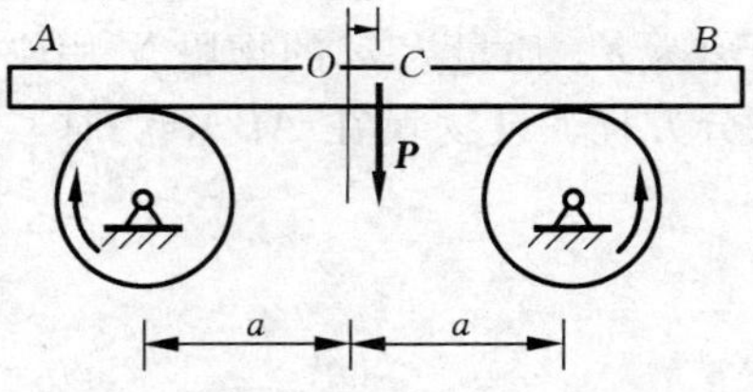

题 18-12 图

18-12 如题 18-12 图所示，重为 P 的杆水平地放在两个半径相同的轮子上，两轮的中心在同一水平线上，距离为 $2a$。两轮以大小相同但方向相反的角速度各绕其中心轴转动。杆 AB 借助与轮接触点的摩擦力的牵带而运动，此摩擦力与杆对轮的压力成正比，摩擦因数为 f。使杆的重心 C 偏离 O 点，然后释放，试证明重心 C 的运动为简谐振动，并求其周期。

18-13 重 40N 的物体挂在弹簧上，经过 4 周振动后，振幅减为原来的 1/12，已知弹簧的刚度系数为 2N/mm，阻尼力与速度成正比，求振动周期及对数减缩。

18-14 在弹簧上悬挂重 490N 的物体。在没有阻力时，物体振动的周期 $T_1=0.4\pi\text{s}$，而当阻力与速度一次方成比例时，其周期 $T_2=0.5\pi\text{s}$。若开始时，弹簧从其平衡位置被拉长 40mm，而初速度为零，试求当阻力与速度一次方成比例时物体的运动，并求当速度等于 10mm/s 时的阻力。

18-15 如题 18-15 图所示，圆柱体重 P，半径为 r，高为 h，悬挂在弹簧 AB 的下端，弹簧的上端 B 固定，而圆柱则浸在水中。当圆柱在其静平衡位置时，其浸在水中的部分为其高度之半。运动开始时，圆柱的高度有 2/3 被浸没于水中，此后即沿铅垂线作上下振动，其初速等于零。设弹簧的刚度系数为 k，若水的阻力等于 cv，水的密度为 ρ，求圆柱的振动规律。

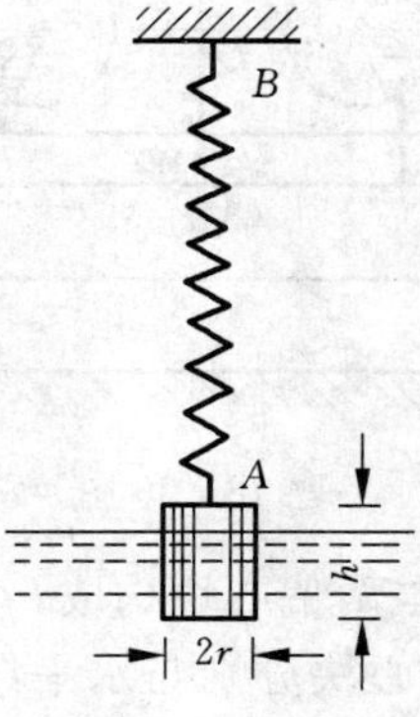

题 18-15 图

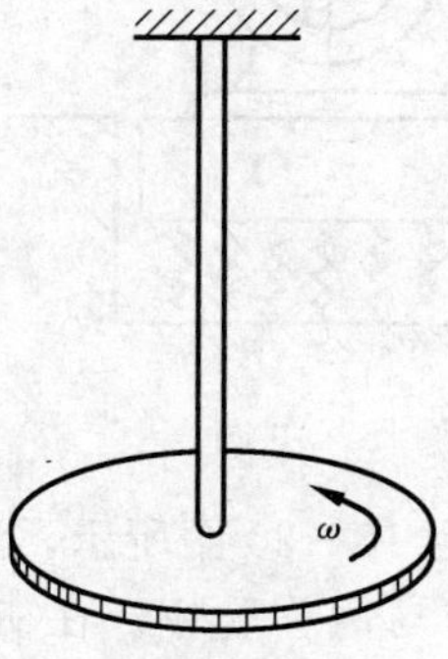

题 18-16 图

18-16 如题 18-16 图所示，弹性金属杆一端固定，另一端固连一圆盘，圆盘在液体（题 18-16 图中未画出）中作扭转振动。圆盘对杆轴线的转动惯量为 J，扭转一弧度所需的力偶矩为 k。转动时所受的阻力矩为 $cA\omega$，其中 c 为液体的粘滞系数，A 为圆盘上、下底面积的和，ω 为圆盘的角速度。试求圆盘在液体中的扭振周期。

18-17 如题 18-17 图所示，刚度系数 $k=0.2\text{N/mm}$ 的弹簧与重 4.9N 的活塞连接，设作用在活塞上的力 $F_H=2.3\sin\pi t$（t 以 s 计，F_H 以 N 计），求活塞强迫振动的规律。

题 18-17 图

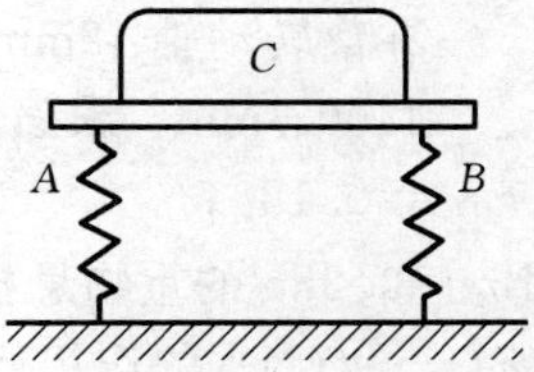

题 18-18 图

18-18 精密仪器在使用时应避免地面振动的干扰。为了隔振，在 AB 两端下边安装 8 个弹簧（每边 4 个并联而成），A、B 两点到质心 C 的距离相等，如题 18-18 图所示。设地面振动可表示为 $y_1=\sin 10\pi t$（y_1 以 mm 计），仪器重为 8kN，容许振幅为 0.1mm，求每个弹簧应有的刚度系数。

18-19 如题 18-19 图所示，电动机及底板共重 $\dfrac{980}{3}\text{N}$，放置在一弹性垫层上，弹性垫层相当于一刚度系数为 30N/mm 的弹簧。设偏心块 A 重 2N，与机轴 O 相距 13mm，电动机角速度为 30rad/s。求强迫振动的振幅。

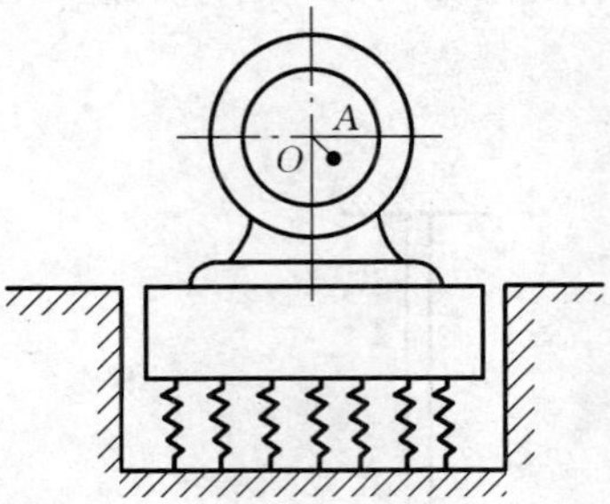

题 18-19 图

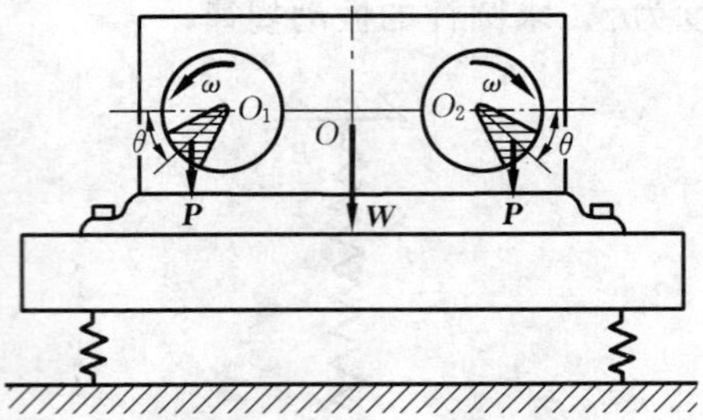

题 18-20 图

18-20 如题 18-20 图所示，激振器由马达与两偏心块构成，每个偏心块重 P，偏心距 e，外壳与马达总重 W。在初始位置，两偏心块分别与水平线成 θ 角，以后同时以角速度 ω 沿相反方向转动。激振器用螺栓固定在被激振的物体上。设被激振的物体支承在一弹性垫层上，而弹性垫层相当于一刚度系数为 k 的弹簧，其质量不计，求垂直强迫振动的振幅。

18-21 电动机由于机轴偏心相当于在基础 M 上作用一激振力 $F_H=500\sin 15t$ (N)。设基础 M 的质量为 $m=100$kg。为使地面受到的动压力的最大值小于激振力幅值的 30%，在基础下垫以刚度系数 $k=10$N/mm 的垫层。问应放上几层才能达到上述要求。

18-22 车厢的车架弹簧的静压缩为 $\delta_{st}=50$mm，每根铁轨长度 $l=12$m，每当车轮行驶到轨道接头处都受到冲击，因而当车厢速度达到某一数值时，将发生激烈颠簸，这一速度称为临界速度，求此临界速度。

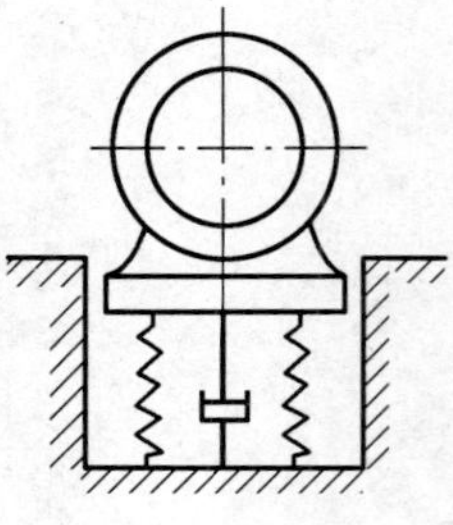

题 18-23 图

18-23 如题 18-23 图所示，电动机的质量 20kg，支承在刚度系数各为 0.14kN/mm 的两弹簧上。电动机不均衡相当于在离转动轴 12mm 处有一质量为 0.3kg 的重物。电动机的转速 1400r/min，求强迫振动的振幅。①假定无阻尼；②阻尼比 $\zeta=0.125$。

18-24 质量 $m=0.2$kg 的重物悬挂在刚度系数为 $k=0.1$N/mm 的弹簧上，受到激振力 $F_H=2\sin(\omega t+\gamma)$ (N) 的作用。设阻碍重物运动的阻力与速度的一次方成正比，其比例系数 $c=\dfrac{\sqrt{mk}}{10}$。问当频率 ω 多大时，重物强迫振动的振幅之值最大？此强迫振动的振幅最大值等于多少？

18-25 如题 18-25 图所示，一系统由重物 B 和弹簧组成，已知物重 $P=1.96$N，弹簧的刚度系数 $k=0.2$N/mm；作用在物体上的激振力 $F_H=1.6\sin 60t$，式中 t 以 s 计，F_H 以 N 计；物体所受阻力 $F_d=cv$，其中 $c=2.56$N·s/mm。求物体的强迫振动方程和放大因数。

18-26 有一轴如题 18-26 图所示，一端固定，在中部及另一端各装有一均质圆盘，每一圆盘对轴的转动惯量均为 J，两段轴的扭转刚度均为 k，不计轴的质量，

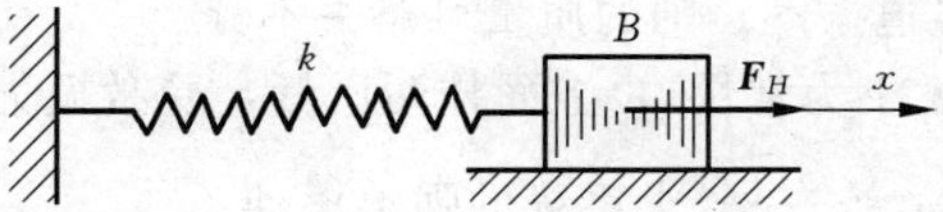

题 18－25 图

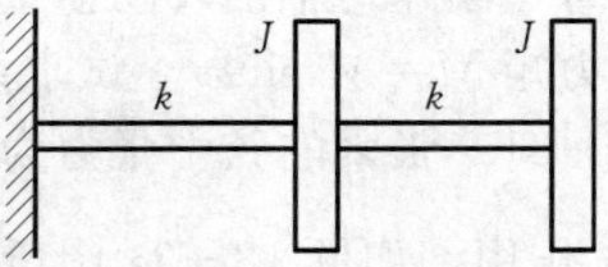

题 18－26 图

试求此系统自由扭转振动的频率。

18－27　如题 18－27 图所示，刚杆 AB 长 l，质量不计，一端铰连于墙，另一端刚连一质量为 m 的物体 A，其下连接一刚度系数为 k 的弹簧，并悬挂有质量为 m 的物体 D，杆 AB 中点用刚度系数为 k 的弹簧系住，使杆在水平位置平衡。试求系统振动的固有频率。

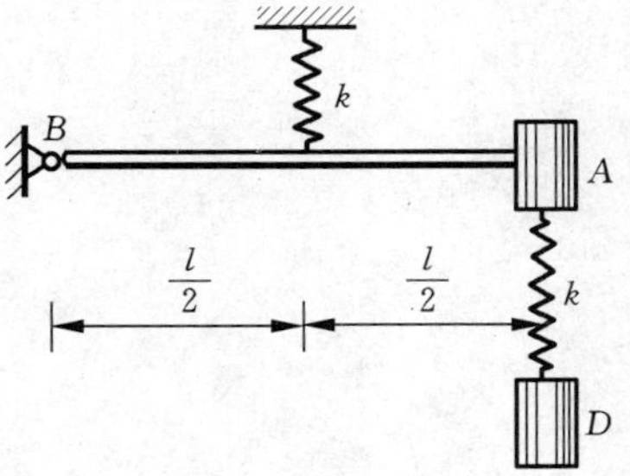

题 18－27 图

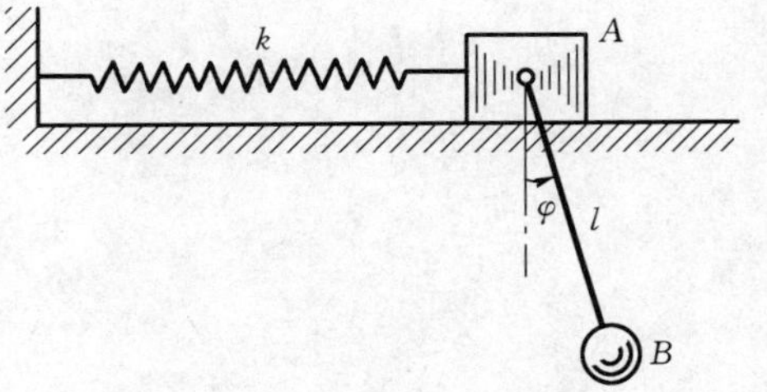

题 18－28 图

18－28　计算题 18－28 图所示系统微振动的频率。设物块 A 的质量为 $m_1=4\text{kg}$，可在水平面上滑动，小球 B 的质量为 $m_2=1\text{kg}$，弹簧的刚度系数为 $k=0.1\text{N/mm}$，细杆长 $l=0.4\text{m}$，质量不计，摩擦也不计。

18－29　如题 18－29 图所示，杆 OA 长 $l=1.5\text{m}$，重量不计，可绕水平轴 O 摆动。在 A 端装一质量为 $m_1=2\text{kg}$、半径 $r=0.5\text{m}$ 的均质圆盘，盘可绕通过 A 点垂直于 OA 的水平轴转动，在盘边上固结一质量为 $m_2=1\text{kg}$ 的质点。试求此系统作微幅振动的固有频率。

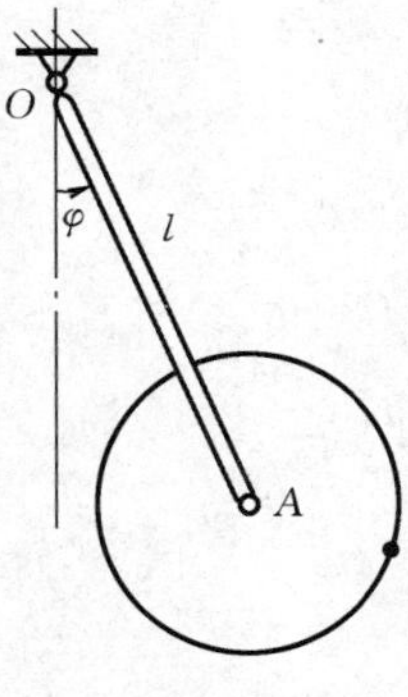

题 18－29 图

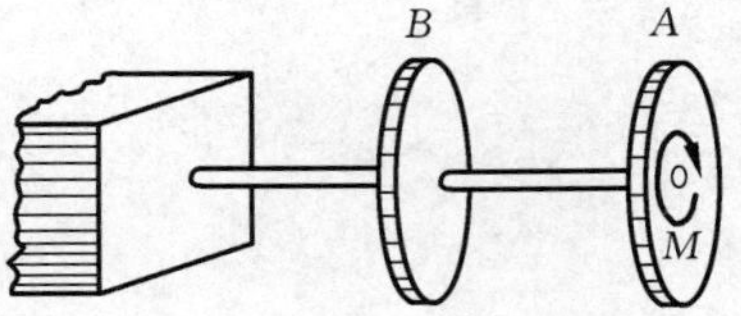

题 18－30 图

18－30　有一轴如题 18－30 图所示，一端固定，在中部及另一端各装有一均质圆盘，每一圆盘对轴的转动惯量均为 J，两段轴的扭转刚度均为 k。设在盘 A 上作用一激振力矩 $M=M_0\sin\omega t$，试求系统的强迫振动。轴的质量可略去不计。

18-31 张紧的弦中张力为 $\boldsymbol{F}$（设大小为常量），上面挂两质量，受激振力 $F_H=F_0\sin\omega t$ 作用，如题 18-31 图所示，且 $\omega^2=\dfrac{3F}{2ml}$。求系统的强迫振动。

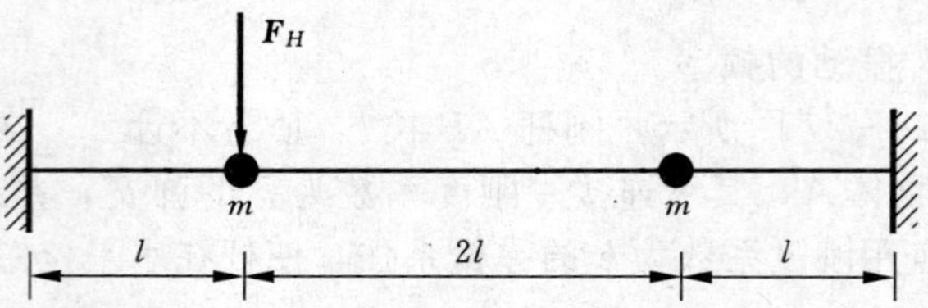

题 18-31 图

附录A 矢 量 导 数

A.1 变矢量与矢量导数

在运动学和动力学中会遇到一些大小与方向都随时间变化的矢量，即所谓的**变矢量**。例如，点作曲线运动时，点的矢径（位置矢）、速度和加速度都是变矢量。本节将扼要说明变矢量及其导数的概念，并列出矢量导数的一些基本性质。

设矢量 $\boldsymbol{a}$ 的模与方向都按一定的规律随某一变数 t（标量）而变化，则矢量 $\boldsymbol{a}$ 称为自变数 t 的**矢函数**，可用矢量方程表示为

$$\boldsymbol{a}=\boldsymbol{a}(t) \tag{A-1}$$

当自变数 t 取 t_1、t_2、t_3、…数值时，变矢量 $\boldsymbol{a}$ 等于 $\boldsymbol{a}_1$、$\boldsymbol{a}_2$、$\boldsymbol{a}_3$、…，为了表明 $\boldsymbol{a}$ 的变化情况，从某一定点 O 画出这些矢量［附图 A-1（a）］。这些矢量的端点 A_1、A_2、A_3、…可连成一条曲线，称为变矢量 $\boldsymbol{a}$ 的**矢端线**。容易看出，当变矢量 $\boldsymbol{a}$ 的方向保持不变时，它的矢端线为一直线；若变矢量 $\boldsymbol{a}$ 的大小不变，则它的矢端线是一条球面曲线。

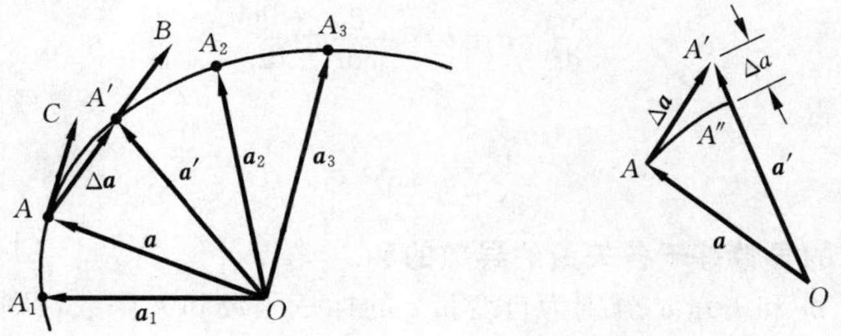

附图 A-1

当自变数 t 有增量 Δt 而成为 $t+\Delta t$ 时，变矢量由 $\boldsymbol{a}=\overrightarrow{OA}$ 变为 $\boldsymbol{a}'=\overrightarrow{OA'}$。由三角形 OAA' 可得 $\boldsymbol{a}$ 的相应的增量为 $\Delta\boldsymbol{a}=\overrightarrow{AA'}=\boldsymbol{a}'-\boldsymbol{a}$。

由矢量代数知，比值 $\dfrac{\Delta\boldsymbol{a}}{\Delta t}$ 是一个矢量，设以 $\overrightarrow{AB}$ 表示，即

$$\overrightarrow{AB}=\frac{\Delta\boldsymbol{a}}{\Delta t}$$

它的方向与矢量 $\Delta\boldsymbol{a}$（即 $\overrightarrow{AA'}$）的方向相同，而它的模等于弦长 AA' 乘以 $\dfrac{1}{\Delta t}$。当 $\Delta t\to 0$ 时，若比值 $\dfrac{\Delta\boldsymbol{a}}{\Delta t}$ 趋于一极限，则这极限称为变矢量 $\boldsymbol{a}$ 对于自变数 t 的导数，用 $\dfrac{\mathrm{d}\boldsymbol{a}}{\mathrm{d}t}$ 代表，

于是

$$\frac{\mathrm{d}\boldsymbol{a}}{\mathrm{d}t}=\lim_{\Delta t\to 0}\frac{\Delta \boldsymbol{a}}{\Delta t} \tag{A-2}$$

极限值$\frac{\mathrm{d}\boldsymbol{a}}{\mathrm{d}t}$也是一个矢量，设以$\overrightarrow{AC}$表示。它的方向是 $\Delta t\to 0$ 时 $\Delta \boldsymbol{a}$（即$\overrightarrow{AA'}$）的极限方向。当 $\Delta t\to 0$ 时，A'点无限趋近于 A 点，$\overrightarrow{AA'}$的极限方向即$\overrightarrow{AC}$的方向，将沿 $\boldsymbol{a}$ 的矢端线在 A 点的切线。由此可见，**变矢量 $\boldsymbol{a}(t)$ 的导数是一个矢量，它的方向沿该矢量矢端线的切线**。

导数$\frac{\mathrm{d}\boldsymbol{a}}{\mathrm{d}t}$的模（大小）用$\left|\frac{\mathrm{d}\boldsymbol{a}}{\mathrm{d}t}\right|$表示。由附图 A-1（b）可见，$\Delta \boldsymbol{a}=\overrightarrow{AA'}$包括了 $\boldsymbol{a}$ 的大小和方向两者的改变量，而 $\Delta a=A'A''=a'-a$ 仅仅是 $\boldsymbol{a}$ 的大小的改变量，因此在一般情况下 $|\Delta \boldsymbol{a}|\neq\Delta a$。相应地

$$\left|\frac{\mathrm{d}\boldsymbol{a}}{\mathrm{d}t}\right|\neq\frac{\mathrm{d}a}{\mathrm{d}t}$$

即矢量导数的大小不等于矢量大小的导数，对此应予以注意。

矢量导数的定义和标量导数的定义是完全相似的。根据矢量导数的定义和矢量运算法则，应用和标量导数中完全相似的方法，可以导出矢量导数的下列性质：

（1）对于大小和方向都保持不变的常矢量 $\boldsymbol{a}$，有$\frac{\mathrm{d}\boldsymbol{a}}{\mathrm{d}t}=0$，**即常矢量的导数等于零。**

（2）设矢量 $\boldsymbol{a}$、$\boldsymbol{b}$ 都是同一自变数 t 的矢函数，则有

$$\frac{\mathrm{d}}{\mathrm{d}t}(\boldsymbol{a}\pm\boldsymbol{b})=\frac{\mathrm{d}\boldsymbol{a}}{\mathrm{d}t}\pm\frac{\mathrm{d}\boldsymbol{b}}{\mathrm{d}t}$$

由此推广，还可得

$$\frac{\mathrm{d}}{\mathrm{d}t}\sum\boldsymbol{a}_i=\sum\frac{\mathrm{d}\boldsymbol{a}_i}{\mathrm{d}t} \tag{A-3}$$

这表明：**矢量和的导数等于各矢量的导数的和**。

（3）设标量 m 和矢量 $\boldsymbol{a}$ 分别为自变量 t 的标量函数和矢函数，则有

$$\frac{\mathrm{d}}{\mathrm{d}t}(m\boldsymbol{a})=\frac{\mathrm{d}m}{\mathrm{d}t}\boldsymbol{a}+m\frac{\mathrm{d}\boldsymbol{a}}{\mathrm{d}t} \tag{A-4}$$

（4）设矢量 $\boldsymbol{a}$、$\boldsymbol{b}$ 都是同一自变数 t 的矢函数，则

$$\frac{\mathrm{d}}{\mathrm{d}t}(\boldsymbol{a}\times\boldsymbol{b})=\frac{\mathrm{d}\boldsymbol{a}}{\mathrm{d}t}\times\boldsymbol{b}+\boldsymbol{a}\times\frac{\mathrm{d}\boldsymbol{b}}{\mathrm{d}t} \tag{A-5}$$

$$\frac{\mathrm{d}}{\mathrm{d}t}(\boldsymbol{a}\cdot\boldsymbol{b})=\frac{\mathrm{d}\boldsymbol{a}}{\mathrm{d}t}\cdot\boldsymbol{b}+\boldsymbol{a}\cdot\frac{\mathrm{d}\boldsymbol{b}}{\mathrm{d}t} \tag{A-6}$$

（5）将变矢量 $\boldsymbol{a}(t)$ 沿直角坐标轴分解，得

$$\boldsymbol{a}=a_x\boldsymbol{i}+a_y\boldsymbol{j}+a_z\boldsymbol{k}$$

式中：a_x、a_y、a_z 为矢量 $\boldsymbol{a}$ 在坐标轴上的投影，也都是自变量 t 的函数；$\boldsymbol{i}$、$\boldsymbol{j}$、$\boldsymbol{k}$ 为沿坐标轴方向的单位矢量，它们的大小和方向不变。

利用式（A-3）和（A-4）及矢量导数的性质（1），可得

$$\frac{\mathrm{d}\boldsymbol{a}}{\mathrm{d}t}=\frac{\mathrm{d}a_x}{\mathrm{d}t}\boldsymbol{i}+\frac{\mathrm{d}a_y}{\mathrm{d}t}\boldsymbol{j}+\frac{\mathrm{d}a_z}{\mathrm{d}t}\boldsymbol{k}$$

可见矢量导数在直角坐标轴上的投影是

$$\left(\frac{\mathrm{d}\boldsymbol{a}}{\mathrm{d}t}\right)_x=\frac{\mathrm{d}a_x}{\mathrm{d}t},\quad \left(\frac{\mathrm{d}\boldsymbol{a}}{\mathrm{d}t}\right)_y=\frac{\mathrm{d}a_y}{\mathrm{d}t},\quad \left(\frac{\mathrm{d}\boldsymbol{a}}{\mathrm{d}t}\right)_z=\frac{\mathrm{d}a_z}{\mathrm{d}t} \tag{A-7}$$

式（A－7）表明：**变矢量的导数在坐标轴上的投影等于该矢量在对应轴上投影的导数**。

A.2 变矢量的绝对导数和相对导数

设矢量 $\boldsymbol{a}$ 在静坐标系 $Oxyz$ 和在动坐标系 $O'x'y'z'$ 中的大小和方向都随时间 t 而变化。变矢量 $\boldsymbol{a}$ 在静坐标系中对时间 t 的改变率，即在静坐标系中的观察者所观测到的 $\boldsymbol{a}$ 的改变率，称为矢量 $\boldsymbol{a}$ 对时间 t 的**绝对导数**，以 $\frac{\mathrm{d}\boldsymbol{a}}{\mathrm{d}t}$ 表示；$\boldsymbol{a}$ 在动坐标系中对时间 t 的改变率，即在动坐标系中的观察者所观测到的 $\boldsymbol{a}$ 的改变率，称为矢量 $\boldsymbol{a}$ 对时间 t 的**相对导数**，以 $\frac{\tilde{\mathrm{d}}\boldsymbol{a}}{\mathrm{d}t}$ 表示。

以动坐标系的原点 O' 为起点，作矢量 $\overrightarrow{O'A}=\boldsymbol{a}$（附图 A－2），采用直角坐标分解公式可表示为

$$\boldsymbol{a}=x'\boldsymbol{i}'+y'\boldsymbol{j}'+z'\boldsymbol{k}' \tag{a}$$

式中：x'、y'、z' 为 $\boldsymbol{a}$ 的终点 A 在动坐标系中的坐标，也就是 $\boldsymbol{a}$ 在 x'、y'、z' 轴上的投影；$\boldsymbol{i}'$、$\boldsymbol{j}'$、$\boldsymbol{k}'$ 为沿 x'、y'、z' 轴正向的单位矢量。

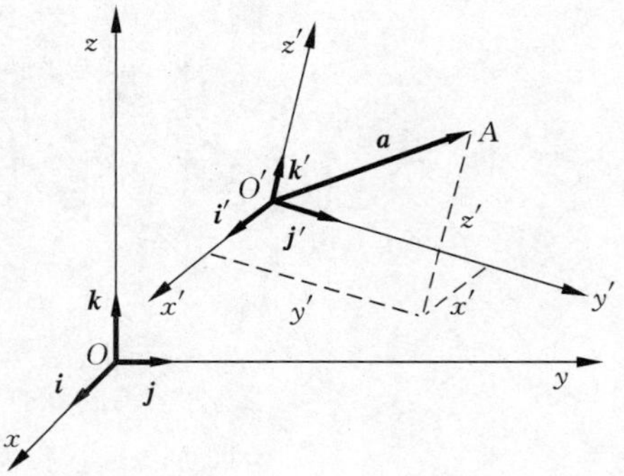

附图 A－2

当不考虑动坐标系相对于静坐标系运动时（或者说，在动坐标系中的观察者看来），$\boldsymbol{i}'$、$\boldsymbol{j}'$、$\boldsymbol{k}'$ 是常矢量。当考虑动坐标系相对于静坐标系运动时（或者说，在静坐标系中的观察者看来），$\boldsymbol{i}'$、$\boldsymbol{j}'$、$\boldsymbol{k}'$ 的方向是在改变的，$\boldsymbol{i}'$、$\boldsymbol{j}'$、$\boldsymbol{k}'$ 是变矢量而不是常矢量。于是 $\boldsymbol{a}$ 的相对导数为

$$\frac{\tilde{\mathrm{d}}\boldsymbol{a}}{\mathrm{d}t}=\frac{\mathrm{d}x'}{\mathrm{d}t}\boldsymbol{i}'+\frac{\mathrm{d}y'}{\mathrm{d}t}\boldsymbol{j}'+\frac{\mathrm{d}z'}{\mathrm{d}t}\boldsymbol{k}' \tag{b}$$

而 $\boldsymbol{a}$ 的绝对导数为

$$\begin{aligned}\frac{\mathrm{d}\boldsymbol{a}}{\mathrm{d}t}&=\frac{\mathrm{d}x'}{\mathrm{d}t}\boldsymbol{i}'+\frac{\mathrm{d}y'}{\mathrm{d}t}\boldsymbol{j}'+\frac{\mathrm{d}z'}{\mathrm{d}t}\boldsymbol{k}'+x'\frac{\mathrm{d}\boldsymbol{i}'}{\mathrm{d}t}+y'\frac{\mathrm{d}\boldsymbol{j}'}{\mathrm{d}t}+z'\frac{\mathrm{d}\boldsymbol{k}'}{\mathrm{d}t}\\&=\frac{\tilde{\mathrm{d}}\boldsymbol{a}}{\mathrm{d}t}+x'\frac{\mathrm{d}\boldsymbol{i}'}{\mathrm{d}t}+y'\frac{\mathrm{d}\boldsymbol{j}'}{\mathrm{d}t}+z'\frac{\mathrm{d}\boldsymbol{k}'}{\mathrm{d}t}\end{aligned} \tag{c}$$

若动坐标系相对于静坐标系作平移，单位矢量 $\boldsymbol{i}'$、$\boldsymbol{j}'$、$\boldsymbol{k}'$ 方向不变，$\frac{\mathrm{d}\boldsymbol{i}'}{\mathrm{d}t}=\frac{\mathrm{d}\boldsymbol{j}'}{\mathrm{d}t}=\frac{\mathrm{d}\boldsymbol{k}'}{\mathrm{d}t}=0$，所以有

$$\frac{\mathrm{d}\boldsymbol{a}}{\mathrm{d}t}=\frac{\tilde{\mathrm{d}}\boldsymbol{a}}{\mathrm{d}t} \tag{A-8}$$

这表明：**动坐标系作平移时，变矢量 $\boldsymbol{a}$ 的绝对导数与相对导数相等。**

若动坐标系绕静坐标系中的某一轴作定轴转动，其角速度矢为 $\boldsymbol{\omega}$，则根据 6.5 节的泊桑公式：$\frac{\mathrm{d}\boldsymbol{i}'}{\mathrm{d}t}=\boldsymbol{\omega}\times\boldsymbol{i}'$，$\frac{\mathrm{d}\boldsymbol{j}'}{\mathrm{d}t}=\boldsymbol{\omega}\times\boldsymbol{j}'$，$\frac{\mathrm{d}\boldsymbol{k}'}{\mathrm{d}t}=\boldsymbol{\omega}\times\boldsymbol{k}'$，得

$$\begin{aligned}\frac{\mathrm{d}\boldsymbol{a}}{\mathrm{d}t}&=\frac{\tilde{\mathrm{d}}\boldsymbol{a}}{\mathrm{d}t}+x'(\boldsymbol{\omega}\times\boldsymbol{i}')+y'(\boldsymbol{\omega}\times\boldsymbol{j}')+z'(\boldsymbol{\omega}\times\boldsymbol{k}')\\&=\frac{\tilde{\mathrm{d}}\boldsymbol{a}}{\mathrm{d}t}+\boldsymbol{\omega}\times(x'\boldsymbol{i}'+y'\boldsymbol{j}'+z'\boldsymbol{k}')\\&=\frac{\tilde{\mathrm{d}}\boldsymbol{a}}{\mathrm{d}t}+\boldsymbol{\omega}\times\boldsymbol{a}\end{aligned} \tag{A-9}$$

这表明：**动坐标系作定轴转动时，变矢量 $\boldsymbol{a}$ 的绝对导数等于其相对导数加上转动角速度 $\boldsymbol{\omega}$ 与 $\boldsymbol{a}$ 的矢积。**

附录B 转 动 惯 量

物体运动状态的变化不仅与外力、运动初条件有关，还与物体质量的几何分布有关，转动惯量是表征物体质量分布情况的概念之一。

B.1 转动惯量的一般公式

设有一刚体及任一轴 u（附图 B-1），刚体上的任一点 M_i，质量为 m_i，与轴 u 的距离为 ρ_i。则**刚体对 u 轴的转动惯量**（也称**惯性矩或惯矩**）J_u 定义为

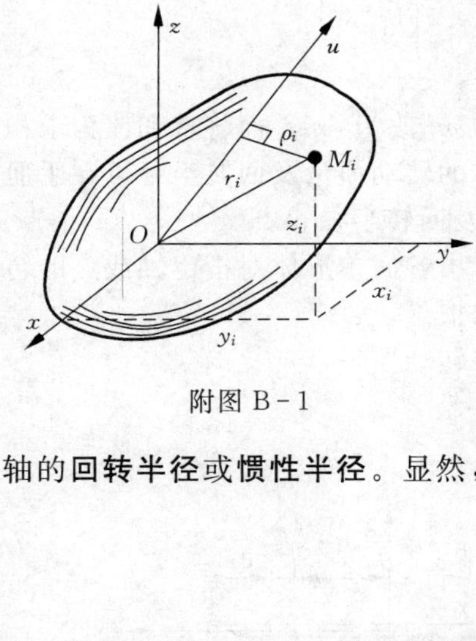

附图 B-1

$$J_u = \sum m_i \rho_i^2 \quad (B-1)$$

可见，刚体的转动惯量取决于刚体质量的分布情况。因 $m_i\rho_i^2$ 是正值，所以转动惯量总是正标量。转动惯量的量纲是 ML^2，单位是 $kg \cdot m^2$。

有时也将刚体对 u 轴的转动惯量写成

$$J_u = m\rho_u^2 \quad (B-2)$$

其中 m 是整个刚体的质量，而 ρ_u 则称为刚体对 u 轴的**回转半径**或**惯性半径**。显然，ρ_u 具有长度的量纲。如已知 J_u 及 m，则

$$\rho_u = \sqrt{\frac{J_u}{m}} \quad (B-3)$$

与刚体对于一轴的转动惯量相关联的，还有刚体对于一点的转动惯量。刚体上任一点 M_i 的质量 m_i，到 O 点的距离为 r_i，则刚体对 O 点的转动惯量 J_O 定义为

$$J_O = \sum m_i r_i^2 \quad (B-4)$$

取直角坐标系 $Oxyz$。设刚体的任一质点 M_i 的坐标为（x_i，y_i，z_i），M_i 与原点 O 的距离为 r_i，$r_i^2 = x_i^2 + y_i^2 + z_i^2$（附图 B-1）。则该刚体对于各坐标轴的转动惯量分别为

$$\left.\begin{aligned} J_x &= \sum m_i(y_i^2 + z_i^2) \\ J_y &= \sum m_i(z_i^2 + x_i^2) \\ J_z &= \sum m_i(x_i^2 + y_i^2) \end{aligned}\right\} \quad (B-5)$$

该刚体对于坐标原点 O 的转动惯量是

$$J_O=\sum m_i r_i^2=\sum m_i(x_i^2+y_i^2+z_i^2) \tag{B-6}$$

比较上两式，得

$$J_O=\frac{1}{2}(J_x+J_y+J_z) \tag{B-7}$$

即物体对一点的转动惯量，等于对通过该点的三个相互垂直的轴的转动惯量之和的一半。

设所考察的刚体为平面薄板，其厚度可以不计。取薄板平面为 xy 面（附图 B-2），则在以上各式中 $z_i=0$，所以

$$\left.\begin{aligned}J_x&=\sum m_i y_i^2\\J_y&=\sum m_i x_i^2\\J_z&=\sum m_i(x_i^2+y_i^2)=J_x+J_y\end{aligned}\right\} \tag{B-8}$$

对于简单形状的均质刚体，可将以上各公式中的 m_i 改为 $\mathrm{d}m$，而将求和改为求积分，利用积分公式求转动惯量。有些简单形状的刚体的转动惯量及回转半径可在手册中查到，附表 B-1 给出了若干均质刚体的转动惯量及回转半径。

如果一个刚体可分成几部分简单形体，则可先求出各简单形体对指定轴或点的转动惯量，再相加，即得整个刚体对指定轴或点的转动惯量。

对于形状复杂或非均质的刚体，可用实验方法求转动惯量。

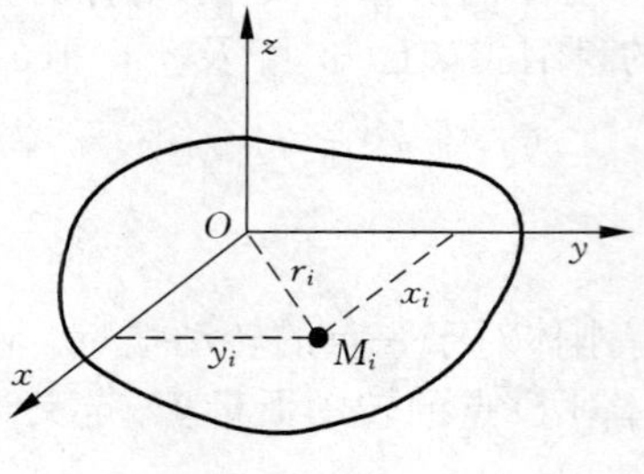

附图 B-2

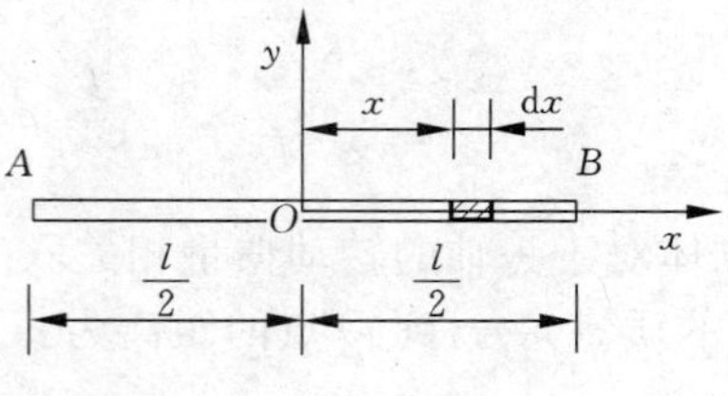

附图 B-3

【例 B-1】 设有等截面的均质细杆（附图 B-3），长 $AB=l$，质量为 m，试求其对于通过中点而与杆垂直的轴 y 的转动惯量。

解： 取 x 轴沿着杆轴线。任取一微段 $\mathrm{d}x$，其质量为 $\mathrm{d}m=\frac{m}{l}\mathrm{d}x$，对轴 y 的转动惯量为 $\mathrm{d}J_y=x^2\frac{m}{l}\mathrm{d}x$，则均质细杆对轴 y 的转动惯量为

$$J_y=\int_{-\frac{l}{2}}^{\frac{l}{2}}x^2\frac{m}{l}\mathrm{d}x=\frac{1}{12}ml^2$$

附表 B-1 若干均质刚体的转动惯量及回转半径

刚体形状	简图	转动惯量	回转半径
细杆	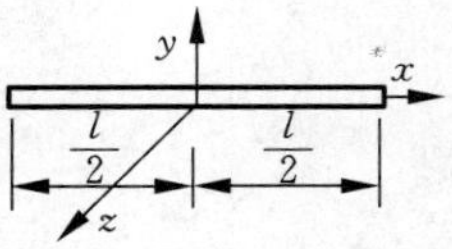	$J_y=J_z=\frac{1}{12}ml^2$ $J_x=0$	$\frac{1}{\sqrt{12}}l$ 0
矩形薄板	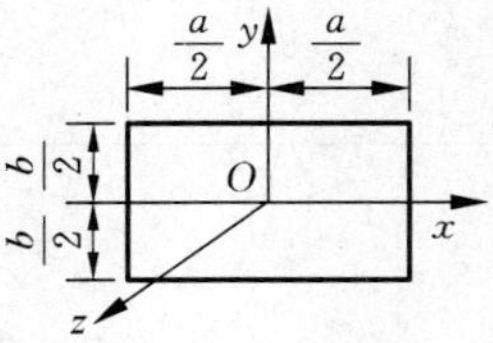	$J_x=\frac{1}{12}mb^2$ $J_y=\frac{1}{12}ma^2$ $J_z=\frac{1}{12}m(a^2+b^2)$	$\frac{1}{\sqrt{12}}b$ $\frac{1}{\sqrt{12}}a$ $\sqrt{\frac{a^2+b^2}{12}}$
细圆环	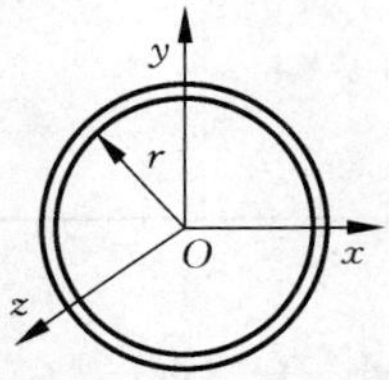	$J_x=J_y=\frac{1}{2}mr^2$ $J_z=mr^2$	$\frac{1}{\sqrt{2}}r$ r
薄圆板	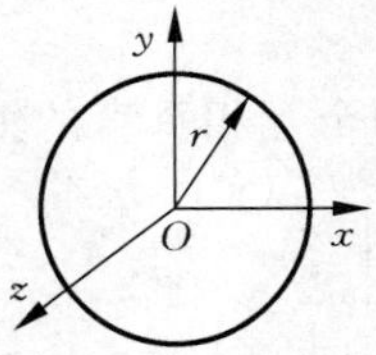	$J_x=J_y=\frac{1}{4}mr^2$ $J_z=\frac{1}{2}mr^2$	$\frac{1}{2}r$ $\frac{1}{\sqrt{2}}r$
圆柱	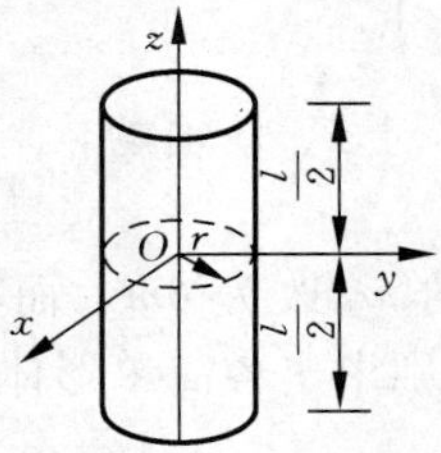	$J_x=J_y=m(\frac{r^2}{4}+\frac{l^2}{12})$ $J_z=\frac{1}{2}mr^2$	$\sqrt{\frac{3r^2+l^2}{12}}$ $\frac{1}{\sqrt{2}}r$
厚度很小的球形薄壳	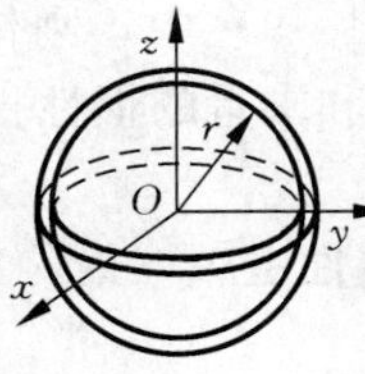	$J_x=J_y=J_z=\frac{2}{3}mr^2$	$\sqrt{\frac{2}{3}}r$
球体	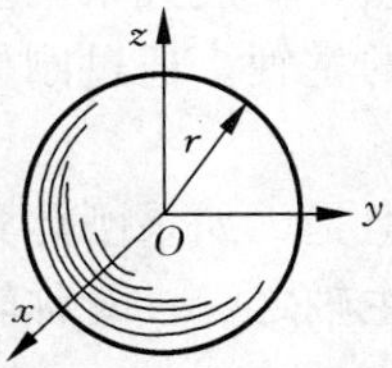	$J_x=J_y=J_z=\frac{2}{5}mr^2$	$\sqrt{\frac{2}{5}}r$

续表

刚体形状	简 图	转动惯量	回转半径
平行六面体	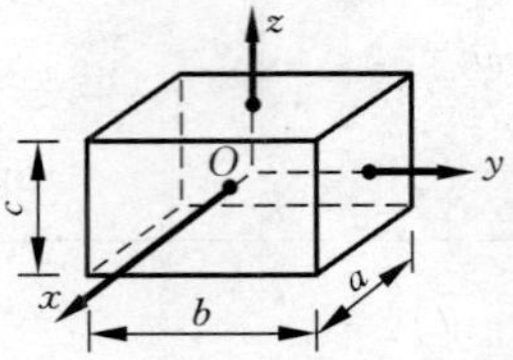	$J_x=\frac{1}{12}m(b^2+c^2)$ $J_y=\frac{1}{12}m(a^2+c^2)$ $J_z=\frac{1}{12}m(a^2+b^2)$	$\sqrt{\frac{b^2+c^2}{12}}$ $\sqrt{\frac{a^2+c^2}{12}}$ $\sqrt{\frac{a^2+b^2}{12}}$
正圆锥体	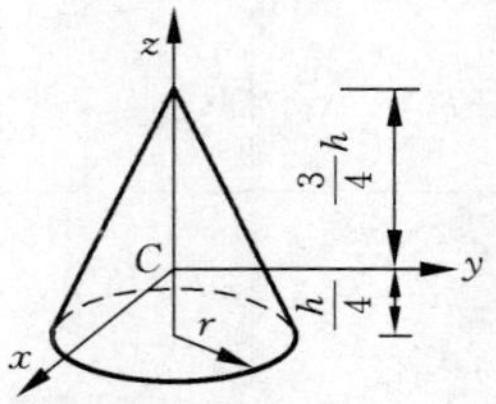	$J_z=\frac{3}{10}mr^2$ $J_x=J_y$ $=\frac{3}{80}m(4r^2+h^2)$	$\sqrt{\frac{3}{10}}r$ $\sqrt{\frac{3(4r^2+h^2)}{80}}$

B.2 惯性积与惯性主轴

刚体对通过 O 点(附图 B-1 中的坐标原点)的两个互相垂直的轴的惯性积定义为

$$\left.\begin{aligned}J_{xy}&=J_{yx}=\sum m_i x_i y_i\\J_{xz}&=J_{zx}=\sum m_i x_i z_i\\J_{yz}&=J_{zy}=\sum m_i y_i z_i\end{aligned}\right\}\tag{B-9}$$

式中：$J_{xy}=J_{yx}$、$J_{xz}=J_{zx}$、$J_{yz}=J_{zy}$ 分别称为刚体对 x、y 轴的，对 x、z 轴的及对 y、z 轴的**惯性积**。

如果刚体是简单形体，则可将式（B-9）中的 m_i 改为 $\mathrm{d}m$，而将该式由求和改成为求积分。如果刚体由几个简单形体组成，可分别求出各简单形体的惯性积，再相加得整个刚体的惯性积。

惯性积的量纲与转动惯量的量纲相同。但式（B-9）中，刚体各点的坐标 x_i、y_i、z_i 可能为正，也可能为负，因而由它们的乘积之和求得的惯性积可以是正值或负值，也可以是零。

如果 $J_{xy}=J_{xz}=0$，则 x 轴称为刚体**在 O 点的惯性主轴**（简称**主轴**），而这时的 J_x 是刚体对主轴的转动惯量，称为**主转动惯量**。

须注意，主轴是对某一点而言的，对于不同的点，一般说来，主轴的方向也不相同。但是，不论在哪一点，总能找到三个互相垂直的主轴。通过刚体质心的主轴称为**中心惯性主轴**。

一般情况下，求惯性主轴需经过较繁的计算。但是，如果刚体具有对称面或对称轴，则垂直于对称面的轴即为该轴与对称面交点的主轴之一；对称轴必是轴上任意一点的主轴之一。

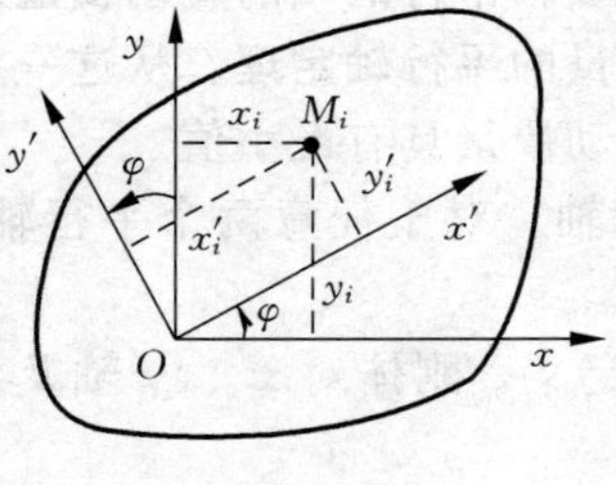

附图 B-4

【例 B-2】 在两直角坐标系 $Oxyz$、$Ox'y'z'$中，轴 z 与轴 z'重合，轴 x、y 与轴 x'、y'相交，夹角为 φ（附图 B-4）。已知刚体对 x、y 轴的惯性矩 J_x、J_y 和惯性积 J_{xy}，求刚体对 x'、y'轴的惯性积 $J_{x'y'}$。

解： 在刚体上任选一点 M_i，其质量为 m_i，在坐标系 $Oxyz$ 中的坐标为 $M_i(x_i, y_i, z_i)$，显然其在 $Ox'y'z'$ 坐标系中的坐标为 $x'_i=x_i\cos\varphi+y_i\sin\varphi$、$y'_i=y_i\cos\varphi-x_i\sin\varphi$、$z'_i=z_i$。由定义，刚体对于轴 x'、y' 的惯性积为

$$\begin{aligned}J_{x'y'}&=\sum m_i x'_i y'_i=\sum m_i(x_i\cos\varphi+y_i\sin\varphi)(y_i\cos\varphi-x_i\sin\varphi)\\&=\sum m_i y_i^2\sin\varphi\cos\varphi-\sum m_i x_i^2\sin\varphi\cos\varphi+\sum m_i x_i y_i(\cos^2\varphi-\sin^2\varphi)\\&=\left[\sum m_i(y_i^2+z_i^2)-\sum m_i(x_i^2+z_i^2)\right]\sin\varphi\cos\varphi+\sum m_i x_i y_i(\cos^2\varphi-\sin^2\varphi)\end{aligned}$$

上式中$\sum m_i(y_i^2+z_i^2)=J_x$，$\sum m_i(x_i^2+z_i^2)=J_y$，$\sum m_i x_i y_i=J_{xy}$，所以有

$$J_{x'y'}=\frac{1}{2}(J_x-J_y)\sin2\varphi+J_{xy}\cos2\varphi \tag{B-10}$$

此式为相交轴系的惯性积之间的关系。

B.3 平 行 轴 定 理

从转动惯量的计算公式可见，同一个刚体对不同的轴的转动惯量一般是不同的。下面讨论刚体对两个平行轴的转动惯量之间的关系。

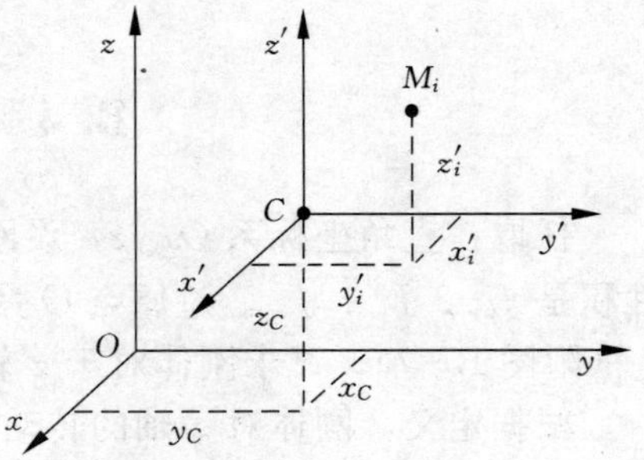

附图 B-5

任取坐标系 $Oxyz$，设刚体（未画出）质心的坐标为 $C(x_C, y_C, z_C)$，过 C 取坐标系 $Cx'y'z'$，使得 $x'/\!/x$，$y'/\!/y$，$z'/\!/z$（附图 B-5）。在刚体上任选一点 M_i，其质量为 m_i，在坐标系 $Cx'y'z'$中的坐标为$M_i(x'_i, y'_i, z'_i)$，显然其在 $Oxyz$ 坐标系中的坐标为 $x_i=x_C+x'_i$、$y_i=y_C+y'_i$、$z_i=z_C+z'_i$。

由定义，刚体对于轴 z'及 z 的转动惯量分别为

$$J_{z'}=\sum m_i(x'^2_i+y'^2_i) \tag{a}$$

$$\begin{aligned}J_z&=\sum m_i(x_i^2+y_i^2)=\sum m_i\left[(x_C+x'_i)^2+(y_C+y'_i)^2\right]\\&=\sum m_i(x_C^2+y_C^2)+\sum m_i(x'^2_i+y'^2_i)+2\sum m_i x'_i x_C+2\sum m_i y'_i y_C\end{aligned} \tag{b}$$

上式中第一项$\sum m_i(x_C^2+y_C^2)=m(x_C^2+y_C^2)=mh^2$，其中$\sum m_i=m$ 是整个刚体的质量，$\sqrt{x_C^2+y_C^2}=h$ 是平行轴 z' 与 z 之间的距离；第二项$\sum m_i(x'^2_i+y'^2_i)=J_{z'}$；第三项 $2\sum m_i x'_i x_C=2mx'_C x_C=0$（因为 $x'_C=0$）；第四项 $2\sum m_i y'_i y_C=2my'_C y_C=0$（因为 $y'_C=0$）。于是式（b）成为

$$J_z=J_{z'}+mh^2 \tag{B-11}$$

即刚体对某一轴的转动惯量，等于刚体对通过其质心并与该轴平行的轴的转动惯量加上刚体的质量与两轴间距离的平方之乘积。这就是转动惯量的**平行轴定理**。从这一定理可见，对一组平行轴而言，刚体对通过其质心的轴的转动惯量具有最小值。

应当注意，式（B-11）中的 z'轴必须是**通过质心**的轴。对于任意两个平行轴，式（B-11）不成立。

对于惯性积也有平行轴定理。在附图 B-5 中，根据定义，刚体对 x'、y'轴及对 x、y 轴的惯性积分别为

$$J_{x'y'}=\sum m_i x_i' y_i' \tag{a}$$

$$\begin{aligned}J_{xy}&=\sum m_i x_i y_i=\sum m_i(x_i'+x_C)(y_i'+y_C)\\&=\sum m_i x_i' y_i'+\sum m_i x_C y_C+\sum m_i x_i' y_C+\sum m_i y_i' x_C\end{aligned} \tag{b}$$

上式中$\sum m_i x_i' y_i'=J_{x'y'}$，$\sum m_i x_C y_C=m x_C y_C$，$\sum m_i x_i' y_C=m x_C' y_C=0$，$\sum m_i y_i' x_C=m y_C' x_C=0$，于是式（b）成为

$$J_{xy}=J_{x'y'}+m x_C y_C \tag{B-12}$$

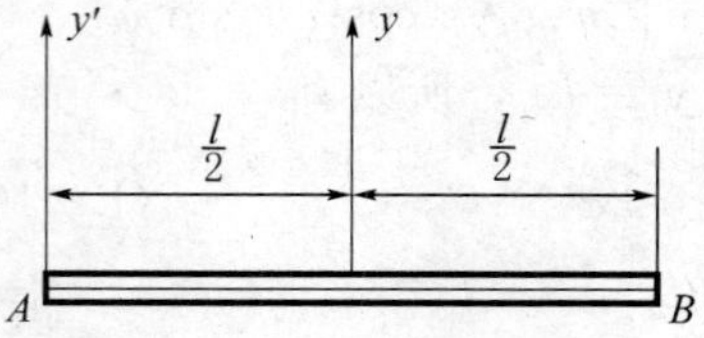

附图 B-6

【例 B-3】 求均质细杆对于通过其一端并与杆垂直的轴 y'的转动惯量（附图 B-6）。

解：已知细杆对于通过质心而与 y'平行的轴 y 的转动惯量为 $J_y=\frac{1}{12}ml^2$，而轴 y'与 y 之间的距离为 $\frac{l}{2}$，据式（B-11），有

$$J_{y'}=J_y+m\left(\frac{l}{2}\right)^2=\frac{1}{3}ml^2$$

B.4 转 轴 公 式

任取一直角坐标系 $Oxyz$，设刚体对三个坐标轴的转动惯量是 J_x、J_y、J_z，而惯性积是 J_{xy}、J_{yz}、J_{zx}。过原点 O 另取一轴 z'，它与 x、y、z 轴的夹角分别为 θ_1、θ_2、θ_3（附图 B-7）。试求刚体对于 z'轴的转动惯量。

根据定义，刚体对 z'轴的转动惯量为

$$J_{z'}=\sum m_i h_i^2 \tag{a}$$

式中：m_i 为刚体内任意一点 M_i 的质量，h_i 是 M_i 到 z'轴的垂直距离。

命 M_i 的坐标为 x_i、y_i、z_i，M_i 对原点 O 的矢径为 $\boldsymbol{r}_i$，$\boldsymbol{r}_i$ 在轴 z'上的投影为 l_i，则由附图 B-7 知

$$h_i^2=r_i^2-l_i^2$$

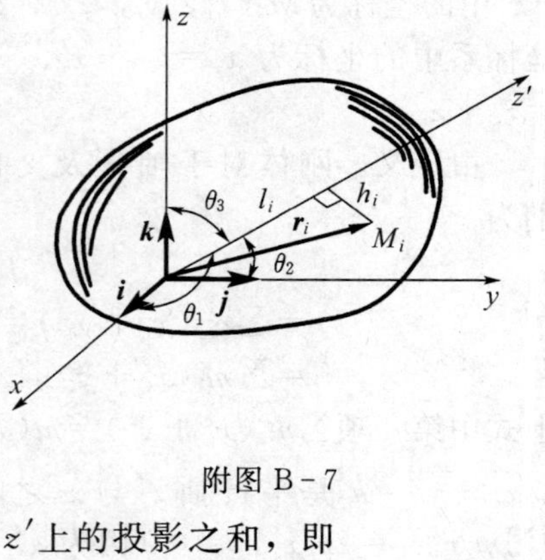

附图 B-7

式中 $r_i^2=x_i^2+y_i^2+z_i^2$。而 $\boldsymbol{r}_i=x_i\boldsymbol{i}+y_i\boldsymbol{j}+z_i\boldsymbol{k}$，$\boldsymbol{r}_i$ 在轴 z'上的投影就等于分矢量 $x_i\boldsymbol{i}$、$y_i\boldsymbol{j}$ 及 $z_i\boldsymbol{k}$ 在轴 z'上的投影之和，即

$$l_i=x_i\cos\theta_1+y_i\cos\theta_2+z_i\cos\theta_3$$

所以

$$h_i^2=(x_i^2+y_i^2+z_i^2)-(x_i\cos\theta_1+y_i\cos\theta_2+z_i\cos\theta_3)^2$$

展开，并注意 $\cos^2\theta_1+\cos^2\theta_2+\cos^2\theta_3=1$，得

$$h_i^2=(y_i^2+z_i^2)\cos^2\theta_1+(z_i^2+x_i^2)\cos^2\theta_2+(x_i^2+y_i^2)\cos^2\theta_3 \\ -2x_iy_i\cos\theta_1\cos\theta_2-2y_iz_i\cos\theta_2\cos\theta_3-2z_ix_i\cos\theta_3\cos\theta_1$$

代入式（a），得

$$J_{z'}=\cos^2\theta_1\sum m_i(y_i^2+z_i^2)+\cos^2\theta_2\sum m_i(z_i^2+x_i^2)+\cos^2\theta_3\sum m_i(x_i^2+y_i^2) \\ -2\cos\theta_1\cos\theta_2\sum m_ix_iy_i-2\cos\theta_2\cos\theta_3\sum m_iy_iz_i-2\cos\theta_3\cos\theta_1\sum m_iz_ix_i \tag{b}$$

由式（B-5）和式（B-9）知，式（b）可写成

$$J_{z'}=J_x\cos^2\theta_1+J_y\cos^2\theta_2+J_z\cos^2\theta_3-2J_{xy}\cos\theta_1\cos\theta_2 \\ -2J_{yz}\cos\theta_2\cos\theta_3-2J_{zx}\cos\theta_3\cos\theta_1 \tag{B-13}$$

该式称为**转轴公式**，它表示刚体对轴 z' 的转动惯量随轴 z' 的方向而变化的规律。这种变化可以用作图的方法形象地表示出来：

在轴 z' 上取一点 K，令 $OK=\frac{1}{\sqrt{J_{z'}}}$（附图 B-8）。当轴 z' 的方向改变时，$J_{z'}$ 随之改变，K 点也就占据不同的位置。不断改变轴 z' 的方向，则 K 点的轨迹形成一空间曲面，该面上的任一点 K 到 O 点的距离之平方的倒数就表示刚体对于与 OK 相重合的轴的转动惯量（$J_{z'}=\frac{1}{OK^2}$）。

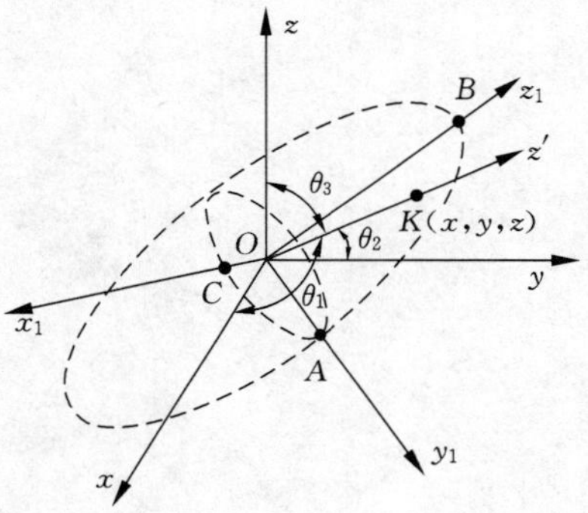

附图 B-8

现在求点 K 的轨迹。设 K 点的坐标为 x、y、z，因为

$$x=OK\cos\theta_1=\frac{1}{\sqrt{J_{z'}}}\cos\theta_1,\quad y=OK\cos\theta_2=\frac{1}{\sqrt{J_{z'}}}\cos\theta_2,\quad z=OK\cos\theta_3=\frac{1}{\sqrt{J_{z'}}}\cos\theta_3$$

所以

$$\cos\theta_1=x\sqrt{J_{z'}},\quad \cos\theta_2=y\sqrt{J_{z'}},\quad \cos\theta_3=z\sqrt{J_{z'}}$$

代入式（B-13），消去 $J_{z'}$，即得 K 点的轨迹方程

$$J_xx^2+J_yy^2+J_zz^2-2J_{xy}xy-2J_{yz}yz-2J_{zx}zx=1 \tag{B-14}$$

这是一个二次齐次方程。由于 $J_{z'}$ 是恒大于零的有限值，K 点不可能与原点 O 重合，也不可能在无穷远处，所以该方程代表的必是一个以 O 点为中心的椭球面。该椭球面称为刚体对于 O 点的**惯性椭球**。从惯性椭球可以清楚地看出刚体对通过 O 点任意轴的转动惯量大小的变化规律。

若以与惯性椭球的三个半轴重合的轴 x_1、y_1、z_1 为坐标轴，则椭球的方程成为标准形式

$$J_{x_1}x_1^2+J_{y_1}y_1^2+J_{z_1}z_1^2=1 \tag{B-15}$$

比较方程式（B-15）与方程式（B-14），可见以 x_1、y_1、z_1 为坐标轴时，$J_{x_1y_1}=J_{y_1z_1}=J_{z_1x_1}=0$，所以 x_1、y_1、z_1 是刚体在 O 点的惯性主轴。这表明，不论在哪点，总可找到三个互相垂直的主轴。当然，如以 z_1 和位于 x_1y_1 平面内的任意两轴如 x'、y' 为坐标轴，则 z_1 是主轴，而 x'、y' 一般却不是。但如惯性椭球是以 z_1 为回

转轴的回转椭球，则通过 O 点而与 z_1 轴垂直的椭球截面为圆形，该截面称为**赤道平面**，而位于赤道平面内的任何一轴都是主轴。

设 z_1 是惯性椭球的最长轴，x_1 是最短轴，则对所有通过 O 点的轴来说，刚体对 x_1 轴的转动惯量最大，对 z_1 轴的转动惯量最小。

习 题 参 考 答 案

第 1 章

1-1 $F_R=853N$

1-2 $F_2=4.24kN$，$F_R=8.20kN$

1-3 （1）$F_x=8.66N$，$F_y=5N$； （2）投影：$F_{x'}=8.66N$，$F_{y'}=7.07N$；分力：$F_{x'}=7.32N$，$F_{y'}=5.17N$

1-4 $F_x=61.2N$，$F_y=35.4N$，$F_z=70.7N$

1-5 $M_O(\boldsymbol{F}_1)=336.4N\cdot m$，$M_O(\boldsymbol{F}_2)=-672.8N\cdot m$

1-6 $M_A(\boldsymbol{F})=-15N\cdot m$

1-7 $M_O(\boldsymbol{F}_1)=50N\cdot m$，$F_2=57.7N$，$F_{min}=50N$

1-8 $M_A(\boldsymbol{P}_1)=-156kN\cdot m$，$M_A(\boldsymbol{P}_2)=-54kN\cdot m$，$M_A(\boldsymbol{F}_1)=-209kN\cdot m$，$M_A(\boldsymbol{F}_2)=147kN\cdot m$

1-9 $\boldsymbol{M}_B(\boldsymbol{F})=10\boldsymbol{i}+4\boldsymbol{j}-8\boldsymbol{k}$ kN

1-10 $M_x=-9.43kN\cdot m$，$M_y=9.43kN\cdot m$，$M_z=-4.71kN\cdot m$

1-11 $\boldsymbol{M}=15\sqrt{2}(\boldsymbol{i}+\boldsymbol{k})$ kN·m

1-12 略

1-13 略

第 2 章

2-1 $F_R=68.8N$

2-2 $F_R=0$

2-3 16 kN

2-4 $M=-2kN\cdot m$

2-5 $M=-1.2kN\cdot m$

2-6 $M=5.33kN\cdot m$

2-7 $M=3.02kN\cdot m$

2-8 $\boldsymbol{M}_B(\boldsymbol{F})=60\boldsymbol{i}-60\boldsymbol{j}$ kN·m

2-9 $F_R=F$

2-10 $F_R=0$

2-11 $F'_R=F$，$M_A=M-Fa$

2-12 $F'_R=337N$，$M_A=-263N\cdot m$

2-13 $F'_R=245.4kN$，$M_A=-192.8N\cdot m$，$x=0.857m$

2-14 $F'_R=\sqrt{F_1^2+F_2^2}$，$M_O=F_1R-F_2h$

2-15 $\boldsymbol{F}'_R=-5\boldsymbol{i}-10\boldsymbol{k}$ kN，$\boldsymbol{M}_O=-20\boldsymbol{i}-20\boldsymbol{k}$ kN·m

2-16 $\boldsymbol{F}'_R=4.2\boldsymbol{i}+4\boldsymbol{j}+3.6\boldsymbol{k}$ kN，$\boldsymbol{M}_O=-9.7\boldsymbol{i}+7.3\boldsymbol{j}+7.2\boldsymbol{k}$ kN·m

2-17 $\boldsymbol{F}'_R=-2\boldsymbol{i}+7\boldsymbol{j}+4\boldsymbol{k}$ kN，$\boldsymbol{M}_O=-2\boldsymbol{i}+4\boldsymbol{j}+\boldsymbol{k}$ kN·m

2-18 (a) $x_C=3.33$mm，(b) $y_C=36.1$mm，(c) $x_C=11.875$mm，(d) $y_C=175$mm

2-19 $x_C=71.4$mm，$y_C=135.7$mm，$z_C=142.9$mm

2-20 (a) $F_R=q_0 l$，$x_C=\frac{2l}{3}$，(b) $F_R=\frac{3}{4}q_0 l$，$x_C=\frac{14l}{9}$，(c) $F_R=\frac{1}{3}q_0 l$，$x_C=\frac{l}{4}$，(d) $F_R=\frac{2}{3}q_0 l$，$x_C=\frac{5l}{8}$

第3章

3-1 (a) $F_{Ax}=-2F$，$F_{Ay}=-F$，$F_D=2\sqrt{2}F$

(b) $F_{Ax}=-2F$，$F_{Ay}=F$，$F_D=2F$

(c) $F_{Ax}=0$，$F_{Ay}=-F$，$F_{Dx}=0$，$F_{Dy}=2F$，$M_D=2F\cdot AD$

3-2 $F_A=F_B=\frac{\sqrt{2}}{2}F$

3-3 $F_{Ax}=-F$，$F_{Ay}=-2F$，$F_B=2F$

3-4 $F_A=990$N

3-5 $F_A=F_C=\frac{\sqrt{5}}{4}F$，$F_B=\frac{\sqrt{3}}{4}F$

3-6 $F_{OA}=F_{OB}=\frac{1}{3}P$，$F_{OC}=-\frac{2\sqrt{3}}{3}P$

3-7 $F_{AB}=F_{AD}=\frac{\sqrt{2}}{2}P$，$F_{OA}=\sqrt{2}P$

3-8 (a) $F_A=F_B=\frac{M}{a}$；(b) $F_A=F_B=\frac{M}{a\cos\alpha}$

3-9 $F_A=F_D=\sqrt{2}\frac{M}{a}$

3-10 $M_{Ox}=M_1$，$M_{Oy}=M_2$

3-11 (a) $F_{Ax}=0$，$F_{Ay}=\frac{F}{3}+\frac{M}{3a}$，$F_B=\frac{2F}{3}-\frac{M}{3a}$

(b) $F_{Ax}=\frac{qa}{4}\tan\alpha$，$F_{Ay}=\frac{3F}{4}qa$，$F_B=\frac{qa}{4\cos\alpha}$

3-12 (a) $F_{Ax}=F\sin\alpha$，$F_{Ay}=F\cos\alpha$，$M_A=3Fa\cos\alpha-M$

(b) $F_{Ax}=0$，$F_{Ay}=\frac{1}{2}q_0 a$，$M_A=\frac{1}{3}q_0 a^2$

3-13 (a) $F_{Ax}=0$，$F_{Ay}=2qa$，$F_B=qa$

(b) $F_{Ax}=0$，$F_{Ay}=\frac{5}{4}qa$，$F_B=\frac{3}{4}qa$

3-14 (a) $F_{Ax}=0$，$F_{Ay}=5.25$kN，$F_B=2.75$kN

(b) $F_{Ax}\approx-4.54$kN，$F_{Ay}=2$kN，$M_A\approx0.810$kN·m

3-15 (a) $F_{Ax}=0$，$F_{Ay}=1$kN，$F_B=3$kN，$F_D=2$kN·m

(b) $F_{Ax}=0$，$F_{Ay}=5$kN，$M_A=9$kN·m，$F_C=3$kN

3-16 (a) $F_{Ax}=2qa-\frac{F}{2}$，$M_A=2qa^2-Fa$，$F_{Bx}=-F$，$F_{By}=\frac{F}{2}$，$F_{Cx}=0$，$F_{Cy}=\frac{F}{2}$

(b) $F_{xy}=0$，$F_{Ay}=\frac{1}{2}qa$，$F_B=\frac{1}{2}qa-\frac{M}{a}$，$F_D=\frac{M}{a}$，$F_{Cx}=0$，$F_{Cy}=\frac{M}{a}$

(c) $F_{Ax}=-F$，$F_{Ay}=0$，$F_B=\frac{1}{2}qa-F$，$F_D=F+\frac{1}{2}qa$，$F_{Cx}=F$，$F_{Cy}=\frac{1}{2}qa$

(d) $F_{Ax}=qa$，$F_{Ay}=2qa-\frac{F}{4}$，$F_{Bx}=-qa-F$，$F_{By}=2qa+\frac{F}{4}$，$F_{Cx}=qa+F$，$F_{Cy}=\frac{F}{4}$

3-17　(a) $F_{CD}=\frac{4}{3}F$，$F_{BE}=\frac{5}{2}F$；(b) $F_{BG}=F_{GF}=2F$，$F_{AG}=2\sqrt{2}F$

3-18　$F_{Ax}=-8.14\text{kN}$，$F_{Ay}=18.5\text{kN}$，$F_{Bx}=3.14\text{kN}$，$F_{By}=13.5\text{kN}$，$F_{Cx}=3.14\text{kN}$，$F_{Cy}=2.5\text{kN}$

3-19　$F_{Ax}=-4\text{kN}$，$F_{Ay}=-1\text{kN}$，$M_A=2\text{kN}\cdot\text{m}$，$F_{Bx}=4\text{kN}$，$F_{By}=3\text{kN}$，$F_{Cx}=4\text{kN}$，$F_{Cy}=3\text{kN}$，$F_D=8\text{kN}$，$F_E=5\text{kN}$

3-20　$F_{Ax}=0$，$F_{Ay}=57.5\text{kN}$，$F_B=42.5\text{kN}$

3-21　$F_{Ax}\approx2.32\text{kN}$，$F_{Ay}=0.9\text{kN}$，$F_{BD}\approx1.04\text{kN}$

3-22　$F_O=F_{O_1}=1.73\text{kN}$，$M_2=0.6\text{kN}\cdot\text{m}$

3-23　$F=1\text{kN}$

3-24　$F_A=\left(P_{\text{I}}-\frac{M_1}{r}\right)\cdot\frac{b}{a+b}+\frac{P}{2}$，$F_B=\left(P_{\text{I}}-\frac{M_1}{r}\right)\cdot\frac{a}{a+b}+\frac{P}{2}$，$F_C=\left(P_{\text{II}}+\frac{M_1}{r}\right)\cdot\frac{b}{a+b}$，

$F_B=\left(P_{\text{II}}+\frac{M_1}{r}\right)\cdot\frac{a}{a+b}$

3-25　$F_{Ax}=0$，$F_{Ay}=20\text{kN}$，$F_{Az}\approx69.0\text{kN}$，$F_{BG}=F_{BH}\approx28.3\text{kN}$

第4章

4-1　(1) $F=140\text{N}$，(2) $F=265\text{N}$

4-2　(1) 处于平衡状态；(2) 5 N

4-3　$\alpha=\arctan\left(\frac{1}{f}+2\right)$

4-4　(1) $l_{AD\max}=\tan\alpha-\frac{1}{2}l$；(2) $\alpha_{\min}=\arctan\frac{1}{2f}$

4-5　$P_{\min}=282\text{kN}$

4-6　(1) 不滑动；(2) 不翻倒。

4-7　$x=40\text{cm}$

4-8　$F_{\max}=40.6\text{N}$

4-9　$P\tan(\alpha-\varphi_m)\leqslant F\leqslant P\tan(\alpha+\varphi_m)$

4-10　$\delta=r\tan\theta$

4-11　$F=\frac{\delta}{r}(P_1+P_2)$，$M_A=(P_1+P_2)\frac{\delta(ar-b\delta)}{2ar}$，$M_B=(P_1+P_2)\frac{\delta(ar+b\delta)}{2ar}$

4-12　(a) $F_{AB}=-750\text{N}$，$F_{AD}=450\text{N}$，$F_{BD}=250\text{N}$，$F_{BC}=-600\text{N}$，$F_{CD}=-200\text{N}$；

(b) $F_{AB}=-29.7\text{kN}$，$F_{BC}=F_{AC}=-F_{BD}=21\text{kN}$，$F_{CD}=15\text{kN}$，$F_{CE}=F_{EF}=9\text{kN}$，$F_{DF}=-41\text{kN}$，$F_{DE}=0$；

(c) $F_{AC}=-3F\text{kN}$，$F_{CE}=-2F$，$F_{CD}=-F$，$F_{ED}=F$，$F_{AB}=F_{BD}=2.6F$，$F_{CB}=0$；

(d) $F_{EF}=-F$，$F_{AF}=\sqrt{5}F$，$F_{FD}=F_{BD}=-2F$，其他为零力杆。

4-14　(a) $F_1=40\sqrt{5}\text{kN}$，$F_2=-20\sqrt{2}\text{kN}$，$F_3=-60\text{kN}$；

(b) $F_1=\frac{5}{6}F$；(c) $F_1=-F$，$F_2=0$

第5章

5-1 $x=200\cos\frac{\pi}{5}t$ mm，$x=100\sin\frac{\pi}{5}t$mm；轨迹$\frac{x^2}{40000}+\frac{y^2}{10000}=1$

5-2 对地：$y_A=0.01\sqrt{64-t^2}$m，$v_A=\frac{0.01t}{\sqrt{64-t^2}}$m/s，方向铅垂向下。

对凸轮：$x'_A=0.01t$m，$y'_A=0.01\sqrt{64-t^2}$m，$v_{Ax'}=0.01$m/s，$v_{Ay'}=-\frac{0.01t}{\sqrt{64-t^2}}$m/s

5-3 椭圆：$\frac{(x-a)^2}{(b+l)^2}+\frac{y^2}{l^2}=1$

5-4 $y=l\tan kt$，$v=lk\sec^2 kt$，$a=2lk^2\tan kt\sec^2 kt$；$\theta=30°$时，$v=\frac{4}{3}lk$，$a=\frac{8\sqrt{3}}{9}lk^2$；$\theta=60°$，$v=4lk$，$a=8\sqrt{3}lk^2$

5-5 $v=-\frac{v_0}{x}\sqrt{x^2+l^2}$，$a=-\frac{v_0^2 l^2}{x^3}$

5-6 （1）自然法：$s=2R\omega t$，$v=2R\omega$，$a_\tau=0$，$a_n=4R\omega^2$

（2）坐标法：$x=R+R\cos2\omega t$，$y=R\sin2\omega t$

$v_x=-2R\omega\sin2\omega t$，$v_y=2R\omega\cos2\omega t$

$a_x=-4R\omega^2 s\cos2\omega t$，$a_y=-4R\omega^2\sin2\omega t$

5-7 $x=r\cos\omega t+l\sin\frac{\omega t}{2}$，$y=r\sin\omega t-l\cos\frac{\omega t}{2}$

$v=\omega\sqrt{r^2+\frac{l^2}{4}-rl\sin\frac{\omega t}{2}}$，$a=\omega^2\sqrt{r^2+\frac{l^2}{16}-\frac{rl}{2}\sin\frac{\omega t}{2}}$

5-8 $v_x=v_y=6\sqrt{2}$m/s，$a_x=-36$m/s^2，$a_y=36$m/s^2

5-9 $\rho=250$m

5-10 $v=\frac{h\omega}{\cos^2\omega t}$，$v_r=\frac{h\omega\sin\omega t}{\cos^2\omega t}$

5-11 $y_B=\sqrt{64+t^2}-8$，$v_B=\frac{t}{\sqrt{64+t^2}}$，$t=15$s

5-12 $x_C=\frac{al}{\sqrt{l^2+u^2t^2}}$，$y_C=\frac{aut}{\sqrt{l^2+u^2t^2}}$，$v_C=\frac{au}{2l}$

5-13 $y=e\sin\omega t+\sqrt{R^2-e^2\cos^2\omega t}$，$v=e\omega\left[\cos\omega t+\frac{e\sin2\omega t}{2\sqrt{R^2-e^2\cos^2\omega t}}\right]$

5-14 ① 13m；② 2.83m/s^2

第6章

6-1 $x=0.2\cos4t$m，$v=-0.4$m/s，$a=-2.771$m/s^2

6-2 $v_C=9.948$m/s，轨迹为以半径为0.25m的圆。

6-3 $v_M=9.42$m/s，$a_M=444.15$m/s^2

6-4 $v_O=0.707$m/s，$a_O=3.331$m/s^2

6-5 $\omega=\frac{v}{2l}$，$\alpha=-\frac{v^2}{2l^2}$

6-6 $\theta_A=\arctan\dfrac{\sin\omega_O t}{\dfrac{h}{r}-\cos\omega_O t}$

6-7 $\omega=20t\text{rad/s}$，$\alpha=20\text{rad/s}^2$，$a=10\sqrt{1+400t^4}\ \text{m/s}^2$

6-8 $\varphi=\dfrac{\sqrt{3}}{3}\ln\left(\dfrac{1}{1-\sqrt{3}\omega_0 t}\right)$，$\omega=\omega_0 e^{\sqrt{3}\varphi}$

6-9 $h_1=2\text{mm}$

6-10 $a=\dfrac{av^2}{2\pi r^3}$

6-11 $\omega_2=0$，$\alpha_2=-\dfrac{bl\omega^2}{r^2}$

6-12 $\omega=\dfrac{v}{2R\sin\varphi}$，$v_C=\dfrac{v}{\sin\varphi}\left[\sin\varphi=\dfrac{1}{2}\sqrt{2-2\sqrt{2}\dfrac{vt}{r}-\left(\dfrac{vt}{r}\right)^2}\right]$

6-13 $\boldsymbol{\omega}=2\boldsymbol{k}$，$\boldsymbol{\alpha}=-1.5\boldsymbol{k}$，$\boldsymbol{a}_C=(-388.9\boldsymbol{i}+176.8\boldsymbol{j})\ \text{mm/s}^2$

6-14 $v_A=16.8\text{m/s}$，$a_A=705.6\text{m/s}^2$

第7章

7-1 相对轨迹为圆：$(x'-40)^2+y'^2=1600$；绝对轨迹为圆：$(x+40)^2+y^2=1600$

7-2 题7-2图（a）：$\omega_2=1.5\text{rad/s}$；题7-2图（b）：$\omega_2=2\text{rad/s}$

7-3 $\omega_1=\dfrac{e}{l}\omega$

7-4 $v_C=\dfrac{av}{2L}$

7-5 $v_r=3.98\text{m/s}$，当传送带B的速度$v_2=1.04\text{m/s}$时，v_r才与带垂直。

7-6 $v_a=1.98\text{m/s}$

7-7 当$\varphi=0°$时，$v=0$；当$\varphi=30°$时，$v=100\text{cm/s}$；当$\varphi=90°$时，$v=200\text{cm/s}$

7-8 当$\varphi=0°$时，$v=\dfrac{\sqrt{3}}{3}r\omega$向左；当$\varphi=30°$时，$v=0$；当$\varphi=60°$时，$v=\dfrac{\sqrt{3}}{3}r\omega$向右

7-9 $v_a=3060\text{mm/s}$

7-10 $v_A=\dfrac{lhv}{h^2+x^2}$

7-11 $\omega_1=2.67\text{rad/s}$

7-12 $v_M=0.529\text{m/s}$

7-13 $v=\dfrac{1}{\sin\theta}\sqrt{v_1^2+v_2^2-2v_1v_2\cos\theta}$

7-14 $v_{BC}=1.257\text{m/s}$，$a_{BC}=27.4\text{m/s}^2$

7-15 $v=17.3\text{cm/s}$，$a=0.05\text{m/s}^2$

7-16 $v_r=\dfrac{2}{\sqrt{3}}v_0$，$a_r=\dfrac{8\sqrt{3}}{9}\dfrac{v_0^2}{R}$

7-17 $a_A=74.6\text{cm/s}^2$

7-18 $v_M=17.3\text{cm/s}$，$a_M=35\text{cm/s}^2$

7-19 $a_M=355.5\text{mm/s}^2$

7-20 $a_1=r\omega^2-\dfrac{v^2}{r}-2\omega v$，$a_2=\sqrt{(r\omega^2+\dfrac{v^2}{r}+2\omega v)^2+4r^2\omega^4}$

7-21 $v_{AB}=0.577\text{m/s}$，$a_{AB}=8.85\text{m/s}^2$

7-22 $v_M=\sqrt{2}r\omega$，$a_M=\sqrt{2}r\omega^2$

第8章

8-1 $x_C=r\cos\omega_o t$，$y_C=r\sin\omega_o t$

8-2 $x_A=(R+r)\cos\dfrac{\alpha t^2}{2}$，$y_A=(R+r)\sin\dfrac{\alpha t^2}{2}$，$\varphi_A=\dfrac{1}{2r}(R+r)\alpha t^2$

8-3 $\omega=\dfrac{v^2\sin^2\theta}{R\cos\theta}$

8-4 $\omega_{EF}=1.33\text{rad/s}$，$v_F=0.46\text{m/s}$

8-5 $\omega_{AB}=5.56\text{rad/s}$，$v_M=6.68\text{m/s}$

8-6 $v_B=\dfrac{\sqrt{3}}{2}r\omega$，$\omega_{BC}=\dfrac{\sqrt{3}}{4}\omega$

8-7 2rad/s，4rad/s

8-8 $\omega_{AB}=1.07\text{rad/s}$，$v_D=0.2535\text{m/s}$

8-9 $v_{BC}=2.512\text{m/s}$

8-10 $\omega=\dfrac{v_1-v_2}{2r}$，$v_O=\dfrac{v_1+v_2}{2}$

8-11 $\omega_{OD}=10\sqrt{3}\ \text{rad/s}$，$\omega_{DE}=\dfrac{10}{3}\sqrt{3}\ \text{rad/s}$

8-12 $n=10800\text{r/min}$

8-13 $\omega_{OB}=3.75\text{rad/s}$，$\omega_{\text{I}}=6\text{rad/s}$

8-14 $a_P=2r\omega_0{}^2$

8-15 $a_A=v_C^2\dfrac{R}{r\ (R-r)}$，$a_B^t=2a_C^t$，$a_B^n=v_C^2\dfrac{2r-R}{r\ (R-r)}$

8-16 $v_B=2\text{m/s}$，$v_C=2.828\text{m/s}$，$a_B=8\text{m/s}^2$，$a_C=11.31\text{m/s}^2$

8-17 $v_M=0.098\text{m/s}$，$a_M=0.013\text{m/s}^2$

8-18 $v_C=\dfrac{3}{2}r\omega_O$，$a_C=\dfrac{\sqrt{3}}{12}r\omega_O^2$

8-19 $v_C=0.4\text{m/s}$，$v_r=0.2\text{m/s}$，$a_C=0.159\text{m/s}^2$，$a_r=0.139\text{m/s}^2$

8-20 $v_{C'}=6.865r\omega_0$，$a_{C'}=16.14r\omega_0^2$

8-21 $\omega_{O_1A}=0.2\text{rad/s}$，$\alpha_{O_1A}=0.0462\text{rad/s}^2$

8-22 $v_{DB}=1.155l\omega_0$，$a_{DB}=2.222l\omega_0^2$

8-23 $\omega_{O_1C}=6.186\text{rad/s}$，$\alpha_{O_1C}=78.17\text{rad/s}^2$

8-24 当 $\varphi=0°$时，$v=0.15\text{m/s}$；当 $\varphi=45°$时，$v=0.49\text{m/s}$；当 $\varphi=90°$时，$v=0.588\text{m/s}$

第9章

9-1 $\omega'=\dfrac{\cos(\beta+2\theta)}{\sin2\theta}\omega$，$\alpha'=\dfrac{\cos^2(\beta+2\theta)}{\sin^2 2\theta}\cdot\dfrac{\sin\theta\cos\beta}{\cos(\beta+\theta)}\omega^2$

9-2 $\omega=\sqrt{\left(\dfrac{\pi n}{30}\right)^2+\omega_1^2+2\left(\dfrac{\pi n}{30}\right)\omega_1\cos\theta}$，$\alpha=\omega_1\ \dfrac{n\pi}{30}\sin\theta$

9-3 $\boldsymbol{v}_A=-0.689\boldsymbol{i}\ \text{m/s}$，$\boldsymbol{a}_A=4.652\boldsymbol{j}-6.651\boldsymbol{k}\text{m/s}^2$

$\boldsymbol{\omega}=6.928\boldsymbol{j}+7\boldsymbol{k}\ \text{rad/s}$，$\boldsymbol{\alpha}=-20.78\boldsymbol{i}\ \text{rad/s}^2$

9-4 $v_C=0\text{m/s}$，$v_B=0.4\text{m/s}$，$a_C=0.4\text{m/s}^2$，$a_B=0.4\sqrt{5}\text{m/s}^2$

第10章

10-1 $F_{max}=102\text{kN}$，$F=99\text{kN}$

10-2 $F_{AB}=\frac{ml}{2b}(\omega^2b+g)$，$F_{AC}=\frac{ml}{2b}(\omega^2b-g)$

10-3 $F_{max}=3.14\text{kN}$，$F_{min}=2.74\text{kN}$

10-4 $n=18\text{r/min}$

10-5 $M=\left[(W+P)\left(\frac{a}{g}+0.01\right)+(W-P)\sin\theta\right]r$

10-6 $a_A=1.2\text{m/s}^2$，$a_B=0.8\text{m/s}^2$

10-7 $t=0.686\text{s}$，$d=3.43\text{m}$

10-8 $\varphi=48.2°$

10-9 $F=17.24\text{kN}$

10-10 $\delta_{max}=0.093\text{m}$

10-11 $t=2.02\text{s}$，$L=6.92\text{m}$

10-12 $v=\sqrt{\frac{\mu}{b}}$

10-13 $v_L=9.8\text{mm/s}$

10-14 $v_1=\sqrt{\frac{gv_0^2}{g+kv_0^2}}$

10-15 $a_B=\frac{m_1g\sin\theta\cos\theta}{m_2+m_1\sin^2\theta}$，$a_A=\frac{(m_1+m_2)g\sin\theta}{m_2+m_1\sin^2\theta}$

10-16 $f=\frac{m_1\sin\theta\cos\theta}{m_1\cos^2\theta+m_2}$

10-17 $F=3.78\text{kN}$

10-18 ① $y=\frac{\omega^2}{2g}x^2$；② $h=H-\frac{\omega^2R^2}{4g}$

10-19 $\ddot{\theta}=-\omega^2\sin\theta$

第11章

11-1 ①$\Delta x=0$；②$\Delta x=\frac{l}{6}$；③$\Delta x=\frac{3l}{10}$（Δx 为点 C 水平向右移动的距离）

11-2 ①$F_{H\max}=\frac{W_2}{g}\omega^2e$；②$\omega\geqslant\sqrt{\frac{W_1+W_2}{W_2e}g}$

11-3 简谐振动，振幅$\frac{(W_2+2W_3)l}{W_1+W_2+W_3}$，周期$\frac{2\pi}{\omega}$

11-4 $F_x=-\frac{W+P}{g}\omega^2e\cos\omega t$，$F_y=-\frac{W}{g}\omega^2e\sin\omega t$

11-5 $x=\frac{Pl}{W+P}\sin(\varphi_0\cos kt)-\frac{Pl\sin\varphi_0}{W+P}$

11-6 $(x_A-l\cos\theta_0)^2+(\frac{y_A}{2})^2=l^2$

11-7 $F_{Ox}=\frac{W}{g}(\omega^2 l\cos\varphi+\alpha l\sin\varphi)$，$F_{Oy}=W+\frac{W}{g}(\omega^2 l\sin\varphi-\alpha l\cos\varphi)$

11-8 $F=256.8\text{N}$，$x_F=150\text{mm}$

11-9 ① $t=20.4\text{s}$；② $t=10.1\text{s}$

11-10 （1）$p=\frac{W}{g}v_0$，$\boldsymbol{p}$ 与 $\boldsymbol{v}_0$ 同方向；（2）$p=\frac{W}{g}\omega e$，$\boldsymbol{p}\perp OC$，与 ω 的转向一致；（3）$p=0$

11-11 $p_x=(m_1 l+m_1 b+m_2 b)\frac{\pi}{2}\cos\frac{\pi}{2}t$，$p_y=m_1 l\frac{\pi}{2}\sin\frac{\pi}{2}t$

11-12 $p=\frac{5W_1+4W_2}{2g}\omega l$，$\boldsymbol{p}\perp OC$，与 ω 的转向一致

11-13 $v=0.687\text{m/s}$

11-14 $v=3.19\text{m/s}$，$v'=3.84\text{m/s}$

11-15 $F_1=12.6\text{kN}$，$F_2=9.33\text{kN}$

11-16 ①$v=1.84\text{m/s}$；②$\Delta L=0.857\text{m}$

11-17 $F_x=\rho q_V(v_1+v_2\cos\theta)$

11-18 $F_1=138\text{N}$

11-19 $F_N=2P+W+\frac{2P}{g}\omega^2 e\cos\omega t$

11-20 $F_{N\max}=\frac{Wv^2 r}{gR^2}$

第12章

12-1 $L_O=\frac{(4W+P)r^2+(P+2P_1+2P_2)R^2}{2g}\omega$

12-2 $L_z=(\frac{m_1}{3}+m_2)l_1^2\omega$

12-3 $L_O=15\text{kg}\cdot\text{m}^2/\text{s}$

12-4 $M_f=47.1\text{N}\cdot\text{m}$

12-5 $\varphi=\frac{\delta_0}{l}\sin\left(\sqrt{\frac{gk}{3(W_1+3W_2)}}t+\frac{\pi}{2}\right)$

12-6 $\rho=0.384\text{m}$

12-7 $J_2=\left(\frac{T_2^2}{T_1^2}-1\right)J_1$

12-8 $\omega=2\text{rad/s}$，$\omega'=1\text{rad/s}$

12-9 $\omega=\frac{2W_2 at}{(W_1+2W_2)r}$，$\alpha=\frac{2W_2 a}{(W_1+2W_2)r}$

12-10 $M=76.9\text{N}\cdot\text{m}$

12-11 $\omega_1=\frac{W_1R_1\omega_{01}+W_2R_2\omega_{02}}{(W_1+W_2)R_1}$，$\omega_2=\frac{W_1R_1\omega_{01}+W_2R_2\omega_{02}}{(W_1+W_2)R_2}$

12-12 $a=\frac{(M-Wr)R^2r}{(J_1r^2+J_2R^2)g+WR^2r^2}g$

12-13 $n=\frac{\omega^2 Wrb}{8g\pi lfF}$

12-14 $F_{Ox}=-96\text{N}$，$F_{Oy}=32.3\text{N}$

12-15 $J=1080\text{kg}\cdot\text{m}^2$

12-16 ①$\alpha=4.6\text{rad/s}^2$；②$\alpha=5.13\text{rad/s}^2$

12-17 $a_C=\dfrac{2(2M-W_2R-W_3R)}{(4W_1+3W_2+2W_3)R}g$

12-18 (a) $a_C=4.8\text{m/s}^2$，$\alpha=60\text{rad/s}^2$；(b) $a_C=0.96\text{m/s}^2$，$\alpha=34.2\text{rad/s}^2$

12-19 ①$x_C=0$，$y_C=0.4\pi t-\dfrac{1}{2}gt^2$，$\varphi=\pi t$；②$h_1=h_2=17.1\text{m}$；③$F=3.95\text{N}$

12-20 $a=\dfrac{P(R-r)^2}{W(\rho^2+r^2)+P(R-r)^2}g$

12-21 $a_C=1.29\text{m/s}^2$

12-22 $\varphi=\varphi_0\sin\left(\sqrt{\dfrac{2g}{3(R-r)}}t+\dfrac{\pi}{2}\right)$

12-23 $F_N=\dfrac{P}{3}(7\cos\theta-4\cos\theta_0)$

12-24 $a_A=\dfrac{4\sin\theta}{1+3\sin^2\theta}g$

12-25 $F_N=\dfrac{W}{1+3\sin^2\theta_0}$

12-26 ①$a=\dfrac{4}{5}g$；②$M>2Pr$

12-27 $a_O=\dfrac{M(m_2r-m_1R)}{(m+m_1+m_2)(m\rho^2+m_1R^2+m_2r^2)-(m_2r-m_1R)^2}$

第13章

13-1 $W_{A\to B}=-0.172kR^2$，$W_{B\to D}=0.078kR^2$

13-2 $W_F=509.2\text{N}\cdot\text{m}$，$W_P=0$，$W_{F_f}=176.4\text{N}\cdot\text{m}$；$W_F=62.4\text{N}\cdot\text{m}$

13-3 $T=\dfrac{\omega^2}{2}(J_O+mr^2\sin^2\varphi)$；$\varphi=\dfrac{\pi}{2}$，$\dfrac{3\pi}{2}$，…时，$T_{max}=\dfrac{\omega^2}{2}(J_O+mr^2)$；$\varphi=0$，$\pi$，…时，$T_{min}=\dfrac{\omega^2}{2}J_O$

13-4 $T=\dfrac{Pl^2}{6g}\omega^2\sin^2\beta$

13-5 $T=\left[W_1+4W_2+4W_3\left(1+\dfrac{\rho^2}{R^2}\right)\right]\dfrac{v^2}{2g}$

13-6 $v=\sqrt{\dfrac{(l^2-b^2)g}{l}}$

13-7 $v=\sqrt{\dfrac{2gs(M-P_1r\sin\varphi)}{(P_1+P_2)r}}$

13-8 $\omega=\dfrac{2}{r}\sqrt{\dfrac{[M-Pr(\sin\theta+f\cos\theta)]g\varphi}{P_1+2P}}$

13-9 $\theta=28°4'$

13-10 $a=\dfrac{(MK-PR)Rg}{PR^2+(J_1K^2+J_2)g}$

13-11 $v_0=\sqrt{\dfrac{2kg}{15P}}h$

13-12 $v_B=2.1\sqrt{\dfrac{m_1gl}{7m_1+9m_2}}$

13-13 $a=\dfrac{P(R+r)^2g}{W(\rho^2+R^2)+P(R+r)^2}$

13-14 $\omega=\sqrt{\dfrac{2gM\varphi}{(3P+4P_1)l^2}}$，$\alpha=\dfrac{gM}{(3P+4P_1)l^2}$

13-15 $\omega=\sqrt{\dfrac{6\pi F}{13ml}}$

13-16 $\omega=1.142\sqrt{\dfrac{g}{r}}$

13-17 $\omega=1.56\text{rad/s}$

13-18 $v_{r0}=\omega l$

13-19 $F_N=\dfrac{7}{3}mg\cos\theta$，$F=\dfrac{1}{3}mg\sin\theta$

13-20 $v_C=\sqrt{3gh}$

13-21 ① $p=(\dfrac{m_1}{2}+m_2)\omega l$，$\boldsymbol{p}\perp OC$，$T=\dfrac{1}{12}(2m_1+3m_2\dfrac{R^2}{l^2}+6m_2)l^2\omega^2$，

$L_O=\dfrac{1}{6}(2m_1+3m_2\dfrac{R^2}{l^2}+6m_2)l^2\omega$；② $p=(\dfrac{m_1}{2}+m_2)\omega l$，$\boldsymbol{p}\perp OC$，

$T=\dfrac{1}{2}(\dfrac{m_1}{3}+m_2)\omega^2l^2$，$L_O=(\dfrac{m_1}{3}+m_2)l^2\omega$

13-22 $v=\sqrt{\dfrac{4gh}{3}}$，$F=\dfrac{mg}{3}$

13-23 $F_x=\dfrac{3}{4}mg\sin2\theta$（水平向左），$F_y=2mg-\dfrac{3}{2}mg\cos^2\theta$（铅直向上）；$\varphi=\sqrt{\dfrac{g}{\sqrt{2}r}}t$，$x_C=-\dfrac{\sqrt{2}}{2}r+\dfrac{\sqrt{2}}{2}\sqrt{\dfrac{gr}{\sqrt{2}}}t$，$y_C=\dfrac{\sqrt{2}}{2}r+\dfrac{\sqrt{2}}{2}\sqrt{\dfrac{gr}{\sqrt{2}}}t+\dfrac{1}{2}gt^2$（以铰 O 为坐标原点，x 轴水平向左，y 轴铅直向下）

13-24 $F_x=\dfrac{m_1\cos\theta(m_1\sin\theta-m_2)g}{m_1+m_2}$

13-25 B 处：$\omega_1=\dfrac{J\omega_0}{J+mR^2}$，$v_{r1}=\sqrt{2gR+\dfrac{JR^2\omega_0^2}{J+mR^2}}$；$C$ 处：$\omega_2=\omega_0$，$v_{r2}=2\sqrt{gR}$

13-26 $a=\dfrac{(M-m_1gr\sin\theta)r}{m_1r^2+J}$，$F_{Ox}=\dfrac{m_1(Jg\sin\theta+Mr)}{m_1r^2+J}\cos\theta$（水平向左），

$F_{Oy}=m_2g+\dfrac{m_1(Jg\sin\theta+Mr)}{m_1r^2+J}\sin\theta$（铅直向上）

13-27 $v_r=\sqrt{\dfrac{8}{3}gr}$，$F_N=\dfrac{11}{3}mg$

13-28 $F=45\text{N}$，$t=20\text{s}$，$s=100\text{m}$

13-29 ① $\omega=\sqrt{\dfrac{(12Pl+3M\pi)g}{Pl^2}}$，$\alpha=\dfrac{3gM}{Pl^2}$；② $F_C=\dfrac{M}{l}$，$F_x=\dfrac{M}{l}$，$F_y=25P+\dfrac{6M\pi}{l}$

13-30 $a_B=0.114\text{m/s}^2$，方向向下

第14章

14-1 C 点：$F_{In}=mR\omega^2$，$F_{It}=mR\alpha$，$M_{IC}=\dfrac{1}{2}mR^2\alpha$

A 点：$F_{\mathrm{In}}=mR\omega^2$，$F_{\mathrm{It}}=mR\alpha$，$M_{\mathrm{IA}}=\frac{1}{2}mR^2\alpha-mR^2\omega^2$

14-2 $a=15\mathrm{m/s^2}$，$\theta=33.16°$

14-3 ①$v_{\max}=\sqrt{fgR}$；②$v_{\max}=\sqrt{\frac{gRl}{2h}}$

14-4 $\omega_{\max}=11.83\mathrm{rad/s}$

14-5 $F_{Ax}=4.4\mathrm{kN}$，←；$F_{Ay}=20.4\mathrm{kN}$，↑；$F_B=15.9\mathrm{kN}$，↑

14-6 $\omega=\sqrt{\frac{3g\sin\varphi}{l}}$，$\alpha=\frac{3g\cos\varphi}{2l}$，$F_{O\mathrm{t}}=\frac{W}{4}\cos\varphi$，$F_{O\mathrm{n}}=\frac{5W}{2}\sin\varphi$

14-7 $a=\frac{2(M-m_2gr)}{(m_1+2m_2)r}$，$F_1=\frac{5}{3}\left[m_1g+m_2g+\frac{2m_2(M-m_2gr)}{(m_1+2m_2)r}\right]$

14-8 $F_D=F_E=218.9\mathrm{N}$；在四分之一圆弧 AB 的平分线上，$D=1.19d$

14-9 $F_{\mathrm{N}}=W+\frac{W}{g}e\omega^2-kb$

14-10 $(J+mr^2\sin^2\varphi)\ddot{\varphi}+mr^2\dot{\varphi}^2\cos\varphi\sin\varphi=M-fmgr\sin\varphi$

14-11 $F_A=783.2\mathrm{N}$，↑；$F_B=277.9\mathrm{N}$，↓

14-12 $a_C=\frac{3}{7}g$，$F=\frac{4}{7}W$

14-13 $a_O=\frac{F_1R(R\cos\varphi-r)}{W(\rho^2+R^2)}g$，$a_O=\frac{F_1(\cos\varphi+f\sin\varphi)-fW}{W}g$

14-14 $a=\frac{W_1\sin\varphi-W_2}{2W_1+W_2}g$

14-15 ①$\alpha=9.8\mathrm{rad/s^2}$；②$F_{\mathrm{N}}=424.4\mathrm{N}$，$F=122.5\mathrm{N}$

14-16 $F_{Ax}=F_{Bx}=\frac{ml\omega^2}{2}$，$F_{Ay}=\frac{ml\omega^2(b-l\cos\varphi)\sin\varphi}{2b}$，$F_{By}=\frac{ml\omega^2(b+l\cos\varphi)\sin\varphi}{2b}$

14-17 $F_A=F_B=\frac{Wl^2\omega^2\sin\varphi\cos\varphi}{6bg}$

14-18 $a=\frac{2W_2g\sin\varphi\cos\varphi}{3(W_1+W_2)-2W_2\cos^2\varphi}$

14-19 $a_E=\frac{m_1-4m_3}{m_1+2m_2+4m_3}g$，$a_C=\frac{2m_1+3m_2+4m_3}{2(m_1+2m_2+4m_3)}g$，

$F_{Ox}=0$，$F_{Oy}=\frac{4(m_2+3m_3)m_2+(3m_2+8m_3)m_1}{2(m_1+2m_2+4m_3)}g$

第15章

15-1 $W_2=10\mathrm{kN}$

15-2 $F_1=\frac{2\pi a}{h\tan\theta}F$

15-3 $F_1=50\mathrm{N}$

15-4 $M=\frac{Wr}{4}$

15-5 $F_{\mathrm{N}}=\frac{M\pi}{h\tan\theta}$

15-6 $F=1.865\mathrm{kN}$

15-7 $F_1=\frac{Fl}{R\cos^2\varphi}$

15-8 $\varphi_{min}=\arctan\frac{1}{2f_s}$

15-9 $F_2=\frac{3}{2}F_1\cot\theta$

15-10 $k=\frac{Wl\sin\theta}{R^2\theta}$

15-11 $x=\frac{Fl^2}{kb^2}+a$

15-12 $\frac{\tan\varphi_1}{\tan\varphi_2}=\frac{W_1}{W_2}$

15-13 $F_{EH}=0.943\text{kN}$（拉），$F_{CG}=1.167\text{kN}$（压）

15-14 $F_{Ax}=0$，$F_{Ay}=2.44\text{kN}$，↑；$F_B=2.22\text{kN}$，↑；$F_C=2.67\text{kN}$，↑；$F_E=2.67\text{kN}$↑

15-15 $F_{Ax}=\frac{1}{2}F$，←；$F_{Ay}=\frac{1}{2}F$，↓；$F_{Bx}=\frac{1}{2}F$，←；$F_{By}=\frac{1}{2}F$，↑

15-16 $F_1=3.67\text{kN}$

15-17 (a) $F_1=\frac{b}{a}F$，$F_2=\frac{\sqrt{a^2+b^2}}{a}F$；(b) $F_1=-\frac{2\sqrt{3}}{3}F$，$F_2=0$

15-18 $F_{Ax}=\frac{1}{2}F_1$，←；$F_{Ay}=\frac{1}{2}F_1$，↓；$F_B=F_1+F_2$，↑

15-19 $\cos\theta_1=\frac{2M}{3Wl}$，$\cos\theta_2=\frac{2M}{Wl}$

15-20 $M_1=(2m_1+m_2)gR$，$M_2=m_1gR$

15-21 $a=\frac{6M}{(3P+2W)r}g$

15-22 $a=\frac{2M-(P+W)r}{(P+3W)r}g$

15-23 $\alpha=\frac{M(4m_1+m_2)-3m_1m_2gR}{J(4m_1+m_2)+m_1m_2R^2}$

第16章

16-1 $F_Q=2(3P-F)l\cos\varphi$

16-2 $F_{Q1}=(F_1+F_2)l\cos\varphi_1-M$，$F_{Q2}=F_2l\cos\varphi_2$

16-3 $F_{Qx_A}=F\cos\varphi-\frac{1}{2}P_3$，$F_{Qx_B}=P_2\sin\theta-\frac{1}{2}P_3$

16-4 $M=2l(F_1\cos\varphi+F_2\sin\varphi)$

16-5 $k=\frac{(P_1+P_2)\cot\varphi}{4l(1-\cos\varphi)}$

16-6 $\tan\varphi_1=\frac{F_1a}{F_2b}$，$\tan\varphi_2=\frac{F_1}{F_2}$

16-7 $R>h$ 时，平衡是稳定的。

16-8 $\varphi=0$，平衡是稳定的；$\varphi=\arccos\frac{P_1}{kl}$，平衡是不稳定的。

16-9 $\theta=\arcsin\frac{m_2}{m_1}$，平衡是不稳定的。

16-10 $\ddot{x}=\frac{8F}{8P_1+9P_2}g$

16-11 $T=2\pi\sqrt{\dfrac{6R^2-l^2}{3g\sqrt{4R^2-l^2}}}$

16-12 $\ddot{\theta}=\dfrac{3(W+2W_1)g\sin\theta}{(2W+9W_1+12W_2)(R+r)}$

16-13 $\ddot{\theta}+(\dfrac{g}{r}-\omega^2\cos\theta)\sin\theta=0$，$M=mr^2\omega\dot{\theta}\sin 2\theta$

16-14 设 $r=OM$，则$(Pl^2+3Wr^2)\ddot{\theta}+6Wr\dot{r}\dot{\theta}+(\dfrac{3}{2}Pl+3Wr)\sin\theta=0$，

$\ddot{r}-r\dot{\theta}^2+\dfrac{kg}{W}(r-l_0)-g\cos\theta=0$

16-15 $4\ddot{\varphi}+\ddot{\theta}\cos(\varphi-\theta)+\dot{\theta}^2\sin(\varphi-\theta)+\dfrac{3g}{R-r}\sin\varphi=0$

$\ddot{\varphi}\cos(\varphi-\theta)+\ddot{\theta}-\dot{\varphi}^2\sin(\varphi-\theta)+\dfrac{g}{R-r}\sin\theta=0$。有能量积分

$\dfrac{m}{4}(R-r)^2[4\dot{\varphi}^2+\dot{\theta}^2+2\dot{\varphi}\dot{\theta}\cos(\varphi-\theta)-\dfrac{mg}{2}(R-r)](3\cos\varphi+\cos\theta)=C$

16-16 $(m_1+m_2)\ddot{x}+m_2(R-r)\ddot{\theta}=0$，$\ddot{x}+\dfrac{3}{2}(R-r)\ddot{\theta}+g\theta=0$。有能量积分

$\dfrac{m_1+m_2}{2}\dot{x}^2+\dfrac{3m_2}{4}\dot{\theta}^2(R-r)^2+m_2\dot{x}\dot{\theta}(R-r)\cos\theta-m_2g(R-r)\cos\theta=C_1$

循环变量 x，有循环积分 $p_x=(m_1+m_2)\dot{x}+m_2\dot{\theta}(R-r)\cos\theta=C_2$

第17章

17-1 ①$e=0.51$，②$I=59.2\text{N}\cdot\text{s}$，③$F=59.2\text{kN}$

17-2 $e=0.35$

17-3 ①$v_B'=2.91\text{m/s}$，②$F=18.3\text{N}$，③$h=0.433\text{m}$

17-4 $\delta_{max}=\dfrac{W}{k}+\dfrac{P}{k}\left(1+\sqrt{1+\dfrac{2kh}{P+W}}\right)$

17-5 $h_{max}=0.151\text{m}$

17-6 $v_2'=1.2\text{m/s}$，$\boldsymbol{v}_2'$与 BE 成 45°角，$BE=0.36\text{m}$

17-7 $s=\dfrac{3lm_1^2(1+e)^2}{2f(m_1+3m_2)^2}$

17-8 $\omega_1=\dfrac{J_1-eJ_2}{J_1+J_2}\omega_0$，$\omega_2=\dfrac{J_1(1+e)}{J_1+J_2}\omega_0$

17-9 $v_{球}'=6.80\text{m/s}$，$v_{块}'=0.67\text{m/s}$

17-10 $\omega=\dfrac{3bv}{2(a^2+b^2)}$，$I_x=\dfrac{3ab}{4(a^2+b^2)}mv$，$I_y=-\dfrac{4a^2+b^2}{4(a^2+b^2)}mv$

17-11 $\omega=\dfrac{3}{2l}\sqrt{2gh}$，$I=\dfrac{m}{4}\sqrt{2gh}$

17-12 $\varphi_{max}=2\arcsin\dfrac{\sqrt{3}I}{2m\sqrt{10gl}}$

17-13 $v_C'=2.74\text{m/s}$，$\omega=13.79\text{rad/s}$

17-14 ① $v_C'=8\text{m/s}$，$\omega=40\text{rad/s}$，② $v_C'=9.2\text{m/s}$，$\omega=40\text{rad/s}$

17-15 $s=\dfrac{(2+5\cos\theta)^2v^2}{70g\sin\theta}$

第 18 章

18-1 $T=2\pi\sqrt{\frac{P}{kg}}$，$A=\sqrt{\frac{P}{k}\left(\frac{P\sin^2\theta}{k}+2h\right)}$

18-2 (a) $T=2\pi\sqrt{\frac{P}{(2k_1+k_2)g}}$，(b) $T=2\pi\sqrt{\frac{2P}{(k_1+2k_2)g}}$，(c) $T=2\pi\sqrt{\frac{P}{(2k_1+k_2)g}}$

18-3 $T=7.58\sqrt{\frac{l}{g}}$

18-4 $f=\frac{b}{2\pi}\sqrt{\frac{k_1k_2g}{(k_1a^2+k_2b^2)P}}$

18-5 $T=\frac{2\pi a}{b}\sqrt{\frac{l}{3g}}$

18-6 $T=2\pi\sqrt{\frac{J}{Pa\sin\theta}}$

18-7 $m\ddot{x}+(2k-m\omega^2)x=0$

18-8 $f=\frac{1}{2\pi}\sqrt{\frac{3(P+2W+kl)g}{2(P+3W)l}}$

18-9 $T=\frac{2\pi r}{e}\sqrt{\frac{m_1+2m_2}{2k}}$

18-10 $\omega_0=\sqrt{\frac{2k}{3m_1+8m_2}}$

18-11 $f=\frac{1}{2\pi}\sqrt{\frac{ag}{\rho^2+(r-a)^2}}$

18-12 $m\ddot{x}+\frac{fg}{a}x=0$，$T=2\pi\sqrt{\frac{a}{fg}}$

18-13 $T_d=0.284s$，$\delta T_d=0.621$

18-14 $x=50e^{-3t}\sin(4t+0.925)mm$，$F_d=3N$

18-15 当$\frac{(k+\pi r^2\rho g)g}{P}-\left(\frac{cg}{2P}\right)^2>0$时发生振动，运动方程为

$$x=\frac{\omega_0h}{6}\sqrt{\frac{1}{\omega_0^2-\delta^2}}e^{-\delta t}\sin(\sqrt{\omega_0^2-\delta^2}\,t+\theta)$$

其中 $\omega_0=\sqrt{\frac{(k+\pi r^2\rho g)g}{P}}$，$\delta=\frac{cg}{2P}$ $\theta=\arctan\frac{\sqrt{\omega_0^2-\delta^2}}{\delta}$

18-16 $T_d=2\pi\Big/\sqrt{\frac{k}{J}-\left(\frac{cA}{2J}\right)^2}$

18-17 $x=11.8\sin\pi t mm$

18-18 $k\leqslant 9.16kN/m$

18-19 共振，$B\to\infty$

18-20 $B=2Pe\Big/\left[\frac{kg}{\omega^2}-(W+2P)\right]$

18-21 2层

18-22 $v=26.8m/s$

18-23 ① $B=0.516mm$；② $B=0.447mm$

18-24 $\omega=22.3\text{rad/s}$；$B_{\max}=0.200\text{m}$

18-25 $\ddot{x}+12800\dot{x}+1000x=8\sin 60t$ (m/s^2)，$\beta=0.0013$

18-26 $\omega_1=0.618\sqrt{\dfrac{k}{J}}$，$\omega_2=1.618\sqrt{\dfrac{k}{J}}$

18-27 $\omega_1=0.342\sqrt{\dfrac{k}{m}}$，$\omega_2=1.460\sqrt{\dfrac{k}{m}}$

18-28 $\omega_1=3.889\ 1/\text{s}$，$\omega_2=6.364\ 1/\text{s}$

18-29 $\omega_1=2.328\ 1/\text{s}$，$\omega_2=3.766\ 1/\text{s}$

18-30 $\varphi_1=\dfrac{kM_0}{(2k-J\omega^2)(k-J\omega^2)-k^2}\sin\omega t$，$\varphi_2=\dfrac{(2k-J\omega^2)M_0}{(2k-J\omega^2)(k-J\omega^2)-k^2}\sin\omega t$

18-31 $x_{左}=0$，$x_{右}=-\dfrac{2F_0 l}{F}\sin\omega t$

参 考 文 献

［1］ 华东水利学院工程力学教研室理论力学编写组．理论力学，上册（第二版）．北京：高等教育出版社，1984.

［2］ 华东水利学院工程力学教研室理论力学编写组．理论力学，下册（第二版）．北京：高等教育出版社，1985.

［3］ 吴永祯，张本悟，陈定圻．理论力学（上、下册）．南京：河海大学出版社，1990.

［4］ 贾书惠，李万琼．理论力学．北京：高等教育出版社，2002.

［5］ 哈尔滨工业大学理论力学教研室．理论力学（Ⅰ、Ⅱ），第六版．北京：高等教育出版社，2002.

［6］ 蔡泰信，和兴锁．理论力学（Ⅰ、Ⅱ）．北京：机械工业出版社，2004.

［7］ 范钦珊，薛克宗，程保荣．理论力学．北京：高等教育出版社，2000.

［8］ 刘延柱，杨海兴，朱本华．理论力学，第二版．北京：高等教育出版社，2001.

［9］ 谢传锋．静力学．北京：高等教育出版社，2000.

［10］ 谢传锋．动力学（Ⅰ、Ⅱ）．北京：高等教育出版社，2000.

［11］ 洪嘉振，杨长俊．理论力学，第3版．北京：高等教育出版社，2008.

［12］ Ferdinand P. Beer，E. Russell Johnston Jr.． Vector Mechanics for Engineers，Statics (Third SI Metric Edition)，影印版．北京：清华大学出版社，2003.

［13］ Ferdinand P. Beer，E. Russell Johnston Jr.． Vector Mechanics for Engineers，Dynamics (Third SI Metric Edition)，影印版．北京：清华大学出版社，2003.

［14］ J. H. Ginsberg，J. Genin. Statics and Dynamics. New York：Wiley，1984.

［15］ 武清玺，陆晓敏．静力学基础．南京：河海大学出版社，2003.

18－24　$\omega=22.3\text{rad/s}$；$B_{\max}=0.200\text{m}$

18－25　$\ddot{x}+12800\dot{x}+1000x=8\sin60t$ （m/s^2），$\beta=0.0013$

18－26　$\omega_1=0.618\sqrt{\dfrac{k}{J}}$，$\omega_2=1.618\sqrt{\dfrac{k}{J}}$

18－27　$\omega_1=0.342\sqrt{\dfrac{k}{m}}$，$\omega_2=1.460\sqrt{\dfrac{k}{m}}$

18－28　$\omega_1=3.889\ 1/\text{s}$，$\omega_2=6.364\ 1/\text{s}$

18－29　$\omega_1=2.328\ 1/\text{s}$，$\omega_2=3.766\ 1/\text{s}$

18－30　$\varphi_1=\dfrac{kM_0}{(2k-J\omega^2)(k-J\omega^2)-k^2}\sin\omega t$，$\varphi_2=\dfrac{(2k-J\omega^2)M_0}{(2k-J\omega^2)(k-J\omega^2)-k^2}\sin\omega t$

18－31　$x_{左}=0$，$x_{右}=-\dfrac{2F_0 l}{F}\sin\omega t$

参 考 文 献

［1］ 华东水利学院工程力学教研室理论力学编写组．理论力学，上册（第二版）．北京：高等教育出版社，1984.

［2］ 华东水利学院工程力学教研室理论力学编写组．理论力学，下册（第二版）．北京：高等教育出版社，1985.

［3］ 吴永祯，张本悟，陈定圻．理论力学（上、下册）．南京：河海大学出版社，1990.

［4］ 贾书惠，李万琼．理论力学．北京：高等教育出版社，2002.

［5］ 哈尔滨工业大学理论力学教研室．理论力学（Ⅰ、Ⅱ），第六版．北京：高等教育出版社，2002.

［6］ 蔡泰信，和兴锁．理论力学（Ⅰ、Ⅱ）．北京：机械工业出版社，2004.

［7］ 范钦珊，薛克宗，程保荣．理论力学．北京：高等教育出版社，2000.

［8］ 刘延柱，杨海兴，朱本华．理论力学，第二版．北京：高等教育出版社，2001.

［9］ 谢传锋．静力学．北京：高等教育出版社，2000.

［10］ 谢传锋．动力学（Ⅰ、Ⅱ）．北京：高等教育出版社，2000.

［11］ 洪嘉振，杨长俊．理论力学，第 3 版．北京：高等教育出版社，2008.

［12］ Ferdinand P. Beer，E. Russell Johnston Jr.. Vector Mechanics for Engineers，Statics (Third SI Metric Edition)，影印版．北京：清华大学出版社，2003.

［13］ Ferdinand P. Beer，E. Russell Johnston Jr.. Vector Mechanics for Engineers，Dynamics (Third SI Metric Edition)，影印版．北京：清华大学出版社，2003.

［14］ J. H. Ginsberg，J. Genin. Statics and Dynamics. New York：Wiley，1984.

［15］ 武清玺，陆晓敏．静力学基础．南京：河海大学出版社，2003.